华章图书

一本打开的书，
一扇开启的门，
通向科学殿堂的阶梯，
托起一流人才的基石。

■ ■ ■ 智能系统与技术丛书

Get Start with the Intelligent Data Analysis by Python3

Python3智能数据分析快速入门

李明江 张良均 周东平 张尚佳 著

机械工业出版社
China Machine Press

图书在版编目（CIP）数据

Python3 智能数据分析快速入门 / 李明江等著 . —北京：机械工业出版社，2019.6（2020.3 重印）
（智能系统与技术丛书）

ISBN 978-7-111-62805-7

I. P… II. 李… III. 软件工具 – 程序设计 IV. TP311.561

中国版本图书馆 CIP 数据核字（2019）第 098862 号

Python3 智能数据分析快速入门

出版发行：机械工业出版社（北京市西城区百万庄大街 22 号 邮政编码：100037）

责任编辑：李 艺

责任校对：殷 虹

印 刷：北京文昌阁彩色印刷有限责任公司

版 次：2020 年 3 月第 1 版第 2 次印刷

开 本：186mm × 240mm 1/16

印 张：31.25

书 号：ISBN 978-7-111-62805-7

定 价：119.00 元

凡购本书，如有缺页、倒页、脱页，由本社发行部调换

客服热线：（010）88379426 88361066

投稿热线：（010）88379604

购书热线：（010）68326294

读者信箱：hzit@hzbook.com

PREFACE

前　言

为什么要写这本书

2017 年 7 月，国务院下达了关于印发《新一代人工智能发展规划》的通知。通知明确指出要加快培养聚集人工智能高端人才，把高端人才队伍建设作为人工智能发展的重中之重。而后，2018 年 12 月，普华永道发布了《人工智能和相关技术对中国就业的净影响》，报告预测，人工智能及相关技术在未来 20 年将取代中国现有约 26% 的工作岗位，高于对英国 20% 的预估，但也能通过提升生产率和实际收入水平在中国创造出大量的新的工作机会。根据普华永道估计，人工智能对中国就业的净影响可能将创造约 12% 的净增岗位，相当于未来 20 年内增加约 9000 万个就业岗位。那么如何才能够赶上人工智能的浪潮呢？

人工智能是一门综合了计算机科学、生理学、哲学的交叉学科。凡是使用机器替代人类实现认知、识别、分析、决策等功能，均可认为使用了人工智能技术。按照技术分支，可以将人工智能分为问题求解，知识、推理与规划，学习，通信、感知与行动四个大方向。其中学习即机器学习，与智能数据分析紧密相关。

跟国外相比，我国智能数据分析在零售、银行、保险、证券等行业中的应用并不太理想。但随着市场竞争的加剧，各行业对智能数据分析技术的意愿越来越强烈，可以预计，未来几年各行业的数据分析应用一定会从传统的统计分析发展到智能数据分析应用。在大数据时代，数据过剩、人才短缺，智能数据分析专业人才的培养又需要专业知识和职业经验积累。所以，本书在编程知识的基础之上，大篇幅地描写了智能分析常备知识，希望能为智能数据分析人才的培养提供参考。

总的来说，随着云时代的来临，智能数据分析技术将具有越来越重要的战略意义。大数据已经渗透到每一个行业和业务职能领域，逐渐成为重要的生产要素，人们对于海量数据的运用将预示着新一轮生产率增长和消费者盈余浪潮的到来。智能数据分析技术将帮助企业用户在合理时间内攫取、管理、处理、整理海量数据，为企业经营决策提供积极的帮助。智能数据分析作为数据存储和挖掘分析的前沿技术，已广泛应用于物联网、云计算、移动互联网等战略性新兴产业。虽然智能数据分析目前在国内还处于初级阶段，但是其商业价值已经显现出来，特别是有实践经验的智能数据分析人才更是成为各企业争夺的热门。为了满足日益增长的智能数据分析人才需求，很多大学开始尝试开设不同程度的智能数据分析课程。“智能数据分析”作为大数据时代的核心技术，必将成为高校数学与统计学专业的重要课程之一。

本书特色

本书作者从实践出发，总结了智能数据分析常用的方法，深入浅出地介绍了智能数据分析编程过程中的相关知识。书中涵盖 Python 环境搭建、Python 基础语法、控制语句、函数、面向对象编程、数值计算、数据处理、绘图、模型构建等内容，还配套提供了程序代码及数据。此外，每章的最后均提供课后习题，帮助读者快速掌握 Python 的使用方法。

为了帮助读者更好地使用本书，泰迪云课堂（https://edu.tipdm.org）提供了配套的教学视频。对于本书配套的原始数据文件、Python 程序代码，均可以通过关注泰迪学社微信公众号（TipDataMining），回复“图书资源”进行获取。为方便教师授课，本书还提供了 PPT 课件、教学大纲、教学进度表和教案等教学资源，教师可在泰迪学社微信公众号回复“教学资源”进行获取。

本书适用对象

- 开设有数据分析课程的高校的教师和学生。

目前国内不少高校将数据分析引入本科教学中，在数学、计算机、自动化、电子信息、金融等专业开设了数据分析技术相关的课程，但目前这一课程使用的教学工具仍然为 SPSS、SAS 等传统统计工具，并没有使用 Python 作为教学工具。本书提供了 Python 语言相关的从安装到使用的一系列知识，将有效指导高校教师和学生使用 Python 作为数据分析的工具之一。

- 数据分析开发人员。

数据分析开发人员的主要工作是将数据分析相关的算法应用于实际业务系统。本书提供了详细的机器学习与数据分析算法接口的用法与说明，能够帮助此类人员快速且有效地建立起数据分析应用的算法框架，帮助其迅速完成开发。

❑ 进行数据分析应用研究的科研人员。

许多科研院所为了更好地对科研工作进行管理，纷纷开发了适应自身特点的科研业务管理系统，并在使用过程中积累了大量的科研信息数据。但是，这些科研业务管理系统一般没有对这些数据进行深入分析，对数据所隐藏的价值并没有充分分析利用。科研人员需要数据分析工具及有关方法论来深挖科研信息的价值，从而提高科研水平。

❑ 关注高级数据分析的人员。

Python 作为广泛应用于数据分析领域的编程语言，能为数据分析人员提供快速的、可靠的分析依据。本书提供全面的 Python 智能数据分析知识，能够指导这类人员快速入门数据分析，完成指定的数据分析任务。

如何阅读本书

本书从逻辑上可分为两大部分。

第一部分是 Python 编程基础（第 1~4 章），介绍了 Python 环境搭建、Python 基础语法、控制语句、函数、面向对象编程等。第 1 章旨在让读者从全局把握 Python，了解利用 Python 进行智能数据分析的优势，并详细介绍了 Python 环境搭建与配置，同时还对两个常用集成开发环境做了详细介绍。第 2 章先对 Python 固定语法做了介绍，包括编码声明、注释、缩进等；而后介绍了 Python 常见的数据类型，包括 str、list、tuple、dict、set 等；还介绍了 Python 常用运算符，包括算术运算符、逻辑运算符、成员运算符、位运算符等。第 3 章主要对控制语句做了详细介绍，包括条件语句和循环语句，同时还介绍了和条件语句类似的异常处理 try-except-else 语句。第 4 章主要介绍了 Python 的内置函数、自定义函数、面向对象编程以及第三方库的安装与使用方法。

第二部分是数据分析编程（第 5~9 章），主要对数据分析中常用的第三方库做了详细介绍，强调在 Python 中对应函数的使用方法及其结果的解释说明。内容涵盖数值分析库 NumPy，数据处理库 pandas，绘图库 Matplotlib、Seaborn、Bokeh，机器学习与数据分析建模库 scikit-learn。这一部分涉及数据读取、数据预处理、模型构建、模型评价、结果可视化，几乎涵盖了整个数据分析过程，充分而又详细地说明了 Python 数据分析的常用操作，相信在本书的指导下，读者能够从零开始快速数据入门分析。

勘误和支持

我们已经尽最大努力避免在文本和代码中出现错误，但是由于水平有限，编写时间仓促，书中难免出现一些疏漏和不足的地方。如果你有更多宝贵意见，欢迎在泰迪学社微信公众号回复“图书反馈”进行反馈。更多本系列图书的信息可以在“泰迪杯”数据挖掘挑战赛网站（http://www.tipdm.org/tj/index.jhtml）查阅。

张良均

2019 年于广州

CONTENTS

目　录

CHAPTER 1

第1章

Python 概述

人工智能已成为当今世界上最受人瞩目的领域之一。各大公司纷纷在人工智能领域展开角逐，Google、Facebook、Amazon 都已经在这个领域里取得了令人瞩目的成果。同时，机器学习作为人工智能的一个分支，已经在不知不觉中深入人们的生活中，如电商平台上的商品推荐和街头监控的图像识别等。由于 Python 第三方库中集成了诸多算法，所以本书选择 Python 作为机器学习语言进行介绍。

1.1 Python 语言介绍

Python 是一门集解释性、编译性、互动性和面向对象为一体的高层次计算机程序语言，也是一门功能强大而完善的通用型语言，已有 20 多年的发展历史，技术成熟且稳定。相比于 C++ 或 Java，Python 让开发者能够用更少的代码实现更多的想法。

1.1.1 Python 的发展史

荷兰人 Guido van Rossum 是 Python 的创始人。1989 年圣诞节期间，Guido 决心开发一个新的脚本解释程序用来打发圣诞节的无趣。Python 这个名字并不是来源于蟒蛇，而是因为 Guido 是一个名为 Monty Python 的飞行马戏团的爱好者。他希望这个新的叫作 Python 的语言能实现他的理念，成为一种位于 C 和 shell 之间、功能全面、易学易用、可拓展的语言。

Python 从 ABC 语言上继承了一部分特性，如使用冒号“:”和缩进来表示程序块，而在 C 语言中使用 {} 来表示程序块，行尾没有分号，for 和 if 结构中也没有括号 ()。Guido 认为，ABC 语言非常优美和强大，是专门为非专业程序员设计的。Guido 认为 ABC 语言没有成功的原因在于其非开放性。于是，Guido 决心在 Python 中避免复现这一错误，这收获了非常好的效果，Python 能够完美结合 C 语言和其他的一些语言。

Python 就这样从 Guido 手中诞生。1991 年，第一个 Python 编译器（解释器）诞生。

它使用C语言实现，并能够调用C库（.so）文件。1994 年 1 月，Python 1.0 版本正式发布。Python 2.0 于 2000 年 10 月 16 日发布，增加实现完整的垃圾回收的功能，并且支持 Unicode。同时，整个开发过程更加透明，社群对开发进度的影响逐渐扩大。2008 年 12 月，Python 3.0 正式发布，此时 Python 3 又被称为“Python 3000”或者“Py3K”，此版不完全兼容之前的 Python 源代码。出于兼容性的考虑，很多新特性后来也被移植到旧的 Python 2.6/2.7 版本上。截至 2018 年 6 月 27 日，Python 已经更新至最新版的 Python 3.7.0 版本。

Python 的语法很多来自 C 语言，但又受到 ABC 语言的强烈影响。Python 从 ABC 语言中发展起来，结合了 UNIX shell 和 C 语言的习惯，最终成为一门为众多 UNIX 系统和 Linux 系统开发者所青睐的开发语言。截至 2018 年 8 月的 TIOBE 语言排行，Python 的名次已上升至第 4 名，成为全球范围内仅次于 Java、C 语言及 C++ 的开发语言，如图 1-1 所示。

Aug 2018	Aug 2017	Change	Programming Language	Ratings	Change
1	1		Java	16.881%	+3.92%
2	2		C	14.966%	+8.49%
3	3		C++	7.471%	+1.92%
4	5	↑	Python	6.992%	+3.30%
5	6	↑	Visual Basic .NET	4.762%	+2.19%
6	4	↓	C#	3.541%	-0.65%
7	7		PHP	2.925%	+0.63%
8	8		JavaScript	2.411%	+0.31%
9	-	⇈	SQL	2.316%	+2.32%
10	14	⇈	Assembly language	1.409%	-0.40%

图 1-1　TIOBE 语言排行榜

1.1.2　Python 特性

Python 语言是一门解释型、动态、强类型的面向对象编程语言。Python 的解释型特性与计算机执行程序的步骤有关。由于计算机无法理解除机器语言以外的任何语言，所以必须将程序员编写的程序语言翻译成机器语言，计算机才能执行程序。按翻译的时机的不同，翻译的过程可分为编译和解释两种。在程序编写完成后进行翻译的过程称为编译，而在编写后不进行翻译在执行时才进行翻译的过程称为解释。解释型语言与编译型语言不同，解释性语言编写的程序不需要编译，节省了一道工序，在运行程序的时候才翻译。而编译型语言编写的程序在执行之前，需要一个专门的编译过程，将程序编译成为机器语言的文件。这使得 Python 比起其他编译型语言发布时更为便捷，但因为在执行时有一个翻译的过程，Python 在执行效率上比编译型语言低一些。

动态类型语言是指在程序运行期间才去做数据类型检查的语言。在用动态类型的语言编程时，永远也不用给任何变量指定数据类型，该语言会在第一次赋值给变量时，在内部将数据类型记录下来。Python 就是一种典型的动态类型语言。而静态语言与动态语言相反，静态语言的数据类型是在编译期间检查的，在编写程序时需要声明所有变量的数据类型。

C/C++ 是静态类型语言的典型代表，其他的静态类型语言还有 C#、Java 等。

强类型定义语言（Explicit Type Conversion）是指一门计算机语言是否为强制数据类型定义的语言。强类型语言中的变量被指定为某个数据类型后，在被强制转换前永远是该数据类型。而弱类型语言与强类型定义语言相反，一个变量的数据类型是不确定的。Python 是一门强类型的语言，Python 不会对数据类型作隐式转换，而是调用方法对数据类型进行强制转换。除 Python 外，Java、C、C++ 和 C# 也是典型的强类型语言。

1.1.3　Python 应用领域

Python 作为一个设计优秀的程序语言，现在已广泛应用于各种领域，依靠其强大的第三方类库，Python 在各个领域都能发挥巨大的作用。

1. 数值计算

数值计算是数据挖掘、机器学习的基础。Python 提供多种强大的扩展库用于数值计算，常用的数值计算库如表 1-1 所示。

表 1-1　常用数值计算库及其简介

数值计算库	简　介
NumPy	支持多维数组与矩阵运算，也针对数组运算提供大量的数学函数库。通常与 SciPy 和 Matplotlib 一起使用，支持比 Python 更多种类的数值类型，其中定义的最重要的对象是称为 ndarray 的 n 维数组类型，用于描述相同类型的元素集合，可以使用基于 0 的索引访问集合中元素
SciPy	在 NumPy 库的基础上增加了众多的数学、科学及工程计算中常用的库函数，如线性代数、常微分方程数值求解、信号处理、图像处理、稀疏矩阵等，可进行插值处理、信号滤波，以及使用 C 语言加速计算
Pandas	基于 NumPy 的一种工具，为解决数据分析任务而生。纳入大量库和一些标准的数据模型，提供高效地操作大型数据集所需的工具及大量的能快速便捷处理数据的函数和方法，为时间序列分析提供很好的支持，提供多种数据结构，如 Series、Time-Series、DataFrame 和 Panel

2. 数据可视化

数据可视化是展示数据、理解数据的有效手段，常用的 Python 数据可视化库如表 1-2 所示。

表 1-2　Python 数据可视化库

数据可视化库	简　介
Matplotlib	第一个 Python 可视化库，有许多别的程序库都是建立在其基础上或者直接调用该库，可以很方便地得到数据的大致信息，功能非常强大，但也非常复杂
Seaborn	利用了 Matplotlib，用简洁的代码来制作好看的图表。与 Matplotlib 最大的区别为默认绘图风格和色彩搭配都具有现代美感
ggplot	基于 R 的一个作图库 ggplot2，同时利用了源于《图像语法》（The Grammar of Graphics）中的概念，允许叠加不同的图层来完成一幅图，并不适用于制作非常个性化的图像，为操作的简洁度而牺牲了图像的复杂度

（续）

数据可视化库	简　介
Bokeh	跟 ggplot 一样，Bokeh 也基于《图形语法》的概念。与 ggplot 不同之处为它完全基于 Python 而不是从 R 处引用。长处在于能用于制作可交互、可直接用于网络的图表。图表可以输出为 JSON 对象、HTML 文档或者可交互的网络应用。Bokeh 也支持数据流和实时数据，为不同的用户提供了 3 种控制水平，最高的控制水平用于快速制图，主要用于制作常用图像；中等控制水平与 Matplotlib 一样允许开发人员控制图像的基本元素（例如分布图中的点）；最低的控制水平主要面向开发人员和软件工程师。没有默认值，需要定义图表的每一个元素
Plotly	可以通过 Python notebook 使用，与 Bokeh 一样致力于交互图表的制作，但提供在别的库中几乎没有的几种图表类型，如等值线图、树形图和三维图表
pygal	与 Bokeh 和 Plotly 一样，提供可直接嵌入网络浏览器的可交互图像。与其他两者的主要区别在于可将图表输出为 SVG 格式，所有的图表都被封装成方法，且默认的风格也很漂亮，用几行代码就可以很容易地制作出漂亮的图表
geoplotlib	用于制作地图和地理相关数据的工具箱。可用来制作多种地图，比如等值区域图、热度图、点密度图。必须安装 Pyglet（一个面向对象编程接口）方可使用
missingno	用图像的方式快速评估数据缺失的情况，可根据数据的完整度对数据进行排序或过滤，或者根据热度图或树状图对数据进行修正

3. Web 开发

Web 应用开发可以说是目前软件开发中最重要的部分。Python 提供各种 Web 开发框架，帮助使用者快速实现功能开发。常用的 Python 网络开发类库如表 1-3 所示。

表 1-3　Python 常用网络开发类库及其简介

网络编程库	简　介
Socket	一个套接字通讯底层库，用于在服务器和客户端间建立 TCP 或 UDP 连接，通过连接发送请求与响应
Django	一个高级的 Python Web 框架，支持快速开发，提供从模板引擎到 ORM 所需的一切东西，使用该库构建 App 时，必须遵循 Django 的方式
Flask	一个基于 Werkzeug、Jinja 2 的 Python 轻量级框架（microframework），默认配备 Jinja 模板引擎，也包含其他模板引擎或 ORM 供选择，适合用来编写 API 服务（RESTful rervices）
Twisted	一个使用 Python 实现的基于事件驱动的网络引擎框架，建立在 deferred object 之上，一个通过异步架构实现的高性能的引擎，不适用于编写常规的 Web Apps，更适用于底层网络
Tornado	一个由 FriendFeed 开发的 Python Web 框架和异步网络库，采用非阻塞网络 I/O 模型，可以处理数以千计的网络连接。对于 long polling、WebSockets 和其他需要长时间实时连接的 Apps，Tornado 是一个理想的 Web 框架，它介于 Django 和 Flask 之间，能很好地处理 C10K 问题

4. 数据库管理

数据库是企业用于存放数据的主要工具，数据库管理包括了数据定义、数据操作、数据库运行管理、数据组织、数据库库保护、数据库维护等。Python 提供了所有主流关系数据库管理接口，常用的 Python MySQL 连接库及其简介如表 1-4 所示。

表 1-4 MySQL 连接库

MySQL 连接库	简 介
MySQL-python	又称 MySQLdb，是 Python 连接 MySQL 最流行的一个驱动，很多框架也基于此库进行开发。只支持 Python 2.x，且安装时有许多前置条件。由于该库基于 C 语言开发，在 Windows 平台上的安装非常不友好，经常出现失败的情况，现在基本不推荐使用，取代品为衍生版本
mysqlclient	完全兼容 MySQLdb，同时支持 Python 3.x，是 Django ORM 的依赖工具，可使用原生 SQL 来操作数据库，安装方式与 MySQLdb 一致
PyMySQL	纯 Python 实现的驱动，速度比 MySQLdb 慢，最大的特点为安装方式简洁，同时也兼容 MySQL-python
SQLAlchemy	一种既支持原生 SQL，又支持 ORM 的工具。ORM 是 Python 对象与数据库关系表的一种映射关系，可有效提高写代码的速度，同时兼容多种数据库系统，如 SQLite、MySQL、PostgreSQL，代价为性能上的一些损失

5. 自动化运维

运维的主要内容包括保障业务长期稳定运行、保障数据安全可靠、自动化完成部署任务。Python 能够满足绝大部分自动化运维的需求，目前在 Linux 运维中已用 Python 实现的应用如表 1-5 所示。

表 1-5 Python 自动化运维应用及相关功能

自动化运维应用	功 能
jumpsever 跳板机	一种由 Python 编写的开源跳板机（堡垒机）系统，实现了跳板机的基本功能，包含认证、授权和审计，集成了 Ansible、批量命令等。支持 WebTerminal Bootstrap 编写，界面美观，自动收集硬件信息，支持录像回放、命令搜索、实时监控、批量上传下载等功能，基于 SSH 协议进行管理，客户端无须安装 agent。主要用于解决可视化安全管理，因完全开源，容易再次开发
Magedu 分布式监控系统	一种用 Python 开发的自动化监控系统，可监控常用系统服务、应用、网络设备，可在一台主机上监控多个不同服务，不同服务的监控间隔可以不同，同一个服务在不同主机上的监控间隔、报警阈值可以不同，并提供数据可视化界面
Magedu 的 CMDB	一种用 Python 开发的硬件管理系统，包含采集硬件数据、API、页面管理 3 部分功能，主要用于自动化管理笔记本、路由器等常见设备的日常使用。由服务器的客户端采集硬件数据，将硬件信息发送至 API，API 负责将获取的数据保存至数据库中，后台管理程序负责对服务器信息进行配置和展示
任务调度系统	一种由 Python 开发的任务调度系统，主要用于自动化地将一个服务进程分布到其他多个机器的多个进程中，一个服务进程可作为调度者依靠网络通信完成这一工作
Python 运维流程系统	一种使用 Python 语言编写的调度和监控工作流的平台，内部用于创建、监控和调整数据管道。允许工作流开发人员轻松创建、维护和周期性地调度运行工作流，包括了如数据存储、增长分析、Email 发送、A/B 测试等诸多跨多部门的用例

6. GUI 编程

GUI（Graphical User Interface，图形用户界面）是指采用图形方式显示的计算机操作用户界面。Python 提供多个图形开发界面的库用于 GUI 编程，常用 Python GUI 库如表 1-6 所示。

表 1-6　Python 常用 GUI 库及其简介

GUI 库	简　介
Tkinter	一个 Python 的标准 GUI 库，可以快速地创建 GUI 应用程序，可以在大多数的 UNIX 平台下使用，同样可以应用在 Windows 和 Macintosh 系统中，Tkinter 8.0 的后续版本可以实现本地窗口风格，并良好地运行在绝大多数平台中
wxPython	一款开源软件跨平台 GUI 库 wxWidgets 的 Python 封装和 Python 模块，是 Python 语言的一套优秀的 GUI 图形库，允许程序员很方便地创建完整的、功能健全的 GUI 用户界面
PyQt	一个创建 GUI 应用程序的工具库，是 Python 编程语言和 Qt 的成功融合，可以运行在所有主要操作系统上，包括 UNIX、Windows 和 Mac。PyQt 采用双许可证，开发人员可以选择 GPL 和商业许可，从 PyQt 的版本 4 开始，GPL 许可证可用于所有支持的平台
PySide	一个跨平台的应用程式框架 Qt 的 Python 绑定版本，提供与 PyQt 类似的功能，并相容 API，但与 PyQt 不同处为其使用 LGPL 授权

1.1.4　Python 机器学习优势

Python 是机器学习领域最优秀的编程语言之一，与同样支持机器学习且自带机器学习应用的 MATLAB 不同的是，由于 Python 是开源项目，所以几乎所有必要的组件都是完全免费的。当前机器学习领域的主流编程语言为 Python、R、MATLAB、Java 和 C/C++，如表 1-7 所示。

表 1-7　主流机器学习编程语言

编程语言	特　点	是否开源	运行速度	机器学习支持
Python	简洁、灵活、可读性高，易于理解，可连接其他语言	是	较快	NumPy、SciPy 和 Pandas 扩展库提供良好的数学处理与科学计算支持，并拥有海量开源框架、专业机器学习库，如 Scikit-learn、Theano 和 TensorFlow
R	开发速度快，社区强大	是	一般	CRAN 资源库中有海量的工具包，囊括几乎所有的机器学习算法、数据测试和分析过程
MATLAB	精于数学计算，图表功能强大，提供良好的调试器用于测试与支持	否	较快	拥有丰富的工具箱，基于矩阵，经常用于机器学习算法的原型设计
Java	功能强大，简单易用，使用人数最多	是	快	拥有开发大规模分布式学习系统的多种工具，如 Spark+MLlib、Mahout、H2O 和 Deeplearning4j
C/C++	计算速度极快，内存效率极高，对初学者极不友好，是编写底层的理想语言	是	极快	常用于嵌入式智能系统，也拥有机器学习库，如 LibSVM、Shark 和 mlpack

相比起 Java 与 C/C++，Python 代码非常容易阅读和学习，使得大多数从事机器学习和人工智能的研究（工作）人员能以最方便的方式来实现自己的想法。Python 具有严格且一致的语法风格，这使得每个 Python 使用者都可以更好地理解其他人的 Python 代码，而其他语言的语法有可能会导致混淆和不一致的编程范例。

Python 作为一门理想的集成语言，将各种技术绑定在一起，除了为用户提供更方便的功能之外，还是一个理想的粘合平台，在开发人员与外部库的低层次集成人员之间搭建连接，以便用 C/C++ 实现更高效的算法。

对于研究人员者而言，使用 Python 编程可以快速迁移代码并进行改动，而无须花费过多的精力在修改代码与代码规范上。开发者在 Python 中封装了很多优秀的依赖库，其中 NumPy 和 SciPy 库提供了目前解决机器学习问题所需的标准配置。

Python 目前集成了大量的机器学习框架，其中常用机器学习库如表 1-8 所示。

表 1-8 常用机器学习库

机器学习库	简 介
Scikit-Learn	Scikit-Learn 基于 NumPy 和 SciPy，是专门为机器学习建造的一个 Python 模块，提供了大量用于数据挖掘和分析的工具，包括数据预处理、交叉验证、算法与可视化算法等一系列接口。Sklearn 的基本功能可分为 6 个部分：分类、回归、聚类、数据降维、模型选择和数据预处理。其中集成了大量分类、回归和聚类的算法，包括支持向量机、逻辑回归、朴素贝叶斯、随机森林、Gradient Boosting、K-means 和 DBSCAN 等
Orange3	Orange3 是一个基于组件的数据挖掘和机器学习软件套装，支持 Python 进行脚本开发。它包含一系列的数据可视化、检索、预处理和建模技术，具有一个良好的用户界面，同时也可以作为 Python 的一个模块使用。用户可通过数据可视化进行数据分析，包括统计分布图、柱状图、散点图，以及更深层次的决策树、分层聚簇、热点图、MDS（多维度分析）、线性预测等，并可使用 Orange 自带的各类附加功能组件进行 NLP、文本挖掘、构建网络分析、推断高频数据集和关联规则数据分析
XGBoost	XGBoost 是专注于梯度提升算法的机器学习函数库，因其优良的学习效果及高效的训练速度而获得广泛的关注。XGBoost 支持并行处理，比起同样实现了梯度提升算法的 Scikit-Learn 库，其性能提升 10 倍以上。XGBoost 可以处理回归、分类和排序等多种任务
NuPIC	NuPIC 是专注于时间序列的一个机器学习平台，其核心算法为 HTM 算法，相比于深度学习，其更为接近人类大脑的运行结构。HTM 算法的理论依据主要是人脑中处理高级认知功能的新皮质部分的运作原理。NuPIC 可用于预测及异常检测，适用面非常广，仅要求输入时间序列即可
Milk	Milk（Machine Learning Toolkit）是 Python 中的一个机器学习工具包。Milk 注重提升运行速度与降低内存占用，因此大部分对性能敏感的代码都是使用 C++ 编写的，为了便利性在此基础上提供 Python 接口。重点提供监督分类方法，如 SVMs、KNN、随机森林和决策树，也支持无监督学习算法，如 K-means 和密切关系传播

深度学习作为机器学习的分支，绽放了耀眼的光芒。由于 Python 的易用性与可扩展性，众多深度学习框架提供了 Python 接口，其中较为流行的深度学习库如表 1-9 所示。

表 1-9 流行深度学习库

深度学习库	简 介
Caffe	Caffe（Convolutional Architecture for Fast Feature Embedding）是一个以表达式、速度和模块化为核心的深度学习框架，具备清晰、可读性高和快速的特性，在视频、图像处理方面应用较多。Caffe 中的网络结构与优化都以配置文件形式定义，容易上手，无须通过代码构建网络；网络训练速度快，能够训练大型数据集与 State-of-the-art 的模型；模块化的组件可以方便地拓展到新的模型与学习任务上

（续）

深度学习库	简　介
Theano	Theano 诞生于 2008 年，是一个高性能的符号计算及深度学习库，被认为是深度学习库的始祖之一，也被认为是深度学习研究和应用的重要标准之一。其核心是一个数学表达式的编译器，专门为处理大规模神经网络训练的计算而设计。Theano 很好地整合了 NumPy，可以直接使用 NumPy 的 ndarray，使得 API 接口学习成本大为降低；其计算稳定性好，可以精准地计算输出值很小的函数，如 log(1+x)；可动态地生成 C 或者 CUDA 代码，用来编译成高效的机器代码
TensorFlow	TensorFlow 是相对高阶的机器学习库，其核心代码使用 C++ 编写，并支持自动求导，使得用户可以方便地设计神经网络结构，不需要亲自编写 C++ 或 CUDA 代码，也无须通过反向传播求解梯度。由于底层使用 C++ 语言编写，运行效率得到了保证，并简化了线上部署的复杂度。除了核心代码的 C++ 接口以外，TensorFlow 还有官方的 Python、Go 和 Java 接口以外，用户可以在一个硬件配置较好的机器中用 Python 进行实验，并在资源比较紧张的嵌入式环境或需要低延迟的环境中用 C++ 部署模型。TensorFlow 不只局限于神经网络，其数据流式图还支持非常自由的算法表达，也可以轻松实现深度学习以外的机器学习算法。
Keras	Keras 是一个高度模块化的神经网络库，使用 Python 实现，并可以同时运行在 TensorFlow 和 Theano 上。Keras 专精于深度学习，其提供了到目前为止最方便的 API，用户仅需将高级的模块拼在一起便可设计神经网络，大大降低了编程开销（code overhead）与理解开销（cognitive overhead）。Keras 同时支持卷积网络和循环网络，支持级联的模型或任意的图结构的模型，从 CPU 上计算切换到 GPU 加速无须任何代码的改动。简化了编程的复杂度的同时，在性能上丝毫不逊色于 TensorFlow 和 Theano

1.2　Python 环境配置

1.2.1　Python 2 还是 Python 3

Python 3.x 引入了一些与 Python 2 不兼容的关键字和特性，为避免带入过多的累赘，Python 3.0 在设计的时候没有考虑向下兼容，许多针对早期 Python 版本设计的程序都无法在 Python 3.0 上正常运行。为照顾现有程序，Python 2.6 作为一个过渡版本，在使用 Python 2.x 的语法和库的同时兼顾向 Python 3.0 的迁移，允许使用部分 Python 3.0 的语法与函数。基于早期 Python 版本且能正常运行于 Python 2.6 并无警告的程序，可以通过一个 2 to 3 的转换工具无缝迁移到 Python 3.0。Python 2.7 被确认为最后一个 Python 2.x 版本，除支持 Python 2.x 语法外，还支持部分 Python 3.1 语法。

Python 核心团队计划在 2020 年停止支持 Python 2，目前大部分第三方库已经完成向 Python 3.x 的迁移工作，推荐在新的程序中使用 Python 3.x 版本。

1.2.2　Anaconda 简介

Anaconda 是一个 Python 的集成开发环境，可以便捷地获取库，且提供对库的管理功能，同时对环境可以统一管理的发行版本。Anaconda 包含 Conda、Python 等在内的超过 180 个科学库及其依赖项。其主要特点为：开源，安装过程简单，高性能使用 Python 和 R 语言，免费的社区支持等。其包含的科学库包括：Conda、NumPy、SciPy、IPython Notebook 等。

Anaconda 支持目前主流的多种系统平台，包含 Windows、MacOS 和 Linux（x86/Power8）。

1.2.3　安装 Anaconda 3

登录 Anaconda 官网 https://www.anaconda.com/download，依据操作系统选择合适的安装包版本下载。本书使用 64 位 Windows 操作系统，故此处选择 Anaconda3-5.2.0-Windows-x86_64 版本，具体安装步骤如下。

1）双击打开安装包，单击“Next”按钮进入下一步，如图 1-2 所示。

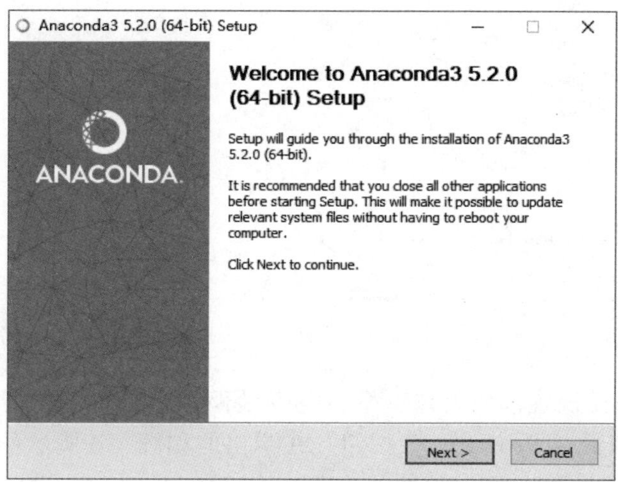

图 1-2　打开安装包

2）单击“I Agree”按钮同意安装协议并进入下一步，如图 1-3 所示。

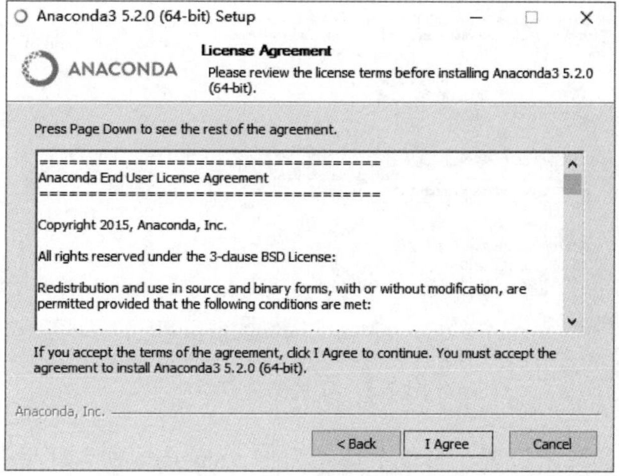

图 1-3　同意安装协议

3）若系统只有一个用户选择默认的第 1 个选项即可，若有多个用户且都需要用到 Anaconda，则选择第 2 个选项。之后单击“Next”按钮，注意此处需要管理员权限才可进入下一步，如图 1-4 所示。

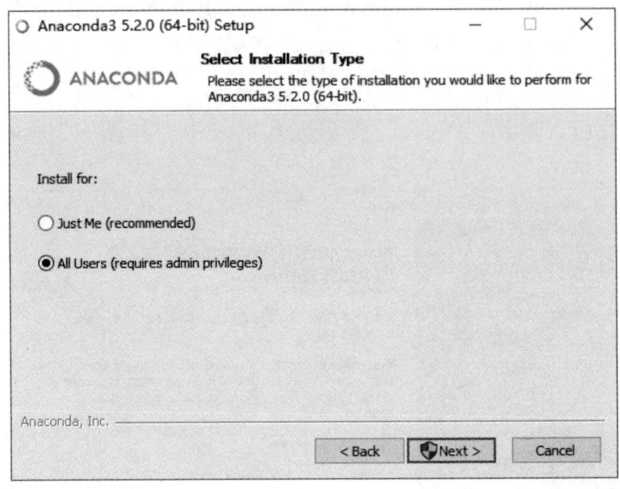

图 1-4　选择安装用户

4）进入安装路径设置，此处选择默认的安装路径，也可依据需要自行修改安装路径。单击图 1-5 所示的“Browse...”按钮，在弹出的如图 1-6 所示的对话框中选择安装路径。

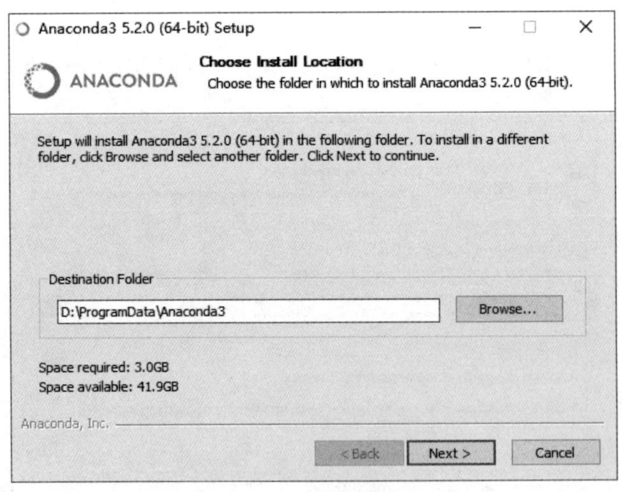

图 1-5　安装路径设置

5）进入安装前的权限设置，第 1 个选项为将 Anaconda 加入环境变量，加入后可通过命令行运行 Anaconda；第 2 个选项为默认使用 Python 3.6，按用户需求进行设置，如图 1-7

所示。单击“Install”按钮开始安装。

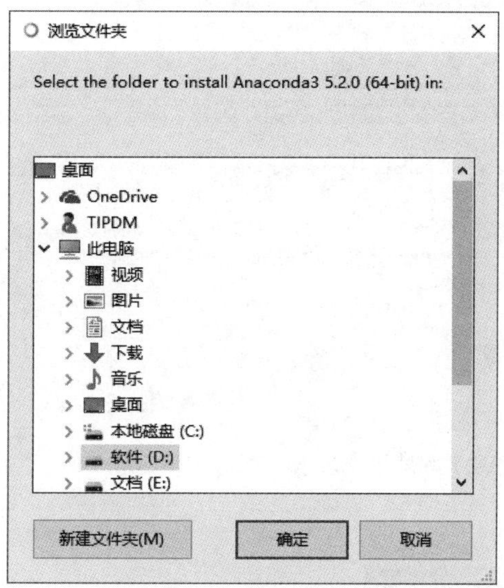

图 1-6　安装路径对话框

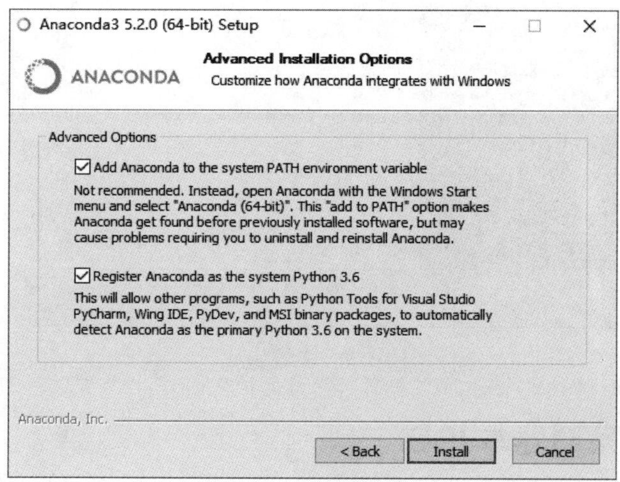

图 1-7　权限设置

6）等待安装过程完成，会弹出是否安装 Microsoft VSCode 的对话框，依据用户需求选择是否安装，若不安装单击“Skip”按钮跳过即可，如图 1-8 所示。

7）单击“Finish”按钮完成安装过程，默认勾选的选项可以单击取消，如图 1-9 所示。

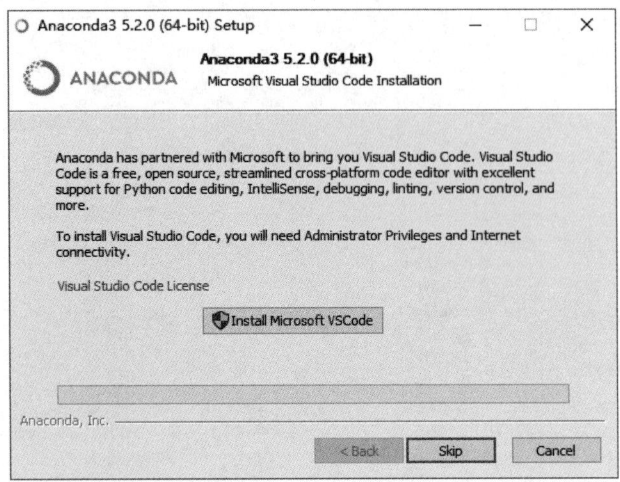

图 1-8　是否安装 Microsoft VSCode 的询问框

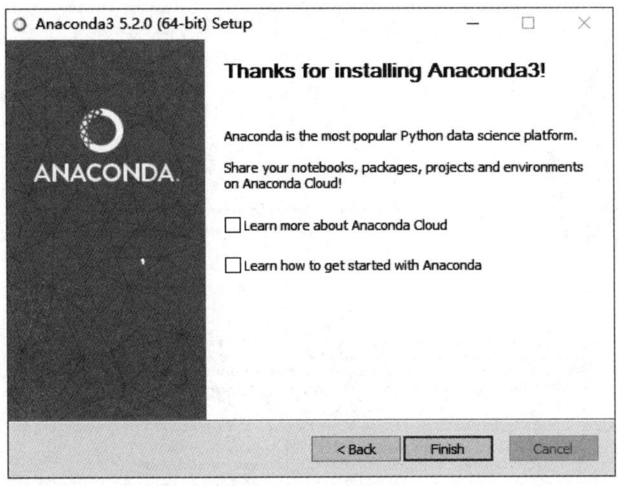

图 1-9　安装完成

1.3　Python 的解释器与 IDE

Python 是一门解释性语言，在运行时需要解释才能执行，此时需要解释器执行解释这项工作。集成开发环境（Integrated Development Environment，简称 IDE，也称 Integration Design Environment 或 Integration Debugging Environment）是一种辅助程序开发人员开发软件的应用软件，在开发工具内部就可以辅助编写源代码文本，并编译打包成为可用的程序，有些甚至可以设计图形接口。IDE 包括编程语言编辑器、自动构建工具，通常还包括调试器。有些 IDE 包含编译器 / 解释器，虽然目前有一些 IDE 支持多种编程语言，但是一般的 IDE 主要还是针对特定的编程语言而量身打造。

1.3.1 Python 的解释器

Python 的第 1 个解释器 CPython 在 1991 年诞生，使用 C 语言实现，并且能够调用 C 库。发展至今，除源生解释器 CPython 外，还发展出了形形色色的解释器，其中部分为基于 CPython 的改进，也有完全基于其他语言编译的版本，目前主流的 Python 解释器如表 1-10 所示。

表 1-10 Python 解释器

Python 解释器	简 介
CPython	官方版本的解释器，因使用 C 语言开发，故称为 CPython。命令行中运行 Python 将启动 CPython 解释器，是使用最广的 Python 解释器。使用“>>>”作为提示符
IPython	基于 CPython 之上的一个交互式解释器，相比于 CPython，在交互性上有所增强，但在执行 Python 代码的功能上与 CPython 完全一致。与 CPython 不同，使用“In[序号]:”作为提示符
Jython	运行在 Java 平台上的 Python 解释器，将 Python 代码编译成 Java 字节码执行
IronPython	运行在微软 .Net 平台上的 Python 解释器，可直接把 Python 代码编译成 .Net 的字节码
PyPy	针对执行效率开发的一款解释器，采用 JIT 技术，对 Python 代码进行动态编译，可显著提高 Python 代码的执行速度。绝大部分 Python 代码都可以在 PyPy 下运行，但运行结果可能与在 CPython 下不同

1.3.2 Python 各 IDE 比较

选择合适的 IDE 能有效帮助开发者提高编程效率。IDE 大致上可分为下述两类。免费的 IDE，此类 IDE 通常能支持多平台且提供一些基本功能。为更高级的面向企业和专业开发人员的商业 IDE，其功能比免费 IDE 更为完善和强大，同时也提供免费的社区版，社区版除部分收费功能以外与商业版一致。常用的 Python IDE 如下。

1. IDLE

IDLE 是开发 Python 程序的基本 IDE，具备基本 IDE 的功能，是非商业 Python 开发的不错选择，是 Python 创造者 Guido van Rossum 使用 python and Tkinter 创建的一个集成开发环境。使用 IDLE 必须安装 python and Tkinter，其特性包含：自动缩进、彩色编码、命令历史（Alt+p，Alt+n）和单词自动（Alt+/）完成。IDLE 的界面如图 1-10 所示。

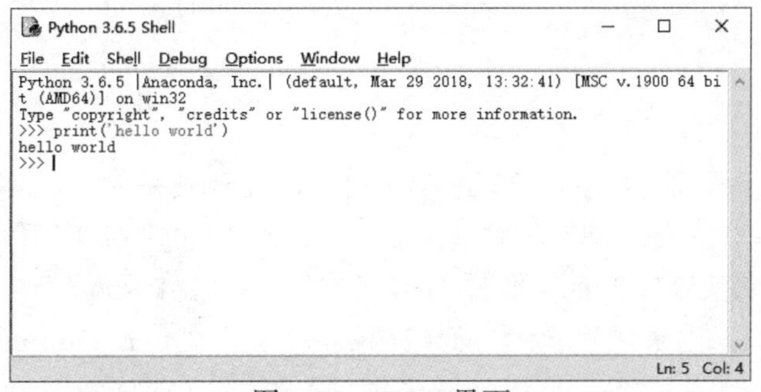

图 1-10 IDLE 界面

2. PyCharm

PyCharm 是专业的 Python 集成开发环境，有社区版和商业版两个版本。PyCharm 拥有最多的企业用户，如 Twitter、Groupon、Spotify、eBay 和 Telefonica 等。

PyCharm 的大部分功能在社区版本中都是可用的，包括智能代码补全、直观的项目导航、错误检查和修复、遵循 PEP8 规范的代码质量检查、智能重构以及图形化的调试器和运行器。还能与 IPython Notebook 进行集成，并支持 Anaconda 及其他的科学计算库，比如 Matplotlib 和 NumPy。PyCharm 专业版本支持更多高级的功能，如远程开发功能、数据库支持及对 Web 开发框架的支持等。

PyCharm 支持很多的第三方 Web 开发框架，如 Django、Pyramid、web2py、Google App Engine 和 Flask，这些也使得 PyCharm 成为一个完整的快速应用集成开发环境。PyCharm 的主界面如图 1-11 所示。

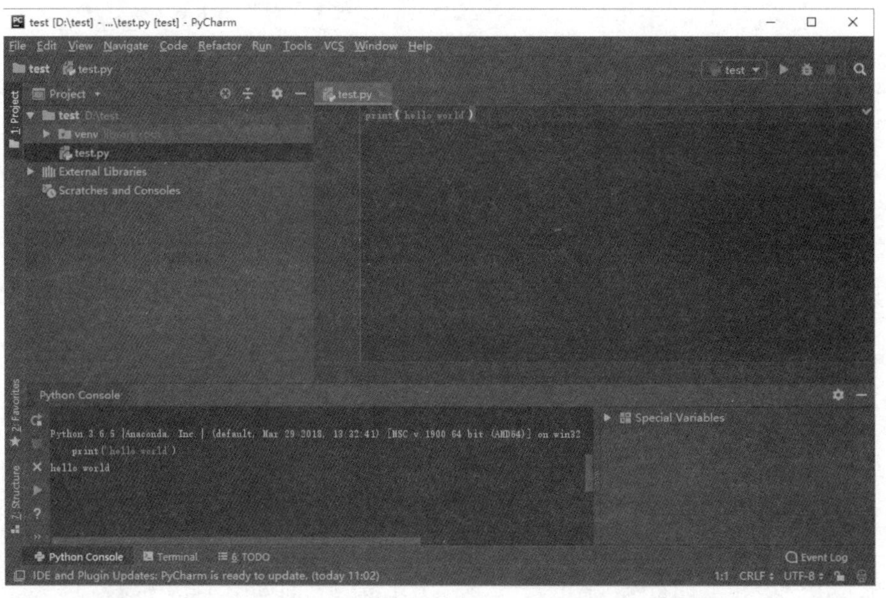

图 1-11 PyCharm 主界面

3. Eclipse+PyDev

Eclipse 是一个开放源代码的、基于 Java 的可扩展开发平台。其本身是一个框架和一组服务，用于通过插件组件构建开发环境。在 Eclipse 中，Python 应用程序的开发和调试主要通过 PyDev 插件来实现。PyDev 插件的出现方便了众多 Python 开发人员，该插件提供一些很好的功能，如：语法错误提示、源代码编辑助手、Quick Outline、Globals Browser、Hierarchy View、运行和调试等。使用 PyDev 插件 Eclipse 的界面如图 1-12 所示。

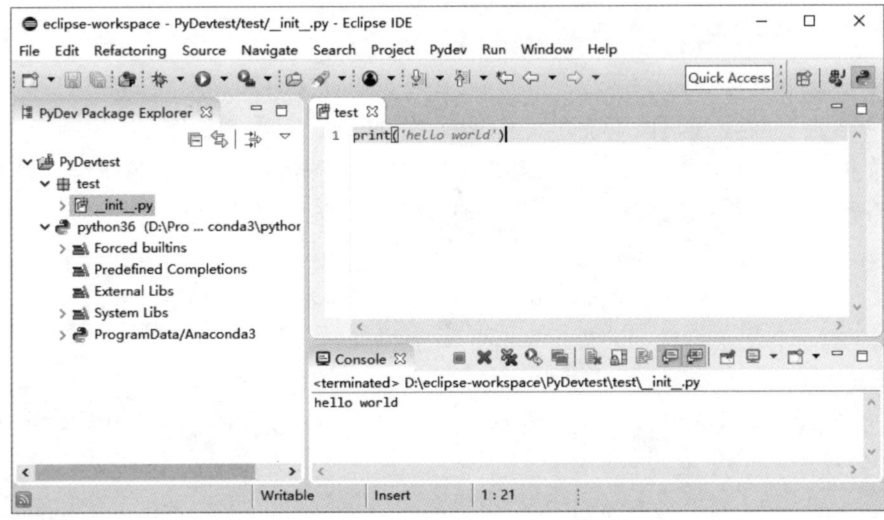

图 1-12　使用 PyDev 插件的 Eclipse 界面

4. Rodeo

Rodeo 是一个专门用于 Python 实现数据科学的 IDE，被认为是 IPython Notebook 的一个轻量级替换。Rodeo 采用 yhat 开发，基于 IPython 内核，支持自动代码补全、结果数据分析。它运行于浏览器中，带有键盘快捷键，其交互性让用户感觉更像是一个本地应用。Rodeo 使用 IPython 内核来处理 UI 和 Python 环境之间的通信，编辑器使用的是 Ace。

其主要功能包含：执行脚本、运行分析、自动完成、检查数据、可见的绘图、文档和帮助。Rodeo 的主界面如图 1-13 所示。

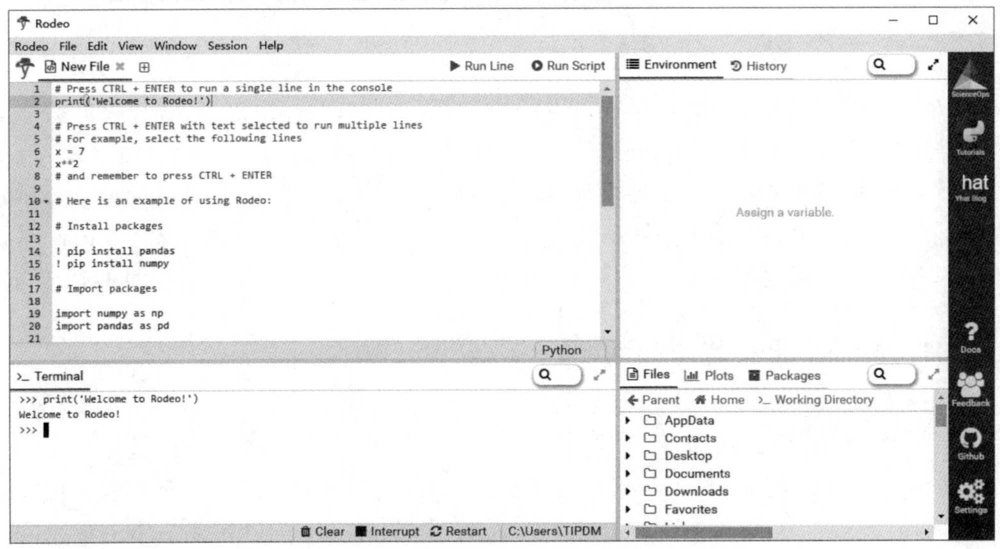

图 1-13　Rodeo 主界面

5. Jupyter Notebook

Jupyter Notebook 以网页的形式打开，可在网页页面中直接编写代码和运行代码，代码的运行结果将会直接在代码块下显示。Jupyter Notebook 以文档的形式体现所有交互计算、编写说明文档、数学公式、图片，以及其他富媒体形式的输入和输出，这部分文档将保存为后缀名为 .ipynb 的 JSON 格式文件，方便与他人共享和进行版本控制。

Jupyter Notebook 的主要特点如下：

1）可直接通过浏览器运行代码，同时在代码块下方展示运行结果。

2）编程时具有语法高亮、缩进、Tab 补全的功能。

3）对代码编写说明文档或语句时，支持 Markdown 语法。

4）以富媒体格式展示计算结果，富媒体格式包括：HTML、LaTeX、PNG、SVG 等。

5）支持使用 LaTeX 编写数学性说明。

Jupyter Notebook 的代码界面如图 1-14 所示。

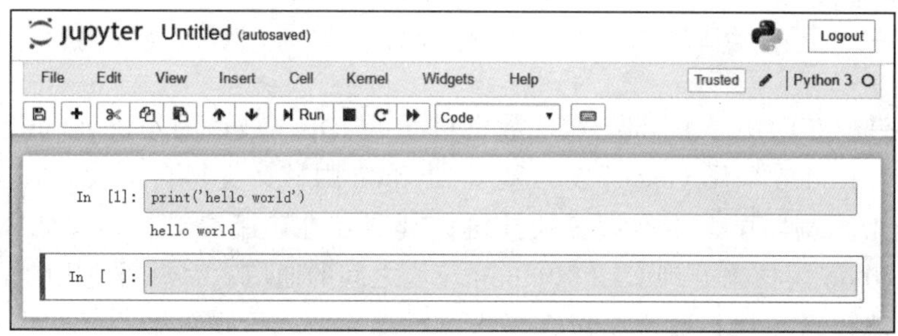

图 1-14　Jupyter Notebook 代码界面

6. Spyder

Spyder 是一个开源的 Python 集成开发环境，非常适合用来进行科学计算方面的 Python 开发，是一个轻量级的软件，遵循 MIT 协议，可免费使用。

Spyder 的基本功能包括多语言编辑器、交互式控制台、文件查看、variable explorer、文件查找、文件管理等。支持多种系统平台，可运行于 Windows、Mac 或者 Linux 系统之上。也可以作为 PyQT 的扩展库，嵌入 PyQT 的应用中。Spyder 的主界面如图 1-15 所示。

1.3.3　PyCharm 的安装与使用

1. 安装 PyCharm

登录 PyCharm 官网 http://www.jetbrains.com/pycharm/download 下载安装包，官网提供两种版本的安装包，其中 professional 表示专业版，community 为社区版，本书使用的社区版版本为 pycharm-community-2018.2.2。具体安装步骤如下。

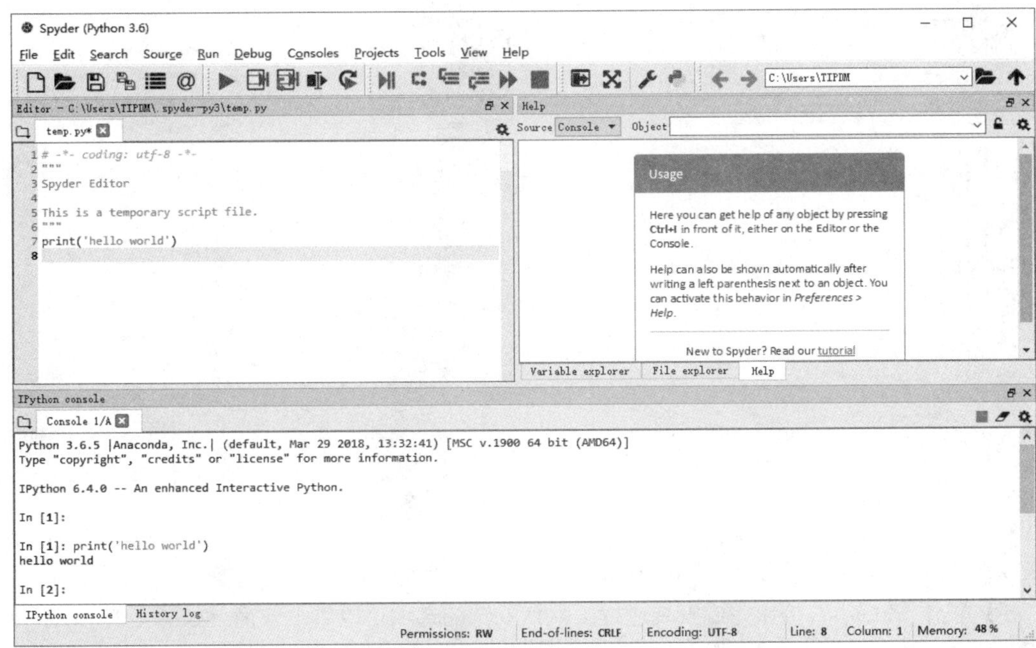

图 1-15　Spyder 主界面

1）双击打开安装包，单击“Next”按钮进入下一步，如图 1-16 所示。

2）进入安装路径设置，此处选择默认的安装路径，也可依据需要自行修改安装路径。单击如图 1-17 所示的“Browse...”按钮，在弹出的如图 1-18 所示的对话框中选择安装路径。

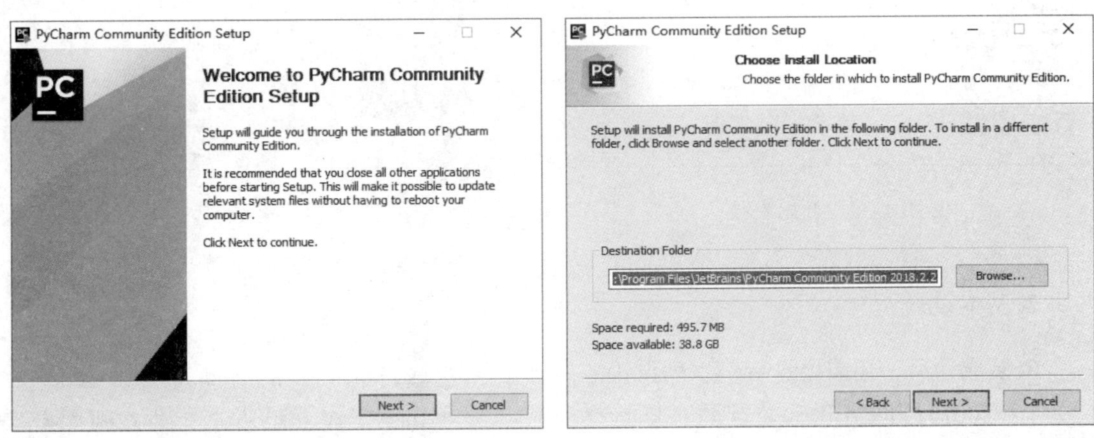

图 1-16　打开安装包

图 1-17　选择安装路径

3）依据系统版本勾选对应的版本，此处选择 64 位的版本，如图 1-19 所示。

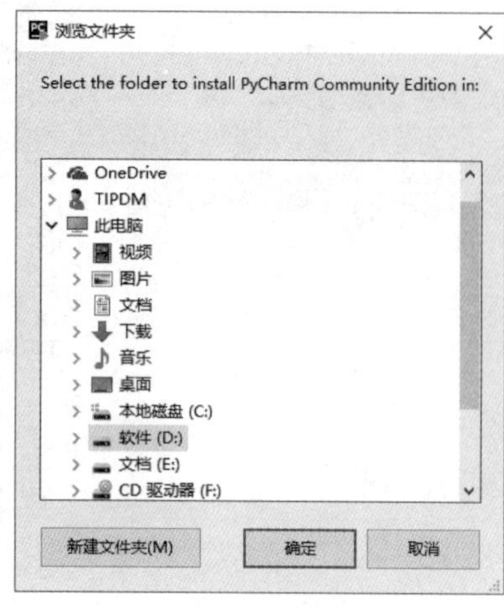

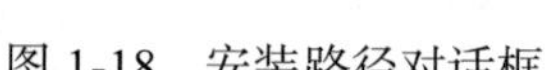
图 1-18　安装路径对话框

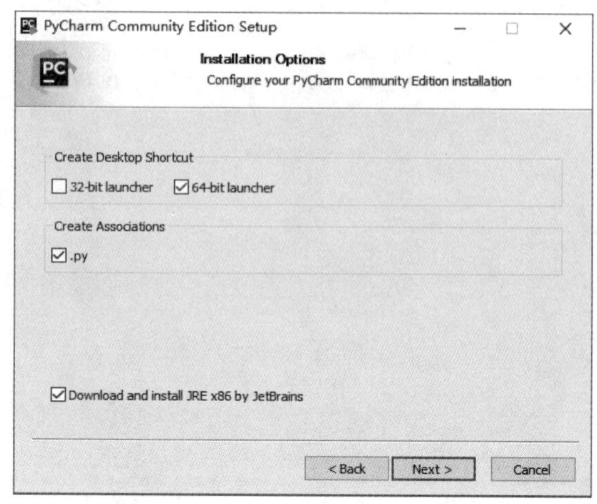

图 1-19　选择版本

4）单击如图 1-20 所示的“Install”按钮开始安装。

5）单击“Finish”按钮完成安装过程，默认勾选的选项可以单击取消，如图 1-21 所示。

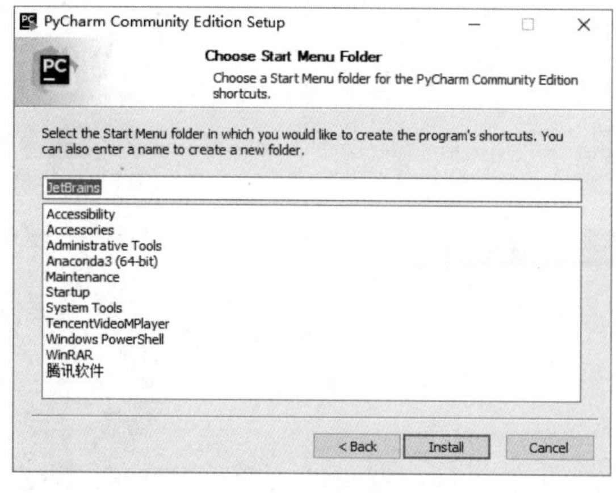

图 1-20　开始安装

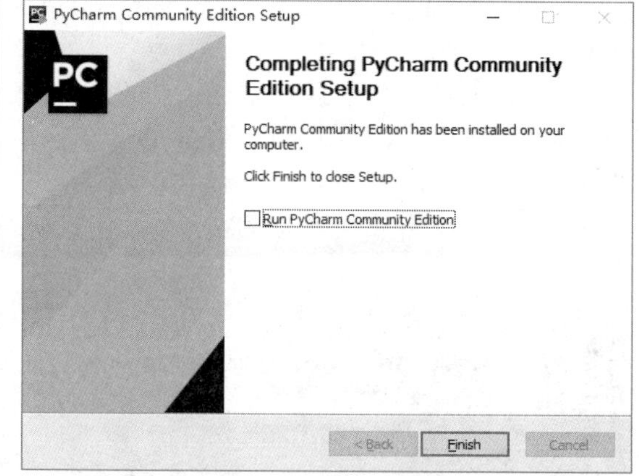

图 1-21　完成安装

2. 基本设置

安装成功后，还需要进行一系列设置才能开始使用 PyCharm，具体步骤如下。

1）双击打开 PyCharm，按照喜好选择 UI，之后单击“Next”进入下一步，如图 1-22 所示。

2）进入插件选择页面，按照用户需求选择插件安装，也可直接跳过该步骤，单击“Start using PyCharm”按钮正式进入 PyChram 页面，如图 1-23 所示。

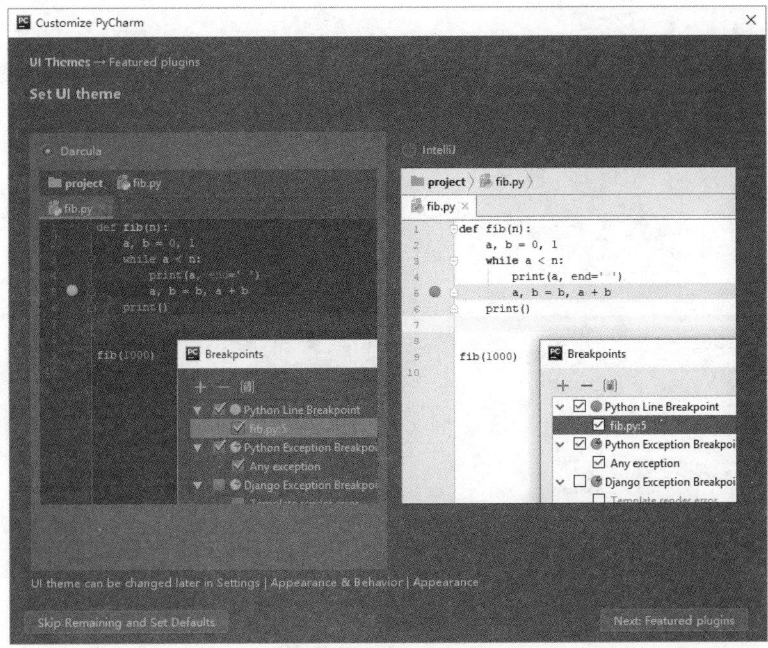

图 1-22　选择 UI

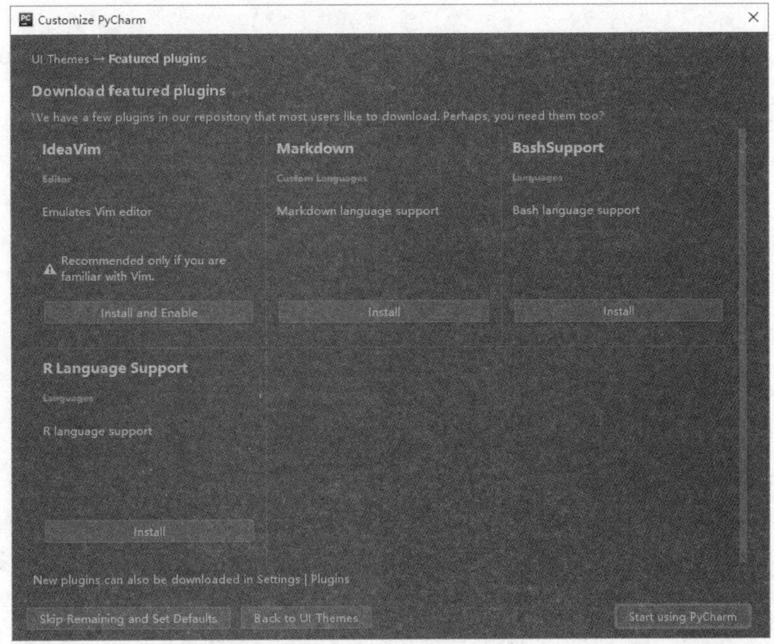

图 1-23　插件安装

3）首次使用需要创建一个新工程，单击“Creat New Project”创建，以后使用时可单击“Open”按钮打开以往创建的工程，如图 1-24 所示。

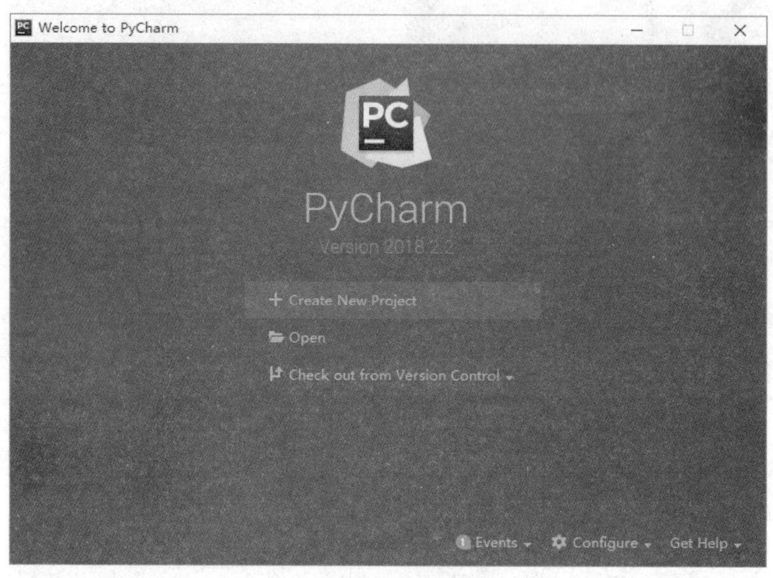

图 1-24　创建新工程

4）选择创建的工程的位置，单击如图 1-25 所示的文件夹图标，将弹出如图 1-26 的字的位置选择框，选择想要创建的工程位置。注意创建的工程文件夹必须为空。单击“Project Interpreter:New Virtualenv environment”将会看到 PyCharm 已自动识别已安装的 Python 程序，之后单击“Create”按钮将创建工程。

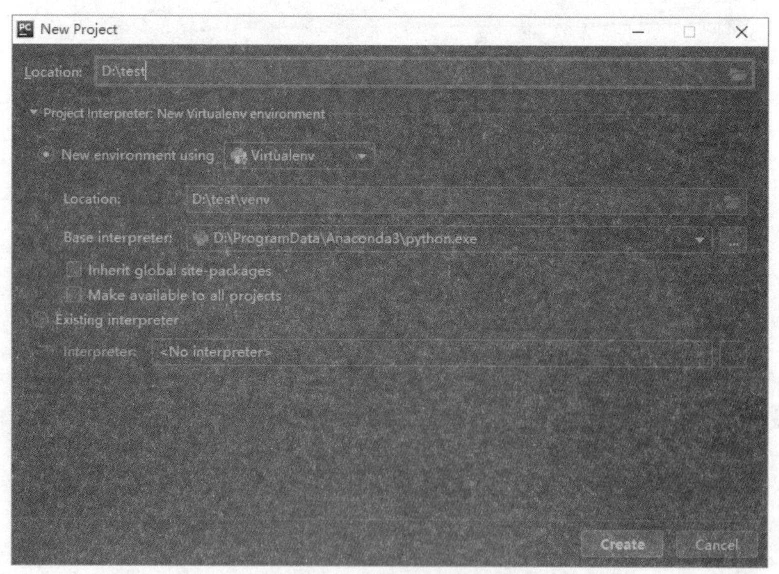

图 1-25　选择工程位置

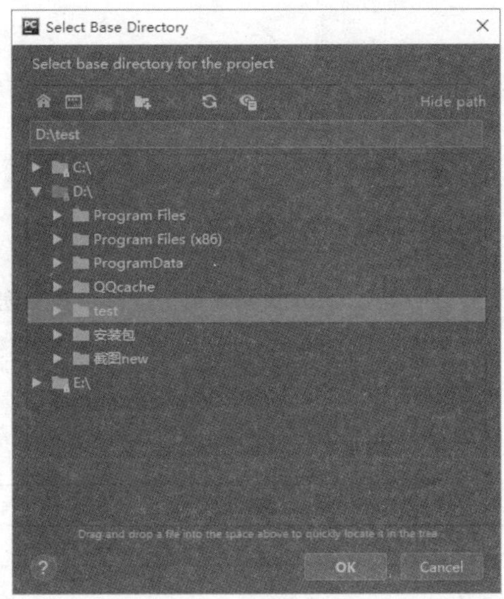

图 1-26　位置选择框

5）PyCharm 将自动初始化，等待初始化完毕后，右键单击创建的工程，在“New”标签下，单击“Python File”即可创建一个 .py 文件，如图 1-27 所示。

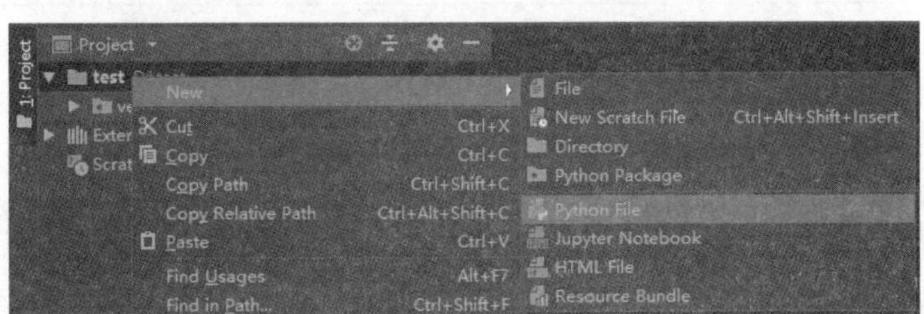

图 1-27　创建 .py 文件

6）输入文件名称，即可创建 .py 文件进行编辑，如图 1-28 所示。

7）创建成功后，将会在工程文件夹下自动新建一个 .py 文件，之后就可以开始编程了，如图 1-29 所示。

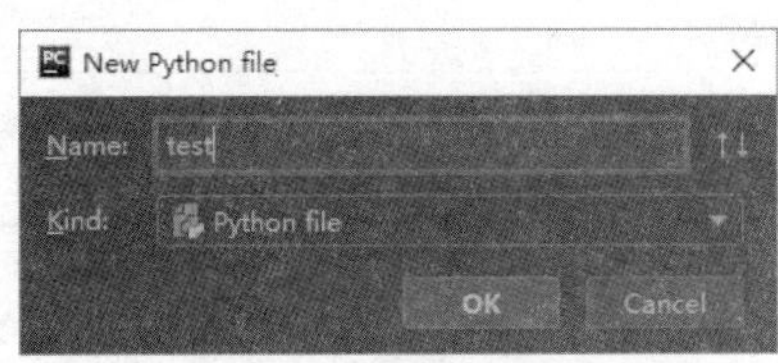

图 1-28　命名文件

图 1-29　创建 .py 文件成功

3. 快捷键

Pycharm 中的快捷键按功能可分为 10 类，包括编辑、查找 / 替换、运行、调试、导航、搜索相关、重构、控制 VCS/Local History、模板、通用。

（1）编辑（Editing）

PyCharm 中代码编辑的快捷键及其用途如表 1-11 所示。

表 1-11 PyCharm 代码编辑快捷键及其用途

快捷键	用 途
Ctrl+Q	快速查看文档
Ctrl+F1	显示错误描述或警告信息
Ctrl+/	行注释
Ctrl+Alt+L	代码格式化
Ctrl+Alt+O	自动导入
Ctrl+Alt+I	自动缩进
Tab/Shift+Tab	缩进、不缩进当前行
Ctrl+C/Ctrl+Insert	复制当前行或选定的代码块到剪贴板
Ctrl+D	复制选定的区域或行到后面或下一行
Ctrl+Y	删除当前行
Shift+Enter	下一行另起一行
Ctrl+J	插入模板
Ctrl+Numpad+/–	展开或折叠代码块
Ctrl+Numpad+	全部展开
Ctrl+Numpad–	全部折叠
Ctrl+Delete	删除到字符结束
Ctrl+Backspace	删除到字符开始
Ctrl+Shift+F7	将当前单词在整个文件中高亮，F3 移动到下一个，Esc 取消高亮
Alt+up/down	方法上移或下移
Alt+Shift+up/down	当前行上移或下移
Ctrl+B/ 鼠标左键	转到方法定义处
Ctrl+W	选中增加的代码块
Shift+F6	方法或变量重命名
Ctrl+E	最近访问的文件
Esc	从其他窗口回到编辑窗口
Shift+Esc	隐藏当前窗口，焦点到编辑窗口
F12	回到先前的工具窗口

（2）查找 / 替换（Search/Replace）

PyCharm 中查找 / 替换的快捷键及其用途如表 1-12 所示。

表 1-12　PyCharm 查找 / 替换快捷键及其用途

快捷键	用　途
F3	下一个
Shift+F3	前一个
Ctrl+R	替换
Ctrl+Shift+F	全局查找
Ctrl+Shift+R	全局替换

（3）运行（Running）

PyCharm 中运行的快捷键及其用途如表 1-13 所示。

表 1-13　PyCharm 运行快捷键及其用途

快捷键	用　途
Alt+Shift+F10	运行模式配置
Alt+Shift+F9	调试模式配置
Shift+F10	运行
Shift+F9	调试
Ctrl+Shift+F10	运行编辑器配置
Ctrl+Alt+R	运行 manage.py 任务

（4）调试（Debugging）

PyCharm 中调试的快捷键及其用途如表 1-14 所示。

表 1-14　PyCharm 调试快捷键及其用途

快捷键	用　途
F8	跳过
F7	进入
Shift+F8	退出
Alt+F9	运行游标
Alt+F8	验证表达式
Ctrl+Alt+F8	快速验证表达式
F9	恢复程序
Ctrl+F8	断点开关
Ctrl+Shift+F8	查看断点

（5）导航（Navigation）

PyCharm 中导航的快捷键及其用途如表 1-15 所示。

表 1-15　PyCharm 导航快捷键及其用途

快捷键	用　途
Ctrl+N	跳转到类
Ctrl+Shift+N	跳转到符号

（续）

快捷键	用　途
Alt+Right/Left	跳转到下一个、前一个编辑的选项卡
F12	回到先前的工具窗口
Esc	从其他窗口回到编辑窗口
Shift+Esc	隐藏当前窗口，焦点到编辑窗口
Ctrl+Shift+F4	关闭主动运行的选项卡
Ctrl+G	查看当前行号、字符号
Ctrl+E	最近访问的文件
Ctrl+Alt+Left/Right	后退、前进
Ctrl+Shift+Backspace	导航到最近编辑区域
Alt+F1	查找当前文件或标识
Ctrl+B/Ctrl+Click	跳转到声明
Ctrl+Alt+B	跳转到实现
Ctrl+Shift+I	查看快速定义
Ctrl+Shift+B	跳转到类型声明
Ctrl+U	跳转到父方法、父类
Alt+Up/Down	跳转到上一个、下一个方法
Ctrl+]/[	跳转到代码块结束、开始
Ctrl+F12	弹出文件结构
Ctrl+H	类型层次结构
Ctrl+Shift+H	方法层次结构
Ctrl+Alt+H	调用层次结构
F2/Shift+F2	下一条、前一条高亮的错误
F4/Ctrl+Enter	编辑资源、查看资源
Alt+Home	显示导航条
Ctrl+Shift+F11	书签助记开关
Ctrl+#[0-9]	跳转到标识的书签
Shift+F11	显示书签

（6）用法查询（Usage Search）

PyCharm 中用法查询的快捷键及其用途如表 1-16 所示。

表 1-16　PyCharm 用法查询快捷键及其用途

快捷键	用　途
Alt+F7/Ctrl+F7	文件中查询用法
Ctrl+Shift+F7	文件中用法高亮显示
Ctrl+Alt+F7	显示用法

（7）重构（Refactoring）

PyCharm 中重构的快捷键及其用途如表 1-17 所示。

表 1-17　PyCharm 重构快捷键及其用途

快捷键	用　途
F5	复制
F6	剪切
Alt+Delete	安全删除
Shift+F6	方法或变量重命名
Ctrl+F6	更改签名
Ctrl+Alt+N	内联
Ctrl+Alt+M	提取方法
Ctrl+Alt+V	提取属性
Ctrl+Alt+F	提取字段
Ctrl+Alt+C	提取常量
Ctrl+Alt+P	提取参数

（8）控制 VCS/Local History

PyCharm 中控制 VCS 的快捷键及其用途如表 1-18 所示。

表 1-18　PyCharm 控制 VCS 快捷键及其用途

快捷键	用　途
Ctrl+K	提交项目
Ctrl+T	更新项目
Alt+Shift+C	查看最近的变化
Alt+BackQuote(’)	VCS 快速弹出

（9）模板（Live Templates）

PyCharm 中模板的快捷键及其用途如表 1-19 所示。

表 1-19　PyCharm 中模板的快捷键及其用途

快捷键	用　途
Ctrl+Alt+J	当前行使用模板
Ctrl+J	插入模板

（10）通用（General）

PyCharm 中的通用快捷键及其用途如表 1-20 所示。

表 1-20　PyCharm 通用快捷键及其用途

快捷键	用　途
Alt+#[0-9]	打开相应编号的工具窗口
Ctrl+Alt+Y	同步
Ctrl+Shift+F12	最大化编辑开关
Alt+Shift+F	添加到最喜欢

（续）

快捷键	用　途
Alt+Shift+I	根据配置检查当前文件
Ctrl+BackQuote(’)	快速切换当前计划
Ctrl+Alt+S	打开设置页
Ctrl+Shift+A	查找编辑器里所有的动作
Ctrl+Tab	在窗口间进行切换

1.3.4　Jupyter Notebook 的使用

Anaconda 3 中集成了 Jupyter Notebook，因此在 Anaconda 3 安装完毕后，用户便可以开始使用 Jupyter Notebook。

1. 进入 Jupyter Notebook

可通过两种方式进入 Jupyter Notebook，一种是直接单击菜单目录中 Anaconda 3 下的 Jupyter Notebook，如图 1-30 所示。

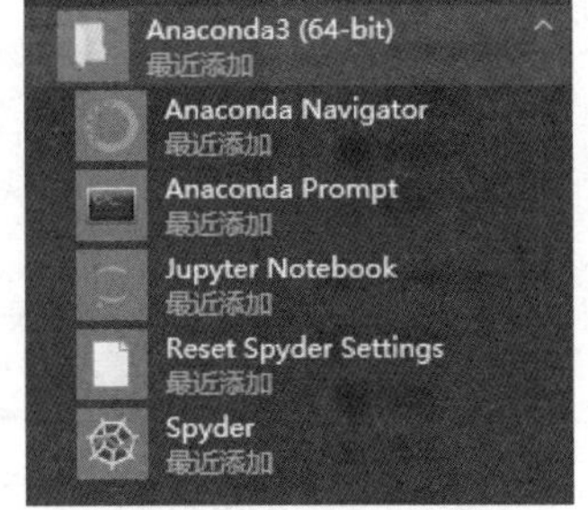

图 1-30　通过菜单目录打开

运行成功后，终端内会显示一系列 Jupyter Notebook 的服务器信息，同时浏览器将会自动启动 Jupyter Notebook，如图 1-31 所示。

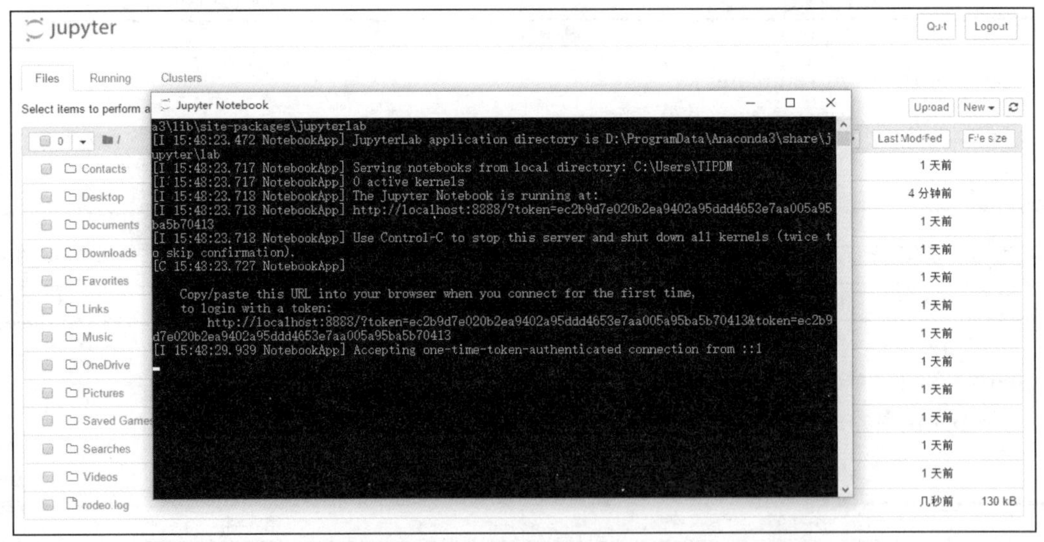

图 1-31　自动启动 Jupyter Notebook

若安装 Anaconda 3 时选择添加环境变量，则可以在 CMD 中输入“jupyter notebook”来启动。若安装 Anaconda 3 时没有选择添加环境变量，又想通过 cmd 命令行进行启动，则可以在系统环境变量中手动添加如下路径。

```
.\Anaconda3;
.\Anaconda3\Library\mingw-w64\bin;
.\Anaconda3\Library\usr\bin;
.\Anaconda3\Library\bin;
.\Anaconda3\Scripts;
```

修改环境变量时需要依据 Anaconda 3 的安装路径做对应修改。

启动后，浏览器地址栏中将会默认显示：“http://localhost:8888”。其中，“localhost”指的是本机地址，而“8888”则是当前 Jupyter Notebook 程序占用的端口号。若同时启动了多个 Jupyter Notebook，由于默认端口“8888”被占用，因此地址栏中的数字将从“8888”起，每多启动一个 Jupyter Notebook，端口号就加 1，如“8889”“8890”。

若想通过自定义端口号启动 Jupyter Notebook，可以在终端中输入以下命令。

```
jupyter notebook --port <port_number>
```

其中，“<port_number>”为用户想要自定义的端口号，直接以数字的形式写在命令当中，数字的两边不需要加“< >”。如“jupyter notebook --port 8999”表示在端口号为“8999”的服务器启动 Jupyter Notebook。

2. Jupyter Notebook 基本使用方法

当启动成功后，浏览器会进入 Notebook 的主页面，如图 1-32 所示。

图 1-32　Jupyter Notebook 主页面

单击右上角的“New”按钮，在弹出的标签栏中选择“Python 3”，即可创建一个

Python 文件，如图 1-33 所示。

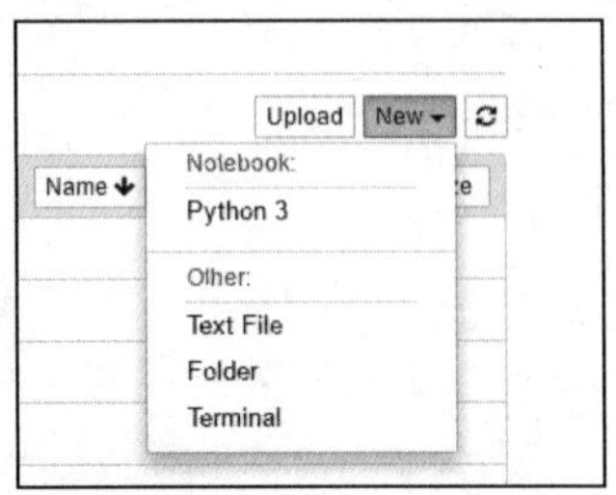

图 1-33　创建 Python 文件

创建成功后，进入笔记本页面，如图 1-34 所示。

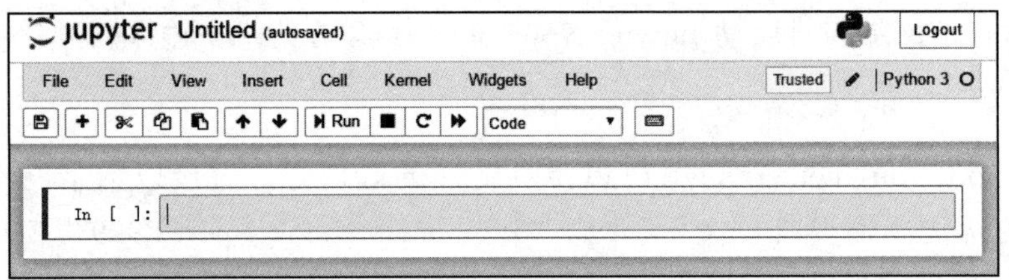

图 1-34　笔记本页面

在该页面可对 .py 文件进行操作。单击图 1-34 左上方的“Untitled”按钮可修改文件名。常用工具栏按钮及其功能如表 1-21 所示。

表 1-21　常用工具栏按钮及其功能

工具栏按钮	功　能
	保存当前 .py 文件
+	添加单元格
	删除单元格
	复制当前单元格
	将复制的单元格粘贴为新单元格
	将当前选中的单元格上移
	将当前选中的单元格下移
Run	运行当前选中的单元格
	停止运行
	重启内核
	重启内核后重新运行整个 .py 文件
Code	当前单元格状态
	打开命令选项板

在单元格中输入命令，之后单击运行按钮在单元格下输出结果，同时自动新建一个单元格，如图 1-35 所示。

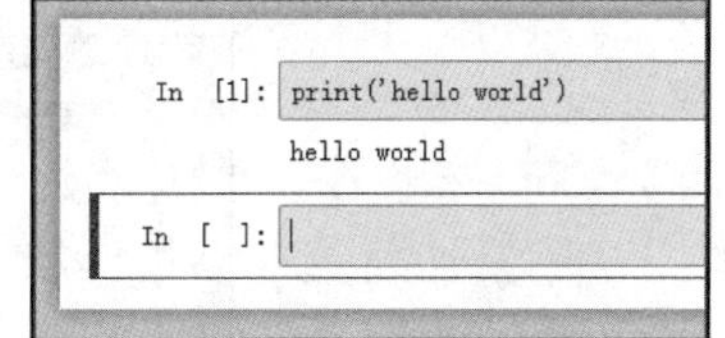

图 1-35　运行单元格命令

3. Markdown

Markdown 工具可以将 TXT 转化成 html 格式。这一类工具的作用是将按一定格式写成的可读性强的文本文件转化为结构化的标准 xhtml 或 html 文件。Jupyter Notebook 中集成的 Markdown 需要通过安装扩展来实现添加，在命令行中执行如下命令进行添加。

```
conda install -c conda-forge jupyter_contrib_nbextensions
```

之后启动 Jupyter Notebook，导航栏将增加一个“Nbextensions”的类目，单击“Nbextensions”，勾选“Python Markdown”启用，如图 1-36 所示。

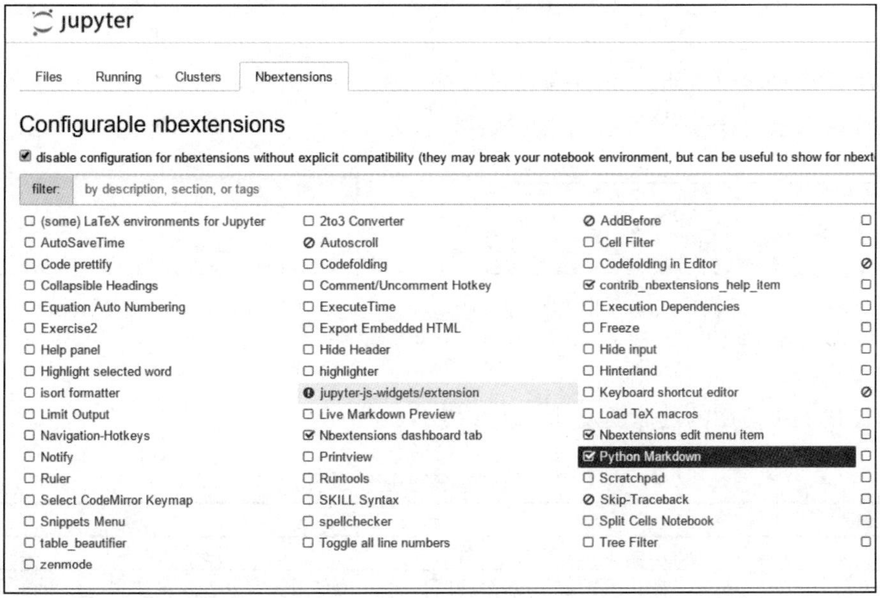

图 1-36　启用 Python Markdown

新建一个 .py 文件，在单元格状态的下拉框中选择“Markdown”即切换至 Markdown，如图 1-37 所示。

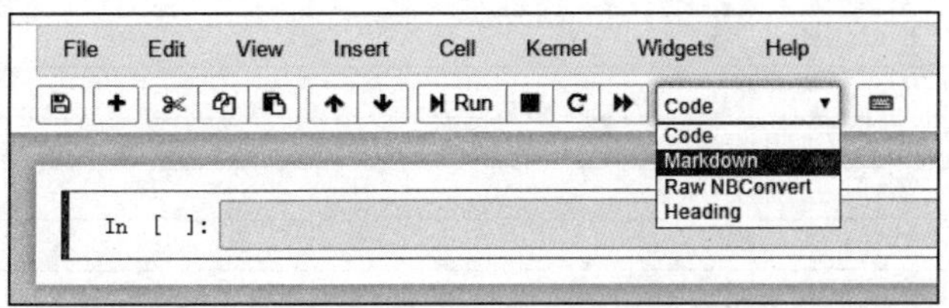

图 1-37　选择 Markdown

之后在单元格内输入的内容将以 html 的形式输出，如图 1-38 所示。

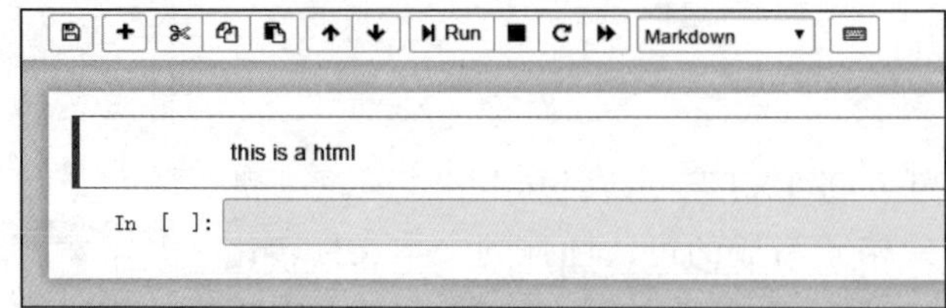

图 1-38　Markdown 输出 html

4. 快捷键

Jupyter Notebook 拥有两种键盘输入模式。第 1 种是编辑模式，此时允许往单元中键入代码或文本。该模式下的单元框线是绿色的，并且活动单元框内有光标闪烁，如图 1-39 所示。

第 2 种是命令模式，此时允许通过键盘输入运行程序的命令。该模式下的单元框线是蓝色的，且单元框内没有光标闪烁，如图 1-40 所示。

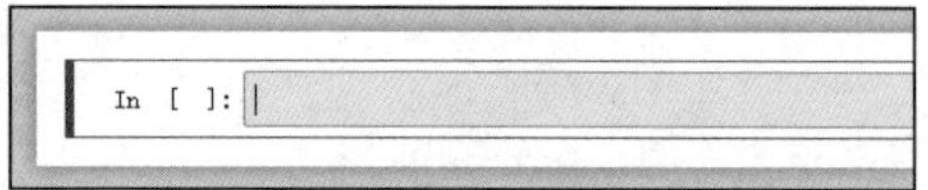

图 1-39　编辑模式单元框

图 1-40　命令模式单元框

（1）编辑模式

编辑模式下可使用的快捷键及其用途如表 1-22 所示。

表 1-22　编辑模式快捷键及其用途

快捷键	用　途
Tab	代码补全或缩进
Shift+Tab	提示，输出帮助信息，部分函数、类、方法等会显示其定义原型，如果在其后加“？”再运行会显示更加详细的帮助信息
Ctrl+]	缩进
Ctrl+[	解除缩进
Ctrl+A	全选
Ctrl+Z	撤销操作
Ctrl+Shift+Z	恢复操作
Ctrl+Y	恢复操作
Ctrl+Home	跳到单元开头
Ctrl+Up	跳到单元开头
Ctrl+End	跳到单元末尾
Ctrl+Down	跳到单元末尾

（续）

快捷键	用　途
Ctrl+Left	跳到左边一个字首
Ctrl+Right	跳到右边一个字首
Ctrl+Backspace	删除前面一个字
Ctrl+Delete	删除后面一个字
Esc	切换到命令模式
Ctrl+M	切换到命令模式
Shift+Enter	运行本单元，选中下一单元，新单元默认为命令模式
Ctrl+Enter	运行本单元
Alt+Enter	运行本单元，在下面插入一单元，新单元默认为编辑模式
Ctrl+Shift+-	分割单元，按光标所在行进行分割
Ctrl+S	保存当前 NoteBook
Shift	忽略
Up	光标上移或转入上一单元
Down	光标下移或转入下一单元
Ctrl+/	注释整行或撤销注释

（2）命令模式

命令模式下可以使用的快捷键及其用途如表 1-23 所示。

表 1-23　命令模式快捷键及其用途

快捷键	用　途
Enter	转入编辑模式
Shift+Enter	运行本单元，选中下个单元，新单元默认为命令模式
Ctrl+Enter	运行本单元
Alt+Enter	运行本单元，在其下插入新单元，新单元默认为编辑模式
Y	单元转入代码状态
M	单元转入 Markdown 状态
R	单元转入 raw 状态
1	设定 1 级标题，建议仅在 Markdown 状态下时使用标题相关快捷键，若单元处于其他状态，将会强制切换到 Markdown 状态
2	设定 2 级标题
3	设定 3 级标题
4	设定 4 级标题
5	设定 5 级标题
6	设定 6 级标题
Up	选中上方单元
K	选中上方单元
Down	选中下方单元
J	选中下方单元

（续）

快捷键	用　途
Shift+K	连续选择上方单元
Shift+J	连续选择下方单元
A	在上方插入新单元
B	在下方插入新单元
X	剪切选中的单元
C	复制选中的单元
Shift+V	粘贴到上方单元
V	粘贴到下方单元
Z	恢复删除的最后一个单元
D+D	连续按两次 D，删除选中的单元
Shift+M	合并选中的单元
Ctrl+S	保存当前 NoteBook
S	保存当前 NoteBook
L	开关行号，编辑框的行号可开启或关闭
O	转换输出
Shift+O	转换输出滚动
Esc	关闭页面
Q	关闭页面
H	显示快捷键帮助
I+I	连续按两次 I，中断 NoteBook 内核
0+0	连续按两次 0，重启 NoteBook 内核
Shift	忽略
Shift+Space	向上滚动
Space	向下滚动

小结

Python 是一门高层次计算机程序语言，本章介绍了 Python 相关背景知识，环境配置及相关 IDE。主要内容如下。

1）Python 拥有 20 多年的发展历史，关键的特性包括：解释型、动态、强类型。其应用领域涵盖机器学习、数值计算、数据可视化、网络编程、数据库开发、自动化运维和 GUI 编程等。

2）Python 核心团队即将停止对 Python 2 版本的维护，建议新的 Python 项目使用 Python 3 版本。

3）Python 拥有多种 IDE，其中 PyCharm 是一个专业的 Python 集成开发环境，安装完毕后的初次启动需经一系列设置才可使用，其创建的 .py 文件存储在工程目录下。

4）通过比较，主要对 Anaconda 3 中集成的 Jupyter Notebook 做了功能介绍。Jupyter Notebook 可通过菜单目录或命令行启动，支持 LaTex 与 Markdown，支持整个代码与其结果输出为 html。

课后习题

1. 选择题

（1）下面关于 Python 版本描述错误的是（　　）。

A. 第一个 Python 解释器诞生于 1991 年

B. Python 核心团队将在 2020 年停止支持 Python 2

C. Python 3.x 向下兼容 Python 2

D. Python 的最新版本为 Python 3.7

（2）下面不属于 Python 特性的是（　　）。

A. 解释性　　B. 静态　　C. 动态　　D. 面向对象

（3）下面关于 Python 机器学习库描述错误的是（　　）。

A. sklearn 为 Python 机器学习标准库

B. Tensorflow 由 Facebook 团队开发

C. PyTorch 的计算方式都是动态的

D. Theano 是一个更为学术化的神经网络模块

（4）下面关于 Python 解释器描述错误的是（　　）。

A. CPython 使用 C 语言开发

B. JPython 运行在 Java 平台上

C. IPython 使用 html 开发

D. PyPy 与 CPython 的执行结果有可能不同

（5）下面关于 Python IDE 描述错误的是（　　）。

A. PyCharm 无法免费使用

B. IDLE 是 Python 基本 IDE

C. Jupyter Notebook 可在网页页面中直接编写代码和运行代码

D. Spyder 是一个开源的轻量级 Python 开发环境

2. 操作题

（1）按照 1.2.3 节中的步骤安装 Anaconda 3，并使用 Jupyter Notebook 创建一个应声虫程序。

（2）按照 1.3.3 节中的步骤安装社区版 PyCharm，并使用 PyCharm 编写一个简单的求和程序。

CHAPTER 2

第 2 章

Python 基础知识

世界上大多数计算机语言是 C-like 语言，其基础语法与 C 语言非常相似。Python 是 C-like 语言的一种，同时又是一门解释型语言。Python 的设计原则是优雅、简单，所以 Python 有不少同 C 语言差异较大的语法规则。基于此，本章将全面介绍 Python 的基础知识，包括固定语法、运算符、数据类型、输入输出操作及文件 I/O 等。

2.1 固定语法

正如每种自然语言都有各自的语法，计算机语言同样依赖语法规则支撑起自身体系。编程基本规范由一些简明的语法确定，可以称之为固定语法。Python 固定语法与多数编程语言相似，但也有其特殊之处，正是这些特殊之处形成了 Python 语言的特色。本节主要介绍的内容包括：声明、注释、缩进、多行语句、保留字符和赋值等。

2.1.1 声明与注释

1. 声明

在 Python 的 2.x 版本中，默认的编码格式是 ASCII 格式。ASCII 是一种单字节的编码，编码技术在起步时期只使用英文字符，使用单字节足以表示所有的英文字符及控制符号，总共 256 个字符。源代码文件只要用到非 ASCII 字符，必须在文件头部进行字符编码声明。在字符编码声明中，Python 只检查“#”“coding”和编码字符串，其他字符是可变的。

ASCII 最多只能表示 256 种字符，因此产生了无法回避的问题：不足够表示国际上众多的字符。Unicode（万国码）在 1994 年应运而生，这种统一编码规定了每个字符的对应关系，UTF-8、GB2312 等常用的编码格式就是按照 Unicode 规定的。

Python 升级到 3.x 版本后，默认编码格式变更为 UTF-8。在这一格式下，世界上大多数语言的字符可以得到准确的编译，一般不需要做字符编码声明。多数情况下，系统通过

Python 执行文件不会出错。但如果编辑器不支持 UTF-8 格式的文件，或者后来又使用了其他的编码格式，Python 就无法自动识别脚本文件，会造成程序执行出错。这时，对 Python 脚本文件进行编码声明就显得尤其重要了。

要为源文件指定特定的字符编码格式，需要在文件的首行或第 2 行插入一行注释，称为编码声明。这一声明必须放在首行或第 2 行的原因是：注释行都是以 # 号开头的，不会被机器编译。编码声明虽然不属于注释行，但同样以 # 号开头，可能会被机器误识别为注释，只有放在首行或第 2 行的位置，才能被机器正常识别并编译。编码声明的格式如下。

```
# -*- coding: utf-8 -*-
```

通过这一声明，源文件中的所有字符都被当作 coding 指代的 UTF-8 编码对待。

编写 Python 脚本时，除声明编码格式外，常常也会加上一个路径声明。路径声明的格式如下。

```
# !/usr/bin/Python
```

路径声明指出了系统执行 py 文件时，调用的是 /usr/bin 下的 Python 解释器。路径声明一般放在脚本首行。

2. 注释

代码的注释是指使用文字对代码进行说明，注释只用于向编程人员展示代码信息，编译器则自动忽略注释的内容。在代码中添加注释可提高程序的可读性，注释中包括了程序的逻辑结构信息，可以帮助程序员更好地阅读和理解程序。在实际的编程工作中，常常需要浏览成千上万行晦涩难懂的代码，如果代码中缺少合理的注释，即使是作者本人在一段时间之后也未必能轻易理解每行代码的含义。因此，对代码进行合理的注释是一种良好的编程习惯。

Python 中对代码注释的方法包括单行注释和多行注释。

单行注释以 # 号开头，# 号后到换行前之间的所有字符都是注释部分，如下所示。

```
# 这是一个单行注释
print("Hello,World!")  # 这是一个写在代码后的注释
```

编程中常常有多行注释的需求，多行注释同样可以使用 # 号，在每一行前都需要加上 # 号。使用 # 号进行多行注释如下所示。

```
# 这是一个使用 # 号的多行注释
# 这是一个使用 # 号的多行注释
```

虽然上述方法足以进行多行注释，但 Python 中还有一种更加方便、优雅的多行注释方法，即通过 3 个单引号（'''）或 3 个双引号（"""）将注释对象括起来。使用引号进行多行注释时，需要保证前后使用的引号类型一致。使用 3 个引号进行注释，如下所示。

```
'''
该多行注释使用的是 3 个单引号
该多行注释使用的是 3 个单引号
'''
"""
该多行注释使用的是 3 个双引号
该多行注释使用的是 3 个双引号
"""
```

2.1.2 缩进与多行语句

1. 缩进

代码行首的空白称为缩进，可用 4 个空格或制表符创建。Python 的一大特色就是用缩进的方式标识代码结构，而 Java 和 C++ 等语言则使用大括号 {}。Python 使用缩进标识代码结构的方式使得代码更加简洁优雅。

使用缩进方式标识代码结构时，同一代码块内的语句必须有相同的缩进空格数，否则就会出错。缩进的长度没有硬性要求，保持同层次结构一致即可，但也推荐使用 4 个空格进行缩进。正确的缩进方式如代码清单 2-1 所示。

代码清单 2-1 正确缩进

```
In[1]:
# 比较两个数字对于 π 的精度，保持缩进一致
pie = 3.1415
pie1 = 3.14
# 同一代码块内各行缩进空格数目相同，观察输出结果
if pie > pie1:
    print('π 取 pie 更精确 ')
elif pie == pie1:
    print('π 取 pie 或 pie1 一样精确 ')
else:
    print('π 取 pie1 更精确 ')
```

```
Out[1]:  π 取 pie 更精确
```

缩进空格数不一致，会导致代码运行出错，如代码清单 2-2 所示。

代码清单 2-2 错误缩进

```
In[2]:
# 比较两个数字对于 π 的精度，使用不一致的缩进
pie = 3.1415
pie1 = 3.14
# 内容与代码清单 2-1 相同，缩进不对齐，观察输出结果
if pie > pie1:
    print('π 取 pie 更精确 ')
elif Pie == pie:
    print('π 取 pie 或 pie1 一样精确 ')
```

```
else:
print('π 取 pie1 更精确 ')
```

Out[2]:
```
  File "<ipython-input-33-1620b8ac3a51>", line 10
    print('π 取 pie1 更精确 ')
        ^
IndentationError: expected an indented block
```

2. 多行语句

编写代码时，通常应在一行内完成一条语句，但太长的语句显得冗长，可读性差。用反斜杠（\）可以实现长语句的换行，且不会被机器识别成多个语句，如代码清单 2-3 所示。

代码清单 2-3　长语句换行

In[3]:
```
# 给出 3 种水果的价格，计算总价
apple_price, banana_price, pear_price = 1, 1.5, 0.5
# 用反斜杠实现长语句换行
total_price = apple_price + \
banana_price + \
pear_price
print('total_price =', total_price)
```

Out[3]:
```
total_price = 3.0
```

需要注意，在 []、{}、() 等不同括号内，多行语句换行时不需要使用反斜杠（\），直接换行即可，如代码清单 2-4 所示。

代码清单 2-4　逗号换行

In[4]:
```
# 方括号内，在逗号后直接换行
total_price = sum([apple_price,
                   banana_price,
                   pear_price])
print('total_price =', total_price)
```

Out[4]:
```
total_price = 3.0
```

除了将一个语句拆分为多行外，Python 也支持在一行中实现多个语句，这通常只用于多个短语句。在一行中实现多个语句需要使用分号（;）将短语句隔离，如代码清单 2-5 所示。

代码清单 2-5　分号隔离

In[5]:
```
# 给出 3 种水果的价格，计算总价
apple_price = 1; banana_price = 1.5; pear_price = 0.5
```

```
total_price = apple_price + banana_price + pear_price
print('total_price =', total_price)
```

```
Out[5]:    total_price = 3.0
```

2.1.3 保留字符与赋值

1. 保留字符

Python 中的标识符是指变量、函数、类、模块及其他对象的名字，可以包含字母、数字和下划线（_），但必须以非数字字符开始。特殊符号，如 $、%、@ 等，不能用在标识符中。标识符对大小写敏感，比如“UFO”和“ufo”就是两个不同的对象。

保留字符即关键字，是编程语言中已经定义过的字符。输入查询保留字符的指令，即可获取保留字符名单。Python 不允许将保留字符用作标识符，这些字符不能再作为一般标识符。在代码中使用保留字符，可能会提示错误。保留字符的查询及“保留”的意义如代码清单 2-6 所示。

代码清单 2-6　保留字符

```
In[6]:
import keyword
print('Python 中所有的保留字符为: \n', keyword.kwlist)
```

```
Out[6]:
Python 中所有的保留字符为:
 ['False', 'None', 'True', 'and', 'as', 'assert', 'break', 'class', 'continue', 'def', 'del', 'elif', 'else', 'except', 'finally', 'for', 'from', 'global', 'if', 'import', 'in', 'is', 'lambda', 'nonlocal', 'not', 'or', 'pass', 'raise', 'return', 'try', 'while', 'with', 'yield']
```

```
In[7]:
# class 作为保留字符，不能被当作普通标识符使用
class = 1
print(class)
```

```
Out[7]:
File "<ipython-input-10-6950dab4b4c2>", line 1
    class = 1
          ^
SyntaxError: invalid syntax
```

2. 赋值

Python 中的赋值方式有 4 种，除最基本的赋值形式外，还有序列赋值、链接赋值和增量赋值等方式。

赋值的最基本形式是以等号（=）为连接，将要赋值的变量放在等号左侧，将要赋给的值放在等号右侧，如代码清单 2-7 所示。

代码清单 2-7 赋值的基本形式

In[8]:
```
# 使用等号直接给 num_int 赋一个整数值
num_int = 1
print('使用等号创建的整数为：', num_int)
```
Out[8]:
```
使用等号创建的整数为：1
```

In[9]:
```
# 使用等号直接给 num_float 赋一个浮点数值
num_float = 9.9
print('使用等号创建的浮点数为：', num_float)
```
Out[9]:
```
使用等号创建的浮点数为：9.9
```

In[10]:
```
# 使用等号直接给 string 赋一个字符串
string = 'python'
print('使用等号创建的字符串为：', string)
```
Out[10]:
```
使用等号创建的字符串为：python
```

序列赋值的基本形式是将多个变量排列成变量序列，变量之间使用逗号相连，使用等号作为赋值符号，后接值序列，值之间用逗号相连。序列赋值在变量序列与值序列之间建立了依次映射的关系，其基本形式如代码清单 2-8 所示。

代码清单 2-8 序列赋值

In[11]:
```
# 序列赋值可给变量赋值多种数据类型
num_int, string, list1 = 123, 'str', [4,6]
print('赋值创建的多种数据类型为：', num_int, string, list1)
```
Out[11]:
```
赋值创建的多种数据类型为：123 str [4,6]
```

In[12]:
```
# 序列赋值可给变量赋值已赋值的变量
num1, num2, num3 = 7, 8, 9
num_int1, num_int2, num_int3 = num1, num2, num3
print('变量赋值为已赋值变量结果为：', num_int1, num_int2, num_int3)
```
Out[12]:
```
变量赋值为已赋值变量结果为：7 8 9
```

链接赋值的基本形式是将多个变量用等号相连，在末个变量后用等号连接一个赋值。链接赋值只适用于给多个变量赋予同一值的情况，又称为多目标赋值，其基本形式如代码清单 2-9 所示。

代码清单 2-9 链接赋值

In[13]:
```
str1 = str2 = str3 = 'STR'
print('str1, str2, str3 分别为：', str1, str2, str3)
```

```
Out[13]:    str1, str2, str3 分别为: STR STR STR
In[14]:     print('str1, str2, str3 的内存地址分别为: ', id(str1), id(str2), id(str3))
Out[14]:    str1, str2, str3 的内存地址分别为: 151371368 151371368 151371368
In[15]:     print('str1, str2, str3 是否等价: ', str1 is str2 is str3)
Out[15]:    str1, str2, str3 是否等价: True
```

增量赋值，又称为增强赋值，其基本形式是将原始赋值语句改写，去掉赋值符号右侧变量，将赋值符号右侧运算符挪至赋值符号左侧，形成新的运算式。增量赋值需要通过赋值运算符实现，Python 的赋值运算符将在 2.2.2 节介绍。增量赋值是赋值运算式的“增量写法”，通过声明变量、增量方式和增量数值完成赋值（如运算式“ x*=100”，其变量是 x，增量方式是 *，增量数值是 100）。

增量赋值的优势在于可以减少输入代码的工作量，其基本形式如代码清单 2-10 所示。

代码清单 2-10　增量赋值

```
In[16]:     x=100
            X+=10
            print('x+=10 等价于 x=x+10, 其值为: ',x)
Out[16]:    x+=10 等价于 x=x+10, 其值为: 110
```

2.2　运算符

运算这一概念起源于数学，即通过运算法使参与运算的元素得出确定且可重复的结果。作为计算机的核心功能，运算架构起计算机系统的逻辑体系。计算机运算并不局限于普通的数学计算，它更贴近于“逻辑推算”这一概念，其根本目的就是实现逻辑推算。

运算符是运算法则的具体体现。Python 提供了算术运算符、赋值运算符、比较运算符、逻辑运算符、位运算符、身份运算符和成员运算符 7 类运算符，从而实现了丰富多样的运算功能。

2.2.1　算术运算符

算术运算符是对运算数进行算术运算的一系列符号，能够满足一般的运算需求。Python 中的算术运算符如表 2-1 所示。

表 2-1　算术运算符

运算符	说　明
+	加，两个对象相加
-	减，得到负数或一个数减去另一个数

（续）

运算符	说 明
*	乘，两个数相乘或返回一个被重复若干次的字符串
/	除，x 除以 y
%	取模，返回除法的余数
**	幂，返回 x 的 y 次幂
//	取整除，返回商的整数部分

算术运算结果的数字类型与运算数的类型有关。进行除法（/）运算时，不管商为整数还是浮点数，运算结果始终为浮点数。要得到整型的商，需要用双斜杠（//）做整除，且除数必须是整型的。对于其他的运算，只要任一运算数为浮点数，运算结果就是浮点数。Python 算术运算的基础使用方法如代码清单 2-11 所示。

代码清单 2-11 算术运算

```
In[1]:    num_int = 4
          num_float = 4.0
          print('整数与浮点数的和为：', num_int + num_float)
Out[1]:   整数与浮点数的和为：8.0
In[2]:    print('整数与浮点数的差为：', num_int - num_float)
Out[2]:   整数与浮点数的差为：0.0
In[3]:    print('整数与浮点数的积为：', num_int * num_float)
Out[3]:   整数与浮点数的积为：16.0
In[4]:    print('浮点数与整数的商为：', num_float / num_int)
Out[4]:   浮点数与整数的商为：1.0
In[5]:    print('浮点数对整数取模结果为：', num_float % num_int)
Out[5]:   浮点数对整数取模结果为：0.0
In[6]:    print('浮点数的整数次幂为：', num_float ** num_int)
Out[6]:   浮点数的整数次幂为：256.0
```

2.2.2 赋值运算符

赋值运算符用于变量的赋值和更新。Python 的赋值运算符除基础赋值运算符（=）外，还包括加法赋值运算符、减法赋值运算符等。严格地说，除基础赋值运算符外，其他都属于特殊的赋值运算符。Python 中的赋值运算符如表 2-2 所示。

表 2-2　赋值运算符

运算符	说　明
=	赋值运算
+=	加法赋值运算
-=	减法赋值运算
*=	乘法赋值运算
/=	除法赋值运算
%=	取模赋值运算
**=	幂赋值运算
//=	取整除赋值运算

表 2-2 中的特殊赋值运算符可以看作变量的快速更新，更新意味着该变量是存在的，而对于一个之前不存在的变量，不能使用特殊的赋值运算符。Python 赋值运算的基础使用方法如代码清单 2-12 所示。

代码清单 2-12　赋值运算

In[7]:
```
num_int1 = 4
print('赋值后 num_int1 为：', num_int1)
```

Out[7]:　赋值后 num_int1 为：4

In[8]:
```
num_int1 = 4 + 6
print('赋值后 num_int1 为：', num_int1)
```

Out[8]:　赋值后 num_int1 为：10

In[9]:
```
num_int1 = 4 * 2
print('赋值后 num_int1 为：', num_int1)
```

Out[9]:　赋值后 num_int1 为：8

In[10]:
```
num_int1 = 4 / 2
print('赋值后 num_int1 为：', num_int1)
```

Out[10]:　赋值后 num_int1 为：2.0

In[11]:
```
num_int1 = 4 % 2
print('赋值后 num_int1 为：', num_int1)
```

Out[11]:　赋值后 num_int1 为：0

In[12]:
```
num_int1 = 4 ** 2
print('赋值后 num_int1 为：', num_int1)
```

Out[12]:　赋值后 num_int1 为：16

2.2.3 比较运算符

比较运算符用于对比数之间的大小或是否相等。Python 中的比较运算符如表 2-3 所示。

表 2-3 比较运算符

运算符	说明
==	表示等于，比较对象是否相等
!=	表示不等于，比较两个对象是否不等
>	表示大于，返回 x 是否大于 y
<	表示小于，返回 x 是否小于 y。所有比较运算符返回 1 表示真，返回 0 表示假。这分别与特殊的变量 True 和 False 等价。注意，这些变量名的首字母大写
>=	表示大于等于，返回 x 是否大于等于 y
<=	表示小于等于，返回 x 是否小于等于 y

比较运算符也可用于字符之间的比较。Python 中的字符使用 ASCII 编码，每个字符都有属于自己的 ASCII 码，字符比较的本质是字符 ASCII 码的比较。Python 比较运算的基础使用方法如代码清单 2-13 所示。

代码清单 2-13 比较运算

```
In[13]:   num_int = 4
          num_float = 4.0
          print('num_int 与 num_float 是否相等：', num_int == num_float)

Out[13]:  num_int 与 num_float 是否相等：True

In[14]:   print('num_int 与 num_float 是否不相等：', num_int != num_float)

Out[14]:  num_int 与 num_float 是否不等：False

In[15]:   print('num_int 是否大于 num_float：', num_int > num_float)

Out[15]:  num_int 是否大于 num_float：False

In[16]:   print('num_int 是否小于 num_float：', num_int < num_float)

Out[16]:  num_int 是否小于 num_float：False

In[17]:   print('num_int 是否大于等于 numfloat：', num_int >= num_float)

Out[17]:  num_int 是否大于等于 numfloat：True

In[18]:   print('num_int 是否小于等于 num_float：', num_int <= num_float)

Out[18]:  num_int 是否小于等于 num_float：True
```

2.2.4 逻辑运算符

逻辑运算即判断事物之间的“与”“或”“非”关系，Python 中的逻辑运算符包含 and、or、not，如表 2-4 所示。

表 2-4　逻辑运算符

运算符	逻辑表达式	说　明
and	x and y	表示与，x 为 False 时，“x and y”返回 False，否则返回 y 的计算值
or	x or y	表示或，x 为 True 时，“x or y”返回 x 的值，否则返回 y 的计算值
not	not x	表示非，x 为 True 时，“not x”返回 False，否则返回 True

Python 逻辑运算的基础使用方法如代码清单 2-14 所示。

代码清单 2-14　逻辑运算

In[19]:
```
num_bool1 = False
num_bool2 = True
print('num_bool1 and num_bool2 返回值为：', num_bool1 and num_bool2)
```
Out[19]:
```
num_bool1 and num_bool2 返回值为：False
```
In[20]:
```
print('num_bool1 or num_bool2 返回值为：', num_bool1 or num_bool2)
```
Out[20]:
```
num_bool1 or num_bool2 返回值为：True
```
In[21]:
```
print('not num_bool2 的返回值为：', not (num_bool2))
```
Out[21]:
```
not num_bool2 的返回值为：False
```

2.2.5 按位运算符

十进制数被人们广泛使用，但对于计算机而言，二进制数反而是更重要的，计算机的一切计算都建立在二进制数计算的基础上。按位运算是一种将十进制数转为二进制数再进行运算的过程。Python 中的位运算符如表 2-5 所示。

表 2-5　位运算符

运算符	说　明
&	表示按位与，参与运算的两个值相应位都为 1，则该位的结果为 1，否则为 0
|	表示按位或，只要对应的两个二进制位有一个为 1，结果位就为 1
^	表示按位异或，当两个对应的二进制位相异时，结果为 1
~	表示按位取反，对每个二进制位取反，把 1 变为 0，把 0 变为 1。~x 类似于 −x−1
<<	表示左移，二进制位左移，由“<<”右边的数指定移动位数，高位丢弃，低位补 0
>>	表示右移，“>>”左边运算数的二进制位全部右移，“>>”右边的数指定移动的位数

Python 按位运算的基础使用方法如代码清单 2-15 所示。

代码清单 2-15　按位运算

```
In[22]:   num_int1 = 15   # 15 = 00001111
          num_int2 = 23   # 23 = 00010111
          # 按位与，num_int1 & num_int2 = 00000111
          print('num_int1 按位与 num_int2 结果为：', num_int1 & num_int2)
Out[22]:  num_int1 按位与 num_int2 结果为：7
In[23]:   # 按位或，num_int1 | num_int2 = 00011111
          print('num_int1 按位或 num_int2 结果为：', num_int1 | num_int2)
Out[23]:  num_int1 按位或 num_int2 结果为：31
In[24]:   # 按位异或，num_int1 ^ num_int2 = 00011000
          print('num_int1 按位异或 num_int2 结果为：', num_int1 ^ num_int2)
Out[24]:  num_int1 按位异或 num_int2 结果为：24
In[25]:   # 按位取反，~ num_int1 = 11110000
          print('num_int1 按位取反结果为：', ~ num_int1)
Out[25]:  num_int1 按位取反结果为：-16
In[26]:   # 左移动两位，num_int1 << 2 = 00111100
          print('num_int1 左移动两位结果为：', num_int1 << 2)
Out[26]:  num_int1 左移动两位结果为：60
In[27]:   # 右移动两位，num_int1 >> 2 = 00000011
          print('num_int1 右移动两位结果为：', num_int1 >> 2)
Out[27]:  num_int1 右移动两位结果为：3
```

在按位运算中，取反运算较难理解，因为涉及补码的计算。

十进制数的二进制原码包括符号位和二进制值。以“60”为例，其二进制原码为“00111100”，第 1 位为符号位，0 代表正数，1 则代表负数。正数的补码与二进制原码相同，负数的补码则为二进制原码符号位保持不变，其余各位取反后再在最后一位上加 1。

取反操作可以总结为以下 5 个步骤。

1）取十进制数的二进制原码。

2）对原码取补码。

3）补码取反（得到最终结果的补码）。

4）取反结果再取补码（得到最终结果的原码）。

5）二进制原码转十进制数。

2.2.6　身份运算符

身份运算符用于比较两个对象的储存单位，如表 2-6 所示。

表 2-6　身份运算符

运算符	说　明
is	is 用于判断两个对象的储存单位是否相同
is not	is not 用于判断两个对象的储存单位是否不同

Python 身份运算的基础使用方法如代码清单 2-16 所示。

代码清单 2-16　身份运算

```
In[28]:
num_int1 = 15
num_int3 = 15
print('num_int1 与 num_int3 储存单位是否相同：', num_int1 is num_int3)
```

```
Out[28]: num_int1 与 num_int3 储存单位是否相同：True
```

```
In[29]:
num_int2 = 15.0
print('num_int1 与 num_int2 储存单位是否相同：', num_int1 is num_int2)
```

```
Out[29]: num_int1 与 num_int2 储存单位是否相同：False
```

```
In[30]:
# 如果储存单位相同就返回 True，否则返回 False
print('num_int1 与 num_int3 储存单位是否不同：', num_int1 is not num_int3)
```

```
Out[30]: num_int1 与 num_int3 储存单位是否不同：False
```

```
In[31]:
print('num_int1 与 num_int2 储存单位是否不同：', num_int1 is not num_
int2)
```

```
Out[31]: num_int1 与 num_int2 储存单位是否不同：True
```

在身份运算中，内存地址相同的两个变量进行 is 运算时，返回 True；内存地址不同的两个变量进行 is not 运算时，返回 True。当 a、b 获取到一样的值时，两个变量就获取同样的内存地址。

2.2.7　成员运算符

成员运算符的作用是判断某个指定值是否存在某一序列中，包括字符串、列表和元组，如表 2-7 所示。

表 2-7　成员运算符

运算符	说　明
in	如果在指定序列中找到指定值，返回 True，否则返回 False
not in	如果在指定序列中没找到指定值，返回 True，否则返回 False

Python 成员运算的基础使用方法如代码清单 2-17 所示。

代码清单 2-17　成员运算

In[32]:
```
num_int1 = 15
list2 = [1, 'apple', 15]

print('num_int1 是否在 list2 中: ', num_int1 in list2)
```

Out[32]:　num_int1 是否在 list2 中: True

In[33]:
```
array = ('orange', 6, 15)
print('num_int1 是否不在 array 中: ', num_int1 not in array)
```

Out[33]:　num_int1 是否不在 array 中: False

2.2.8　运算符优先级

在 Python 中，运算符操作很常见，运算通常以表达式的形式进行。表达式由运算符和运算数组成，比如“1 + 2”就是一个表达式，其中的“+”是运算符，“1”和“2”则是运算数。一个表达式往往包含不止一个运算符，当一个表达式中存在多个运算符时，就需要考虑运算的顺序，即运算符的优先级。

运算符的优先级如表 2-8 所示，优先级从上往下依次降低，同一优先级的运算符按从左到右的顺序进行运算。

表 2-8　运算符优先级

运算符	说　明
**	指数（最高优先级）
~ + -	按位翻转，一元加号和减号（最后两个的方法名为 +@ 和 -@）
* / % //	乘、除、取模和取整除
+ -	加法、减法
>> <<	右移、左移运算符
&	位“AND”
^ |	位运算符
<= < > >=	比较运算符
<> == !=	等于运算符
= %= /= //= -= += *= **=	赋值运算符
is　is not	身份运算符
in　not in	成员运算符
and　or　not	逻辑运算符

运算符优先级的基础使用方法如代码清单 2-18 所示。

代码清单 2-18　运算符优先级

In[34]:
```
# 先执行乘除法运算，再执行加减法运算
print('num_float + num_int1 / num_int3 =', num_float + num_int1 / num_int3)
```

```
Out[34]:   num_float + num_int1 / num_int3 = 5.0
```

```
In[35]:
# 先执行加减法运算，再执行比较运算
print('num_int1 - num_int2 > num_int1 - num_int3: ',
      num_int1 - num_int2 > num_int1 - num_int3)
```

```
Out[35]:   num_int1 - num_int2 > num_int1 - num_int3: False
```

```
In[36]:
# 先执行加减法运算，再做身份判断
print('num_int1 - num_int3 + num_int1 is num_int1: ',
      num_int1 - num_int3 + num_int1 is num_int1)
```

```
Out[36]:   num_int1 - num_int3 + num_int1 is num_int1: True
```

```
In[37]:
# 先执行指数运算，再执行减法运算，最后做身份判断
print('num_float ** 2 - 1 is not num_int2: ',
      num_float ** 2 - 1 is not num_int2)
```

```
Out[37]:   num_float ** 2 - 1 is not num_int2: True
```

2.3 数据类型

计算机内部的所有数据都可以看作对象，变量在程序中起到指向数据对象的作用，变量赋值其实是把数据对象和变量关联起来的过程。Python 中的常用数据量类型有 6 种：number、str、list、tuple、dict 和 set。其中，number 和 str 属于基础数据类型，而 list、tuple、dict 和 sets 属于复合数据类型。

2.3.1 基础数据类型

1. number

number 又称数字，是专门用于储存数值的数据类型，具有不可改变性。数据的不可改变性意味着：每改变一个数据的类型，计算机就分配内存空间以创建新的对象，解释器则基于数据的类型分配指定的内存，决定什么样的数据可以被储存在内存中。要“改变”不可改变的数据类型，只能通过创造新变量的间接方式。number 既是复合型数据中的基本元素，也是数学计算的基本元素，计算机的一切数学计算工作都离不开它。

Python 支持 4 种不同的数字数据类型，如表 2-9 所示。

表 2-9 Python 数字数据类型

数据类型	说 明	示 例
int	整数	1、10、100
float	浮点数	15.20、−21.9、30.1+e18
complex	复数	3.14j、45.j、9322e−36j
bool	布尔值	0、1

int 只有整数部分，即整型数。int 仅表示广为使用的十进制整数，如果需要用到二进制数、八进制数和十六进制数，需要分别通过 bin 函数、oct 函数和 hex 函数进行创建或转换。在 Python 2 中，用 long 表示长整型数，其特征是以 L 为后缀。长整型数和短整型数同属于整数，区别在于：短整型数的范围是 [–2417483648，2417483647]，长整型数的范围是 [-2^{63}，$2^{63}-1$]。Python 3 不再保留长整型数，以 int 统一表示整数。

float 是既有整数部分也有小数部分的数值类型，即浮点型数字。

complex 是由实部（real）和虚部（imag）组成的数值类型，即复数。复数的实部和虚部都是浮点数。

bool 表示布尔值，只有 True（1）和 False（0）两种取值。因为 bool 继承了 int 类型，所以 True 可以等价于数值 1，False 可以等价于数值 0，bool 值可以直接用于数学运算。

给变量指定一个数值时，number 对象就被创建，并在内存中分配储存空间。通过 type 函数可以判断 number 对象的类型。number 创建和查询类别的方式如代码清单 2-19 所示。

代码清单 2-19　创建 number

In[1]:
```
num_int = 2
num_float = 4.5
num_bool = True
num_complex = 3j
print('数据类型分别为：\n', type(num_int),
      type(num_float), type(num_bool), type(num_complex))
```

Out[1]:
```
数据类型分别为：
 <class 'int'> <class 'float'> <class 'bool'> <class 'complex'>
```

不同 number 类型通过函数可以互相转换，使用代表 number 类型的函数即可。也可以进行混合运算，运算时先自动转换成同一类型，然后再进行运算。转换遵守一定的方向：int 向 float 转换，非 complex 向 complex 转换，如代码清单 2-20 所示。

代码清单 2-20　number 类型转换与混合运算

In[2]:
```
# number 类型转换
# 将 float 转换为 int（直接去掉小数部分）
print('int(4.5) 的结果为：', int(4.5))
```

Out[2]:
```
int(4.5) 的结果为：4
```

In[3]:
```
# 将 int 转换为 float（直接增加小数部分）
print('float(4) 的结果为：', float(4))
```

Out[3]:
```
float(4) 的结果为：4.0
```

In[4]:
```
# 将 int 和 float 转换为 complex（直接增加虚部）
print('complex(4) 和 complex(4.5) 的结果分别为：', complex(4), complex(4.5))
```

```
Out[4]:    complex(4) 和 complex(4.5) 的结果分别为: (4+0j) (4.5+0j)
```

```
In[5]:     # 不同 number 类型混合运算
           # int + float = float
           print('整数和浮点数和的类型为: ', type(124 + 4.0))
```

```
Out[5]:    整数和浮点数和的类型为: <class 'float'>
```

```
In[6]:     # int + complex = complex
           print('整数和复数和的类型为: ', type(124 + 5.3j))
```

```
Out[6]:    整数和复数和的类型为: <class 'complex'>
```

```
In[7]:     # float + complex = complex
           print('浮点数和复数和的类型为: ', type(4.0 + 5.3j))
```

```
Out[7]:    浮点数和复数和的类型为: <class 'complex'>
```

2. str

str 又称为字符串，是存放着 Unicode 字符序列，用于表示文本的数据类型。str 可以由任何字符构成，包括字母、数值、符号或标点符号以及它们的任意组合，如 “Hello,word!”“1+1” 等。与 number 相同的是，Python 中的 str 也是不可变的，无法直接修改 str 中的某一位字符。

创建一个 str，除字符外，还要在字符序列的首尾加上引号。使用单引号（'）、双引号（"）是等效的，但需要保证 str 两端的引号类型相同。如果要指定一个多行的 str，则需要使用三引号（'''）。

str 支持索引，索引一般按照“变量 [下标]”和“变量 [头下标 : 尾下标]”两种格式处理，其中的“变量 [下标]”格式能够索引单个数值，“变量 [头下标 : 尾下标]”格式能够进行切片（索引连续一片元素）。索引的具体规则如下：

1）下标为正数时，最小为 0，表示第 1 位。下标最大为总字符数减 1，表示最后一位。

2）下标为负数时，下标最小为总字符数的相反数，表示第 1 位。尾下标最大为 -1，表示最后一位。

3）当进行切片时，索引从头下标位置字符开始，到尾下标位置前一位字符终止。

4）在一个索引式中，头下标与尾下标可以异号，但必须保证头下标字符位置在尾下标字符之前。

5）头下标留空，表示索引从第 1 个字符开始；尾下标留空，表示索引到最后一个字符结束。

除一般的索引格式外，str 还支持按步长索引，即指定步长后，每隔固定的步数索引一次字符，其格式为“变量 [头下标：尾下标：步长]”。此外，通过“变量 [::-1]”这一索引式可以将整个 str 反向排序。

str 索引的基本操作如代码清单 2-21 所示。

代码清单 2-21 str 索引

```
In[8]:    string = "ilovePython"
          # 下标为正数，从第 2 个字符开始索引，到第 6 个字符
          print('ilovePython[1:5] =', string[1:5])
Out[8]:   ilovePython[1:5] = love
In[9]:    # 下标为负数，从倒数第 10 个字符开始索引，到倒数第 6 个字符
          print('ilovePython[-10:-6] =', string[-10:-6])
Out[9]:   ilovePython[-10:-6] = love
In[10]:   # 头下标留空，从第 1 个字符开始索引，到第 6 个字符
          print('ilovePython[:5] =', string[:5])
Out[10]:  ilovePython[:5] = ilove
In[11]:   # 尾下标留空，从第 2 个字符开始索引，到最后一个字符截止
          print('ilovePython[1:] =', string[1:])
Out[11]:  ilovePython[1:] = lovePython
In[12]:   # 按步索引，从第 2 个元素开始索引，到第 11 个元素，步距为 3
          print('ilovePython[1:10:3] =', string[1:10:3])
Out[12]:  ilovePython[1:10:3] = let
In[13]:   # 反向索引
          print('ilovePython[::-1] =', string[::-1])
Out[13]:  ilovePython[::-1] = nohtyPevoli
```

str 的索引方式对 Python 中其他支持索引的数据类型都具有参考价值。

尽管 str 不可变，但它其实有很好的可操作性。Python 为 str 提供了极为丰富的内置方法，从而能实现多样化的操作。

str 中的所有方法中部分是用于查询的，这些方法包括检查 str 中是否包含某个对象，是否只包含某个对象，某个对象是否在特定的位置，以及包含某个对象的个数。提供查询功能的 str 方法如表 2-10 所示。

表 2-10 str 查询方法

方 法	说 明	方 法	说 明
string.find()	检查 str 中是否包含某字符	string.isdecimal()	检查 str 中是否只包含十进制数字
string.rfind()	检查 str 中是否包含某字符，右起	string.isdigit()	检查 str 中是否只包含数字
string.index()	检查 str 中是否包含某字符	string.isnumeric()	检查 str 中是否只包含数字字符
string.rindex()	检查 str 中是否包含某字符，右起	string.isspace()	检查 str 中是否只包含空格

（续）

方 法	说 明	方 法	说 明
string.isalnum()	检查 str 中是否为全字母或数字	string.startswith()	检查 str 是否是以指定对象开头
string.isalpha()	检查 str 中是否只包含字母	string.endswith()	检查 str 是否以指定字符结尾
string.islower()	检查 str 中是否只包含小写字母	string.istitle()	检查 str 是否标题化
string.isupper()	检查 str 中是否只包含大写字母	string.count()	计算指定字符出现的次数

str 查询相关的方法操作方式如代码清单 2-22 所示。

代码清单 2-22 str 查询方法

```
In[14]:   print('string 中 n 的位置和总数分别为：', string.index('n'), string.count('n'))
Out[14]:  string 中 n 的位置和总数分别为：10 1
In[15]:   print('string 中是否只包含字母：', string.isalpha())
Out[15]:  string 中是否只包含字母：True
In[16]:   print('string 中是否只包含数字：', string.isdigit())
Out[16]:  string 中是否只包含数字：False
In[17]:   print('string 是否以 P 开头：', string.startswith('P'))
Out[17]:  string 是否以 P 开头：False
In[18]:   print('string 是否是标题化的：', string.istitle())
Out[18]:  string 是否是标题化的：False
```

str 方法除查询外，还有对 str 进行改写等操作的方法。改写主要有两种形式：对 str 中的制表符、空格等符号进行增删，且改变 str 的总长度；针对 str 中的字母，进行大小写调整或替换。str 改写方法如表 2-11 所示。

表 2-11 str 改写方法

方 法	说 明	方 法	说 明
string.strip()	删除 str 首尾空格	string.expandtabs()	将 str 中的制表符转为空格
string.lstrip()	删除 str 左边的空格	string.upper()	转换 str 中的小写字母为大写
string.rstrip()	删除 str 末尾的空格	string.lower()	转换 str 中的大写字母为小写
string.ljust()	str 左对齐，空格填充至指定长度	string.swapcase()	翻转 str 中的大小写字母
string.rjust()	str 右对齐，空格填充至指定长度	string.capitalize()	将 str 中首字母大写
string.zfill()	右对齐指定长度的 str，前面填充 0	string.title()	返回标题化的 str
string.center()	使 str 居中，用空格填充至指定长度	string.replace()	替换 str 中的字符

str 改写相关方法进行简单操作，如代码清单 2-23 所示。

代码清单 2-23　str 改写方法

In[19]:
```
print('string 左对齐填充至 20 个字符结果为: ', string.ljust(20))
```
Out[19]:　string 左对齐填充至 20 个字符结果为: ilovePython

In[20]:
```
print('string 右对齐填充至 20 个字符结果为: ', string.rjust(20))
```
Out[20]:　string 右对齐填充至 20 个字符结果为: ilovePython

In[21]:
```
print('string 大写化结果为: ', string.upper())
```
Out[21]:　string 大写化结果为: ILOVEPYTHON

In[22]:
```
print('string 大小写置换结果为: ', string.swapcase())
```
Out[22]:　string 大小写置换结果为: ILOVEpYTHON

In[23]:
```
print('string 中 h 替换为 H 结果为: ', string.replace('h','H'))
```
Out[23]:　string 中 h 替换为 H 结果为: ilovePytHon

除查询与改写外，str 方法还提供了一些其他功能，如表 2-12 所示。

表 2-12　str 其他方法

方　法	说　明	方　法	说　明
string.encode()	以指定编码格式编码 str	string.splitlines()	按行分隔，返回以各行作为元素的序列
string.decode()	以指定编码格式解码 str	string.join()	以 str 为分隔，合并序列为新的 str
string.partition()	以指定分隔符分割 str	string.split()	以指定字符为分隔切片 str
string.rpartition()	以指定分隔符分割 str，右起	string.format()	格式化 str

str 其他方法操作示例如代码清单 2-24 所示。

代码清单 2-24　str 其他方法

In[24]:
```
# 以指定格式编码
string = string.encode('UTF-16', 'strict')
print ("string 编码为: ", string)
```
Out[24]:　string 编 码 为: b'\xff\xfei\x00l\x00o\x00v\x00e\x00P\x00y\x00t\x00h\x00o\x00n\x00'

In[25]:
```
# 以指定格式解码
string = string.decode('UTF-16', 'strict')
print ("string 解码为: ", string)
```
Out[25]:　string 解码为: ilovePython

In[26]:
```
# 以指定分隔符分割 str
print(string.partition("."))
```

```
Out[26]:  ('ilovePython', ", ")
```

```
In[27]:   string1 = ('I','love','Python')
          sep = '-'
          # 以 sep 为分隔将 string1 合并为新的字符串
          print('以 sep 分隔合并 string1 为: ', sep.join(string1))
```

```
Out[27]:  以 sep 分隔合并 string1 为: I-love-Python
```

转义输出是 str 操作中重要的内容，需要用到转义字符。Python 中常用的转义字符如表 2-13 所示。

表 2-13　Python 转义字符

转义字符	说　明	转义字符	说　明
\	续行符，用在行尾	\'	单引号
\a	响铃	\e	转义
\n	换行	\t	横向制表符
\f	换页	\x	十六进制数
\\	反斜杠符号	\"	双引号
\b	退格	\000	空
\v	纵向制表符	\r	回车
\o	八进制数	\other	其他字符以普通格式输出

除转义输出外，还可以使用 + 号与 * 号分别实现 str 的连接和重复操作。

str 的转义及连接、重复等基础操作如代码清单 2-25 所示。

代码清单 2-25　str 转义与基础操作

```
In[28]:   print ('\note\mybook')  # str 中包含 \n，识别为换行符并转义

Out[28]:
          ote\mybook

In[29]:   print ('\title\mybook')  # str 中包含 \t，识别为制表符并转义

Out[29]:          itle\mybook

In[30]:   print (r'\note\mybook ')  # 使用 r 制止转义

Out[30]:  \note\mybook

In[31]:   print (string + "TEST")  # 输出连接的 str

Out[31]:  ilovePythonTEST

In[32]:   print (string * 2)  # 输出 str 两次

Out[32]:  ilovePythonilovePython
```

2.3.2 复合数据类型

计算机语言中的容器是指根据某种方式组合数据元素形成的数据元素集合。Python 中的容器包含序列、映射和集合，几乎所有的 Python 容器都可以归结为这 3 类。

序列是数据对象的有序排列，数据对象作为序列中的元素被分配了一个位置编号（索引），序列相当于数学中数列的概念。Python 中的序列包括 str、list、tuple、Unicode 字符串、buffer 对象等，其中的 str、list、tuple 最为常用。

映射是包含一组键（key）和值（value）以及映射关系的容器，字典（dictionary）是 Python 中唯一的映射类型，字典中的每个元素都存在相应的名称（称为键）与之一一对应。字典相当于由带有各自名称的元素组成的集合，与序列不同的是，字典中的元素并没有排列顺序。

在集合类型数据中，集合中的元素不能重复出现，当中的元素是唯一的，元素间不存在排列顺序，Python 中的集合相当于数学中的集合概念。集合类型包括可变集合（set）与不可变集合（frozenset）。

1. list

list 又称为列表，属于序列类数据，是包含 0 或多个对象引用的有序序列。由于 list 中所有的数据项都是对象引用，因此 list 可以存放任意数据类型的数据项，既可以是 int、float、str 等这种基础数据类型，也可以是 list、tuple、dict 等这一类的复合数据类型。list 是 Python 中最通用的复合数据类型。

list 可以用方括号“[ ]”创建：空的方括号创建空的 list；包含多个项的 list 可以在方括号中使用逗号分隔的项序列创建。也可以通过 list 函数创建，list 函数最多接收一个参数；不带参数调用函数时返回空 list；带参数时返回参数的浅拷贝（在有指针的情况下，浅拷贝只是增加了一个指针，指向已经存在的内存）；对复杂参数（非基本元素，如复合数据类型）则尝试将给出的对象转换为 list。list 的创建如代码清单 2-26 所示。

代码清单 2-26 创建 list

In[33]:
```
# 使用方括号创建一个非空 list
list1 = ['runoob', 786, 2.23, 'john']
print('方括号建立的列表为：', list1)
```

Out[33]:
```
方括号建立的列表为：['runoob', 786, 2.23, 'john']
```

In[34]:
```
# 建立元组
tuple1 = (123, 'xyz', 'zara', 'abc')
list2 = list(tuple1)
print('元组转换成列表结果为：', list2)
```

Out[34]:
```
元组转换成列表结果为：[123, 'xyz', 'zara', 'abc']
```

In[35]:
```
# list 函数将 str 拆开，作为新 list 中的元素
list3 = list('china')
print('字符串转换成列表结果为：', list3)
```

Out[35]:
```
字符串转换成列表结果为：['c', 'h', 'i', 'n', 'a']
```

索引、连接及重复操作是灵活运用 list 这一数据类型的基础。list 的这 3 种操作的方式和 str 对应操作类似，如代码清单 2-27 所示。

代码清单 2-27　list 基本操作

In[36]:
```
print('列表按指定长度索引结果为：', list3[-4:-2])
```

Out[36]:
```
列表按指定长度索引结果为：['h', 'i']
```

In[37]:
```
print('列表按步长索引结果为：', list3[0::2])
```

Out[37]:
```
列表按步长索引结果为：['c', 'i', 'a']
```

In[38]:
```
list1[2] = 666
print('列表替换结果为：', list1)
```

Out[38]:
```
列表替换结果为：['runoob', 786, 666, 'john']
```

In[39]:
```
print('list1 和 list2 用 + 连接结果为：', list1 + list2)
```

Out[39]:
```
list1 和 list2 用 + 连接结果为：['runoob', 786, 666, 'john', 123, 'xyz',
'zara', 'abc']
```

In[40]:
```
print('列表通过 * 重复结果为：', list1 * 2)
```

Out[40]:
```
列表通过 * 重复结果为：['runoob', 786, 666, 'john', 'runoob', 786, 666, 'john']
```

Python 为 list 提供了一些内置方法，可以实现 list 的查询、增删和排序等功能，如表 2-14 所示。

表 2-14　list 常用方法

方法名称	说　明	方法名称	说　明
list.index()	定位 list 中首个匹配项	list.count()	统计 list 中某个元素出现的次数
list.insert()	在 list 中指定位置插入元素	list.append()	追加元素至 list 末尾
list.extend()	将一个 list 扩展至另一 list	list.pop()	按位置删除 list 中的元素
list.remove()	按对象删除 list 中的第 1 个匹配项	list.reverse()	反向排序 list 元素
list.sort()	对原 list 进行排序		

表 2-17 所示的方法使用示例如代码清单 2-28 所示。

代码清单 2-28　list 常用方法

In[41]:
```
print('list3 中 a 出现的次数：', list3.count('a'), '\n',
      'list3 中 a 首次出现的位置：', list3.index('a'))
```
Out[41]:
```
list3 中 a 出现的次数：1
list3 中 a 首次出现的位置：4
```
In[42]:
```
list3.insert(0,'g')
list1.append('新增')
list2.extend(list3)
print('在列表指定位置插入元素：', list3, '\n',
      '在列表末尾新增元素：', list1, '\n',
      '将 list3 扩展至 list2：', list2)
```
Out[42]:
```
在列表指定位置插入元素：['g', 'c', 'h', 'i', 'n', 'a']
在列表末尾新增元素：['runoob', 786, 666, 'john', '新增']
将 list3 扩展至 list2：[123, 'xyz', 'zara', 'abc', 'g', 'c', 'h', 'i',
'n', 'a']
```
In[43]:
```
list3.pop(0)
list1.remove('新增')
print('使用 pop 删除指定位置的元素：', list3, '\n',
      '使用 remove 删除指定元素：', list1)
```
Out[43]:
```
使用 pop 删除指定位置的元素：['c', 'h', 'i', 'n', 'a']
使用 remove 删除指定元素：['runoob', 786, 666, 'john']
```
In[44]:
```
list2.pop(0)
list2.sort()
list3.reverse()
print('列表排序：', list2, '\n',
      '列表反向排序：', list3)
```
Out[44]:
```
列表排序：['a', 'abc', 'c', 'g', 'h', 'i', 'n', 'xyz', 'zara']
列表反向排序：['a', 'n', 'i', 'h', 'c']
```

2. tuple

tuple 又称元组，与 list 同属于序列类数据，是包含 0 个或多个对象引用的有序序列。与 list 不同的是，tuple 是不可更改的数据类型。

tuple 可以用圆括号 ( ) 创建：空的圆括号创建空的 tuple；包含一个或多个项的 tuple 可以使用逗号分隔开元素；如果 tuple 内只包含一个元素，需要在元素后加上逗号予以区分。有时，tuple 必须被包含在圆括号中以避免语义二义性。例如，要将 tuple(1,2,3) 传递给一个函数，应该写成 function((1,2,3)) 的形式，以免被识别成“1,2,3”这 3 个数字变量。创建 tuple 的方法如代码清单 2-29 所示。

代码清单 2-29　创建 tuple

In[45]:
```
# 使用圆括号创建 tuple
tup1 = ('Google', 'Runoob')
print('查看 tup1 类型：', type(tup1), '\n',
      '查看 tup1：', tup1)
```

Out[45]:
```
查看 tup1 类型：<class 'tuple'>
查看 tup1：('Google', 'Runoob')
```

In[46]:
```
# 不加括号创建 tuple
tup2 = "a", "b", "c", "d"
print('查看 tup2：', tup2, '\n',
      '查看 tup2 类型：', type(tup2))
```

Out[46]:
```
查看 tup2：('a', 'b', 'c', 'd')
查看 tup2 类型：<class 'tuple'>
```

In[47]:
```
# 将 ['a','b','c'] 转换成 tuple
tup3 = tuple(['x','y','z'])
print('查看 tup3：', tup3, '\n',
      '查看 tup3 类型：', type(tup3))
```

Out[47]:
```
查看 tup3：('x', 'y', 'z')
查看 tup3 类型：<class 'tuple'>
```

In[48]:
```
# 单个数字元素加逗号，变量是 tuple
tup4 = (50,)
# 单个数字元素无逗号，变量是 int
tup5 = (50)
print('tup4 和 tup5 的类型分别为：', type(tup4), type(tup5))
```

Out[48]:
```
tup4 和 tup5 的类型分别为：<class 'tuple'> <class 'int'>
```

tuple 支持索引，其索引方式与 str、list 类似。与 list 相同的是，tuple 也可以进行连接、重复操作；与 list 不同的是，tuple 中的元素无法做增删操作，只能使用 del 函数删除整个 tuple。tuple 基本操作如代码清单 2-30 所示。

代码清单 2-30　tuple 基本操作

In[49]:
```
print('tup2 中第 3 元素为：', tup2[2])
print('tup2 中第 1 个到倒数第 2 个元素为：', tup2[:-1])
```

Out[49]:
```
tup2 中第 3 元素为：c
tup2 中第 1 个到倒数第 2 个元素为：('a', 'b', 'c')
```

In[50]:
```
print('连接两个元组结果为：', tup1 + tup2)
```

Out[50]:
```
连接两个元组结果为：('Google', 'Runoob', 'a', 'b', 'c', 'd')
```

```
In[51]:   print('元组重复输出结果为：', tup3 * 2)

Out[51]:  元组重复输出结果为：('x', 'y', 'z', 'x', 'y', 'z')
```

Python 为 tuple 提供的内置方法较少，主要用于查询，如表 2-15 所示。

表 2-15　tuple 内置方法

方法名称	说　明
tuple.count()	计算某一元素在 tuple 中出现的次数
tuple.index()	找出某一元素在 tuple 中首次出现的位置

tuple 内置方法的基本使用如代码清单 2-31 所示。

代码清单 2-31　tuple 内置方法

```
In[52]:   print('tup2 中元素 a 出现的次数：', tup2.count('a'))

Out[52]:  tup2 中元素 a 出现的次数：1

In[53]:   print('tup2 中元素 a 首次出现的位置：', tup2.index('a'))

Out[53]:  tup2 中元素 a 首次出现的位置：0
```

3. dict

dict 又称字典，属于映射类数据。dict 通过键而不是位置来索引。键是不可变对象（如 number、str、tuple）的对象引用，值是可以指向任意类型对象的对象引用。dict 是 Python 中唯一一种映射数据类型，具有可变性，dict 的长度可以增大或减小，如同 list 一样。dict 的值可以无限制地取任何 Python 对象，既可以是 Python 内置的标准数据，也可以是用户定义的。同一个键不允许出现两次，创建 dict 时如果同一个键被赋值两次，只有后一个值会被记住。键固定不变，所以只能用 number、str 或 tuple 充当。注意，可变的数据类型不能充当 dict 中的键。

dict 可以用花括号 {} 创建：使用空的花括号创建空的 dict；非空的花括号包含一个或多个逗号分隔的项，每个项包含一个键、一个冒号以及一个值。通过 dict 函数也可以创建 dict：不带参数时返回一个空的 dict；带一个映射类型参数时返回以该参数为基础的 dict，当参数本身为 dict 时返回该参数的浅拷贝；也可以使用序列型参数，前提是序列中的每个项是包含两个对象的序列，第 1 个作为键，第 2 个作为值。创建 dict，如代码清单 2-32 所示。

代码清单 2-32　创建 dict

```
In[54]:   # 使用花括号创建空 dict，更新键值对
          dict1 = {}
```

```
dict1['one'] = "This is 1"
dict1['two'] = "This is 2"
print('查看字典：', dict1)
```

Out[54]:　查看字典：{'one': 'This is 1', 'two': 'This is 2'}

In[55]:

```
# 使用 dict 函数创建 dict，指定键值对
dict2 = dict(name='小明', height=187)
print('查看字典：', dict2)
```

Out[55]:　查看字典：{'name': '小明', 'height': 187}

dict 的主要索引方式是通过键索引值，这与 str 等变量截然不同。通过 dict 的索引功能，可以实现 dict 的查改增删，且不需要用到 Python 提供的内置方法，如代码清单 2-33 所示。

代码清单 2-33　dict 基础操作

In[56]:

```
print('通过键索引字典元素：', dict1['one'])
```

Out[56]:　通过键索引字典元素：This is 1

In[57]:

```
dict1['one'] = 'this is 1'
print('以键改字典元素值：', dict1)
```

Out[57]:　以键改字典元素值：{'one': 'this is 1', 'two': 'This is 2'}

In[58]:

```
dict1[3] = 'This is 3'
print('更新后的字典为：', dict1)
```

Out[58]:　更新后的字典为：{'one': 'this is 1', 'two': 'This is 2', 3: 'This is 3'}

In[59]:

```
del dict1[3]
print('删除键 3 后的字典为：', dict1)
```

Out[59]:　删除键 3 后的字典为：{'one': 'this is 1', 'two': 'This is 2'}

Python 为 dict 提供了丰富的内置方法，通过内置方法也可以实现查询、增删和创建，如表 2-16 所示。

表 2-16　dict 常用方法

方法名称	说　明	方法名称	说　明
dict.items()	返回 dict 的所有键值对	dict.keys()	返回 dict 的所有键
dict.values()	返回 dict 的所有值	dict.get()	以键查值，返回指定键的值
dict.setdefault()	以键查值，如果键不存在，将添加键	dict.update()	将 dict 的键值对更新到另一个 dict 中
dict.copy()	将一个 dict 的内容拷贝给另一 dict	dict.pop()	删除指定键的值
popitem()	随机返回并删除 dict 中的一对键和值	dict.clear()	清空 dict

dict 的常用操作示例如代码清单 2-34 所示。

代码清单 2-34　dict 常用操作

```
In[60]:   print('输出dict1中所有的键值对：', dict1.items(), '\n',
                '输出dict1中所有的键：', dict1.keys(), '\n',
                '输出dict1中所有的值：', dict1.values())
Out[60]:  输出dict1中所有的键值对：dict_items([('one', 'this is 1'), ('two', 'This
          is 2')])
          输出dict1中所有的键：dict_keys(['one', 'two'])
          输出dict1中所有的值：dict_values(['this is 1', 'This is 2'])
In[61]:   print('与one对应的元素为：', dict1.get('one'), dict1.setdefault ('one'))
Out[61]:  与one对应的元素为：this is 1 this is 1
In[62]:   dict1.update(dict2)
          dict3 = dict2.copy()
          print('将dict2中键值对更新到dict1中：', dict1, '\n',
                '将dict2中内容复制到新的字典中：', dict3)
Out[62]:  将dict2中键值对更新到dict1中：{'one': 'this is 1', 'two': 'This is
          2', 'name': '小明', 'height': 187}
          将dict2中内容复制到新的字典中：{'name': '小明', 'height': 187}
In[63]:   dict1.pop('name')
          dict2.popitem()
          dict3.clear()
          print('删除dict1中name键对应的内容：', dict1, '\n',
                '随机删除dict2中的一个键值对为：', dict2.popitem(), '\n',
                '清空dict3中的内容：', dict3)
Out[63]:  删除dict1中name键对应的内容：{'one': 'this is 1', 'two': 'This is 2',
          'height': 187}
          随机删除dict2中的一个键值对为：('name', '小明')
          清空dict3中的内容：{}
```

4. set

Python 中有两种内置集合类型：set（可变集合）和 frozenset（不可变集合）。set 是引用零个或多个对象的无序组合，所引用的对象都是不可变的，所有内置的固定数据类型（如 float、frozenset、int、str、tuple）都是不可变的。以下所指的集合都是 set。

set 可以使用花括号 {} 或 set 函数创建。使用花括号 {} 创建集合时使用 {} 包裹一个或多个项，项与项间用“,”分割；空的 set 无法用 {} 创建。使用 set 函数创建 set 时，不带参数时返回空 set；带一个参数时返回参数的浅拷贝；带多个参数时，则尝试将给定的对象转换为 set，如代码清单 2-35 所示。

代码清单 2-35 创建 set

In[64]:
```
# 使用非空的 {} 创建 set
set1 = {1, 2, 3}
print('set1 的类型为：', type(set1))
```

Out[64]:
```
set1 的类型为：<class 'set'>
```

In[65]:
```
# 创建一个空的 set 只能使用 set 函数
set2 = set()
print(' 查看 set2：', set2, '\n',
      'set2 的类型为：', type(set2))
```

Out[65]:
```
查看 set2：set()
 set2 的类型为：<class 'set'>
```

In[66]:
```
# 将 list、tuple 转换为 set
set3 = set([1,2,3])
set4 = set((1,2,3))
print(' 查看 set3 和 set4：', set3, set4, '\n',
      'set3 和 set4 的类型分别为：', type(set3), type(set4))
```

Out[66]:
```
查看 set3 和 set4：{1, 2, 3} {1, 2, 3}
 set3 和 set4 的类型分别为：<class 'set'> <class 'set'>
```

set 是可变的，但由于其中的项是无序的，因此没有索引的概念。set 可变而无法索引，这使得它无法进行查询和修改元素的操作，但仍支持元素的增删，并可以清空和拷贝。set 的常用操作基本都需要通过内置方法，如表 2-17 所示。

表 2-17 set 内置方法

方法名称	说 明
set.add()	将元素添加到 set 中，如已存在则不做操作
set.update()	通过更新添加元素，对象可以是其他复合类型
set.pop	随机 set 中的删除
set.remove()	删除指定元素
set.discard()	删除指定元素
set.clear()	清除 set 中所有元素
set.copy()	返回 set 的浅拷贝

set 常用方法示例如代码清单 2-36 所示。

代码清单 2-36 set 常用方法

In[67]:
```
set1.add('a')
print('add 方法向 set1 中添加元素结果为：', set1)
```

Out[67]:
```
add 方法向 set1 中添加元素结果为：{1, 2, 3, 'a'}
```

In[68]:
```
set1.pop()
```

```
print('pop 方法删除 set1 中任意一个元素结果为：', set1)
```

Out[68]:　pop 方法删除 set1 中任意一个元素结果为：{2, 3, 'a'}

In[69]:
```
set2.clear()
print('清除 set2 中内容结果为：', set2)
```

Out[69]:　清除 set2 中内容结果为：set()

set 起源于数学，与数学集合相似，Python 中的 set 也有子集、并集、交集、差集和对称差集等概念，并能进行集合运算，它们的定义和操作方法如表 2-18 所示。

表 2-18　set 的集合运算

概　念	说　明	操　作
子集	集合的部分	使用运算符“<”或 issubset 函数
并集	两集合所有元素构成的集合	使用运算符“|”或 issubset
交集	两集合共有元素组成的集合	使用运算符“&”或 intersection 函数
差集	属于某一集合，不属于另一集合的元素组成的集合	使用运算符“-”或 difference 函数
对称差集	两集合除去交集部分的元素组成的集合	使用运算符“^”或 symmetric_difference 函数

set 集合运算的基本操作方法如代码清单 2-37 所示。

代码清单 2-37　set 集合运算

In[70]:
```
print('set4 是否为 set1 的子集：', set4 < set1)
```

Out[70]:　set4 是否为 set1 的子集：False

In[71]:
```
print('set4 和 set1 的并集为：', set4 | set1)
```

Out[71]:　set4 和 set1 的并集为：{1, 2, 3, 'a'}

In[72]:
```
print('set4 和 set1 的交集为：', set4 & set1)
```

Out[72]:　set4 和 set1 的交集为：{2, 3}

In[73]:
```
print('set4 和 set1 的差集为：', set4 - set1)
```

Out[73]:　set4 和 set1 的差集为：{1}

2.4　Python I/O

计算机程序用于执行任务，是满足人类需求的工具。有信息的输入，程序才能接收指令、理解需求；有信息的输出，运行结果才能被反馈给用户。在编程中，信息输入操作称为 Input，输出操作称为 Output，统称为 Input/Output，简写为 I/O。

相比其他语言，Python 中的 I/O 操作更加简单方便，通过简单的指令就可以实现基本的输入输出。此外，I/O 并不仅仅指信息键入和打印信息，还包括文件的输入输出。

2.4.1 input 与 print

1. input

input 函数在用于交互式的信息键入时，相当于一个容器，用户从键盘输入的信息先存放在容器中，再被变量引用。

input 函数可以接纳多种数据类型，包括 number、str 等基础类型，及 list、tuple、dict、set 等复合类型。使用 input 函数时，可以在括号内添加 str 以提示输入。需要注意的是，Python 3.x 中的 input 函数将所有接收的数据都默认为 str，如代码清单 2-38 所示。

代码清单 2-38　输入不同数据类型

```
In[1]:
# 输入一个数字，由 Python 默认类型
number1 = input('请输入一个数字：')

Out[1]:
请输入一个数字：1

In[2]:
# 输入一个 str，由 Python 默认类型
str1 = input('请输入一个字符串：')

Out[2]:
请输入一个字符串：1

In[3]:
# 输入一个数字，并将其转换为 int 类型
number2 = int(input('请输入一个数字：'))

Out[3]:
请输入一个数字：123

In[4]:
# 查看以上输入的输出结果类型
print('number1、str1 和 number2 的类型分别为：\n',
      type(number1), type(str1), type(number2))

Out[4]:
number1、str1 和 number2 的类型分别为：
 <class 'str'> <class 'str'> <class 'int'>
```

从代码清单 2-38 的输出结果可知，在 str1 变量中，尽管输入的不是 str，也被默认为 str。要得到需要的数据类型，必须做类型转换。

2. print

给一个变量赋值后，如需查询变量的内容，只需要键入变量名并按回车键即可，称为表达式语句的输出。使用 print 函数是更受欢迎的输出方式，可以实现多样化的输出操作。

使用 print 函数进行输出操作时，可以在函数的括号中插入 str 以向屏幕上输出指定的文字，比如打印“hello,world!”的程序；要输出被赋值的变量，则在 print 函数的括号中插

入变量名即可。

print 函数也可以接收多个 str，需要用逗号隔开，print 函数会依次打印每个 str，遇到逗号则输出一个空格，因此输出的 str 是拼起来的。print 函数也可以自动计算结果，运行 “print(number1+number2)” 语句，解释器会自动计算出相加的结果后输出。print 函数的应用如代码清单 2-39 所示。

代码清单 2-39　print 函数应用

```
In[5]:     # print 函数接收多个 str
           print('我', '爱', '中华')

Out5]:     我 爱 中华

In[6]:     # print 函数在打印前计算结果
           print('100+200 =', 100 + 200)

Out[6]:    100+200 = 300
```

格式化输出是计算机输出中的一个重要概念，主要针对 str。其运行机制为：使用占位符在 str 中进行占位，再用数值或字符替换占位符，重组 str 后输出。这种输出方法主要是为了方便修改语句，减少编写代码的工作量，并且包含自动取位、转换进制等功能。Python 中的格式化输出方法有两种，即 “%+ 格式符” 的方法和 format 函数方法。

“%+ 格式符” 的方法是一种较早的格式化输出方法，使用方式是在百分号（%）后加上相应的格式符以占位，再进行替换和输出。Python 中的格式符如表 2-19 所示。

表 2-19　Python 格式符

输出类型	格式符	说　明
str	%s	字符串（采用 str 函数的显示）
	%r	字符串（采用 repr 函数的显示）
	%c	单个字符
整数	%b	二进制整数
	%d	十进制整数
	%i	十进制整数
	%o	八进制整数
	%x	十六进制整数
float	%e	指数（基底写为 e）
	%E	指数（基底写为 E）
	%f	浮点数
	%F	浮点数
	%g	指数（e）或浮点数（根据显示长度）

由表 2-19 可知，Python 中的格式符可分别用于 str、整数和 float 输出。使用 “%+ 格式符” 的方法进行格式化输出，如代码清单 2-40 所示。

代码清单 2-40　"%+ 格式符"格式化输出

```
In[7]:   # 用 %s、%d 分别格式化字符串 'Zara' 和整数 20
         print(" 我的名字叫作 %s，已经 %d 岁了！ "%('Zara',20))

Out[7]:  我的名字叫作 Zara，已经 20 岁了！

In[8]:   # 用 %d 格式化 16，用 %o 将十进制整数 16 用八进制数表示
         print("%d 的八进制是 %o"%(16,16))

Out[8]:  16 的八进制是 20

In[9]:   # 用 %.3f 将整数转化为保留小数点后 3 位的 float
         print("23 转化为保留 3 位小数的浮点数 %.3f"%(23))

Out[9]:  23 转化为保留 3 位小数的浮点数 23.000
```

format 函数是更为强大的格式化输出工具，format 函数收集位置参数和关键字参数的任意集合，使用它们的值替换 str 中的占位符。该方法使用大括号（{}）作为特殊字符代替 %，{} 中可以不带参数、带数字编号或带关键字编号进行占位和替换，前两种属于位置替换方法，后一种属于关键字替换方法。

format 函数也支持格式符，如表 2-20 所示。

表 2-20　format 函数格式符

格式符	说　明
'c'	字符。打印前将整数转换成对应的 Unicode 字符串
'b'	二进制。将数字以 2 为基数进行输出
'o'	八进制。将数字以 8 为基数进行输出
'd'	十进制。将数字以 10 为基数进行输出
'x'	十六进制。将数字以 16 为基数进行输出，9 以上的位数用小写字母表示
'e'	幂符号。用科学计数法打印数字。用 'e' 表示幂
'g'	一般格式。将数值以 fixed-point 格式输出，数值特别大时用幂形式打印
'n'	数字。值为整数则等效于 'd'，为 float 则等效于 'g'。
'%'	百分数。数值乘以 100 后以 fixed-point('f') 格式打印，值后有一个百分号

使用 format 函数进行格式化输出的基本操作，如代码清单 2-41 所示。

代码清单 2-41　format 函数格式化输出

```
In[10]:  # format 函数不带参数情况下的输出
         print(" 我的名字叫作 {}，已经 {} 岁了！ ".format('Zara', 18))

Out[10]: 我的名字叫作 Zara，已经 20 岁了！

In[11]:  # foemat 函数带数字编号并打乱顺序
         print(" 我的名字叫作 {1}，已经 {0} 岁了！ ".format(18, 'Zara'))

Out[11]: 我的名字叫作 Zara，已经 20 岁了！
```

In[12]:
```
# foemat 函数带关键字参数
print("我的名字叫作{name}，已经{age}岁了！".format(age=18,name='Zara'))
```

Out[12]: 我的名字叫作Zara，已经20岁了！

In[13]:
```
# format 函数格式化数字为二进制数
print("我的名字叫作{}，已经{:b}岁了！".format('Zara', 18))
```

Out[13]: 我的名字叫作Zara，已经10010岁了！

2.4.2 文件 I/O

1. open

内置函数 open 的作用是打开一个文件，创建一个 file 对象以进行调用。在打开文件的基础上，后续的文件读写操作才可以实现。open 函数的基本语法格式如下：

```
open(filename, mode)
```

open 函数常用的参数及其说明如表 2-21 所示。

表 2-21 open 函数常用的参数及其说明

参数名称	说 明
filename	接收文件名，表示文件名称。无默认值
mode	接收模式名，表示文件打开模式。默认为只读

filename 表示包含要访问的文件名称。mode 决定打开文件的模式，这个参数是非强制的，默认的文件访问模式为只读（r），其可取值如表 2-22 所示。

表 2-22 文件访问模式及其说明

模 式	说 明
r	以只读方式打开文件。文件的指针将会放在文件的开头。这是默认模式
rb	以二进制格式打开一个文件用于只读。文件指针将会放在文件的开头。这是默认模式
r+	打开一个文件用于读写。文件指针将会放在文件的开头
rb+	以二进制格式打开一个文件用于读写。文件指针将会放在文件的开头
w	打开一个文件只用于写入。如果该文件已存在则将其覆盖；如果该文件不存在，则创建新文件
wb	以二进制格式打开一个文件只用于写入。如果该文件已存在则将其覆盖；如果该文件不存在，则创建新文件
w+	打开一个文件用于读写。如果该文件已存在则将其覆盖；如果该文件不存在，则创建新文件
wb+	以二进制格式打开一个文件用于读写。如果该文件已存在则将其覆盖；如果该文件不存在，则创建新文件
a	打开一个文件用于追加。如果该文件已存在，文件指针将会放在文件的结尾，也就是说，新的内容将会被写到已有内容之后；如果该文件不存在，则创建新文件进行写入
ab	以二进制格式打开一个文件用于追加。如果该文件已存在，文件指针将会放在文件的结尾，也就是说，新的内容将会被写到已有内容之后；如果该文件不存在，则创建新文件进行写入

（续）

模　式	说　明
a+	打开一个文件用于读写。如果该文件已存在，文件指针将会放在文件的结尾，文件打开时会是追加模式；如果该文件不存在，则创建新文件用于读写
ab+	以二进制格式打开一个文件用于追加。如果该文件已存在，文件指针将会放在文件的结尾；如果该文件不存在，则创建新文件用于读写

2. read

在 Python 中，读取文件的内容需要以只读的模式先打开一个文件，可以用 open 函数传入文件名和模式标识符，再用 read 函数读取文件中的内容。read 函数可以从打开的文件中一次性读取全部内容，内容被读取到内存并用一个 str 对象表示。read 函数的基本语法格式如下：

```
f = open(filename, mode)
f.read(size)
```

read 函数常用的参数及其说明如表 2-23 所示。

表 2-23　read 函数常用的参数及其说明

参数名称	说　明
size	接收 number，表示读取的字符数。默认为文件中所有字符

表 2-26 中，size 表示要从文件中读取的字节数，该方法从文件的开头开始读入，每调用一次就读取 size 个字节的内容。如果没有传入 size，程序会尝试尽可能多地读取内容，一直到文件的末尾。

使用 read 函数读取 test.txt 文件，并打印，如代码清单 2-42 所示。

代码清单 2-42　read 函数读取 test.txt 文件

```
In[14]:  # 以只读模式打开 test.txt 文件
         data = open('../data/test.txt', 'r')
         # 读取文件中的内容，存到 content 变量中
         content = data.read()
         # 打印出 content 变量中包含的文本内容
         print('该文本中的内容是：', content)

Out[14]: 该文本中的内容是：Hello World!
```

3. write

在 Python 中，写入文件和读出文件的操作方式是相似的：先调用 open 函数并传入标识符‘w’或‘wb’，再使用 write 函数进行写入。write 函数的基本语法格式如下：

```
f = open(filename, mode)
f.write(str)
```

write 函数常用的参数及其说明如表 2-24 所示。

表 2-24 write 函数常用的参数及其说明

参数名称	说 明
str	接收任意 str，表示写入的文本内容。默认为空

write 函数可将任何 str 写入打开的文件。需要注意，Python 中的 str 可以是二进制数据，而不限于文字。要写入 str 以外的内容，要先将需写入的内容转换成 str。

使用 write 函数写入文件的操作如代码清单 2-43 所示。

代码清单 2-43 write 函数写入文件

```
In[15]:  # 打开一个文件
         web = open('../tmp/web.txt', 'w')
         # 转换内容，写入文件
         value = ('http://www.tipdm.org', 14)
         str_value = str(value)
         web.write(str_value)
         web.close()
         # 打开文本，读取出写入的内容
         web = open('../tmp/web.txt', 'r')
         content = web.read()
         print('该文本中的内容是：', content)
Out[15]: 该文本中的内容是：('http://www.tipdm.org', 14)
```

4. close

close 函数可以刷新缓存里任何还没写入的信息并关闭文件，关闭之后的文件便不能再进行写入。使用完文件后应该关闭，关闭文件的本质是使文件指针与文件脱离，关闭后不再能通过该指针对原来与其联系的文件进行操作。如果文件使用完后不关闭，文件对象会一直占用操作系统的资源，并且，操作系统同一时间能打开的文件数量是有限的。写入文件时，数据会占用操作系统的内存，待计算机空闲时再慢慢写入，不调用 close 函数的后果是数据可能只写一部分到磁盘中，其他的信息则丢失了。

close 函数的基本语法格式如下：

```
fileObject.close()
```

close 函数常用的参数及其说明如表 2-25 所示。

表 2-25 close 函数常用的参数及其说明

参数名称	说 明
fileObject	接收文件名，表示正在使用的文件对象。无默认值

本节的各代码清单中，都需要在末尾使用 close 函数关闭文件，以保证信息的完整。

小结

Python 可以实现快速开发，是最适合于机器学习的工具。本章介绍了利用 Python 进行编程的入门知识，主要内容如下：

1）固定语法主要介绍了 Python 的基本操作，包括声明、注释、缩进、多行语句、保留字符与赋值等。

2）运算符部分主要介绍了算术运算符、比较运算符、赋值运算符、按位运算符、逻辑运算符、成员运算符和身份运算符 7 类运算符的使用方法，并介绍了多个运算符时的优先级。

3）基础数据类型主要介绍了 number 和 str 两种数据类型，其中 number 包括 int、float、bool、complex；str 由引号标识，操作方式多样且灵活。

4）复合数据类型主要介绍了 list、tuple、dict 和 set，需要注意各种数据类型之间的异同点，以及每种类型的基础操作。

5）交互式的输入操作主要介绍了基础 I/O 和文件读写。基础 I/O 部分说明了 input 函数的用法、输入数据类型和 print 函数的输出格式化。文件读写则说明了 open、read、write、close 四个函数分别实现打开、读取、写入、关闭操作。

课后习题

1. 选择题

（1）下列关于注释的说法正确的是（　　）。

A. 单行注释只能使用 # 号创建

B. 多行注释只能使用 # 号创建

C. 使用引号创建注释，须保证前后引号数目相同，类型不必一致

D. 注释的主要目的在于使代码美观

（2）下列关于运算符的说法正确的是（　　）。

A. 算术运算符包括加、减、乘、除这 4 种

B. 运算符“=”和运算符“==”是等效的

C. 逻辑表达式 x or y，x 为 False，则返回 x

D. 指数运算符的优先级最高

（3）下列关于数据类型的说法正确的是（　　）。

A. 由于 str 是不可变的数据类型，因此只有很少的内置方法

B. 使用 list.pop() 可按对象删除 list 中的元素

C. 只包含一个元素的 tuple 必须带上一个逗号

D. dict 无法实现索引

（4）下列关于变量的说法不正确的是（　　）。

A. Python 3 中主要的整数数据类型有 int 和 long

B. Python 不支持查询 str 中某个字符的位置

C. list 可以存放任意数据类型，这是因为其内部的数据项都是对象引用

D. set 引用的对象只能是不可变的

（5）下列关于文件操作的说法正确的是（　　）。

A. open 函数的 w 模式表示只读打开，只能在文件存在的情况下使用这一模式

B. 使用 read 函数读取文件时，如果不设置读取字节数，程序将尝试读取所有内容

C. write 函数可将任何 str 及数字写入打开的文件

D. 操作文件后必须使用 close 函数关闭是为了信息安全

2. 填空题

（1）实现多行语句需要使用________，但在________、________、________内的长语句使用逗号即可。

（2）同一优先级运算符的运算顺序是________。

（3）str 内置方法的功能集中在________和________两个方面。

（4）dict 无法使用 str 式的索引格式，但支持________的形式。

（5）文件在读写操作后必须________，以避免信息保存不完整。

3. 操作题

（1）编写可运行的代码，声明格式为“UTF-8”，计算$\frac{6^3}{4}$的运算结果是否在 list[18,20,54] 中。

（2）使用两种方法创建一个 list，包含 10086、10000、10010、中国移动、中国电信、中国联通这 6 个元素。

（3）使用两种方法创建一个 tuple，包含 China、Chinese、960、56、中国这 5 个元素。

（4）使用两种方法创建一个 dict，键为中国、美国，对应的值为 China、America。

（5）使用两种方法创建一个 set，包含 China、America、Russia、Germany、France。

（6）读取 test.txt 文件，根据读取的内容，做出解答，然后在该文件末尾追加解答结果，并关闭文件。

CHAPTER 3

第3章

控制语句

在计算机中，程序执行的方向被称为控制流。最基本的情况下，程序从首条代码开始依次执行，调用函数、方法，使用控制结构，或程序发生异常都能使控制流转向。Python中用于操纵控制流的常用语句有if-elif-else语句、for语句、while语句、break语句、continue等。本章将重点介绍Python常用控制流语句，以及与控制流功能非常类似的、用于异常处理的try-except-else语句。

3.1 条件语句

条件语句通过一个或多个布尔表达式的执行结果（真值或假值）决定下一步的执行方向。所谓布尔表达式，即对某个对象进行布尔运算，产生一个bool值。条件语句的运行逻辑为：如果条件被满足（返回真值），可以做某件事情；**如果条件不满足（返回假值），就做另一件事情，或什么也不做。**

通过图3-1，可以对条件语句的运行机制作有一个简单的了解。虚线框内是一个选择结

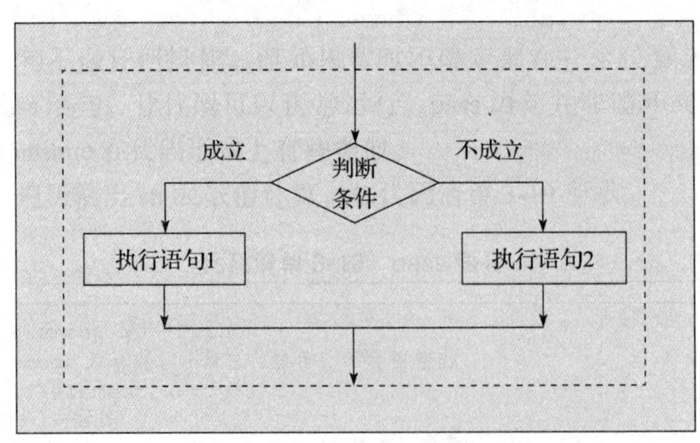

图3-1 条件语句结构

构，此结构中包含一个判断条件和两条执行语句，以及连接各部分的流向线。根据判断条件（布尔表达式）返回值的情况，程序将选择执行语句1或语句2。

在Python中，实现选择结构最普遍的工具是if语句。此外，try语句专门用于异常处理，其内在逻辑也符合选择结构。

3.1.1 if、elif与else

if语句中包含3种条件判断句式，即if、elif和else。其中，if与elif部分都包含判断条件，当判断条件都不成立时，程序才能执行else部分的代码。

if语句最基础的形式是if-else，其基本语法格式如下。

```
if 条件表达式:
    操作语句1
else:
    操作语句2
```

if-else语句常用的参数及说明如表3-1所示。

表3-1 if-else语句常用的参数及说明

参 数	说 明
条件表达式	接收布尔表达式，表示判断条件是否成立。无默认值
操作语句	接收操作语句，表示执行一段代码。无默认值

if-else语句执行时，程序首先判断if部分条件表达式的真假。如果条件表达式返回真值，则执行操作语句1；如果返回假值，则执行操作语句2。

if-else语句的形式很简单，通过条件判断的结果即可决定下一步的执行方向，具有两条分支。以编写一个账户密码登录界面为例，介绍该语句的使用，如代码清单3-1所示。

代码清单3-1 if-else语句实现登录界面

In[1]:
```
name = input ('请输入用户名：')
password = input ('请输入密码：')
if name == "Lucy" and password == "123456":
    print ('****登录成功，欢迎！*****')
else:
    print ('-----您的输入有误，登录失败！-----')
```

Out[1]:
```
请输入用户名：Lucy
请输入密码：123
-----您的输入有误，登录失败！-----
```

In[2]:
```
name = input ('请输入用户名：')
password = input ('请输入密码：')
if name == "Lucy" and password == "123456":
    print ('****登录成功，欢迎！*****')
else:
```

```
    print ('----- 您的输入有误，登录失败！ -----')
```

Out[2]:
```
请输入用户名：Lucy
请输入密码：123456
****登录成功，欢迎！ *****
```

在代码清单 3-1 中，使用 input 函数以支持交互式的输入，并在函数括号内插入文字进行了输入提示，增强了登录界面的人性化。在 if 部分的条件判断式中，使用 and 运算符进行且运算，只有账户和密码都输入正确才能成功登录，从而增加了安全性。

if-else 语句可以缩减为单行形式，其基本语法格式如下。

```
操作语句 1 if 条件表达式 else 操作语句 2
```

if-else 语句单行形式语法格式中的参数说明与图 3-1 一致。如果条件表达式返回的结果为真，则执行 if 前面的操作语句 1，否则执行 else 后面的操作语句 2。

if-else 语句使用单行形式的目的主要在于增加代码的简洁性，其基本使用方法如代码清单 3-2 所示。

代码清单 3-2　if-else 语句的单行形式

In[3]:
```
num1, num2 = 11, 90
print('num1 加 num2 为百分数 ') if 1000 > num1 + num2 >100 else
        print('num1 加 num2 不为百分数 ')
```

Out[3]:
```
num1 加 num2 为百分数
```

if-else 语句有明显的缺陷，即只能实现两条分支。实际工作中需要用到的条件分支数目可能难以想象，扩展 if 语句的分支需要用到 elif 句式。elif 是“ else if”的缩写，即“下一条件是否成立?”。使用 elif 有简洁、减少过分缩排的效果。将 elif 代码块放在 if 和 else 之间，就组成了 if-elif-else 语句。理论上，if 语句中的 elif 可以无限多。if-elif-else 语句与 if-else 语句其实是等价的，后者相当于前者中 elif 个数为 0 或不执行的情况。由于 if-elif-else 语句能提供更多条件分支，因此被普遍使用，其基本语法格式如下。

```
if 条件表达式 1:
    操作语句 1
elif 条件表达式 2:
    操作语句 2
else:
    操作语句 3
```

if-elif-else 语句语法格式中的参数与表 3-1 一致。该语句执行时，按照从上到下的顺序，依次检查每个条件表达式返回值的情况，任何一个条件表达式返回真值，就执行该表达式下面的操作语句。若所有条件表达式都返回假值，则执行 else 下面的操作语句。

if-elif-else 语句相对于 if-else 语句优势明显，可以实现更为复杂的功能。使用 if-elif-else 语句实现年龄段的判断，如代码清单 3-3 所示。

代码清单 3-3　使用 if-elif-else 语句实现年龄段的判断

In[4]:

```
age = input('请输入您的年龄：')
age = int(age)
if age < 18:
    print('未成年人！')
elif age >= 18 and age <= 25:
    print('青年人！')
elif age > 25 and age <= 60:
    print('中年人！')
else:
    print('老年人！')
```

Out[4]:

```
请输入您的年龄：20
青年人！
```

代码清单 3-3 通过比较运算符实现了年龄段划分，并能区分年龄段界限，避免逻辑出错。正如 2.4.1 节中所述，input 函数将接收的任何数据类型都默认为 str，如果不在该代码中插入转换接收数据类型的语句，程序将无法执行。这是因为，接收的年龄数据会被用于和后续的年龄数值比较，而 number 与 str 是无法比较的。

需要说明，if 语句还有一种形式是 if-if-else，这一形式中的 if 可以有多个，从而实现多分支。与 if-elif-else 语句相比，差异不仅仅存在于形式上，性能上也同样有区别，使用多个 if 的效率更低，它实际上是多重 if 语句。

if 语句支持嵌套，即在一个 if 语句中嵌入另一个 if 语句，从而构成不同层次的选择结构。嵌套的意义在于实现多层选择结构。使用嵌套对条件语句的功能有升华作用，这与 elif 是相似的，elif 将有限的条件分支扩展，嵌套则提供了建立多层选择结构的工具，两者分别在不同的维度上提升了 if 语句的功能性。使用嵌套需要以不同的缩进长度划分代码结构的层次，因此嵌套时要特别注意缩进的规范性。

嵌套选择结构具有很广的应用场景，以下给出一个例子。假设系统中存储了 5 个用户的身份信息，分别是：来自英国的 Tom，35 岁；来自法国的 Frank，35 岁；来自德国的 Bob，35 岁；来自澳大利亚的 Washington，51 岁；来自南非的 Jane，21 岁。设计一个程序，询问用户的部分信息，在对方不说出自己名字的情况下识别其身份，如代码清单 3-4 所示。

代码清单 3-4　嵌套 if-elif-else 语句

In[5]:

```
age = input('请输入你的年龄：')
age = int(age)
if age == 35:
    nation = input('请输入你的国籍：')
    if nation == '英国':
```

```
        print('你是Tom!')
    elif (nation == '法国'):
        print('你是Frank!')
    else:
        print('你是Bob!')
elif age == 21:
   print('你是Jane，来自南非！')
elif age == 51:
   print('你是Washington，来自澳大利亚！')
else:
   print('请输入正确年龄值！')
```

```
Out[5]:    请输入你的年龄：35
           请输入你的国籍：法国
           你是Frank!
```

从代码清单 3-4 可以看到，该程序具有两层选择结构。第 1 层用于询问年龄，程序通过接收的年龄，可以判断输入者是 Jane、Washington 或其他 3 个同龄人中的一个；若收到的值不在这 5 人年龄范围中，则提示输入出错；若收到的值是 3 个同龄人的岁数，则进入下一层选择结构，即询问国籍；通过询问国籍，程序可以准确报出输入者的信息。

使用 if 语句时，需要注意以下几点。

1）条件判断语句应尽量简单，若语句复杂则应当将运算先放到一个变量中。

2）Python 的条件语句中允许常用的数值比较运算（==，!=，>，>=，<，<=）。

3）Python 允许无限次 if 语句嵌套，但实际编程中如果必须用到 3 级到 4 级嵌套，建议考虑用其他方法编写代码，嵌套超过两层会使程序的运行效率大打折扣。

3.1.2 try、except 与 else

如果运行途中发生错误事件，程序的执行将中断，并创建异常对象。异常是程序在正常流程控制以外采取的动作，当它被引发时，计算机将自动寻找异常处理程序，以帮助程序恢复正常运行。

要保证程序的正常运行，就需要排除错误，错误要么是语法上的，要么是逻辑上的。语法错误的出现表明程序在结构上出现了问题，可以在程序执行前加以纠正。逻辑错误可能是缺少输入或输入不正确，某些情况下，也可能是根据输入无法生成预期的结果。逻辑错误难以预防，必须使用异常处理程序来应对。

计算机语言针对可能出现的错误定义了异常类型，某种错误引发对应的异常时，异常处理程序将被启动，从而恢复程序的正常运行。Python 中定义的异常类型大致分为数值计算错误、操作系统错误、无效数据查询、Unicode 相关的错误和警告等几类，如表 3-2 所示。

表 3-2 Python 异常类

异常名	说 明	异常名	说 明
BaseException	所有异常的基类	RuntimeError	一般的运行时异常
Exception	常规异常的基类	NotImplementedError	尚未实现的方法
StandardError	所有的内建标准异常的基类	SyntaxError	语法错误导致的异常
ArithmeticError	所有数值计算异常的基类	IndentationError	缩进错误导致的异常
FloatingPointError	浮点计算异常	TabError	Tab 和空格混用
OverflowError	数值运算超出最大限制	SystemError	一般的解释器系统异常
ZeroDivisionError	除零	TypeError	对类型无效的操作
AssertionError	断言语句失败	ValueError	传入无效的参数
AttributeError	对象不包含某个属性	UnicodeError	Unicode 相关的异常
EOFError	没有内建输入，到达 EOF 标记	UnicodeDecodeError	Unicode 解码时的异常
EnvironmentError	操作系统异常的基类	UnicodeEncodeError	Unicode 编码错误导致的异常
IOError	输入 / 输出操作失败	UnicodeTranslateError	Unicode 转换错误导致的异常
OSError	操作系统异常	Warning	警告的基类
WindowsError	系统调用失败	DeprecationWarning	关于被弃用的特征的警告
ImportError	导入模块 / 对象失败	FutureWarning	关于构造将来语义会有改变的警告
KeyboardInterrupt	用户中断执行	UserWarning	用户代码生成的警告
LookupError	无效数据查询的基类	PendingDeprecationWarning	关于特性将会被废弃的警告
IndexError	序列中没有此索引	RuntimeWarning	可疑的运行时行为 (runtime behavior) 的警告
KeyError	映射中没有这个键	SyntaxWarning	可疑语法的警告
MemoryError	内存溢出异常	ImportWarning	用于在导入模块过程中触发的警告
NameError	未声明 / 初始化对象	UnicodeWarning	与 Unicode 相关的警告
UnboundLocalError	访问未初始化的本地变量	BytesWarning	与字节或字节码相关的警告
ReferenceError	弱引用试图访问已经垃圾回收了的对象	ResourceWarning	与资源使用相关的警告

异常体系内部有层次关系，即某些异常属于某个异常的子类，该异常又可能是另一异常的子类。较低层次、更具细节的异常是某些异常的子类，这些高层次的异常则称为基类，子类和基类是相对的。Python 异常体系中的部分关系如图 3-2 所示。

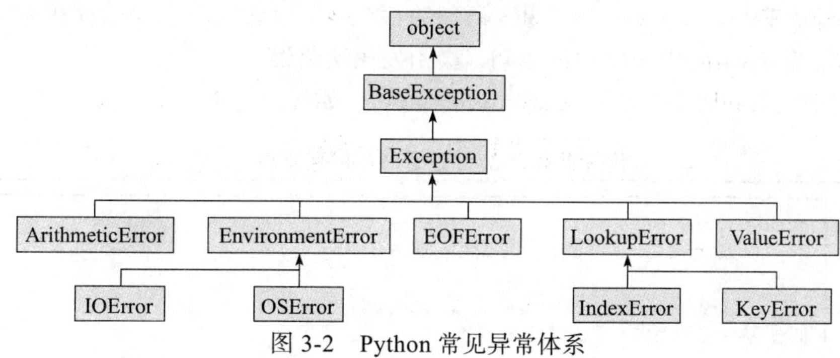

图 3-2 Python 常见异常体系

在图 3-2 中，越下面的异常，其层次越低，细节更明显，它们总有更高层次的基类。

Python 使用 try 语句处理异常，该语句一般包括 try、except 和 else 三个句式，组成 try-except-else 的形式。try 部分包含一个尝试执行的代码块，except 部分是特定异常的处理对策，else 部分则在程序运行正常时执行。

try 语句可以视为一种条件分支，与 if 语句的区别是 try 语句并不包含条件判断式，执行的流向也不取决于条件表达式，而依赖于代码块能否执行。但其内在逻辑和运行流程与 if 语句是相似的，符合条件分支的特征，其基本语法格式如下。

```
try:
    操作语句 1
except 错误类型 1:
    操作语句 2
except 错误类型 2:
    操作语句 3
else:
    操作语句 4
```

try 语句常用的语法格式及其参数说明如表 3-3 所示。

表 3-3 try-except-else 语句常用的语法格式及其参数说明

参 数	说 明
错误类型	接收 Python 异常名，表示符合该异常则执行下面语句。无默认值
操作语句	接收操作语句，表示执行一段代码。无默认值

运行 try-except-else 语句时，程序首先执行 try 代码块，即可能出错的试探性语句，这可能导致致命性错误使得程序无法继续执行；如果 try 代码块确实无法执行，就可能执行某个 except 代码块。执行一个 except 代码块的条件是，系统捕捉的异常类型和该代码块标识的类型相符合；如果 try 代码块的语句正常执行，就接着执行 else 代码块的语句。如果 try 部分无法执行，也没有找到相应的 except 代码块，就将异常消息发送给程序调用端，如 Python Shell，Python Shell 对异常消息的默认处理则是终止程序的执行并打印具体的出错信息。这也是在 Python Shell 中执行程序错误后所出现的出错打印信息的由来。

在 try 语句中，except 与 else 代码块都是可选的。except 代码块可以有 0 或多个；else 代码块可以有 0 或 1 个。但要注意，else 语句的存在必须以 except 语句的存在为前提，在没有 except 语句的 try 语句中使用 else 语句，会引发语法错误。

try 语句中没有 else 时，就构成 try-except 语句，如代码清单 3-5 所示。

代码清单 3-5 try 语句处理除零异常

```
In[6]:  number = 0
        # 以变量 number 作被除数，尝试运行除法操作
        try:
            print('1.0 / number =', 1.0 / number)
        # 如果异常是除零异常，输出提示信息
```

```
except ZeroDivisionError:
    print('*** 除数为 0***')
```

Out[6]:　*** 除数为 0***

在代码清单 3-5 中，由于 0 不能做除数，因此引发了除零异常。except 代码块由于给出了 ZeroDivisionError 的解决方案，因此被执行，程序得以完整地运行。

代码清单 3-5 所展示的异常之间的层次差别是有意义的，这在程序执行过程中可以体现，如代码清单 3-6 所示。

代码清单 3-6　Python 异常层次差异

In[7]:

```
dict1={'a': 1, 'b': 2, 'v': 22}
# 尝试索引赋值 dict 中不存在的值
try:
    x = dict1['y']
except LookupError:
    print('查询错误')
except KeyError:
    print('键错误')
else:
    print(x)
```

Out[7]:　查询错误

In[8]:

```
# 调换 LookupError 和 KeyError 处理代码块的顺序
dict2={'a': 1, 'b': 2, 'v': 22}
# 尝试索引赋值 dict 中不存在的值
try:
    x = dict2['y']
except KeyError:
    print('键错误')
except LookupError:
    print('查询错误')
else:
    print(x)
```

Out[8]:　键错误

代码清单 3-6 展示的 try-except-else 语句尝试查询不在 dict 中的键值对，从而引发了异常。这一异常准确地说应属于 KeyError，但由于 KeyError 是 LookupError 的子类，且在代码清单 3-6 中将 LookupError 置于 KeyError 之前，因此程序优先执行该 except 代码块。所以，使用多个 except 代码块时，必须坚持对其规范排序，要从最具针对性的异常到最通用的异常。

除自然发生的异常外，Python 中的 raise 语句可用于故意引发异常。使用该语句引发异常时，只需在 raise 后输入异常名即可，如代码清单 3-7 所示。

代码清单 3-7　raise 语句

In[9]:
```
# 尝试引发 IndexError
try:
    raise IndexError
except KeyError:
    print ('in KeyError except')
except IndexError:
    print('in IndexError except')
else:
    print('no exception')
```
Out[9]:
```
in IndexError except
```

3.2　循环语句

循环语句又称为重复结构，用于反复执行某一操作。面对大数量级的重复运算，即使借助计算机，重复编写代码也是费时的，这时就需要借助循环语句。使用循环语句一般要用到条件判断，根据判断式的返回值决定是否执行循环体。循环分为两种模式，一种是条件满足时执行循环体；另一种则相反，在条件不满足时执行循环体。前者称为当型循环，后者称为直到型循环。

在图 3-3 中，虚线框内是一个当型循环结构，此结构包含判断条件和循环体，以及连接各部分的流向线。程序执行时，先判断条件的真假。判断为真时，则执行循环体；判断为假时，不再执行循环体，循环结束。当型循环先进行条件判断，如果满足循环条件，再执行循环体，因此又被称为前测试型循环。

在图 3-4 中，虚线框内是一个直到型循环结构，此结构包括判断条件和循环体，以及连接各部分的流向线。程序执行时，先执行一次循环体，再判断执行循环的结果是否满足判断条件。满足条件时，再次执行循环体；不满足条件时，不再执行循环体。直到型循环在执行判断前先进入循环体运行，因此又被称为后测试型循环。

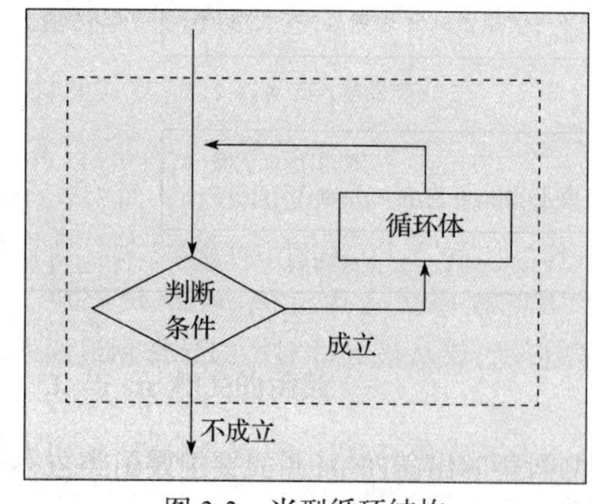

图 3-3　当型循环结构

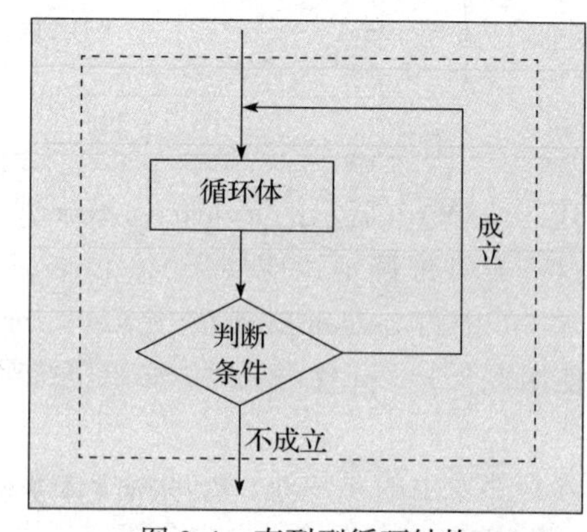

图 3-4　直到型循环结构

Python 中主要有两种循环语句，即 for 语句和 while 语句。前者采用遍历的形式指定循环范围，后者视判断式返回值的情况而决定是否执行。要更灵活地操纵循环的流向，就要用到 break、continue 和 pass 等语句。

3.2.1　for

for 循环是迭代循环，在 Python 中相当于一个通用的序列迭代器，可以遍历任何有序序列，如 str、list、tuple 等，也可以遍历任何可迭代对象，如 dict。不同于 C 语言，Python 中的 for 语句将遍历系列中的所有成员，遍历顺序为成员在系列中的顺序。需要注意，在 for 循环中改变任何序列的内容都是危险的！

for 语句不属于当型循环或直到型循环，它遍历序列对象内的元素，对每个元素运行一次循环体，循环的步数在程序开始执行时已经指定，不属于条件判断。

在 for 语句中，for 和 in 搭配组成 for-in 循环结构，for-in 循环依次把 list 或 tuple 中的每个元素迭代出来。for 语句的基本语法格式如下。

```
for 变量 in 序列：
  操作语句
```

for 语句常用的语法格式及其参数说明如表 3-4 所示。

表 3-4　for 语句常用的语法格式及其参数说明

参　数	说　明
序列	接收序列，表示遍历范围。无默认值
操作语句	接收操作语句，表示执行一段代码。无默认值

程序的执行从“ for 变量 in 序列”开始，该语句把序列中的每个元素代入变量，执行一遍操作语句 1，重复的次数就是序列中元素的个数。

为了展示 for 循环的遍历功能，依次打印 list 中的姓名，如代码清单 3-8 所示。

代码清单 3-8　for 语句遍历提取 str

```
In[1]:  # 单纯遍历的 for 语句
        names = ['Michael', 'Bob', 'Tracy']
        # 遍历输出 names 中的元素
        for name in names:
            print(name)

Out[1]: Michael
        Bob
        Tracy
```

2.3 节介绍了 dict 的遍历方法，实际上，for 语句同样可以实现这一功能，如代码清单 3-9 所示。

代码清单 3-9 for 语句遍历查询 dict

In[2]:
```
dic = {'a': 1, 'b': 2, 'c': 3, 'd': 4}
# 遍历键值对
print('key_value: ', end = '')
for key, value in dic.items():
    print(key, value, sep = ':', end = ' ')
# 遍历键
print('keys: ', end = '')
for key in dic.keys():
    print(key, end = ' ')
# 遍历值
print('values: ', end = '')
for value in dic.values():
    print(value, end = ' ')
```

Out[2]:
```
key_value: a:1 b:2 c:3 d:4
keys: a b c d
values: 1 2 3 4
```

从代码清单 3-9 可以看到，for 语句中用于遍历的“变量”不仅可以是 Python 默认的指代词，也可以是常规的变量。

和条件语句一样，循环语句也可以使用嵌套，作用同样是丰富程序的功能性。设计一个成绩录入系统，就必然要录入姓名和课程这两类信息，仅靠一层循环是无法实现的，可使用两层循环结构，如代码清单 3-10 所示。

代码清单 3-10 嵌套 for 语句

In[3]:
```
students = ['小明', '小红']
subjects = ['语文', '数学']
sum1 = []
avg = []
for i in students:
    print ('开始录入%s的考试成绩!'%i)
    sum = 0
    for j in subjects:
        print('请输入%s成绩:'%j)
        score = int(input())
        sum += score
    average = sum / 2
    avg.append(average)
    sum1.append(sum)
print(students, '的总分依次是', sum1, ',', '平均分依次是', avg)
print('完成成绩录入! ')
```

Out[3]:
```
开始录入小明的考试成绩!
请输入语文成绩:
97
请输入数学成绩:
```

```
90
开始录入小红的考试成绩！
请输入语文成绩：
89
请输入数学成绩：
100
['小明', '小红'] 的总分依次是 [187, 189] , 平均分依次是 [93.5, 94.5]
完成成绩录入!
```

理论上，for 循环也可以无限嵌套，但并不推荐。

3.2.2　while

while 语句是 Python 中最常用的递归结构。区别于 for 循环，while 循环结构包含条件判断式，是一种条件循环，属于当型循环。

while 语句最基本的形式包括一个位于顶部的布尔表达式，一个或多个属于 while 代码块的缩进语句。也可以在结尾处包含一个 else 代码块，它与 while 代码块是同级的，组成 while-else 的形式。while 语句的基本语法格式如下。

```
while 条件表达式：
    操作语句 1
    操作语句 2
```

while 语句常用的参数及其说明如表 3-5 所示。

表 3-5　While 语句常用的参数及其说明

参　数	说　明
条件表达式	接收布尔表达式，表示判断条件是否成立。无默认值
操作语句	接收操作语句，表示执行一段代码。无默认值

执行 while 语句时，只要顶部的条件表达式返回真值，就一直执行 while 部分嵌套的递归代码，当条件表达式返回假值时，不再执行操作语句，程序跳出 while 结构。

while 语句的基础使用方法如代码清单 3-11 所示。

代码清单 3-11　while 语句

```
In[4]:
sum = 0
n = 99
while n > 0:
    sum += n
    n -= 2
print(sum)
```

```
Out[4]:    2500
```

如果布尔表达式不带有 <、>、==、！ =、in、not in 等运算符，仅仅给出数值之类的条件，也是可以的。当 while 后写入一个非零整数时，视为真值，执行循环体；写入 0 时，视为假值，不执行循环体。也可以写入 str、list 或任何序列，长度非零则视为真值，执行循环体；否则视为假值，不执行循环体。

如果布尔表达式始终返回 1，while 语句就变成无限循环，如代码清单 3-12 所示。

代码清单 3-12 while 语句无限循环

```
In[5]:
# 布尔表达式为常数 1，始终为真值
while 1:
     print('循环')

Out[5]:
循环
循环
…

In[6]:
# 布尔表达式每次递归运算都为 2，始终为真值
x, y = 2, 1
while x / y:
    print('循环')
    x = x * 2
    y = y * 2

Out[6]:
循环
循环
…
```

运行代码清单 3-12，将会不断打印出“循环”。代码清单 3-12 展示了制造无限循环的两种方式，既可以在 while 后写入一个固定的真值，也可以写入一个一直生成真值的表达式。要终止无限循环，可以使用快捷键 Ctrl+C 中断循环的执行，也可以用循环终止语句，这将在 3.2.3 节介绍。

灵活地利用 while 语句中的布尔表达式及代入表达式的递归值，可以实现特别的功能，如代码清单 3-13 所示。

代码清单 3-13 while 语句实现 str 截取

```
In[7]:
string = 'abcd'
while string:
    print(string)
# 该语句的递归计算是，每次从 str 的第 2 个字符开始截取
    string = string[1:]

Out[7]:
abcd
bcd
cd
d
```

代码清单 3-13 包含一个自减迭代值，它并不通过明显的运算符实现自减，而是利用索

引法则，x 变量一直从 str 中第 2 个值截取至结尾，每次都将位于 str 最前面的字符截取掉，最终只剩下一个字符时，再次截取就只有空的结果，布尔表达式返回 0，循环终止。

通过代码清单 3-12 和代码清单 3-13 可以看到，灵活地利用递归式，可以实现程序流向的控制。

while 循环同样可以使用嵌套，嵌套的 while 循环实现成绩录入系统如代码清单 3-14 所示。

代码清单 3-14 嵌套 while 语句

In[8]:

```
j = 1
while j <= 2:
    sum = 0
    i = 1
    name = input('请输入学生姓名：')
    while i <= 2:
        print ('请输入第 %d 门的考试成绩： '%i)
        sum += int(input())
        i += 1
    avg = sum / (i-1)
    print(name, '的平均成绩是 %d'%avg)
    j += 1
print('学生成绩输入完成！ ')
```

Out[8]:

```
请输入学生姓名：小明
请输入第 1 门的考试成绩：
98
请输入第 2 门的考试成绩：
88
小明 的平均成绩是 93
请输入学生姓名：小红
请输入第 1 门的考试成绩：
65
请输入第 2 门的考试成绩：
100
小红 的平均成绩是 82
学生成绩输入完成!
```

代码清单 3-14 的第 1 层 while 语句用于录入人名，第 2 层则在各人名下录入多门成绩，布尔表达式决定录入的人数和课程数。

3.2.3 break、continue 与 pass

在 3.2.1 节和 3.2.2 节中，已经介绍了 Python 中的两种循环语句。循环语句中还可以嵌入 break、continue 和 pass 语句，以灵活地改变流向，实现更多功能。

1. break

在 Python 中，break 语句用于终止循环语句的执行。使用该语句时，即使循环条件判断为真，或序列未被完全递归，循环语句也会被立刻停止。

break 语句一般配合条件判断使用，因为程序的终止必须是在某一条件被满足时执行。break 语句在 for 循环和 while 循环中的使用如代码清单 3-15 所示。

代码清单 3-15 break 语句的使用

```
In[9]:
# break 语句用于 for 循环
string = "Python"
for i in string:
# 遍历至 string 中的字符 n 时，不再执行 else 代码块
    if i == 'n':
        break
    else:
        print("letter: {}". format(i))
```

```
Out[9]:
letter: P
letter: y
letter: t
letter: h
letter: o
```

```
In[10]:
# break 语句用于 while 循环
counts = 0
while True:
    print(counts)
    counts += 1
# 满足 counts 等于 3 时跳出循环，不再进入循环体
    if counts == 3:
        break
```

```
Out[10]:
0
1
2
```

从代码清单 3-15 可以看到，break 语句用于 for 循环和 while 循环是有区别的。用于 for 循环时，只终止遍历中某一次的循环体执行；用于 while 循环时，整个循环被终止。

break 只终止本层循环，如有多层嵌套的循环，在其中一层循环中写入 break，只在这层循环中生效，程序将跳到上一层循环中继续运行，如代码清单 3-16 所示。

代码清单 3-16 break 语句用于嵌套循环结构

```
In[11]:
# 第 1 层循环，遍历次数为 2
for i in range(2):
    print("-----%d-----" %i)
# 第 2 层循环，遍历次数为 10
    for j in range(10):
# 使用 break 语句，j>1 时不执行循环体
        if j > 1:
```

```
            break
        print(j)
```

Out[11]:
```
-----0-----
0
1
-----1-----
0
1
```

在代码清单 3-16 中，break 语句在条件判断式“if j>1：”后被使用，因此尽管 j 的指定遍历次数为 10，实际上遍历只运行两次。由于 break 语句只终止本层循环的运行，i 依旧遍历执行了两次，而不是在第 1 次遍历过程末尾终止。

2. continue

Python 中的 continue 语句用于跳出当前循环，并执行下一次循环，而 break 跳出整层循环，两者的功能具有明显区别。

如果一段代码中包含 continue 语句，循环执行至 continue 处时，先忽略本次循环，在本层仍满足条件的剩余循环次数中继续执行，不会终止这一层循环。实际上，如果在某一层的每次循环中都使用 continue 语句，就相当于使用 break 语句。

打印一个数表，要不打印某些指定的数字，或只打印某类数，就可以使用 continue 语句跳过一些循环次数，该语句在 for 循环和 while 循环中都可以自由地使用，如代码清单 3-17 所示。

代码清单 3-17 continue 语句用于循环结构

In[12]:
```
# 当 i 等于 1 或 3 时，跳过 continue 后的 print 语句
for i in range(0,5):
    if i == 1 or i == 3:
        continue
    print(i)
```

Out[12]:
```
0
2
4
```

In[13]:
```
# 如果遇到偶数，跳过 continue 后的 print 语句
counts = 0
while counts < 10:
    counts += 1
    if counts % 2 == 0:
        continue
    print(counts)
```

Out[13]:
```
1
```

```
3
5
7
9
```

break 语句一旦用于嵌套循环中的第 n 层，该层循环会被终止，但在执行第 n-1 层循环时，仍会创造一个第 n 层循环并执行。continue 语句同样如此，只是仍会执行某一层的剩余部分。因此，无论使用哪种循环终止语句，都只会影响使用终止语句的那一层循环，而不会干扰到其他层。continue 语句用于循环的例子如代码清单 3-18 所示。

代码清单 3-18　continue 语句用于嵌套循环结构

In[14]:

```
# 第 1 层循环，遍历次数为 2
for i in range(2):
    print("-----%d-----" %i)
# 第 2 层循环，遍历次数为 5
    for j in range(5):
# 当 j 等于 2 或 4 时，不执行循环体
        if j == 2 or j == 4:
            continue
        print(j)
```

Out[14]:

```
-----0-----
0
1
3
-----1-----
0
1
3
```

3. pass

pass 是空语句，不做任何操作，只起到占位的作用，其作用是为了保持程序结构的完整性。尽管 pass 语句不做任何操作，但如果暂时不确定要在一个位置放上什么样的代码，可以先放置一个 pass 语句，让代码可以正常运行。pass 语句并非循环或者条件语句的一部分，但与 break、continue 在代码形式上有些类似。

使用 pass 语句遍历输出 str 及数值计算，如代码清单 3-19 所示。

代码清单 3-19　pass 语句

In[15]:

```
for element in "Python":
# element 为 y 时，不做任何操作，不会被输出
    if element == "y":
        pass
    else:
```

```
        print(element)
```

Out[15]:
```
P
t
h
o
n
```

In[16]:
```
counts = 0
while counts < 5:
    counts += 1
# i=3 时，不执行循环体
    if counts == 3:
        pass
    else:
        print(counts ** 2)
```

Out[16]:
```
1
4
16
25
```

从代码清单 3-19 可以看到，Python 在“P”和“t”之间占位，当循环遍历到“y”时不做任何操作；当 i 等于 3 时，幂运算不执行，但不影响其他数值。上述两个代码如果在 pass 的位置缺失，程序将无法执行，因为判断条件没有给出相应的执行语句，会导致逻辑出错。使用 pass 语句占位，一方面为了让程序正常执行，另一方面也是为了方便以后补充操作语句。

3.2.4 列表推导式

推导式是可以从一个数据序列构建另一个新的数据序列的结构体，能够非常简洁地构造新的变量。列表推导式是其中最常用的类型。

列表推导式又称为列表解析式，是 Python 迭代机制的一种应用，也是一种高效创建列 list 的方式，可以动态地创建 list。由于列表推导式必须用到遍历循环，因此属于一种特殊的循环。

使用列表推导式时，需要将推导式写在 [] 中。list 中的元素可以来源于其他类型序列、可迭代对象或自建的满足一定条件的序列。使用列表推导式的好处是代码更加简洁，实现效率更高。

列表推导式的基本语法格式如下。

```
[操作语句 for 变量 in 序列 if 条件表达式]
```

列表推导式常用的参数及其说明如表 3-6 所示。

表 3-6　列表推导式常用的参数及其说明

参　数	说　明
操作语句	接收操作语句，表示执行一段代码。无默认值
序列	接收序列，表示遍历范围。无默认值
条件表达式	接收布尔表达式，表示判断条件是否成立。无默认值

列表推导式可以不包含条件表达式，只做遍历，生成 list，如代码清单 3-20 所示。

代码清单 3-20　使用列表推导式生成 list

```
In[17]:   vec = [-4, -2, 0, 2, 4]
          # 用 vec 中元素的倍数，创建一个数组
          print([x * 2 for x in vec])
Out[17]:  [-8, -4, 0, 4, 8]
In[18]:   # 创建一个包含 2 元 tuple 的 list
          print([(x, x ** 2) for x in range(6)])
Out[18]:  [(0, 0), (1, 1), (2, 4), (3, 9), (4, 16), (5, 25)]
```

在代码清单 3-20 中，除了列表推导式的简单形式，还说明了列表推导式中可以使用多样的函数和变量类型。另外，列表推导式中也可以包含条件语句，如代码清单 3-21 所示。

代码清单 3-21　包含条件语句的列表推导式

```
In[19]:   # 过滤 list，删除 list 中的负数
          print([x for x in vec if x >= 0])
Out[19]:  [0, 2, 4]
```

列表推导式最大的优点还是简洁，这需要与常规的编程方式进行对比。如代码清单 3-22 所示，要创建一个平方数组成的 list，这里的两种方式是等价的，但列表推导式的方式显然代码更加简洁。

代码清单 3-22　常规方式与列表推导式对比

```
In[20]:   # 创建一个平方数 list：常规方式
          squares = []
          for x in range(10):
              squares.append(x ** 2)
          print(squares)
Out[20]:  [0, 1, 4, 9, 16, 25, 36, 49, 64, 81]
In[21]:   # 创建一个平方数 list 列表推导式
          squares = [x ** 2 for x in range(10)]
          print(squares)
```

```
Out[21]:   [0, 1, 4, 9, 16, 25, 36, 49, 64, 81]
```

列表推导式中同样可以实现嵌套循环，如代码清单 3-23 所示。

代码清单 3-23 包含嵌套循环的列表推导式

```
In[22]:    # 打印由tuple组成的list，tuple中i由0至2，j由0至2
           [(i, j) for i in range(0, 3) for j in range(0, 3)]
Out[22]:   [(0, 0), (0, 1), (0, 2), (1, 0), (1, 1), (1, 2), (2, 0), (2, 1), (2, 2)]

In[23]:    # 打印由tuple组成的list，i在0至2之间且小于1，j在0至2之间且大于1
           [(i, j) for i in range(0, 3) if i < 1 for j in range(0, 3) if j > 1]
Out[23]:   [(0, 2)]
```

代码清单 3-23 所示的列表推导式将两个不同 list 中的元素整合到了一起。列表推导式中包含一对括号，在括号中有一个表达式，表达式后面紧跟一条 for 语句，然后是零条或多条 for 语句或 if 语句。通过 for 语句和 if 语句计算出表达式，结果作为新 list 的元素。

小结

控制语句是计算机语言中用于操纵程序流走向的工具，有广泛的应用场景。使用控制语句的精要在于灵活选择与搭配语句，合理使用嵌套，以实现多样化功能。本章重点讲述了如下知识点。

1）if 语句和 try 语句。这两个语句均可以实现多个条件分支，但 try 语句专门用于异常处理。

2）for 语句和 while 语句。for 语句属于遍历循环，while 语句属于当型循环。除了两个循环语句外，还介绍了 break、continue 与 pass 三个用于控制循环结构中的程序流向的语句。在此基础之上，还介绍了列表推导式，这一种特殊的循环语句。

课后习题

1. 选择题

（1）下列关于 if 语句的说法正确的是（　　）。

A. 一个完整的 if 语句必须包含 if、elif 和 else，否则无法执行

B. 在 if 语句的单行形式中，必须将布尔表达式放在最前端

C. 理论上，elif 可以实现无限多条件分支

D. if 语句的嵌套次数可以尽可能的多，并无不良影响

（2）下列关于异常及 try 语句的说法不正确的是（　　）。

A. Python 中的错误事件引发了异常

B. 异常体系中的基类比子类被执行的优先级高

C. try 语句也是一种分支结构

D. 在 try 代码块中成功使用 raise 语句引发异常，下一步会执行 else 代码块

（3）下列关于循环语句的说法正确的是（　　）。

A. for 语句是一种当型循环

B. while 语句是一种直到型循环

C. 使用 while 语句创建出了无限循环，一定是因为顶端布尔表达式只包含常数

D. for 语句和 while 语句都支持嵌套，并且可以相互嵌套

（4）下列关于循环控制语句的说法正确的是（　　）。

A. break 语句的使用将终止整个程序

B. continue 语句终止整层循环

C. pass 语句的作用是终止一层循环中的某一次循环

D. break 和 continue 语句采用不同方式终止循环，pass 语句仅仅是一个占位符

（5）下列关于列表推导式的说法正确的是（　　）。

A. 列表推导式必须写在 [] 中

B. 列表推导式必须包含一个条件语句

C. 列表推导式中可以写入 while 语句以产生 list

D. 列表推导式中不允许嵌套

2. 填空题

（1）在 if-else 语句中加入 elif 的意义在于________。

（2）在 try 语句中，如果 try 代码块执行不成功，程序将执行________代码块。

（3）for 语句是________循环，while 语句是________循环。

（4）break 语句终止________循环，continue 语句终止________循环。

（5）列表推导式利用________循环生成 list。

3. 操作题

（1）使用 if-elif-else 语句实现一个猜食材的程序。程序将询问匿名食材 A、B、C、D、E 的味道和颜色，猜出该食材是柠檬（sour，yello）、醋（sour，colourless）、白糖（sweet，white）、黑巧克力（bitter，black）、苦瓜（bitter，green）或青椒（spicy，green）。

（2）编写一个嵌套循环语句，生成一个如表 3-7 所示的 99 乘法表，并写入文件。

表 3-7　99 乘法表

1 × 1=1								
1 × 2=2	2 × 2=4							
1 × 3=3	2 × 3=6	3 × 3=9						
1 × 4=4	2 × 4=8	2 × 4=12	4 × 4=16					
1 × 5=5	2 × 5=10	3 × 5=15	4 × 5=20	5 × 5=25				
1 × 6=6	2 × 6=12	3 × 6=18	4 × 6=24	5 × 6=30	6 × 6=36			
1 × 7=7	2 × 7=14	3 × 7=21	4 × 7=28	5 × 7=35	6 × 7=42	7 × 7=49		
1 × 8=8	2 × 8=16	3 × 8=24	4 × 8=32	5 × 8=40	6 × 8=48	7 × 8=56	8 × 8=64	
1 × 9=9	2 × 9=18	3 × 9=27	4 × 9=36	5 × 9=45	6 × 9=54	7 × 9=63	8 × 9=72	9 × 9=81

（3）写出列表推导式 [(i,j) for i in range(0,3) if i < 1 for j in range(0,3) if j > 1] 的 for 语句形式代码。

CHAPTER 4

第4章

函数与对象

函数、类是为了提高编程的效率而定义的一种代码部件。函数是将一些语句集合在一起，使其能够反复在程序中运行。对象则可以视作数据及由一系列可存取、操作这些数据的方法所组成的集合，反映了“万物皆对象”的理念。功能相关的函数与对象的集合在Python中能够以库的方式组织在一起，形成一个第三方库。本章主要介绍Python函数、面向对象，以及第三方库的导入与安装。

4.1 函数

在程序中，同一段代码可能被多次用到。如果代码由混杂冗余的流程控制语句组成，可读性将会变差。为提高代码的重用率及应用的模块性，Python提供了函数这一程序结构。函数将重复使用的代码封装并加以注释，使用时可直接调用，并且不需要探究源码。使用函数这一工具，将给编程带来很大的便利。

本节将介绍Python中与函数相关的知识，包括内置函数、自定义函数与匿名函数。

4.1.1 内置函数

内置函数是安装完Python后无须调用任何库就可直接使用的函数，这些函数提供了编程所需的最基础的功能。Python中的内置函数多并且全面，按属性和功能差异可以分为几个类别，大致有：与数据对象相关的函数、数学计算函数、str相关函数、序列对象相关函数、I/O功能函数、查询与判断函数等。

1. 与数据对象相关的函数

这类函数往往用于创建数据对象、转换数据对象的变量类型或者获取数据对象的属性，如表4-1所示。

表 4-1　数据对象创建与转换函数

函　数	说　明	函　数	说　明
int	创建十进制整数	dict	创建字典
bin	转换整数为二进制字符串	set	创建可变集合
oct	转换整数为八进制字符串	frozenset	创建不可变集合
hex	转换整数为十六进制字符串	bytes	创建不可变字节数组
float	创建浮点数	bytearray	创建可变的字节数组
complex	创建复数	chr	将整数转换为 Unicode 字符
bool	创建布尔值	ord	将 Unicode 字符转换为整数
str	创建字符串	ascii	获取对象的 ASCII 码
list	创建列表	hash	获取对象的哈希值
tuple	创建元组	object	创建 object 对象

在 2.3 节中已经对 Python 中的 6 种变量类型进行介绍，并展示相关函数的示例，使用表 4-1 中剩余部分函数创建或转换数据对象，如代码清单 4-1 所示。

代码清单 4-1　创建或转换数据对象

```
In[1]:
list1 = [1, 2, 3, 4]
# bytes 函数、bytearray 函数
print('list1 的不可变字节数组为: ', bytes(list1), '\n',
      'list1 的可变字节数组为: ', bytearray(list1))
```

```
Out[1]:
list1 的不可变字节数组为: b'\x01\x02\x03\x04'
list1 的可变字节数组为: bytearray(b'\x01\x02\x03\x04')
```

```
In[2]:
# chr 函数、ord 函数
print('整数 40 的 unicode 字符为: ', chr(40), '\n',
      'unicode 字符 ( 对应的整数为: ', ord('('))
```

```
Out[2]:
整数 40 的 unicode 字符为: (
 unicode 字符 ( 对应的整数为: 40
```

```
In[3]:
# bin 函数
print('整数 40 的二进制形式为: ', bin(40))
```

```
Out[3]:
整数 40 的二进制形式为: 0b101000
```

```
In[4]:
# ascii 函数
print('字符串 tipdm 的 ascii 码为: ', ascii('tipdm'))
```

```
Out[4]:
字符串 tipdm 的 ascii 码为: 'tipdm'
```

```
In[5]:
# hash 函数
print('字符串 tipdm 的 hash 值为: ', hash('tipdm'))
```

```
Out[5]:
字符串 tipdm 的 hash 值为: 5031352376197252353
```

2. 数学计算函数

这类函数功能明确，专门提供数学计算功能，可以与运算符相配合，如表 4-2 所示。

表 4-2　数学计算函数

函　数	说　明	函　数	说　明
max	返回最大值或参数的最大值	pow	返回幂运算值或模值
min	返回最小值或参数的最小值	round	对 float 四舍五入
sum	加和	divmod	返回两个数值的商和余数
abs	求绝对值		

使用数学计算函数进行数据运算，如代码清单 4-2 所示。

代码清单 4-2　使用数学计算函数进行数据运算

```
In[6]:
# max 函数、min 函数
print('序列中的最大数为：', max(list1), '\n',
      '序列中的最小数为：', min(list1))

Out[6]:
序列中的最大数为：4
 序列中的最小数为：1

In[7]:
# sum 函数
print('序列元素加和为：', sum([41, 22, 36, 43, 95]))

Out[7]:
序列元素加和为：237

In[8]:
# abs 函数
print('-10 和 100 的绝对值分别为：', abs(-10), abs(100))

Out[8]:
-10 和 100 的绝对值分别为：10 100

In[9]:
# pow 函数
print('3 的 6 次方为：', pow(3, 6))

Out[9]:
3 的 6 次方为：729

In[10]:
# round 函数
print('3.2 四舍五入结果为：', round(3.2))

Out[10]:
3.2 四舍五入结果为：3

In[11]:
# divmod 函数
print('7 除以 3 的商和余数分别为：', divmod(7, 3))

Out[11]:
7 除以 3 的商和余数分别为：(2, 1)
```

3. 与 str 相关的函数

这类函数主要提供 str 的输出和编译功能，如表 4-3 所示。

表 4-3　str 相关函数

函　数	说　明	函　数	说　明
format	格式化显示值	exec	执行动态语句块
compile	编译 str 为代码，使之能执行	repr	返回对象的 str 形式
eval	执行动态表达式求值		

在表 4-3 所示的函数中，format 函数具备强大的格式化输出功能，2.4 节已对其进行过详细介绍；compile 函数、eval 函数与 exec 函数功能相近，用于执行非显式代码；repr 函数功能比较单一，可以返回一个对象的 str 形式。使用 str 相关函数操作 str 对象，如代码清单 4-3 所示。

代码清单 4-3　使用 str 相关函数操作 str 对象

```
In[12]:  # 使用 comple 函数将 str 编译为代码，利用 eval 函数实现表达式求值
         string = "3 * 4 + 5"
         str1 = compile(string, '', 'eval')
         print('string 编译为代码的运行结果为：', eval(str1))

Out[12]: string 编译为代码的运行结果为：17

In[13]:  x = 6
         print('求解 str 中包含的代码表达式结果为：', eval('pow(2, 2)'), '\n',
               '求解包含外部赋值变量的 str 表达式结果为：', eval('3 ** x'))

Out[13]: 求解 str 中包含的代码表达式结果为：4
          求解包含外部赋值变量的 str 表达式结果为：729

In[14]:  # exec 函数
         # 执行单行语句 str 中的动态语句
         exec('print("Hello World")')
         print('****** 此为分隔线 ******')
         # 执行多行语句 str 中的动态语句
         exec('''
         for i in range(3):
             print ("iter time: %d"%i)
         ''')

Out[14]: Hello World
         ****** 此为分隔线 ******
         iter time: 0
         iter time: 1
         iter time: 2

In[15]:  # repr 函数
         print('list1 的 str 形式为：', repr(list1))

Out[15]: list1 的 str 形式为：[1, 2, 3, 4]
```

4. 与序列对象相关的函数

这类函数执行后往往返回经过改造的序列对象，或生成不同形式的序列对象，如表 4-4 所示。

表 4-4　序列对象相关函数

函　数	说　明	函　数	说　明
iter	创建一个新的序列	enumerate	根据上下标创建序列的枚举
range	迭代生成一个序列	sorted	对序列进行排序，返回新序列
slice	创建切片序列	filter	过滤序列中不符合条件的元素，返回新序列
zip	组合传入的每个序列中相同位置的元素，返回新的 tuple 类型序列	next	返回序列中的下一个元素值
map	作用于传入的每个序列的元素，生成新序列		

在表 4-4 所示的函数中，enumerate 函数将一个可遍历的数据对象组合为一个索引序列，同时列出数据和数据下标，一般用在 for 循环中；filter 函数用于过滤序列中不符合条件的元素，返回由符合条件元素组成的新 list；map 函数根据提供的函数对指定序列做映射；zip 函数将可迭代的对象作为参数，将对象中对应的元素打包成一个个 tuple，然后返回由这些 tuple 组成的 list。

使用序列对象相关函数操作序列对象，如代码清单 4-4 所示。

代码清单 4-4　使用序列对象相关函数操作序列对象

In[16]:

```
# enumerate 函数
seq = ['one', 'two', 'three']
for i, element in enumerate(seq):
    print(i, element)
```

Out[16]:

```
0 one
1 two
2 three
```

In[17]:

```
# filter 函数
def odd(n):
    return n % 2 == 1
list2 = filter(odd, list1)
list2 = list(list2)
print('list1 中的奇数为: ', list2)
```

Out[17]:

```
list1 中的奇数为: [1, 3]
```

In[18]:

```
# map 函数
# 对一个 list 中的各个 float 分别四舍五入
print(' 浮点数的四舍五入结果为: ', list(map(round, [1.1, 2.2, 3.3, 4.4, 5.5])))
```

Out[18]:

```
浮点数的四舍五入结果为: [1, 2, 3, 4, 6]
```

In[19]:
```
# zip 函数
list3 = [1, 2, 3]
list4 = [4, 5, 6]
zipped = zip(list3, list4)
# zip 函数直接返回的是数据对象
print('返回对象为: ', zipped, '\n',
      '返回为 list: ', list(zipped))
```

Out[19]:
```
返回对象为: <zip object at 0x0000000007728D08>
 返回为 list: [(1, 4), (2, 5), (3, 6)]
```

5. I/O 功能函数

I/O 功能函数如表 4-5 所示。

表 4-5　I/O 功能函数

函　数	说　明	函　数	说　明
input	交互式输入	close	关闭文件
print	打印输出	read	读取文件内容
open	打开文件	write	将内容写入文件

这类函数的使用方法在 2.4 节已做过详细介绍，因此不再举例。

6. 用于查询与判断的函数

这类函数提供查询与判断功能，返回查询结果或判断结果，如表 4-6 所示。

表 4-6　查询与判断函数

函　数	说　明	函　数	说　明
type	查询对象类型，或创建新类型	all	判断每个元素是否都为 True
id	查询对象的唯一标识符	any	判断是否有为 True 的元素
isinstance	判断对象是否是已知类	issubclass	判断是否子类
len	查询对象的长度	callable	检测对象是否可被调用
memoryview	查询内存查看对象		

在表 4-6 所示的函数中，最为重要的是 type 函数与 isinstance 函数，与数据对象的类型有关。使用查询与判断函数对数据进行判断，如代码清单 4-5 所示。

代码清单 4-5　使用查询与判断函数对数据进行判断

In[20]:
```
# isinstance 函数
num1 = 2
print('num1 是否为整数: ', isinstance (num1, int), '\n',
      'num1 是否为 str: ', isinstance (num1, str), '\n',
      'num1 是整数或 str: ', isinstance (num1, (int, str)))
```

```
Out[20]:    num1 是否为整数：True
             num1 是否为 str：False
             num1 是整数或 str：True
```

```
In[21]:     # type 函数
            num2, num3 = 'china', [1,2,3]
            print('num1 的类别为：', type(num1), '\n',
                  'num2 的类别为：', type(num2), '\n',
                  'num3 的类别为：', type(num3))
```

```
Out[21]:    num1 的类别为：<class 'int'>
             num2 的类别为：<class 'str'>
             num3 的类别为：<class 'list'>
```

```
In[22]:     # list5 中存在一个为空的元素
            list5 = ['a', 'b', '', 'd']
            # all 函数、any 函数
            print('list1 中的元素是否全为真：', all(list1), '\n',
                  'list5 中的元素是否全为真：', all(list5), '\n',
                  'list5 中的元素是否有真值：', any(list5))
```

```
Out[22]:    list1 中的元素是否全为真：True
             list5 中的元素是否全为真：False
             list5 中的元素是否有真值：True
```

```
In[23]:     # 对函数、方法、类都返回 True
            def add(a, b):
                return a + b
            print('add 函数是否可调用：', callable(add), '\n',
                  '0 是否可调用：', callable(0))
```

```
Out[23]:    add 函数是否可调用：True
             0 是否可调用：False
```

7. 其他内置函数

另有一些提供针对性功能的内置函数，主要包括与对象属性相关的函数、与作用域相关的函数及与装饰器相关的函数，这类函数较为零散，如表 4-7 所示。

表 4-7　其他内置函数

函　数	说　明	函　数	说　明
hasattr	检查对象是否含有属性	property	标示属性的装饰器
delattr	删除对象的属性	classmethod	标示方法为类方法的装饰器
getattr	获取对象的属性值	staticmethod	标示方法为静态方法的装饰器
setattr	设置对象的属性值	staticmethod	返回函数的静态方法
dir	返回对象或者当前作用域内的属性列表	classmethod	调用类的属性、方法、实例化对象
vars	返回当前作用域内的局部变量和其值组成的 dict	super	根据传入的参数创建一个新的子类和父类关系的代理对象
locals	返回当前作用域内的局部变量和其值组成的 dict	import	动态导入模块
global	返回当前作用域内的全局变量和其值组成的 dict	help	返回对象的帮助信息

表 4-7 中所列举的函数多数在面向对象编程的过程中才会遇见，本节暂不做阐述。

4.1.2　自定义函数

除内置函数外，Python 也支持用户自定义函数。反复在不同位置出现的代码，如果封装成函数，就可以提高编程效率。自定义函数也便于阅读，使用时只需知道如何正确地传递参数，函数将返回什么样的值，而不必了解封装起来的复杂逻辑，从而增强代码的可读性与可用性。

1. def 语句

在 Python 中，一般使用 def 语句自定义函数。def 语句的首行包括标识符 def、函数名和圆括号，任何传入的参数都放在圆括号中；之后为函数的执行体，以冒号起始，换行缩进；如果函数有返回值，则以 return 表达式结束函数，不带 return 表达式的情况相当于返回 None 值。执行体的内容不能为空，至少要用 pass 来表示空语句，否则函数将无法执行。

def 语句的基本语法格式如下。

```
def function(par1, pa2, …):
    suite
    return expression
```

def 语句中出现的参数说明如表 4-8 所示。

表 4-8　def 语句参数说明

参数名称	说　明
function	表示函数名
par1, par2, …	表示参数
suite	表示函数的执行体
expression	表示返回值表达式

使用 def 语句创建一个自定义函数，语句执行的逻辑及过程为：def 可以视作创建函数的一个声明，该声明将创建名为 function 的函数；函数可以传入 par1、par2 等参数，并代入执行语句 suite 中；expression 是一段可执行代码，程序最终返回其执行结果。在函数功能十分简单时，def 语句中往往不包含 suite，要对传入参数进行的操作可以放在 expression 中。

按照 def 语句的语法格式创建一个幂运算函数，如代码清单 4-6 所示。

代码清单 4-6　使用 def 语句创建幂运算函数

```
In[24]:
def exponent(a, b):
    x = a ** b
    return x
print('自定义幂运算的返回值为：', exponent(3, 6))
```

```
Out[24]:
自定义幂运算的返回值为：729
```

在代码清单 4-6 中，定义了名为 exponent 的函数，该函数允许传入两个参数，参数传入后先执行一次幂计算并赋值给一个变量，最后返回该变量的值。

函数中的 return 语句用于返回结果对象，一旦遇到 return 语句，函数就执行完毕并将结果返回；如果 return 后还有语句，将不会被执行，因此可以用不包含内容的 return 表达式结束函数。函数可以没有返回值，可以有一个返回值，也可以有多个返回值，返回值的数据类型也是没有限制的。由于 return 语句的灵活性及其流程控制作用，函数内部通过条件判断和循环可以实现非常复杂的逻辑。

使用 def 语句创建的自定义函数的输入与输出设定非常灵活，参数和返回值都可以有或没有，也可以有单个或多个参数或者返回值。使用 def 语句创建不同设定的输入与输出的自定义函数，如代码清单 4-7 所示。

代码清单 4-7　创建不同设定的输入与输出的自定义函数

In[25]:
```
# 无参数，无返回值
def  hello():
    print('Hello!')
hello()
print('*** 以上为 hello() 的输出，以下为 print(hello()) 的输出 ***')
print(hello())
```

Out[25]:
```
Hello!
*** 以上为 hello() 的输出，以下为 print(hello()) 的输出 ***
Hello!
None
```

In[26]:
```
# 无参数，有返回值
def func():
    return("Python")
func()
```

Out[26]:
```
'Python'
```

In[27]:
```
# 多参数，无返回值
def func1(a, b):
    print("a + b = %d"%(a + b))
func1(3, 4)
```

Out[27]:
```
a + b = 7
```

In[28]:
```
# 多参数，有返回值
def func2(a, b):
    return (a + b)
print('a、b 加和为：', func2(4, 3))
```

Out[28]:
```
a、b 加和为：7
```

In[29]:
```
# 多个返回值
```

```
def maxtomin(a, b):
#返回a,b从大到小的排列
    if a > b:
        return  a, b
    else:
        return  b, a
print('a、b排序为：', maxtomin(2, 4))
```

Out[29]:　a、b排序为：(4, 2)

代码清单 4-7 包含的例子表现了 def 语句的如下特性：自定义函数 hello 的打印结果附加了返回值 None。正如前文所说，不带 return 语句相当于返回 None；自定义函数 hello 和自定义函数 func1 的输出结果都表明，即使没有返回值也可以有信息的打印，应当区分为有信息输出和有返回值；自定义函数 maxtomin 在 def 语句中嵌入逻辑体。此外，尽管函数可以有多个返回值，但其实就是一个 tuple。

2. 参数

输入与输出是函数的两个重要方面。输入，即参数的传入；输出，即返回值的输出。前面介绍 def 语句时，已对自定义函数的返回值做过阐述。而自定义函数的参数则是更加重要的一个方面，只有对参数有深刻的理解，才能理解自定义函数。

参数的名称和位置一旦确定，函数的接口定义就完成了。除正常定义的必选参数外，还可以使用默认参数、可变参数和关键字参数，这使得函数定义的接口不但可以处理复杂的参数，还能简化调用者的代码。在 Python 中，函数的参数主要有 3 大类，分别是：位置和关键字参数；任意数量的位置参数；任意数量的关键字参数。第 1 类参数又称为定长参数、不可变参数，第 2、第 3 类参数又称为不定长参数、可变参数。

（1）位置和关键字参数

位置参数和关键字参数是 Python 默认的参数类型。位置参数的形式往往是简单的数字，数字的排序是有意义的，代表了参数的位置；关键字参数则类似于 dict 中的元素，关键字与值成对出现，值有对应的关键字，没有位置的概念。

在自定义函数中使用位置参数和关键字参数，如代码清单 4-8 所示。

代码清单 4-8　在自定义函数中使用位置参数和关键字参数

In[30]:

```
# 使用位置参数
def  func3(b, a, c):
    return (a ** 2, b ** 2, c ** 2)
result = func3(1, 2, 3)
print('1、2、3经函数func3运算的结果为：', result)
```

Out[30]:　1、2、3经函数func3运算的结果为：(4, 1, 9)

In[31]:
```
# 使用关键字参数
def  func4(a, b, c):
    return (a ** 2, b ** 2, c ** 2)
result1 = func4(b=2, a=1, c=3)
print('1、2、3 经函数 func4 运算的结果为：', result1)
```

Out[31]:　1、2、3 经函数 func4 运算的结果为：(1, 4, 9)

In[32]:
```
# 混合使用位置参数和关键字参数，位置参数必须在关键字参数的前面
def  func5(a, b, c):
    return (a ** 2, b ** 2, c ** 2)
result2 = func5(1, c=3, b=2)
print('1、2、3 经函数 func5 运算的结果为：', result2)
```

Out[32]:　1、2、3 经函数 func5 运算的结果为：(1, 4, 9)

从代码清单 4-8 的输出情况可以清晰地了解“位置”对参数的意义。在使用位置参数的 func2 函数中，传入参数的顺序是 (b, a, c)，返回值顺序则是 (a ** 2, b ** 2, c ** 2)。传入参数 (1, 2, 3) 后，首先对 3 个数字打上 (b, a, c) 的标签，再按 (a ** 2, b ** 2, c ** 2) 的顺序返回值。因此，对于位置参数而言，参数的排序是有意义的。在使用关键字参数的 func4 函数中，尽管传入关键字参数的表达式为 (b=2, a=1, c=3)，但返回值并不受函数中参数排序的影响。

在函数体内部的参数列表中，可以预先定义某些参数的值，这些预定义的参数称为默认参数。相应地，非默认参数为不在函数体内预先给定默认值的参数。Python 不允许带默认值的参数定义在没有默认值的参数之前，因为这样写是有歧义的。通过代码清单 4-9 所示的程序，可以理解其中的原因。

代码清单 4-9　默认参数

In[33]:
```
def  func6(a, b = 2):
    print(a, b)
func6(1)
```

Out[33]:　1 2

在代码清单 4-9 中，运行 func6(1) 时，按照顺序，先将 1 赋值给 a，虽然后面没有参数传入，但 b 已经有默认值，因此这样写程序没有歧义，输出 1 和 2。如果将 func6 括号内的“a”和“b=2”对调，计算 func6(5)，希望返回“2 5”，程序就会出错。这是因为 Python 的位置参数是按顺序赋值的，程序会先把 5 赋值给 a，但已经没有参数赋值给 b 了，所以程序会报错。

（2）不定数量的位置参数

不定数量的位置参数在定义时需要加一个星号（*）前缀，传递参数时可以在原有参数

的后面添加零个或多个参数。这些参数将会被放在 tuple 内并传入函数。带星号前缀的参数必须定义在不带两个星号的参数之后。

定义含有不定数量的位置参数的自定义函数，如代码清单 4-10 所示。

代码清单 4-10 任意数量的位置参数

```
In[34]:   def  func7(string, *numbers):
              print(string, numbers)
          func7('numbers:', 1, 2, 3)
Out[34]:  numbers: (1, 2, 3)
```

在代码清单 4-10 中，调换两个参数的位置是不允许的，同样是因为有歧义。

（3）不定数量的关键字参数

在定义不定数量的关键字参数时，其参数名称前面需要加两个星号（**）作为前缀，这样定义出来的参数，在传递参数时，可以在原有的参数后面添加任意零个或多个关键字参数。这些参数会被放到 dict 内并传入函数中。带两个星号前缀的参数必须定义在所有带默认值的参数之后。定义含有不定数量的关键字参数的自定义函数，如代码清单 4-11 所示。

代码清单 4-11 定义含有不定数量的关键字参数的自定义函数

```
In[35]:   def  func8(a, *numbers, **kwargs):
              print (a, numbers, kwargs)
          func8(4, 2, 3, 4, b = 2, c = 3)
Out[35]:  4 (2, 3, 4) {'b': 2, 'c': 3}
```

需要指出：函数的参数不需要声明数据类型，这也有一定的弊端，程序员可能会因不清楚参数的数据类型而输入错误的参数。所以自建函数时，一般在开头注明函数的用途、输入和输出。

通过以上介绍，可以发现参数放置的排序规律：默认参数位置必须放在非默认参数的后面，不定数量的位置参数需要放在位置参数后面，而不定数量的关键字参数需放在最后。

3. 作用域

每当在 Python 程序中使用名字时，就会在所谓的名字空间中生成和改变名字。创建一个函数前，所有代码都在模块的顶层，模块中的名字要么在模块本身中，要么在预定义的内置名字空间中（如内置函数）。

在模块中创建或调用函数，会生成一个嵌套的名字空间，称为函数的作用域。作用域使得函数中的名字不会与模块中或其他函数中的名字冲突。因此可以说：函数定义了局部的作用域，而模块定义了全局的作用域。

def 语句里的所有赋值名字默认情况下都是局部的，函数可以使用全局作用域的名字，但必须声明为全局才可以改变。Python 的名字解析被称为 LGB 规则，该规则包含 3 点内容。

1）当在函数中使用一个无限制型的名字时，Python 依次查找 3 个作用域：局部的（Local）、全局的（Global）、内置的（Built-in），在第 1 个发现名字的位置停止。

2）在函数中赋值一个名字时，Python 总在局部作用域中生成或改变它，除非在函数中对它进行了全局声明。

3）在函数外部时，局部作用域与全局作用域等效，都是一个模块的名字空间。

在自定义函数中应用 LGB 规则，如代码清单 4-12 所示。

代码清单 4-12　在自定义函数中应用 LGB 规则

In[36]:

```
x = 99
def func9(y):
    return x + y
print('y = 1, x + y 为: ', func9(1))
```

Out[36]:

```
y=1, x+y 为: 100
```

In[37]:

```
def func10(y):
    x = 12
    return x + y
print('x 为: ', x, '\n',
      'y=1, x+y 为: ', func10(1))
```

Out[37]:

```
x 为: 99
 y=1, x+y 为: 13
```

在代码清单 4-12 的第 1 个示例中，x 是一个全局变量，全局变量可以在函数内部被引用。而 y 是一个局部变量，局部变量只在函数运行时才被需要，不影响包含它的模块或其他函数。在代码清单 4-12 的第 2 个示例中，当 func 函数内部包含了 x 时，计算返回值引用的是该局部变量。而在函数外部打印 x 的值时，引用的是外部的全局变量 x。

Python 中有一个 global 语句，可以起到声明的作用，声明的内容是：一个函数计划改变其内部某个变量的作用域。在某个局部变量前使用 global 标识符时，该变量在函数体内部被赋值或索引时会被映射到包含它的模块的作用域上。

在自定义函数中应用 global 语句，如代码清单 4-13 所示。

代码清单 4-13　在自定义函数中应用 global 语句

In[38]:

```
x, y, z = 0, 2, 3
def func11():
    x = 1
print('x + y 与 z 是否相等: ', x + y == z)
```

Out[38]: x + y与z是否相等: False

In[39]:
```
# 调用函数
func11()
print('x + y与z是否相等: ', x + y == z)
```

Out[39]: x + y与z是否相等: False

In[40]:
```
def func12():
    global x
    x = 1
print('x + y与z是否相等: ', x + y == z)
```

Out[40]: x + y与z是否相等: False

In[41]:
```
# 调用函数
func12()
print('x + y与z是否相等: ', x + y == z)
```

Out[41]: x + y与z是否相等: True

通过代码清单 4-13 中可以看出，当自定义函数 func() 内部的变量 x 未做 global 声明时，执行 func 函数并不能影响该程序模块顶部 x 的值。只有在声明 func() 内部的 x 为全局变量时，该函数的执行才能影响整个模块中 x 的引用值。

Python 内函数中参数传递的都是对象的引用，且具有 3 个主要特征：参数通过局部名字传递；一个函数中对参数名赋值不影响调用者；在一个函数中改变一个可变的对象参数可能影响调用。在自定义函数中应用参数传递，如代码清单 4-14 所示。

代码清单 4-14　在自定义函数中应用参数传递

In[42]:
```
x = 1
list1 = [1, 2]
def func13(x,y):
    x = 2
    y[0] = 'str'
func13(x, list1)
print('调用函数后传入的参数变化为: ', x, list1)
```

Out[42]: 调用函数后传入的参数变化为: 1 ['str', 2]

如代码清单 4-14 所示，func() 对 x 和被 y 引用的对象中的组件赋值。x 是函数作用域中的局部名字，第 1 个赋值对调用者没有影响。参数 y 也是个局部名字，但传递了一个可变对象（L）；在函数中对 y[0] 赋值的结果影响了 L 的值。

4.1.3　匿名函数

def 语句是一种典型的自定义函数方法，但方式并非仅有这一种。有时，不需要显式地定义函数，创建匿名函数就会更加方便。所谓匿名函数，即没有具体名称的函数。在 Python 中，可以使用 **lambda 语句来创建匿名函数**，lambda 的主体是一个表达式，而不是一个代码块，用其创建函数比使用 def 语句创建要简单很多。

使用 lambda 语句创建匿名函数的基本语法格式如下。

```
f = lambda par1, …, parn : exp
```

lambda 语句常用的参数及其说明如表 4-9 所示。

表 4-9 lambda 语句常用的参数及其说明

参数名称	说　明
par	表示参数
exp	表示输出值计算表达式

在 lambda 语句中，冒号前是函数参数，多个函数则使用逗号分隔，冒号右边是返回值。创建匿名函数时不需要写 return 表达式，返回值是 exp 表达式代入参数后的结果。

使用 lambda 语句创建一个求平方的匿名函数，如代码清单 4-15 所示。

代码清单 4-15 使用 lambda 语句创建求平方的匿名函数

```
In[43]:    f = lambda x: x ** 2
           print('50 的平方为: ', f(50))

Out[43]:   50 的平方为: 2500
```

使用 lambda 语句创建匿名函数允许传入多个参数，但只能有一个返回值。创建可传入多个参数的匿名求和函数，如代码清单 4-16 所示。

代码清单 4-16 创建可传入多个参数的匿名求和函数

```
In[44]:    sum1 = lambda arg1, arg2: arg1 + arg2
           print(" 相加值为: ", sum1(10, 20))

Out[44]:   相加值为: 30
```

匿名函数也是一个函数对象，因此可以把匿名函数赋值给一个变量，再利用变量调用该函数。将匿名函数赋值给对象，如代码清单 4-17 所示。

代码清单 4-17 将匿名函数赋值给对象

```
In[45]:    square = lambda x: x * x
           squ = square(5)
           print('5 的平方为: ', squ)

Out[45]:   5 的平方为: 25
```

使用 lambda 语句创建函数有一些优势：编写脚本时可以省去定义函数的过程，使代码变得精简；对于一些抽象的、不会在其他地方复用的函数，给一个函数命名也是难题（需要避免重名），创建匿名函数则不需要考虑函数命名的问题。

以 map 函数为例，计算 $f(x)=x^2$ 时，除了使用 def 语句定义一个 f(x) 函数外，还可以直接使用匿名函数实现。在 map 函数中应用 lambda 语句，如代码清单 4-18 所示。

代码清单 4-18　在 map 函数中应用 lambda 语句

```
In[46]:   # 使用 def 语句
          def f(x):
              return x * x
          print(list(map(f, [1, 2, 3, 4, 5, 6, 7, 8, 9])))

Out[46]:  [1, 4, 9, 16, 25, 36, 49, 64, 81]

In[47]:   # 使用 lambda 语句
          print(list(map(lambda x: x * x, [1, 2, 3, 4, 5, 6, 7, 8, 9])))

Out[47]:  [1, 4, 9, 16, 25, 36, 49, 64, 81]
```

通过对比代码清单 4-18 中的两种创建函数方式可以看出：lambda 语句在创建简单函数时非常简洁；创建函数时不需要命名一个函数，适合只需要得到结果的操作。

lambda 语句中的表达式可以含有结构语句，但比较受限制。构建包含分支结构的 lambda 语句，如代码清单 4-19 所示。

代码清单 4-19　构建包含分支结构的 lambda 语句

```
In[48]:   f1 = lambda x: '传入的参数为1' if x == 1 else '传入的参数不为1'
          f1(10)

Out[48]:  '传入的参数不为1'
```

在代码清单 4-19 中，虽然简单的 if-else 语句可以包含在 lambda 语句中，但多于两条分支的结构无法嵌入。

4.2　对象

在计算机科学领域里，对象指的是一个拥有值的存储器地址，通常有一个标识符指向该地址。变量、数据结构或者函数都可以称为一个对象。

4.2.1　面向对象简介

面向对象编程（Object-oriented programming，OOP），是一种具有对象概念的编程思想，也是一种程序开发的抽象方针。在面向对象编程的思想中，对象指的是类的实例。对象作为程序的基本单元，将程序和数据封装其中，用以提高软件的重用性、灵活性和扩展性，对象里封装的程序可以访问及修改对象相关连的数据。在面向对象程序编程里，计算机程序会被设计成彼此相关的对象。

面向对象中最重要的概念是类和实例，对象是类的实例，每个对象可认为是一个特定类的实例。例如每位学生都有自己对应的学号，每个学号都是独一无二的，只会指代特定的一位学生。程序在面向对象编程当中被视为方法，变量被视为成员或属性。如学号为“310800123”的学生就是一个具体的学生，他的姓名、性别、学习成绩的值就是具体的属性。具体对象的属性的值被称为状态，如学号为“310800123”的学生的性别的状态为男性。系统只会给对象分配内存空间，而不会给类分配内存空间。因为类是一个抽象的存在，系统无法给抽象的存在赋值，所以无法分配内存空间。而对象是一个具体的存在，具有属性和状态，可以为对象赋值。

在 Python 中，类通过关键字 class 定义，语法格式如下。

```
class ClassName:
    <statement-1>
    …
    <statement-N>
```

其中，“ClassName”为类名，通常按驼峰命名法进行命名，类名的每个单词首字母均大写，不包含下划线。类定义语句的内容通常是函数定义，类中的函数定义通常包括了一个特殊形式的参数列表，用于方法调用。调用类需要实例化，采用“ClassName()”的形式。

创建一个内部封装有函数的类，将其实例化并调用内部函数，如代码清单 4-20 所示。

代码清单 4-20　创建类并实例化调用

In[1]:
```
class Car:
    def out(self):
        print('This is a Car')
# 实例化类
car = Car()
print('实例化的Car类：', car)
```

Out[1]:
```
实例化的Car类：<__main__.Car object at 0x00000000050C1FD0>
```

In[2]:
```
# 调用类内部函数
car.out()
```

Out[2]:
```
This is a Car
```

4.2.2　属性与方法

类中包含属性与方法，类属性可从外部进行引用和操作，类方法也可从外部调用。

1. 类属性与实例属性

类中封装的变量被称为类属性。类属性是类对象所拥有的属性，它被所有类对象的实例对象所共有，在内存中只存在一个副本，这与 C++、Java 中类的静态成员变量有些类似。对于公有的类属性，在类外可以通过类对象和实例对象访问。

创建一个学生类，拥有学号、姓名、性别、成绩属性，如代码清单 4-21 所示。

代码清单 4-21　创建带有属性的学生类

In[3]:
```
# 创建带属性的学生类
class Student():
    name = 'John'
    id = '310800123'
    gender = 'male'
    score = '89'
    def get_name(self):
        print('学生姓名：', self.name)
    def get_score(self):
        print('成绩：', self.score)
# 实例化并调用方法输出内容
student = Student()
student.get_name()
student.get_score()
```

Out[3]:
```
学生姓名：John
成绩：89
```

一个类实例化后生成的实例也拥有属性，针对实例属性的操作并不会影响类属性本身，修改实例属性的值并不会影响原本的类属性的值，删除实例属性后，原本的类属性将显现出来，如代码清单 4-22 所示。

代码清单 4-22　操作实例属性不会影响类属性

In[4]:
```
# 创建一个新实例
tom = Student()
tom.name = 'Tom'  # 将实例属性中的 name 属性重新赋值
tom.score = '78'  # 将实例属性中的 score 属性重新赋值
# 查看赋值后的实例属性
tom.get_name()
tom.get_score()
```

Out[4]:
```
学生姓名：Tom
成绩：78
```

In[5]:
```
# 原本的类的 name 属性
print('原本的类的 name 属性为：', student.name)
```

Out[5]:
```
原本的类的 name 属性为：John
```

In[6]:
```
# 原本的类的 score 属性
print('原本的类的 score 属性为：', student.score)
```

Out[6]:
```
原本的类的 score 属性为：89
```

In[7]:
```
# 删除实例属性，原类属性将显现出来
del tom.score
tom.get_score()
```

Out[7]:
```
成绩：89
```

在 Python 中，可在类中定义一个特殊的方法：__init__() 方法。通过该方法在创建实例的时候将需要绑定的属性填写进类中，会使得类显得更加模板化。学生类中的学号、姓名、性别、成绩等属性可先在 __init__() 方法中定义，之后实例化的时候再进行绑定，传入参数的时候不需要传入 self，如代码清单 4-23 所示。

代码清单 4-23　在 Student 类中定义 __init__ 方法

In[8]:
```
# 修改 Student 类，定义 __init__ 方法
class Student():
    def __init__(self, name, id, gender, score):
        self.name = name
        self.id = id
        self.gender = gender
        self.score = score

    def get_name(self):
        print('学生姓名：', self.name)

    def get_score(self):
        print('成绩：', self.score)
# 实例化并传入数据
john = Student('John', '310800123', 'male', 96)
john.get_name()
john.get_score()
```

Out[8]:
```
学生姓名：John
成绩：96
```

定义 __init__() 方法之后，从外部创建实例时只需传入规定的数据，针对数据的操作已经在类中封装好，外部直接调用类中的方法即可查看到结果，而不需要知晓内部实现的细节。

2. 访问限制

由于外部代码可通过实例属性直接操作数据，为避免被外部错误引用，可创建私有的类

属性，私有类属性为对类中数据的封装。私有类属性分为两种，一种为“_attributename”，这种私有属性名称前仅有一个下划线，仅声明该属性为私有属性，外部仍可调用；另一种为“__attributename”，这种私有属性名称前有两个下划线，无法从类外部调用。

将“Student”类中的“name”和“score”属性分别私有化，并查看实例化后的外部调用结果，如代码清单 4-24 所示。

代码清单 4-24　将属性私有化并查看调用结果

In[9]:
```
# 将name属性完全私有化，score属性仅声明为私有属性
class StudentNew():
        def __init__(self, name, id, gender, score):
            self.__name = name
            self.id = id
            self.gender = gender
            self._score = score
# 实例化并查看属性
john = StudentNew('John', '310800123', 'male', 96)
print('id属性为：', john.id)
```

Out[9]:
```
id属性为：310800123
```

In[10]:
```
print('声明私有化的score属性为：', john._score)
```

Out[10]:
```
声明私有化的score属性为：96
```

In[11]:
```
# 完全私有化的属性，外部调用时将报错
john.__name
```

Out[11]:
```
Traceback (most recent call last):

  File "<ipython-input-31-f62f7fed07b2>", line 1, in <module>
    john.__name

AttributeError: 'StudentNew' object has no attribute '__name'
```

私有属性虽然无法通过实例属性对数据进行操作，但仍然可通过在类中定义方法进行修改。通过方法操作私有属性的一个好处是，可以在方法内部增加限制，在方法中对参数进行检查，避免传入无效参数。

在新的“StudentNew”类中定义一个方法用于修改私有化后的“__name”属性，再定义一个方法用于获取“__name”属性，如代码清单 4-25 所示。

代码清单 4-25　定义方法修改和获取私有属性

In[12]:
```
# 定义修改__name属性和获取__name属性
class StudentNew():
        def __init__(self, name, id, gender, score):
            self.__name = name
```

```
            self.id = id
            self.gender = gender
            self._score = score

        def set_name(self, name):
            if type(name) == str:
                self.__name = name
            else:
                raise ValueError('type error')

        def get_name(self):
            print('学生姓名：', self.__name)
john = StudentNew('John', '310800123', 'male', 96)
john.get_name()  # 通过get_name方法获取__name属性
```

Out[12]: 学生姓名：John

In[13]:

```
john.set_name('Tom')  # 通过set_name方法修改__name属性
john.get_name()
```

Out[13]: 学生姓名：Tom

In[14]:

```
john.set_name(True)  # 传入错误类型的数据时将抛出错误
```

Out[14]:

```
Traceback (most recent call last):

  File "<ipython-input-34-e7469a160775>", line 1, in <module>
    john.set_name(True)               # 传入错误类型的数据时将抛出错误

  File "<ipython-input-32-d95cb8e27f9a>", line 11, in set_name
    raise ValueError('type error')

ValueError: type error
```

3. 方法

在Python中，自定义函数通过def语句定义，类中的函数也通过def语句定义。类内部封装的函数被称为方法，与一般函数不同之处为，方法中第1个参数为“self”参数，通常不能省略，该参数指向实例本身，调用方法时不需要传入该参数。

调用类中的方法需要先将类实例化，调用方法时，方法名后面需要跟一个“()”，括号中填写需要传入的参数，而self参数则不需要传入。

创建一个函数从外部打印“Student”类中的“name”属性和对应的“score”属性，在类中创建一个同样功能的方法，并对比两者的调用结果，如代码清单4-26所示。

代码清单 4-26 创建函数和方法

In[15]:

```
# 创建函数
```

```
def print_score(student):
    print('%s: %s'%(student.name, student.score))


# 创建类和方法
class Student():
    name = 'John'
    id = '310800123'
    gender = 'male'
    score = '89'
    def name_score(self):
        print('%s: %s'%(self.name, self.score))
# 实例化并使用函数调用
stu = Student()
print_score(stu)
```

Out[15]:　John: 89

In[16]:
```
# 调用方法
stu.name_score()
```

Out[16]:　John: 89

在代码清单 4-26 中，"self" 参数指代的就是 "stu" 实例本身，代码运行时，Python 解释器会自行将 "self" 参数传入方法中，而无须像外部函数那样传实例对象的参数进去。

4. 特殊属性和方法

使用 dir 函数可以查看一个对象的所有属性和方法，返回的内容包含在一个 list 中。查看一个 int 对象的所有属性和方法，如代码清单 4-27 所示。

代码清单 4-27　查看 int 对象的属性与方法

In[17]:
```
# 查看 int 对象的所有属性和方法
print('int 对象的属性与方法为: \n', dir(1))
```

Out[17]:
```
int 对象的属性与方法为:
 ['__abs__', '__add__', '__and__', '__bool__', '__ceil__', '__
class__', '__delattr__', '__dir__', '__divmod__', '__doc__', '__
eq__', '__float__', '__floor__', '__floordiv__', '__format__', '__
ge__', '__getattribute__', '__getnewargs__', '__gt__', '__hash__',
'__index__', '__init__', '__init_subclass__', '__int__', '__
invert__', '__le__', '__lshift__', '__lt__', '__mod__', '__mul__',
'__ne__', '__neg__', '__new__', '__or__', '__pos__', '__pow__', '__
radd__', '__rand__', '__rdivmod__', '__reduce__', '__reduce_ex__',
'__repr__', '__rfloordiv__', '__rlshift__', '__rmod__', '__rmul__',
'__ror__', '__round__', '__rpow__', '__rrshift__', '__rshift__',
'__rsub__', '__rtruediv__', '__rxor__', '__setattr__', '__
```

```
sizeof__', '__str__', '__sub__', '__subclasshook__', '__truediv__',
'__trunc__', '__xor__', 'bit_length', 'conjugate', 'denominator',
'from_bytes', 'imag', 'numerator', 'real', 'to_bytes']
```

通过观察代码清单 4-27 中的输出结果，可以看到许多与 __init__() 方法形式相近的方法，这些方法在 Python 中具有特殊的用途，如 __len__() 方法可以获取对象的长度，在功能上与 len 函数等价。分别使用 __len__() 方法与 len 函数获取一个字符串的长度，如代码清单 4-28 所示。

代码清单 4-28 使用 __len__ 方法与 len 函数获取字符串长度

```
In[18]:   # 使用 len 函数获取字符串长度
          print('len 函数获取的长度为：', len('string'))
Out[18]:  len 函数获取的长度为：6
In[19]:   # 使用 __len__ 方法获取字符串对象的长度
          print('__len__ 方法获取的长度为：', 'string'.__len__())
Out[19]:  __len__ 方法获取的长度为：6
```

实际上 len 函数在运行时调用的就是 str 类本身的 __len__() 方法，可依据需求在类中定义不同的特殊属性和方法，常用的特殊方法如表 4-10 所示。

表 4-10 常用特殊方法

属性 / 方法	功 能
__len__()	返回对象的长度
__str__()	可打印的字符输出
__repr__()	运行时的字符串输出
__iter__()	返回一个迭代对象
__getitem__()	获取 list 中的单个元素
__setitem__()	设置 list 中的单个元素
__delitem__()	删除 list 中的单个元素
__getattr__()	获取类中的属性
__setattr__()	设置类中的属性
__delattr__()	删除类中的属性
__call__()	对实例直接进行调用

4.2.3 装饰器

装饰器本质上是一个 Python 函数或类，可以在其他函数或类不需要做任何代码修改的前提下增加额外功能，装饰器的返回值也是一个函数 / 类对象。

可以抽离出大量与函数功能本身无关的雷同代码到装饰器中并继续重用。装饰器的作用是为已经存在的对象添加额外的功能。

在面向对象的思想中，函数也能作为一个对象，函数对象拥有名称属性，可通过“__name__”获取，如代码清单 4-29 所示。

代码清单 4-29　获取 name 属性

In[20]:
```
# 定义 car 函数
def car():
    print('This is a Car')

# 获取 name 属性
print(' 函数 car 的 name 属性：', car.__name__)
```

Out[20]:
```
函数 car 的 name 属性：car
```

通过装饰器增加输出函数执行的日志功能，如代码清单 4-30 所示。

代码清单 4-30　使用装饰器输出函数运行日志

In[21]:
```
import logging
#使用装饰器输出函数运行日志
def print_log(func):    # 函数将作为参数传入
    def log():
        logging.warn("%s is running" % func.__name__)
        return func()
    return log

car = print_log(car) # 这条语句等价于 car = log
car()
```

Out[21]:
```
WARNING:root:log is running
WARNING:root:car is running

This is a Car
```

在代码清单 4-30 中函数 car 作为参数传入装饰器中，获取函数 car 的 name 属性后输出该函数的运行日志，整个过程并没有改变函数 car 本身的功能。

在 Python 中，类也同样可通过装饰器增加功能。类中的装饰器常用的有 3 种：@staticmethod、@classmethod 和 @property。

1. @staticmethod

装饰器 @staticmethod 用于创建静态方法，在类中，@staticmethod 表示下面的方法为静态方法，静态方法与一般方法的不同之处在于没有 self 参数。静态方法通常为一些功能与类相关但是不与类中属性绑定的方法，为封装进类中使用了静态方法的形式。

定义一个检查变量值的静态方法，如代码清单 4-31 所示。

代码清单 4-31　定义检查变量值的静态方法

In[22]:
```
# 定义静态方法
class check():
    def __init__(self, data):
        self.data = data

    @staticmethod
    def checkitem():
        return item == 'ON'
    def do_reset(self):
        if self.checkitem():
            print('item is on,port is:',self.data)

item = "ON"
port = check(1880)
port.do_reset()
```

Out[22]:
```
item is on,port is: 1880
```

2. @classmethod

装饰器 @classmethod 用于定义类方法，在类中，@classmethod 表示下面的方法为类方法，类方法的函数参数对象为类对象而不是实例对象，第 1 个参数为“cls”。

创建一个类方法，用于计算实例个数，如代码清单 4-32 所示。

代码清单 4-32　定义计算实例个数的类方法

In[23]:
```
# 定义类方法
class Count_inst():
    num_inst = 0
    def __init__(self):
        Count_inst.num_inst = Count_inst.num_inst + 1
    @classmethod
    def instance_num(cls):
        return cls.num_inst

num1 = Count_inst()
num2 = Count_inst()
print("实例属性: ",num1.num_inst)
print("类属性: ",Count_inst.num_inst)
```

Out[23]:
```
实例属性: 2
类属性: 2
```

3. @property

装饰器 @property 用于在类中将方法转换为属性进行调用。使用装饰器 @property 实现将“Stundet”类中的 name 方法转换为私有属性，如代码清单 4-33 所示。

代码清单 4-33　使用装饰器 @property 将类方法转换为属性

```
In[24]:  # 将name方法转换为属性
         class Student():
             @property
             def name(self):
                 return self.__name
             @name.setter
             def name(self,data):
                 if not isinstance(data, str):
                     raise ValueError('name must be string!')
                 self.__name = data

         s =Student()
         s.name = "Tim"  # 将转换为s.set_name("Tim")
         s.name  # 将转换为s.get_name("Tim")
Out[24]: 'Tim'
In[25]:  s.name = 94  # 将会报预设的类型错误
Out[25]:---------------------------------------------------------------------------
         ValueError                                Traceback (most recent call
         last)
         <ipython-input-14-d975beebdff7> in <module>()
         ----> 1 s.name = 94

         <ipython-input-12-627cc50aa129> in name(self, data)
               6     def name(self,data):
               7         if not isinstance(data, str):
         ----> 8             raise ValueError('name must be string!')
               9         self.__name = data

         ValueError: name must be string!
```

4.2.4　继承和多态

面向对象编程的一个重要特性是继承，在类中将体现为，新建一个类时可以从现有的类进行继承，此时新建的类称为子类，被继承的类称为父类、基类或超类。

1. 继承

继承可以使得子类具有父类的各种属性和方法，而不需要再次编写相同的代码。在令子类继承父类的同时，还可重新定义某些属性，并重写某些方法，即覆盖父类的原有属性和方法，使其获得与父类不同的功能。为子类追加新的属性和方法也是常见的做法。

定义一个交通工具类，其中含有 run 方法，创建子类并调用父类的方法，如代码清单 4-34 所示。

代码清单 4-34　创建子类并调用父类的方法

In[26]:
```
# 定义交通工具类
class Transpotation(object):
    def run(self):
        print('Transpotation is running')
# 定义子类 Car
class Car(Transpotation):
    pass
# 定义子类 Airplane
class Airplane(Transpotation):
    pass

car = Car()
car.run()
```

Out[26]:
```
Transpotation is running
```

In[27]:
```
plane = Airplane()
plane.run()
```

Out[27]:
```
Transpotation is running
```

2. 多重继承

子类不仅可以继承一个父类的属性和方法，还可以同时继承多个父类的属性与方法，这便是多重继承。在设计类的继承关系时，通常主线都是单一继承下来，多重继承为给子类实现继承额外功能的方法。定义子类时，在“()”中按顺序写明想要继承的父类的名称，用“,”隔开即可。定义一个 Run 类和 Fly 类，使用多重继承使 Car 类和 Airplane 类继承其中的方法，如代码清单 4-35 所示。

代码清单 4-35　使用多重继承使子类继承额外功能

In[28]:
```
# 重新定义交通工具类
class Transpotation():
    def __init__(self):
        self.length = 191


# 定义 Run 类
class Run():
    def running(self):
        print('car is running')


# 定义 Fly 类
```

```
class Fly():
    def flying(self):
        print('airplane is flying')
# 使用多重继承
class Car(Transpotation,Run):
    pass


class Airplane(Transpotation,Fly):
    pass


car = Car()
# 继承自 Transpotation 类的属性
print('继承的 length 属性：', car.length)
```

Out[28]:　继承的 length 属性：191

In[29]:
```
# 继承自 Run 类的方法
car.running()
```

Out[29]:　car is running

In[30]:
```
airplane = Airplane()
# 继承自 Transpotation 类的属性
print('继承的 length 属性：', airplane.length)
```

Out[30]:　继承的 length 属性：191

In[31]:
```
# 继承自 Fly 类的方法
airplane.flying()
```

Out[31]:　airplane is flying

在继承多个父类的属性和方法时，子类按照广度优先原则继承，即优先搜索同一级的父类中是否存在需要调用的属性或方法。搜索的顺序按照 MRO 表中类的顺序，可使用特殊属性“__mro__”查看类的 MRO 表。

定义 3 层继承顺序的类组合，并查看其中方法的搜索顺序，如代码清单 4-36 所示。

代码清单 4-36　定义 3 层类组合并查看搜索顺序

In[32]:
```
# 定义第 1 层类
class class1():
    def foo(self):
        print('class1-foo')


class class2():
    def foo(self):
        print('class2-foo')
```

```
    def bar(self):
        print('class2-bar')


# 定义第 2 层类
class classA(class1, class2):
    def bar(self):
        print('class_1-bar')


class classB(class1, class2):
    pass


# 定义第 3 层类
class classify(classA, classB):
    pass
# 查看 MRO 表
print('MRO 表: \n', classify.__mro__)
```

Out[32]:
```
MRO 表为:
 (<class '__main__.class_cla'>, <class '__main__.class_1'>, <class
'__main__.class_2'>, <class '__main__.class1'>, <class '__main__.
class2'>, <class 'object'>)
```

In[33]:
```
clas = classify()
clas.foo()
```

Out[33]:
```
class1-foo
```

In[34]:
```
clas.bar()
```

Out[34]:
```
class_1-bar
```

在代码清单 4-36 中，是按照 C、B1、B2、A1、A2 的顺序进行搜索，即按照每一层由左到右的顺序对类进行搜索，搜索完全层后再搜索上一层的类。

3. super 函数

子类继承父类的 __init__() 方法时，会因为重写导致父类的 __init__() 方法被覆盖，为了调用父类的 __init__() 方法，可使用 super 函数实现。

super 函数不仅可调用父类的 __init__() 方法，也可调用其他的一般方法，语法格式如下。

```
super([type[, object-or-type]])
```

super 函数的常用参数及其说明如表 4-11 所示。

表 4-11　super 函数常用参数及其说明

参　数	说　明
type	接收 str，表示类名，表示调用的 MRO 表中的类名。默认为父类
object-or-type	接收 str，表示类名，表示调用的 MRO 表中的类名。默认为 self

在 Airplane 类中定义一个 __init__() 方法，使用 super 函数实现调用父类 Transpotation 中 __init__() 方法定义的属性和其中的方法，如代码清单 4-37 所示。

代码清单 4-37　使用 super 函数调用父类的属性和方法

In[35]:
```
# Transpotation 类中的 __init__ 方法和 run 方法
class Transpotation():
    dcf __init__(self):
        self.length = 191

    def run(self):
        print('Transpotation is running')


# 在 Airplane 类中定义 __init__ 方法和 fly 方法
class Airplane(Transpotation):
    def __init__(self):
        self.high = 18

    def fly(self):
        print('Airplane is flying')
plane = Airplane()
print('Airplane 类中的 high 属性为：', plane.high)
```

Out[35]:
```
Airplane 类中的 high 属性为：18
```

In[36]:
```
plane.length  # __init__ 方法被重写，属性被覆盖，将报错
```

Out[36]:
```
Traceback (most recent call last):

  File "<ipython-input-62-52503cbc0ee4>", line 1, in <module>
    ap.length  # __init__ 方法被重写，属性被覆盖，将报错

AttributeError: 'Airplane' object has no attribute 'length'
```

In[37]:
```
plane.fly()
```

Out[37]:
```
Airplane is flying
```

In[38]:
```
# 使用 super 函数重写 Airplane 类中的方法
class Airplane(Transpotation):
    def __init__(self):
        self.high = 18
        super().__init__()

    def fly(self):
```

```
        print('Airplane is flying')
        super().run()
# 父类的属性可被调用
plane1 = Airplane()
print('父类 Transpotation 类的 length 属性为：', plane1.length)
```

Out[38]: 父类 Transpotation 类的 length 属性为：191

In[39]:

```
# 父类的 run 方法的功能已添加进 fly 方法中
plane1.fly()
```

Out[39]:

```
Airplane is flying
Transpotation is running
```

4. 多态

多态指面向对象程序执行时，相同的信息可能会发送给多个不同的类别对象，由系统依据对象所属的类别，引发对应类别的方法而产生不同的行为。

拥有多态特性的程序并不严格限制变量所引用的对象类型，对于未知的对象类型也能进行一样的操作。如 count() 方法就没有限制传入的对象类型，如代码清单 4-38 所示。

代码清单 4-38　count 方法运行示例

In[40]:

```
# 字符串对象
'This is a Car'.count('s')
```

Out[40]: 2

In[41]:

```
# 数组对象
[2,3,1,2,4,3,5].count(3)
```

Out[41]: 2

在代码清单 4-38 中，count() 方法对于字符串对象和数组对象都能进行相同的操作，是多态的一个典型代表。

多态的实现实际是基于动态语言中的鸭子类型（duck typing）。在程序设计中，鸭子类型是动态类型的一种风格。在这种风格中，一个对象的有效语义不是由继承自特定的类或实现特定的接口，而是由当前方法和属性的集合决定。这个概念来源于 James Whitcomb Riley 提出的“鸭子测试”，表述为：“当看到一只鸟走起来像鸭子，游泳起来像鸭子，叫起来也像鸭子，那么这只鸟就可以被认为是鸭子。”

定义一个类的时候，实际上也定义了一种数据类型，子类包含于父类的数据类型之中，反之则不成立。使用 isinstance 函数检查对象的数据类型，如代码清单 4-39 所示。

代码清单 4-39　使用 isinstance 函数检查对象的数据类型

In[42]:
```
# 定义含有 run 方法的 Transpotation 类及其子类 Car 类和 Airplane 类
class Transpotation():
    def run(self):
        print('Transpotation is running')


class Car(Transpotation):
    def run(self):
        print('Car is running')


class Airplane(Transpotation):
    def run(self):
        print('Airplane is flying')
# 实例化
trans = Transpotation()
car = Car()
airplane = Airplane()
# 检查对象的数据类型
isinstance(1, int)
```
Out[42]: True

In[43]:
```
isinstance(trans, Transpotation)
```
Out[43]: True

In[44]:
```
isinstance(car, Car)
```
Out[44]: True

In[45]:
```
isinstance(airplane, Airplane)
```
Out[45]: True

In[46]:
```
isinstance(car, Transpotation)  # 子类也属于父类的数据类型
```
Out[46]: True

In[47]:
```
isinstance(trans, Car)  # 反之不成立
```
Out[47]: False

多态的一个好处为，任何依赖父类作为参数的函数或者方法，在新增子类时都可以不加修改地正常运行。定义一个函数依赖 Transpotation 类运行，查看该函数对子类的运行结果，并查看新增的子类的运行结果，如代码清单 4-40 所示。

代码清单 4-40　定义函数并查看父类及子类的运行结果

```
In[48]:   def out(Transpotation):
              Transpotation.run()
          out(Transpotation())
Out[48]:  Transpotation is running
In[49]:   out(Car())
Out[49]:  Car is running
In[50]:   out(Airplane())
Out[50]:  Airplane is flying
In[51]:   # 新增一个子类
          class Train(Transpotation):
              def run(self):
                  print('Train is running')
          # 函数无须做改动即可运行
          out(Train())
Out[51]:  Train is running
```

4.3 Python 常用库安装

Python 主要提供了两种类型的库，分别为标准库和第三方库。标准库在安装了官方的 Python 后就能够直接调用。第三方库则需要额外安装后才能调用。本节主要介绍机器学习的常用第三方库及其作用、安装第三方库的方法、导入第三方库的方法，以及自主创建一个第三方库的方法。

4.3.1 第三方库安装

安装 Python 后，一般都要为 Python 安装库管理工具，比较重要的是第三方库的安装。 安装 Python 第三方库有 4 种主流方法，分别是使用 pip 安装、使用 easy_install 安装、使用源文件安装和通过安装包安装。

1. pip

（1）在线安装

pip 是一个通用的 Python 包管理工具，提供第三方库的管理功能。安装 pip 后，在系统命令行窗口（cmd）输入“pip -h”，即可查询 pip 可执行的操作及指令，如代码清单 4-41 所示。

代码清单 4-41　查询 pip 可执行的操作及指令

```
C:\WINDOWS\system32>pip -h

Usage:
  pip <command> [options]

Commands:
  install                     Install packages.
  download                    Download packages.
  uninstall                   Uninstall packages.
  freeze                      Output installed packages in requirements format.
  list                        List installed packages.
  show                        Show information about installed packages.
  check                       Verify installed packages have compatible dependencies.
  config                      Manage local and global configuration.
  search                      Search PyPI for packages.
  wheel                       Build wheels from your requirements.
  hash                        Compute hashes of package archives.
  completion                  A helper command used for command completion.
  help                        Show help for commands.

General Options:
  -h, --help                  Show help.
  --isolated                  Run pip in an isolated mode, ignoring environment
variables and user configuration.
……
```

注：由于输出结果太长，此处部分结果已经省略。

pip 最常用的功能包括查询、安装与卸载等，命令基本格式与说明如表 4-12 所示。

表 4-12　pip 命令说明

命　令	格　式	说　明
install	pip install 库名	安装 Python 第三方库
download	pip download 库名	下载 Python 第三方库及其依赖库，默认保存至当前命令运行路径
uninstall	pip uninstall 库名	卸载已安装的 Python 第三方库
list	pip list	显示已安装的 Python 第三方库清单
show	pip show 库名	显示库的详细信息
check	pip check 库名	检测当前库的依赖是否完整
search	pip search 关键词	搜索与关键词相关的第三方库

使用 pip 提供的 list 命令查看已安装第三方库，如代码清单 4-42 所示。

代码清单 4-42　使用 pip 查看已安装第三方库

```
C:\WINDOWS\system32>pip list
Package                            Version
---------------------------------- ---------
alabaster                              0.7.10
```

```
appdirs                              1.4.3
asn1crypto                           0.24.0
astroid                              1.6.1
astropy                              2.0.3
attrs                                17.4.0
Babel                                2.5.3
……
```

注：由于输出结果太长，此处部分结果已经省略。

使用 pip 安装第三方库，如代码清单 4-43 所示。

代码清单 4-43 使用 pip 安装第三方库

```
C:\WINDOWS\system32>pip install numpy
Collecting numpy
  Downloading https://files.pythonhosted.org/packages/fb/7d/f8b97d97809f184d9
0faf320fa8e2e7eac994844c5e6c57adbed1283e9e9/numpy-1.15.1-cp36-none-win_amd64.
whl (13.5MB)
    100% |████████████████████████████████| 13.5MB 697kB/s
Installing collected packages: numpy
Successfully installed numpy-1.15.1
```

使用 pip 安装的库通常默认放置在 Python 的可执行程序目录下。库将被安装在 .\Python\\Lib\site-packages 目录下。

冗余的 Python 第三方库会占用空间，使用 pip 提供的 uninstall 命令可以卸载第三方库，如代码清单 4-44 所示。

代码清单 4-44 使用 pip 卸载第三方库

```
C:\WINDOWS\system32>pip uninstall numpy
Uninstalling numpy-1.15.1:
  Would remove:
    d:\anaconda3\lib\site-packages\numpy-1.15.1.dist-info\*
    d:\anaconda3\lib\site-packages\numpy\*
    d:\anaconda3\scripts\f2py.py
Proceed (y/n)? y
  Successfully uninstalled numpy-1.15.1
```

（2）换源安装

pip 的库管理功能很强大，但由于发布该工具的 pypi 服务器设在国外，访问速度慢，所以最好的解决办法是更换 pip 源。目前，国内最为常用的 pip 源地址如表 4-13 所示。

表 4-13 国内常用 pip 源

发布单位	网 址
阿里云	http://mirrors.aliyun.com/pypi/simple/
中国科技大学	https://pypi.mirrors.ustc.edu.cn/simple/
豆瓣网	http://pypi.douban.com/simple/
清华大学	https://pypi.tuna.tsinghua.edu.cn/simple/

更换 pip 源有两种方式（以时效划分），一种是临时换源，另一种则是永久换源。临时换源的方法是在使用 pip 时追加“-i”参数，操作方法如代码清单 4-45 所示。

代码清单 4-45　pip 临时换源

```
C:\WINDOWS\system32>pip install numpy -i https://pypi.tuna.tsinghua.edu.cn/
simple
Looking in indexes: https://pypi.tuna.tsinghua.edu.cn/simple
Collecting numpy
  Downloading https://pypi.tuna.tsinghua.edu.cn/packages/fb/7d/f8b97d97809f
184d90faf320fa8e2e7eac994844c5e6c57adbed1283e9e9/numpy-1.15.1-cp36-none-win_
amd64.whl (13.5MB)
    100% |████████████████████████████████| 13.5MB 803kB/s
Installing collected packages: numpy
Successfully installed numpy-1.15.1
```

永久换源需要通过修改配置文件实现，需要区分环境。

在 Linux 或 Mac 环境下，实现永久换源首先要修改“~/.pip”下的“pip.conf”文件。如果文件夹中没有这一文件，需要手动创建。然后，在“pip.conf”配置文件中写入一些内容。在 Windows 环境下要实现永久换源，首先要在 user 目录中创建一个 pip 目录，之后填入如下所示的内容。

```
# 可选内容 1：换源为阿里云
[global]
index-url = http://mirrors.aliyun.com/pypi/simple/
[install]
trusted-host = mirrors.aliyun.com
可选内容 2：换源为豆瓣
[global]
timeout = 6000
index-url = http://pypi.douban.com/simple/
[install]
use-mirrors = true
mirrors = http://pypi.douban.com/simple/
trusted-host = pypi.douban.com
```

（3）离线安装

某些库无法通过 pip 在线安装，这可能是因为没有打包上传到 pypi 中，这时可以下载安装包后进行离线安装。下载安装包后，利用 pip 离线安装第三方库（离线安装包位于 D:/Python/pkgs 目录下）的方法如代码清单 4-46 所示。

代码清单 4-46　pip 离线安装第三方库

```
C:\WINDOWS\system32>D:
C:\WINDOWS\system32>cd D:/Python/pkgs
C:\WINDOWS\system32>pip install numpy-1.15.4+mkl-cp36-cp36m-win_amd64.whl
Processing d:\downloads\whl\numpy-1.15.4+mkl-cp36-cp36m-win_amd64.whl
```

```
Installing collected packages: numpy
Successfully installed numpy-1.15.4+mkl
```

2. easy_install

安装 Python 插件或配置环境时，经常会用到 easy_install 工具。easy_install 是由 PEAK 开发的 setuptools 包中附带的一个命令，使用 easy_install 更新库，实际上是调用 setuptools 来完成模块的安装。

安装好 easy_install 工具后，安装第三方库只需在命令行中输入简单的命令，程序便自动搜索相应版本的安装包，并配置各种文件；也可以在安装前指定库名和版本；同样，使用 easy_install 也可以对第三方库进行升级，方法如下所示。

```
# 使用 easy_install 安装库
easy_install  package_name
# 使用 easy_install 安装指定的库
easy_install "package_name==package_version"
# 升级第三方库
easy_install -U "package_name>=package_version"
```

3. 源文件

如果下载的安装包为带有源文件的压缩包，解压后运行 setup.py 即可安装。操作的方法是在命令行中切换到安装包中 setup.py 文件所在的目录，然后执行如下所示的命令。

```
# 在命令行中安装源文件
python setup.py install
```

4. 安装包

某些库提供了直接双击即可运行安装程序的安装包，比如 Python 用于连接 MySQL 数据库的驱动“mysql-connector-python”。这些安装包的后缀名一般为 msi 或者 exe。以这种方式成功安装的前提是，根据 Python 及 Windows 的版本下载对应的安装包，否则安装过程中会报错，或提示无法安装。

4.3.2　第三方库导入

第三方库的默认所在目录是 site-packages 文件夹，将其中的库引入程序中调用，就是导入第三方库。导入一个第三方库，就可以引用其中的任何公共函数、类或属性，一个程序通过这种方法可以使用其他程序（库）的功能。

Python 提供了 4 种导入第三方库的方法，分别为：使用 import 语句导入、使用别名导入、使用 from…import…语句导入、通过内建函数 _import_() 导入。

最基本的导入第三方库的方法是使用 import 语句，在 import 标识符后添加模块名就能实现导入操作，如下所示。

```
import mod_name
```

如果库中包含的属性和方法与某个已有库同名，就必须使用这种方式导入第三方库，以避免名字冲突。

在其他的名字空间中同样可以导入一个库，实现这种导入方式的语句是 import as，使用如下所示的格式，就可以在另一名字空间中导入模块。

```
import full_name as part_name
```

执行上述代码，系统将所有对 full_name 模块的调用在 part_name 名字空间中进行标识。使用别名导入模块这种方式，可以在测试模块新版本时不影响原版本。

要从给定模块中导入特定的函数或对象，可以使用 from import 语句。该语句在当前的名称空间建立一个到该模块的引用，引用时必须使用全称，使用在被导入模块中定义的函数时必须包含模块的名字。该语句支持从一个模块中导入多个函数或类，如下所示。

```
from mod_name import func_name1, func_name2, …, func_nameN
```

如果经常要访问模块的属性和方法，又不想重复地输入模块名，或要有选择地导入指定的属性和方法，from…import…语句是最佳的工具。

Python 提供了 __import__() 函数，同样可以导入模块，其基础使用方法如下所示。

```
my_module=__import__('module_name')
```

4.3.3　第三方库创建

创建一个库，就是将写好的模块以库的形式组合起来，这种组合遵照一定的规则。创建第三方库的基本内容是以一定方式导入自定义模块，包括函数模块与类模块，创建过程中最关键的是安排好文件路径。

导入自定义模块的方式有 3 种：直接 import；通过 sys 模块导入自定义模块的路径；通过 pth 文件找到自定义模块。

直接 import 适用于 py 执行文件和模块同属于同个目录（父级目录）的情况，如图 4-1 所示。

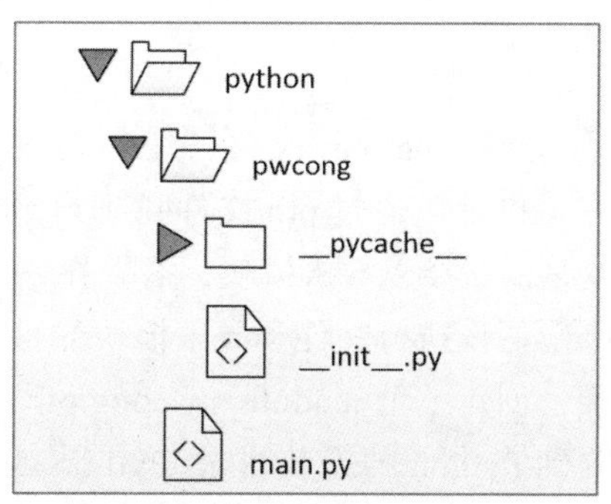

图 4-1　执行文件与导入模块在同个目录

在图 4-1 中，main.py 和 pwcong 同在 Python 目录，main.py 为执行文件，pwcong 文件夹为一个模块，pwcong 模块所提供的函数被写在 _init_.py 文件中。_init_.py 里面只提供一个 hi 函数，如下所示。

```
def  hi():
    print("hi")
```

执行文件 main.py，就可以直接导入 pwcong 模块并调用该模块中的 hi 函数，该执行文件中的代码如下所示。

```
import pwcong
pwcong.hi()
```

运行 main.py 文件，可以看见 Python 命令行输出一句“hi”。完整的过程是：自定义模块 pwcong 在一个程序文件 main.py 中被导入，执行了其中的 hi 函数。这一过程即创建第三方库 pwcong 并调用。

如果执行文件和模块不在同一目录下，要在执行文件中直接导入模块是不能实现的，需要通过 sys 模块导入自定义模块的路径，如图 4-2 所示。

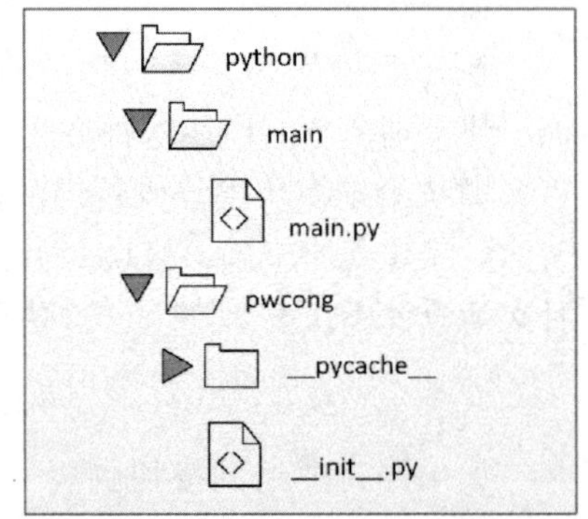

图 4-2　执行文件与导入模块在不同目录

在图 4-2 中，执行文件 main.py 在 main 目录下，而 pwcong 模块在 python 目录下。

sys 是 Python 的内置模块，专门用于查找文件路径。在这种情况下，要导入自定义模块的路径，步骤为：导入 sys 模块；通过 sys.path.append(path) 函数导入自定义模块所在的目录；导入自定义模块。实现在 main.py 文件中导入 pwcong 模块的代码如下所示。

```
import sys
sys.path.append(r"C:\Users\pwcong\_pycache_\_init_.py ")

import pwcong

pwcong.hi()
```

执行 main.py 文件，在 Python 命令行会输出“hi”。

也可以通过 pth 文件找到自定义模块，这一方法利用了系统变量，Python 会扫描 path 变量的路径以导入模块，可以在系统路径里进行添加。

假设执行文件和导入模块的目录结构与图 4-2 一致，要实现导入模块，需要遵循如下步骤：创建一个 module_pwcong.pth 文件，代码内容是 pwcong 模块所在的目录；将该文件放置到 Python 的安装目录 \Python35\Lib\site-packages 中，然后在 main.py 文件中导入并调用自定义模块 pwcong。

执行 main.py 文件，可以看到 Python 命令行输出“hi”。

小结

Python 中为提高编程效率而使用的代码组织方式，包括函数、类与库这 3 部分内容，各部分主要知识点如下。

1）Python 内置函数的类别与使用方法、自定义函数的创建方法与作用域、lambda 匿名函数的使用方法。

2）面向对象编程过程中类的创建方法、类的属性与方法，以及继承与多态。

3）pip 命令的使用方法，包括在线安装、换源安装和离线安装，还介绍了几种第三方库的导入方法。

课后习题

1. 选择题

（1）下列关于内置函数的说法正确的是（　　）。

A. bytes 函数创建可变字节数组，bytearray 函数创建不可变字节数组

B. Python 内置的科学计算函数共有 7 个

C. exec 函数执行动态表达式求值，eval 函数执行动态语句块

D. all 函数判断是否有为 True 的元素，any 函数判断每个元素是否都为 True

（2）下列关于 def 语句与 lambda 语句的说法错误的是（　　）。

A. def 语句允许多个参数传入，多个返回值输出

B. 无返回值的 def 语句也可能输出信息

C. lambda 语句只能是单行的形式

D. lambda 语句不支持嵌入结构体

（3）下列关于类的属性的说法错误的是（　　）。

A. 修改实例属性将影响原本的类属性

B. 修改实例属性不会影响原本的类属性

C. 单下划线的私有属性可以被外部调用与修改

D. 双下划线的私有属性无法被外部调用与修改

（4）下列关于继承的说法错误的是（　　）。

A. 被继承的类称为父类

B. 子类拥有父类的属性与方法

C. 子类无法继承多个父类的属性与方法

D. 子类可以定义新的属性与方法，也可覆盖父类中的属性与方法

（5）下列关于第三方库的说法正确的是（　　）。

A. Python 的第三方科学计算工具都是参照 matlab 的功能建设的

B. easy_install 是 pip 发展的基础，是首推的第三方库安装工具

C. 第三方库的导入除使用语句外，还可以使用内置函数

D. 如果执行文件和模块不在同一目录，应使用 import 导入

2. 填空题

（1）自定义函数的参数分为三大类，分别是________、________、________。

（2）在 lambda 语句中，冒号之前是________，冒号之后是________。

（3）类中的一般方法的第 1 个参数是________，类方法的第 1 个参数是________。

（4）可在创建实例的时将属性绑定进类中的特殊方法是________，可返回对象长度的特殊方法是________。

（5）创建第三方库的过程，本质上就是________的过程。

3. 操作题

（1）使用 def 语句和 lambda 语句分别创建一个函数，该函数的功能是判断 3**5 是否与 12**2-1 相等，打印出判断结论。

（2）定义父类 Animal 与子类 Bird 与 Fish，子类继承父类 Animal 中的属性，且拥有自己的方法。查看子类继承的属性，并调用子类中的方法。

（3）导入 Python 的内置 math 模块，计算 $e^2+\pi$ 的值。

CHAPTER 5

第5章

NumPy 数值计算

NumPy 是最著名的 Python 库之一，常用于高性能计算。NumPy 提供了两种基本的对象：ndarray（N-dimensional Array Object）和 ufunc（Universal Function Object）。ndarray 是一个具有矢量算术运算和复杂广播能力的、快速且节省空间的多维数组，ufunc 则提供了对 ndarray 进行快速运算的标准数学函数。本章主要介绍 ndarray 的基础操作，常见的 ufunc、matrix 矩阵运算，以及 NumPy 文件读写。

5.1 ndarray 创建与索引

Python 内置了一个 array 模块，它与 list 不同，它直接保存数值，类似于 C 语言中的一维数组。但由于它不支持多维数组功能，且没有配套对应的计算函数，因此不适合做数值运算。基于 NumPy 的 ndarray 在很大程度上改善了 Python 内置 array 模块的不足。本节将重点介绍 ndarray 的创建与索引。

5.1.1 创建 ndarray 对象

在 NumPy 中，创建 ndarray 的方法根据创建的 ndarray 不同，可以有函数 array、arange、linspace、logspace、zeros、eye、diag、ones 等。此外，NumPy 还提供了随机数相关函数，也可用于创建 ndarray。本节将从 NumPy 的数据类型开始，介绍几种创建 ndarray 的方法。

1. ndarray 数据类型

NumPy 比原生 Python 支持更丰富的数据类型。这些数据类型大多以数字结尾，表示其在内存中占有的位数。同时，为了能够更容易地确定一个 nharray 所需的存储空间，同一个 ndarray 中所有元素的类型必须是一致的。NumPy 基本数据类型与其取值范围如表 5-1 所示。

表 5-1　NumPy 基本数据类型与其取值范围

类　型	取值范围
bool	用 1 位存储的布尔类型（值为 True 或 False）
inti	由所在平台决定其精度的整数（一般为 int32 或 int64）
int8	整数，范围为 -128 ～ 127
int16	整数，范围为 -32768 ～ 32767
int32	整数，范围为 -2^{31} ～ $2^{31}-1$
int64	整数，范围为 -2^{63} ～ $2^{63}-1$
uint8	无符号整数，范围为 0 ～ 255
uint16	无符号整数，范围为 0 ～ 65535
uint32	无符号整数，范围为 0 ～ $2^{32}-1$
uint64	无符号整数，范围为 0 ～ $2^{64}-1$
float16	半精度浮点数（16 位）：其中用 1 位表示正负号，5 位表示指数，10 位表示尾数
float32	单精度浮点数（32 位）：其中用 1 位表示正负号，8 位表示指数，23 位表示尾数
float64 或 float	双精度浮点数（64 位）：其中用 1 位表示正负号，11 位表示指数，52 位表示尾数
complex64	复数，分别用两个 32 位浮点数表示实部和虚部
complex128 或 complex	复数，分别用两个 64 位浮点数表示实部和虚部

表 5-1 中罗列了 15 种数据类型，其中实数数据类型 13 种。这些实数数据类型之间可实现互相转换，部分示例如代码清单 5-1 所示。

代码清单 5-1　ndarray 数据类型转换

```
In[1]:    import numpy as np
          print('整数 42 转换为浮点数结果为：', np.float64(42))
Out[1]:   整数 42 转换为浮点数结果为：42.0
In[2]:    print('浮点数 42.0 转换为整数结果为：', np.int8(42.0))
Out[2]:   浮点数 42.0 转换为整数结果为：42
In[3]:    print('浮点数 42 转换为布尔型结果为：', np.bool(42.0))
Out[3]:   浮点数 42 转换为布尔型结果为：True
In[4]:    print('整数 0 转换为布尔型结果为：', np.bool(0))
Out[4]:   整数 0 转换为布尔型结果为：False
In[5]:    print('布尔型数据 True 转换为浮点数结果为：', np.float(True))
Out[5]:   布尔型数据 True 转换为浮点数结果为：1.0
```

In[6]:
```
print('布尔型数据 False 转换为整型结果为：', np.int8(False))
```
Out[6]:
```
布尔型数据 False 转换为整型结果为：0
```

2. ndarray 创建

NumPy 提供了多种创建 ndarray 的方式，其中 array 函数可以创建一维或多维 ndarray，其基本语法格式如下。

```
numpy.array(object, dtype=None, copy=True, order='K', subok=False, ndmin=0)
```

array 函数的常用参数及其说明如表 5-2 所示。

表 5-2　array 函数常用参数及其说明

参数名称	说　明
object	接收 array、list、tuple 等，表示用于创建 ndarray 的数据。无默认值
dtype	接收 data-type，表示创建的 ndarray 的数据类型。如果未给定，那么选择保存对象所需的最小字节数的数据类型。无默认值
ndmin	接收 int，指定生成 ndarray 应该具有的最小维数。默认为 0

创建一维 ndarray 与二维 ndarray，如代码清单 5-2 所示。

代码清单 5-2　创建 ndarray

In[7]:
```
arr1 = np.array([1, 2, 3, 4])
print('创建的一维 ndarray 为：', arr1)
```
Out[7]:
```
创建的一维 ndarray 为：[1 2 3 4]
```
In[8]:
```
arr2 = np.array([[1, 2, 3, 4],[4, 5, 6, 7],[7, 8, 9, 10]])
print('创建的二维 ndarray 为：\n', arr2)
```
Out[8]:
```
创建的二维 ndarray 为：
[[ 1  2  3  4]
 [ 4  5  6  7]
 [ 7  8  9 10]]
```

常用的 ndarray 属性主要有维数、尺寸、元素总数、数据类型、每个元素的存储字节数等，分别用 ndim、shape、size、dtype 和 itemsize 来表示，这些属性的详细说明如表 5-3 所示。

表 5-3　ndarray 的属性及其说明

属　性	说　明
ndim	返回 int，表示 ndarray 的维数
shape	返回 tuple，表示 ndarray 的尺寸，对于 n 行 m 列的矩阵，形状为（n，m）

（续）

属　性	说　明
size	返回 int，表示 ndarray 的元素总数，这等于形状元素的乘积
dtype	返回 data-type，描述 ndarray 中元素类型的对象
itemsize	返回 int，表示 ndarray 中每个元素的大小（以字节为单位）。例如，数据类型 float64 具有 itemsize 8（= 64/8），数据类型 complex32 具有 itemsize 4（= 32/8）。相当于 ndarray.dtype.itemsize

查看表 5-3 中的 ndarray 属性，获取 ndarray 的基本信息，如代码清单 5-3 所示。

代码清单 5-3　查看 ndarray 属性

```
In[9]:    print('ndarray arr2 的维数为：', arr1.ndim)
Out[9]:   ndarray arr2 的维数为：1
In[10]:   print('ndarray arr2 的形状为：', arr2.shape)
Out[10]:  ndarray arr2 的形状为：(3, 4)
In[11]:   print('ndarray arr2 的数据类型为：', arr2.dtype)
Out[11]:  ndarray arr2 的数据类型为：int32
In[12]:   print('ndarray arr2 的元素个数为：', arr2.size)
Out[12]:  ndarray arr2 的元素个数为：12
In[13]:   print('ndarray arr2 每个元素的大小为：', arr2.itemsize)
Out[13]:  ndarray arr2 每个元素的大小为：4
```

使用 array 函数创建 ndarray 虽然通用，但并不方便。针对一些特殊的 ndarray，NumPy 提供了其他的 ndarray 创建函数，如表 5-4 所示。

表 5-4　ndarray 创建函数

函　数	说　明
arange	创建等差数列（指定开始值、终值和步长）
linspace	创建等差数列（指定开始值、终值和元素个数）
logspace	创建等比数列
zeros	创建值全部为 0 的矩阵
eye	创建单位矩阵（对角线元素为 1，其余为 0）
diag	创建对角矩阵（对角线元素为指定值，其余为 0）
ones	创建值全部为 1 的矩阵

arange 函数类似于 Python 内置的 range 函数，通过指定开始值、终值和步长来创建一

维 ndarray，创建的 ndarray 不含终值，如代码清单 5-4 所示。

代码清单 5-4　使用 arange 函数创建 ndarray

In[14]:
```
print('使用 arange 函数创建的 ndarray 为: ', np.arange(0, 1, 0.1))
```

Out[14]:
```
使用 arange 函数创建的 ndarray 为：[ 0.  0.1  0.2  0.3  0.4  0.5  0.6  0.7  0.8  0.9]
```

linspace 函数通过指定开始值、终值和元素个数来创建一维 ndarray，默认设置包括终值，如代码清单 5-5 所示。

代码清单 5-5　使用 linspace 函数创建 ndarray

In[15]:
```
print('使用 linspace 函数创建的 ndarray 为: \n',np.linspace(0, 1, 12))
```

Out[15]:
```
使用 linspace 函数创建的 ndarray 为:
[0.         0.09090909 0.18181818 0.27272727 0.36363636 0.45454545
0.54545455  0.63636364 0.72727273 0.81818182 0.90909091 1.        ]
```

logspace 函数和 linspace 函数类似，不同之处在于 logspace 创建的是等比数列。使用 logspace 函数创建从 1（10^0）到 100（10^2）这 20 个元素的等比数列，如代码清单 5-6 所示。

代码清单 5-6　使用 logspace 函数创建等比 ndarray

In[16]:
```
print('使用 logspace 函数创建的 ndarray 为: \n', np.logspace(0, 2, 20))
```

Out[16]:
```
使用 logspace 函数创建的 ndarray 为:
[   1.            1.27427499    1.62377674    2.06913808    2.6366509
    3.35981829    4.2813324     5.45559478    6.95192796    8.8586679
   11.28837892   14.38449888   18.32980711   23.35721469   29.76351442
   37.92690191   48.32930239   61.58482111   78.47599704  100.        ]
```

除了创建等差、等比数列的函数，NumPy 还提供了特殊矩阵形式的 ndarray 创建函数。其中，zeros 函数用于创建值全部为 0 的矩阵，如代码清单 5-7 所示。

代码清单 5-7　使用 zeros 函数创建 ndarray

In[17]:
```
print('使用 zeros 函数创建的 ndarray 为: \n', np.zeros((2, 3)))
```

Out[17]:
```
使用 zeros 函数创建的 ndarray 为:
[[ 0.  0.  0.]
 [ 0.  0.  0.]]
```

eye 函数用于生成单位矩阵，其主对角线上的元素值为 1，其他的元素值为 0，如代码清单 5-8 所示。

代码清单 5-8　使用 eye 函数创建 ndarray

```
In[18]:   print('使用 eye 函数创建的 ndarray 为：\n ', np.eye(3))
Out[18]:  使用 eye 函数创建的 ndarray 为：
          [[ 1.  0.  0.]
          [ 0.  1.  0.]
          [ 0.  0.  1.]]
```

diag 函数用于创建对角矩阵，对角矩阵是一个除对角线以外其他元素都为 0 的方阵，对角线上的元素为指定值，如代码清单 5-9 所示。

代码清单 5-9　使用 diag 函数创建 ndarray

```
In[19]:   print('使用 diag 函数创建的 ndarray 为：\n',np.diag([1, 2, 3, 4]))
Out[19]:  使用 diag 函数创建的 ndarray 为：
          [[1 0 0 0]
          [0 2 0 0]
          [0 0 3 0]
          [0 0 0 4]]
```

ones 函数用于创建值全部为 1 的矩阵，如代码清单 5-10 所示。

代码清单 5-10　使用 ones 函数创建 ndarray

```
In[20]:   print('使用 ones 函数的 ndarray 为：\n', np.ones((2, 3)))
Out[20]:  使用 ones 函数的 ndarray 为：
          [[ 1.  1.  1.]
          [ 1.  1.  1.]
          [ 1.  1.  1.]]
```

3. 随机数

NumPy 提供了强大的生成随机数的功能，使用随机数也可以创建 ndarray。随机数相关的函数都在 random 模块中，包括可以生成服从多种概率分布的随机数的函数。numpy.random 中的部分函数如表 5-5 所示。

表 5-5　numpy.random 部分函数

函　数	说　明
seed	确定随机数生成器的种子
permutation	返回一个序列的随机排列或返回一个随机排列的范围
shuffle	对一个序列进行随机排序
random	产生 0 ～ 1 的随机浮点数
rand	产生指定形状的随机数 ndarray
randint	产生给定上下限范围的随机整数 ndarray

（续）

函　数	说　明
randn	产生正态分布的随机数
binomial	产生二项分布的随机数
normal	产生正态（高斯）分布的随机数
beta	产生 beta 分布的随机数
chisquare	产生卡方分布的随机数
gamma	产生 gamma 分布的随机数
uniform	产生在 [0，1）中均匀分布的随机数

其中，random 函数是最常见的生成随机数的方法，如代码清单 5-11 所示。

代码清单 5-11　生成随机数

```
In[21]:   print('random 函数生成的随机数 ndarray 为：\n', np.random.random(100))
Out[21]:  random 函数生成的随机数 ndarray 为：
          [ 0.15343184  0.51581585  0.07228451  ……  0.24418316  0.92510545
          0.57507965]
```

注：此处省略部分结果。

通过 rand 函数可以生成服从均匀分布的指定形状的随机数 ndarray，如代码清单 5-12 所示。

代码清单 5-12　生成服从均匀分布的随机数

```
In[22]:   print('rand 函数生成的服从均匀分布的随机数 ndarray 为：\n', np.random.rand(4, 5))
Out[22]:  rand 函数生成的服从均匀分布的随机数 ndarray 为：
          [[0.125901   0.92100812 0.40711827 0.93465124 0.70179531]
          [0.21059197 0.16788253 0.28053323 0.32883797 0.92432218]
          [0.2089053  0.69187281 0.40223019 0.54251514 0.6484934 ]
          [0.77817522 0.62140403 0.16323499 0.68029592 0.68748271]]
```

通过 randn 函数可以生成服从正态分布的随机数，如代码清单 5-13 所示。

代码清单 5-13　生成服从正态分布的随机数

```
In[23]:   print('randn 函数生成的服从正态分布的随机数 ndarray 为：\n', np.random.randn(4, 5))
Out[23]:  randn 函数生成的服从正态分布的随机数 ndarray 为：
          [[-1.42994129 -0.08125877  0.01726742  1.42314725 -1.33128984]
          [-0.4934963   0.39356638  1.30771998 -0.31671385 -1.21658498]
          [-1.57578088  0.57428055  0.59496983 -0.93838243 -1.23457585]
          [ 0.35463469  1.20529312 -0.0912965  -0.47776112 -0.02346097]]
```

randint 函数能够根据给定的上下限范围生成随机整数 ndarray，它稍比其他生成随机数的函数复杂，共有 3 个参数。其基本语法格式如下。

```
numpy.random.randint(low, high=None, size=None, dtype='l')
```

randint 函数的常用参数及其说明如表 5-6 所示。

表 5-6　randint 函数的常用参数及其说明

参数名称	说　明
low	接收 int，表示随机范围下限。无默认值
high	接收 int，表示随机范围上限。无默认值
size	接收整数 tuple，指定生成 ndarray 的 shape。无默认值

使用 randint 函数生成指定上下限的随机整数 ndarray，如代码清单 5-14 所示。

代码清单 5-14　生成给定上下范围的随机数

```
In[24]:   print('randint 函数生成的指定上下限的随机整数 ndarray 为：\n',
                np.random.randint(low=2, high=10, size=[2, 5]))

Out[24]:  randint 函数生成的指定上下限的随机整数 ndarray 为：
          [[3 6 6 4 8]
          [9 6 5 8 4]]
```

5.1.2　ndarray 的索引与切片

索引与切片是 ndarray 使用频率最高的操作。相较于 list，ndarray 索引与切片在功能上更加丰富，在形式上更多样。ndarray 的高效率在很大程度上需归功于其索引的易用性。

1. 一维 ndarray 的索引

一维 ndarray 的索引方法很简单，与 list 的索引方法一致，如代码清单 5-15 所示。

代码清单 5-15　使用索引访问一维 ndarray

```
In[25]:   arr = np.arange(10)
          print('使用元素位置索引结果为：', arr[5])

Out[25]:  使用元素位置索引结果为：5

In[26]:   print('使用元素位置切片结果为：', arr[3:5])

Out[26]:  使用元素位置切片结果为：[3 4]

In[27]:   print('省略单个位置切片结果为：', arr[:5])

Out[27]:  省略单个位置切片结果为：[0 1 2 3 4]
```

In[28]:
```
print('使用元素反向位置切片结果为：', arr[:-1])
```

Out[28]: 使用元素反向位置切片结果为：[0 1 2 3 4 5 6 7 8]

In[29]:
```
arr[2:4] = 100, 101  # 修改对应下标的值
print('修改后的 ndarray arr 为：', arr)
```

Out[29]: 修改后的 ndarray arr 为：[0   1 100 101   4   5   6   7   8   9]

In[30]:
```
print('元素位置等差索引结果为：', arr[1:-1:2])
```

Out[30]: 元素位置等差索引结果为：[1 101   5   7]

In[31]:
```
# 步长为负数时，开始位置必须大于结束位置
print('元素位置负数步长等差索引结果为：', arr[5:1:-2])
```

Out[31]: 元素位置负数步长等差索引结果为：[5 101]

2. 多维 ndarray 的索引

多维 ndarray 的每一个维度都有一个索引，各个维度的索引之间用逗号隔开，如代码清单 5-16 所示。

代码清单 5-16 使用索引访问多维 ndarray

In[32]:
```
arr = np.array([[1, 2, 3, 4, 5],[4, 5, 6, 7, 8],[7, 8, 9, 10, 11]])
print('创建的二维 ndarray arr 为：\n', arr)
```

Out[32]:
```
创建的二维 ndarray arr 为：
[[ 1  2  3  4  5]
 [ 4  5  6  7  8]
 [ 7  8  9 10 11]]
```

In[33]:
```
print('切片结果为：', arr[0, 3:5])   # 访问第 0 行中第 3 列和第 4 列的元素
```

Out[33]: 切片结果为：[4 5]

In[34]:
```
print('切片结果为：\n', arr[1:, 2:])   # 访问第 1 行和第 2 行中第 2 列、第 3 列和第 4 列的元素
```

Out[34]:
```
切片结果为：
[[ 6  7  8]
 [ 9 10 11]]
```

In[35]:
```
print('切片结果为：', arr[:, 2])  # 访问第 2 列的元素
```

Out[35]: 切片结果为：[3 6 9]

ndarray 在索引与切片的时候除了使用整型的数据外，还可以使用布尔型，如代码

清单 5-17 所示。

代码清单 5-17　使用布尔型索引数据

```
In[36]:   # 索引第 1 行、第 3 行中第 2 列的元素
          mask = np.array([1, 0, 1], dtype=np.bool)
          print('使用布尔值 ndarray 索引结果为：', arr[mask, 2])
Out[36]:  使用布尔值 ndarray 索引结果为：[3 9]
```

3. 花式索引

花式索引（Fancy indexing）是一个 NumPy 术语，是在基础索引方式上衍生出的功能更强大的索引方式。它能够利用整数 ndarray 进行索引，如代码清单 5-18 所示。

代码清单 5-18　使用整数 ndarray 索引访问数据

```
In[37]:   arr = np.empty((8, 4))
          for i in range(8):
              arr[i] = i
          print('创建的二维 ndarray arr 为：\n', arr)
Out[37]:  创建的二维 ndarray arr 为：
          [[0. 0. 0. 0.]
          [1. 1. 1. 1.]
          [2. 2. 2. 2.]
          [3. 3. 3. 3.]
          [4. 4. 4. 4.]
          [5. 5. 5. 5.]
          [6. 6. 6. 6.]
          [7. 7. 7. 7.]]
In[38]:   print('以特定顺序索引 arr 结果为：\n', arr[[4, 3, 0, 6]])
Out[38]:  以特定顺序索引 arr 结果为：
          [[4. 4. 4. 4.]
          [3. 3. 3. 3.]
          [0. 0. 0. 0.]
          [6. 6. 6. 6.]]
In[39]:   print('以特定逆序索引 arr 结果为：\n', arr[[-3, -5, -7]])
Out[39]:  以特定逆序索引 arr 结果为：
          [[5. 5. 5. 5.]
          [3. 3. 3. 3.]
          [1. 1. 1. 1.]]
```

对二维 ndarray 传入两个索引 ndarray 进行花式索引，返回的是一个一维 ndarray。此时，两个 ndarray 的元素一一对应，如代码清单 5-19 所示。

代码清单 5-19　花式索引

```
In[40]:  arr = np.array([np.arange(i*4, i*4+4) for i in np.arange(6)])
         print('创建的二维 ndarray arr 为：\n', arr)

Out[40]: 创建的二维 ndarray arr 为：
         [[ 0  1  2  3]
          [ 4  5  6  7]
          [ 8  9 10 11]
          [12 13 14 15]
          [16 17 18 19]
          [20 21 22 23]]

In[41]:  # 返回一个 ndarray 最终的元素 (1,0)、(5,3)、(4,1)、(2,2)
         print('使用二维 ndarray 索引 arr 结果为：', arr[[1, 5, 4, 2],[0, 3, 1, 2]])

Out[41]: 使用二维 ndarray 索引 arr 结果为：[ 4 23 17 10]
```

如果想要使用 ndarray 索引的方式来达成获取某个区域数据的效果，需要配合 ix 函数先生成区域索引器，如代码清单 5-20 所示。

代码清单 5-20　ix 函数生成区域索引器

```
In[42]:  # 利用 np.ix 函数将两个一维的整数 ndarray 转化为方形区域的索引器
         print('使用 ix 成片索引 arr 结果为：\n', arr[np.ix_([1, 5, 4, 2],[0, 3, 1, 2])])

Out[42]: 使用 ix 成片索引 arr 结果为：
         [[ 4  7  5  6]
          [20 23 21 22]
          [16 19 17 18]
          [ 8 11  9 10]]
```

在使用 NumPy 的过程中使用花式索引常常会引起误会，所以在实际使用过程中应尽可能使用一般索引方式，在必须使用花式索引时，需做好代码注释。

5.2　ndarray 的基础操作

ndarray 作为 NumPy 出现频率最高、最常用的数据类型，其操作具有灵活性、多样性。本节将介绍 ndarray 的基础操作，包括设置 ndarray 形状、展平 ndarray、组合 ndarray、分割 ndarray，ndarray 的排序与搜索，以及 ndarray 的字符串操作等。

5.2.1　变换 ndarray 的形态

1. 设置 ndarray 形状

NumPy 提供了 reshape 方法用于改变 ndarray 的形状，reshape 方法仅改变原始数据的形状，不改变原始数据的值，且不改变原 ndarray，如代码清单 5-21 所示。

代码清单 5-21　通过 reshape 方法改变 ndarray 形状

```
In[1]:   arr = np.arange(12)  # 创建一维 ndarray
         print('创建的一维 ndarray arr 为：', arr)

Out[1]:  创建的一维 ndarray arr 为：[ 0  1  2  3  4  5  6  7  8  9 10 11]

In[2]:   arr = arr.reshape(3, 4)  # 设置 ndarray 的维度
         print('改变形状后的 ndarray arr1 为：\n', arr)

Out[2]:  改变形状后的 ndarray arr1 为：
         [[ 0  1  2  3]
         [ 4  5  6  7]
         [ 8  9 10 11]]

In[3]:   print('形状改变后 ndarray arr1 的维度为：', arr.ndim)

Out[3]:  形状改变后 ndarray arr1 的维度为：2
```

resize 方法也提供了类似 reshape 方法的功能，但 resize 方法会直接作用于所操作的 ndarray，如代码清单 5-22 所示。

代码清单 5-22　通过 resize 方法改变 ndarray 形状

```
In[4]:   arr.resize(2, 6)
         print('resize 改变原 ndarray 形状，ndarray arr 变为：\n', arr)

Out[4]:  resize 改变原 ndarray 形状，ndarray arr 变为：
         [[ 0  1  2  3  4  5]
         [  6  7  8  9 10 11]]
```

通过修改 ndarray 的 shape 属性也可以实现 ndarray 形状的更改，但这种方法将直接作用于所操作的 ndarray，如代码清单 5-23 所示。

代码清单 5-23　通过修改 shape 属性改变 ndarray 维度

```
In[5]:   arr.shape = (4, 3)
         print('通过重新设置 shape 属性后，ndarray arr 为：\n', arr)

Out[5]:  通过重新设置 shape 属性后，ndarray arr 为：
         [[ 0  1  2]
         [ 3  4  5]
         [ 6  7  8]
         [ 9 10 11]]
```

2. 展平 ndarray

展平是指将多维 ndarray 转换成一维 ndarray 的操作过程，似乎是一种特殊的 ndarray 形

状变换。在 NumPy 中，可以使用 ravel 方法完成 ndarray 的横向展平工作，如代码清单 5-24 所示。

代码清单 5-24　使用 ravel 方法展平 ndarray

```
In[6]:    arr = np.arange(12).reshape(3, 4)
          print('创建的二维 ndarray arr 为：\n', arr)

Out[6]:   创建的二维 ndarray arr 为：
          [[ 0  1  2  3]
          [ 4  5  6  7]
          [ 8  9 10 11]]

In[7]:    print('ndarray arr 横向展平后为：', arr.ravel())

Out[7]:   ndarray arr 横向展平后为：[ 0  1  2  3  4  5  6  7  8  9 10 11]
```

flatten 方法也可以完成 ndarray 展平工作，区别在于 flatten 方法还可以选择横向或纵向展平，如代码清单 5-25 所示。

代码清单 5-25　使用 flatten 方法展平 ndarray

```
In[8]:    print('ndarray arr 使用 flatten 方法横向展平后为：', arr.flatten())

Out[8]:   ndarray arr 使用 flatten 方法横向展平后为：[ 0  1  2  3  4  5  6  7  8  9 10 11]

In[9]:    print('ndarray arr 使用 flatten 方法纵向展平后为：', arr.flatten('F'))

Out[9]:   ndarray arr 使用 flatten 方法纵向展平后为：[ 0  4  8  1  5  9  2  6 10  3  7 11]
```

3. 组合 ndarray

将多个 ndarray 组合为一个全新的 ndarray 的操作称为组合 ndarray。NumPy 中提供了横向组合、纵向组合、深度组合等多种组合方式，使用 hstack、vstack、concatenate、dstack 函数来完成。除了深度组合方式外，其余组合方式结果的维度与原 ndarray 相同。

hstack 函数可实现 ndarray 的横向组合，如代码清单 5-26 所示。

代码清单 5-26　使用 hstack 函数实现 ndarray 横向组合

```
In[10]:   arr1 = np.arange(12).reshape(3, 4)
          print('创建的 ndarray arr1 为：\n', arr1)

Out[10]:  创建的 ndarray arr1 为：
          [[ 0  1  2  3]
          [ 4  5  6  7]
          [ 8  9 10 11]]
```

In[11]:
```
arr2 = arr1*3
print('创建的ndarray arr2为: \n', arr2)
```

Out[11]:
```
创建的ndarray arr2为:
[[ 0  3  6  9]
[12 15 18 21]
[24 27 30 33]]
```

In[12]:
```
print('hstack横向组合ndarray arr1与arr2为: \n', np.hstack((arr1, arr2)))
```

Out[12]:
```
hstack横向组合ndarray arr1与arr2为:
[[ 0  1  2  3  0  3  6  9]
[ 4  5  6  7 12 15 18 21]
[ 8  9 10 11 24 27 30 33]]
```

vstack 函数可实现 ndarray 的纵向组合，如代码清单 5-27 所示。

代码清单 5-27　使用 vstack 函数实现 ndarray 纵向组合

In[13]:
```
print('vstack纵向组合ndarray arr1与arr2为: \n', np.vstack((arr1, arr2)))
```

Out[13]:
```
vstack纵向组合ndarray arr1与arr2为:
[[ 0  1  2  3]
[ 4  5  6  7]
[ 8  9 10 11]
[ 0  3  6  9]
[12 15 18 21]
[24 27 30 33]]
```

concatenate 函数既可以实现横向组合，也可以实现纵向组合。当参数 axis=1 时为横向组合，参数 axis=0 时则为纵向组合，如代码清单 5-28 所示。

代码清单 5-28　使用 concatenate 函数组合 ndarray

In[14]:
```
print('concatenate横向组合arr1与arr2为 :\n', np.concatenate((arr1,arr2), axis=1))
```

Out[14]:
```
concatenate横向组合arr1与arr2为:
[[ 0  1  2  3  0  3  6  9]
[ 4  5  6  7 12 15 18 21]
[ 8  9 10 11 24 27 30 33]]
```

In[15]:
```
print('concatenate纵向组合arr1与arr2为: \n', np.concatenate((arr1, arr2), axis=0))
```

Out[15]:
```
concatenate纵向组合arr1与arr2为:
[[ 0  1  2  3]
[ 4  5  6  7]
[ 8  9 10 11]
[ 0  3  6  9]
[12 15 18 21]
[24 27 30 33]]
```

所谓深度组合，就是将一系列 ndarray 沿着纵轴方向进行层叠组合，类似于 Python 内置函数 zip。NumPy 提供了 dstack 函数可实现深度组合，如代码清单 5-28 所示。

代码清单 5-29 使用 dstack 函数组合 ndarray

```
In[16]:  print('dstack 深度组合 arr1 与 arr2 为: \n', np.dstack((arr1, arr2)))
```

```
Out[16]: dstack 深度组合 arr1 与 arr2 为:
         [[[ 0  0]
           [ 1  3]
           [ 2  6]
           [ 3  9]]

          [[ 4 12]
           [ 5 15]
           [ 6 18]
           [ 7 21]]

          [[ 8 24]
           [ 9 27]
           [10 30]
           [11 33]]]
```

```
In[17]:  arr3 =[]
         for x,y in list(zip(arr1, arr2)):
             arr3.append(list(zip(x, y)))
         arr3 = np.array(arr3)
         print('zip 函数实现深度合并的 arr3 与 dstack 实现的等价: \n',
                 arr3 == np.dstack((arr1, arr2)))
```

```
Out[17]: zip 函数实现深度合并的 arr3 与 dstack 实现的等价:
         [[[ True  True]
           [ True  True]
           [ True  True]
           [ True  True]]

          [[ True  True]
           [ True  True]
           [ True  True]
           [ True  True]]

          [[ True  True]
           [ True  True]
           [ True  True]
           [ True  True]]]
```

4. 分割 ndarray

将一个 ndarray 拆分为多个 ndarray 的操作称为分割 ndarray。在 NumPy 中，ndarray 可以进行横向、纵向或深度分割，使用 hsplit、vsplit、split 和 dsplit 函数实现。通过这些函数可以将 ndarray 分割成相同大小的子 ndarray，也可以根据位置分割为目标形状。分割后的每一个 ndarray 维度与原 ndarray 相同。

hsplit 函数可实现 ndarray 的横向分割，如代码清单 5-30 所示。

代码清单 5-30　使用 hsplit 函数实现 ndarray 横向分割

```
In[18]:   arr = np.arange(16).reshape(4, 4)
          print('创建的二维 ndarray arr 为：\n', arr)

Out[18]:  创建的二维 ndarray arr 为：
          [[ 0  1  2  3]
          [ 4  5  6  7]
          [ 8  9 10 11]
          [12 13 14 15]]

In[19]:   print('hsplit 横向分割 arr 为：\n', np.hsplit(arr, 2))

Out[19]:  hsplit 横向分割 arr 为：
          [array([[ 0,  1],
                  [ 4,  5],
                  [ 8,  9],
                  [12, 13]]), array([[ 2,  3],
                  [ 6,  7],
                  [10, 11],
                  [14, 15]])]
```

vsplit 函数可实现 ndarray 的纵向分割，如代码清单 5-31 所示。

代码清单 5-31　使用 vsplit 函数实现 ndarray 纵向分割

```
In[20]:   print('vsplit 纵向分割 arr 为：\n', np.vsplit(arr, 2))

Out[20]:  vsplit 纵向分割 arr 为：
          [array([[0, 1, 2, 3],
                  [4, 5, 6, 7]]), array([[ 8,  9, 10, 11],
                  [12, 13, 14, 15]])]
```

split 函数同样可以实现 ndarray 的横向和纵向分割，在 axis=1 时为横向分割，axis=0 时为纵向分割，如代码清单 5-32 所示。

代码清单 5-32　使用 split 函数分割 ndarray

```
In[21]:   print('split 横向分割 arr 为：\n', np.split(arr, 2, axis=1))

Out[21]:  split 横向分割 arr 为：
          [array([[ 0,  1],
                  [ 4,  5],
                  [ 8,  9],
                  [12, 13]]), array([[ 2,  3],
```

```
            [ 6,  7],
            [10, 11],
            [14, 15]]])]
```

```
In[22]:  print('split 纵向分割 arr 为: \n', np.split(arr, 2, axis=0))
```

```
Out[22]:  split 纵向分割 arr 为:
          [array([[0, 1, 2, 3],
                  [4, 5, 6, 7]]), array([[ 8,  9, 10, 11],
                  [12, 13, 14, 15]])]
```

dsplit 函数可实现 ndarray 的深度分割，但分割的 ndarray 必须是三维 ndarray，且分割的数目必须为 shape 属性中下标为 2 的值的公约数，如代码清单 5-33 所示。

代码清单 5-33　使用 dsplit 函数实现 ndarray 深度分割

```
In[23]:  arr = np.arange(12).reshape(2, 2, 3)
         print('创建的三维 ndarray arr 为: \n', arr)
```

```
Out[23]:  创建的三维 ndarray arr 为:
          [[[ 0  1  2]
            [ 3  4  5]]

          [[ 6  7  8]
            [ 9 10 11]]]
```

```
In[24]:  print('dsplit 深度分割 arr 为: \n', np.dsplit(arr, 3))
```

```
Out[24]:  dsplit 深度分割 arr 为:
          [array([[[0],
                  [3]],

                  [[6],
                   [9]]]), array([[[ 1],
                   [ 4]],

                  [[ 7],
                   [10]]]), array([[[ 2],
                   [ 5]],

                  [[ 8],
                   [11]]])]
```

5.2.2 排序与搜索

1. 排序

NumPy 的主要排序方式可以概括为直接排序和间接排序两种。直接排序指对数值直接进行排序；间接排序指根据一个或多个键对数据集进行排序。NumPy 中的常用排序函数有

sort、argsort 和 lexsort。

其中，sort 函数是最常用的排序方法，其基本语法格式如下。

```
numpy.sort(a, axis=-1, kind='quicksort', order=None)
```

sort 函数的常用参数及其说明如表 5-7 所示。

表 5-7　sort 函数的常用参数及其说明

参数名称	说　明
a	接收 array，表示想要排序的 ndarray。无默认值
axis	接收 int 或 None，表示指定的轴，axis=1 时指定横轴，axis=0 时指定纵轴 axis=None 时，ndarray 被横向展开排序。默认为 -1，以最后一根轴排序
kind	接收 str，表示排序的算法，可取 “quicksort” “mergesort” “heapsort” “stable”。默认为 “quicksort”

使用 sort 函数进行排序时，排序过程完全按照数值大小进行排序，不考虑不同行列之间的关联关系，如代码清单 5-34 所示。

代码清单 5-34　使用 sort 函数进行排序

```
In[25]:   np.random.seed(42)  # 设置随机种子
          arr = np.random.randint(1, 10, size=12).reshape(4, 3)
          print('创建的随机数 ndarray arr 为: \n', arr)

Out[25]:  创建的随机数 ndarray arr 为:
          [[7 4 8]
          [5 7 3]
          [7 8 5]
          [4 8 8]]

In[26]:   print('默认排序后 ndarray arr 为: \n', np.sort(arr))

Out[26]:  默认排序后 ndarray arr 为:
          [[4 7 8]
          [3 5 7]
          [5 7 8]
          [4 8 8]]

In[27]:   print('展平排序的 ndarray arr 为: ', np.sort(arr, axis=None))

Out[27]:  展平排序的 ndarray arr 为 :[3 4 4 5 5 7 7 7 8 8 8 8]

In[28]:   print('横轴排序后 ndarray arr 为: \n', np.sort(arr, axis=1))

Out[28]:  横轴排序后 ndarray arr 为:
          [[4 7 8]
          [3 5 7]
          [5 7 8]
          [4 8 8]]
```

```
In[29]:  print('纵轴排序后 ndarray arr 为: \n', np.sort(arr, axis=0))
Out[29]: 纵轴排序后 ndarray arr 为:
         [[3 5 7]
         [4 7 8]
         [4 7 8]
         [5 8 8]]
```

argsort 函数和 lexsort 函数可以实现在给定一个或多个键时，得到一个由整数构成的索引 ndarray，索引值表示数据在新的顺序下的位置。配合花式索引即可实现基于某一列或者某一行的排序。

argsort 函数的基本语法格式如下。

```
numpy.argsort(a, axis=-1, kind='quicksort', order=None)
```

argsort 函数的常用参数及其说明如表 5-8 所示。

表 5-8　argsort 函数的常用参数及其说明

参数名称	说　明
a	接收 array，表示想要排序的 ndarray。无默认值
axis	接收 int 或 None，表示指定的轴，axis=1 时指定横轴，axis=0 时指定纵轴，axis=None 时，ndarray 被展开排序。默认为 −1，以最后一根轴排序
kind	接收 string，表示排序的方法，可取“quicksort”“mergesort”“heapsort”“stable”默认为“quicksort”

argsort 函数的使用方法类似 sort，只是返回的值不相同，如代码清单 5-35 所示。

代码清单 5-35　使用 argsort 函数进行排序

```
In[30]:  print('横轴排序后 arr 的下标为: \n', np.argsort(arr, axis=1))
Out[30]: 横轴排序后 arr 的下标为:
         [[0 1 2]
         [0 1 2]
         [0 1 2]
         [0 1 2]]
In[31]:  print('展平排序后 arr 的下标为: ', np.argsort(arr, axis=None))
Out[31]: 展平排序后 arr 的下标为:[ 3  0  9  4  6  1  5  7  2  8 10 11]
```

2. 搜索

NumPy 模块提供了一些用于在 ndarray 内搜索的函数，包括用于找到最大值、最小值以及满足给定条件的元素的函数。

其中，argmax 和 argmin 函数可以求最大和最小元素的索引，基本语法格式如下。

```
numpy.argmax(a, axis=None, out=None)
numpy.argmin(a, axis=None, out=None)
```

argmax 和 argmin 函数的常用参数及其说明如表 5-9 所示。

表 5-9 argmax 和 argmin 函数常用参数及其说明

参数名称	说 明
a	接收 array，表示想要搜索的 ndarray。无默认值
axis	接收 int，表示指定的轴，axis=1 时指定横轴，axis=0 时指定纵轴。默认情况下，索引的是平铺的 ndarray

使用 argmax 和 argmin 函数求最大和最小元素的索引时，如果存在多个最大值，则仅求出第一次出现的，具体示例如代码清单 5-36 所示。

代码清单 5-36 使用 argmax 和 argmin 函数进行搜索

```
In[32]:   arr = np.arange(6, 11).reshape(2, 3)
          print('创建的ndarray arr为：\n', arr)

Out[32]:  创建的ndarray arr为：
          [[ 6  7  8]
          [ 9 10 11]]

In[33]:   print('ndarray arr中最大元素的索引为：', np.argmax(arr))
          print('ndarray arr中最小元素的索引为：', np.argmin(arr)

Out[33]:  ndarray arr中最大元素的索引为：5
          ndarray arr中最小元素的索引为：0

In[34]:   print('ndarray arr中各列最大元素的索引为：', np.argmax(arr, axis=0))
          print('ndarray arr中各行最小元素的索引为：', np.argmin(arr, axis=1))

Out[34]:  ndarray arr中各列最大元素的索引为：[1 1 1]
          ndarray arr中各行最小元素的索引为：[0 0]
```

where 函数返回输入 ndarray 中满足给定条件的元素的索引，其基本语法格式如下。

```
np.where(condition, x, y)
```

where 函数的常用参数及其说明如表 5-10 所示。

表 5-10 where 函数常用参数及其说明

参数名称	说 明
condition	接收 array、bool，表示搜索的条件。无默认值
x	接收 array，表示搜索对象。无默认值
y	接收 array，表示不满足条件的值的替换值。无默认值

若只有条件（condition），没有 x 和 y，则输出满足条件元素的下标，如代码清单 5-37 所示。

代码清单 5-37　使用 where 函数无 x 与 y

In[35]:
```
arr = np.arange(12).reshape(4,3)
print('创建的ndarray arr为：\n', arr)
```

Out[35]:
```
创建的ndarray arr为：
[[ 0  1  2]
[ 3  4  5]
[ 6  7  8]
[ 9 10 11]]
```

In[36]:
```
print('where输出ndarray arr满足条件的下标为：\n', np.where(arr>6))
```

Out[36]:
```
where输出ndarray arr满足条件的下标为：
(array([2, 2, 3, 3, 3], dtype=int64), array([1, 2, 0, 1, 2], dtype=int64))
```

满足条件（condition）时，输出值为 x，否则输出值为 y，如代码清单 5-38 所示。

代码清单 5-38　使用 where 函数有 x 与 y

In[37]:
```
arr1 = np.arange(12).reshape(3, 4)
print('创建的ndarray arr1为：\n', arr1)
```

Out[37]:
```
创建的ndarray arr1为：
[[ 0  1  2  3]
[ 4  5  6  7]
[ 8  9 10 11]]
```

In[38]:
```
arr2 = np.arange(-12, 0).reshape(3, 4)
print('创建的ndarray arr2为：\n', arr2)
```

Out[38]:
```
创建的ndarray arr2为：
[[ -12 -11 -10  -9]
[ -8  -7  -6  -5]
[ -4  -3  -2  -1]]
```

In[39]:
```
exp = arr1>5
print('arr1大于5的布尔ndarray为：\n', exp)
```

Out[39]:
```
arr1大于5的布尔ndarray为：
array([3, 1, 2])
```

In[40]:
```
print('where函数搜索符合条件的arr1与arr2为：\n', np.where(exp, arr1, arr2))
```

Out[40]:
```
where函数搜索符合条件的arr1与arr2为：
[[-12 -11 -10  -9]
[ -8  -7   6   7]
[  8   9  10  11]]
```

代码清单 5-38 中条件为 exp，分别对应最后输出结果。第 1 个值从 arr1 的第 1 个数 0 和 arr2 的第 1 个数 –12 中选，因为条件 0 等价于 False，所以选的是 –12，以此类推。

extract 函数返回输入 ndarray 中满足给定条件的元素。extract 函数的基本语法格式如下。

```
numpy.extract(condition,arr)
```

extract 函数的常用参数及其说明如表 5-11 所示。

表 5-11　extract 函数常用参数及其说明

参数名称	说　明
condition	接收 array，表示搜索的条件。无默认值
arr	接收 array，表示满足条件的元素。无默认值

使用 extract 函数选取符合条件的元素，如代码清单 5-39 所示。

代码清单 5-39　使用 extract 函数进行搜索

```
In[41]:   arr = np.arange(9).reshape(3,  3)
          print('创建的 ndarray arr 为: \n', arr)

Out[41]:  创建的 ndarray arr 为:
          [[0 1 2]
          [3 4 5]
          [6 7 8]]

In[42]:   exp = (arr % 2) == 0
          print('arr 能被 2 整除的布尔 ndarray 为: \n', exp)

Out[42]:  arr 能被 2 整除的布尔 ndarray 为:
          [[ True False  True]
          [False  True False]
          [ True False  True]]

In[43]:   print('arr 基于条件 exp 提取的元素为: \n', np.extract(exp, arr))

Out[43]:  arr 基于条件 exp 提取的元素为:
          [0 2 4 6 8]
```

5.2.3　字符串操作

Numpy 的 char 模块提供的字符串操作函数可以运用向量化运算来处理整个 ndarray，而完成同样的任务，Python 的列表则通常需要借助循环语句遍历列表，并对逐个元素进行相应的处理。如代码清单 5-40 所示，Python 内置 title 函数可使字符串标题化，对 ndarray 操作时需要调用循环语句，而 Numpy 的 char 模块提供的 title 函数则可直接对整个 ndarray 进行字符串标题化操作。

代码清单 5-40　Python 与 NumPy 字符串操作比较

In[44]:
```
# Python 内置 str 方法
str_list =['hello', 'how are you?']
str_list =[i.title() for i in str_list]
print('Python 内置方法使 str_list 所有元素转为 title 模式: ', str_list)
```

Out[44]:　Python 内置方法使 str_list 所有元素转为 title 模式：['Hello', 'How Are You?']

In[45]:
```
str_arr = np.array(['hello', 'how are you?'])
str_arr = np.char.title(str_arr)
print('NumPy 提供方法使 str_arr 所有元素转为 title 模式: ', str_arr)
```

Out[45]:　NumPy 提供方法使 str_arr 所有元素转为 title 模式：['Hello' 'How Are You?']

Numpy 的 char 模块提供的常用字符串操作函数具有字符串的连接、切片、删除、替换、字母大小写转换和编码调用等功能，如表 5-12 所示。

表 5-12　char 模块的字符串操作函数

函数名称	说　明	函数名称	说　明
add	返回两个 str 或 Unicode ndarray 的逐个字符串连接	multiply	返回按元素多重连接后的字符串
split	以指定字符为分隔切片字符串	splitlines	按行分隔，返回以各行作为元素的列表
replace	替换字符串中的字符	center	使字符串居中，用空格填充至指定长度
join	以字符串为分隔，合并序列为新的字符串	zfill	右对齐指定长度的字符串，前面填充 0
ljust	字符串左对齐，空格填充至指定长度	rjust	字符串右对齐，空格填充至指定长度
capitalize	将字符串中首字母大写	title	返回标题化的字符串
lower	转换字符串中的大写字母为小写	upper	转换字符串中的小写字母为大写
swapcase	翻转字符串中的大小写	strip	删除字符串首尾空格
lstrip	删除字符串左边的空格	rstrip	删除字符串末尾的空格
partition	以指定分隔符分割字符串	rpartition	以指定分隔符分割字符串，右起
decode	以指定编码格式解码字符串	encode	以指定编码格式编码字符串

ndarray 中的字符串操作示例如代码清单 5-41 示。

代码清单 5-41　ndarray 中的字符串操作

In[46]:
```
print('各字符串元素对应连接: ',np.char.add(['hello', 'hi'],[' abc', ' xyz']))
```

Out[46]:　各字符串元素对应连接：['hello abc' 'hi xyz']

In[47]:
```
print('多重重复连接: ', np.char.multiply(['Hello ','World '], 3))
```

Out[47]:　多重重复连接：['Hello Hello Hello ' 'World World World ']

In[48]:
```
print('拆分单个字符，以连接符连接: ', np.char.join([':', '-'],['hello', 'world']))
```

Out[48]: 拆分单个字符，以连接符连接：['h:e:l:l:o' 'w-o-r-l-d']

In[49]:
```
print('去除各个字符元素指定符号：', np.char.lstrip(['-arora', '-admin',
'-java'], '-'))
```

Out[49]: 去除各个字符元素指定符号：['arora' 'admin' 'java']

In[50]:
```
print('使用指定字符替换字符元素中的特定字符：',
      np.char.replace (['He was a good boy', 'She was a good girl'], 'was', 'is'))
```

Out[50]: 使用指定字符替换字符元素中的特定字符：['He is a good boy' 'She is a good girl']

In[51]:
```
print('将现有的字符转为cp500字符串', np.char.encode(['hello', 'world'], 'cp500'))
```

Out[51]: 将现有的字符转为cp500字符串 [b'\x88\x85\x93\x93\x96' b'\xa6\x96\x99\x93\x84']

此外，Numpy 的 char 模块提供诸多函数，可查询 ndarray 的字符串信息，如表 5-13 所示。

表 5-13　ndarray 的字符串信息查询函数

函数名称	说　明	函数名称	说　明
find()	检查字符串中是否包含某字符	rfind()	检查字符串中是否包含某字符，右起
isdecimal()	检查字符串中的是否只包含十进制数字	isdigit()	检查字符串中是否只包含数字
isspace()	检查字符串中是否只包含空格	isnumeric()	检查字符串中是否只包含数字字符
index()	检查字符串中是否包含某字符	rindex()	检查字符串中是否包含某字符，右起
startswith()	检查字符串是否是以指定对象开头	isalpha()	检查字符串中是否只包含字母
islower()	检查字符串中是否只包含小写字母	istitle()	检查字符串是否标题化
isupper()	检查字符串中是否只包含大写字母	count()	计算指定字符出现的次数

ndarray 中的字符串信息查询示例如代码清单 5-42 所示。

代码清单 5-42　ndarray 中的字符串信息查询

In[52]:
```
arr = np.array(['aAaAaA', 'aA', 'abBABba1'])
print('字符A第一次出现的下标：', np.char.find(arr, 'A'))
```

Out[52]: 字符A第一次出现的下标：[1 1 3]

In[53]:
```
print('arr元素的字符串是否由纯粹的字母组成：', np.char.isalpha(arr))
```

Out[53]: arr元素的字符串是否由纯粹的字母组成：[True True True]

In[54]:
```
print('arr中A在各元素中出现的次数：', np.char.count(arr, 'a'))
```

Out[54]: arr中A在各元素中出现的次数：[3 1 2]

In[55]:
```
print('arr各元素是否以a开头：', np.char.startswith(arr, 'a'))
```

Out[55]: arr各元素是否以a开头：[True True True]

5.3 ufunc

ufunc，全称通用函数（universal function），是一种能够对 ndarray 中所有元素进行操作的函数。因此，ndarray 能够运用向量化运算来处理整个数组，而完成同样的任务，Python 的列表则通常需要借助循环语句遍历列表，并对逐个元素进行相应的处理。

5.3.1 ufunc 的广播机制

广播（Broadcasting）是指不同形状的 ndarray 之间执行算术运算的方式。当执行 ufunc 进行 ndarray 计算时，ufunc 会对两个数据的每个对应元素进行计算，执行这种计算方式的前提是两个 ndarray 的 shape 大小一致。若两个 ndarray 的 shape 不一致，NumPy 则会实行广播机制。NumPy 的广播机制并不容易理解，特别是在高维 ndarray 计算时。为了更好地使用广播机制，需要遵循 4 个原则。

1）让所有输入 ndarray 都向其中 shape 最长的 ndarray 看齐，shape 中不足的部分都通过在前面加 1 补齐。

2）输出 ndarray 的 shape 是输入 ndarray shape 的各个轴上的最大值。

3）输入 ndarray 的某个轴和输出 ndarray 的对应轴的长度相同或其长度为 1 时，这个 ndarray 能够用于计算，否则出错。

4）当输入 ndarray 的某个轴的长度为 1，且沿着此轴运算时，都用此轴上的第 1 组值。

本节以一维 ndarray 和二维 ndarray 举例说明广播的运算机制。一维 ndarray 的广播机制如代码清单 5-43 所示。

代码清单 5-43　一维 ndarray 的广播机制

```
In[1]:
import numpy as np
arr1 = np.array([[0, 0, 0],[1, 1, 1],[2, 2, 2],[3, 3, 3]])
print('创建的ndarray arr为: \n', arr1)
```

```
Out[1]:
创建的ndarray arr为:
[[0 0 0]
[1 1 1]
[2 2 2]
[3 3 3]]
```

```
In[2]:
arr2 = np.array([1, 2, 3])
print('创建的ndarray arr2为: ', arr2)
```

```
Out[2]:
创建的ndarray arr2为 :[1 2 3]
```

```
In[3]:
print('arr1与arr2相加结果为: \n', arr1 + arr2)
```

```
Out[3]:
arr1与arr2相加结果为:
[[1 2 3]
[2 3 4]
```

```
 [3  4  5]
 [4  5  6]]
```

代码清单 5-43 中计算两个 ndarray 的和的过程如图 5-1 所示。

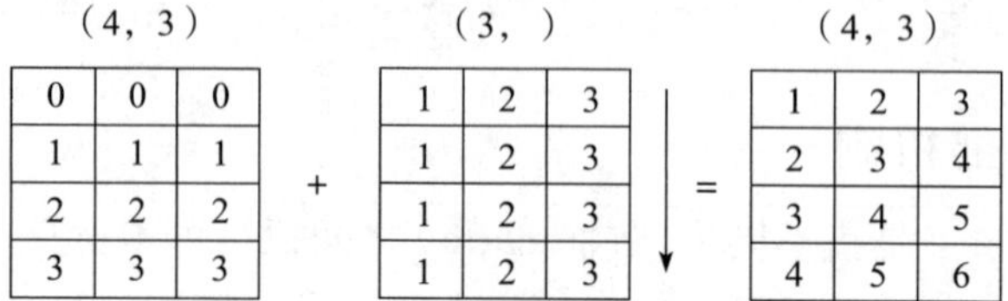

图 5-1　一维 ndarray 的广播原理

二维 ndarray 的广播机制如代码清单 5-44 所示。

代码清单 5-44　二维 ndarray 的广播机制

```
In[4]:    arr3 = np.arange(1, 5).reshape(4, 1)
          print('创建的ndarray arr3为：\n', arr3)

Out[4]:   创建的ndarray arr3为：
          [[1]
           [2]
           [3]
           [4]]

In[5]:    print('arr1与arr3相加结果为：\n', arr1 + arr3)

Out[5]:   arr1与arr3相加结果为：
          [[1  1  1]
           [3  3  3]
           [5  5  5]
           [7  7  7]]
```

二维 ndarray 的广播机制原理如图 5-2 所示。

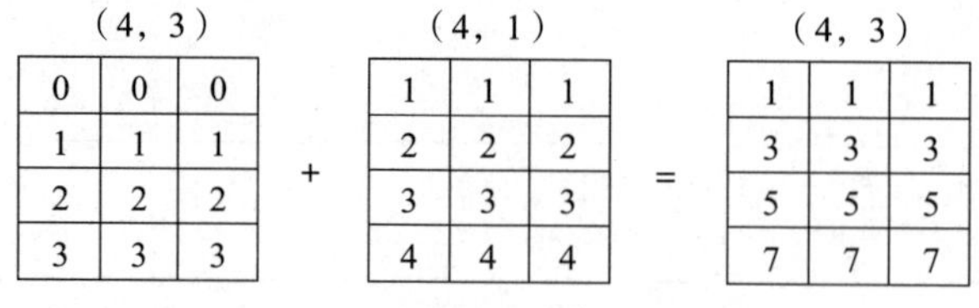

图 5-2　二维 ndarray 的广播机制原理

5.3.2　常用 ufunc

常用的 ufunc 运算有算术运算、三角函数、集合运算、比较运算、逻辑运算和统计计算等。

1. 算术运算

ufunc 支持算术运算，并且有运算符和函数两种方式，和数值运算的使用方式一样，但输入 ndarray 必须具有相同的形状或符合 ndarray 广播规则，具体如表 5-14 所示。

表 5-14 算术运算

运算符	函 数	说 明
+	add(x,y)	ndarray x 各元素与 ndarray y 各元素的和，返回数值型 ndarray
−	subtract(x,y)	ndarray x 各元素与 ndarray y 各元素的差，返回数值型 ndarray
*	multiply(x,y)	ndarray x 各元素与 ndarray y 各元素的积，返回数值型 ndarray
/	divide(x,y)	ndarray x 各元素与 ndarray y 各元素的商，返回数值型 ndarray
**	power(x,y)	ndarray x 各元素的 ndarray y 各元素次幂，返回数值型 ndarray

使用运算符进行 ndarray 的算术运算，如代码清单 5-45 所示。

代码清单 5-45 ndarray 的算术运算 1

```
In[6]:    arr1 = np.array([1, 2, 3])
          arr2 = np.array([4, 5, 6])
          print('ndarray arr1, arr2 相加结果为: ', arr1+arr2)

Out[6]:   ndarray arr1, arr2 相加结果为 :[5 7 9]

In[7]:    print('ndarray arr1, arr2 相减结果为: ', arr1-arr2)

Out[7]:   ndarray arr1, arr2 相减结果为 :[-3 -3 -3]

In[8]:    print('ndarray arr1, arr2 相乘结果为: ', arr1*arr2)

Out[8]:   ndarray arr1, arr2 相乘结果为 :[ 4 10 18]

In[9]:    print('ndarray arr1, arr2 相除结果为: ', arr1/arr2)

Out[9]:   ndarray arr1, arr2 相除结果为 :[0.25 0.4  0.5 ]

In[10]:   print('ndarray arr1, arr2 幂运算结果为: ', arr1**arr2)

Out[10]:  ndarray arr1, arr2 幂运算结果为 :[  1  32 729]
```

除了基础的四则运算以外，NumPy 还提供了其他数学运算的函数，如表 5-15 所示。

表 5-15 常用数学运算函数

函数名称	说 明	函数名称	说 明
negative(x)	求 ndarray x 各元素的相反数，返回数值型 ndarray	exp(x)	求自然数 E 的 ndarray x 各元素次幂，返回数值型 ndarray
absolute(x)	求 ndarray x 各元素的绝对值，返回 0 或正整数 ndarray	sqrt(x)	求 ndarray x 各元素的平方根，返回数值型 ndarray

（续）

函数名称	说　明	函数名称	说　明
fabs(x)	求 ndarray x 各元素的绝对值，返回 0 或正整数 ndarray	curt(x)	求 ndarray x 各元素的立方根，返回数值型 ndarray
rint(x)	求 ndarray x 各元素最近的整数，返回整数 ndarray	reciprocal(x)	求 ndarray x 各元素的倒数，返回数值型 ndarray
sign(x)	求 ndarray x 各元素的符号，返回仅含 −1、1 的 ndarray	conj(x)	求 ndarray x 各元素的共轭复数，返回数值型 ndarray
log1p(x)	求 ndarray x 各元素以自然数 E 为底的对数，返回数值型 ndarray	log2(x)	返回 ndarray x 各元素以 2 为底的对数，返回数值型 ndarray
log(x)	求 ndarray x 各元素的对数，返回数值型 ndarray	log10(x)	返回 ndarray x 各元素以 10 为底的对数，返回数值型 ndarray

部分其他常用运算函数的使用示例，如代码清单 5-46 所示。

代码清单 5-46　ndarray 的算术运算 2

In[11]:
```
arr = np.arange(-4, 5).reshape(3, 3)
print('创建的ndarray arr为：\n', arr)
```

Out[11]:
```
创建的ndarray arr为：
[[-4 -3 -2]
[-1  0  1]
[ 2  3  4]]
```

In[12]:
```
print('ndarray arr各元素的相反数为：\n', np.negative(arr))
```

Out[12]:
```
ndarray arr各元素的相反数为：
[[ 4  3  2]
[ 1  0 -1]
[-2 -3 -4]]
```

In[13]:
```
print('ndarray arr各元素的绝对值为：\n', np.absolute(arr))
```

Out[13]:
```
ndarray arr各元素的绝对值为：
[[4 3 2]
[1 0 1]
[2 3 4]]
```

In[14]:
```
print('ndarray arr各元素的符号为：\n', np.sign(arr))
```

Out[14]:
```
ndarray arr各元素的符号为：
[[-1 -1 -1]
[-1  0  1]
[ 1  1  1]]
```

In[15]:
```
print('ndarray arr第3行各元素的平方根为：\n', np.sqrt(arr))
```

Out[15]:
```
ndarray arr第3行各元素的平方根为：
```

```
 [1.41421356 1.73205081 2.        ]
```

In[16]:
```
print('ndarray arr 第 3 行各元素的自然对数为：\n', np.log1p(arr))
```

Out[16]:
```
ndarray arr 第 3 行各元素的自然对数为：
 [1.09861229 1.38629436 1.60943791]
```

2. 三角函数

ufunc 提供标准的三角函数与双曲三角函数功能。双曲函数是一类与常见的三角函数类似的函数，它经常出现于某些重要的线性微分方程的解中。ufunc 提供的三角函数如表 5-16 所示。

表 5-16　三角函数

函　数	说　明	函　数	说　明
sin(x)	三角正弦运算，返回数值型 ndarray	sinh(x)	双曲正弦运算，返回数值型 ndarray
cos(x)	三角余弦运算，返回数值型 ndarray	cosh(x)	双曲余弦运算，返回数值型 ndarray
tan(x)	三角正切运算，返回数值型 ndarray	tanh(x)	双曲正切运算，返回数值型 ndarray
arcsin(x)	三角反正弦运算，返回数值型 ndarray	arcsinh(x)	反双曲正弦运算，返回数值型 ndarray
arccos(x)	三角反余弦运算，返回数值型 ndarray	arccosh(x)	反双曲余弦运算，返回数值型 ndarray
arctan(x)	三角反正切运算，返回数值型 ndarray	arctanh(x)	反双曲正切运算，返回数值型 ndarray
degrees(x)	弧度转换为角度，返回数值型 ndarray	rad2deg(x)	弧度转换为角度，返回数值型 ndarray
radians(x)	角度转换为弧度，返回数值型 ndarray	deg2rad(x)	角度转换为弧度，返回数值型 ndarray
hypot(x,y)	通过直角三角形的直角边 x、y 求斜边，返回数值型 ndarray		

sin、cos 和 tan 函数返回弧度制单位的给定角度的三角函数比值，arcsin、arccos 和 arctan 函数返回给定角度的 sin、cos 和 tan 的反三角函数，如代码清单 5-47 所示。

代码清单 5-47　ndarray 的三角函数运算

In[17]:
```
rad = np.array([0, np.pi*1/6, np.pi*1/4, np.pi*1*3, np.pi*1/2])
print('将弧度制 ndarray rad 转换为角度制后为：', np.rad2deg(rad))
```

Out[17]:
```
将弧度制 ndarray rad 转换为角度制后为：[  0.  30.  45. 540.  90.]
```

In[18]:
```
print('ndarray rad 各元素的正切为：\n ', np.tan(rad))
```

Out[18]:
```
ndarray rad 各元素的正切为：
 [ 0.00000000e+00   5.77350269e-01   1.00000000e+00  -3.67394040e-16
 1.63312394e+16]
```

In[19]:
```
print('ndarray rad 各元素的正弦为：\n ', np.sin(rad))
```

Out[19]:
```
ndarray rad 各元素的正弦为：
```

```
           [0.00000000e+00 5.00000000e-01 7.07106781e-01 3.67394040e-16
           1.00000000e+00]
In[20]:    print('ndarray rad 各元素的余弦为: \n ', np.cos(rad))
Out[20]:   ndarray rad 各元素的余弦为:
           [ 1.00000000e+00   8.66025404e-01   7.07106781e-01 -1.00000000e+00
           6.12323400e-17]
In[21]:    arr = np.array([0, 1/2, np.sqrt(2)/2, np.sqrt(3)/2, 1])
           print('ndarray arr 各元素的三角反正弦为: \n ', np.arcsin(arr))
Out[21]:   ndarray arr 各元素的三角反正弦为:
           [0.         0.52359878 0.78539816 1.04719755 1.57079633]
In[22]:    print('通过直角边 3、4 求出的斜边为: ', np.hypot(3, 4))
Out[22]:   通过直角边 3、4 求出的斜边为: 5.0
```

3. 集合运算

ufunc 支持基本集合运算，集合函数及其说明如表 5-17 所示。

表 5-17 集合函数

函数	说明
unique(x)	去重并排序，返回与 x 类型相同 ndarray
intersect1d(x,y)	ndarray x 与 ndarray y 的交集，返回与 x 类型相同 ndarray
union1d(x,y)	ndarray x 与 ndarray y 的并集，返回与 x 类型相同 ndarray
in1d(x,y)	判断 ndarray x 中的元素是否存在于 ndarray y 中，返回布尔型 ndarray
setdiff1d(x,y)	ndarray x 中的元素减去 ndarray x 与 ndarray y 交集的元素，返回与 x 类型相同 ndarray
setxor1d(x,y)	ndarray x 与 ndarray y 的对称差集，返回与 x 类型相同 ndarray

进行集合运算的示例如代码清单 5-48 所示。

代码清单 5-48 ndarray 的集合运算

```
In[23]:    arr1 = np.arange(-4,5)
           print('创建的 ndarray arr1 为: ', arr1)
Out[23]:   创建的 ndarray arr1 为:[-4 -3 -2 -1  0  1  2  3  4]
In[24]:    arr2 = np.arange(9)
           print('创建的 ndarray arr2 为: ', arr2)
Out[24]:   创建的 ndarray arr2 为:[0 1 2 3 4 5 6 7 8]
In[25]:    print('ndarray arr1 与 arr2 的交集为: ', np.intersect1d(arr1, arr2))
```

```
Out[25]:    ndarray arr1 与 arr2 的交集为：[0 1 2 3 4]
In[26]:     print('ndarray arr1 与 arr2 的并集为: ', np.union1d(arr1, arr2))
Out[26]:    ndarray arr1 与 arr2 的并集为：[-4 -3 -2 -1  0  1  2  3  4  5  6  7  8]
In[27]:     print('ndarray arr1 与 arr2 的差集为: ', np.setdiff1d(arr1, arr2))
Out[27]:    ndarray arr1 与 arr2 的差集为：[-4 -3 -2 -1]
In[28]:     print('ndarray arr1 与 arr2 的对称差集为: ', np.setxor1d(arr1, arr2))
Out[28]:    ndarray arr1 与 arr2 的对称差集为：[-4 -3 -2 -1  5  6  7  8]
```

4. 比较运算

ufunc 也可以进行完整的比较运算，并且有运算符和比较函数两种方式，具体如表 5-18 所示。

表 5-18　比较运算

运算符	函数名称	说　明
==	equal(x, y)	ndarray x 与 ndarray y 各元素是否相等，返回 bool 型 ndarray
!=	not_equal(x, y)	ndarray x 与 ndarray y 各元素是否不相等，返回 bool 型 ndarray
<	less(x, y)	ndarray x 各元素是否小于 ndarray y 中的元素，返回 bool 型 ndarray
<=	less_equal(x, y)	ndarray x 各元素是否小于等于 ndarray y 中的元素，返回 bool 型 ndarray
>	greater(x, y)	ndarray x 各元素是否大于 ndarray y 中的元素，返回 bool 型 ndarray
>=	greater_equal(x, y)	ndarray x 各元素是否大于等于 ndarray y 中的元素，返回 bool 型 ndarray

比较运算返回的结果是一个布尔型 ndarray，每个元素为每个 ndarray 对应元素的比较结果，如代码清单 5-49 所示。

代码清单 5-49　ndarray 的比较运算

```
In[29]:     arr1 = np.array([1, 3, 5])
            arr2 = np.array([2, 3, 4])
            print('ndarray x 等于 y 的比较结果为: ',arr1==arr2, np.equal(arr1, arr2))
Out[29]:    ndarray x 等于 y 的比较结果为：[False  True False] [False  True False]
In[30]:     print('ndarray x 不等于 y 的比较结果为: ',arr1!=arr2, np.not_equal(arr1, arr2))
Out[30]:    ndarray x 不等于 y 的比较结果为：[ True False  True] [ True False  True]
In[31]:     print('ndarray x 小于 y 的比较结果为: ',arr1<arr2, np.less(arr1, arr2))
Out[31]:    ndarray x 小于 y 的比较结果为：[ True False False] [ True False False]
```

```
In[32]:  print('ndarray x 大于 y 的比较结果为：',arr1>arr2, np.greater(arr1, arr2))
Out[32]: ndarray x 大于 y 的比较结果为：[False False  True] [False False  True]
```

5. 逻辑运算

ufunc 支持基本逻辑运算，相关函数及其说明如表 5-19 所示。

表 5-19　逻辑运算函数

函数名称	说　明
any(x)	ndarray x 中是否存在一个为 True 的元素，返回 bool 值
all(x)	ndarray x 中元素是否全为 True，返回 bool 值
logical_and(x, y)	ndarray x 中元素与 ndarray y 中的对应元素的与运算，返回布尔型 ndarray
logical_or(x, y)	ndarray x 中元素与 ndarray y 中的对应元素的或运算，返回布尔型 ndarray
logical_not(x)	ndarray x 中元素的非运算，返回布尔型 ndarray
logical_xor(x, y)	ndarray x 中元素与 ndarray y 中对应元素的异或运算，返回布尔型 ndarray

NumPy 中进行逻辑运算的示例如代码清单 5-50 所示。

代码清单 5-50　ndarray 的逻辑运算

```
In[33]:  arr1 =[True, True, False, False, False]
         print('创建的 ndarray arr1 为：', arr1)
Out[33]: 创建的 ndarray arr1 为：[True, True, False, False, False]
In[34]:  arr2 =[True, False, True, False, True]
         print('创建的 ndarray arr2 为：', arr2)
Out[34]: 创建的 ndarray arr2 为：[True, False, True, False, True]
In[35]:  print('ndarray arr1 与 arr2 的逻辑与运算结果为：', np.logical_and(arr1, arr2))
Out[35]: ndarray arr1 与 arr2 的逻辑与运算结果为：[ True False False False False]
In[36]:  print('ndarray arr1 与 arr2 的逻辑或运算结果为：', np.logical_or(arr1, arr2))
Out[36]: ndarray arr1 与 arr2 的逻辑或运算结果为：[ True  True  True False  True]
In[37]:  print('ndarray arr1 的逻辑非运算结果为：', np.logical_not(arr1))
Out[37]: ndarray arr1 的逻辑非运算结果为：[False False  True  True  True]
In[38]:  print('ndarray arr1 与 arr2 的逻辑异或运算结果为：', np.logical_xor(arr1, arr2))
Out[38]: ndarray arr1 与 arr2 的逻辑异或运算结果为：[False  True  True False  True]
```

此外，ufunc 提供 ndarray 内容测试函数，如表 5-20 所示。

表 5-20　内容测试函数

函　数	说　明
isfinite(x)	判断 ndarray x 内的有穷值，返回 bool 型 ndarray
isinf(x)	判断 ndarray x 内的无穷值，返回 bool 型 ndarray
isnan(x)	判断 ndarray x 内的空值，返回 bool 型 ndarray
isneginf(x)	判断 ndarray x 内的负无穷值，返回 bool 型 ndarray
isposinf(x)	判断 ndarray x 内的正无穷值，返回 bool 型 ndarray

6. 统计计算

在 NumPy 中有许多可以用于统计分析的函数，如表 5-21 所示。

表 5-21　统计函数

函数名称	说　明	函数名称	说　明
sum(x)	ndarray x 内元素和，返回数值型数据或数值型 ndarray	var(x)	ndarray x 内元素方差，返回数值型数据或数值型 ndarray
ptp(x)	ndarray x 内元素极差，返回数值型数据或数值型 ndarray	min(x)	ndarray x 内元素最小值，返回数值型数据或数值型 ndarray
mean(x)	ndarray x 内元素均值，返回数值型数据或数值型 ndarray	max(x)	ndarray x 内元素最大值，返回数值型数据或数值型 ndarray
median(x)	ndarray x 内元素中位数，返回数值型数据或数值型 ndarray	cumsum(x)	ndarray x 内元素累计和，返回数值型数据或数值型 ndarray
percentile(x,y)	ndarray x 内元素对应 y 元素值的百分位数，返回数值型数据或数值型 ndarray	cumprod(x)	ndarray x 内元素累计积，返回数值型数据或数值型 ndarray
std(x)	ndarray x 内元素标准差，返回数值型数据或数值型 ndarray		

几乎所有统计函数在对二维 ndarray 计算时都需要注意轴的概念。当 axis 参数为 1 时，表示沿着横轴进行计算；当 axis 参数为 0 时，表示沿着纵轴进行计算。但在默认时，函数并不按照任一轴向计算，而是计算一个总值。常用的统计函数使用示例如代码清单 5-51 所示。

代码清单 5-51　NumPy 中常用的统计函数

```
In[39]:  arr = np.arange(20).reshape(4, 5)
         print('创建的 ndarray arr 为：\n', arr)

Out[39]: 创建的 ndarray arr 为：
         [[ 0  1  2  3  4]
         [ 5  6  7  8  9]
         [10 11 12 13 14]
```

```
           [15 16 17 18 19]]
In[40]:    print('ndarray arr 各元素的和为: ', np.sum(arr))
Out[40]:   ndarray arr 各元素的和为: 190
In[41]:    print('ndarray arr 各行的极差为: ', np.ptp(arr, axis=1))
Out[41]:   ndarray arr 各行的极差为 :[4 4 4 4]
In[42]:    print('ndarray arr 各列的均值为: ', np.mean(arr, axis=0))
Out[42]:   ndarray arr 各列的均值为 :[ 7.5  8.5  9.5 10.5 11.5]
In[43]:    print('ndarray arr 的中位数为: ', np.median(arr))
Out[43]:   ndarray arr 的中位数为: 9.5
In[44]:    print('ndarray arr 各行的上四分位数为: ',np.percentile(arr, 75, axis =1))
Out[44]:   ndarray arr 各行的上四分位数为 :[ 3.  8. 13. 18.]
In[45]:    print('ndarray arr 各列的下四分位数为: ', np.percentile(arr, 25, axis =0))
Out[45]:   ndarray arr 各列的下四分位数为 :[3.75 4.75 5.75 6.75 7.75]
In[46]:    print('ndarray arr 的标准差为: ', np.std(arr))
Out[46]:   ndarray arr 的标准差为: 5.766281297335398
In[47]:    print('ndarray arr 的方差为: ', np.var(arr))
Out[47]:   ndarray arr 的方差为: 33.25
In[48]:    print('ndarray arr 的最小值为: ', np.min(arr))
Out[48]:   ndarray arr 的最小值为: 0
In[49]:    print('ndarray arr 的最大值为: ', np.max(arr))
Out[49]:   ndarray arr 的最大值为: 19
```

在 NumPy 中，cumsum 函数和 cumprod 函数与其他函数不同，用于计算累计值，如代码清单 5-52 所示。

代码清单 5-52 cumsum 函数和 cumprod 函数

```
In[50]:    arr = np.arange(1, 11)
           print(' 创建的 ndarray arr 为: ', arr)
Out[50]:   创建的 ndarray arr 为 :[ 1  2  3  4  5  6  7  8  9 10]
```

In[51]:	`print('ndarray arr 的元素累计和为: ', np.cumsum(arr))`
Out[51]:	ndarray arr 的元素累计和为：[1 3 6 10 15 21 28 36 45 55]
In[52]:	`print('ndarray arr 的元素累计积为: \n', np.cumprod(arr))`
Out[52]:	ndarray arr 的元素累计积为: [1 2 6 24 120 720 5040 40320 362880 3628800]

5.4　matrix 与线性代数

NumPy 的 matrix 是继承自 NumPy 的二维 ndarray 对象，不仅拥有二维 ndarray 的属性、方法与函数，还拥有诸多特有的属性与方法。同时，NumPy 中的 matrix 与线性代数中的矩阵概念几乎完全相同，同样含有转置矩阵、共轭矩阵、逆矩阵等概念。

5.4.1　创建 NumPy 矩阵

NumPy 中可使用 mat、matrix 或 bmat 函数来创建矩阵。使用 mat 函数创建矩阵时，若输入 matrix 或 ndarray 对象，则不会为它们创建副本。因此，调用 mat 函数与调用 matrix（data, copy=False）等价，如代码清单 5-53 所示。

代码清单 5-53　使用 mat 函数与 matrix 函数创建矩阵

In[1]:

```
import numpy as np
mat1 = np.mat("1 2 3; 4 5 6; 7 8 9")
print('创建的矩阵 mat1 为: \n', mat1)
```

Out[1]:

```
创建的矩阵 mat1 为:
[[1 2 3]
[4 5 6]
[7 8 9]]
```

In[2]:

```
mat2 = np.matrix([[1, 2, 3],[4, 5, 6],[7, 8, 9]])
print('创建的矩阵 mat2 为: \n', mat2)
```

Out[2]:

```
创建的矩阵 mat2 为:
[[1 2 3]
[4 5 6]
[7 8 9]]
```

在矩阵的日常使用过程中，将小矩阵组合成大矩阵是一种使用频率极高的操作。在 NumPy 中可以使用 bmat 分块矩阵（Block Matrix）函数实现，如代码清单 5-54 所示。

代码清单 5-54 使用 bmat 函数创建矩阵

In[3]:
```
arr1 = np.eye(3)
print('创建的ndarray arr1为:\n', arr1)
```

Out[3]:
```
创建的ndarray arr1为:
[[1. 0. 0.]
[0. 1. 0.]
[0. 0. 1.]]
```

In[4]:
```
arr2 = 3*arr1
print('创建的ndarray arr2为:\n', arr2)
```

Out[4]:
```
创建的ndarray arr2为:
[[3. 0. 0.]
[0. 3. 0.]
[0. 0. 3.]]
```

In[5]:
```
mat = np.bmat("arr1 arr2; arr1 arr2")
print('创建的矩阵为:\n', mat)
```

Out[5]:
```
创建的矩阵为:
[[1. 0. 0. 3. 0. 0.]
[0. 1. 0. 0. 3. 0.]
[0. 0. 1. 0. 0. 3.]
[1. 0. 0. 3. 0. 0.]
[0. 1. 0. 0. 3. 0.]
[0. 0. 1. 0. 0. 3.]]
```

5.4.2 矩阵的属性和基本运算

矩阵有其特有的属性，如表 5-22 所示。

表 5-22 矩阵特有属性及其说明

属 性	说 明
T	返回自身的转置
H	返回自身的共轭转置
I	返回自身的逆矩阵

矩阵属性的具体查看方法如代码清单 5-55 所示。

代码清单 5-55 查看矩阵属性

In[6]:
```
mat = np.matrix(np.arange(4).reshape(2, 2))
print('矩阵mat转置矩阵为:\n', mat.T)
```

Out[6]:
```
矩阵mat转置矩阵为:
[[0 2]
```

```
 [1 3]]
```

In[7]:
```
print('矩阵共轭转置矩阵为: \n', mat.H)
```

Out[7]:
```
矩阵 mat 共轭转置矩阵为:
[[0 2]
 [1 3]]
```

In[8]:
```
print('矩阵 mat 的逆矩阵为: \n', mat.I)
```

Out[8]:
```
矩阵 mat 的逆矩阵为:
[[-1.5  0.5]
 [ 1.   0. ]]
```

在 NumPy 中，矩阵运算与 ndarray 计算类似，都能够作用于每个元素，比起使用 for 循环进行计算，在速度上更加高效，如代码清单 5-56 所示。

代码清单 5-56 矩阵运算

In[9]:
```
mat1 = np.mat("1 2 3; 4 5 6; 7 8 9")
print('创建的矩阵 mat1 为: \n', mat1)
```

Out[9]:
```
创建的矩阵 mat1 为:
[[1 2 3]
 [4 5 6]
 [7 8 9]]
```

In[10]:
```
mat2 = mat1*3
print('创建的矩阵 mat2 为: \n', mat2)
```

Out[10]:
```
创建的矩阵 mat2 为:
[[ 3  6  9]
 [12 15 18]
 [21 24 27]]
```

In[11]:
```
print('矩阵 mat1、mat2 相加结果为: \n', mat1+mat2)
```

Out[11]:
```
矩阵 mat1、mat2 相加结果为:
[[ 4  8 12]
 [16 20 24]
 [28 32 36]]
```

In[12]:
```
print('矩阵 mat1、mat2 相减结果为: \n', mat1-mat2)
```

Out[12]:
```
矩阵 mat1、mat2 相减结果为:
[[ -2  -4  -6]
 [ -8 -10 -12]
 [-14 -16 -18]]
```

In[13]:
```
print('矩阵 mat1、mat2 相乘结果为: \n', mat1*mat2)
```

```
Out[13]:  矩阵 mat1、mat2 相乘结果为:
          [[ 90 108 126]
          [198 243 288]
          [306 378 450]]
```

```
In[14]:   print('矩阵 mat1、mat2 点乘结果为: \n', np.multiply(mat1, mat2))
```

```
Out[14]:  矩阵 mat1、mat2 点乘结果为:
          [[  3  12  27]
          [ 48  75 108]
          [147 192 243]]
```

5.4.3　线性代数运算

线性代数是数学的一个重要分支。NumPy 包含 numpy.linalg 模块，可提供线性代数所需的功能，如计算逆矩阵、求解线性方程组、求特征值、奇异值分解以及求解行列式等。numpy.linalg 模块中的一些常用函数如表 5-23 所示。

表 5-23　常用的 numpy.linalg 函数

函数名称	说　明
dot	矩阵相乘
inv	求逆矩阵
solve	求解线性方程组 $Ax=b$
eig	求特征值和特征向量
eigvals	求特征值
svd	计算奇异值分解
det	求行列式

1. 计算逆矩阵

在线性代数中，矩阵 A 与其逆矩阵 A^{-1} 相乘得到一个单位矩阵 I，即 $A*A^{-1}=I$。使用 numpy.linalg 模块中的 inv 函数可以计算逆矩阵，如代码清单 5-57 所示。

代码清单 5-57　计算逆矩阵

```
In[15]:   mat = np.mat('1 1 1; 1 2 3; 1 3 6')
          print('创建的矩阵 mat 为: \n', mat)
```

```
Out[15]:  创建的矩阵 mat 为:
          [[1 1 1]
          [1 2 3]
          [1 3 6]]
```

```
In[16]:   inverse = np.linalg.inv(mat)
          print('矩阵 mat 的逆矩阵为: \n', inverse)
```

```
Out[16]:    矩阵 mat 的逆矩阵为：
            [[ 3. -3.  1.]
            [-3.  5. -2.]
            [ 1. -2.  1.]]
```

```
In[17]:     print('原矩阵与逆矩阵相乘结果是否为单位矩阵：\n', np.dot(mat, inverse) == np.eye(3))
```

```
Out[17]:    原矩阵与逆矩阵相乘结果是否为单位矩阵 ：
            [[ True  True  True]
            [ True  True  True]
            [ True  True  True]]
```

2. 求解线性方程组

矩阵可以对向量进行线性变换，这对应于数学中的线性方程组。numpy.linalg 模块中的 solve 函数可以求解形如 ***Ax*=*b*** 的线性方程组，其中 ***A*** 为矩阵，***b*** 为一维或二维数组，*x* 是未知变量，如代码清单 5-58 所示。

代码清单 5-58　求解线性方程组

```
In[18]:     A = np.mat("1,-1,1; 2,1,0; 2,1,-1")
            b = np.array([4, 3, -1])
            x = np.linalg.solve(A, b)
            print('线性方程组 Ax = b 的解为：', x)
```

```
Out[18]:    线性方程组 Ax = b 的解为：[1. 1. 4.]
```

```
In[19]:     print('A 与 b 相乘与 b 相等 ', np.dot(A, x) == b)
```

```
Out[19]:    A 与 b 相乘与 b 相等  [[ True  True  True]]
```

3. 求解特征值与特征向量

设 ***A*** 是 *n* 阶方阵，如果存在数 *a* 和非零 *n* 维列向量 *x*，使得 ***Ax***=*ax* 成立，则称 *a* 是 ***A*** 的一个特征值（Eigenvalue)，非零 *n* 维列向量 *x* 称为矩阵 ***A*** 的对应于特征值 *a* 的特征向量（Eigenvector)。numpy.linalg 模块中的 eigvals 函数可以计算矩阵的特征值，eig 函数可以返回一个包含特征值和对应特征向量的元组，如代码清单 5-59 所示。

代码清单 5-59　求解特征值与特征向量

```
In[20]:     A = np.matrix([[1, 0, 2],[0, 3, 0],[2, 0, 1]])
            print('创建的矩阵 A 为：\n', A)
```

```
Out[20]:    创建的矩阵 A 为：
            [[1 0 2]
            [0 3 0]
```

```
       [2 0 1]]
In[21]:   A_value, A_vector = np.linalg.eig(A)
          print('矩阵A的特征值为: ', A_value)
Out[21]:  矩阵A的特征值为:[ 3. -1.  3.]
In[22]:   print('矩阵A的特征向量为: \n', A_vector)
Out[22]:  矩阵A的特征向量为:
          [[ 0.70710678 -0.70710678  0.        ]
           [ 0.          0.          1.        ]
           [ 0.70710678  0.70710678  0.        ]]
```

4. 奇异值分解

奇异值分解（Singular Value Decomposition，SVD）是线性代数中一种重要的矩阵分解，是将一个矩阵分解为 3 个矩阵的乘积。numpy.linalg 模块中的 svd 函数可以对矩阵进行奇异值分解，返回 U、Sigma、V 这 3 个矩阵，其中，U 和 V 是正交矩阵，Sigma 是一维，其元素为进行奇异值分解的矩阵的非零奇异值，可使用 dig 函数生成对角矩阵，如代码清单 5-60 所示。

代码清单 5-60　奇异值分解

```
In[23]:   A = np.mat("4.0,11.0,14.0;  8.0,7.0,-2.0")
          print('创建的矩阵A为: \n', A)
Out[23]:  创建的矩阵A为:
          [[ 4. 11. 14.]
           [ 8.  7. -2.]]
In[24]:   U, Sigma, V = np.linalg.svd(A, full_matrices=False)
          print('矩阵A分解后的正交矩阵U为: \n', U)
Out[24]:  矩阵A分解后的正交矩阵U为:
          [[-0.9486833  -0.31622777]
           [-0.31622777  0.9486833 ]]
In[25]:   print('矩阵A分解后的非零奇异值ndarray Sigma为: \n', Sigma)
Out[25]:  矩阵A分解后的非零奇异值ndarray Sigma为:
          [18.97366596  9.48683298]
In[26]:   print('正交矩阵V为: \n', V)
Out[26]:  正交矩阵V为:
          [[-0.33333333 -0.66666667 -0.66666667]
           [ 0.66666667  0.33333333 -0.66666667]]
```

5. 计算矩阵行列式的值

矩阵行列式（determinant of a matrix）是指由矩阵的全部元素构成的行列式，但构成行列式的矩阵为方阵时，行列式存在值。numpy.linalg 模块中的 det 函数可以计算矩阵行列式的值，如代码清单 5-61 所示。

代码清单 5-61　计算矩阵的行列式

```
In[27]:   A = np.mat("3,4; 5,6")
          print('创建的矩阵 A 为: \n', A)

Out[27]:  创建的矩阵 A 为:
          [[3 4]
          [5 6]]

In[28]:   print('矩阵 A 的行列式的值为: ', np.linalg.det(A))

Out[28]:  矩阵 A 的行列式的值为: -1.9999999999999971
```

5.5　NumPy 文件读写

读写文件是利用 NumPy 进行数据处理的基础，NumPy 中主要有二进制的文件读写和文件列表形式的数据读写两种形式。NumPy 提供了若干函数，可以把结果保存到二进制或文本文件中。除保存功能外，NumPy 也包含许多从文件读取数据并将其转换为 ndarray 的方法。

5.5.1　二进制文件读写

1. 二进制文件读取

在二进制文件读写方面，NumPy 的 load 函数是从二进制的文件中读取数据，用文件名作为参数，如代码清单 5-62 所示。

代码清单 5-62　二进制文件读取

```
In[1]:    import numpy as np
          arr = np.load('../data/arr.npy')
          print('从二进制文件 arr.npy 读取的 ndarray arr 为: \n', arr)

Out[1]:   从二进制文件 arr.npy 读取的 ndarray arr 为:
          [[5 3 1 8 7 8]
          [6 5 9 3 2 2]
          [6 0 6 2 1 3]
          [2 1 6 8 3 8]
          [7 6 3 9 2 9]
```

```
       [6 8 0 2 7 0]]
In[2]: arr1 = np.load('../data/arr.npz')
       print('从二进制文件 arr.npz 读取的第 1 个 ndarray 为：\n', arr1['arr_0'])
Out[2]: 从二进制文件 arr.npz 读取的第 1 个 ndarray 为：
       [[ 3 18  5 15]
       [12 18  1  7]
       [26 23 29 22]
       [12 17  0 10]]
In[3]: print('从二进制文件 arr.npz 读取的第 2 个 ndarray 为：\n', arr1['arr_1'])
Out[3]: 从二进制文件 arr.npz 读取的第 2 个 ndarray 为：
       [[19  8 15  4 19]
       [15 13  2 12  8]
       [ 0 18 17 19  5]
       [ 7  0  0  0 14]
       [ 1  1  6  8 11]]
```

在默认的情况下，NumPy 二进制文件的各个 ndarray 的标签为“arr_0”“arr_1”，以此类推，详见以下二进制文件存储 savez 函数介绍部分。

2. 二进制文件存储

在二进制文件读写方面，NumPy 的 save 函数是以二进制的格式保存数据，其基本语法格式如下。

```
numpy.save(file, arr, allow_pickle=True, fix_imports=True)
```

save 函数的常用参数及其说明如表 5-24 所示。

表 5-24 save 函数常用参数及其说明

参数名称	说 明
file	接收文件名，表示要保存的文件的名字，需要指定文件保存的路径，如果未设置则保存到默认路径下面
arr	接收 arr，表示需要保存的 ndarray, 无默认值

将 ndarray arr 保存至命名为“file”的文件中，其文件的扩展名 .npy 为系统自动添加，如代码清单 5-63 所示。

代码清单 5-63 存储单个 ndarray

```
In[4]: np.random.seed(123)
       arr = np.random.rand(25).reshape(5, 5)
       print('创建的 ndarray arr 为：\n', arr)
```

```
Out[4]:   创建的 ndarray arr 为:
          [[0.69646919 0.28613933 0.22685145 0.55131477 0.71946897]
          [0.42310646 0.9807642  0.68482974 0.4809319  0.39211752]
          [0.34317802 0.72904971 0.43857224 0.0596779  0.39804426]
          [0.73799541 0.18249173 0.17545176 0.53155137 0.53182759]
          [0.63440096 0.84943179 0.72445532 0.61102351 0.72244338]]
```

```
In[5]:    np.save('../data/save_arr.npy', arr)
          print('……存储成功……')
```

```
Out[5]:   ……存储成功……
```

如果要将多个 ndarray 保存到一个文件中，可以使用 savez 函数，系统将自动添加其文件的扩展名 .npz。savez 函数与 save 函数不同，其基本语法如下。

```
numpy.savez(file, *args, **kwds)
```

savez 函数的常用参数及其说明如表 5-25 所示。

表 5-25　savez 函数常用参数及其说明

参数名称	说　明
file	接收文件名，表示需要保存的文件的名字。需要指定文件保存的路径，如果未设置则保存到默认路径下面
*arr	接收任意个 arr，表示需要保存的 ndarray。无默认值
**kwds	接收任意个带参数名的 arr，表示需要保存的 ndarray，且读取时 ndarray 索引为参数名。无默认值

在传入的参数为 ndarray 且不加参数名时，在后续读取过程中，各个 ndarray 将以 “arr_0” “arr_1” 等字符串作为读入时的 ndarray 索引。在传入参数为加了参数名的 ndarray 时，读取过程的 ndarray 索引就会变为参数名，如代码清单 5-64 所示。

代码清单 5-64　存储多个 ndarray

```
In[6]:    arr1 = np.random.rand(36).reshape(6, 6)
          print('创建的 ndarray arr1 为: \n', arr1)
```

```
Out[6]:   创建的 ndarray arr1 为:
          [[0.32295891 0.36178866 0.22826323 0.29371405 0.63097612 0.09210494]
          [0.43370117 0.43086276 0.4936851  0.42583029 0.31226122 0.42635131]
          [0.89338916 0.94416002 0.50183668 0.62395295 0.1156184  0.31728548]
          [0.41482621 0.86630916 0.25045537 0.48303426 0.98555979 0.51948512]
          [0.61289453 0.12062867 0.8263408  0.60306013 0.54506801 0.34276383]
          [0.30412079 0.41702221 0.68130077 0.87545684 0.51042234 0.66931378]]
```

```
In[7]:    arr2 = np.random.rand(16).reshape(4, 4)
          print('创建的 ndarray arr2 为: \n', arr2)
```

```
Out[7]:    创建的 ndarray arr2 为:
           [[0.58593655 0.6249035  0.67468905 0.84234244]
           [0.08319499 0.76368284 0.24366637 0.19422296]
           [0.57245696 0.09571252 0.88532683 0.62724897]
           [0.72341636 0.01612921 0.59443188 0.55678519]]
```

```
In[8]:
np.savez('../data/save_arr.npz', arr1, arr2)
arr3 = np.load('../data/save_arr.npz')
print('存取的第 1 个 ndarray 为: \n', arr3['arr_0'])
```

```
Out[8]:    存取的第 1 个 ndarray 为:
           [[0.32295891 0.36178866 0.22826323 0.29371405 0.63097612 0.09210494]
           [0.43370117 0.43086276 0.4936851  0.42583029 0.31226122 0.42635131]
           [0.89338916 0.94416002 0.50183668 0.62395295 0.1156184  0.31728548]
           [0.41482621 0.86630916 0.25045537 0.48303426 0.98555979 0.51948512]
           [0.61289453 0.12062867 0.8263408  0.60306013 0.54506801 0.34276383]
           [0.30412079 0.41702221 0.68130077 0.87545684 0.51042234 0.66931378]]
```

```
In[9]:
np.savez('../data/save_kwds.npz', x=arr1, y=arr2)
arr4 = np.load('../data/save_kwds.npz')
print('存取的第 2 个 ndarray 为: \n', arr4['y'])
```

```
Out[9]:    存取的第 2 个 ndarray 为:
           [[0.58593655 0.6249035  0.67468905 0.84234244]
           [0.08319499 0.76368284 0.24366637 0.19422296]
           [0.57245696 0.09571252 0.88532683 0.62724897]
           [0.72341636 0.01612921 0.59443188 0.55678519
```

5.5.2 文件列表形式数据读写

1. 文件列表形式数据读取

在实际的数据分析任务中，更多使用文本格式的数据，如 txt 或 csv，因此经常使用 loadtxt 函数执行对文本格式的数据的读取任务。

loadtxt 函数是读取文本文件的函数，其语法格式如下。

```
numpy.loadtxt(fname, dtype=<type 'float'>, comments='#', delimiter=None, converters=None, skiprows=0, usecols=None, unpack=False, ndmin=0)
```

loadtxt 函数的常用参数及其说明如表 5-26 所示。

表 5-26 loadtxt 函数常用参数及其说明

参数名称	说 明
fname	接收文件名，表示需要保存的文件的名字，需要指定文件保存的路径。无默认值
delimiter	接收 str，表示数据分隔符。无默认值
skiprows	接收 int，表示跳过的行数。默认为 0，表示不跳过任意一行

loadtxt 函数把文件加载到一个二维 ndarray 中，如代码清单 5-65 所示。

代码清单 5-65　文件存储与读取

```
In[10]:  # 指定分隔符读入文本文件
         arr = np.loadtxt("../data/arr.txt", delimiter=",")
         print('读取的ndarray arr为：\n', arr1)
```

```
Out[10]: 读取的ndarray arr为：
         [[0.15896  0.153071 0.69553  0.318766 0.69197  0.554383 0.388951]
         [0.925132 0.84167  0.357398 0.043591 0.304768 0.398186 0.704959]
         [0.995358 0.355915 0.762548 0.593177 0.691702 0.151127 0.398876]
         [0.240856 0.343456 0.513128 0.666625 0.105908 0.130895 0.321981]
         [0.661564 0.846506 0.553257 0.854452 0.384838 0.316788 0.354265]
         [0.171082 0.829113 0.338671 0.55237  0.578551 0.521533 0.002688]
         [0.988345 0.905342 0.207636 0.292489 0.52001  0.901911 0.983631]]
```

2. 文件列表形式数据存储

savetxt 函数是将 ndarray 写到由某种分隔符隔开的文本文件中，语法格式如下。

```
numpy.savetxt(fname,X,fmt='%.18e',delimiter='', newline='\n', header='', footer='',comments='#')
```

savetxt 函数的常用参数及其说明如表 5-27 所示。

表 5-27　函数常用参数及其说明

参数名称	说　明
fname	接收文件名，表示需要保存的文件的名字，需要指定文件保存的路径。无默认值
X	接收 arr，表示需要保存的 ndarray，无默认值
fmt	接收特定的 str，表示存储数据的格式。默认为 "%.18e"，表示 18 位的科学记数法
delimiter	接收 str，表示数据分隔符。无默认值

使用 savetxt 函数存储 txt 文件如代码清单 5-66 所示。

代码清单 5-66　txt 文件存储

```
In[11]:  arr = np.arange(36).reshape(6, 6)
         print('创建的ndarray arr为：', arr)
```

```
Out[11]: 创建的ndarray arr1为：
         [[0.15896  0.153071 0.69553  0.318766 0.69197  0.554383 0.388951]
         [0.925132 0.84167  0.357398 0.043591 0.304768 0.398186 0.704959]
         [0.995358 0.355915 0.762548 0.593177 0.691702 0.151127 0.398876]
         [0.240856 0.343456 0.513128 0.666625 0.105908 0.130895 0.321981]
         [0.661564 0.846506 0.553257 0.854452 0.384838 0.316788 0.354265]
         [0.171082 0.829113 0.338671 0.55237  0.578551 0.521533 0.002688]
```

```
[0.988345 0.905342 0.207636 0.292489 0.52001  0.901911 0.983631]]
```

```
In[12]:  # fmt ="%d" 为指定保存为整数
         np.savetxt("../data/savetxt.txt", arr, fmt="%d", delimiter=",")
         print('……存储成功……')
Out[12]: ……存储成功……
```

小结

本章重点介绍了 NumPy 数值计算重要的基础内容，主要包含如下 6 部分内容。

1）ndarray 基础知识，包括 ndarray 的属性与创建方法。

2）ndarray 使用的切片和索引方法，改变 ndarray 形状的方式，ndarray 的排序、搜索与字符串操作等。

3）ufunc 的广播功能及常用的 ufunc，包括算术运算函数、三角函数、集合运算函数、比较运算函数、逻辑运算函数和统计计算函数等。

4）矩阵的创建、属性及基本运算。

5）numpy.linalg 模块提供的常用的线性运算功能。

6）NumPy 中二进制的文件读写和文件列表形式的数据读写。

课后习题

1. 选择题

（1）【多选】NumPy 提供两种基本对象是（　　）。

A. array　　B. ndarray　　C. ufunc　　D. matrix

（2）下列不属于 ndarray 的属性的是（　　）。

A. ndim　　B. shape　　C. size　　D. add

（3）创建一个 3×3 的 ndarray，下列代码错误的是（　　）。

A. np.arange（0，9）.reshape（3，3）　　B. np.eye（3）

C. np.random.random（[3，3，3]）　　D. np.mat（"1 2 3;4 5 6;7 8 9"）

（4）以下函数中不具备排序功能的是（　　）。

A. sort　　B. argsort　　C. lexsort　　D. extract

（5）以下最能体现 ufunc 特点的是（　　）。

A. 又叫通用函数（universal functions）　　B. 对 ndarray 内每一个元素逐一操作

C. 对整个 ndarray 进行操作　　D. ndarray 内的元素都是相同类型

（6）【多选】下面描述属于广播机制的是（　　）。

A. 让所有输入 ndarray 都向其中 shape 最长的 ndarray 看齐，shape 中不足的部分都通

过在前面加 1 补齐

B. 输出 ndarray 的 shape 是输入 ndarray shape 的各个轴上的最大值

C. 如果输入 ndarray 的某个轴和输出 ndarray 的对应轴的长度相同或者其长度为 1，这个 ndarray 能够用于计算，否则出错

D. 当输入 ndarray 的某个轴的长度为 1 时，沿着此轴运算时都用此轴上的第 1 组值

2. 填空题

（1）__________函数在改变 ndarray 的形状的同时不改变原始数据的值。

（2）在 NumPy 中直接排序经常使用__________函数，间接排序经常使用__________函数和__________函数。

（3）______是指不同形状的 ndarray 之间执行算术运算的方式。

（4）______函数可以返回集合中的唯一值并排序。

3. 操作题

（1）生成范围在 0~1 之间、服从均匀分布的 10 行 5 列的 ndarray。

（2）生成两个 2×2 矩阵，并计算矩阵的乘积。

（3）求矩阵求矩阵$\boldsymbol{A} = \begin{pmatrix} 3 & -1 \\ -1 & 3 \end{pmatrix}$的特征值和特征向量。

（4）设有矩阵$\boldsymbol{A} = \begin{pmatrix} 4 & 11 & 14 \\ 8 & 7 & -2 \end{pmatrix}$，试对其进行奇异分解。

（5）设有行列式$D = \begin{vmatrix} 4 & 6 & 8 \\ 4 & 6 & 9 \\ 5 & 6 & 8 \end{vmatrix}$，求其转置行列式 D^{T}，并计算 D 和 D^{T}。

CHAPTER 6

第 6 章

pandas 基础

pandas 是一款开放源码的 BSD 许可的 Python 库。它基于 NumPy 创建，为 Python 编程语言提供了高性能的、易于使用的数据结构和数据分析工具。pandas 应用领域广泛，包括金融、经济、统计、分析等学术和商业领域。本章将介绍 pandas 中 Series、DataFrame、Index 等常用类的基本用法，以及文本、时间、分类型数据的基本操作。

6.1 pandas 常用类

pandas 提供了众多类，可满足不同的使用需求，其中常用的类如表 6-1 所示。

表 6-1 pandas 常用的类

类	说 明
Series	基本数据结构，一维标签数组，能够保存任何数据类型
DataFrame	基本数据结构，一般为二维数组，是一组有序的列
Index	索引对象，负责管理轴标签和其他元数据（比如轴名称）
groupby	分组对象，通过传入需要分组的参数实现对数据分组
Timestamp	时间戳对象，表示时间轴上的一个时刻
Timedelta	时间差对象，用来计算两个时间点的差值

在表 6-1 中所示的 6 个类中，Series、DataFrame 和 Index 是使用频率最高的类。

6.1.1 Series

Series 由一组数据以及一组与之对应的数据标签（即索引）组成。Series 对象可以视作一个 NumPy 的 ndarray，因此许多 NumPy 库函数可以作用于 Series。

1. 创建 Series

创建 Series 对象的函数是 Series，它的主要参数是 data 和 index，其基本语法格式如下。

```
class pandas.Series(data=None, index=None, dtype=None, name=None, copy=False,
fastpath=False)
```

Series 函数常用的参数及其说明如表 6-2 所示。

表 6-2　Series 函数常用的参数及其说明

参数名称	说　明
data	接收 array 或 dict，表示接收的数据。默认为 None
index	接收 array 或 list，表示索引，它必须与数据长度相同。默认为 None
name	接收 string 或 list，表示 Series 对象的名称。默认为 None

Series 本质上是一个 ndarray，通过 ndarray 创建 Series 对象，如代码清单 6-1 所示。

代码清单 6-1　通过 ndarray 创建 Series

```
In[1]:   import pandas as pd
         import numpy as np
         print('通过ndarray创建的Series为：\n',
               pd.Series(np.arange(5), index =['a','b','c','d','e'], name = 'ndarray'))
Out[1]:  通过ndarray创建的Series为：
         a    0
         b    1
         c    2
         d    3
         e    4
         Name: ndarray, dtype: int32
```

若数据存放于一个 dict 中，则可以通过 dict 创建 Series，此时 dict 的键名（key）作为 Series 的索引，其值会作为 Series 的值，因此无须传入 index 参数。通过 dict 创建 Series 对象，如代码清单 6-2 所示。

代码清单 6-2　通过 dict 创建 Series

```
In[2]:   dit = {'a': 0, 'b': 1, 'c': 2, 'd': 3, 'e': 4}
         print('通过dict创建的Series为：\n', pd.Series(dit))
Out[2]:  通过dict创建的Series为：
         a    0
         b    1
         c    2
         d    3
         e    4
         dtype: int64
```

通过 list 创建 Series，类似于通过 ndarray 创建 Series，如代码清单 6-3 所示。

代码清单 6-3　通过 list 创建 Series

In[3]:
```
list1 =[0, 1, 2, 3, 4]
print('通过list创建的Series为: \n', pd.Series(list1, index =['a',
'b', 'c', 'd', 'e'], name = 'list'))
```

Out[3]:
```
通过list创建的Series为:
a    0
b    1
c    2
d    3
e    4
Name: list, dtype: int64
```

Series 拥有 8 个常用属性，如表 6-3 所示。

表 6-3　Series 常用属性及其说明

属　性	说　明
values	以 ndarray 的格式返回 Series 对象的所有元素
index	返回 Series 对象的索引
dtype	返回 Series 对象的数据类型
shape	返回 Series 对象的形状
nbytes	返回 Series 对象的字节数
ndim	返回 Series 对象的维度
size	返回 Series 对象的个数
T	返回 Series 对象的转置

访问 Series 的属性，如代码清单 6-4 所示。

代码清单 6-4　访问 Series 的属性

In[4]:
```
series = pd.Series(list1, index =['a', 'b', 'c', 'd', 'e'], name = 'list')
print('数组形式返回Series为: ', series.values)
```

Out[4]:
```
数组形式返回Series为 :[0 1 2 3 4]
```

In[5]:
```
print('Series的Index为: ', series.index)
```

Out[5]:
```
Series的Index为: Index(['a', 'b', 'c', 'd', 'e'], dtype='object')
```

In[6]:
```
print('Series的形状为: ', series.shape)
```

Out[6]:
```
Series的形状为: (5,)
```

In[7]:
```
print('Series的维度为: ', series.ndim)
```

Out[7]:
```
Series的维度为: 1
```

2. 访问 Series 数据

索引与切片是 Series 最常用操作之一。通过索引位置访问 Series 的数据与 ndarray 相同，如代码清单 6-5 所示。

代码清单 6-5　通过索引位置访问 Series 数据子集

```
In[8]:    print('Series 位于第 1 位置的数据为：', series[0])

Out[8]:   Series 位于第 1 位置的数据为：0
```

相比 ndarray，通过索引名称（标签）也可以访问 Series 数据，如代码清单 6-6 所示。

代码清单 6-6　通过索引名称访问 Series 数据

```
In[9]:    print('Series 中 Index 为 a 的数据为：', series['a'])

Out[9]:   Series 中 Index 为 a 的数据为：0
```

此外，也可通过 bool 类型的 Series、list 或 array 访问 Series 数据，如代码清单 6-7 所示。

代码清单 6-7　通过 bool 数组访问 Series 数据

```
In[10]:   bool = (series < 4)
          print('bool 类型的 Series 为：\n', bool)

Out[10]:  bool 类型的 Series 为：
          a      True
          b      True
          c      True
          d      True
          e     False
          Name: list, dtype: bool

In[11]:   print('通过 bool 数组访问 Series 结果为：\n', series[bool])

Out[11]:  通过 bool 数组访问 Series 结果为：
          a    0
          b    1
          c    2
          d    3
          Name: list, dtype: int64
```

3. 更新、插入和删除

更新 Series 的方法十分简单，采用赋值的方式对指定索引标签（或位置）对应的数据进行修改即可，如代码清单 6-8 所示。

代码清单 6-8　更新 Series

In[12]:
```
# 更新元素
series['a'] = 3
print('更新后的Series为:\n', series)
```

Out[12]:
```
更新后的Series为:
a    3
b    1
c    2
d    3
e    4
Name: list, dtype: int64
```

类似 list，通过 append 方法能够在原 Series 上插入（追加）新的 Series。若只在原 Series 上插入单个值，则采用赋值方式即可，如代码清单 6-9 所示。

代码清单 6-9　追加 Series 和插入单个值

In[13]:
```
series1 = pd.Series([4, 5], index =['f', 'g'])
# 追加Series
print('在series插入series1后为:\n', series.append(series1))
```

Out[13]:
```
在series插入series1后为:
a    3
b    1
c    2
d    3
e    4
f    4
g    5
dtype: int64
```

In[14]:
```
# 插入单个数据
series1['h'] = 7
print('在series1插入单个数据后为:\n', series1)
```

Out[14]:
```
在series1插入单个数据后为:
f    4
g    5
h    7
dtype: int64
```

一般使用 drop 方法删除 Series 元素，它接收被删除元素对应的索引，inplace=True 表示对原 Series 起作用，如代码清单 6-10 所示。

代码清单 6-10　删除 Series 元素

In[15]:
```
# 删除数据
```

```
series.drop('e', inplace = True)
print('删除索引 e 对应数据后的 series 为: \n', series)
```

Out[15]:
```
删除索引 e 对应数据后的 series 为:
a    3
b    1
c    2
d    3
Name: list, dtype: int64
```

6.1.2 DataFrame

DataFrame 是 pandas 基本数据结构，类似数据库中的表。DataFrame 既有行索引，也有列索引，它可以看作 Series 组成的 dict，每个 Series 看作 DataFrame 的一个列。

1. 创建 DataFrame

DataFrame 函数用于创建 DataFrame 对象，其基本语法格式如下。

```
class pandas.DataFrame(data=None, index=None, columns=None, dtype=None, copy=False)
```

DataFrame 函数常用的参数及其说明如表 6-4 所示。

表 6-4　DataFrame 函数常用的参数及其说明

参数名称	说　明
data	接收 ndarray、dict、list 或 DataFrame，表示输入数据。默认为 None
index	接收 Index、ndarray，表示索引。默认为 None
columns	接收 Index、ndarray，表示列标签（列名）。默认为 None

创建 DataFrame 的方法有很多，常见的一种是传入一个由等长 list 或 ndarray 组成的 dict。若没有传入 columns 参数，则传入的 dict 的键会被当作列名，如代码清单 6-11 所示。

代码清单 6-11　通过 dict 创建 DataFrame

In[16]:
```
dict1 = {'col1': [0, 1, 2, 3, 4], 'col2': [5, 6, 7, 8, 9]}
print('通过dict创建的DataFrame为: \n', pd.DataFrame(dict1, index =['a', 'b', 'c', 'd', 'e']))
```

Out[16]:
```
通过 dict 创建的 DataFrame 为:
   col1  col2
a     0     5
b     1     6
c     2     7
d     3     8
e     4     9
```

通过 list 或 ndarray 也可创建 DataFrame，如代码清单 6-12 所示。

代码清单 6-12　通过 list 创建 DataFrame

```
In[17]:  list2 =[[0, 5],[1, 6],[2, 7],[3, 8],[4, 9]]
         print('通过 list 创建的 DataFrame 为: \n',
             pd.DataFrame(list2, index =['a', 'b', 'c', 'd', 'e'], columns =
         ['col1', 'col2']))

Out[17]: 通过 list 创建的 DataFrame 为:
             col1  col2
         a      0     5
         b      1     6
         c      2     7
         d      3     8
         e      4     9
```

由于 DataFrame 是二维数据结构，包含列索引（列名），因此较 Series 有更多的属性。DataFrame 常用的属性及其说明如表 6-5 所示。

表 6-5　DataFrame 常用的属性及其说明

属　性	说　明
values	以 ndarray 的格式返回 DataFrame 对象的所有元素
index	返回 DataFrame 对象的索引
columns	返回 DataFrame 对象的列标签
dtypes	返回 DataFrame 对象的数据类型
axes	返回 DataFrame 对象的轴标签
ndim	返回 DataFrame 对象的轴尺寸数
size	返回 DataFrame 对象的个数
shape	返回 DataFrame 对象的形状

访问创建的 DataFrame 的常用属性，如代码清单 6-13 所示。

代码清单 6-13　访问 DataFrame 的属性

```
In[18]:  df = pd.DataFrame({'col1': [0, 1, 2, 3, 4], 'col2': [5, 6, 7, 8, 9]},
                            index =['a', 'b', 'c', 'd', 'e'])
         print('DataFrame 的 Index 为: ', df.index)

Out[18]: DataFrame 的 Index 为: Index(['a', 'b', 'c', 'd', 'e'],
         dtype='object')

In[19]:  print('DataFrame 的列标签为: ', df.columns)

Out[19]: DataFrame 的列标签为: Index(['col1', 'col2'], dtype='object')

In[20]:  print('DataFrame 的轴标签为: ', df.axes)
```

```
Out[20]:    DataFrame 的轴标签为：[Index(['a', 'b', 'c', 'd', 'e'], dtype='object'),
            Index(['col1', 'col2'], dtype='object')]
```

```
In[21]:     print('DataFrame 的维度为：', df.ndim)
```

```
Out[21]:    DataFrame 的维度为：2
```

```
In[22]:     print('DataFrame 的形状为：', df.shape)
```

```
Out[22]:    DataFrame 的形状为：(5, 2)
```

2. 访问 DataFrame 首尾数据

head 和 tail 方法用于访问 DataFrame 前 n 行和后 n 行数据，默认返回 5 行数据，如代码清单 6-14 所示。

代码清单 6-14　访问 DataFrame 前后 n 行数据

```
In[23]:     print('默认返回前 5 行数据为：\n', df.head())
```

```
Out[23]:    默认返回前 5 行数据为：
                col1  col2
            a     0     5
            b     1     6
            c     2     7
            d     3     8
            e     4     9
```

```
In[24]:     print('返回后 3 行数据为：\n', df.tail(3))
```

```
Out[24]:    返回后 3 行数据为：
                col1  col2
            c     2     7
            d     3     8
            e     4     9
```

3. 更新、插入和删除

类似 Series，更新 DataFrame 列也采用赋值的方法，对指定列赋值即可，如代码清单 6-15 所示。

代码清单 6-15　更新 DataFrame

```
In[25]:     # 更新列
            df['col1'] =[10, 11, 12, 13, 14]
            print('更新列后的 DataFrame 为：\n', df)
```

```
Out[25]:    更新列后的 DataFrame 为：
                col1  col2
            a    10     5
            b    11     6
            c    12     7
            d    13     8
            e    14     9
```

插入列也可以采用赋值方法，如代码清单 6-16 所示。

代码清单 6-16 采用赋值的方法插入列

```
In[26]:
# 插入列
df['col3'] =[15, 16, 17, 18, 19]
print('插入列后的 DataFrame 为：\n', df)
```

```
Out[26]:    插入列后的 DataFrame 为：
                col1  col2  col3
            a    10     5    15
            b    11     6    16
            c    12     7    17
            d    13     8    18
            e    14     9    19
```

删除列的方法有多种，如 del、pop、drop 等。常用的是 drop 方法，它可以删除行或者列，基本语法格式如下。

```
DataFrame.drop(labels, axis=0, level=None, inplace=False, errors='raise')
```

drop 方法常用的参数及其说明如表 6-6 所示。

表 6-6 drop 方法常用的参数及其说明

参数名称	说　明
labels	接收 string 或 array，表示删除的行或列的标签。无默认值
axis	接收 0 或 1，表示执行操作的轴向，其中 0 表示删除行，1 表示删除列。默认为 0
levels	接收 int 或者索引名，表示索引级别。默认为 None
inplace	接收 bool，表示操作是否对原数据生效。默认为 False

使用 drop 方法删除数据，如代码清单 6-17 所示。

代码清单 6-17 使用 drop 方法删除数据

```
In[27]:
# 删除列
df.drop(['col3'], axis = 1, inplace = True)
print('删除 col3 列后的 DataFrame 为：\n', df)
```

```
Out[27]:    删除 col3 列后的 DataFrame 为：
```

```
     col1  col2
a      10     5
b      11     6
c      12     7
d      13     8
c      14     9
```

```
In[28]:   # 删除行
          df.drop('a', axis = 0, inplace = True)
          print('删除 a 行后的 DataFrame 为: \n', df)
Out[28]:   删除 a 行后的 DataFrame 为:
             col1  col2
          b    11     6
          c    12     7
          d    13     8
          e    14     9
```

6.1.3 Index

Index 对象为其余 pandas 对象存储轴标签、管理轴标签和其他元数据（如轴名称）。创建 Series 或 DataFrame 等对象时，索引都会被转换为 Index 对象。主要 Index 对象及其说明如表 6-7 所示。

表 6-7 主要 Index 对象及其说明

对象名称	说 明
Index	一般的 Index 对象
MultiIndex	层次化 Index 对象
DatetimeIndex	Timestamp 索引对象
PeriodIndex	Period 索引对象

1. 创建 Index

Index 对象可以通过 pandas.Index() 函数创建，也可以通过创建数据对象 Series、DataFrame 时接收 index（或 column）参数创建，前者属于显式创建，后者属于隐式创建。隐式创建中，通过访问 index（或针对 DataFrame 的 column）属性即得到 Index。创建的 Index 对象不可修改，保证了 Index 对象在各个数据结构之间的安全共享。Series 的索引是一个 Index 对象。访问 Series 索引，如代码清单 6-18 所示。

代码清单 6-18 访问 Series 索引

```
In[29]:   print('series 的 Index 为 : \n', series.index)
Out[29]:  series 的 Index 为 :
           Index(['a', 'b', 'c', 'd'], dtype='object')
```

Index 对象常用的属性及其说明如表 6-8 所示。

表 6-8　Index 常用的属性及其说明

属　性	说　明
is_monotonic	当各元素均大于前一个元素时，返回 True
is_unique	当 Index 没有重复值时，返回 True

访问 Index 属性，如代码清单 6-19 所示。

代码清单 6-19　访问 Index 属性

```
In[30]:  print('series 中 Index 各元素是否大于前一个：', series.index.is_monotonic)
Out[30]: series 中 Index 各元素是否大于前一个：True
In[31]:  print('series 中 Index 各元素是否唯一：', series.index.is_unique)
Out[31]: series 中 Index 各元素是否唯一：True
```

2. 常用方法

Index 对象的常用方法及其说明如表 6-9 所示。

表 6-9　Index 对象的常用方法及其说明

方　法	说　明
append	连接另一个 Index 对象，产生一个新的 Index
difference	计算两个 Index 对象的差集，得到一个新的 Index
intersection	计算两个 Index 对象的交集
union	计算两个 Index 对象的并集
isin	计算一个 Index 是否在另一个 Index 中，返回 bool 数组
delete	删除指定 Index 的元素，并得到新的 Index
drop	删除传入的值，并得到新的 Index
insert	将元素插入指定 Index 处，并得到新的 Index
unique	计算 Index 中唯一值的数组

应用 Index 对象的常用方法如代码清单 6-20 所示。

代码清单 6-20　应用 Index 对象的常用方法

```
In[32]:  index1 = series.index
         index2 = series1.index
         print('index1 连接 index2 后结果为：\n', index1.append(index2))
Out[32]: index1 连接 index2 后结果为：
```

```
 Index(['a', 'b', 'c', 'd', 'f', 'g', 'h'], dtype='object')
```

In[33]:
```
print('index1 与 index2 的差集为: ', index1.difference(index2))
```

Out[33]:
```
index1 与 index2 的差集为: Index(['a', 'b', 'c', 'd'], dtype='object')
```

In[34]:
```
print('index1 与 index2 的交集为: ', index1.intersection(index2))
```

Out[34]:
```
index1 与 index2 的交集为: Index([], dtype='object')
```

In[35]:
```
print('index1 与 index2 的并集为: \n', index1.union(index2))
```

Out[35]:
```
index1 与 index2 的并集为:
 Index(['a', 'b', 'c', 'd', 'f', 'g', 'h'], dtype='object')
```

In[36]:
```
print('index1 中的元素是否在 index2 中: ', index1.isin(index2))
```

Out[36]:
```
index1 中的元素是否在 index2 中 :[False False False False]
```

6.2 DataFrame 基础操作

DataFrame 是最常用的数据结构。不像 Series，DataFrame 既有行索引，也有列索引，因此操作较 Series 更为复杂，功能也更为强大，能满足数据分析中的多样需求。DataFrame 的基本操作包括索引操作、排序与重置、数据合并。

6.2.1 索引

索引是 DataFrame 中最常用的操作之一。通过索引可以实现 DataFrame 内部数据的定向访问、定向提取，以及内容修改。本节将介绍主流的 DataFrame 索引方式，主要包括 3 个方面：基础索引方式、loc 方法和 iloc 方法、层次化索引。

1. 基础索引方式

根据 DataFrame 的定义可知，它是一个带有标签的二维数组，每个标签相当于每一列的列名。只要以 dict 访问某一个键（key）的值的方式访问对应的列名，就可以访问 DataFrame 的某列数据，它返回的是 Series，如代码清单 6-21 所示。

代码清单 6-21 访问单列数据

In[1]:
```
import pandas as pd
df = pd.DataFrame({'col1': [0, 1, 2, 3, 4], 'col2': [5, 6, 7, 8, 9]},
                  index =['a', 'b', 'c', 'd', 'e'])
print(' 创建的 DataFrame 为: \n', df)
```

Out[1]:
```
创建的 DataFrame 为:
   col1  col2
```

```
a    0    5
b    1    6
c    2    7
d    3    8
e    4    9
```

In[2]:
```
# 访问单列数据
print('DataFrame 中 col1 列数据为: \n', df['col1'])
```

Out[2]:
```
DataFrame 中 col1 列数据为:
a    0
b    1
c    2
d    3
e    4
Name: col1, dtype: int64
```

此外，还能够以属性的方式访问单列数据，如代码清单 6-22 所示。

代码清单 6-22　以属性的方式访问单列数据

In[3]:
```
# 以属性的方式访问单列数据
print('DataFrame 中 col1 列数据为: \n', df.col1)
```

Out[3]:
```
DataFrame 中 col1 列数据为:
a    0
b    1
c    2
d    3
e    4
Name: col1, dtype: int64
```

以上两种基础的索引方法均可以获得 DataFrame 中的某一列数据，但是不建议以属性的方法访问数据，因为通常列名为英文，以属性方式访问某一列的形式和访问属性相同，若列名与属性相同，则会引起程序混乱，也会使代码晦涩难懂。

访问 DataFrame 中某一列的某几行时，可以采用适用于 Series 的索引方式，如代码清单 6-23 所示。

代码清单 6-23　访问单列多行数据

In[4]:
```
# 访问单列多行数据
print('DataFrame 中 col1 列前 3 行数据为: \n', df['col1'][0: 3])
```

Out[4]:
```
DataFrame 中 col1 列前 3 行数据为:
a    0
b    1
c    2
Name: col1, dtype: int64
```

访问 DataFrame 多列数据时，可以将多个列的列名（列标签）视为一个 list，因此接收多个列名组成的 list 即可访问多列数据，与此同时，也可选择多行数据，如代码清单 6-24 所示。

代码清单 6-24 访问多列多行数据

```
In[5]:  # 访问多列多行数据
        print('DataFrame 中 col1 列、col2 列前 3 行数据为：\n', df[['col1', 'col2']][0:3])

Out[5]: DataFrame 中 col1 列、col2 列前 3 行数据为：
           col1  col2
        a     0     5
        b     1     6
        c     2     7
```

若只访问 DataFrame 某几行数据，则方式与访问多列多行相似。此时不用接收所有列名组成的 list，使用“:”代替即可，如代码清单 6-25 所示。

代码清单 6-25 访问多行数据

```
In[6]:  # 访问多行数据
        print('DataFrame 的前 3 行为：\n', df[: ][0: 3])

Out[6]: DataFrame 的前 3 行为：
           col1  col2
        a     0     5
        b     1     6
        c     2     7
```

2. loc 方法和 iloc 方法

loc 方法基于索引名称，iloc 方法基于索引位置。

（1）loc 方法

loc 方法是基于名称的索引方法，它接收索引名称（标签），若索引名称不存在则会报错。loc 方法也能够接收整数，但这个整数必须是已存在的索引名称。loc 方法的基本语法格式如下。

```
DataFrame.loc[行索引名称或条件，列索引名称]
```

loc 方法可以像基础索引方式一样访问数据子集。行索引在前，列索引在后，整行或整列用“:”代替，当只查看行数据时“:”可以省略，如代码清单 6-26 所示。

代码清单 6-26 loc 方法访问数据

```
In[7]:  # 访问单列数据
        print('DataFrame 中 col1 列数据为：\n', df.loc[: , 'col1'])

Out[7]: DataFrame 中 col1 列数据为：
```

```
           a     0
           b     1
           c     2
           d     3
           e     4
           Name: col1, dtype: int64
In[8]:     # 访问多列数据
           print('DataFrame 中 col1 列、col2 数据为：\n', df.loc[: ,['col1', 'col2']])
Out[8]:    DataFrame 中 col1 列、col2 数据为：
               col1  col2
           a      0     5
           b      1     6
           c      2     7
           d      3     8
           e      4     9
In[9]:     # 访问单行数据
           print('DataFrame 中 a 行对应数据为：\n', df.loc['a', :])
Out[9]:    DataFrame 中 a 行对应数据为：
           col1    0
           col2    5
           Name: a, dtype: int64
In[10]:    # 访问多行数据
           print('DataFrame 中 a 行、b 行对应数据为：\n', df.loc[['a', 'b'], :])
Out[10]:   DataFrame 中 a 行、b 行对应数据为：
               col1  col2
           a      0     5
           b      1     6
In[11]:    # 行列结合访问数据
           print('DataFrame 中 a 行、b 行，col1 列、col2 列对应的数据为：\n',
                   df.loc[['a', 'b'],['col1', 'col2']])
Out[11]:    DataFrame 中 a 行、b 行，col1 列、col2 列对应的数据为：
               col1  col2
           a      0     5
           b      1     6
```

loc 方法接收多种输入形式，输入形式包括单个索引名称、索引名称组成的 list、名称切片、bool 类型的数据（Series、list 或 array）、包含一个参数的函数这 5 种。

使用 loc 方法允许的输入形式进行索引操作，如代码清单 6-27 所示。

代码清单 6-27 使用 loc 方法允许的输入形式进行索引操作

```
In[12]:    # 接收 bool 数据
           print('DataFrame 中 col1 列大于 0 的数据为：\n', df.loc[df['col1'] > 0, :])
```

```
Out[12]:    DataFrame 中 col1 列大于 0 的数据为:
                col1  col2
            b      1     6
            c      2     7
            d      3     8
            e      4     9
```

```
In[13]:     # 接收函数
            print('DataFrame 中 col1 列大于 0 的数据为: \n', df.loc[lambda df: df['col1'] > 0, :])
```

```
Out[13]:     DataFrame 中 col1 列大于 0 的数据为:
                col1  col2
            b      1     6
            c      2     7
            d      3     8
            e      4     9
```

（2）iloc 方法

另外一种常用的索引方法是 iloc。与 loc 方法基于索引名称不同，iloc 方法完全基于位置，它接收 int，不能接收索引名称，否则会报错。iloc 的用法与 NumPy 中 ndarray 的数字索引方式完全相同。iloc 方法的基本语法格式如下。

```
DataFrame.iloc[行索引位置, 列索引位置]
```

使用 iloc 方法访问 DataFrame 的数据子集，基本用法与 loc 方法类似，行在前，列在后。它们的主要区别如下。

1）loc 方法传入的是索引名称，而 iloc 方法限定为索引位置。

2）loc 方法传入的行索引名称如果为一个区间，那么前后均为闭区间，而 iloc 方法为前闭后开区间。

使用 iloc 方法访问数据子集，如代码清单 6-28 所示。

代码清单 6-28　iloc 方法访问数据

```
In[14]:     # 访问单列数据
            print('DataFrame 中 col1 列数据为: \n', df.iloc[: , 0])
```

```
Out[14]:    DataFrame 中 col1 列数据为:
            a    0
            b    1
            c    2
            d    3
            e    4
            Name: col1, dtype: int64
```

```
In[15]:     # 访问多列数据
            print('DataFrame 中 col1 列、col2 列数据为: \n', df.iloc[: ,[0, 1]])
```

```
Out[15]:    DataFrame 中 col1 列、col2 列数据为:
```

```
     col1  col2
a      0     5
b      1     6
c      2     7
d      3     8
e      4     9
```

In[16]:
```
# 访问单行数据
print('DataFrame 中 a 行数据为：\n', df.iloc[0, :])
```

Out[16]:
```
DataFrame 中 a 行数据为：
col1    0
col2    5
Name: a, dtype: int64
```

In[17]:
```
# 访问多行数据
print('DataFrame 中 a 行、b 行数据为：\n', df.iloc[[0, 1], :])
```

Out[17]:
```
DataFrame 中 a 行、b 行数据为：
     col1  col2
a      0     5
b      1     6
```

In[18]:
```
# 行列结合访问数据
print('DataFrame 中 a 行、b 行，col1 列、col2 列数据为：\n', df.iloc[[0, 1],[0, 1]])
```

Out[18]:
```
DataFrame 中 a 行、b 行，col1 列、col2 列数据为：
     col1  col2
a      0     5
b      1     6
```

类似 loc 方法，iloc 方法也允许多种输入形式，输入形式包括单个 int、int 组成的 list、int 切片、bool 类型的数据（list 或 array）、包含一个参数的函数这 5 种。

使用 iloc 方法允许的输入形式进行索引操作，如代码清单 6-29 所示。

代码清单 6-29　使用 iloc 方法允许的输入形式进行索引操作

In[19]:
```
# 接收 bool 数据
print('DataFrame 中 col1 列大于 0 的数据为：\n', df.iloc[df['col1'].values>0, :])
```

Out[19]:
```
DataFrame 中 col1 列大于 0 的数据为：
     col1  col2
b      1     6
c      2     7
d      3     8
e      4     9
```

In[20]:
```
# 接收函数
print('DataFrame 中 col1 列大于 0 的数据为：\n', df.iloc[lambda df:
df['col1'].values>0, :])
```

```
Out[20]:    DataFrame 中 col1 列大于 0 的数据为:
                col1  col2
            b      1     6
            c      2     7
            d      3     8
            e      4     9
```

总体来说，loc 灵活多变，iloc 的代码简洁。具体使用哪一种方法，可根据情况而定。这两种方法也可以同时使用，大多数时候建议使用 loc 方法。

3. MultiIndex

单层索引能应付一般的数据处理工作，但在特殊场景中，层次化索引能够更加便捷。pandas 提供了 MultiIndex 对象，能够在一个轴上拥有两个以上的索引。

类似 Index 对象，创建层次化索引的方式也分为显式创建和隐式创建。显式创建即采用独立的官方语法，如 pandas.MultiIndex.from_tuples 等创建。隐式创建即通过创建数据对象如 Series、DataFrame 时接收 index（或 column）参数创建，此时参数须为嵌套的数组或 list。创建一个拥有多索引的 DataFrame，此时的索引为 MultiIndex 对象，访问 DataFrame 的索引，如代码清单 6-30 所示。

代码清单 6-30　访问 DataFrame 的索引

```
In[21]:    import numpy as np
           multiindex =[['bar', 'bar', 'baz', 'baz', 'foo', 'foo', 'qux', 'qux'],
                        ['one', 'two', 'one', 'two', 'one', 'two', 'one', 'two']]
           df1 = pd.DataFrame(np.arange(16).reshape(8, 2),
                              index=multiindex, columns=['column1', 'column2'])
           print('创建的 DataFrame 为 :\n', df1)
```

```
Out[21]:   创建的 DataFrame 为 :
                    column1  column2
           bar one        0        1
               two        2        3
           baz one        4        5
               two        6        7
           foo one        8        9
               two       10       11
           qux one       12       13
               two       14       15
```

```
In[22]:    print('DataFrame 的层次化索引为 :\n', df1.index)
```

```
Out[22]:   DataFrame 的层次化索引为 :
            MultiIndex(levels=[['bar', 'baz', 'foo', 'qux'],['one', 'two']],
                       labels=[[0, 0, 1, 1, 2, 2, 3, 3],[0, 1, 0, 1, 0, 1, 0, 1]])
```

使用 loc 方法对拥有层次化索引的 DataFrame 进行索引操作，它接收 tuple，如代码清单 6-31 所示。

代码清单 6-31 访问 MultiIndex 的数据

```
In[23]:  print('访问 DataFrame 第 1 索引层 bar，第 2 索引层 two 结果为：\n',
               df1.loc[('bar', 'two'), :])

Out[23]: 访问 DataFrame 第 1 索引层 bar，第 2 索引层 two 结果为：
          column1    2
         column2    3
         Name: (bar, two), dtype: int32

In[24]:  print('访问 DataFrame 第 1 索引层 bar、baz、foo，第 2 索引层 one、two 结果为：\n',
               df1.loc[(['bar', 'baz', 'foo'],['one', 'two']), :])

Out[24]: 访问 DataFrame 第 1 索引层 bar、baz、foo，第 2 索引层 one、two 结果为：
                   column1  column2
         bar one         0        1
             two         2        3
         baz one         4        5
             two         6        7
         foo one         8        9
             two        10       11
```

在代码清单 6-31 中，无法对索引层进行切片操作，使用“:”符号会报错。pandas 提供 slice 方法，用于对索引层进行切片操作，slice（None）表示选中全部，其基本语法格式如下。

```
DataFrame.loc[(slice('A1','A3'),…), :]
```

使用 slice 方法对索引层切片操作，如代码清单 6-32 所示。

代码清单 6-32 使用 slice 方法对索引层切片操作

```
In[25]:  print('访问 DataFrame 第 1 索引层 bar、baz、foo，第 2 索引层 one、two 结果为：\n',
               df1.loc[(slice('bar', 'foo'), slice(None)), :])

Out[25]: 访问 DataFrame 第 1 索引层 bar、baz、foo，第 2 索引层 one、two 结果为：
                   column1  column2
         bar one         0        1
             two         2        3
         baz one         4        5
             two         6        7
         foo one         8        9
             two        10       11
```

若要更自然地进行索引层切片操作，pandas 官方推荐使用 pandas.IndexSlice 方法，将它与 loc 方法结合起来使用更加自然。pandas.IndexSlice 方法可以对每个索引层分别操作，用逗号隔开即可。它可以接收单个标签、标签 list 和标签切片，甚至可以接收 bool 数组用于条件筛选。pandas.IndexSlice 方法让多索引操作变得和单索引操作一样简单，如代码清单 6-33 所示。

代码清单 6-33 使用 pandas.IndexSlice 方法操作 MultiIndex

```
In[26]:
# 接收单个标签
idx = pd.IndexSlice
print('访问 DataFrame 第 1 索引层 bar，第 2 索引层 two 结果为：\n', df1.loc[idx['bar', 'two'], :])

Out[26]:
访问 DataFrame 第 1 索引层 bar，第 2 索引层 two 结果为：
 column1    2
column2    3
Name: (bar, two), dtype: int32

In[27]:
# 接收标签 list
print('访问 DataFrame 第 1 索引层 bar、foo，第 2 索引层 two 结果为：\n',
      df1.loc[idx[['bar', 'foo'], 'two'], :])

Out[27]:
访问 DataFrame 第 1 索引层 bar、foo，第 2 索引层 two 结果为：
          column1  column2
bar two        2        3
foo two       10       11

In[28]:
# 接收标签切片
print('访问 DataFrame 第 1 索引层 bar 到 foo，第 2 索引层 two 结果为：\n',
      df1.loc[idx['bar': 'foo', 'one'], :])

Out[28]:
访问 DataFrame 第 1 索引层 bar 到 foo，第 2 索引层 two 结果为：
          column1  column2
bar one        0        1
baz one        4        5
foo one        8        9

In[29]:
# 接收 bool 数组
con = df1['column1']>0
print('访问 DataFrame 第 1 索引层 bar 到 foo，第 2 索引层对应的'
      'column1 列大于 0 结果为：\n',df1.loc[idx['bar': 'foo', con], :])

Out[29]:
访问 DataFrame 第 1 索引层 bar 到 foo，第 2 索引层对应的 column1 列大于 0 结果为：
          column1  column2
bar two        2        3
baz one        4        5
    two        6        7
foo one        8        9
    two       10       11
```

6.2.2 排序

排序可以发现数据的分布规律，有助于探索不同数据之间的关联关系。排序包含按索引排序和按值排序。

1. sort_index 方法

sort_index 方法用于对 DataFrame 按索引排序，其基本语法格式如下。

```
DataFrame.sort_index(axis = 0, level = None, ascending = True, inplace = False)
```

sort_index 方法常用的参数及其说明如表 6-10 所示。

表 6-10　sort_index 方法常用的参数及其说明

参数名称	说　明
axis	接收 0 或 1，表示排序作用的轴，其中 0 表示对行排序，1 表示对列排序。默认为 0
level	接收 int、list 或 string，表示索引级别。默认为 None
ascending	接收 bool，表示排序方式，False 表示升序，True 表示降序。默认为 False
inplace	接收 bool，表示操作是否对原数据生效。默认为 False

使用 sort_index 方法对 DataFrame 按行索引排序，如代码清单 6-34 所示。

代码清单 6-34　按行索引排序

```
In[30]:
# 按行索引排序
print('按行索引排序后的 DataFrame 为：\n', df.sort_index(axis = 0))

Out[30]:
按行索引排序后的 DataFrame 为：
    col1  col2
a     0     5
b     1     6
c     2     7
d     3     8
e     4     9
```

将 axis 设置为 1 即可对 DataFrame 按列索引排序，如代码清单 6-35 所示。

代码清单 6-35　按列索引排序

```
In[31]:
# 按列索引升序排列
print('按列索引升序排列后的 DataFrame 为：\n', df.sort_index(axis = 1, ascending = False))

Out[31]:
按列索引升序排列后的 DataFrame 为：
    col2  col1
a     5     0
b     6     1
c     7     2
d     8     3
e     9     4
```

2. sort_values 方法

sort_values 方法用于按值排序，其基本语法格式如下。

```
DataFrame.sort_values(by, axis=0, ascending=True, inplace=False)
```

sort_values 方法常用的参数及其说明如表 6-11 所示。

表 6-11 sort_values 方法常用的参数及其说明

参数名称	说　明
by	接收 str 或由 str 组成的 list，表示排序依据的值，可以为列名或索引名。无默认值
axis	接收 0 或 1，表示排序作用的轴，其中 0 表示对行排序，1 表示对列排序。默认为 0
ascending	接收 bool，表示排序方式，True 表示降序，False 表示升序。默认为 False
inplace	接收 bool，表示操作是否对原数据生效。默认为 False

使用 sort_values 方法按照指定列对 DataFrame 排序，如代码清单 6-36 所示。

代码清单 6-36 按列排序

```
In[32]:   # 按列排序
          print('按 col2 列排序后的 DataFrame 为：\n', df.sort_values('col2'))

Out[32]:  按 col2 列排序后的 DataFrame 为：
             col1  col2
          a     0     5
          b     1     6
          c     2     7
          d     3     8
          e     4     9
```

按照索引名，将 axis 设置为 1 即可在横轴方向对 DataFrame 排序，如代码清单 6-37 所示。

代码清单 6-37 在横轴方向对 DataFrame 排序

```
In[33]:   # 按行降序排列
          print('按列降序排列后的 DataFrame 为：\n', df.sort_values('a', axis = 1, ascending = False))

Out[33]:  按列降序排列后的 DataFrame 为：
             col2  col1
          a     5     0
          b     6     1
          c     7     2
          d     8     3
          e     9     4
```

nlargest 方法和 nsmallest 方法也可用于按列排序，它们返回 DataFrame 的前 n 个最大值和最小值，如代码清单 6-38 所示。

代码清单 6-38 使用 nlargest 方法和 nsmallest 方法按列排序

```
In[34]:   print('按 col2 列排序，返回前 2 个最小值：\n', df.nsmallest(2, 'col2'))
```

```
Out[34]:    按 col2 列排序，返回前 2 个最小值：
                col1  col2
            a     0     5
            b     1     6
```

```
In[35]:     print('按 col2 列排序，返回前 2 个最大值：\n', df.nlargest(2, 'col2'))
```

```
Out[35]:    按 col2 列排序，返回前 2 个最大值：
                col1  col2
            e     4     9
            d     3     8
```

6.2.3　合并

将不同的 DataFrame 通过不同的手段变为一个，这个过程叫作数据合并。数据合并是机器学习数据准备的重要内容之一。常见的数据合并操作主要有 2 种：堆叠合并和主键合并。

1. 堆叠合并

堆叠就是简单地把两个表拼在一起，也被称作轴向连接，绑定或连接。依照连接轴的方向，数据堆叠可分为横向堆叠和纵向堆叠。pandas 提供 concat 函数，用于表堆叠，其基本语法格式如下。

```
pandas.concat(objs, axis=0, join='outer', join_axes=None, ignore_index=False,
keys=None, levels=None, names=None, verify_integrity=False, copy=True)
```

concat 函数的常用参数及说明如表 6-12 所示。

表 6-12　concat 函数常用的参数及其说明

参数名称	说　明
objs	接收多个 Series、DataFrame、Panel 的组合，表示参与连接的 pandas 对象的 list 的组合。无默认值
axis	接收 0 或 1，表示连接的轴向，0 表示横向堆叠，1 表示纵向堆叠。默认为 0
join	接收特定 str（“inner”“outer”），表示其他轴向上的索引是按交集（inner）还是并（outer）集进行合并。默认为 outer
join_axes	接收索引对象，表示用于其他 n-1 条轴的索引，不执行并集 / 交集运算
ignore_index	接收 bool，表示是否不保留连接轴上的索引，产生一组新 Indexrange（total_length）。默认为 False，不保留
keys	接收 sequence，表示与连接对象有关的值，用于形成连接轴向上的层次化索引。默认为 None
levels	接收包含多个 sequence 的 list，表示在指定 keys 参数后，指定用作层次化索引各级别上的索引。默认为 None
names	接收 list，表示在设置了 keys 和 levels 参数后，用于创建分级别的名称。默认为 None
verify_integrity	接收 boolean，表示是否检查结果对象新轴上的重复情况，如果发现则引发异常

（1）横向堆叠

横向堆叠，即将两个表在 X 轴向拼接在一起，concat 函数能够实现横向堆叠。当 axis=1 的时候，concat 函数做行对齐，然后将不同列名称的两张或多张表合并，从而实现横向堆叠。当两个表索引不完全一样时，可以使用 join 参数选择是内连接还是外连接，默认为外连接。在内连接的情况下，仅仅返回索引重叠部分；在外连接的情况下，则显示并集部分数据，不足的地方则使用空值填补。其原理示意如图 6-1 所示，图中表 1 和表 2 使用外连接横向堆叠合并后，形成表 3。

表1

	A	B	C	D
1	A1	B1	C1	D1
2	A2	B2	C2	D2
3	A3	B3	C3	D3
4	A4	B4	C4	D4

表2

	B	D	F
2	B2	D2	F2
4	B4	D4	F4
6	B6	D6	F6
8	B8	D8	F8

合并后表3

	A	B	C	D	B	D	F
1	A1	B1	C1	D1	NaN	NaN	NaN
2	A2	B2	C2	D2	B2	D2	F2
3	A3	B3	C3	D3	NaN	NaN	NaN
4	A4	B4	C4	D4	B4	D4	F4
6	NaN	NaN	NaN	NaN	B6	D6	F6
8	NaN	NaN	NaN	NaN	B8	D8	F8

图 6-1 横向堆叠外连接

使用 concat 函数对两张表进行横向堆叠，如代码清单 6-39 所示。

代码清单 6-39 横向堆叠

```
In[36]:   df2 = pd.DataFrame({'key': ['K0', 'K1', 'K2', 'K3', 'K4', 'K5'],
                               'A': ['A0', 'A1', 'A2', 'A3', 'A4', 'A5']})
          df3 = pd.DataFrame({'key': ['K0', 'K1', 'K2'], 'B': ['B0', 'B1', 'B2']})
          # 横向堆叠 df2、df3
          print('横向堆叠 df2、df3 后的 DataFrame 为: \n', pd.concat([df2, df3], axis = 1))

Out[36]:  横向堆叠 df2、df3 后的 DataFrame 为:
             key  A  key    B
          0  K0  A0   K0   B0
          1  K1  A1   K1   B1
          2  K2  A2   K2   B2
          3  K3  A3  NaN  NaN
          4  K4  A4  NaN  NaN
          5  K5  A5  NaN  NaN

In[37]:   # 横向堆叠（内连）df2、df3
          print('横向堆叠（内连）df2、df3 后的 DataFrame 为: \n',
                pd.concat([df2, df3], axis = 1, join = 'inner'))
```

```
Out[37]:    横向堆叠（内连）df2、df3 后的 DataFrame 为：
              key   A key   B
            0  K0  A0  K0  B0
            1  K1  A1  K1  B1
            2  K2  A2  K2  B2
```

除了 concat 函数，join 方法可用于简单的横向堆叠，其基本语法格式如下。

```
pandas.DataFrame.join(self, other, on=None, how='left', lsuffix='', rsuffix='', sort=False)
```

join 方法常用的参数及其说明如表 6-13 所示。

表 6-13　join 方法常用的参数及其说明

参数名称	说　明
other	接收 DataFrame、Series 或者包含了多个 DataFrame 的 list，表示参与连接的其他 DataFrame。无默认值
on	接收列名或者包含列名的 list 或 tuple，表示用于连接的列名。默认为 None
how	接收特定 string，inner 代表内连接；outer 代表外连接；left 和 right 分别代表左连接和右连接。默认为 inner
lsuffix	接收 string，表示用于追加到左侧重叠列名的末尾。无默认
rsuffix	接收 string，表示用于追加到右侧重叠列名的末尾。无默认
sort	根据连接键对合并后的数据进行排序。默认为 True

当横向堆叠的两个表的列名有相同时，需设置 lsuffix 或 rsuffix 参数以示区别，否则会报错。使用 join 方法横向堆叠，如代码清单 6-40 所示。

代码清单 6-40　join 方法横向堆叠

```
In[38]:     print('横向堆叠 df2、df3 后的 DataFrame 为：\n', df2.join(df3, rsuffix = '_2'))
```

```
Out[38]:    横向堆叠 df2、df3 后的 DataFrame 为：
              key   A key_2    B
            0  K0  A0    K0   B0
            1  K1  A1    K1   B1
            2  K2  A2    K2   B2
            3  K3  A3   NaN  NaN
            4  K4  A4   NaN  NaN
            5  K5  A5   NaN  NaN
```

（2）纵向堆叠

与横向堆叠不同，纵向堆叠是将两个数据表在 Y 轴向上拼接，concat 函数可以实现纵向堆叠。使用 concat 函数时，在默认情况下，即 axis=0 时，concat 做列对齐，将不同行索引的两张或多张表纵向合并，从而实现纵向堆叠。在两张表的列名并不完全相同的情况下，join 参数取值为 inner 时，返回的仅仅是列名交集所代表的列；取值为 outer 时，它是默认值，返回的是两者列名的并集所代表的列。其原理示意如图 6-2 所示，图中表 1 和表 2 使用外连接纵向堆叠合并后，形成表 3。

表1

	A	B	C	D
1	A1	B1	C1	D1
2	A2	B2	C2	D2
3	A3	B3	C3	D3
4	A4	B4	C4	D4

表2

	B	D	F
2	B2	D2	F2
4	B4	D4	F4
6	B6	D6	F6
8	B8	D8	F8

合并后表3

	A	B	C	D	F
1	A1	B1	C1	D1	NaN
2	A2	B2	C2	D2	NaN
3	A3	B3	C3	D3	NaN
4	A4	B4	C4	D4	NaN
2	NaN	B2	NaN	D2	F2
4	NaN	B4	NaN	D4	F4
6	NaN	B6	NaN	D6	F6
8	NaN	B8	NaN	D8	F8

图 6-2 纵向堆叠外连接

使用 concat 函数对两张表进行纵向堆叠，如代码清单 6-41 所示。

代码清单 6-41 纵向堆叠

In[39]:
```
# 纵向堆叠 df2、df3
print('纵向堆叠 df2、df3 后的 DataFrame 为:\n', pd.concat([df2, df3], axis = 0))
```

Out[39]:
```
纵向堆叠 df2、df3 后的 DataFrame 为:
      A    B key
0    A0  NaN  K0
1    A1  NaN  K1
2    A2  NaN  K2
3    A3  NaN  K3
4    A4  NaN  K4
5    A5  NaN  K5
0   NaN   B0  K0
1   NaN   B1  K1
2   NaN   B2  K2
```

In[40]:
```
# 纵向堆叠(内连) df2、df3
print('纵向堆叠(内连) df2、df3 后的 DataFrame 为: \n',
      pd.concat([df2, df3], axis = 0, join = 'inner'))
```

Out[40]:
```
纵向堆叠(内连) df2、df3 后的 DataFrame 为:
  key
```

```
0  K0
1  K1
2  K2
3  K3
4  K4
5  K5
0  K0
1  K1
2  K2
```

除了 concat 函数，append 方法也可用于简单的纵向堆叠，这对列名完全相同的两张表特别有用，列名不同则会被空值替代，其基本语法如下。

```
pandas.DataFrame.append(self, other, ignore_index=False, verify_integrity=False)
```

append 方法常用的参数及其说明如表 6-14 所示。

表 6-14　append 方法常用的参数及其说明

参数名称	说　明
other	接收 DataFrame 或 Series，表示要添加的新数据。无默认值
ignore_index	接收 boolean，如果输入 True，会对新生成的 DataFrame 使用新的索引（自动产生）而忽略原来数据的索引。默认为 False
verify_integrity	接收 boolean，如果输入 True，那么当 ignore_index 为 False 时，会检查添加的数据索引是否冲突，如果冲突，则会添加失败。默认为 False

使用 append 方法进行的纵向表堆叠，如代码清单 6-42 所示。

代码清单 6-42　使用 append 方法纵向堆叠

```
In[41]:   print('纵向堆叠 df2、df3 后的 DataFrame 为: \n', df2.append(df3))
Out[41]:  纵向堆叠 df2、df3 后的 DataFrame 为:
                A    B key
          0    A0  NaN  K0
          1    A1  NaN  K1
          2    A2  NaN  K2
          3    A3  NaN  K3
          4    A4  NaN  K4
          5    A5  NaN  K5
          0   NaN   B0  K0
          1   NaN   B1  K1
          2   NaN   B2  K2
```

2. 主键合并

主键合并，即通过一个或多个键将两个数据集的行连接起来，类似于 SQL 中的 JOIN

ON 函数。针对同一个主键存在两张包含不同字段的表，将其根据某几个字段一一对应拼接起来，结果集列数为两个元数据的列数和减去连接键的数量。如图 6-3 所示，图中表 1 和表 2 通过列 key 合并起来，形成表 3。

表1

	A	B	Key
1	A1	B1	k1
2	A2	B2	k2
3	A3	B3	k3
4	A4	B4	k4

表2

	C	D	Key
1	C1	D1	k1
2	C2	D2	k2
3	C3	D3	k3
4	C4	D4	k4

合并后表3

	A	B	Key	C	D
1	A1	B1	k1	C1	D1
2	A2	B2	k2	C2	D2
3	A3	B3	k3	C3	D3
4	A4	B4	k4	C4	D4

图 6-3 主键合并

pandas 提供 merge 函数用于主键合并，其基本语法格式如下。

```
pandas.merge(left, right, how='inner', on=None, left_on=None, right_on=None,
left_index=False, right_index=False, sort=False, suffixes=('_x', '_y'), copy=True,
indicator=False)
```

和数据库的 join 一样，merge 函数也有左连接（left）、右连接（right）、内连接（inner）和外连接（outer），但比起数据库 SQL 语言中的 join，merge 函数还有其自身独到之处，例如可以在合并过程中对数据集中的数据进行排序等。merge 函数常用的参数及其说明如表 6-15 所示。

表 6-15 merge 函数参数及其说明

参数名称	说 明
left	接收 DataFrame 或 Series，表示要添加的新数据 1。无默认值
right	接收 DataFrame 或 Series，表示要添加的新数据 2。无默认值
how	接收 inner、outer、left、right，表示数据的连接方式。默认为 inner
on	接收 string 或 sequence，表示两个数据合并的主键（必须一致）。默认为 None
left_on	接收 string 或 sequence，表示 left 参数接收数据用于合并的主键。默认为 None
right_on	接收 string 或 sequence，表示 right 参数接收数据用于合并的主键。默认为 None
left_index	接收 boolean，表示是否将 left 参数接收数据的 index 作为连接主键。默认为 False，不进行排序
right_index	接收 boolean，表示是否将 right 参数接收数据的 index 作为连接主键。默认值 False，不作为
sort	接收 boolean，表示是否根据连接键对合并后的数据进行排序。默认为 False，不作为
suffixes	接收 tuple，表示用于追加到 left 和 right 参数接收数据重叠列名的尾缀。默认为（'_x', '_y'）

使用 merge 函数指定列作为主键合并两张表，连接方式采用 inner，如代码清单 6-43 所示。

代码清单 6-43　使用 merge 函数合并数据

```
In[42]:   print('以列 key 为键，内连 df2、df3 后的 DataFrame 为：\n',
                pd.merge(df2, df3, on = 'key', how = 'inner'))

Out[42]:  以列 key 为键，内连 df2、df3 后的 DataFrame 为：
            key   A   B
          0  K0  A0  B0
          1  K1  A1  B1
          2  K2  A2  B2
```

6.3　其他数据类型操作

时间、文本、分类等数据类型是除了数值以外最常见的数据类型。由于每种类型都有其特性，对于数值型数据通用的方法对于其他类型并不通用。pandas 解决了这一难题，它为时间、文本、分类型提供了专有的处理方法。

6.3.1　时间操作

日期或时间等时间类型数据在金融、经济等领域用途十分广泛。pandas 提供多种时间类，最基本的是 Timestamp、Timedelta 和 Period，它们是单个时间标量，由它们可以组成时间 Series 和时间索引。基本时间类的说明如表 6-16 所示。

表 6-16　基本时间类

类	名　称	说　明	对应索引类
Timestamp	时间戳	具体时间点	DatetimeIndex
Timedelta	时间差	两个时间点的差	TimedeltaIndex
Period	时间段	时间段，如 2018 年全年	PeriodIndex

1. 时间戳

（1）创建

时间戳指特定的时刻，可以理解为时间点。pandas 中时间戳的类是 Timestamp，它是 Python 基本库 datetime 的 datetime 类的替代品，在很多情况下二者可以互换。Timestamp 类可以作为 DatetimeIndex 以及时间序列导向的数据结构的输入类型。创建 Timestamp 对象的函数为 Timestamp，其基本语法格式如下。

```
pandas.Timestamp(ts_input, freq=None, tz=None, unit=None, year=None, month=None, day=None, hour=None, minute=None, second=None, microsecond=None, tzinfo=None, offset=None)
```

Timestamp 函数常用的参数及其说明如表 6-17 所示。

表 6-17　Timestamp 函数常用的参数及其说明

参数名称	说　明
ts_input	接收 datetime-like 的 str、int 或 float，表示被转换成 Timestamp 的值。无默认值
freq	接收 str 或 DateOffset，表示时间频率。默认为 None
tz	接收 str、pytz.timezone 或 dateutil.tz.tzfile，表示时区。默认为 None
unit	接收 str，表示用于转换的 NumPy 时间单位。默认为 None

使用 Timestamp 函数创建 Timestamp 对象，ts_input 参数一般接收 4 个值，分别代表年、月、日、小时，与创建 datetime.datetime 类似，如代码清单 6-44 所示。

代码清单 6-44　创建 Timestamp 对象

```
In[1]:    import pandas as pd
          print('创建的Timestamp为：Timestamp({0})'.format(pd.Timestamp(2018, 8, 15, 12)))
Out[1]:   创建的Timestamp为：Timestamp(2018-08-15 12:00:00)
```

需要注意的是，Timestamp 类型时间是有限制的，最早只能够表示至 1677 年 9 月 21 日，最晚只能表示至 2262 年 4 月 11 日（根据当前日期发生改变），如代码清单 6-45 所示。

代码清单 6-45　Timestamp 的最小时间和最大时间

```
In[2]:    print('最小时间为：', pd.Timestamp.min)
Out[2]:   最小时间为：1677-09-21 00:12:43.145225
In[3]:    print('最大时间为：', pd.Timestamp.max)
Out[3]:   最大时间为：2262-04-11 23:47:16.854775807
```

创建 Timestamp 对象的另一个方法是转换类型。很多情况下，需要将特定的数据类型转换为 Timestamp 对象，pandas 提供 to_datetime 函数能够实现这一目的。to_datetime 函数的基本语法格式如下。

```
pd.to_datetime(arg, errors='raise', dayfirst=False, yearfirst=False, utc=None, box=True, format=None, exact=True, unit=None, infer_datetime_format=False, origin='unix')
```

to_datetime 函数常用的参数及其说明如表 6-18 所示。

表 6-18　to_datetime 函数常用的参数及其说明

参数名称	说　明
arg	接收 integer、float、string、datetime、list、tuple、1-darray 和 Series，表示被转换成 Timestamp 的值。无默认值
dayfirst	接收 bool，表示解析形式，如 10/11/12 会被解析成 2012-11-10。默认为 None
yearfirst	接收 bool，表示解析形式，如 10/11/12 会被解析成 2010-11-12。默认为 None

使用 to_datetime 函数将 Series 元素的类型转换为 Timestamp 类，如代码清单 6-46 所示。

代码清单 6-46　to_datetime 函数转换 Series 类型

In[4]:
```
import numpy as np
date =['2016/8/1 11:11:46', '2017/9/2 12:13:48', '2015/7/3
09:08:40', np.nan, '2016/8/1 11:11:46']
series = pd.Series(date)
print('创建的Series为：\n', series)
```

Out[4]:
```
创建的Series为:
0    2016/8/1 11:11:46
1    2017/9/2 12:13:48
2    2015/7/3 09:08:40
3                  NaN
4    2016/8/1 11:11:46
dtype:   object
```

In[5]:
```
series1 = pd.to_datetime(series)
print('转换为时间类型的Series为：\n', series1)
```

Out[5]:
```
转换为时间类型的Series为:
0   2016-08-01 11:11:46
1   2017-09-02 12:13:48
2   2015-07-03 09:08:40
3                   NaT
4   2016-08-01 11:11:46
dtype: datetime64[ns]
```

（2）属性

Timestamp 对象拥有一些常用的属性，如表 6-19 所示。这些属性有助于从 Timestamp 对象中提取出需要的信息。

表 6-19　Timestamp 对象的常用属性

属性名称	说　明	属性名称	说　明
year	年	quarter	季节
month	月	weekofyear	一年中第几周
day	日	dayofyear	一年中的第几天
hour	小时	dayofweek	一周中第几天
minute	分钟	weekday_name	星期名称
second	秒	is_leap_year	是否闰年

访问 Timestamp 对象的常用属性，如代码清单 6-47 所示。

代码清单 6-47　访问 Timestamp 对象的常用属性

In[6]:
```
date1 = pd.Timestamp(2018, 8, 15, 12, 21, 59)
print('从Timestamp提取的年为：', date1.year)
```

```
Out[6]:    从 Timestamp 提取的年为：2018
In[7]:     print('从 Timestamp 提取的月为：', date1.month)
Out[7]:    从 Timestamp 提取的月为：8
In[8]:     print('从 Timestamp 提取的日为：', date1.day)
Out[8]:    从 Timestamp 提取的日为：15
In[9]:     print('从 Timestamp 提取的小时为：', date1.hour)
Out[9]:    从 Timestamp 提取的小时为：12
In[10]:    print('从 Timestamp 提取的分钟为：', date1.minute)
Out[10]:   从 Timestamp 提取的分钟为：21
In[11]:    print('从 Timestamp 提取的秒为：', date1.second)
Out[11]:   从 Timestamp 提取的秒为：59
```

当 Series 由 Timestamp 对象组成时，即 Series 类型为 datetime64，可以使用 Series 的 dt 属性（pandas.Series.dt.）访问 Timestamp 的常用属性，如代码清单 6-48 所示。

代码清单 6-48　dt 属性访问 Timestamp 的常用属性

```
In[12]:    print('从 Series 提取的年为：\n', series1.dt.year)
Out[12]:   从 Series 提取的年为：
           0    2016.0
           1    2017.0
           2    2015.0
           3       NaN
           4    2016.0
           dtype:   float64
In[13]:    print('从 Series 提取的月为：\n', series1.dt.month)
Out[13]:   从 Series 提取的月为：
           0    8.0
           1    9.0
           2    7.0
           3    NaN
           4    8.0
           dtype:   float64
In[14]:    print('从 Series 提取的日为：\n', series1.dt.day)
Out[14]:   从 Series 提取的日为：
           0    1.0
```

```
1     2.0
2     3.0
3     NaN
4     1.0
dtype: float64
```

2. 时间差

（1）创建

时间差即两个时间点的差。pandas 中时间差的类是 Timedelta，它是 Python 标准库 datetime 的 timedelta 类的子类，在很多情况下可以互换。创建 Timedelta 对象的函数是 Timedelta，其基本语法格式如下。

```
pandas.Timedelta(value, unit=None, **kwargs)
```

Timedelta 函数常用的参数及其说明如表 6-20 所示。

表 6-20 Timedelta 函数常用的参数及其说明

参数	说明
value	接收 Timedelta、timedelta、np.timedelta64、str 或 int，表示被转换成 Timedelta 的值。无默认值
unit	接收 str，当接收值为 int 类型时，表示传入值的时间单位。默认为 None

使用 Timedelta 函数创建 Timedelta 对象，value 参数为 str 类型，如代码清单 6-49 所示。

代码清单 6-49 接收 str 创建 Timedelta

```
In[15]:   print('创建的 Timedelta 为：Timedelta({0})'.format(pd.Timedelta('1days 1minute')))
Out[15]:  创建的 Timedelta 为：Timedelta(1 days 00:01:00)
```

接收 datetime.timedelta 创建 Timedelta，即传入天、秒等关键字，如代码清单 6-50 所示。

代码清单 6-50 接收 timedelta 创建 Timedelta

```
In[16]:   print('创建的 Timedelta 为：Timedelta({0})'.format(pd.Timedelta(days = 1, minutes = 1)))
Out[16]:  创建的 Timedelta 为：Timedelta(1 days 00:01:00)
```

通过转换的方式也可以创建 Timedelta。pandas 提供的 to_timedelta 函数能够将可识别为 timedelta 形式的 scalar、array、list 或 Series 转换为 Timedelta，其基本语法格式如下。

```
pandas.to_timedelta(arg, unit='ns', box=True, errors='raise')
```

to_timedelta 函数常用的参数及其说明如表 6-21 所示。

表 6-21　to_timedelta 函数常用的参数及其说明

参数名称	说　明
arg	接收 integer、float、string、datetime、list、tuple、1-darray 和 Series，表示被转换成 Timedelta 的值。无默认值
unit	接收 str，当接收值为 int 类型时，表示传入值的时间单位。默认为 ns

使用 to_timedelta 函数将 Series 元素的类型转换为 Timedelta，如代码清单 6-51 所示。

代码清单 6-51　将 Series 元素的类型转换为 Timedelta

```
In[17]:   series2 = pd.Series(['1days 1minute', '2days 3minute'])
          # 转换成 Timedelta
          timedelta = pd.to_timedelta(series2)
          print('转换后的 Series 为：\n', timedelta)
Out[17]:  转换后的 Series 为：
          0    1 days 00:01:00
          1    2 days 00:03:00
          dtype: timedelta64[ns]
```

（2）加减及转换频率

通过 Timestamp 对象的相减也可以得到 Timedelta，如代码清单 6-52 所示。

代码清单 6-52　通过 Timestamp 对象的相减得到 Timedelta

```
In[18]:   print('Timestamp 相减后结果为：TimeDelta({0})'.format
                (pd.Timestamp(2018, 8, 15, 12) - pd.Timestamp(2018, 8, 14, 12)))
Out[18]:  Timestamp 相减后结果为：TimeDelta(1 days 00:00:00)
```

Timedelta 相加减后得到的也是 Timedelta，如代码清单 6-53 所示。

代码清单 6-53　Timedelta 相加减

```
In[19]:   print('Timedelta 相减后为：TimeDelta({0})'.format(timedelta[1] - timedelta[0]))
Out[19]:  Timedelta 相减后为：TimeDelta(1 days 00:02:00)
```

而 Timestamp 对象与 Timedelta 相加减，得到的是 Timestamp，如代码清单 6-54 所示。

代码清单 6-54　Timestamp 对象与 Timedelta 相加减

```
In[20]:   print('Timestamp 与 Timedelta 相减后为：'
                'Timestamp({0})'.format(pd.Timestamp(2018, 8, 15, 12) + timedelta[0]))
Out[20]:  Timestamp 与 Timedelta 相减后为：Timestamp(2018-08-16 12:01:00)
```

此外，Timedelta 或 Timedelta 组成的 Series 还能被转换成指定频率（时间单位）的数值，实现方法是用 Timedelta 除以另一个 Timedelta 对象（或 NumPy 的 timedelta 对象），如代码清单 6-55 所示。

代码清单 6-55　转换指定频率

```
In[21]:   # 转换为小时
          print('Timedelta 频率转换为小时后的数值为：\n', timedelta / pd.Timedelta('1 hour'))
Out[21]:  Timedelta 频率转换为小时后的数值为：
          0    24.016667
          1    48.050000
          dtype:    float64
In[22]:   # 转换为分钟
          print('Timedelta 频率转换为分钟后的数值为：\n', timedelta / pd.Timedelta('1 minute'))
Out[22]:  Timedelta 频率转换为分钟后的数值为：
          0    1441.0
          1    2883.0
          dtype: float64
```

当 Timedelta 组成 Series 时，还可以使用 astype 方法转换时间频率，如代码清单 6-56 所示。

代码清单 6-56　转换时间频率

```
In[23]:   # 转换为小时
          print('Timedelta 频率转换为小时后的数值为：\n', timedelta.astype(('timedelta64[h]')))
Out[23]:  Timedelta 频率转换为小时后的数值为：
          0    24.0
          1    48.0
          dtype:    float64
In[24]:   # 转换为分钟
          print('Timedelta 频率转换为分钟后的数值为：\n', timedelta.astype(('timedelta64[m]')))
Out[24]:  Timedelta 频率转换为分钟后的数值为：
          0    1441.0
          1    2883.0
          dtype: float64
```

（3）属性

Timedelta 有一些常用的属性，如表 6-22 所示。这些属性有助于从 Timedelta 对象中提取出需要的信息。

表 6-22　Timedelta 的常用属性

属性名称	说　明	属性名称	说　明
days	天数	seconds	秒数
microseconds	毫秒数	nanoseconds	纳秒数

访问 Timedelta 对象的常用属性，如代码清单 6-57 所示。

代码清单 6-57　访问 Timedelta 对象的常用属性

In[25]:
```
print('从 Timedelta 提取的天数为：', timedelta[0].days)
```
Out[25]:
```
从 Timedelta 提取的天数为：1
```
In[26]:
```
print('从 Timedelta 提取的秒数为：', timedelta[0].seconds)
```
Out[26]:
```
从 Timedelta 提取的秒数为：60
```
In[27]:
```
print('从 Timedelta 提取的微秒数为：', timedelta[0].microseconds)
```
Out[27]:
```
从 Timedelta 提取的微秒数为：0
```
In[28]:
```
print('从 Timedelta 提取的纳秒数为：', timedelta[0].nanoseconds)
```
Out[28]:
```
从 Timedelta 提取的纳秒数为：0
```

当 Series 由 Timedelta 对象组成时，即 Series 类型为 timedelta64，可以使用 Series 的 dt 属性（pandas.Series.dt.）访问 Timedelta 的常用属性，如代码清单 6-58 所示。

代码清单 6-58　使用 dt 属性访问 Timedelta 的常用属性

In[29]:
```
print('从 Series 提取的天为：\n', timedelta.dt.days)
```
Out[29]:
```
从 Series 提取的天为：
0    1
1    2
dtype:   int64
```
In[30]:
```
print('从 Series 提取的秒为：\n', timedelta.dt.seconds)
```
Out[30]:
```
从 Series 提取的秒为：
0     60
1    180
dtype: int64
```

3. 时间索引

时间索引对象包括 DatetimeIndex、PeriodIndex 以及 TimedeltaIndex，其中最基本的是 DatetimeIndex。通过 DatetimeIndex 函数创建 DatetimeIndex 对象，如代码清单 6-59 所示。

代码清单 6-59　创建 DatetimeIndex 对象

In[31]:
```
timeindex = pd.DatetimeIndex(['2018-01-01', '2018-01-02', '2018-01-
03', '2018-01-04'])
print('创建的 DatetimeIndex 为：\n', timeindex)
```

```
Out[31]:    创建的 DatetimeIndex 为:
             DatetimeIndex(['2018-01-01', '2018-01-02', '2018-01-03', '2018-01-
            04'], dtype='datetime64[ns]', freq=None)
```

（1）date_range

代码清单 6-59 展示了 DatetimeIndex 显式创建的过程，但大多数情况下都不是显式创建。pandas 推荐通过 date_range 函数创建，它能返回一个包含固定频率的 DatetimeIndex，这在时间序列处理上十分有用，其基本语法格式如下。

```
pandas.date_range(start=None, end=None, periods=None, freq='D', tz=None,
normalize=False, name=None, closed=None, **kwargs)
```

date_range 函数常用的参数及其说明如表 6-23 所示。

表 6-23　date_range 函数常用的参数及其说明

参数名称	说　明
start	接收日期形式的 str，表示开始时间。默认为 None
end	接收日期形式的 str，表示截止时间。默认为 None
periods	接收 int，表示周期。默认为 None
freq	接收 str 或 DateOffset 对象，表示时间频率，如 D 表示以天为频率。默认为 D

使用 date_range 函数创建 DatetimeIndex，接收 start 和 end 参数，此时频率默认为天，如代码清单 6-60 所示。

代码清单 6-60　使用 date_range 函数创建 DatetimeIndex

```
In[32]:     print('创建的DatetimeIndex为: \n', pd.date_range(start = '2018-01-01', end = '2018-01-08'))

Out[32]:    创建的 DatetimeIndex 为:
             DatetimeIndex(['2018-01-01', '2018-01-02', '2018-01-03', '2018-01-04',
                           '2018-01-05', '2018-01-06', '2018-01-07', '2018-01-08'],
                          dtype='datetime64[ns]', freq='D')
```

接收 periods 参数创建 DatetimeIndex，如代码清单 6-61 所示。

代码清单 6-61　使用 date_range 函数创建 DatetimeIndex

```
In[33]:     print('创建的DatetimeIndex为: \n', pd.date_range(start = '2018-01-01', periods = 8))

Out[33]:    创建的 DatetimeIndex 为:
             DatetimeIndex(['2018-01-01', '2018-01-02', '2018-01-03', '2018-01-04',
                           '2018-01-05', '2018-01-06', '2018-01-07', '2018-01-08'],
                          dtype='datetime64[ns]', freq='D')
```

接收 freq 参数创建 DatetimeIndex，通过 freq 可控制生成 DatetimeIndex 的时间间隔，

如代码清单 6-62 所示。

代码清单 6-62　使用 date_range 函数创建 DatetimeIndex

In[34]:
```
print('创建的 DatetimeIndcx 为: \n',
      pd.date_range(start = '2018-01-01', periods = 8, freq = 'M'))
```

Out[34]:
```
创建的 DatetimeIndex 为:
DatetimeIndex(['2018-01-31', '2018-02-28', '2018-03-31', '2018-04-30',
               '2018-05-31', '2018-06-30', '2018-07-31', '2018-08-31'],
              dtype='datetime64[ns]', freq='M')
```

（2）时间序列索引操作

DatetimeIndex 一般与时间序列结合。以 DatetimeIndex 为索引的 Series，是一个最基本的时间序列，如代码清单 6-63 所示。

代码清单 6-63　时间序列

In[35]:
```
date = pd.date_range(start = '2018-01-10 01:02:03', periods = 5 , freq = 'W')
list1 =[1, 2, 3, 4, 5]
arr = pd.Series(list1, index = date)
print('创建的时间序列为: \n', arr)
```

Out[35]:
```
创建的时间序列为:
2018-01-14 01:02:03    1
2018-01-21 01:02:03    2
2018-01-28 01:02:03    3
2018-02-04 01:02:03    4
2018-02-11 01:02:03    5
Freq: W-SUN, dtype: int64
```

时间序列是 Series 的子类，所以它们的基本索引操作是一样的，如代码清单 6-64 所示。

代码清单 6-64　索引操作

In[36]:
```
print('访问 2018-01-14 01:02:03 的数据为: ', arr['2018-01-21 01:02:03'])
```

Out[36]:
```
访问 2018-01-14 01:02:03 的数据为: 2
```

时间序列的索引操作有其独特性，对于较长的时间序列，只需传入代表年、月等单位的字符串即可访问数据，如代码清单 6-65 所示。

代码清单 6-65　访问数据

In[37]:
```
print('访问 2018 年 1 月份数据为: \n', arr['2018-1'])
```

Out[37]:
```
访问 2018 年 1 月份数据为:
2018-01-14 01:02:03    1
```

```
2018-01-21 01:02:03    2
2018-01-28 01:02:03    3
Freq: W-SUN, dtype: int64
```

由于大部分时间序列的数据都是按照先后顺序排列的，因此可以用不存在于 DatetimeIndex 中的时间（字符串）对其切片，这个切片可以理解为时间范围，切片不必工整，如代码清单 6-66 所示。

代码清单 6-66 访问时间范围

In[38]:
```
print('访问 2017 年 12 月到 2018 年 2 月 3 号的数据为：\n', arr['2017-12': '2018-02-03'])
```

Out[38]:
```
访问 2017 年 12 月到 2018 年 2 月 3 号的数据为:
2018-01-14 01:02:03    1
2018-01-21 01:02:03    2
2018-01-28 01:02:03    3
Freq: W-SUN, dtype: int64
```

6.3.2 文本操作

Series 和 Index 都配有大量文本处理的方法，这让操作其数组上的每一个元素变得容易。Series 和 Index 通过 str 属性（如 Series.str）能够访问这些方法，这些方法大部分与 Python 内建的 str 方法相同。

1. 文本方法

通过 str 属性访问 Series 的文本方法，其基本语法格式如下。

```
pandas.Series.str.文本处理方法
```

访问 upper 方法，将 Series 各元素转换为大写字母，如代码清单 6-67 所示。

代码清单 6-67 通过 str 属性访问 upper 方法

In[39]:
```
series3 = pd.Series(['a', 'abb', 'Ab12'])
print('大写后的 Series 为：\n', series3.str.upper())
```

Out[39]:
```
大写后的 Series 为:
0       A
1     ABB
2    AB12
dtype: object
```

Series 的文本处理方法的名称大部分与 Python 内建的 str 方法相同，作用也基本相同，但某些用法可能稍有不同，例如 replace 方法、split 方法等，它们通过 Series.str 访问时能够接收正则表达式，而通过普通字符串访问时则不能，如代码清单 6-68 所示。

代码清单 6-68　使用 replace 方法接收正则表达式替换字符

In[40]:
```
# 匹配以小写 a 开头的元素，将 ab 替换为 F，作用于 Series
print('替换后的 Series 为：\n', series3.str.replace(r'^ab', 'F'))
```

Out[40]:
```
替换后的 Series 为：
0       a
1      Fb
2    Ab12
dtype:   object
```

In[41]:
```
print('替换后的元素为：\n', series3.str.replace(r'^ab', 'F')[1])
```

Out[41]:
```
替换后的元素为：Fb
```

In[42]:
```
# 匹配以小写 a 开头的元素，将 ab 替换为 F，作用于 str
print('替换后的 str 为：', series3[1].replace(r'^ab', 'F'))
```

Out[42]:
```
替换后的 str 为：abb
```

2. 特有文本方法

少量文本处理方法与 Python 内建的不同，它们是特有的，如表 6-24 所示。

表 6-24　特有文本方法

参数名称	说　明
cat	实现元素级 str 连接操作，可指定分隔符
get	抽取指定字符串位置的元素
get_dummies	通过分隔符分隔 str，返回哑变量构成的 DataFrame
contains	返回表示各 str 是否含有指定模式的 bool 型数组
repeat	对每个 str 重复指定次数
pad	在 str 的左边、右边或两边添加空白符
wrap	按照指定长度分割字符
slice	对 Series 中的各个 str 进行子串截取
slice_replace	替换截取的 str
findall	找到所有匹配模式所匹配的值
match	根据指定的正则表达式对各元素执行 re.match
extract	将正则表达式匹配的第一个组取出
extractall	将正则表达式匹配的所有组取出
len	计算字符长度
normalize	返回 Unicode 标准形式

访问 Serie 特有的文本方法，如代码清单 6-69 所示。

代码清单 6-69 访问 Serie 特有的文本方法

```
In[43]:  print('cat 方法作用后的结果为: ', series3.str.cat(sep = '-'))
Out[43]: cat 方法作用后的结果为: a-abb-Ab12
In[44]:  print('get 方法作用后的结果为: \n', series3.str.get(1))
Out[44]: get 方法作用后的结果为:
         0      NaN
         1        b
         2        b
         dtype:   object
In[45]:  print('get_dummies 方法作用后的结果为: \n', series3.str.get_dummies())
Out[45]: get_dummies 方法作用后的结果为:
             Ab12  a  abb
         0      0  1    0
         1      0  0    1
         2      1  0    0
In[46]:  print('contains 方法作用后的结果为: \n', series3.str.contains('ab', regex = False))
Out[46]: contains 方法作用后的结果为:
         0     False
         1     True
         2     False
         dtype:   bool
In[47]:  print('repeat 方法作用后的结果为: \n', series3.str.repeat(2))
Out[47]: repeat 方法作用后的结果为:
         0            aa
         1        abbabb
         2      Ab12Ab12
         dtype:   object
In[48]:  print('pad 方法作用后的结果为: \n', series3.str.pad(width = 2, side = 'left',
         fillchar = 'f'))
Out[48]: pad 方法作用后的结果为:
         0       fa
         1      abb
         2     Ab12
         dtype: object
```

3. 文本索引操作

表 6-24 介绍了 slice 方法截取字符，实现索引操作。通过“[ ]”符号也可实现索引操作，它是基于位置的。若输入位置超过索引，则返回 NaN，如代码清单 6-70 所示。

代码清单 6-70 str 索引

In[49]:
```
# 位置索引
print('第一个字符为: \n', series.str[0])
```

Out[49]:
```
第一个字符为:
0      2
1      2
2      2
3    NaN
4      2
dtype:  object
```

In[50]:
```
# 切片索引
print('前两个字符为: \n', series3.str[0:2])
```

Out[50]:
```
前两个字符为:
0     a
1    ab
2    Ab
dtype: object
```

6.3.3 category 操作

category 即分类型数据，它是 pandas 的一种数据类型，对应统计学中的分类型变量。category 可能会有一个顺序，但不能执行数字操作。

1. 创建 category

通过 Series、DataFrame、Categorical 函数皆可创建 category，其中使用 Categorical 函数创建属于显式创建。这里主要介绍通过 Series 创建，它最为典型，包含 4 个创建方法：指定 Series 数据类型、转换 Series 数据类型、接收 Categorical 对象、使用 cut 方法。

指定 Series 数据类型创建 category 的方法十分简单，设置 dtype 参数为 category 即可，如代码清单 6-71 所示。

代码清单 6-71 指定 Series 数据类型创建 category

In[51]:
```
series4 = pd.Series(['a', 'b', 'b', 'c'], dtype = 'category')
print('指定 Series 数据类型创建的 category 为: \n', series4)
```

Out[51]:
```
指定 Series 数据类型创建的 category 为:
0    a
1    b
2    b
3    c
dtype:  category
```

```
Categories (3, object): [a, b, c]
```

对于已经创建的 Series，将其数据类型转换为 category 类型即可创建 category。这里供转换的类型有两种：category 和 CategoricalDtype。CategoricalDtype 是 category 的专用类型，它还可以锁定排序，如代码清单 6-72 所示。

代码清单 6-72　转换 Series 数据类型创建 category

```
In[52]:   series = pd.Series(['a', 'b', 'b', 'c'])
          series1 = series.astype('category')
          print('转换 Series 数据类型创建的 category 为：\n', series1)

Out[52]:  转换 Series 数据类型创建的 category 为：
          0    a
          1    b
          2    b
          3    c
          dtype:   category
          Categories (3, object): [a, b, c]

In[53]:   from pandas.api.types import CategoricalDtype
          cat_type = CategoricalDtype(categories=['b', 'c', 'd'], ordered = True)
          series1 = series.astype(cat_type)
          print('转换 Series 数据类型为 CategoricalDtype 创建的 category 结果为：\n', series1)

Out[53]:  转换 Series 数据类型为 CategoricalDtype 创建的 category 结果为：
          0    NaN
          1      b
          2      b
          3      c
          dtype:   category
          Categories (3, object): [b < c < d]
```

使用 Categorical 函数可以直接创建 Categorical 对象，Series 通过接收 Categorical 对象也可以创建 category，如代码清单 6-73 所示。

代码清单 6-73　接收 Categorical 对象创建 category

```
In[54]:   raw_cat = pd.Categorical(['a', 'b', 'b', 'c'],
                                   categories =['a', 'b', 'c'], ordered = False)
          series = pd.Series(raw_cat)
          print('接收 Categorical 对象创建 category 为：\n', series)

Out[54]:  接收 Categorical 对象创建 category 为：
          0    a
          1    b
          2    b
          3    c
          dtype: category
```

```
Categories (3, object): [a, b, c]
```

cut 函数将 Series 的连续数据分成不同的区间变成离散数据，一般用于直方图展示。cut 函数作用后的 Series 数据类型变成了 category，如代码清单 6-74 所示。

代码清单 6-74　cut 函数创建 category

```
In[55]:   series = pd.Series(range(9))
          series1 = pd.cut(series,[0, 3, 6, 9, 12], right = False)
          print('cut 函数作用 Series 创建 category 结果为：\n', series1)

Out[55]:  cut 函数作用 Series 创建 category 结果为：
          0        [0, 3)
          1        [0, 3)
          2        [0, 3)
          3        [3, 6)
          4        [3, 6)
          5        [3, 6)
          6        [6, 9)
          7        [6, 9)
          8        [6, 9)
          dtype:   category
          Categories (4, interval[int64]): [[0, 3) < [3, 6) < [6, 9) < [9, 12)]
```

2. 操作 category

当 Series 的数据类型为 category 时，可通过 Series.cat 生成一个访问器，类似前面介绍的 Series.str，用于访问 category 的属性及方法。通过访问 category 的属性及方法操作 category，常用操作包括重命名、增删及设置类别、排序。

（1）重命名

category 拥有一个类别属性和一个顺序属性，类别属性是 category 可能的值，顺序属性是指类别顺序是否指定。通过访问器访问相应属性，如代码清单 6-75 所示。

代码清单 6-75　访问类别和顺序

```
In[56]:   series = pd.Series(['a', 'b', 'b', 'c'], dtype = 'category')
          print('category 的类别为：\n', series.cat.categories)

Out[56]:  category 的类别为：
           Index(['a', 'b', 'c'], dtype='object')

In[57]:   print('category 的类别是否指定：', series.cat.ordered)

Out[57]:  category 的类别是否指定：False
```

使用 rename_categories 方法对类别重命名，如代码清单 6-76 所示。

代码清单 6-76　对类别重命名

In[58]:
```
series1 = series.cat.rename_categories([1, 2, 3])
print('重命名category的类别为：', series1.cat.categories)
```
Out[58]:
```
重命名category的类别为：Int64Index([1, 2, 3], dtype='int64')
```

（2）增删及设置类别

若要对 category 增加类别，则使用 add_categories 即可实现，如代码清单 6-77 所示。

代码清单 6-77　增加类别

In[59]:
```
series1 = series.cat.add_categories(['e'])
print('新增后的category的类别为：\n', series1.cat.categories)
```
Out[59]:
```
新增后的category的类别为：
 Index(['a', 'b', 'c', 'e'], dtype='object')
```

删除类别和增加类别是对应的，删除类别使用 remove_categories 方法，本来对应类别的 category 变为 NaN，如代码清单 6-78 所示。

代码清单 6-78　删除类别

In[60]:
```
series1 = series.cat.remove_categories(['c'])
print('删除后的category的类别为：\n', series1.cat.categories)
```
Out[60]:
```
删除后的category的类别为：
 Index(['a', 'b'], dtype='object')
```

通过 set_categories 方法，可以一步到位实现类别增加或删除，或者改变类别值，甚至可以设置类别是否有序，如代码清单 6-79 所示。

代码清单 6-79　set_categories 方法改变类别

In[61]:
```
series1 = series.cat.set_categories(['c', 'd'], ordered = True)
print('设置后的category的类别为：\n', series1.cat.categories)
```
Out[61]:
```
设置后的category的类别为：
 Index(['c', 'd'], dtype='object')
```

（3）排序

使用 sort_values 方法对 category 进行排序，如代码清单 6-80 所示。

代码清单 6-80　对 category 进行排序

In[62]:
```
series1 = series.cat.set_categories(['c', 'e', 'a', 'b'], ordered = True)
print('指定顺序后的category为：\n', series1.sort_values())
```

```
Out[62]:    指定顺序后的 category 为:
            3    c
            0    a
            1    b
            2    b
            dtype:   category
            Categories (4, object): [c < e < a < b]
```

小结

pandas 是数据分析的利器，其内容较多。pandas 基础知识主要分为 3 部分，其主要内容如下。

1）Series、DataFramc、Index 对象的创建，属性及基本方法。

2）DataFrame 的基本操作包括索引操作、排序和重置、数据合并。

3）时间数据、文本数据、分类数据的常规操作方法。

课后习题

1. 选择题

（1）pandas 的基本数据结构不包括（　　）。

A. Series　　B. DataFrame　　C. Panel　　D. Index

（2）Series 能够接收的数据类型不包括（　　）。

A. dict　　B. list　　C. array　　D. Set

（3）关于 Series 索引方式错误的是（　　）。

A. s[0:2]　　B. s[2]　　C. s[s>2]　　D. s[s=2]

（4）删除 DataFrame 数据的方法不包括（　　）。

A. drop　　B. pop　　C. del　　D. remove

（5）关于索引对象，下列说法错误的是（　　）。

A. 可通过 Series 接收索引参数创建　　B. MultiIndex 是层次化索引对象

C. 索引对象可以修改　　D. 索引内部元素可以重复

（6）关于 iloc 的说法不正确的是（　　）。

A. 既可以行索引，也可以列索引

B. 不能使用标签索引

C. 传入的行索引位置或列索引位置为区间时，则为前闭后开区间

D. 可以接收 Series

（7）merge 函数用于主键合并，下列说法错误的是（　　）。

A. on 参数用于指定主键　　B. sort 参数为 True 时将会对合并的数据排序

C. suffixes 参数用于对重叠列加尾缀　　D. join 参数表示表连接的方式

（8）关于 pandas 库的文本操作，下列说法错误的是（　　）。

A. replace 方法用于替换字符串

B. 文本不能直接索引

C. 所有方法均能广播至选中所有元素

D. 存在一些特殊的方法是 Python 原生 str 类型所没有的

（9）下列关于时间相关类的说法错误的是（　　）。

A. Timestamp 是存放某个时间点的类

B. Period 是存放某个时间段的类

C. Timestamp 数据可以使用标准的时间 str 转换得来

D. 两个数值上相同的 Period 和 Timestamp 所代表的意义相同

（10）【多选】创建 category 的方法包括（　　）。

A. 通过 pandas.Categorical 创建　　B. 通过 pandas.cut 创建

C. 设置 Series 的 dtype 参数为 category　　D. 转换 Series 数据类为 category

2. 填空题

（1）对 DataFrame 按指定列排序的方法是________。

（2）通过________方法可以在 Series 后插入新的 Series。

（3）设置 DataFrame 的 drop 方法的 axis 参数为________可以删除行。

（4）层次化索引对应的类是________。

（5）________是 category 的专用类型。

3. 操作题

（1）通过 dict 创建一个 DataFrame。

（2）下表是一个 DataFrame，请执行下列操作：①筛选出列名为“col2”的列大于 4 的所有数据；②删除列名为“col2”的列；③按列名为“col3”的列降序排列 DataFrame。

	col1	col2	col3
a	0	1	2
b	3	4	8
c	6	7	5
f	9	10	11

（3）计算下表中列名为“col1”的列的各元素长度。

	col1	col2
a	ab	2
b	abc	3
c		4

CHAPTER 7
第 7 章

pandas 进阶

本章是 pandas 的进阶篇，基于第 6 章 pandas 基础，主要内容包括数据读取与写入、DataFrame 高级操作和数据处理。

7.1 数据读取与写入

pandas 内置了 10 余种数据源读取函数和对应的数据写入函数，能够读写常见的数据源，如 CSV、Excel、数据库等。与第 2 章中提到的 Python 内置数据读取和存储函数相比，pandas 能够读取更多的数据类型，读取出来的数据也更加规整，同时还能够自动控制或打开 I/O，而无须手动操作。

7.1.1 CSV

CSV 是一种字符分隔文件，文件以纯文本形式存储表格数据（数字和文本）。它是一种通用、相对简单的文件格式，最广泛的应用是在程序之间转移表格数据，而这些程序本身是在不兼容的格式上进行操作的（往往是私有的和 / 或无规范的格式）。因为大量程序都支持 CSV 或者其变体，因此它可以作为大多数程序的输入和输出格式。

read_csv 函数用于读取 CSV 文件，其基本语法格式如下。

```
pandas.read_csv(filepath_or_buffer, sep=', ', delimiter=None, header='infer', names=None, index_col=None, usecols=None, squeeze=False, prefix=None, mangle_dupe_cols=True, dtype=None, engine=None, converters=None, true_values=None, false_values=None, skipinitialspace=False, skiprows=None, nrows=None, na_values=None, keep_default_na=True, na_filter=True, verbose=False, skip_blank_lines=True, parse_dates=False, infer_datetime_format=False, keep_date_col=False, date_parser=None, dayfirst=False, iterator=False, chunksize=None, compression='infer', thousands=None, decimal=b'.', lineterminator=None, quotechar='"', quoting=0, escapechar=None, comment=None, encoding=None, dialect=None, tupleize_cols=None, error_bad_lines=True, warn_bad_lines=True, skipfooter=0, doublequote=True, delim_whitespace=False, low_memory=True, memory_map=False, float_precision=None)
```

read_csv 函数常用的参数及其说明如表 7-1 所示。

表 7-1　read_csv 函数常用的参数及其说明

参数名称	说　明
filepath	接收 str，表示文件路径。无默认值
sep	接收 str，表示文件的分隔符。默认为“,”
header	接收 int 或 sequence，表示将某行数据作为列名，为 int 时表示将第 n 列作为列名，为 sequence 时，将 sequence 作为列名。默认为 infer，表示自动识别
names	接收 array，表示列名。默认为 None
index_col	接收 int、sequence 或 False，表示索引列的位置，为 sequence 时表示多重索引。默认为 None
dtype	接收 dict，表示写入的数据类型（列名为 key，数据格式为 values）。默认为 None
engine	接收 c 或者 python，表示数据解析引擎。默认为 c
nrows	接收 int，表示读取前 n 行。默认为 None
encoding	接收 str，表示文件的编码格式。无默认值

read_csv 函数中的 sep 参数指定文本的分隔符，如果分隔符指定错误，在读取数据的时候，每一行数据将连成一片。encoding 参数表示文件的编码格式，常用的编码有 utf-8、utf-16、gbk、gb2312、gb18030 等，如果编码指定错误，那么数据将无法读取。使用 read_csv 函数读取 CSV 文件，如代码清单 7-1 所示。

代码清单 7-1　使用 read_csv 函数读取 CSV 文件

In[1]:

```
import pandas as pd
df = pd.read_csv('../data/meal_order_info.csv', encoding = 'gbk')
print('读取的 CSV 文件前 5 行数据为：\n', df.head())
```

Out[1]:

```
读取的 CSV 文件前 5 行数据为：
   info_id  emp_id  number_consumers  ...  order_status        phone  name
0      417    1442                 4  ...             1  18688880641   苗宇怡
1      301    1095                 3  ...             1  18688880174    赵颖
2      413    1147                 6  ...             1  18688880276   徐毅凡
3      415    1166                 4  ...             1  18688880231   张大鹏
4      392    1094                10  ...             1  18688880173   孙熙凯
[5 rows x 21 columns]
```

read_table 函数也可以用来读取 CSV 文件，参数与用法和 read_csv 大体相同，唯一的区别是分隔符默认为制表符“[Tab]”。除 CSV 外，这两个函数还能读取其他文本数据。

文本文件的存储与读取类似，结构化数据可以通过 pandas 中的 to_csv 方法实现以 CSV 文件格式存储文件。Series 和 DatFrame 数据都可以写入 CSV 文件，针对 DatFrame 的 to_csv 方法的基本语法格式如下。

```
DataFrame.to_csv(path_or_buf=None, sep=',', na_rep='', columns=None,
header=True, index=True, index_label=None, mode='w', encoding=None)
```

to_csv 方法常用的参数及其说明如表 7-2 所示。

表 7-2　to_csv 方法常用的参数及其说明

参数名称	说　明
path_or_buf	接收 str，表示文件路径。无默认值
sep	接收 str，表示分隔符。默认为“,”
na_rep	接收 str，表示缺失值。默认为“”
columns	接收 list，表示写入的列名。默认为 None
header	接收 bool，表示是否将列名写入。默认为 True，写入
index	接收 bool，表示是否将行名（索引）写入。默认为 True，写入
index_labels	接收 sequence，表示索引名。默认为 None
mode	接收特定 str，表示数据写入模式。默认为 w
encoding	接收特定 str，表示存储文件的编码格式。默认为 None

使用 to_csv 方法将 DataFrame 数据写入 CSV 文件，如代码清单 7-2 所示。

代码清单 7-2　使用 to_csv 函数将 DataFrame 数据写入 CSV 文件

```
In[2]:
df1 = df.head()
df1.to_csv('../tmp/meal_order_info_out.csv', index = False)
print('df1 的前 2 行数据为：\n', df1.head(2))
```

```
Out[2]:
df1 的前 2 行数据为：
  info_id  emp_id  number_consumers  ...  order_status   phone        name
0    417    1442                 4   ...            1  18688880641   苗宇怡
1    301    1095                 3   ...            1  18688880174    赵颖
[2 rows x 21 columns]
```

7.1.2　Excel

Excel 是微软公司的办公软件 Microsoft Office 的组件之一，它可以进行各种数据的处理、统计分析和辅助决策操作，广泛地应用于管理、统计财经和金融等众多领域。其文件保存依照程序版本的不同分为两种。

1）Microsoft Office Excel 2007 之前的版本（不包括 2007）默认保存的文件名后缀为 .xls。

2）Microsoft Office Excel 2007 之后的版本默认保存的文件名后缀为 .xlsx。

pandas 提供了 read_excel 函数来读取“xls”“xlsx”两种 Excel 文件，其基本语法格式如下。

```
pandas.read_excel(io, sheet_name=0, header=0, names=None, index_col=None, usecols=None, squeeze=False, dtype=None, engine=None, converters=None, true_values=None, false_values=None, skiprows=None, nrows=None, na_values=None, parse_dates=False, date_parser=None, thousands=None, comment=None, skipfooter=0, convert_float=True, **kwds)
```

read_excel 函数常用的参数及其说明如表 7-3 所示，部分与 read_csv 函数相同。

表 7-3 read_excel 函数常用的参数及其说明

参数名称	说 明
io	接收 str，表示文件路径。无默认值
sheetname	接收 str 或 int，表示 Excel 表内数据的分表位置。默认为 0
header	接收 int 或 sequence，表示将某行数据作为列名，为 int 时表示将第 n 列作为列名，为 sequence 时，将 sequence 作为列名。默认为 infer，表示自动识别
names	接收 array，表示列名。默认为 None
index_col	接收 int、sequence 或者 False，表示索引名。默认为 None
dtype	接收 dict，表示写入的数据类型（列名为 key，数据格式为 values）。默认为 None

使用 read_excel 函数读取 Excel 文件，如代码清单 7-3 所示。

代码清单 7-3 使用 read_excel 函数读取 Excel 文件

```
In[3]:   df = pd.read_excel('../data/users_info.xlsx', encoding = 'gbk')
         print('读取的 Excel 文件前 5 行数据为：\n', df.head())

Out[3]:  读取的 Excel 文件前 5 行数据为：
           USER_ID  MYID     ACCOUNT       NAME  ... sex   poo   address   age
         0       1 admin     超级管理员      admin  ...  男   广东广州   泰迪科技  23.0
         1     141   NaN     华师管理员    hsadmin  ... NaN   NaN     NaN   NaN
         2     142   NaN       1 班老师     1bls  ... NaN   NaN     NaN   NaN
         3     144   NaN  广州师范管理员   gsadmin  ... NaN   NaN     NaN   NaN
         4     145   NaN    广师 1 班老师     gs1b  ... NaN   NaN     NaN   NaN
         [5 rows x 37 columns]
```

pandas 提供 to_excel 方法用于将 DataFrame 写入 Excel 文件，其基本语法格式如下。

```
DataFrame.to_excel(excel_writer, sheet_name='Sheet1', na_rep='', float_
format=None, columns=None, header=True, index=True, index_label=None, startrow=0,
startcol=0, engine=None, merge_cells=True, encoding=None, inf_rep='inf',
verbose=True, freeze_panes=None)
```

to_excel 方法和 to_csv 方法的常用参数基本一致，区别之处在于指定存储文件的文件路径参数名称为 excel_writer，并且没有 sep 参数，增加了一个 sheetnames 参数用来指定存储的 Excel sheet 的名称，默认为 sheet1。

使用 to_excel 方法将 DataFrame 数据写入 Excel 文件，如代码清单 7-4 所示。

代码清单 7-4 将 DataFrame 数据写入 Excel 文件

```
In[4]:   df1 = df.head()
         df1.to_excel('../tmp/users_info_out.xlsx', index = False)
         print('df1 的后 2 行数据为：\n', df1.tail(2))

Out[4]:  df1 的后 2 行数据为：
             USER_ID MYID  ACCOUNT          NAME ...  sex  poo  address  age
         3       144  NaN  广州师范管理员   gsadmin ...  NaN  NaN      NaN  NaN
```

```
4        145  NaN   广师 1 班老师       gs1b ...  NaN  NaN      NaN  NaN
[2 rows x 37 columns]
```

7.1.3 数据库

在生产环境中，绝大多数的数据都存储在数据库中。pandas 提供了读取与存储关系型数据库数据的函数与方法。除了 pandas 库外，还需要使用 SQLAlchemy 库建立对应的数据库连接。SQLAlchemy 配合相应数据库的 Python 连接工具（例如 MySQL 数据库需要安装 mysqlclient 或者 pymysql 库，Oracle 数据库需要安装 cx_oracle 库），使用 create_engine 函数，建立一个数据库连接。支持 MySQL、postgresql、Oracle、SQLServer 和 SQLite 等主流数据库。本节以 MySQL 数据库为例，介绍使用 pandas 库函数读取与存储数据库的数据。

pandas 实现数据库数据读取有 3 个函数：read_sql、read_sql_table 和 read_sql_query。其中，read_sql_table 函数只能够读取数据库的某一个表格，不能实现查询的操作；read_sql_query 函数只能实现查询操作，不能直接读取数据库中的某个表；read_sql 函数是两者的综合，既能够读取数据库中的某一个表，也能够实现查询操作，其基本语法格式如下。

```
pandas.read_sql(sql, con, index_col=None, coerce_float=True, params=None,
parse_dates=None, columns=None, chunksize=None)
```

pandas 的 3 个数据库数据读取函数的参数几乎完全一致，唯一的区别在于传入的是语句还是表名。read_sql 函数常用的参数及其说明如表 7-4 所示。

表 7-4 read_sql 函数常用的参数及其说明

参数名称	说 明
sql	接收 str，表示读取的数据的表名或者 sql 语句。无默认值。
con	接收数据库连接，表示数据库连接信息。无默认值
index_col	接收 int、sequence 或者 False，表示设定的列作为行名，如果是一个数列则是多重索引。默认为 None
coerce_float	接收 boolean，表示是否将数据库中的 decimal 类型的数据转换为 pandas 中的 float64 类型的数据。默认为 True，转换
columns	接收 list，表示读取数据的列名。默认为 None

read_sql 函数的 con 参数是一个数据库连接，需要提前建立完成才能够正常读取数据库数据。使用 SQLAlchemy 建立 MySQL 数据库连接，如代码清单 7-5 所示。注意，需要在 MySQL 中先创建数据库 test_db，然后创建数据表 orders。

代码清单 7-5 SQLAlchemy 连接 MySQL 数据库

```
In[5]:  from sqlalchemy import create_engine
        # 创建一个 MySQL 连接器，用户名为 root，密码为 12345
        # 地址为 127.0.0.1，数据库名称为 test_db，编码为 utf-8
        # 创建数据表 orders
```

```
engine = create_engine(
        'mysql+pymysql:'
        '//root:12345@127.0.0.1:3306/test_db?charset=utf8mb4')
print(engine)
```

```
Out[5]:    Engine(mysql+pymysql://root:***@127.0.0.1:3306/test_db?charset=utf8mb4)
```

creat_engine 函数中填入的是一个连接字符串。在使用 Python 的 SQLAlchemy 时，MySQL 和 Oracle 数据库连接字符串的格式如下。

```
数据库产品名 + 连接工具名: // 用户名 : 密码 @ 数据库 IP 地址 : 数据库端口号 / 数据库名称? charset = 数据库数据编码
```

创建完成数据库连接后，使用 read_sql 函数读取数据库中的表，如代码清单 7-6 所示。

代码清单 7-6 使用 read_sql 函数读取数据库中的表

```
In[6]:    orders = pd.read_sql('select * from orders', con = engine)
          print('读取的数据表 orders 前 5 行数据为: \n', orders.head())

Out[6]:   读取的数据表 orders 前 5 行数据为:
             detail_id order_id dishes_id  ...  bar_code     picture_file emp_id
          0       2956      417    610062  ...        NA caipu/104001.jpg   1442
          1       2958      417    609957  ...        NA caipu/202003.jpg   1442
          2       2961      417    609950  ...        NA caipu/303001.jpg   1442
          3       2966      417    610038  ...        NA caipu/105002.jpg   1442
          4       2968      417    610003  ...        NA caipu/503002.jpg   1442

          [5 rows x 19 columns]
```

将 pandas 的数据写入数据库同样需要依赖 SQLAlchemy 的数据库连接。to_sql 方法用于将数据写入数据库，其基本语法格式如下。

```
DataFrame.to_sql(name, con, schema=None, if_exists='fail', index=True, index_label=None, chunksize=None, dtype=None)
```

to_sql 方法常用的参数及其说明如表 7-5 所示。

表 7-5 to_sql 方法常用的参数及其说明

参数名称	说 明
name	接收 str，表示数据库表名。无默认值
con	接收数据库连接。无默认值
if_exists	接收 fail、replace、append，fail 表示如果表名存在则不执行写入操作；replace 表示如果表名存在，将原数据库表删除，再重新创建；append 则表示在原数据库表的基础上追加数据。默认为 fail
index	接收 bool，表示是否将行索引作为数据传入数据库。默认 True，表示是
index_label	接收 str 或者 sequence，表示是否引用索引名称，如果 index 参数为 True 此参数为 None 则使用默认名称；如果为多重索引则必须使用数列形式。默认为 None
dtype	接收 dict，表示写入的数据类型（列名为 key，数据格式为 values）。默认为 None

使用 to_sql 方法将 DataFrame 数据存储到 MySQL，如代码清单 7-7 所示。

代码清单 7-7　将 DataFrame 数据存储到 MySQL

```
In[7]:
df.to_sql('orders_out', con = engine, index = False)
orders_out = pd.read_sql('select * from orders_out', con = engine)
print('写入数据后数据表 orders_out 前 5 行数据为：\n', orders_out.head())
```

```
Out[7]:
写入数据后数据表 orders_out 前 5 行数据为：
  USER_ID  MYID     ACCOUNT      NAME  ...  sex   poo   address   age
0     1   admin     超级管理员     admin  ...   男  广东广州   泰迪科技  23.0
1   141   None      华师管理员   hsadmin  ... None  None     None   NaN
2   142   None        1 班老师     1bls  ... None  None     None   NaN
3   144   None  广州师范管理员   gsadmin  ... None  None     None   NaN
4   145   None     广师 1 班老师      gs1b  ... None  None     None   NaN
[5 rows x 37 columns]
```

7.2　DataFrame 进阶

在 6.2 节中介绍了 DataFrame 的基础操作，包括了索引、排序与合并，这些都是针对 DataFrame 本身的操作，没有对数据进行分析。本节将更进一步，对 DataFrame 中的数据进行操作，主要包括统计分析、分组预算、透视表和交叉表。

7.2.1　统计分析

统计分析是最常用的了解数据的手段，常见的统计分析有描述性统计分析、多元统计分析。本小节介绍描述性统计方法和移动窗口对象，其中移动窗口主要用于时间序列处理。

1. 描述性统计方法

描述性统计是用来概括、表述事物整体状况以及事物间关联、类属关系的统计方法，通过几个统计值简洁地表示一组数据的集中趋势和离散程度。在第 5 章介绍了 NumPy 库提供了大量统计学函数，用于处理数值型特征数据，部分函数如表 7-6 所示。

表 7-6　NumPy 中的描述性统计函数

函数名称	说　明	函数名称	说　明
np.min	最小值	np.max	最大值
np.mean	均值	np.ptp	极差
np.median	中位数	np.std	标准差
np.var	方差	np.cov	协方差

pandas 库基于 NumPy 库，上表的函数也适用于 DataFrame（注意 np.ptp 仅适用于 Series）。使用 NumPy 库的函数对 DataFrame 进行描述性统计，如代码清单 7-8 所示。

代码清单 7-8 对 DataFrame 进行描述性统计

In[1]:
```
import pandas as pd
import numpy as np
df = pd.read_csv('../data/Concrete.csv', encoding = 'gbk')
print('数据框df每列对应的最大值为：\n', np.max(df), '\n',
      '数据框df每列对应的最小值为：\n', np.min(df))
```

Out[1]:
```
数据框df每列对应的最大值为：
 Cement                   540.0
Blast Furnace Slag       359.4
Fly Ash                  200.1
Water                    247.0
dtype:   float64
 数据框df每列对应的最小值为：
 Cement                   102.0
Blast Furnace Slag         0.0
Fly Ash                    0.0
Water                    121.8
dtype:   float64
```

In[2]:
```
print('数据框df每列对应的均值为：\n', np.mean(df))
```

Out[2]:
```
数据框df每列对应的均值为：
 Cement                   281.167864
Blast Furnace Slag        73.895825
Fly Ash                   54.188350
Water                    181.567282
dtype:   float64
```

In[3]:
```
print('数据框df对应的中位数为：', np.median(df))
```

Out[3]:
```
数据框df对应的中位数为：159.0
```

In[4]:
```
print('数据框df每列对应的标准差为：\n', np.std(df))
```

Out[4]:
```
数据框df每列对应的标准差为：
Cement                   104.455621
Blast Furnace Slag        86.237448
Fly Ash                   63.965930
Water                     21.343850
dtype:   float64
```

In[5]:
```
print('数据框df每列对应的方差为：\n', np.var(df))
```

Out[5]:
```
数据框df每列对应的方差为：
 Cement                 10910.976744
Blast Furnace Slag      7436.897507
Fly Ash                 4091.640214
Water                    455.559930
dtype: float64
```

此外，pandas 也提供了专门的描述性统计方法，如表 7-7 所示。

表 7-7　pandas 常用描述性统计方法

方法名称	说　明	方法名称	说　明
min	最小值	max	最大值
mean	均值	median	中位数
std	标准差	var	方差
cov	协方差	sem	标准误差
mode	众数	skew	样本偏度
kurt	样本峰度	quantile	四分位数
count	非空值数目	mad	平均绝对离差

使用描述性统计方法对 DataFrame 进行描述性统计，如代码清单 7-9 所示。

代码清单 7-9　对 DataFrame 进行描述性统计

```
In[6]:    print('数据框 df 每列对应的最大值为：\n', df.max(), '\n',
                '数据框 df 每列对应的最小值为：\n', df.min())
Out[6]:   数据框 df 每列对应的最大值为：
           Cement                  540.0
          Blast Furnace Slag     359.4
          Fly Ash                200.1
          Water                  247.0
          dtype:   float64
           数据框 df 每列对应的最小值为：
           Cement                  102.0
          Blast Furnace Slag       0.0
          Fly Ash                  0.0
          Water                  121.8
          dtype:   float64
In[7]:    print('数据框 df 每列对应的均值为：\n', df.mean())
Out[7]:   数据框 df 每列对应的均值为：
           Cement                  281.167864
          Blast Furnace Slag      73.895825
          Fly Ash                 54.188350
          Water                  181.567282
          dtype:   float64
In[8]:    print('数据框 df 每列对应的中位数为：\n', df.median())
Out[8]:   数据框 df 每列对应的中位数为：
           Cement                  272.9
          Blast Furnace Slag      22.0
          Fly Ash                  0.0
          Water                  185.0
          dtype:   float64
In[9]:    print('数据框 df 每列对应的标准差为：\n', df.std())
Out[9]:   数据框 df 每列对应的标准差为：
```

```
         Cement                    104.506364
         Blast Furnace Slag        86.279342
         Fly Ash                   63.997004
         Water                     21.354219
         dtype:   float64
```

```
In[10]:  print('数据框df每列对应的方差为：\n', df.var())
```

```
Out[10]: 数据框df每列对应的方差为：
          Cement                   10921.580220
         Blast Furnace Slag        7444.124812
         Fly Ash                   4095.616541
         Water                      456.002651
         dtype: float64
```

多数情况下，了解数据只需通过几个主要统计特征即可。pandas 提供的 describe 方法能够一次性得出 DataFrame 的主要统计特征，如代码清单 7-10 所示。

代码清单 7-10　使用 describe 方法

```
In[11]:  print('使用describe方法的描述性统计结果为：\n', df.describe())
```

```
Out[11]:  使用describe方法的描述性统计结果为：
                    Cement  Blast Furnace Slag      Fly Ash        Water
         count 1030.000000         1030.000000  1030.000000  1030.000000
         mean   281.167864           73.895825    54.188350   181.567282
         std    104.506364           86.279342    63.997004    21.354219
         min    102.000000            0.000000     0.000000   121.800000
         25%    192.375000            0.000000     0.000000   164.900000
         50%    272.900000           22.000000     0.000000   185.000000
         75%    350.000000          142.950000   118.300000   192.000000
         max    540.000000          359.400000   200.100000   247.000000
```

对于类别型数据，即 category，也可以通过 describe 方法进行描述性统计，它返回 4 种特征，如表 7-8 所示。

表 7-8　category 的统计描述特征

特　征	说　明	特　征	说　明
count	类别计数	unique	不重复类别个数
top	个数最多的类别	freq	个数最多的类别的数量

使用 describe 方法对 category 进行描述性统计，如代码清单 7-11 所示。

代码清单 7-11　category 的 describe 方法

```
In[12]:  df1 = pd.DataFrame({'col1': list('abca'), 'col2': list('bccd')},
         dtype = 'category')
         print('使用describe方法的描述性统计结果为：\n', df1.describe())
```

```
Out[12]:  使用 describe 方法的描述性统计结果为：
                  col1 col2
          count      4    4
          unique     3    3
          top        a    c
          freq       2    2
```

除 describe 方法外，还有 info 方法，也可用于描述性统计，能够对数据的类型、索引、内存信息有一个直观的了解，如代码清单 7-12 所示。

代码清单 7-12　info 方法

```
In[13]:   print('DataFrame 的 info 信息为：\n')
          df.info()
Out[13]:  DataFrame 的 info 信息为：

          <class 'pandas.core.frame.DataFrame'>
          RangeIndex: 1030 entries, 0 to 1029
          Data columns (total 4 columns):
          Cement                  1030 non-null float64
          Blast Furnace Slag      1030 non-null float64
          Fly Ash                 1030 non-null float64
          Water                   1030 non-null float64
          dtypes: float64(4)
          memory usage: 32.3 KB
```

2. 移动窗口 rolling 方法

为了提升数据的准确性，将某个点的取值扩大到包含这个点的一段区间，用区间来进行判断，这个区间就是窗口。移动窗口就是窗口向一端滑行，每次滑行并不是区间整块的滑行，而是一个单位、一个单位的滑行。移动窗口在处理时间序列相关数据时特别有用，可与描述性统计方法相结合。pandas 提供的 rolling 方法可用于对 DataFrame 进行移动窗口操作，其基本语法格式如下。

```
DataFrame.rolling(window, min_periods=None, freq=None, center=False, win_type=None, on=None, axis=0, closed=None)
```

rolling 方法常用的参数及其说明如表 7-9 所示。

表 7-9　rolling 方法常用的参数及其说明

参数名称	说　明
window	接收 int 或 offset，表示移动窗口的大小，当接收 offset 时，它是每个窗口的时间段，此时的索引必须为时间类型。无默认值
min_periods	接收 int，表示窗口中需要有值的观测点数量的最小值。默认为 None
center	接收 bool，表示窗口中间设置标签。默认为 False

（续）

参数名称	说　明
win_type	接收 str，表示窗口类型。默认为 None
on	接收 str，表示对于 DataFrame 做移动窗口计算的列。无默认值
axis	接收 int，表示作用的轴方向，0 表示横轴，1 表示纵轴。默认为 0
closed	接收 str，表示区间的开闭。无默认值

使用 rolling 方法对 DataFrame 进行移动窗口操作，一般设置 window 参数即可，它返回窗口对象，如代码清单 7-13 所示。

代码清单 7-13　对 DataFrame 进行移动窗口操作

```
In[14]:   arr = np.array([[2,2,2],[4,4,4],[6,6,6],[8,8,8],[10,10,10]])
          df2 = pd.DataFrame(arr, columns =['one', 'two', 'three'],
                             index = pd.date_range('1/1/2018', periods = 5))
          print('创建的移动窗口对象为：', df2.rolling(2))

Out[14]:  创建的移动窗口对象为：Rolling [window=2,center=False,axis=0]
```

在代码清单 7-13 中，返回的窗口对象一般与统计描述方法结合使用，如 sum、mean、max 等，结果返回原来的数据对象，如代码清单 7-14 所示。

代码清单 7-14　移动窗口计算

```
In[15]:   print('移动窗口为 2，使用 mean 方法计算后结果为：\n', df2.rolling(2).mean())

Out[15]:  移动窗口为 2，使用 mean 方法计算后结果为：
                      one  two  three
          2018-01-01  NaN  NaN    NaN
          2018-01-02  3.0  3.0    3.0
          2018-01-03  5.0  5.0    5.0
          2018-01-04  7.0  7.0    7.0
          2018-01-05  9.0  9.0    9.0

In[16]:   print('移动窗口为 2，使用 sum 方法计算后结果为：\n', df2.rolling(2).sum())

Out[16]:  移动窗口为 2，使用 sum 方法计算后结果为：
                       one   two  three
          2018-01-01   NaN   NaN    NaN
          2018-01-02   6.0   6.0    6.0
          2018-01-03  10.0  10.0   10.0
          2018-01-04  14.0  14.0   14.0
          2018-01-05  18.0  18.0   18.0
```

window 参数除了接收 int，还可以接收 offset，它是时间偏移对象，通常用于时间序列。与接收 int 相比，offset 更为灵活，且计算结果无空值，空值会被第一个或最后一个数据替代，如代码清单 7-15 所示。

代码清单 7-15 接收 offset 的移动窗口计算

```
In[17]:  print('移动窗口为 2 天，使用 mean 方法计算后结果为：\n', df2.rolling('2D').mean())

Out[17]: 移动窗口为 2 天，使用 mean 方法计算后结果为：
                     one   two    three
         2018-01-01  2.0   2.0    2.0
         2018-01-02  3.0   3.0    3.0
         2018-01-03  5.0   5.0    5.0
         2018-01-04  7.0   7.0    7.0
         2018-01-05  9.0   9.0    9.0

In[18]:  print('移动窗口为 2 天，使用 sum 方法计算后结果为：\n', df2.rolling('2D').sum())

Out[18]: 移动窗口为 2 天，使用 sum 方法计算后结果为：
                      one   two  three
         2018-01-01   2.0   2.0    2.0
         2018-01-02   6.0   6.0    6.0
         2018-01-03  10.0  10.0   10.0
         2018-01-04  14.0  14.0   14.0
         2018-01-05  18.0  18.0   18.0
```

3. 累计计算

pandas 提供了 4 种累计计算方法，如表 7-10 所示。

表 7-10 累计计算方法

方　法	说　明
cummax	依次给出前 n 个数的最大值
cummin	依次给出前 n 个数的最小值
cumprod	依次给出前 n 个数的乘积
cumsum	依次给出前 n 个数的和

表 7-10 所示的 4 个累计计算方法的基本语法格式相同，以 cumsum 方法为例，其基本语法格式如下。

```
pandas.DataFrame.cumsum(axis=None, skipna=True, *args, **kwargs)
```

cumsum 方法常用的参数及其说明如表 7-11 所示。

表 7-11 cumsum 方法常用的参数及其说明

参数名称	说　明
axis	接收 int，表示作用的轴。默认为 0，即行方向
skipna	接收 bool，表示是否跳过 NaN。默认为 True，跳过

累计计算方法使用示例，如代码清单 7-16 所示。

代码清单 7-16　对 DataFrame 应用累计计算

In[19]:
```
d = {'one':[2,4,6],'two':[1,None,5]}
df = pd.DataFrame(d)
print('创建的 DataFrame 为：\n',df)
```

Out[19]:
```
创建的 DataFrame 为：
   one  two
0    2  1.0
1    4  NaN
2    6  5.0
```

In[20]:
```
print('累计最大值为：\n',df.cummax())
print('累计最小值为：\n',df.cummin())
print('累计乘积为：\n',df.cumprod())
print('累计和为：\n',df.cumsum())
```

Out[20]:
```
累计最大值为：        累计最小值为：        累计乘积为：          累计和为：
   one  two           one  two          one  two           one   two
0  2.0  1.0        0  2.0  1.0       0  2.0  1.0        0  2.0   1.0
1  4.0  NaN        1  2.0  NaN       1  8.0  NaN        1  6.0   NaN
2  6.0  5.0        2  2.0  1.0       2  48.0 5.0        2  12.0  6.0
```

注：为了方便展示，输出结果分成 4 栏。

7.2.2　分组运算

pandas 提供的分组对象 GroupBy，配合相关运算方法能够实现特定的分组运算目的。

1. 分组对象 GroupBy

分组运算是依据某个或者某几个字段对数据集进行分组，并对各组应用函数，从而得到特定结果。分组聚合是分组运算的一种，其原理如图 7-1 所示。

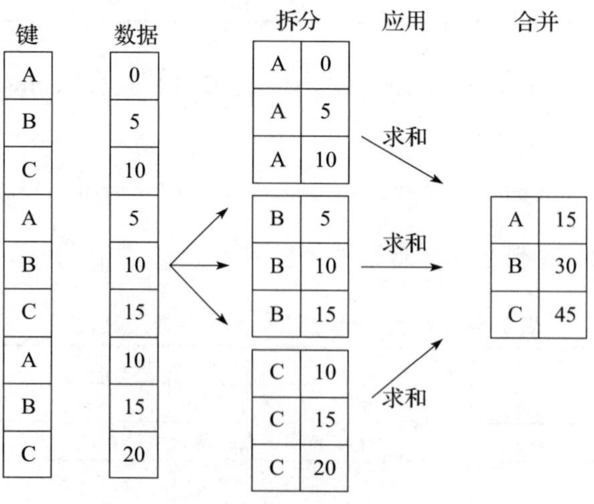

图 7-1　分组聚合原理

（1）groupby 方法

GroupBy 对象提供分组运算步骤中的拆分功能，groupby 方法用于创建分组对象 GroupBy，其基本语法格式如下。

```
DataFrame.groupby(by=None, axis=0, level=None, as_index=True, sort=True, group_keys=True, squeeze=False, **kwargs)
```

groupby 方法常用的参数及其说明如表 7-12 所示。

表 7-12　groupby 方法常用的参数及其说明

参数名称	说　明
by	接收 list、str、mapping 或 generator，用于确定进行分组的键值。如果传入的是一个函数则对索引进行计算并分组，如果传入的是一个字典或者 Series 则用字典或者 Series 的值作为分组依据，如果传入一个 NumPy 数组则用数据的元素作为分组依据，如果传入的是字符串或者字符串列表则使用这些字符串所代表的字段作为分组依据。无默认值
axis	接收 int，表示操作的轴向，默认对列进行操作。默认为 0
level	接收 int 或者索引名，表示标签所在级别。默认为 None
as_index	接收 bool，表示聚合后的聚合标签是否以 DataFrame 索引形式输出。默认为 True
sort	接收 bool，表示是否对分组依据分组标签进行排序。默认为 True
group_keys	接收 bool，表示是否显示分组标签的名称。默认为 True
squeeze	接收 bool，表示是否在允许的情况下对返回数据进行降维。默认为 False，不允许

表 7-12 中的参数 by 被称为分组键，分组键的目的是产生一组用于拆分对象的值。使用 groupby 方法创建分组对象，以列名作为分组键，如代码清单 7-17 所示。

代码清单 7-17　使用 groupby 方法对 DataFrame 进行分组

```
In[21]:  station = pd.read_csv('../data/Station.csv', encoding = 'gbk')
         group = station.groupby('station')
         print('以 station 为分组键，创建的 GroupBy 对象为：\n', group)

Out[21]: 以 station 为分组键，创建的 GroupBy 对象为：
         <pandas.core.groupby.groupby.DataFrameGroupBy object at 0x0000000009185BA8>
```

（2）分组聚合

从分组产生标量值（即单个数值）的数据转换过程被称为分组聚合，GroupBy 对象结合描述统计方法从各个分组中产生标量值，这个标量值可以是平均值、数量、中位数等。GroupBy 对象常用的描述性统计方法如表 7-13 所示。

表 7-13　GroupBy 常用的描述性统计方法

方　法	说　明	方　法	说　明
count	计算分组的数目，包括缺失值	median	返回每组的中位数
head	返回每组的前 n 个值	cumcount	对每个分组中的组员进行标记，0 ～ n-1

（续）

方　法	说　明	方　法	说　明
max	返回每组最大值	size	返回每组的大小
mean	返回每组的均值	min	返回每组最小值
sum	返回每组的和	std	返回每组的标准差

对 GroupBy 分组对象进行分组聚合操作，如代码清单 7-18 所示。

代码清单 7-18　对 GroupBy 分组对象进行分组聚合操作

In[22]:
```
print('分组数据的均值前5行结果为：\n', group.mean().head())
```

Out[22]:
```
分组数据的均值前5行结果为：
              on_man     off_man
station
ST001      38.327982  34.410550
ST002     130.263761  10.126147
ST003      57.839450  26.869266
ST004     307.619377  18.121107
ST005      75.855505  22.520642
```

In[23]:
```
print('分组数据的和前5行结果为：\n',group.sum().head())
```

Out[23]:
```
分组数据的和前5行结果为：
         on_man  off_man
station
ST001   16711.0    15003
ST002   56795.0     4415
ST003   25218.0    11715
ST004   88902.0     5237
ST005   33073.0     9819
```

In[24]:
```
print('分组数据的最大值前5行结果为：\n',group.max().head())
```

Out[24]:
```
分组数据的最大值前5行结果为：
        on_man  off_man
station
ST001    111.0      189
ST002    520.0       81
ST003    188.0       96
ST004    797.0      134
ST005    242.0       95
```

2. 分组运算方法

pandas 提供多种分组运算方法，包括 agg、apply 和 transform，它们的用法各有不同，适用于不同的场景。

（1）agg

agg 方法是一个既能作用于 Series、DataFrame，也能作用于 GroupBy 的聚合方法。agg 方法接收函数并应用于每个分组，返回标量值，其基本语法格式如下。

```
GroupBy.agg(func, *args, **kwargs)
```

agg 方法的常用参数是 func，它接收函数，表示作用于分组的函数，无默认值。

func 参数可以接收 NumPy 库提供的函数，如代码清单 7-19 所示。

代码清单 7-19　使用 agg 方法对 GroupBy 对象分组聚合

```
In[25]:   print('分组的均值前 5 行结果为：\n', group.agg(np.mean).head())
```

```
Out[25]:  分组的均值前 5 行结果为：
                      on_man     off_man
          station
          ST001       38.327982  34.410550
          ST002      130.263761  10.126147
          ST003       57.839450  26.869266
          ST004      307.619377  18.121107
          ST005       75.855505  22.520642
```

func 参数同时也可以接收自定义函数，但函数返回的结果需为单个标量值，如代码清单 7-20 所示。

代码清单 7-20　接收自定义函数对 GroupBy 对象分组聚合

```
In[26]:   def f(x):
              return x.max() - x.min()
          group1 = group.agg(f)
          print('分组的极差前 5 行结果为：\n', group1.head())
```

```
Out[26]:  分组的极差前 5 行结果为：
                    on_man  off_man
          station
          ST001      101.0      185
          ST002      513.0       81
          ST003      179.0       94
          ST004      781.0      134
          ST005      239.0       93
```

agg 方法可同时接收多个函数，如代码清单 7-21 所示。

代码清单 7-21　接收多个函数对 GroupBy 对象分组聚合

```
In[27]:   group2 = group.agg([np.mean, np.sum])
          print('分组的均值和总和前 5 行结果为：\n', group2.head())
```

```
Out[27]:  分组的均值和总和前 5 行结果为：
                    on_man                 off_man
                      mean       sum        mean    sum
          station
          ST001      38.327982  16711.0  34.410550  15003
          ST002     130.263761  56795.0  10.126147   4415
          ST003      57.839450  25218.0  26.869266  11715
          ST004     307.619377  88902.0  18.121107   5237
          ST005      75.855505  33073.0  22.520642   9819
```

同时，agg 方法可对不同的列指定不同的函数，如代码清单 7-22 所示。

代码清单 7-22　接收不同函数对 GroupBy 对象分组聚合

```
In[28]:   group3 = group.agg({'on_man': np.mean, 'off_man': np.sum})
          print('列 on_man 应用均值函数，列 off_man 应用汇总函数前 5 行结果为：\n', group3.head())

Out[28]:  列 on_man 应用均值函数，列 off_man 应用汇总函数前 5 行结果为：
                      on_man  off_man
          station
          ST001      38.327982    15003
          ST002     130.263761     4415
          ST003      57.839450    11715
          ST004     307.619377     5237
          ST005      75.855505     9819
```

（2）apply

apply 方法是一个既能接收返回标量值的函数，又能接收返回数组的函数的聚合方法。而 agg 方法仅能接收返回标量值的函数。apply 方法的基本语法格式如下。

```
GroupBy.apply(func, *args, **kwargs)
```

apply 方法的常用参数是 func，它接收函数，表示作用于分组的函数，无默认值。

apply 方法 func 参数可接收 NumPy 函数，如代码清单 7-23 所示。

代码清单 7-23　接收 NumPy 函数作用于 GroupBy 分组

```
In[29]:   print('分组的均值前 5 行结果为：\n', group.apply(np.mean).head())

Out[29]:  分组的均值前 5 行结果为：
                    off_man      on_man
          station
          ST001    34.410550   38.327982
          ST002    10.126147  130.263761
          ST003    26.869266   57.839450
          ST004    18.121107  307.619377
          ST005    22.520642   75.855505
```

apply 方法的 func 参数也可接收自定义函数，如代码清单 7-24 所示。

代码清单 7-24　接收自定义函数作用于 GroupBy 分组

```
In[30]:  def f(x):
             result = x[0: 2]
             return result
         print('分组的前两个数据前 5 行结果为：\n', group.apply(f).head())
Out[30]: 分组的前两个数据前 5 行结果为：
                         off_man  on_man
         station
         ST001    735         21    40.0
                  1853        18    32.0
         ST002    326         11   112.0
                  1181        16   318.0
         ST003    98          37    95.0
```

（3）transform

transform 方法返回的对象与被分组对象的形状相同（除去为分组键的列），这与 agg、apply 方法不同。transform 方法的基本语法格式如下。

```
GroupBy.transform(func, *args, **kwargs)
```

transform 方法的常用参数是 func，表示接收的、作用于分组的函数，无默认值。

需要注意的是，func 参数接收的函数返回的结果若为标量值，则会广播到整个分组上。

transform 方法的 func 参数接收返回标量值的函数作用于 GroupBy 分组对象，如代码清单 7-25 所示。

代码清单 7-25　接收返回标量值的函数作用于 GroupBy 分组

```
In[31]:  print('对分组应用均值函数，返回的 DataFrame 前 5 行数据为：\n',
               group.transform(np.mean).head())
Out[31]: 对分组应用均值函数，返回的 DataFrame 前 5 行数据为：
                 on_man     off_man
         0  1225.300459   11.410550
         1   100.594037  109.727064
         2   136.396789   66.511468
         3   180.149083   43.433486
         4   445.440367  226.125382
```

相比 apply 方法，transform 方法接收的函数若返回数组结果，则结果必须与分组对象形状相同，如代码清单 7-26 所示。

代码清单 7-26　transform 方法返回数组

```
In[32]:  def f(x):
```

```
        result = x*2
        return result
print('对分组的每个元组乘以 2，返回的 DataFrame 前 5 行数据为：\n',
      group.transform(f).head())
```

```
Out[32]:    对分组的每个元组乘以 2，返回的 DataFrame 为：
               on_man  off_man
            0  1782.0        0
            1   138.0      322
            2   300.0       80
            3   144.0       50
            4   864.0      712
```

综合 agg、apply、transform 三种方法，agg 方法灵活多变，即可针对所有的特征一次进行相同的聚合，也可以根据特征选择不同的聚合方法，且能用于 DataFrame 与 Series，是聚合操作时最常用的方法。apply 方法由于能够同时返回标量和数组，在返回结果为数组时使用最佳。transform 是最特殊的一种方法，使用场景也非常特殊，主要有组内标准化等，使用频率较低。

7.2.3 透视表和交叉表

数据透视表是数据领域中常见的工具之一，根据一个或多个键值对数据进行聚合，根据行或列的分组键将数据划分到各个区域。在 pandas 中，除了可以使用 groupby 对数据分组聚合实现透视功能外，还提供了更为简单的方法。

1. 透视表

透视表与分组聚合类似，不同的是分组聚合只能指定一个轴做分组键，而透视表可以同时指定两个轴做分组键。pivot_table 函数用于创建透视表，其基本语法格式如下。

```
pands.pivot_table(data, values=None, index=None, columns=None, aggfunc='mean',
fill_value=None, margins=False, dropna=True, margins_name='All')
```

pivot_table 函数常用的参数及其说明如表 7-14 所示。

表 7-14 pivot_table 函数常用的参数及其说明

参数名称	说 明
data	接收 DataFrame，表示透视表的数据。无默认值
values	接收字符串，用于指定想要聚合的数据字段名，默认使用全部数据。默认为 None
index	接收 str 或 list，表示行分组键。默认为 None
columns	接收 str 或 list，表示列分组键。默认为 None
aggfunc	接收 functions，表示聚合函数。默认为 mean
margins	接收 bool，表示汇总（Total）功能的开关，设为 True 后结果集中会出现名为“ALL”的行和列。默认为 True
dropna	接收 bool，表示是否删掉全为 NaN 的列。默认为 False，不删

使用 pivot_table 函数创建透视表，如代码清单 7-27 所示。

代码清单 7-27 使用 pivot_table 函数创建透视表

```
In[33]:  dit = {'one': ['a', 'b', 'b', 'b', 'a'], 'two': [0, 1, 2, 3, 4],
              'three': [5, 6, 7, 8, 9], 'four': ['x', 'x', 'y', 'y', 'y']}
         df = pd.DataFrame(dit)
         tdf = pd.pivot_table(df, index=['four'], columns=['one'])
         print('创建的透视表为：\n', tdf)

Out[33]:  创建的透视表为：
               three        two
         one       a    b     a    b
         four
         x       5.0  6.0   0.0  1.0
         y       9.0  7.5   4.0  2.5
```

在代码清单 7-27 中，参数 aggfunc 因为默认为 mean，所以它会自动过滤掉非数值类型数据。也可以自定义设置聚合函数，如代码清单 7-28 所示。

代码清单 7-28 使用 pivot_table 函数创建透视表

```
In[34]:  tdf = pd.pivot_table(df, index=['four'], columns=['one'], aggfunc = np.sum)
         print('分组和的透视表为：\n', tdf)

Out[34]: 分组和的透视表为：
               three     two
         one       a   b   a  b
         four
         x         5   6   0  1
         y         9  15   4  5
```

2. 交叉表

交叉表是一种特殊的透视表，主要用于计算分组频率，功能与透视表类似。crosstab 函数用于制作交叉表，其基本语法格式如下。

```
pandas.crosstab(index, columns, values=None, rownames=None, colnames=None, aggfunc=None, margins=False, dropna=True, normalize=False)
```

crosstab 函数常用的参数及其说明如表 7-15 所示。

表 7-15 crosstab 常用的参数及其说明

参数名称	说 明
index	接收 str 或 list，表示行索引键。无默认值
columns	接收 str 或 list，表示列索引键。无默认值

（续）

参数名称	说　明
values	接收 array，表示聚合数据。默认为 None
aggfunc	接收 function，表示聚合函数。默认为 None
rownames	表示行分组键名，无默认值
colnames	表示列分组键名，无默认值
dropna	接收 bool，表示是否删掉全为 NaN 的。默认为 False，不删除
margins	接收 bool，汇总（Total）功能的开关，设为 True 后结果集中会出现名为“ALL”的行和列。默认为 True
normalize	接收 bool，表示是否对值进行标准化。默认为 False，不进行

由于交叉表是透视表的一种，其参数基本保持一致。不同之处在于，crosstab 函数中的 index、columns、values 填入的都是对应的从 Dataframe 中取出的某一列。当不指定 aggfunc 参数时，分组返回的是频数。使用 crosstab 方法制作交叉表，如代码清单 7-29 所示。

代码清单 7-29　使用 crosstab 函数制作交叉表

```
In[35]:   cdf = pd.crosstab(index = df['four'], columns = df['one'])
          print('创建的交叉表为：\n', cdf)

Out[35]:  创建的交叉表为：
           one    a  b
          four
          x       1  1
          y       1  2
```

由于交叉表是一种特殊的透视表，使用 pivot_table 函数也可以创建与代码清单 7-29 结果相同的交叉表，如代码清单 7-30 所示。

代码清单 7-30　使用 pivot_table 函数创建交叉表

```
In[36]:   cdf = pd.pivot_table(df, values = 'two', index =['four'], columns =['one'],
                              aggfunc = (lambda x:     len(x)))
          print('使用pivot_table函数创建的交叉表为：\n', cdf)

Out[36]:  使用pivot_table函数创建的交叉表为：
           one    a  b
          four
          x       1  1
          y       1  2
```

7.3 数据准备

机器学习对数据集有一定的要求，这就需要在训练之前对数据进行处理，使之符合训练要求。pandas 提供了多种数据预处理的方法，除了在第 6 章以及第 7.1、7.2 节中介绍的处理方法外，还提供了缺失值处理、重复值处理、连续特征离散化处理、哑变量处理等方法。

7.3.1　缺失值处理

数据中的某个或某些特征的值是不完整的，这些值称为缺失值。对缺失值处理前需先识别缺失值，pandas 提供 isnull 方法，能够识别出缺失值，返回 bool。isnull 方法结合其他操作，找出缺失值的数量及占比，如代码清单 7-31 所示。

代码清单 7-31　识别缺失值

```
In[1]:
import pandas as pd
dit = {'col1': [0, 1, 2, None, 4], 'col2': [5, None, 6, 7, None]}
df = pd.DataFrame(dit)
print('缺失值数量为：\n', df.isnull().sum())
```

```
Out[1]:
缺失值数量为：
col1    1
col2    2
dtype:    int64
```

```
In[2]:
print('缺失值占比为：\n', df.isnull().sum() / len(df))
```

```
Out[2]:
缺失值占比为：
col1    0.2
col2    0.4
dtype: float64
```

识别缺失值后，需对缺失值进行处理，常见的处理方式分为 3 种：删除法、替换法、插值法。

1. 删除法

删除法是指将含有缺失值的特征或者记录删除。删除法分为删除观测记录和删除特征两种，观测记录指删除行，特征指删除列，它属于利用减少样本量来换取信息完整度的一种方法，是一种最简单的缺失值处理方法。pandas 提供了简便的删除缺失值的方法 dropna，通过参数控制，该方法既可以删除观测记录，也可以删除特征，其基本语法格式如下。

```
pandas.DataFrame.dropna(self, axis=0, how='any', thresh=None, subset=None,
inplace=False)
```

dropna 方法常用的参数及其说明如表 7-16 所示。

表 7-16 dropna 常用的参数及其说明

参数名称	说 明
axis	接收 0 或 1，表示轴向，0 为删除观测记录（行），1 为删除特征（列）。默认为 0
how	接收特定 str，表示删除的形式。any 表示只要有缺失值存在就执行删除操作，all 表示当且仅当全部为缺失值时执行删除操作。默认为 any
subset	接收类 array 数据，表示进行删除缺失值的列。默认为 None，表示所有列
inplace	接收 bool，表示是否在原表上进行操作。默认为 False，不进行

使用 dropna 方法删除缺失值，默认删除所有列都存在缺失值的行，如代码清单 7-32 所示。

代码清单 7-32 使用 dropna 方法删除缺失值

```
In[3]:   print('删除空值后的DataFrame为：\n', df.dropna())
Out[3]:  删除空值后的DataFrame为：
            col1  col2
         0  0.0   5.0
         2  2.0   6.0
```

使用 dropna 方法删除指定列的缺失值，设置参数为 subset，如代码清单 7-33 所示。

代码清单 7-33 对指定列执行删除缺失值操作

```
In[4]:   print('删除col1列空值后的DataFrame为：\n', df.dropna(subset =['col1']))
Out[4]:  删除col1列空值后的DataFrame为：
            col1  col2
         0  0.0   5.0
         1  1.0   NaN
         2  2.0   6.0
         4  4.0   NaN
```

2. 替换法

替换法是指用一个特定的值替换缺失值。特征可分为数值型和类别型，两者出现缺失值时的处理方法是不同的。缺失值所在特征为数值型时，通常用其均值、中位数和众数等描述其集中趋势的统计量来代替缺失值；缺失值所在特征为类别型时，则选择用众数来替换缺失值。fillna 方法用于替换缺失值，其基本语法格式如下。

```
DataFrame.fillna(value=None, method=None, axis=None, inplace=False, limit=None)
```

fillna 方法常用的参数及其说明如表 7-17 所示。

表 7-17　fillna 方法常用的参数及其说明

参数名称	说　明
value	接收数字、dict、Series 或者 DataFrame，表示用来替换缺失值的值。无默认值
method	接收特定 str，表示缺失值填充的方法，当 value 参数未填写时起效。取值为“backfill”或“bfill”时，表示使用下一个非缺失值填补缺失值；取值为“pad”或“ffill”时，表示使用上一个非缺失值填补缺失值。默认为 None
axis	接收 0 或 1，表示作用的轴方向，0 表示横轴，1 表示纵轴。默认为 1
inplace	接收 bool，表示是否在原表上进行操作。默认为 False，不进行
limit	接收 int，表示填补缺失值个数上限，超过则不进行填补。默认为 None

使用 fillna 方法替换缺失值，如代码清单 7-34 所示。

代码清单 7-34　使用 fillna 方法替换缺失值

```
In[5]:    print('将空值替换为 0 后的 DataFrame 为：\n', df.fillna(0))

Out[5]:   将空值替换为 0 后的 DataFrame 为：
              col1  col2
          0   0.0   5.0
          1   1.0   0.0
          2   2.0   6.0
          3   0.0   7.0
          4   4.0   0.0
```

使用 fillna 方法替换缺失值，不指定替换值，设置参数为 method，如代码清单 7-35 所示。

代码清单 7-35　不指定替换值替换缺失值

```
In[6]:    print('替换缺失值后的 DataFrame 为：\n', df.fillna(method = 'ffill'))

Out[6]:   替换缺失值后的 DataFrame 为：
              col1  col2
          0   0.0   5.0
          1   1.0   5.0
          2   2.0   6.0
          3   2.0   7.0
          4   4.0   7.0
```

3. 插值法

删除法简单易行，但是会引起数据结构变动，样本减少；替换法使用难度较低，但是会影响数据的标准差，导致信息量变动。在面对数据缺失问题时，除了这两种方法之外，还有一种常用的方法——插值法。

interpolate 方法用于对缺失值进行插值。针对 DataFrame 的 interpolate 方法，其基本语法格式如下。

```
DataFrame.interpolate(method='linear', axis=0, limit=None, inplace=False,
limit_direction='forward', limit_area=None, downcast=None, **kwargs)
```

interpolate 方法常用的参数及其说明如表 7-18 所示。

表 7-18　interpolate 方法常用的参数及其说明

参数名称	说　明
method	接收 str，表示插值方法。默认为“linear”
axis	接收 int，表示插值的轴，0 表示横轴，1 表示纵轴。默认为 0
limit	接收 int，表示遇到连续 NaN 插值的最大数。默认为 None
inplace	接收 bool，表示是否更新原 DataFrame。默认为 False，不更新

interpolate 方法提供了多种插值方法，常用插值方法及其说明如表 7-19 所示。

表 7-19　常用的插值方法

方　法	说　明
linear	线性插值。忽视索引，将所有值看作等距隔开。若 DataFrame 或 Series 为多重索引，则只支持此种插值方法
time	时间插值。索引为时间类型，按给定时间间隔插值
Index、values	索引插值。按照数值化的索引值来插值

使用常用插值方法插值，如代码清单 7-36 所示。

代码清单 7-36　使用常用插值方法插值

```
In[7]:   # linear 方法插值
         print('linear 方法插值后的 DataFrame 为：\n', df.interpolate())

Out[7]:  linear 方法插值后的 DataFrame 为：
            col1  col2
         0   0.0   5.0
         1   1.0   5.5
         2   2.0   6.0
         3   3.0   7.0
         4   4.0   7.0

In[8]:   # values 方法插值
         df1 = df.set_index(pd.Index([0, 1, 2, 8, 9]))
         print('values 方法插值后的 DataFrame 为：\n', df1.interpolate(method = 'values'))

Out[8]:  values 方法插值后的 DataFrame 为：
                col1  col2
         0  0.000000   5.0
         1  1.000000   5.5
         2  2.000000   6.0
         8  3.714286   7.0
         9  4.000000   7.0
```

In[9]:

```
# time 方法插值
index = pd.to_datetime(['2018-01-01', '2018-01-02',
                        '2018-01-03', '2018-01-08', '2018-01-10'])
df2 = df.set_index(index)
print('time 方法插值后的 DataFrame 为: \n', df2.interpolate(method = 'time'))
```

Out[9]:

```
time 方法插值后的 DataFrame 为:
                col1  col2
2018-01-01  0.000000   5.0
2018-01-02  1.000000   5.5
2018-01-03  2.000000   6.0
2018-01-08  3.428571   7.0
2018-01-10  4.000000   7.0
```

除了常用的插值方法，interpolate 还提供其他方法。至于使用何种插值方法，可根据实际情况灵活选择。

7.3.2　重复数据处理

重复数据处理是机器学习经常面对的问题之一。对重复数据进行处理前，需要分析重复数据产生的原因以及去除这部分数据后可能造成的不良影响。

drop_duplicates 方法用于去除一个或多个特征的重复记录。针对 DataFrame 的 drop_duplicates 方法的基本语法格式如下。

```
DataFrame.drop_duplicates(self, subset=None, keep='first', inplace=False)
```

drop_duplicates 方法常用的参数及其说明如表 7-20 所示。

表 7-20　drop_duplicates 方法常用的参数及其说明

参数名称	说　明
subset	接收列标签或者标签的 sequence，表示参与去重操作的列名。默认为 None，表示全部列
keep	接收特定 str，表示重复时保留第几个数据。取值为“first”时表示第一个；取值为“last”时表示最后一个；取值为 False 时表示只要有重复都不保留。默认为“first”
inplace	接收 bool，表示是否在原表上进行操作。默认为 False，不进行

使用 drop_duplicates 方法去除数据中的重复记录，默认对所有特征起作用，即只有所有特征的重复记录对应的索引（行）相同的情况下才会执行去除操作，如代码清单 7-37 所示。

代码清单 7-37　使用 drop_duplicates 方法去除数据中的重复记录

In[10]:

```
df = pd.read_csv('../data/Station.csv', encoding = 'gbk')
df1 = df.drop_duplicates()
print('去重前数据框的长度为: ', len(df), '\n', '去重后数据框的长度为: ', len(df1))
```

```
Out[10]:    去重前数据框的长度为: 396060
             去重后数据框的长度为: 357672
```

drop_duplicates 函数除了能够针对所有特征去重以外，还能够针对某个或某几个特征进行去重，只需要将指定的特征名称传给 subset 参数即可，如代码清单 7-38 所示。

代码清单 7-38　对指定特征去重

```
In[11]:     df2 = df.drop_duplicates(subset =['train'])
            print('去重前数据框长度为: ', len(df), '\n', '指定特征 col1 去重后数据框长
            度为: ', len(df2))
Out[11]:    去重前数据框长度为: 396060
            指定特征 col1 去重后数据框长度为: 138
```

7.3.3　连续特征离散化处理

某些算法，如 ID3 决策树算法和 Apriori 算法等，要求数据是离散的，此时就需要将连续型特征（数值型）转换成离散型特征（类别型），即连续特征离散化。

连续特征离散化是在数据的取值范围内设定若干个离散的划分点，将取值范围划分为一些离散化的区间，最后用不同的符号或整数值代表落在每个子区间中的数据值。因此离散化涉及两个子任务，即确定分类数以及如何将连续型数据映射到这些类别型数据上。其原理如图 7-2 所示。

离散化处理前

	年龄
1	18
2	23
3	35
4	54
5	42
6	21
7	60
8	63
9	41
10	38

离散化处理后

	年龄
1	(17.955, 27]
2	(17.955, 27]
3	(27, 36]
4	(45, 54]
5	(36, 45]
6	(17.955, 27]
7	(54, 63]
8	(54, 63]
9	(36, 45]
10	(36, 45]

图 7-2　连续特征离散化

常用的离散化方法有 3 种：等宽法、等频法和通过聚类分析离散化（一维）。通过聚类分析离散化（一维）涉及聚类算法，此处暂不介绍。

1. 等宽法

等宽法指将数据的值域分成具有相同宽度的区间，与制作频率分布表类似。cut 函数用于实现等宽法，其基础语法格式如下。

```
pandas.cut(x, bins, right=True, labels=None, retbins=False, precision=3, include_lowest=False)
```

cut 函数常用的参数及其说明如表 7-21 所示。

表 7-21　cut 函数常用的参数及其说明

参数名称	说　明
x	接收数组或 Series，表示需要进行离散化处理的数据。无默认值
bins	接收 int、list、array、tuple，若为 int，表示离散化后的类别数目；若为序列类型的数据，则表示进行切分的区间，每两个数间隔为一个区间。无默认值
right	接收 bool，表示右侧是否为闭区间。默认为 True，是闭区间
labels	接收 list、array 类型数据，表示离散化后各个类别的名称。默认为空
retbins	接收 bool，表示是否返回区间标签。默认为 False
precision	接收 int，表示显示的标签的精度。默认为 3

使用 cut 函数对数据应用等宽法，如代码清单 7-39 所示。

代码清单 7-39　应用等宽法

```
In[12]:   series = pd.Series([1, 6, 7, 8, 9, 15])
          series1 = pd.cut(series, bins = 3)
          print('离散化前的数据为：\n', series, '\n', '等宽离散化后的数据为：\n', series1)
```

```
Out[12]:  离散化前的数据为：
           0     1
          1     6
          2     7
          3     8
          4     9
          5    15
          dtype:   int64
           等宽离散化后的数据为：
           0      (0.986, 5.667]
          1    (5.667, 10.333]
          2    (5.667, 10.333]
          3    (5.667, 10.333]
          4    (5.667, 10.333]
          5     (10.333, 15.0]
          dtype:   category
```

```
          Categories (3, interval[float64]): [(0.986, 5.667] < (5.667, 10.333] < (10.333, 15.0]]
In[13]:   print('离散化后各区间数据数目为：\n', series1.value_counts())
Out[13]:  离散化后各区间数据数目为：
           (5.667, 10.333]    4
          (10.333, 15.0]     1
          (0.986, 5.667]     1
          dtype: int64
```

使用等宽法离散化的缺陷从代码清单 7-39 中可以很明显地看出：等宽法离散化对数据分布具有较高要求，若数据分布不均匀，那么各个类的数目也会变得非常不均匀，有些区间包含许多数据，而另外一些区间的数据则极少。这会严重损坏所建立的模型。

2. 等频法

等频法在等宽法的基础上实现，将切分区间指定为被切分数据的分位数，这样能保证切分区间的数据大体相等。结合函数对数据应用等频法，如代码清单 7-40 所示。

代码清单 7-40 应用等频法

```
In[14]:   import numpy as np
          def SameRateCut(data, k):
              w = data.quantile(np.arange(
                      0, 1 + 1.0 / k, 1.0 / k))
              data = pd.cut(data, w)
              return data
          series1 = SameRateCut(series, 3)
          print('等频离散化后数据为：\n', series1, '\n',
                '离散化后数据各区间数目为：\n', series1.value_counts())
Out[14]:  等频离散化后数据为：
           0               NaN
          1      (1.0, 6.667]
          2    (6.667, 8.333]
          3    (6.667, 8.333]
          4     (8.333, 15.0]
          5     (8.333, 15.0]
          dtype:   category
          Categories (3, interval[float64]): [(1.0, 6.667] < (6.667, 8.333] < (8.333, 15.0]]
           离散化后数据各区间数目为：
           (8.333, 15.0]     2
          (6.667, 8.333]    2
          (1.0, 6.667]      1
          dtype: int64
```

相较于等宽法，等频法避免了数据分布不均匀的问题，但同时也可能将数值非常接近的两个值分到不同的区间以满足每个区间中固定的数据个数。

7.3.4　哑变量处理

哑变量又称虚拟变量，通常取 0 或 1。机器学习中有相当一部分的算法模型都要求输入的特征为数值型，但实际数据中特征的类型不一定只有数值型，还会存在相当一部分的类别型，这部分的特征需要经过哑变量处理才可以放入模型之中。哑变量处理的原理如图 7-3 所示。

哑变量处理前

	城市
1	广州
2	上海
3	杭州
4	北京
5	深圳
6	北京
7	上海
8	杭州
9	广州
10	深圳

哑变量处理后

	城市–广州	城市–上海	城市–杭州	城市–北京	城市–深圳
1	1	0	0	0	0
2	0	1	0	0	0
3	0	0	1	0	0
4	0	0	0	1	0
5	0	0	0	0	1
6	0	0	0	1	0
7	0	1	0	0	0
8	0	0	1	0	0
9	1	0	0	0	0
10	0	0	0	0	1

图 7-3　哑变量处理

get_dummies 函数用于哑变量处理，其基本语法格式如下。

```
pandas.get_dummies(data, prefix=None, prefix_sep='_', dummy_na=False, columns=None, sparse=False, drop_first=False)
```

get_dummies 函数常用的参数及其说明如表 7-22 所示。

表 7-22　get_dummies 函数常用的参数及其说明

参数名称	说　明
data	接收 array、DataFrame 或者 Series，表示需要哑变量处理的数据。无默认值
prefix	接收 str、str 的列表或者 str 的 dict，表示哑变量化后列名的前缀。默认为 None
prefix_sep	接收 str，表示前缀的连接符。默认为“_”
dummy_na	接收 bool，表示是否为 Nan 值添加一列。默认为 False，不添加
columns	接收类似 list 的数据，表示 DataFrame 中需要编码的列名。默认为 None，表示对所有 object 和 category 类型进行编码
sparse	接收 bool，表示虚拟列是否是稀疏的。默认为 False，不是
drop_first	接收 bool，表示是否通过从 k 个分类级别中删除第一级来获得 k–1 个分类级别。默认为 False，不删除

使用 get_dummies 函数对类别型特征进行哑变量处理，如代码清单 7-41 所示。

代码清单 7-41　哑变量处理

```
In[15]:   dit = {'one': ['高', '低', '低', '高', '中'],
                 'two': [1, 4, 6, 7, 8]}
          df = pd.DataFrame(dit)
          print('创建的 DataFrame 为：\n', df)
```

```
Out[15]:   创建的 DataFrame 为：
             one  two
          0   高    1
          1   低    4
          2   低    6
          3   高    7
          4   中    8
```

```
In[16]:   print('哑变量处理后的 DataFrame 为：\n', pd.get_dummies(df))
```

```
Out[16]:   哑变量处理后的 DataFrame 为：
              two  one_中  one_低  one_高
          0    1      0      0      1
          1    4      0      1      0
          2    6      0      1      0
          3    7      0      0      1
          4    8      1      0      0
```

从代码清单 7-41 的结果中可以发现，对于一个类别型特征，若其取值有 m 个，则经过哑变量处理后就变成了 m 个二元特征，并且这些特征互斥，每次只有一个激活，这使得数据变得稀疏。

综上所述，对类别型特征进行哑变量处理主要解决了部分算法模型无法处理类别型数据的问题，这在一定程度上起到了扩充特征的作用。由于数据变成了稀疏矩阵的形式，因此也加快了算法模型的运算速度。

小结

本章延续第 6 章，是 pandas 的进阶篇。主要介绍了如下内容：

1）常见数据源类型如 CSV、Excel、数据库、剪切板、pickle 的读取和写入操作。

2）统计分析、分组运算、透视表和交叉表这 3 种针对数据的操作方法。

3）缺失值处理、重复值处理、连续特征离散化处理、哑变量处理等常见数据处理方法。

课后习题

1. 选择题

（1）下列关于数据库数据读写，下列说法正确的有（　　）。

A. read_sql_table 可以使用 sql 语句读写数据库数据
B. pandas 除了 read_sql 没有其他数据库读写函数了
C. 使用 read_sql 函数读取数据库数据不需要使用数据库连接
D. read_sql 既可以使用 sql 语句读取数据库数据，也可以直接读取数据库表

（2）【多选】关于 pandas 数据读写，下列说法正确的有（ ）。
A. read_excel 能够读取 xls 后缀的文件
B. read_sql 能够读取数据库的数据
C. to_csv 方法能够将 DataFrame 写入 CSV
D. to_sql 方法能够将 DataFrame 写入数据库

（3）对数值型数据应用 describe 方法返回的特征不包括（ ）。
A. 中位数 B. 标准差 C. 数目 D. 方差

（4）关于移动窗口 rolling 方法，下列说法正确的是（ ）。
A. 接收 offset 时，对应的索引需为时间类型
B. 接收 int 时，空值不会保留
C. 接收 offset 时，空值不会保留
D. 返回 Rolling 对象

（5）关于 agg 方法，下列说法错误的是（ ）。
A. 返回标量值和数组 B. 可接收 NumPy 函数
C. 可对分组的不同列指定作用的函数 D. 可同时接收多个函数

（6）【多选】下列关于 groupby 方法说法正确的是（ ）。
A. groupby 能够实现分组聚合
B. groupby 方法返回的结果能够直接查看
C. groupby 是 pandas 提供的一个用来分组的方法
D. groupby 方法是 pandas 提供的一个用来聚合的方法

（7）使用 pivot_table 函数制作透视表用下列那个参数设置行分组键（ ）。
A. data B. values C. columns D. index

（8）【多选】以下关于缺失值的说法中，正确的是（ ）。
A. isnull 方法可用于计算缺失值数量
B. dropna 方法既可以删除观测记录，也可以删除特征
C. fillna 方法可用来切换缺失值
D. pandas 库中的 interpolate 模块包含了多种插值方法

（9）以下关于 drop_duplicates 函数的有关说法中，错误的是（ ）。
A. 对 DataFrame 和 Series 类型的数据有效
B. 仅支持单一特征的数据去重
C. 数据有重复时默认保留第一个数据

D. 该函数不会改变原始数据排列

（10）连续数据离散化的处理方法不包括（　　）。

A. 等宽法　　B. 等频法　　C. 使用聚类算法　　D. 使用 Apriori 算法

2. 填空题

（1）read_csv 函数用于设置分隔符的参数是________。

（2）使用________方法能够一次性得出 DataFrame 所有数值型特征的非空值数目、均值、四分位数、标准差。

（3）pivot_table 函数默认的聚合函数是________。

（4）创建交叉表的函数是________。

（5）常用的哑变量处理的函数是________。

3. 操作题

（1）一组数据：5，10，11，13，15，35，50，55，72，92，204，215。使用等宽法对其进行离散化处理。

（2）对表 7-23 中的笔记本电脑数据按 CPU 进行分组，并求出每组最大主频、最小核心数目、最低的价格，并显示在一个 DataFrame 中。

表 7-23　笔记本电脑数据

CPU	主　频	核心数目	价　格
i7	4.2	8	9999
i5	3.2	4	6799
i3	2.2	2	3888
i5	2.8	4	5799
i7	4.0	6	8755
i3	2.8	2	4355

（3）将上题的表写入 CSV 文件。

CHAPTER 8

第 8 章

绘　　图

一幅精心绘制的图形能够帮助我们在数以千计的零散信息中做出有意义的比较，提炼出使用其他方法是不那么容易发现的模式。而 Python 有着非常丰富且强大的绘图功能。本章将通过讲述创建图形到输出保存图形的整体流程，以及具体的各种图形及修改图形中的特征，来介绍 Matplotlib 模块、Seaborn 模块、Bokeh 交互式绘图，向读者逐步呈现 Python 由基础到高级绘图的方法。

8.1　Matplotlib 绘图基础

Matplotlib 是 Python 中的 2D 绘图库，也是最著名的 Python 绘图库。虽然 Matplotlib 的代码库很庞大，但是可以通过简单的概念框架和重要的知识来理解掌握。Matplotlib 图像可以分为如下 4 层结构。

1）canvas（画板）。位于最底层，导入 matplotlib 库时就自动存在。

2）figure（画布）。建立在 canvas 之上，从这一层就能开始设置其参数。

3）axes（子图）。将 figure 分成不同块，实现分面绘图。

4）图表信息（构图元素）。添加或修改 axes 上的图形信息，优化图表的显示效果。

为了方便快速绘图，Matplotlib 通过 pyplot 模块提供了一套与 Matlab 类似的命令 API，将众多绘图对象所构成的复杂结构隐藏在这套 API 内部，这些对象对应图形的一个个图形元素（如坐标轴、曲线、文字等），模块给每个对象分配函数，以此对该图形元素进行操作，而不影响其他部分。创建好画布后，只需调用 pyplot 模块所提供的函数，仅几行代码就可以实现添加、修改图形元素，或在原有图形上绘制新图形。

8.1.1　编码风格

1. 基础流程

根据 Matplotlib 图像的 4 层图像结构，pyplot 模块绘制图形基本都遵循一个流程，使用这个流程可以完成大部分图形的绘制。pyplot 模块基本绘图流程主要分为 3 个部分，如图 8-1 所示。

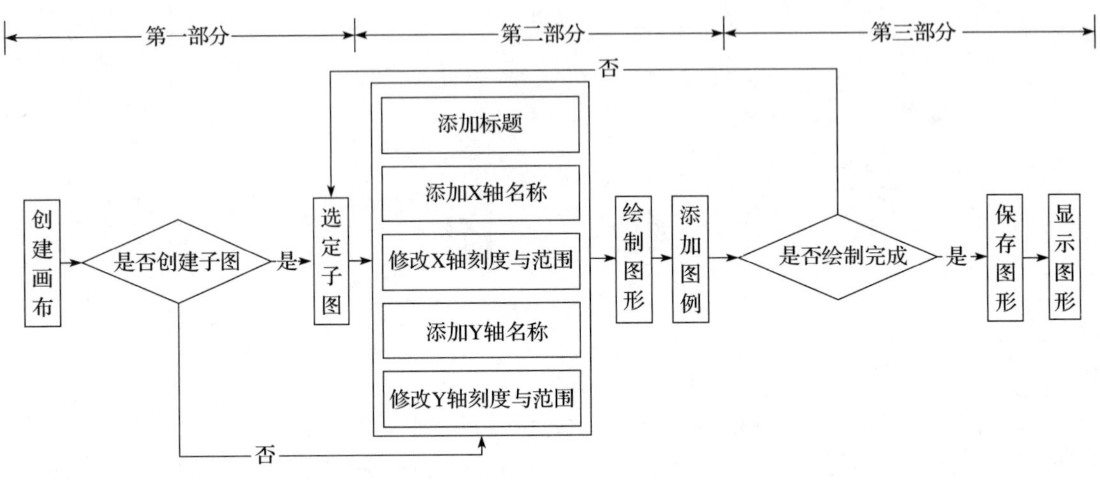

图 8-1 pyplot 基本绘图流程

1）导入模块。绘图之前，需要先导入包含相应函数的模块。对于 pyplot 模块，一般使用如下风格导入。

```
import numpy as np
import matplotlib.pyplot as plt
```

2）创建画布与创建子图。第一部分主要是构建出一张空白的画布，如果需要同时展示几个图形，可将画布划分为多个部分。然后使用对象方法来完成其余的工作，示例如下。

```
pic = plt.figure(figsize=(8,7), dpi = 80)        # 创建画布，尺寸为 8×7，像素值为 80
ax1 = pic.add_subplot(2, 1, 1)                   # 划分为 2×1 图形阵，选择第 1 张图片
```

3）添加画布内容。第二部分是绘图的主体部分。添加标题、坐标轴名称等步骤与绘制图形是并列的，没有先后顺序，可以先绘制图形，也可以先添加各类标签，但是添加图例一定要在绘制图形之后。pyplot 模块中添加各类标签和图例的函数如表 8-1 所示。

表 8-1 pyplot 添加各类标签的常用函数

函数名称	函数作用
title	在当前图形中添加标题，可以指定标题的名称、位置、颜色、字体大小等参数
xlabel	在当前图形中添加 x 轴名称，可以指定位置、颜色、字体大小等参数
ylabel	在当前图形中添加 y 轴名称，可以指定位置、颜色、字体大小等参数
xlim	指定当前图形 x 轴的范围，只能确定一个数值区间，而无法使用字符串标识
ylim	指定当前图形 y 轴的范围，只能确定一个数值区间，而无法使用字符串标识
xticks	指定 x 轴刻度的数目与取值
yticks	指定 y 轴刻度的数目与取值
legend	指定当前图形的图例，可以指定图例的大小、位置、标签

4）图形保存与展示。绘制图形之后，可使用 matplotlib.pyplot.savefig() 函数保存图片到指定路径，使用 matplotlib.pyplot.show() 函数展示图形。综合整体流程绘制函数“y=x^2”与“y=x”图形，如代码清单 8-1 所示。

代码清单 8-1　pyplot 基础绘图语法

In[1]:

```
import matplotlib.pyplot as plt
import numpy as np
fig = plt.figure(figsize = (6, 6), dpi = 80) # 创建画布。大小为 6×6，像素为 80
x = np.linspace(0, 1, 1000)
fig.add_subplot(2, 1, 1)                     # 分为 2×1 图形阵，选择第 1 张图片绘图
plt.title('y=x^2 & y=x')                     # 添加标题
plt.xlabel('x')                              # 添加 x 轴名称 'x'
plt.ylabel('y')                              # 添加 y 轴名称 'y'
plt.xlim((0, 1))                             # 指定 x 轴范围（0,1）
plt.ylim((0, 1))                             # 指定 y 轴范围（0,1）
plt.xticks([0, 0.3, 0.6, 1])                 # 设置 x 轴刻度
plt.yticks([0, 0.5, 1])                      # 设置 y 轴刻度
plt.plot(x, x ** 2)
plt.plot(x, x)
plt.legend(['y=x^2', 'y=x'])                 # 添加图例
plt.savefig('../tmp/ 整体流程绘图 .png')     # 保存图片
plt.show()
```

Out[1]:

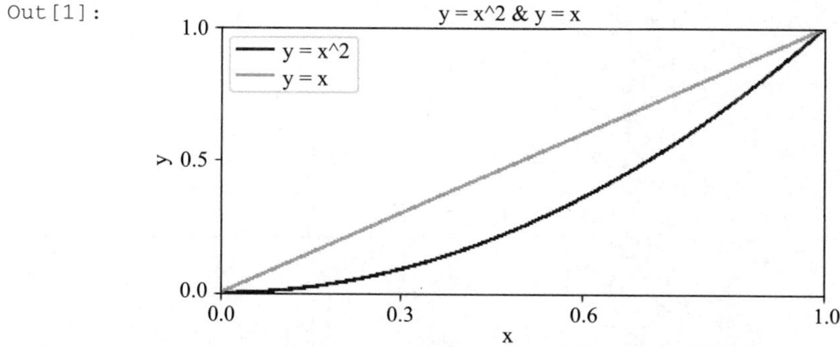

通常情况下，在使用不同的数据重复绘制同样的图形时，选择自编函数来进行绘图。有时候也会需要在图上添加文本标注。pyplot 模块中，使用 matplotlib.pyplot.text() 函数能够在任意位置添加文本，其基本语法格式如下。

```
matplotlib.pyplot.text(x, y, s, fontdict=None, withdash=False, **kwargs)
```

使用自编函数绘图并添加文本示例如代码清单 8-2 所示。

代码清单 8-2　自编函数绘图并添加文本

In[2]:

```
def my_plotter(ax, x, y, param_dict):
```

```
    '''
    ax 接收绘图对象
    x  接收 array 表示横轴数据 无默认值
    y  接收 array 表示纵轴数据 无默认值
    param_dict 接收 dict 表示传入参数 无默认值
    '''
    out = ax.plot(x, y, **param_dict)
    return out
# 以如下方式使用函数：
x = [0, 1, 2, 3, 4, 5, 6, 7, 8]
y1 = x
y2 = np.sin(x)
fig, (ax1, ax2) = plt.subplots(1, 2)
my_plotter(ax1, x, y1, {'marker': 'x'})
my_plotter(ax2, x, y2, {'marker': 'o'})
ax1.text(x[4], y1[4], 'y=x')              # 在子图 1 添加 'y=x'
ax2.text(x[4], y2[4], 'y=sin(x)')         # 在子图 2 添加 'y=sin (x)'
plt.savefig('tmp/ 自编函数绘图并添加文本 .png')
plt.show()
```

Out[2]:

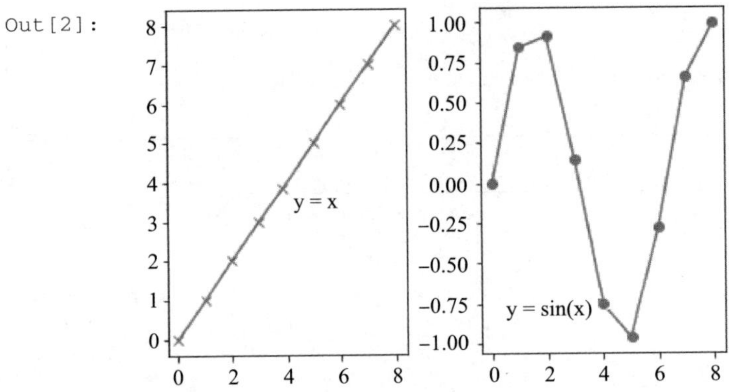

2. 绘图风格

Matplotlib 中，pyplot 的一个子模块 style 里面定义了很多预设风格，方便进行风格转换。每一个预设的风格 style 都储存在一个以 .mplstyle 为后缀的 style 文件中。我们可以在 stylelib 文件夹中查看，如图 8-2 所示。

电脑"中的搜索结果 › mpl-data › stylelib　　搜索"stylelib"

名称	修改日期	类型	大小
_classic_test.mplstyle	2018/6/26 9:24	MPLSTYLE 文件	26 KB
bmh.mplstyle	2018/6/26 9:24	MPLSTYLE 文件	1 KB
classic.mplstyle	2018/6/26 9:24	MPLSTYLE 文件	26 KB
dark_background.mplstyle	2018/6/26 9:24	MPLSTYLE 文件	1 KB
fast.mplstyle	2018/6/26 9:24	MPLSTYLE 文件	1 KB
fivethirtyeight.mplstyle	2018/6/26 9:24	MPLSTYLE 文件	1 KB
ggplot.mplstyle	2018/6/26 9:24	MPLSTYLE 文件	1 KB
grayscale.mplstyle	2018/6/26 9:24	MPLSTYLE 文件	1 KB

图 8-2　stylelib 文件夹中 style 文件

通过 print(plt.style.available) 命令可以查看所有预设风格的名称，使用 use 函数就可以直接设置预设风格，如代码清单 8-3 所示。

代码清单 8-3　查看与使用预设风格

In[3]:

```
print('Matplotlib 中预设风格为：\n', plt.style.available)
```

Out[3]:

```
Matplotlib 中预设风格为：
 ['bmh', 'classic', 'dark_background', 'fast', 'fivethirtyeight',
'ggplot', 'grayscale', 'seaborn-bright', 'seaborn-colorblind',
'seaborn-dark-palette', 'seaborn-dark', 'seaborn-darkgrid',
'seaborn-deep', 'seaborn-muted', 'seaborn-notebook', 'seaborn-
paper', 'seaborn-pastel', 'seaborn-poster', 'seaborn-talk',
'seaborn-ticks', 'seaborn-white', 'seaborn-whitegrid', 'seaborn',
'Solarize_Light2', 'tableau-colorblind10', '_classic_test']
```

In[4]:

```
x = np.linspace(0, 1, 1000)
plt.title('y=x^2 & y=x')                    # 添加标题
plt.style.use('ggplot')                     # 使用 ggplot 风格
plt.plot(x, x ** 2)
plt.plot(x, x)
plt.legend(['y=x^2', 'y=x'])                # 添加图例
plt.savefig('../tmp/plt 风格 .png')          # 保存图片
plt.show()
```

Out[4]:

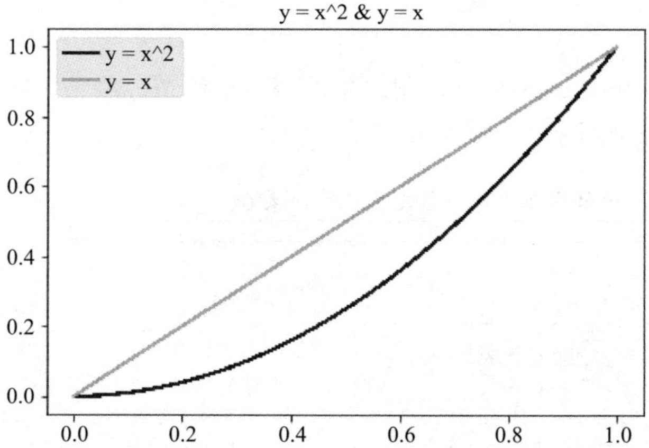

当然也能新建 mplstyle 文件来自定义绘图风格。在 stylelib 文件夹下创建好文件并按照规范配置属性，同样能够使用 use 函数来调用该风格。

8.1.2　动态 rc 参数

pyplot 模块使用 rc 配置文件来自定义图形的各种默认属性，称为 rc 配置或 rc 参数。通过修改 rc 参数可以修改默认的属性，包括窗体大小、每英寸的点数、线条宽度、颜色、样

式、坐标轴、坐标和网络属性、文本、字体等。

matplotlib 将默认参数配置保存在 matplotlibrc 文件中，通过修改配置文件，可修改图表的缺省样式。查看默认配置的方法如下。

1）直接打开 matplotlibrc 文件。

2）print(matplotlib.rc_params()) 命令。

3）print(matplotlib.rcParamsDefault) 命令。

4）print(matplotlib.rcParams) 命令。

在 matplotlib 中可以使用如下多个 matplotlibrc 配置文件，并且调用时按照该排序优先采用。

1）当前路径：程序的当前路径。

2）用户配置路径：在用户文件夹的 .matplotlib 目录下，可通过环境变量 matplotlibrc 修改它的位置。通过 matplotlib.get_configdir() 函数可以获得该路径。

3）系统配置路径：保存在 matplotlib 的安装目录下的 mpl-data 文件夹中。

在 matplotlib 模块载入时会调用 rc_params 函数，并把得到的配置字典保存到 rcParams 变量中。通过修改字典的方式或用 matplotlib.rc() 函数修改 rc 参数。修改默认 rc 参数后，图形对应属性就会发生改变。这里我们介绍一下坐标轴常用的 rc 参数、线条常用的 rc 参数美化图形，以及修改字体常用 rc 参数来解决中文文字显示异常问题。

1. 线条常用的 rc 参数

管理线条属性的 rc 参数 lines 几乎可以控制线条的每一个细节，线条常用的 rc 参数修改前后对比示例如代码清单 8-4 所示。

代码清单 8-4　修改线条的 rc 参数

In[5]:

```
import matplotlib as mpl
pic = plt.figure(dpi = 80, figsize = (6, 6))
x = np.linspace(0, 1, 1000)
# 绘制第 1 张图（从左往右从上到下）
pic.add_subplot(2, 2, 1)                 # 绘制 2×2 图形阵中第 1 张图片
plt.rcParams['lines.linestyle'] = '-.'# 修改线条类型
plt.rcParams['lines.linewidth'] = 1     # 修改线条宽度
plt.plot(x, x ** 2)
plt.title('y = x^2')
# 绘制第 2 张图
pic.add_subplot(2, 2, 2)
mpl.rc('lines', linestyle = '--', linewidth = 10)
# 以 matplotlib.rc() 函数命令方式修改 rc 参数
plt.plot(x, x ** 2)
plt.title('y = x^2')
# 绘制第 3 张图
pic.add_subplot(2, 2, 3)
```

```
plt.rcParams['lines.marker'] = None    # 修改线条上点的形状
plt.rcParams['lines.linewidth'] = 3
plt.plot(x, x ** 2)
plt.title('y = x^2')
# 绘制第 4 张图
pic.add_subplot(2, 2, 4)
plt.rcParams['lines.linestyle'] = ':'
plt.rcParams['lines.linewidth'] = 6
plt.plot(x, x ** 2)
plt.title('y = x^2')
plt.savefig('../tmp/ 线条 rc 参数对比 .png')
plt.show()
```

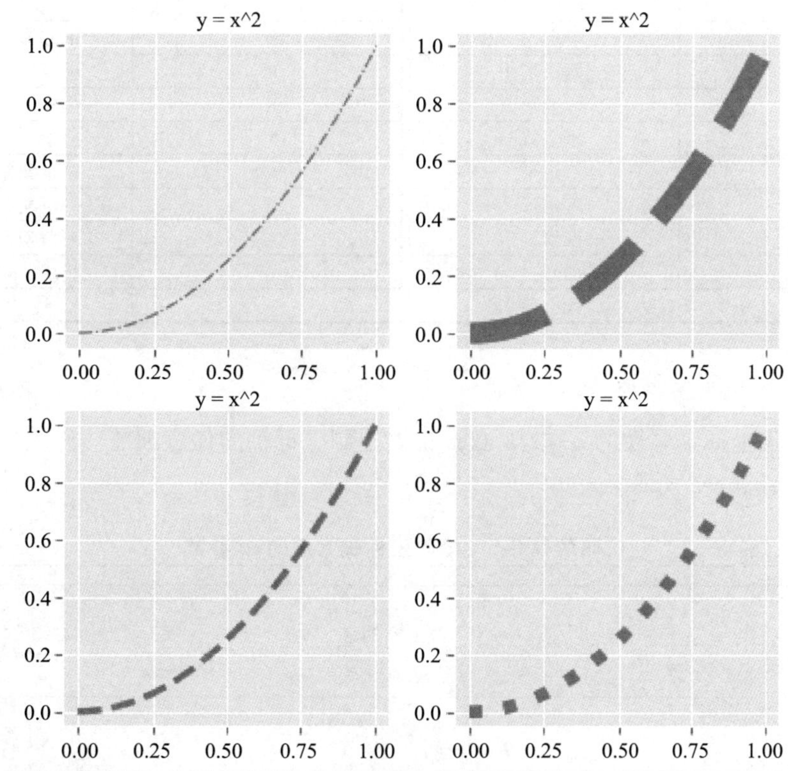

针对线条常用的 rc 参数名称、解释与取值如表 8-2 所示。

表 8-2　线条的常用 rc 参数名称、解释与取值

rc 参数名称	解　释	取　值
lines.linewidth	线条宽度	取 0 ～ 10 之间的数值，默认为 1.5
lines.linestyle	线条样式	可取 “-” “--” “-.” “:” 4 种，默认为 “-”
lines.marker	线条上点的形状	可取 “o” “D” “h” “.” “,” “S” 等 20 种，默认为 None
lines.markersize	点的大小	取 0 ～ 10 数值，默认为 1

其中 lines.linestyle 参数 4 种取值的意义如表 8-3 所示。

表 8-3 常用线条类型解释

linestyle 取值	意 义	linestyle 取值	意 义
-	实线	-.	点线
--	长虚线	:	短虚线

lines.marker 参数的 20 种取值及其所代表的意义如表 8-4 所示。

表 8-4 线条上点的形状解释

marker 取值	意 义	marker 取值	意 义
o	圆圈	.	点
D	菱形	s	正方形
h	六边形 1	*	星号
H	六边形 2	d	小菱形
-	水平线	V	一角朝下的三角形
8	八边形	<	一角朝左的三角形
P	五边形	>	一角朝右的三角形
,	像素	^	一角朝上的三角形
+	加号	\	竖线
None	无	x	X

2. 坐标轴常用的 rc 参数

同样，管理坐标轴属性的 rc 参数 axes 也能控制坐标轴的任意细节。修改坐标轴常用的 rc 参数如代码清单 8-5 所示。

代码清单 8-5 修改坐标轴常用的 rc 参数

In[6]:

```
x = np.linspace(0, 10, 1000)
plt.plot(x, np.sin(x))
plt.show()
```

Out[6]:

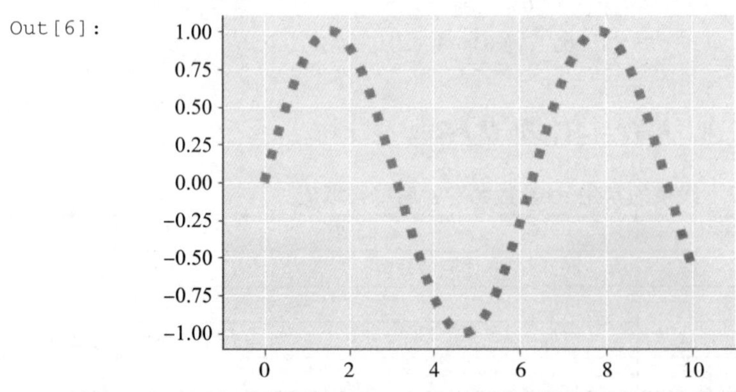

In[7]:

```
x = np.linspace(0, 10, 1000)
plt.rcParams['axes.edgecolor'] = 'b'            # 轴颜色设置为蓝色
plt.rcParams['axes.grid'] = True                # 添加网格
plt.rcParams['axes.spines.top'] = False         # 去除顶部轴
plt.rcParams['axes.spines.right'] = False       # 去除右侧轴
plt.rcParams['axes.xmargin'] = 0.1              # x 轴余留为区间长度的 0.1 倍
plt.plot(x, np.sin(x))
plt.show()
```

Out[7]:

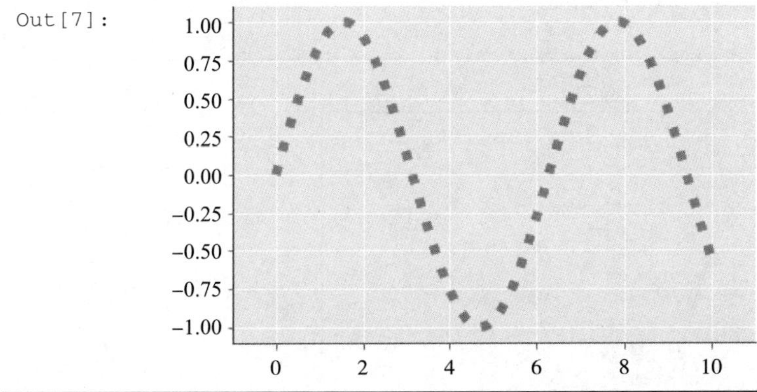

除代码清单 8-5 所示外，更多的坐标轴常用 rc 参数名称、解释、取值如表 8-5 所示。

表 8-5 坐标轴常用的 rc 参数名称、解释、取值

rc 参数名称	解 释	取 值
axes.facecolor	背景颜色	接收颜色简写字符。默认为“w”
axes.edgecolor	边线颜色	接收颜色简写字符。默认为“k”
axes.linewidth	轴线宽度	接收 0 ～ 1 的 float。默认为 0.8
axes.grid	添加网格	接收 bool。默认为 False
axes.titlesize	标题大小	接收“small”“medium”“large”。默认为“large”
axes.labelsize	轴标大小	接收“small”“medium”“large”。默认为“medium”
axes.labelcolor	轴标颜色	接收颜色简写字符。默认为“k”
axes.spines.{left, bottom, top, tight}	添加坐标轴	接收 bool。默认为 True
axes.{x, y}margin	轴余留	接收 float。默认为 0.05

3. 字体常用的 rc 参数

由于默认的 pyplot 字体并不支持显示中文字符，因此需要通过修改 font.sans-serif 参数来修改绘图时的字体，使得图形可以正常显示中文。同时，由于修改字体后会导致坐标轴中负号“ - ”无法正常显示，因此需要同时修改 axes.unicode_minus 参数。参数修改前后对比如代码清单 8-6 所示。

代码清单 8-6　调节字体的 rc 参数

In[8]:

```
# 原图
x = np.arange(0, 10, 0.2)
y = np.sin(x)
fig = plt.figure()
fig.add_subplot(111)
plt.title('sin 曲线 ')
plt.plot(x, y)
plt.savefig('../tmp/sin 曲线 1.png')
plt.show()
```

Out[8]:

sin □□

1.00 0.75 0.50 0.25 0.00 −0.25 −0.50 −0.75 −1.00

0 2 4 6 8 10

In[9]:

```
# 修改参数后
plt.rcParams['font.sans-serif'] = 'SimHei'    # 设置字体为 SimHei
plt.rcParams['axes.unicode_minus'] = False    # 解决负号“-”显示异常
plt.title('sin 曲线 ')
plt.plot(x, y)
plt.savefig('../tmp/sin 曲线 2.png')
plt.show()
```

Out[9]:

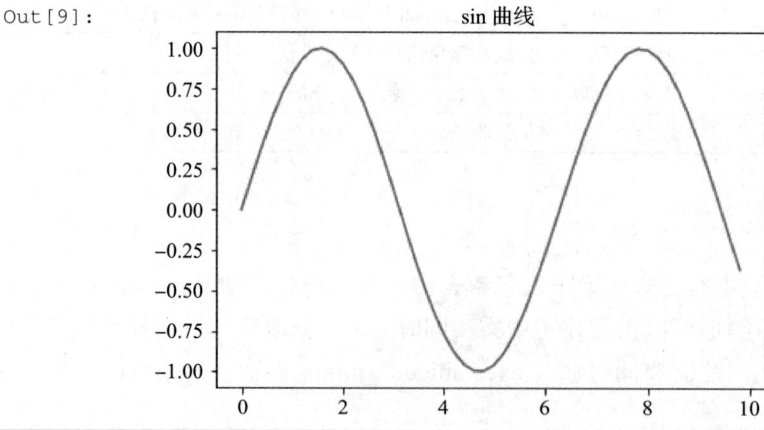

除字体与符号编码参数外，更多的字体常用 rc 参数名称、解释、取值如表 8-6 所示。

表 8-6 字体常用 rc 参数名称、解释、取值

rc 参数名称	解 释	取 值
font.family	字体族，每一个族对应多种字体	接收 serif、sans-serif、cursive、fantasy、monospace 五种 str。默认为 sans-serif
font.style	字体风格，正常或罗马体及斜体	接收 normal(roman)、italic、oblique 三种 str。默认为 normal
font.variant	字体变化	接收 normal 或 small-caps。默认为 normal
font.weight	字体重量	接收 normal、bold、bolder、lighter 四种 str 及 100，200，…，900。默认为 normal
font.stretch	字体延伸	接收 ultra-condensed, extra-condensed, condensed, semi-condensed, normal, semi-expanded, expanded, extra-expanded, ultra-expanded, wider, and narrower 这 11 种 str。默认为 normal
font.size	字体大小	接收 float。默认为 10

如果希望 rc 参数恢复到缺省的配置（matplotlib 载入时从配置文件读取的配置），可以调用 matplotlib.rcdefaults() 函数。

8.1.3 散点图

散点图（Scatter Diagram）又称为散点分布图，是以利用坐标点（散点）的分布形态反映特征间的相关关系的一种图形。实际中一般使用二维散点图，通过散点的疏密程度和变化趋势表示两个特征间关系。

散点图有以下 3 个特点。

1）表现特征之间是否存在数值或者数量的关联趋势，关联趋势是线性的还是非线性的。

2）凸显出离群点（异常点）及其对整体的影响。

3）数据量越大能发挥的作用越好。

pyplot 模块中使用 scatter 函数绘制散点图，其基本语法格式如下。

```
matplotlib.pyplot.scatter(x, y, s=None, c=None, marker=None, cmap=None, norm=None, vmin=None, vmax=None, alpha=None, linewidths=None, verts=None, edgecolors=None, hold=None, data=None, **kwargs)
```

scatter 函数常用参数及其说明如表 8-7 所示。

表 8-7 scatter 函数常用参数及其说明

参数名称	说 明
x，y	接收 array，表示 x 轴和 y 轴对应的数据。无默认值
s	接收数值或者一维 array，指定点的大小，一维 array 表示每个点的大小。默认为 None
c	接收颜色或者一维 array，指定点的颜色，一维 array 表示每个点的颜色。默认为 None
marker	接收特定 str，表示绘制的点的形状，参照表 8-4。默认为 None
alpha	接收 0 ～ 1 的小数，表示点的透明度。默认为 None

使用 scatter 函数绘制 2000 年～ 2017 年各季度的国民生产总值散点图，如代码清单 8-7 所示。

代码清单 8-7　绘制 2000 年～ 2017 年各季度国民生产总值散点图

In[10]:

```
import matplotlib.pyplot as plt
import numpy as np
data = np.load('../data/ 国民经济核算季度数据 .npz')
name = data['columns']              # 提取 columns 数组，视为数据的标签
values = data['values']             # 提取 values 数组，数据的存在位置
plt.rcParams['font.sans-serif'] = 'SimHei'
plt.rcParams['axes.unicode_minus'] = False
plt.figure(figsize = (8, 7))
plt.scatter(values[: ,0], values[: , 2], marker = 'o')
plt.xlabel(' 年份 ')
plt.ylabel(' 生产总值 (亿元) ')
plt.xticks(range(0, 70, 4), values[range(0, 70, 4), 1], rotation = 45)
plt.title('2000-2017 年季度生产总值散点图 ')
plt.savefig('../tmp/2000-2017 年季度生产总值散点图 .png')
plt.show()
```

Out[10]:

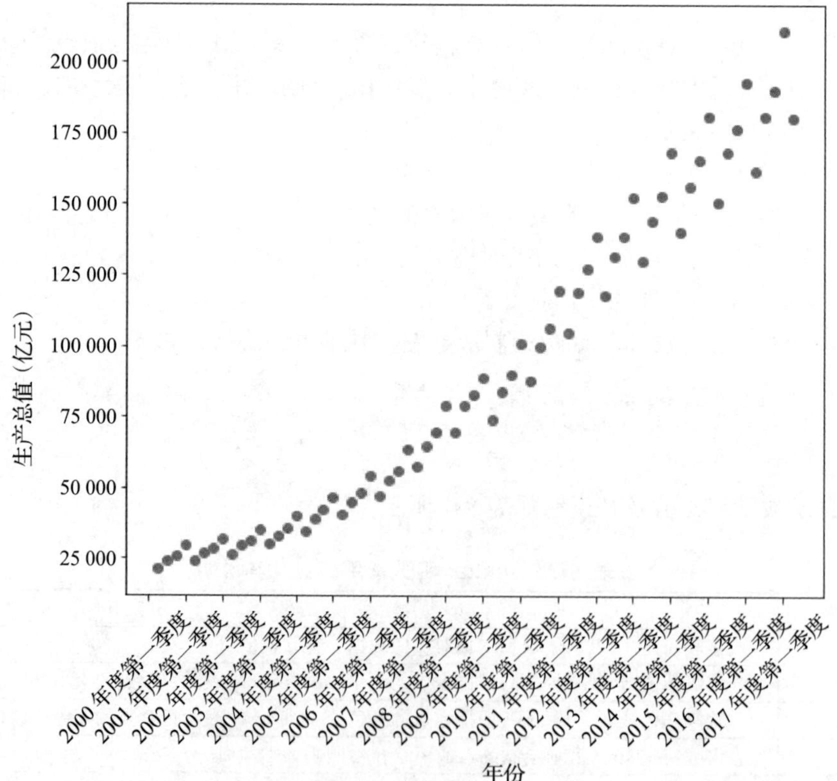

绘制 2000 年～ 2017 年第一产业、第二产业、第三产业各季度的国民生产总值散点图，如代码清单 8-8 所示。

代码清单 8-8　绘制 2000 年～ 2017 年各产业各季度生产总值散点图

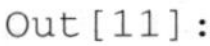

In[11]:

```
plt.Figure(dpi = 80, figsize = (8, 7))
plt.rcParams['font.sans-serif'] = 'SimHei'
y1 = values[: , 3]
plt.scatter(range(len(y1)), y1)
plt.xticks(range(len(y1)), values[: : 4, 1], rotation = 45)
y2 = values[: , 4]
plt.scatter(range(len(y2)), y2)
plt.xticks(range(len(y2)), values[: : 4, 1], rotation = 45)
y3 = values[: , 5]
plt.scatter(range(len(y3)), y3)
plt.xticks(range(0, 70, 4), values[range(0, 70, 4), 1], rotation = 45)
plt.title('2010-2017 各产业各季度生产总值 ')
plt.legend([' 第一产业 ', ' 第二产业 ', ' 第三产业 '])
plt.savefig('../tmp/ 三种产业散点图 .png')
plt.show()
```

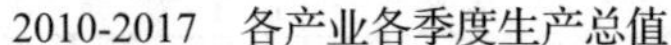

Out[11]:

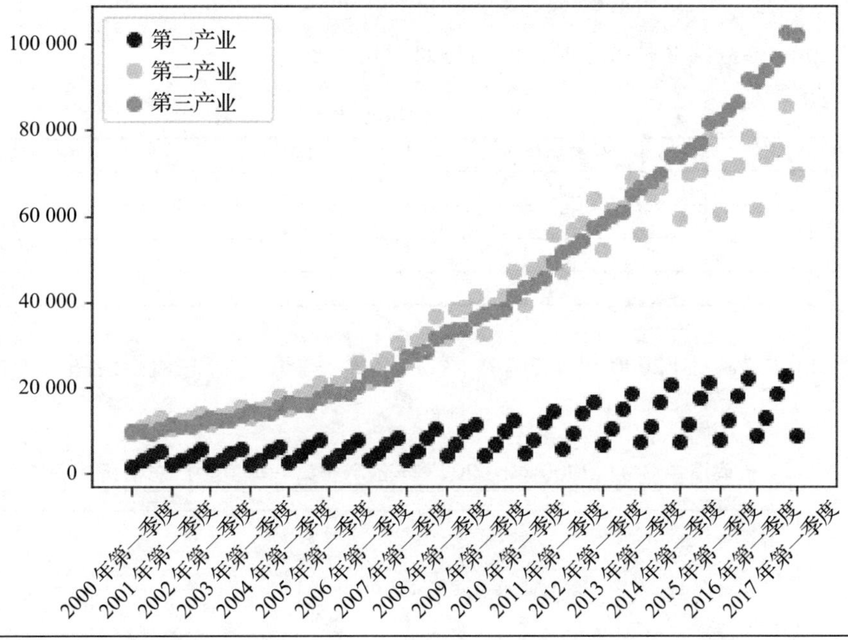

通过代码清单 8-8 中点的颜色及分布，可以看出第一产业增长平缓，第二产业每年会按季度呈现周期性波动但逐年递增，第三产业增长呈现指数型。总体来看，我国近 18 年中各个产业都在持续增长中，并且第二、第三产业增长幅度非常大，18 年间增长了 400% 以上。

8.1.4 折线图

折线图（Line Chart）是将“散点”按照横坐标顺序用线段依次连接起来的图形。以折线的上升或下降表示某一特征随另外一特征变化的增减以及总体变化趋势。一般用于展现某一特征随时间的变化趋势。

pyplot 模块中使用 plot 函数绘制折线图，其基本语法格式如下。

```
matplotlib.pyplot.plot(*args, **kwargs)
```

plot 函数在官方文档的语法中只要求填入不定长参数，实际可以填入的主要参数如表 8-8 所示。

表 8-8　plot 函数常用参数及其说明

参数名称	说　明
x，y	接收 array，表示 x 轴和 y 轴对应的数据。无默认值
color	接收特定 str，指定线条的颜色。默认为 None
linestyle	接收特定 str，指定线条类型，参照表 8-3。默认为“-”
marker	接收特定 str，表示绘制的点的形状，参照表 8-4。默认为 None
alpha	接收 0 ～ 1 的小数，表示点的透明度。默认为 None

其中 color 参数的 8 种常用颜色的缩写如表 8-9 所示。

表 8-9　常用颜色缩写

颜色缩写	代表的颜色	颜色缩写	代表的颜色
b	蓝色	m	品红
g	绿色	y	黄色
r	红色	k	黑色
c	青色	w	白色

使用 plot 函数绘制 2000 年～ 2017 年各产业第一季度生产总值折线图，如代码清单 8-9 所示。

代码清单 8-9　2000 年～ 2017 年各产业第一季度生产总值折线图

```
In[12]:  plt.rcParams['font.sans-serif'] = 'SimHei'
         plt.rcParams['axes.unicode_minus'] = False
         plt.figure(dpi = 80, figsize = (8, 8))
         y1 = values[: : 4, 3]
         y2 = values[: : 4, 4]
         y3 = values[: : 4, 5]
         plt.plot(range(len(y1)), y1, linestyle = '-.')
         plt.plot(range(len(y2)), y2, linestyle = '--')
         plt.plot(range(len(y3)), y3)
         plt.xticks(range(len(y3)), values[: : 4, 1], rotation = 45)
         plt.title('2000-2017 各产业第一季度折线图')
```

```
plt.legend(['第一产业', '第二产业', '第三产业'])
plt.savefig('../tmp/各产业第一季度折线图.png')
plt.show()
```

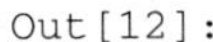
Out[12]:

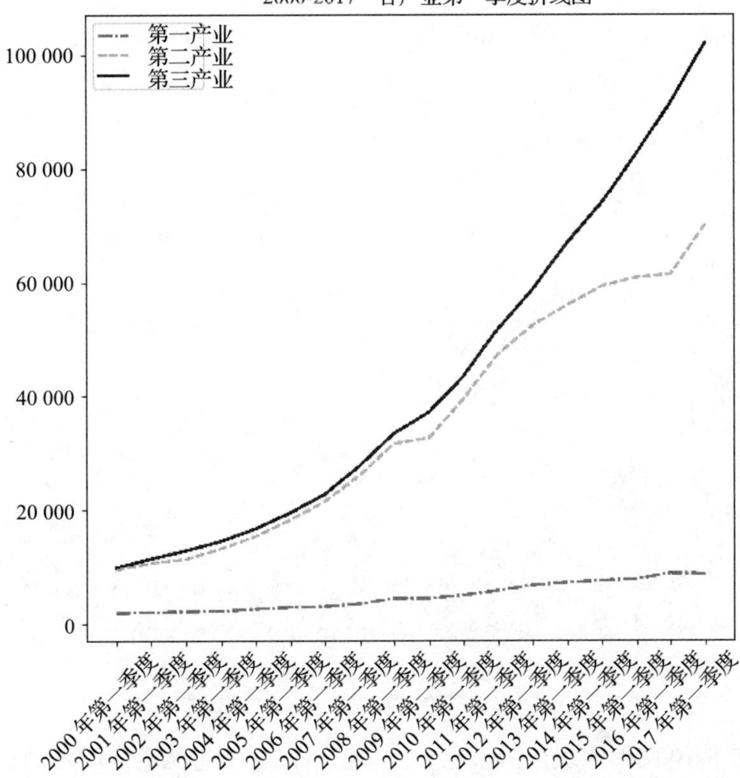

plot 函数可以一次接收“多组”参数，同时绘制多条折线图。向 plot 函数传递绘制第 1 个图形的参数，用逗号分隔后继续传递绘制第 2 个图形的参数即可，如代码清单 8-10 所示。

代码清单 8-10　2000 年～ 2017 年各产业第一季度生产总值点线图

In[13]:

```
plt.figure(figsize = (8, 7))
plt.plot(values[: , 0], values[: , 3], 'b-',
      values[: , 0], values[: , 4], 'y-.',
      values[: , 0], values[: , 5], 'g--')
plt.xlabel('年份')
plt.ylabel('生产总值(亿元)')
plt.xticks(range(0, 70, 4), values[range(0, 70, 4), 1], rotation = 45)
plt.title('2000-2017年各产业第一季度生产总值折线图')
plt.legend(['第一产业', '第二产业', '第三产业'])
plt.savefig('../tmp/2000-2017年第一季度各产业生产总值折线图.png')
plt.show()
```

Out[13]:

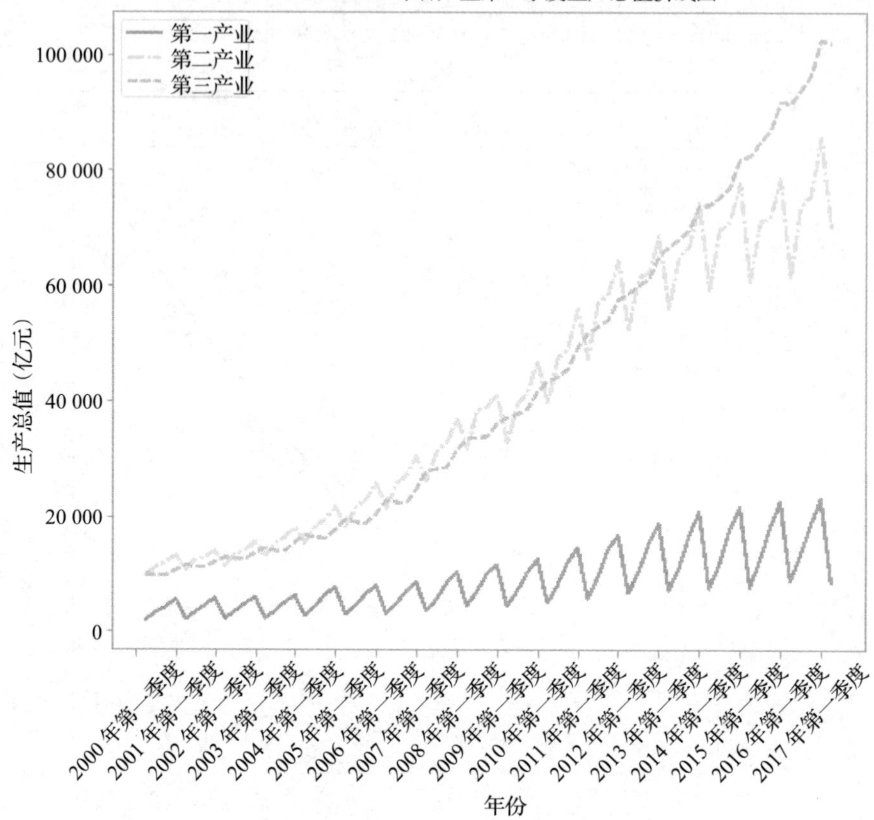

通过代码清单 8-10 图形中线条的颜色与波动，可以看出它比散点图更加直接有效地展示各产业的季度性波动与整体增长趋势。此外，使用 marker 参数可以绘制点线图，一定情况下能够使得图形更加丰富。

8.1.5 饼图

饼图（Pie Graph）用于表示不同类别的占比情况，通过弧度大小来对比各种类别。饼图将一个圆饼按照类别的占比划分成多个区块，整个圆饼代表数据的总量，每个区块（圆弧）表示该分类占总体的比例大小。饼图可以比较清楚地反映出部分与部分、部分与整体之间的比例关系，易于比较每个类别相对于总数的大小。但在对于面积大小的不敏感的情况下效果不是很好。

pyplot 模块中使用 pie 函数绘制饼图，其基本语法格式如下。

```
matplotlib.pyplot.pie(x, explode=None, labels=None, colors=None, autopct=None, pctdistance=0.6, shadow=False, labeldistance=1.1, startangle=None, radius=None, counterclock=True, wedgeprops=None, textprops=None, center=(0, 0), frame=False, hold=None, data=None)
```

pie 函数常用参数及其说明如表 8-10 所示。

表 8-10 pie 函数常用参数及其说明

参数名称	说 明
x	接收 array，表示用于绘制饼图的数据。无默认值
explode	接收 array，表示指定项离饼图圆心为 n 个半径。默认为 None
labels	接收 array，指定每一项的名称。默认为 None
color	接收特定 str 或者包含颜色字符串的 array，表示饼图颜色。默认为 None
autopct	接收特定 str，指定数值的显示方式。默认为 None
pctdistance	接收 float，指定每一项的比例和距离饼图圆心 n 个半径。默认为 0.6
labeldistance	接收 float，指定每一项的名称和距离饼图圆心 n 个半径。默认为 1.1
radius	接收 float，表示饼图的半径。默认为 1

绘制 2000 年与 2016 年产业结构饼图，展示 17 年前后产业结构变化，如代码清单 8-11 所示。

代码清单 8-11 2000 年与 2016 年产业结构饼图

```
In[14]:
name = data['columns']
plt.rcParams['font.sans-serif'] = 'SimHei'
plt.rcParams['axes.unicode_minus'] = False
pic = plt.figure(dpi = 100, figsize = (8, 4))
plt.rcParams['font.sans-serif'] = 'SimHei'
a_labs = [i[: 4] for i in name[3: 6]] # 定义标签
b_labs = [i[: 2] for i in name[6:]]
explode = [0.01, 0.01, 0.01]          # 设定各项离心 0.01 个半径
# 绘制 2000 年产业结构饼图
pic.add_subplot(1, 2, 1)
plt.pie(np.sum(values[: 4, 3: 6],axis = 0), autopct = '%1.1f%%',
labels = a_labs, explode = explode)    # 绘制饼图
plt.title('2000 年产业结构 ')
# 绘制 2016 年产业结构饼图
pic.add_subplot(1, 2, 2)
plt.pie(np.sum(values[-2: -6: -1, 3: 6], axis = 0), autopct = '%1.1f%%',
labels = a_labs, explode = explode)
plt.title('2016 年产业结构 ')
plt.savefig('../tmp/2000 到 2016 产业结构变化饼图 .png')
plt.show()
```

Out[14]:

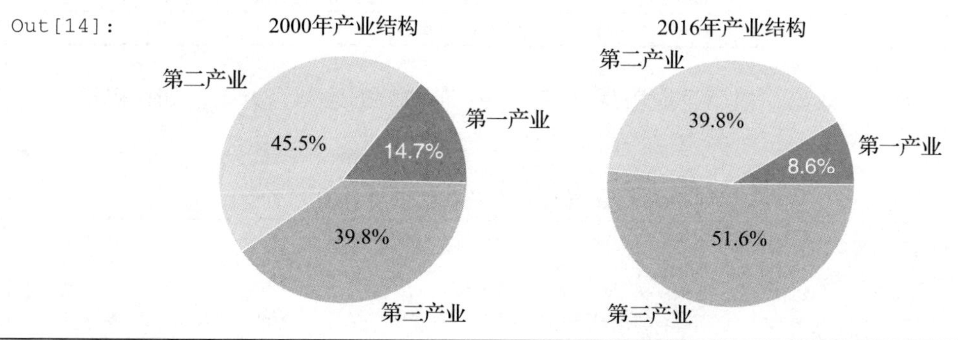

通过代码清单 8-11 中“2000 年产业结构”饼图可以看出，当时第二产业占比最大。而从“2016 年产业结构”饼图可以看出，2017 年后第三产业占比大幅增加，远超其他产业。2016 年第一产业占比减少至接近 2000 年占比的 50%。这说明，我国产业结构优化初见成效，三大产业发展逐渐协调。

8.1.6　直方图与条形图

条形图和直方图看上去比较相似，实际上有很大的不同。它们大都是用来表现频数分布的，但两者适用的数据类型不同。同时，条形图显出具体的数据，而直方图显示数据的分布情况。

1. 直方图

直方图（Histogram）又称频数直方图，由一系列宽度相等、长度不等的长方形来展示特征的频数情况。长方形的宽度表示组距（数据范围的间隔），长度表示在给定间隔内的频数（或频率）与组距的比值，以长方形的面积来表示频数（或频率）。由于分组数据具有连续性，直方图的长方形通常是连续排列的。直方图可以比较直观地展现特征内部数据，便于分析其分布情况。

pyplot 中使用 hist 函数绘制直方图，其基本语法格式如下。

```
matplotlib.pyplot.hist(x, bins=10, range=None, normed=True, weights=None, cumulative=False, bottom=None, histtype=u'bar', align=u'left', orientation=u'vertical', rwidth=0.8, logmatplotlib.pyplot.hist(x, bins=None, range=None, density=None, weights=None, cumulative=False, bottom=None, histtype='bar', align='mid', orientation='vertical', rwidth=None, log=False, color=None, label=None, stacked=False, normed=None, hold=None, data=None, **kwargs)=False, color=None, label=None, stacked=False, hold=None)
```

hist 函数常用参数及其说明如表 8-11 所示。

表 8-11　hist 函数常用参数及其说明

参数名称	说　明
x	接收 array，表示 x 轴数据。无默认值
bins	接收 int 或 sequence，表示长方形条数。默认为“auto”
range	接收 tuple，筛选数据范围。默认为 None（最小到最大的取值范围）
normed	接收 bool，表示选择频率图还是频数图。默认为 True，频率图
rwidth	接收 0 ～ 1，表示长方形的宽度。默认为 None

为了较好地展示效果，使用生成服从标准正态分布的数据绘制直方图，如代码清单 8-12 所示。

代码清单 8-12　标准正态分布数据直方图

```
In[15]:  import numpy as np
         import matplotlib.pyplot as plt
         plt.rcParams['font.sans-serif'] = 'SimHei'
```

```
plt.rcParams['axes.unicode_minus'] = False
plt.figure(figsize = (8, 6), dpi = 100)
mu = 0
sigma = 1
x = np.random.normal(mu, sigma, 10000) # 生成 10000 个服从标准正态分布数据
plt.hist(x, bins = 20, density = True, rwidth = 0.96) # 绘制直方图
plt.title('标准正态分布数据直方图')
plt.savefig('../tmp/标准正态分布数据直方图.png')
plt.show()
```

Out[15]:

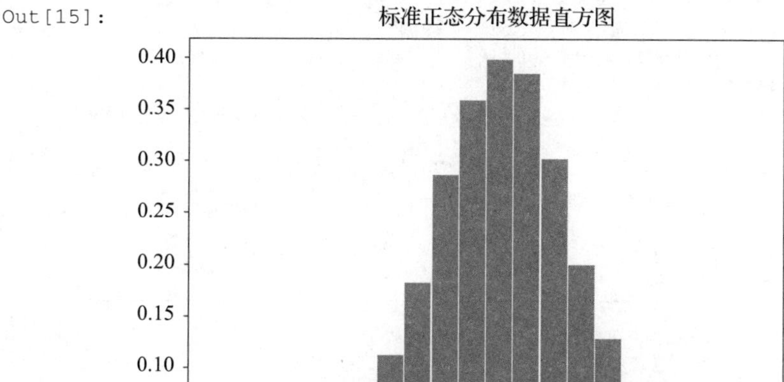

通过代码清单 8-12 中直方图可以明显地看出数据的分布情况。

2. 条形图

条形图（Bar Chart）也是由一系列宽度相等、高度不等的长方形来展示特征的频数情况。但条形图主要展示分类数据，一个长方形代表特征的一个类别，长度代表该类别的频数，而宽度没有数学意义。相较于面积，肉眼对于高度要敏感许多，故能很好地显示数据间的差距。条形图不同类别之间是有空隙的。

pyplot 中使用 bar 函数绘制条形图，其基本语法格式如下。

```
matplotlib.pyplot.bar(*args, **kwargs)
```

bar 函数在官方文档中只要求输入不定长参数，其主要参数如表 8-12 所示。

表 8-12　bar 函数常用参数及其说明

参数名称	说　明
x	接收 array，表示 x 轴的位置序列。无默认值
height	接收 array，表示 x 轴所代表数据的数量（长方形长度）。无默认值
width	接收 0 ～ 1 的 float，指定直方图宽度。默认为 0.8
color	接收特定 str 或者包含颜色字符串的 array，表示直方图颜色。默认为 None

使用 bar 函数绘制 2016 年各产业国民生产总值条形图，如代码清单 8-13 所示。

代码清单 8-13　绘制 2016 年各产业国民生产总值条形图

In[16]:

```
data = np.load('../data/ 国民经济核算季度数据 .npz')
values = data['values']
plt.rcParams['font.sans-serif'] = 'SimHei'
plt.rcParams['axes.unicode_minus'] = False
x = range(3)
my_height = np.sum(values[-2: -6: -1, 3: 6], axis = 0)
plt.figure(figsize = (8, 8), dpi = 100)
plt.bar(x, my_height, width=0.8)
for i in range(len(my_height)):
    plt.text(i, my_height[i], '{} 亿 元 '.format(my_height[i]), va =
'bottom', ha = 'center')
plt.xticks(x, [' 第一产业 ', ' 第二产业 ', ' 第三产业 '])
plt.ylim([0, 500000])
plt.title('2016 年各产业国民生产总值条形图 ')
plt.savefig('../tmp/2016 年各产业国民生产总值条形图 .png')
plt.show()
```

Out[16]:

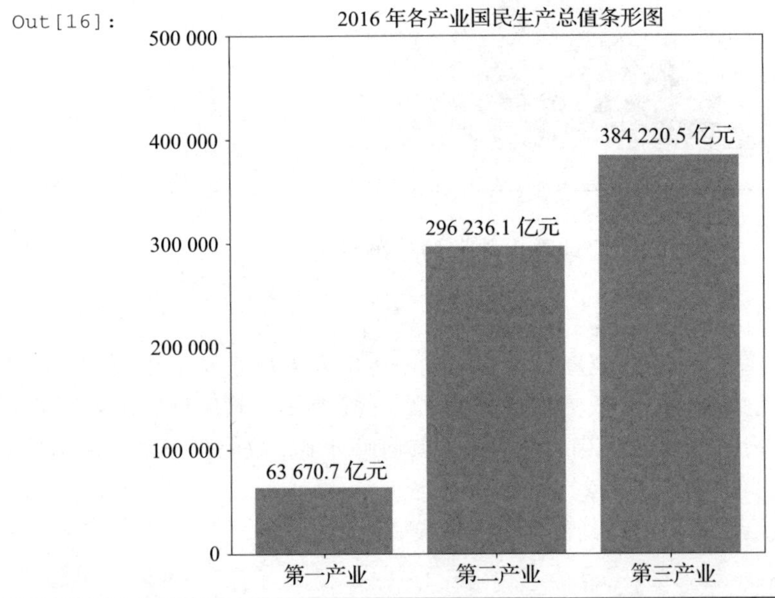

通过代码清单 8-13 可以看出，2016 年第一产业生产总值大致为第二产业的 1/5，与第三产业的 1/6 基本持平。第二产业生产总值和第三产业生产总值相差大约 1/3。

8.1.7　箱线图

箱线图（Box Plot）又称箱须图，是利用数据中的最小值、上分位数、中位数、下四分位数与最大值这 5 个统计量来描述连续型特征变量的一种方法。从中可以粗略地看出数据是否具有对称性，以及分布的分散程度等信息，特别可以用于对几个样本的比较。箱线图的构成与含义如图 8-3 所示。

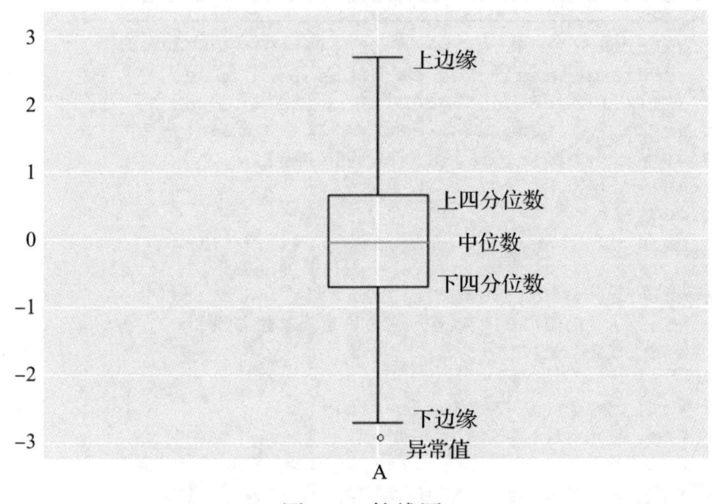

图 8-3 箱线图

箱线图的上边缘为最大值，下边缘为最小值，但范围不超过盒型各端加 1.5 倍 IQR（四分位距，即上四分位数与下四分位数的极差）的距离。超出上下边缘的值即视为异常值。

pyplot 模块中使用 boxplot 函数绘制箱线图，其基本语法格式如下。

```
matplotlib.pyplot.boxplot(x, notch=None, sym=None, vert=None, whis=None, positions=None, widths=None, patch_artist=None, bootstrap=None, usermedians=None, conf_intervals=None, meanline=None, showmeans=None, showcaps=None, showbox=None, showfliers=None, boxprops=None, labels=None, flierprops=None, medianprops=None, meanprops=None, capprops=None, whiskerprops=None, manage_xticks=True, autorange=False, zorder=None, hold=None, data=None)
```

boxplot 函数常用参数及其说明如表 8-13 所示。

表 8-13 boxplot 函数常用参数及其说明

参数名称	说 明
x	接收 array，表示用于绘制箱线图的数据。无默认值
notch	接收 bool，表示中间箱体是否有缺口。默认为 None
sym	接收特定 sting，指定异常点形状。默认为 None
vert	接收 bool，表示图形是纵向还是横向。默认为 None
positions	接收 array，表示图形位置。默认为 None
widths	接收 scalar 或者 array，表示每个箱体的宽度。默认为 None
labels	接收 array，指定每一个箱线图的标签。默认为 None
meanline	接收 bool，表示是否显示均值线。默认为 False，不显示

观察 2000 年至 2017 年不同的产业和行业在国民生产总值中的分散情况，可以发现整

体分散情况，从而判断整体增速是否加快，如代码清单 8-14 所示。

代码清单 8-14　国民生产总值分散情况箱线图

In[17]:

```
plt.rcParams['font.sans-serif'] = 'SimHei'
plt.rcParams['axes.unicode_minus'] = False
pic = plt.figure(dpi = 200, figsize = (8, 8))
plt.rcParams['font.sans-serif'] = 'SimHei'
a_labs = [i[: 4] for i in name[3: 6]]
b_labs = [i[: 2] for i in name[6: ]]
pic.add_subplot(2, 1, 1)
plt.boxplot([list(values[: , 3]), list(values[: , 4]),
             list(values[: , 5])], notch = True, meanline = True)
plt.xticks(range(1, 4), a_labs)
plt.title('2000-2017 年各产业国民生产总值箱线图 ')
pic.add_subplot(2, 1, 2)
tem = []
for i in range(6, len(values[0])):
    tem.append(list(values[: , i]))
plt.boxplot(tem, notch = True, meanline = True)
plt.xticks(range(1, len(b_labs) + 1), b_labs)
plt.title('2000-2017 年各行业国民生产总值箱线图 ')
plt.savefig('../tmp/ 生产总值箱线图 .png')
plt.show()
```

Out[17]:

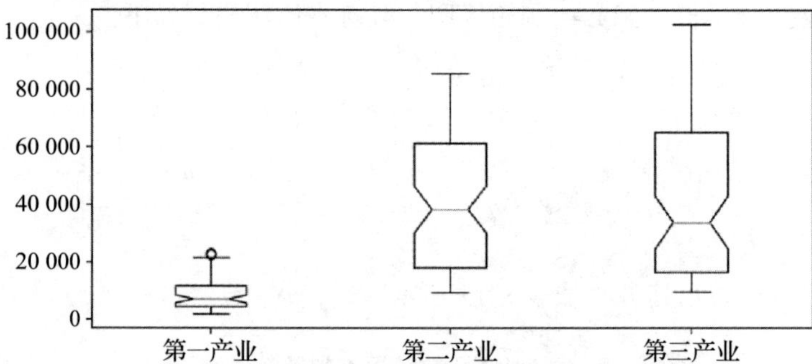

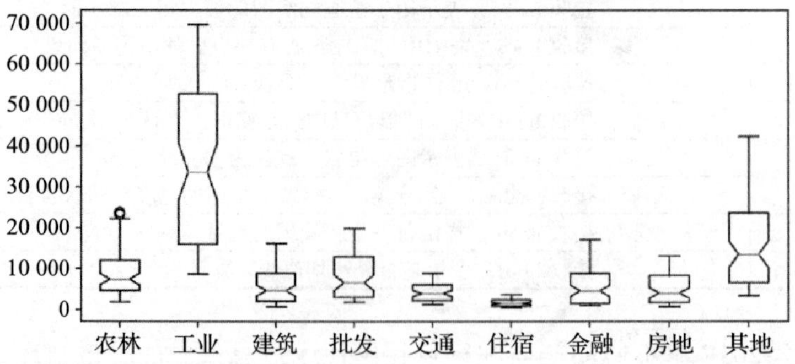

通过代码清单 8-14 可以看出，在 2000 年～ 2017 年第一产业在某一年有一个异常值。第三产业整体增速变大，导致了第三产业数据前半部分相对密集而后半部分相对分散。而第二产业增长较平缓。行业中的工业与住宿的增长比较平缓，其他行业、批发行业、建筑行业、金融行业和房地产行业增速均有所加快。

8.2　Seaborn 进阶绘图

Matplotlib 是 Python 中非常优秀的绘图库。但是它也有一个问题，那就是当你想通过 Matplotlib 绘制出精致漂亮的图形时，往往需要进行大量的调优工作。

Seaborn 是基于 Matplotlib 的 Python 可视化库。Seaborn 其实是在 Matplotlib 的基础上进行了更高级的封装，从而使得作图更加容易。它不需要了解大量底层参数，就能使图形变得精致。同时它能高度兼容 numpy 与 pandas 数据结构，以及 scipy 与 statsmodels 等统计模式，能在很大程度上帮助我们完成数据可视化。如果说“ Matplotlib 试着让简单的事情更加简单，困难的事情变得可能”，那么 Seaborn 就是让困难的东西变得简单。Seaborn 有如下特点。

1）基于 Matplotlib 绘图风格，增加了一些绘图模式。

2）增加调色板功能，具有色彩丰富的显示数据模式。

3）面向整个数据集，可显示多个变量之间的关系。

4）可视化单变量和双变量分布以及在数据子集间进行比较。

5）不同种类因变量的线性回归模型的自动估计和绘图。

6）方便查看复杂数据集的整体结构。

7）灵活处理时间序列数据。

8）利用网格建立复杂图像集。

8.2.1　Seaborn 基础

1. 简单绘图

Seaborn 模块中通过功能划分，一共有 5 类 21 种图形，每一类中绘图函数的参数和使用方法都基本一致。使用 get_dataset_names 函数获取全部内置数据集名称。使用 load_dataset 函数导入数据。这里用经典的鸢尾花数据为例子，分别使用 Matplotlib 与 Seaborn 绘图不同类别鸢尾花花瓣长度与花萼长度散点图，如代码清单 8-15 所示。

代码清单 8-15　不同类别鸢尾花花瓣长度与花萼长度散点图

In[1]:

```
import matplotlib.pyplot as plt
import seaborn as sns
# 导入iris
iris = sns.load_dataset('iris')
# 使用matplotlib绘图
```

```
color_map = dict(zip(iris.species.unique(), ['b', 'y', 'r']))
for species, group in iris.groupby('species'):
    plt.scatter(group['petal_length'], group['sepal_length'],
color=color_map[species], alpha=0.4, edgecolors=None, label=species)
plt.legend(frameon=True, title='species')
plt.xlabel('petal_length')
plt.ylabel('speal_length')
plt.savefig('../tmp/ 对比图 -matplotlib.png')
plt.show()
```

Out[1]:

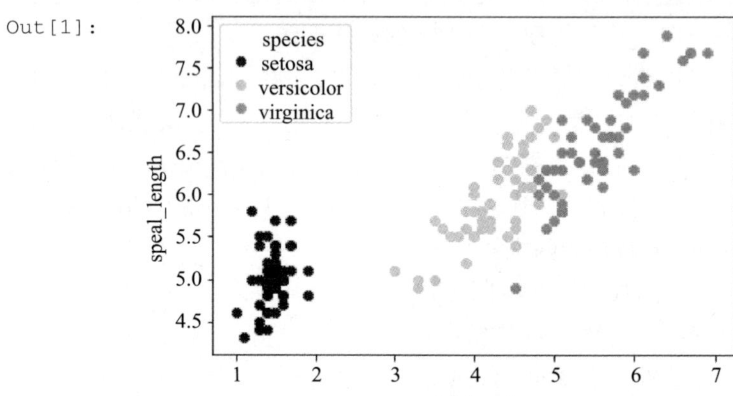

In[2]:

```
# 使用 seaborn 绘图
sns.lmplot('petal_length', 'sepal_length', iris, hue='species',
fit_reg=False)
plt.savefig('../tmp/ 对比图 -seaborn.png')
plt.show()
```

Out[2]:

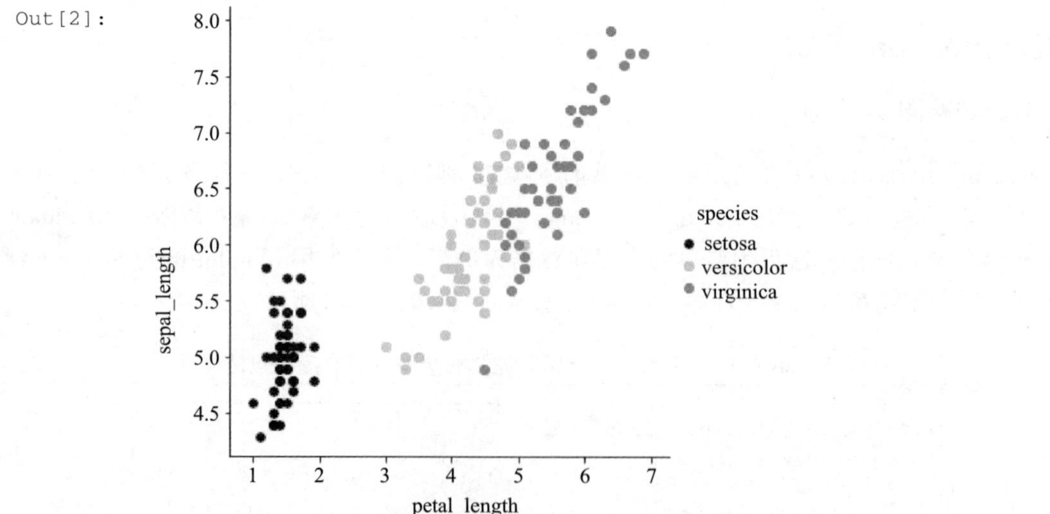

注：代码清单 8-15到代码清单 8-32 仅展示绘图及参数效果，具体绘图函数在后面详细介绍。

在代码清单 8-15 中，Matplotlib 绘制图形使用了长长的代码，而 Seaborn 仅仅用了一行代码就达到了相同的效果。但是，Seaborn 却无法像 Matplotlib 那样灵活可定制，应看作 Matplotlib 的补充而不是替代物。

2. 绘图风格

一个引人入胜的图表非常重要，赏心悦目的图形不但更容易挖掘数据中的细节，也有利于向读者交流分析过程，并使之更容易被记住。

Matplotlib 是高度可定制的，但是很难知道需要调整哪些设置来增加吸引力，且调整起来相对复杂。Seaborn 带有许多自定义主题和高级界面，用于控制 matplotlib 图形的外观。这里定义一个偏移正弦图像，用来展示绘图风格，如代码清单 8-16 所示。

代码清单 8-16　偏移正弦图像

In[3]:

```
# 自编偏移正弦函数图像
def sinplot(flip=1):
    x = np.linspace(1, 14, 100)
    for i in range(1, 7):
        plt.plot(x, np.sin(x+i*0.5)*(7-i)*flip)
pic = plt.figure(figsize=(8,8))
# 临时设置 seaborn 主题绘图
with sns.axes_style('darkgrid'):
    pic.add_subplot(2,1,1)
    sinplot()
    plt.title('seaborn')
# matplotlib 默认风格绘图
pic.add_subplot(2,1,2)
sinplot()
plt.title('matplotlib')
plt.savefig('../tmp/seaborn 绘图风格 1.png')
plt.show()
```

Out[3]:

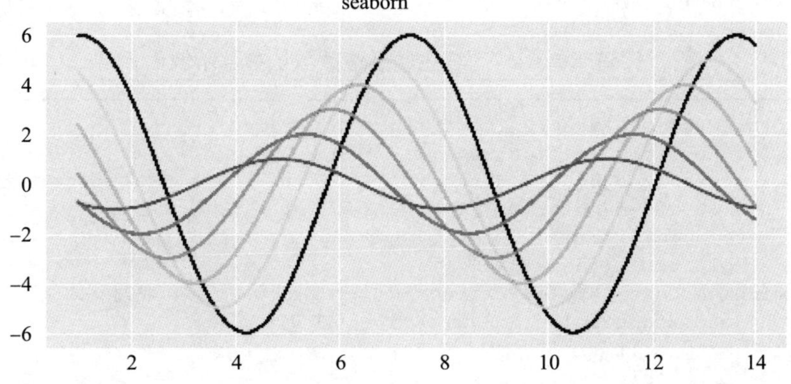

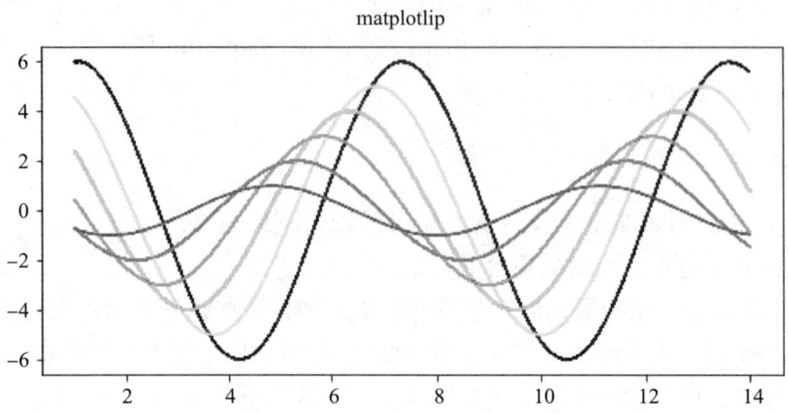

Seaborn 将 Matplotlib 参数分成两个独立的组。第 1 组控制图形的美学样式，第 2 组缩放图形的各种元素，这样就可以轻易改变绘图风格。Seaborn 模块中使用两对函数控制这些参数，通过 axes_style 函数和 set_style 函数控制主题样式，通过 plotting_context 函数和 set_context 函数控制元素缩放。axes_style 函数与 plotting_context 函数返回参数字典，set_style 函数与 set_context 函数设置默认参数。

（1）主题样式

Seaborn 有 5 种预设的主题：darkgrid（灰色背景 + 白网格）、whitegrid（白色背景 + 黑网格）、dark（仅灰色背景）、white（仅白色背景）和 ticks（坐标轴带刻度）。darkgrid 与 whitegrid 有助于绘图时定量信息的查找，dark 与 white 有助于防止网格与表示数据的线混淆，而在体现少量特殊的数据元素结构时一般使用 ticks。默认的主题是 darkgrid。修改主题及其默认参数可以使用 set_style 函数。set_style 函数的基本语法格式如下。

```
seaborn.set_style(style=None, rc=None)
```

set_style 函数只能修改 axex_style 函数显示的参数。使用偏移正弦函数展示各主题及修改默认参数，如代码清单 8-17 所示。

代码清单 8-17　各主题及修改默认参数示例

```
In[4]:  plt.rcParams['axes.unicode_minus'] = False
        pic = plt.figure(figsize=(12,8))
        with sns.axes_style('darkgrid'):                # 使用 darkgrid 主题
            pic.add_subplot(2,3,1)
            sinplot()
            plt.title('darkgrid')
        with sns.axes_style('whitegrid'):               # 使用 whitegrid 主题
            pic.add_subplot(2,3,2)
            sinplot()
            plt.title('whitegrid')
```

```
with sns.axes_style('dark'):                         # 使用 dark 主题
    pic.add_subplot(2,3,3)
    sinplot()
    plt.title('dark')
with sns.axes_style('white'):                        # 使用 white 主题
    pic.add_subplot(2,3,4)
    sinplot()
    plt.title('white')
with sns.axes_style('ticks'):                        # 使用 ticks 主题
    pic.add_subplot(2,3,5)
    sinplot()
    plt.title('ticks')
sns.set_style(style='darkgrid', rc={'font.sans-serif':['Microsoft
YaHei','SimHei'], 'grid.color':'black'})      # 修改主题中参数
pic.add_subplot(2,3,6)
sinplot()
plt.title('修改参数')
plt.savefig('../tmp/seaborn 绘图风格 2.png')
plt.show()
```

Out[4]:

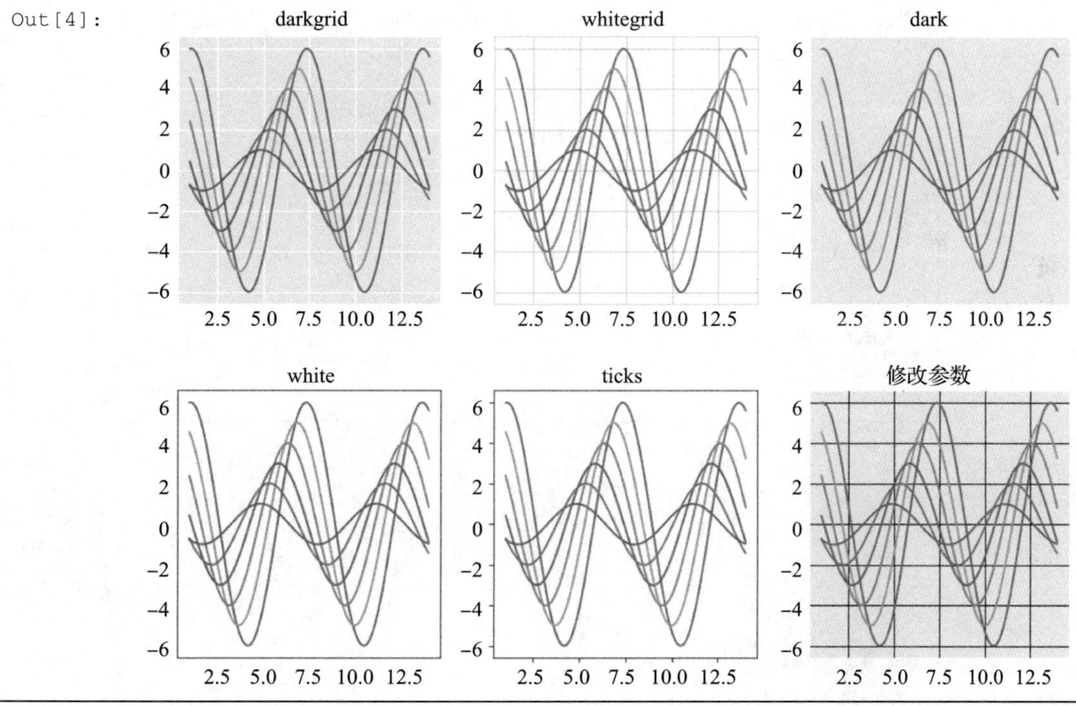

在代码清单 8-17 中展示了在各主题风格下绘制偏移正弦函数图形，以及 set_style 函数修改参数。来回切换主题很容易，但是使用 with 方法临时设置主题更加方便。虽然能修改中文字体，却没法调整负号显示异常问题，必须使用 matplotlib 修改 rc 参数的方法。

（2）元素缩放

set_context 函数可以设置输出图片元素的大小尺寸。Seaborn 中预设定的 context 有 4 种：paper、notebook、talk 和 poster。默认使用 notebook。set_context 函数的基本语法格式如下。

```
seaborn.set_context(context=None, font_scale=1, rc=None)
```

set_context 函数同样只能修改 plotting_context 函数显示的参数。使用偏移正弦函数展示 4 种不同大小类型的图形，如代码清单 8-18 所示。

代码清单 8-18　绘制不同大小偏移正弦函数

```
In[5]:
sns.set()                                              # 恢复默认参数
pic = plt.figure(figsize=(8,8), dpi=100)
with sns.plotting_context('paper'):                    # 选择 paper 类型
    pic.add_subplot(2,2,1)
    sinplot()
    plt.title('paper')
with sns.plotting_context('notebook'):                 # 选择 notebook 类型
    pic.add_subplot(2,2,2)
    sinplot()
    plt.title('notebook')
with sns.plotting_context('talk'):                     # 选择 talk 类型
    pic.add_subplot(2,2,3)
    sinplot()
    plt.title('talk')
with sns.plotting_context('poster'):                   # 选择 poster 类型
    pic.add_subplot(2,2,4)
    sinplot()
    plt.title('poster')
plt.savefig('../tmp/seaborn-context.png')
plt.show()
```

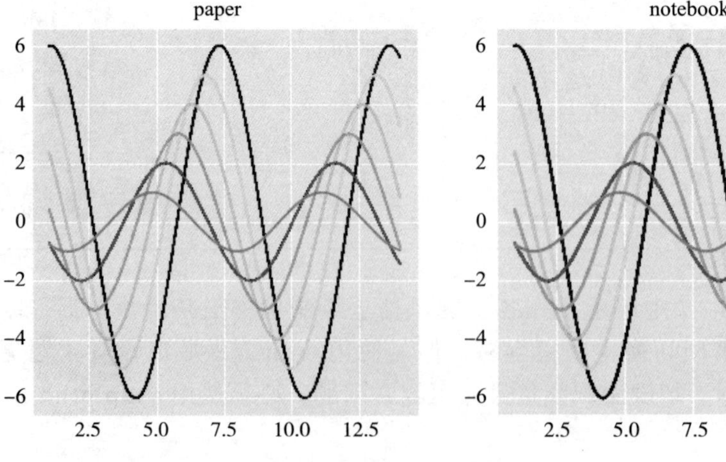

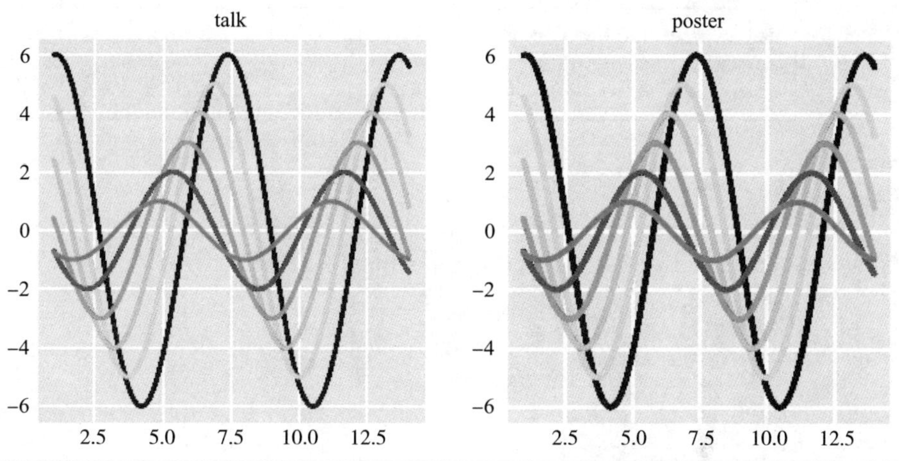

（3）边框控制

Seaborn 模块中可以使用 despine 函数移除任意位置的边框，也能调节边框的位置，修剪边框的长短。

despine 函数基本语法格式如下。

```
seaborn.despine(fig=None, ax=None, top=True, right=True, left=False,
bottom=False, offset=None, trim=False)
```

despine 函数使用示例如代码清单 8-19 所示。

代码清单 8-19 控制图形边框

```
In[6]:   sns.set_style("white")
         sinplot()
         sns.despine()                    # 默认无参数状态，就是删除上方和右边的边框
```

Out[6]:

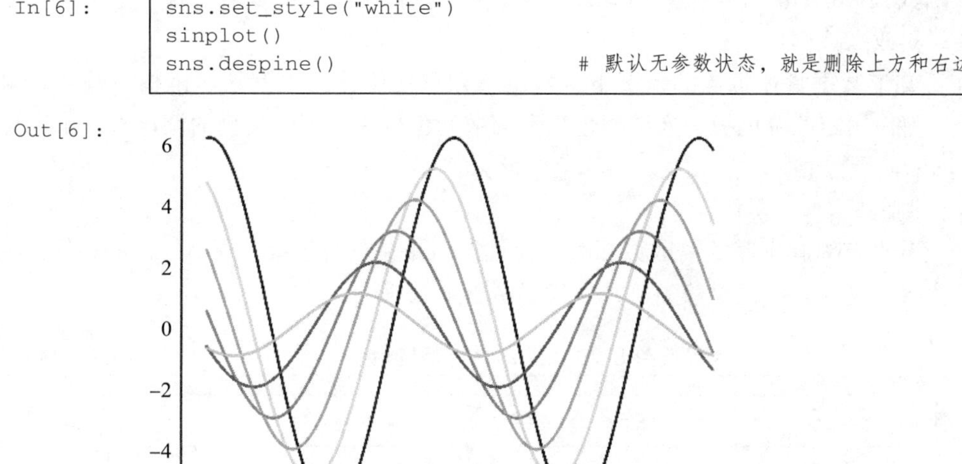

In[7]:
```
data = np.random.normal(size=(20, 6)) + np.arange(6) / 2
sns.violinplot(data=data)
sns.despine(offset=10, trim=True)      # offset 表示两坐标轴离开距离
```

Out[7]:

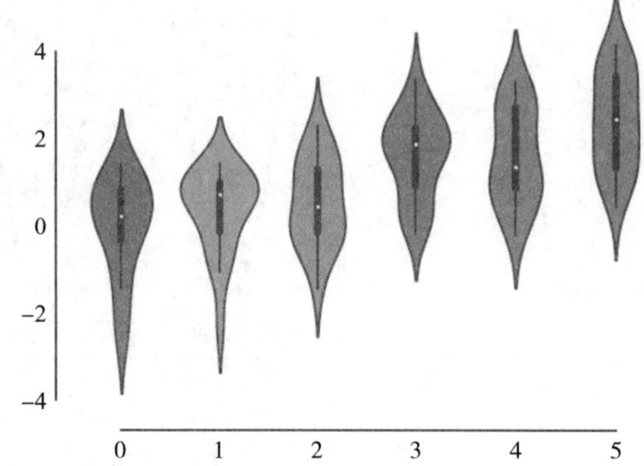

3. 调色板

设置调色板最重要的函数就是 color_palette。这个函数提供了许多（并非全部）在 seaborn 中生产颜色的方法，并且还可以用于任何函数的 palette 参数设置。

color_palette 函数将接收任意的 seaborn 调色板或 matplotlib 颜色映射（除了 jet）。还可以采用任何有效的颜色列表（rgb 元组、十六进制颜色代码或 HTML 颜色名称）。返回值始终是 rgb 元组的列表。直接调用不传入参数的 color_palette 函数返回默认的颜色循环。

对应的函数 set_palette 接收相同的参数，并为所有图设置默认的颜色循环。也可以使用 with 方法临时更改默认调色板。

通常在不知道数据具体特征的情况下，也不会知道使用什么类型的调色板或颜色映射最优。因此，将使用定性调色板、连续调色板和离散调色板 3 种不同类型的调色板，来区分使用 color_palette 函数。

（1）定性调色板

当想要区分没有固有排序的离散数据时，定性调色板是最佳选择。导入 seaborn 时，默认颜色主题就会被更改为一组 6 种颜色，如代码清单 8-20 所示。

代码清单 8-20　seaborn 默认颜色

In[8]:
```
sns.palplot(sns.color_palette())
```

Out[8]:

默认颜色主题有 6 种不同的变化：deep，muted，pastel，bright，dark 和 colorblind，默认为 deep。以代码清单 8-21 所示方式导入即可。

代码清单 8-21　使用默认颜色主题

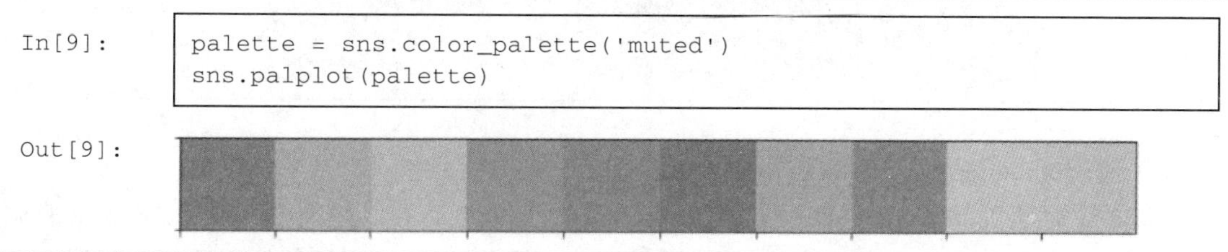

```
In[9]:  palette = sns.color_palette('muted')
        sns.palplot(palette)
Out[9]:
```

1）使用圆形颜色系统。

当有一个任意数量的类别需要区分时，最简单的方法是在圆形颜色空间中绘制均匀间隔的颜色（色调在保持亮度和饱和度不变的同时变化）。这是大多数 seaborn 函数在需要使用比默认颜色循环中设置的颜色更多时的默认方法。

最常用的方法是使用 hls 的颜色空间，这是 rgb 值的简单转换，如代码清单 8-22 所示。

代码清单 8-22　hls 颜色空间

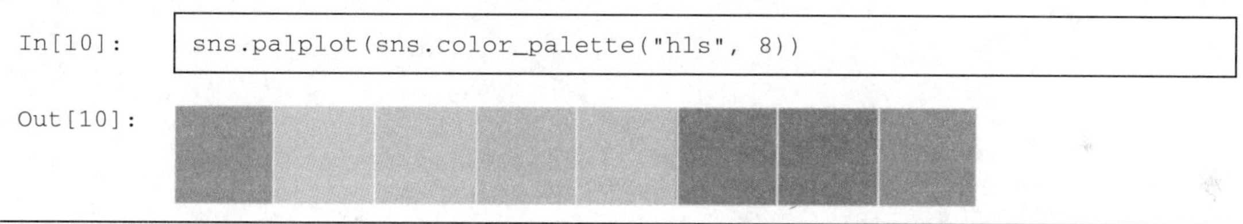

```
In[10]:  sns.palplot(sns.color_palette("hls", 8))
Out[10]:
```

另外也能使用 hls_palette 函数来控制颜色的亮度和饱和度，如代码清单 8-23 所示。

代码清单 8-23　控制颜色亮度和饱和度

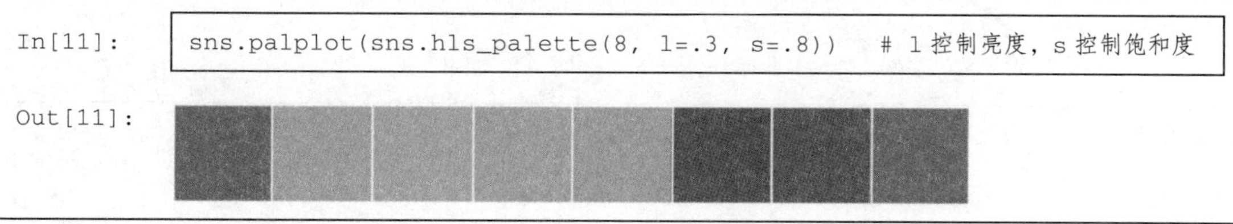

```
In[11]:  sns.palplot(sns.hls_palette(8, l=.3, s=.8))   # l 控制亮度，s 控制饱和度
Out[11]:
```

由于人类视觉系统的工作方式，会导致在 RGB 度量上强度一致的颜色在视觉中并不平衡。比如，我们认为黄色和绿色是相对较亮的颜色，而蓝色则相对较暗，使得这可能会成为与 hls 系统不一致的问题。

为了解决这一问题，seaborn 为 husl 系统提供了一个接口，这也使得选择均匀间隔的色彩变得更加容易，同时保持亮度和饱和度更加一致，如代码清单 8-24 所示。

代码清单 8-24　调节亮度饱和度视觉一致

In[12]:

```
sns.palplot(sns.color_palette("husl", 8))
```

Out[12]:

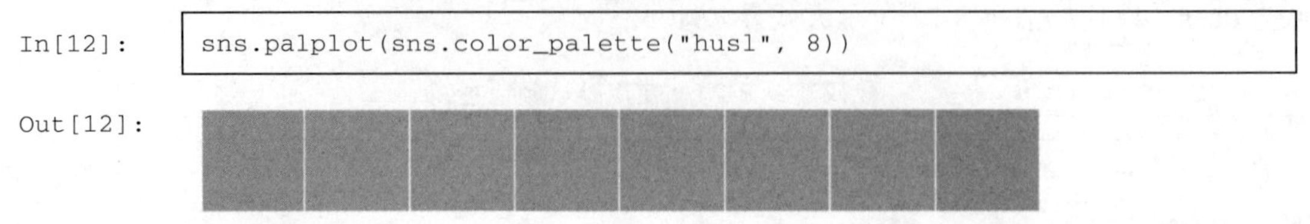

2）使用 xkcd 颜色。

xkcd 是对随机的 RGB 空间颜色的命名，产生了 954 个可以随时通过 xkcd_rgb 字典调用的颜色。也可以通过 xkcd_palette 函数使用自定义调色板。xkcd 颜色使用示例如代码清单 8-25 所示。

代码清单 8-25　xkcd 颜色使用示例

In[13]:

```
plt.plot([0, 1], [0, 1], sns.xkcd_rgb["pale red"], lw=3)
plt.plot([0, 1], [0, 2], sns.xkcd_rgb["medium green"], lw=3)
plt.plot([0, 1], [0, 3], sns.xkcd_rgb["denim blue"], lw=3)
plt.show()
```

Out[13]:

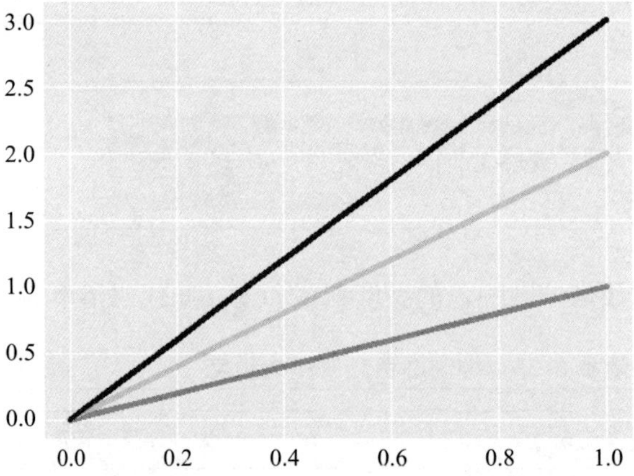

In[14]:

```
# 自定义定性调色板
colors = ["windows blue", "amber", "greyish", "faded green", "dusty purple"]
sns.palplot(sns.xkcd_palette(colors))
```

Out[14]:

（2）连续调色板

当数据范围为从相对较低或不感兴趣的值到相对较高或有趣的值时，通常使用连续映射。对于连续的数据，最好是使用那些在色调上有相对细微变化的调色板，同时在亮度和饱和度上有很大的变化。这种方法能自然地展现数据中相对重要的部分。

Color Brewer 库有很多这些调色板。它们以调色板中的主色（或颜色）命名。如果希望反转亮度渐变，则可以为调色板名称添加后缀“_r”。有时颜色鲜艳的线可能很难区分，seaborn 还增加了一个允许创建没有动态范围的“dark”面板，只需在名称添加后缀“_d”即可，如代码清单 8-26 所示。

代码清单 8-26　连续调色板及亮度反转

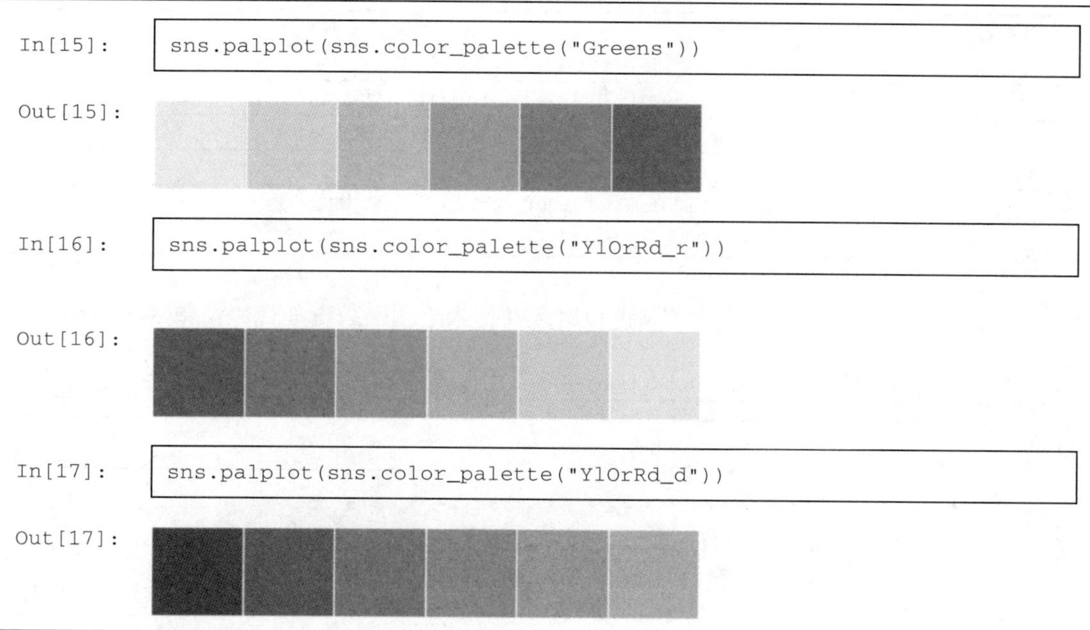

调色板名称及渐变顺序如表 8-14 所示。

表 8-14　调色板名称及渐变顺序表

名　称	渐变顺序	名　称	渐变顺序
YlOrRd	黄橙红	PuBu	紫蓝
YlOrBr	黄橙棕	OrRd	黄色
YlGnBu	黄绿蓝	Oranges	黑色
YlGn	黄绿	Greys	白色
Reds	红	Greens	绿
RdPu	红紫	GnBu	绿蓝
Purples	紫	Bupu	蓝紫
PuRd	紫红	BuGn	蓝绿
PuBuGn	紫蓝绿	Blues	蓝

cubehelix 调色板系统具有线性增加或降低亮度和色调变化顺序的调色板，这意味着映射信息会在保存为黑色和白色（为印刷）时或被一个色盲的人浏览时可以得以保留显示。

cubehelix_palette 函数基本语法格式如下。

```
seaborn.cubehelix_palette(n_colors=6, start=0, rot=0.4, gamma=1.0, hue=0.8,
light=0.85, dark=0.15, reverse=False, as_cmap=False)
```

cubehelix_palette 函数常用参数及说明如表 8-15 所示。

表 8-15 cubehelix_palette 函数常用参数及说明

参数名称	说　明
n_color	接收 int，调色板中颜色数目。默认为 6
start	接收 0 ～ 3 间的 float，指定开始时的色调。默认为 0
rot	接收 float，指定在调色板旋转范围（次数）。默认为 0.4
light	接收 0 ～ 1 的 float，表示颜色明亮程度。默认为 0.85
dark	接收 0 ～ 1 的 float，表示颜色深暗程度。默认为 0.15
as_cmap	接收 bool，表示是否返回 matplotlib 颜色映射对象。默认为 False，不返回

使用 cubehelix_palette 函数生成调色板对象并传入绘图函数，如代码清单 8-27 所示。

代码清单 8-27 cubehelix_palette 函数生成调色板对象并传入绘图函数

In[18]:

```
sns.palplot(sns.cubehelix_palette(8, start=1, rot=0))
```

Out[18]:

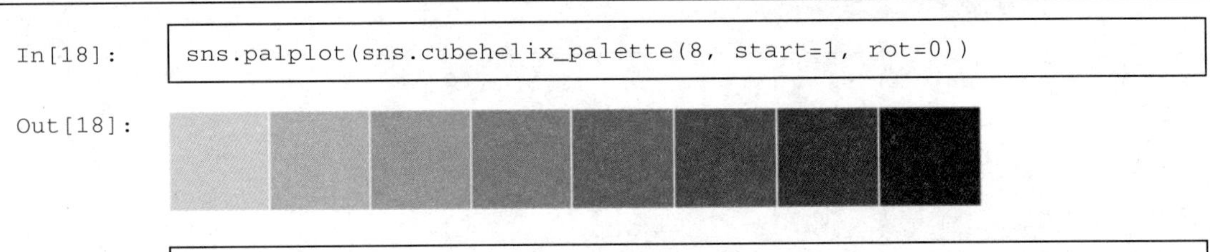

In[19]:

```
x, y = np.random.multivariate_normal([0, 0], [[1, -.5], [-.5, 1]], size=300).T
cmap = sns.cubehelix_palette(as_cmap=True)    # 生产调色板对象
sns.kdeplot(x, y, cmap=cmap, shade=True)
plt.show()
```

Out[19]:

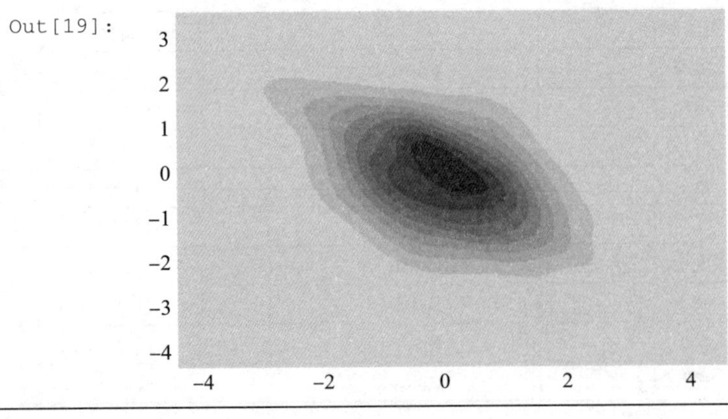

对于自定义连续调色板，可以调用 light_palette 函数和 dark_palette 函数进行单一颜色“播种”。种子可产生从浅色或深色到该色的调色板。这些函数还配有 choose_light_palette 函数和 choose_dark_palette 函数，这些函数启动交互式小部件来创建这些调色板。

任何有效的 matplotlib 颜色都可以传递给 light_palette 函数和 dark_palette 函数，包括 hls 空间或 husl 空间的 rgb 元组和 xkcd 颜色的种子。生成自定义调色板及传入绘图函数绘图示例如代码清单 8-28 所示。

代码清单 8-28　自定义调色板及传入绘图函数绘图示例

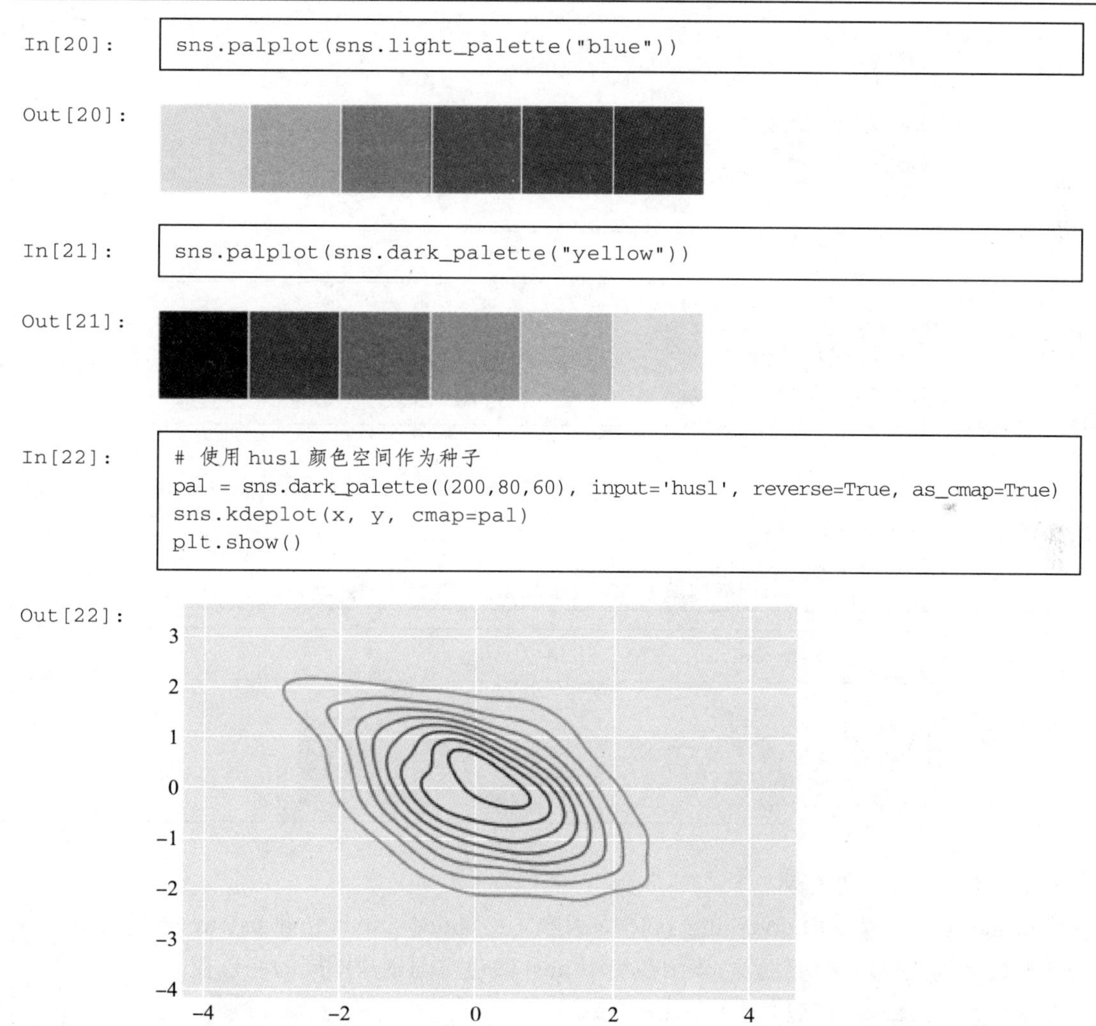

```
In[20]:
sns.palplot(sns.light_palette("blue"))
```

Out[20]:

```
In[21]:
sns.palplot(sns.dark_palette("yellow"))
```

Out[21]:

```
In[22]:
# 使用 husl 颜色空间作为种子
pal = sns.dark_palette((200,80,60), input='husl', reverse=True, as_cmap=True)
sns.kdeplot(x, y, cmap=pal)
plt.show()
```

Out[22]:

（3）离散调色板

离散调色板用于可能无论大的低的值和大的高的值都非常重要的数据。数据中通常有一个定义明确的中点。例如，如果要绘制某个基线时间点的温度变化，最好使用偏差色图来显示相对减少的区域和相对增加的区域。

选择离散调色板的规则是，起始色调具有相似的亮度和饱和度，且经过色调偏移后在中点处和谐地相遇。但尽量避免使用红色与绿色。

1）默认中较好的离散调色板。

Color Brewer 库中有一组精心设计的离散颜色映射，如代码清单 8-29 所示。

代码清单 8-29　Color Brewer 库中离散调色板示例

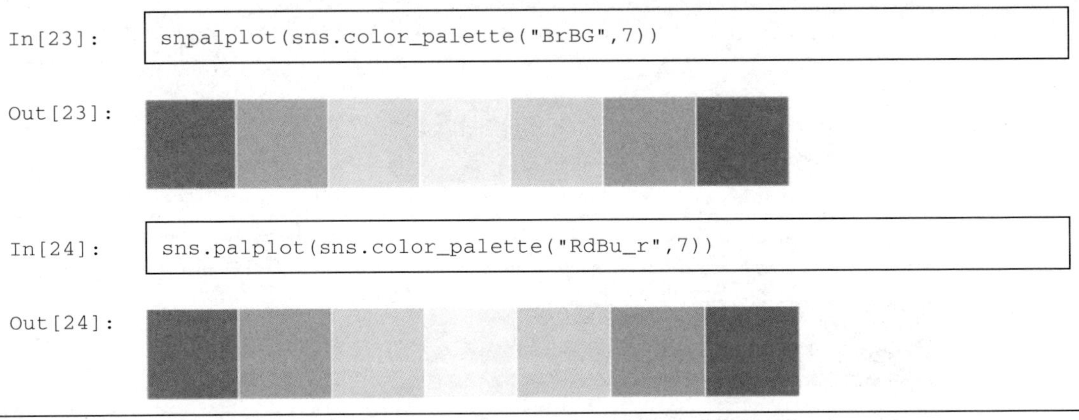

Matplotlib 中内置了 coolwarm 这个不错的离散调色板，但是它中点和极值之间对比度较小，如代码清单 8-30 所示。

代码清单 8-30　coolwarm 离散调色板

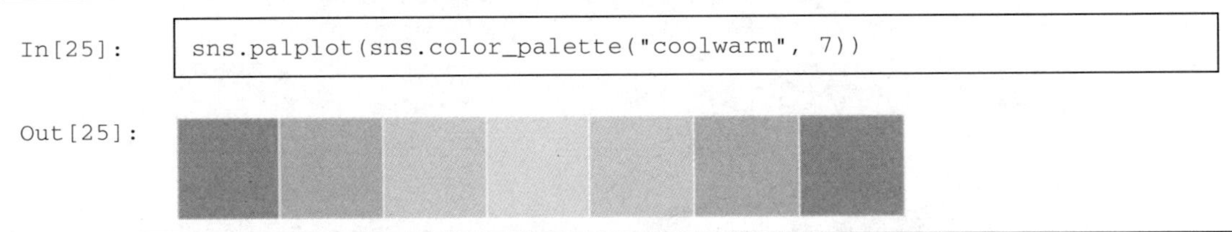

2）自定义离散调色板。

Seaborn 中可以使用 diverging_palette 函数（及 choose_diverging_palette 交互式小部件）为离散数据创建自定义调色板。该函数使用 husl 颜色空间创建不同的调色板。

diverging_palette 函数基本语法格式如下。

```
seaborn.diverging_palette(h_neg, h_pos, s = 75, l = 50, sep = 10, n = 6, center = 'light', as_cmap = False )
```

diverging_palette 函数常用参数及其说明如表 8-16 所示。

表 8-16　diverging_palette 函数常用参数及其说明

参数名称	说　明
h_neg	接收 0 ～ 359 的 float，表示调色板负面范围色调。无默认值
h_pos	接收 0 ～ 359 的 float，表示调色板正面范围色调。无默认值
s	接收 0 ～ 100 的 float，表示两个范围色调饱和度。默认为 75
l	接收 0 ～ 100 之间的 float，表示两个范围色调亮度。默认为 50
n	接收 int，表示调色板颜色数目。默认值为 6
center	接收“light”或“dark”，表示调色板中心是明还是暗。默认为“light”
as_cmap	接收 bool，表示是否返回 matplotlib 颜色映射对象。默认为 False，不返回

diverging_palette 函数使用 husl 颜色系统的离散调色板，可随意传递两种颜色，并设定明度和饱和度的端点。函数将使用 husl 的端点值及由此产生的中间值均衡地创建调色板，如代码清单 8-31 所示。

代码清单 8-31　diverging_palette 函数自定义调离散调色板

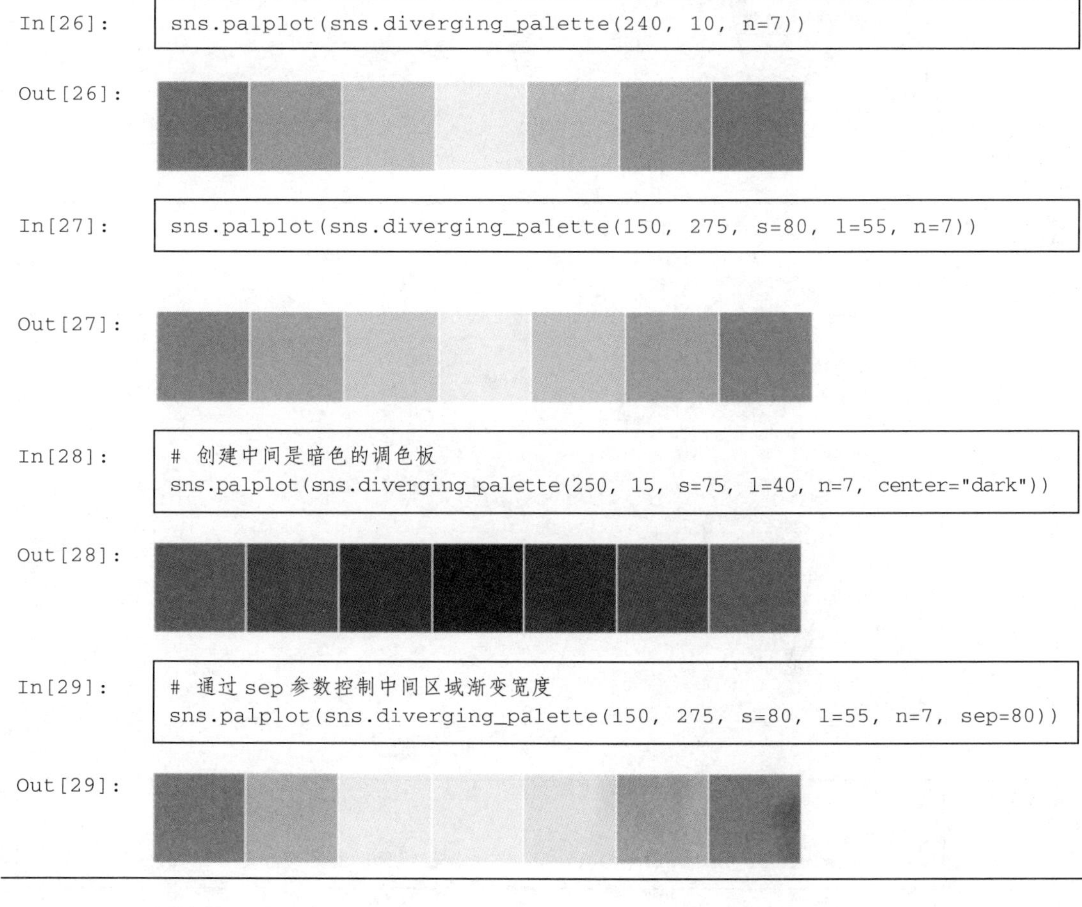

```
In[26]:  sns.palplot(sns.diverging_palette(240, 10, n=7))
```

Out[26]:

```
In[27]:  sns.palplot(sns.diverging_palette(150, 275, s=80, l=55, n=7))
```

Out[27]:

```
In[28]:  # 创建中间是暗色的调色板
         sns.palplot(sns.diverging_palette(250, 15, s=75, l=40, n=7, center="dark"))
```

Out[28]:

```
In[29]:  # 通过 sep 参数控制中间区域渐变宽度
         sns.palplot(sns.diverging_palette(150, 275, s=80, l=55, n=7, sep=80))
```

Out[29]:

（4）设置默认调色板

color_palette 函数有一个名为 set_palette 的配套函数。set_palette() 接收与 color_palette() 相同的参数，它会更改默认的 matplotlib 参数，更改后所有的调色板变成设置调色板配置。使用示例如代码清单 8-32 所示。

代码清单 8-32　set_palette 函数设置调色板

In[30]:
```
# 使用默认调色板
sinplot()
```

Out[30]:

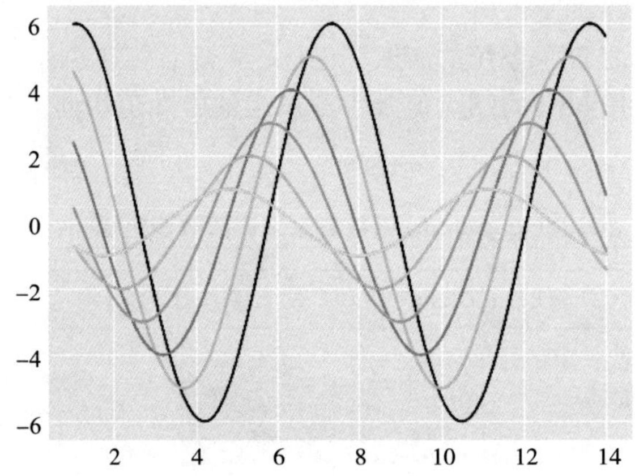

In[31]:
```
# sns.set_palette 函数设置调色板
sns.set_palette('YlOrRd_d')
sinplot()
```

Out[31]:

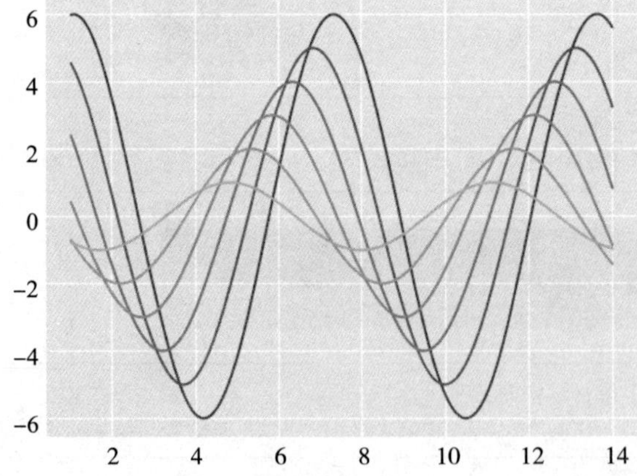

In[32]:
```
sns.set()                                    # 恢复所有默认设置
pic = plt.figure(figsize=(8,4))
with sns.color_palette("PuBuGn_d"):          # 临时配置调色板
```

```
    pic.add_subplot(1,2,1)
    sinplot()
pic.add_subplot(1,2,2)                    # 使用默认调色板
sinplot()
```

Out[32]:

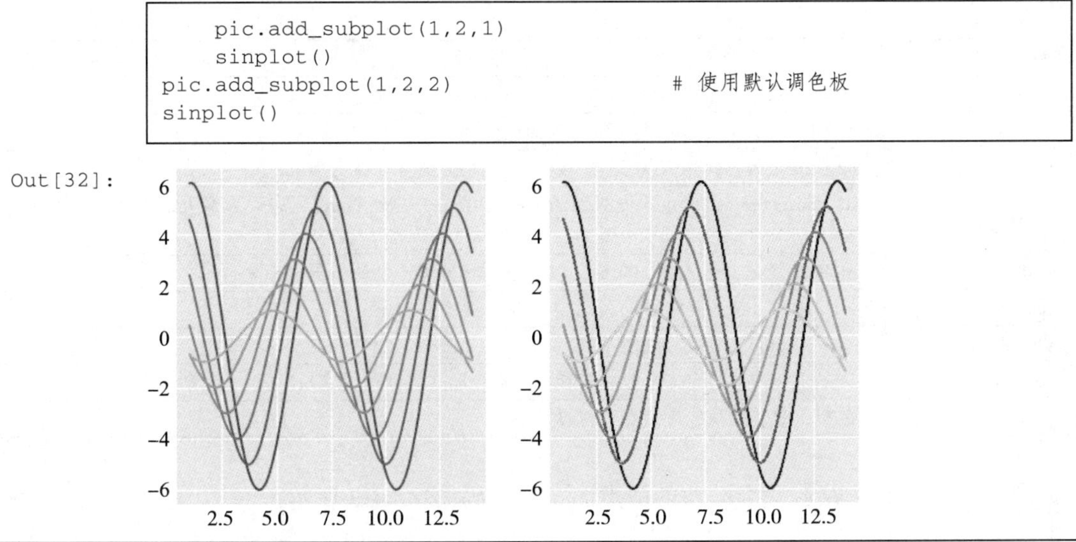

8.2.2 关系图

关系图用来了解数据集中变量间的相互关联，探查一个变量与另外一个或几个变量的相关关系。其中最基本的就是散点图与折线图，使用简单且易于理解的数据表示方法，但可以表示复杂的数据集结构。Seaborn 模块提供了 scatterplot 函数、lineplot 函数与 relplot 函数，专门在 Matplotlib 的基础上优化了绘制折线图与折线图，并且通过色调、大小、样式来增强显示。

1. scatterplot

散点图是统计可视化的支柱。它使用点描绘了两个变量的联合分布，其中每个点代表数据的观察值。散点图能够让我们通过眼睛推断出关于它们之间是否存在任何有意义关系的大量信息。

Seaborn 模块中使用 scatterplot 函数绘制散点图，其基本语法格式如下。

```
seaborn.scatterplot(x=None, y=None, hue=None, style=None, size=None, data=None, palette=None, hue_order=None, hue_norm=None, sizes=None, size_order=None, size_norm=None, markers=True, style_order=None, x_bins=None, y_bins=None, units=None, estimator=None, ci=95, n_boot=1000, alpha='auto', x_jitter=None, y_jitter=None, legend='brief', ax=None, **kwargs)
```

scatterplot 函数主要参数及说明如表 8-17 所示。

表 8-17 scatterplot 函数主要参数及说明

参数名称	说 明
x, y	接收 array、str、series，输入变量，字符串应该是 data 中对应变量名，使用 series 将会在轴上显示名称。无默认值

（续）

参数名称	说　明
data	接收 DataFrame，表示用于绘图的数据集。默认为 None
hue	接收 data 中变量名，传入分类变量，以颜色分类。默认为 None
size	接收 data 中变量名，传入分类变量，以标记大小分类。默认为 None
sizes	接收 list、dict、tuple，确定不同级别的 size，可以一一映射，也可以设置最大最小范围。默认为 None
style	接收 data 中变量名，传入分类变量，以标记形状分类。默认为 None
markers	接收 bool、list、dict，确定不同级别的 style。默认为 None
alpha	接收 float、"auto"，表示点的透明度。默认为 "auto"
legend	接收 "brief" "full"，False，表示图形图例绘制形式。默认为 "brief"
palette	接收调色板，改变默认绘图颜色。默认为 None

使用 tips 数据集绘制一个简单的散点图，如代码清单 8-33 所示。

代码清单 8-33　绘制简单的散点图

In[33]:

```
import seaborn as sns
import matplotlib.pyplot as plt
tips = sns.load_dataset('tips')
plt.rcParams['font.sans-serif'] = 'SimHei'
plt.rcParams['axes.unicode_minus'] = False
ax = sns.scatterplot(x='total_bill', y='tip', data=tips)
ax.set_title('总账单与小费散点图')
```

Out[33]:

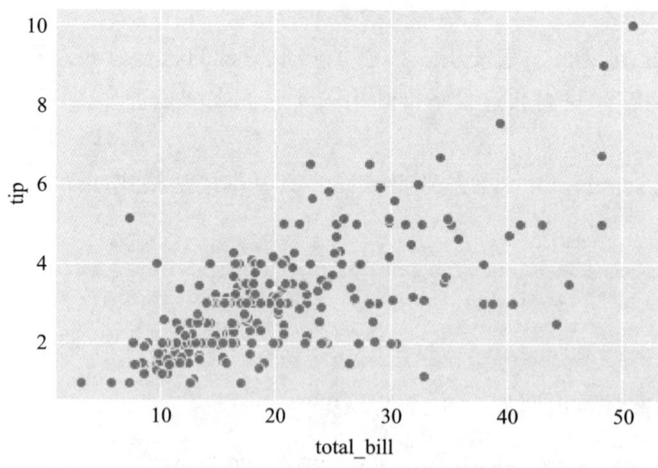

通过添加第 3 个变量分类变量，对点着色（故称色调语义）和改变标记来显示分组变量，以突显每个类别。如代码清单 8-34 所示。

代码清单 8-34 颜色与标记突显类别

In[34]:

```
sns.scatterplot(x="total_bill", y="tip", hue="time", style="time", data=tips)
```

Out[34]:

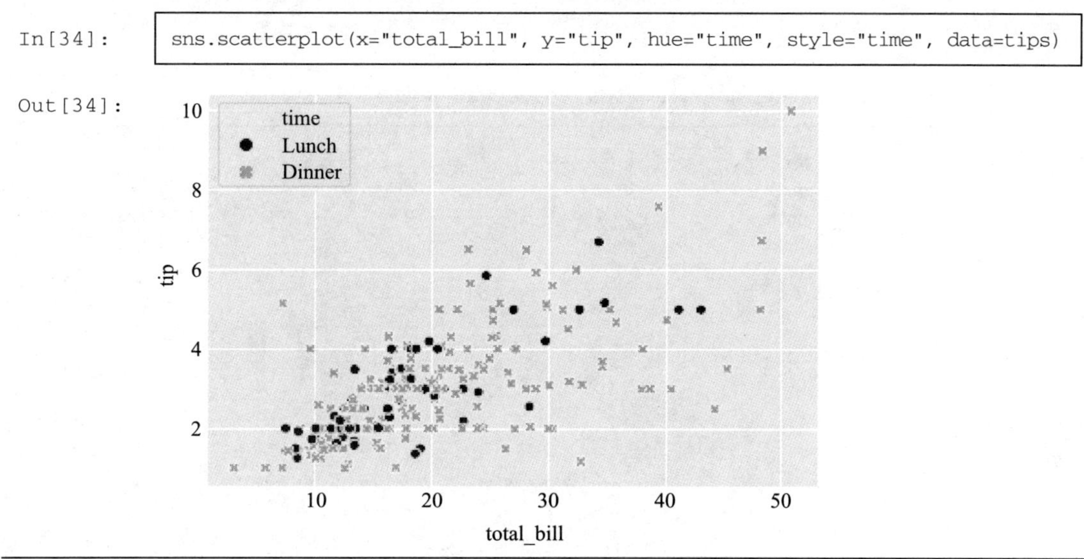

通过改变点的大小并添加连续颜色来显示定量类别变量（也能同时表示 4 个变量，但是这样可能会使得图变得很混乱）。如代码清单 8-35 所示。

代码清单 8-35 点大小突显类别

In[35]:

```
cmap = sns.cubehelix_palette(8, start=1, rot=0, as_cmap=True)
sns.scatterplot(x="total_bill", y="tip", size="size", data=tips,
hue='size', palette=cmap)
```

Out[35]:

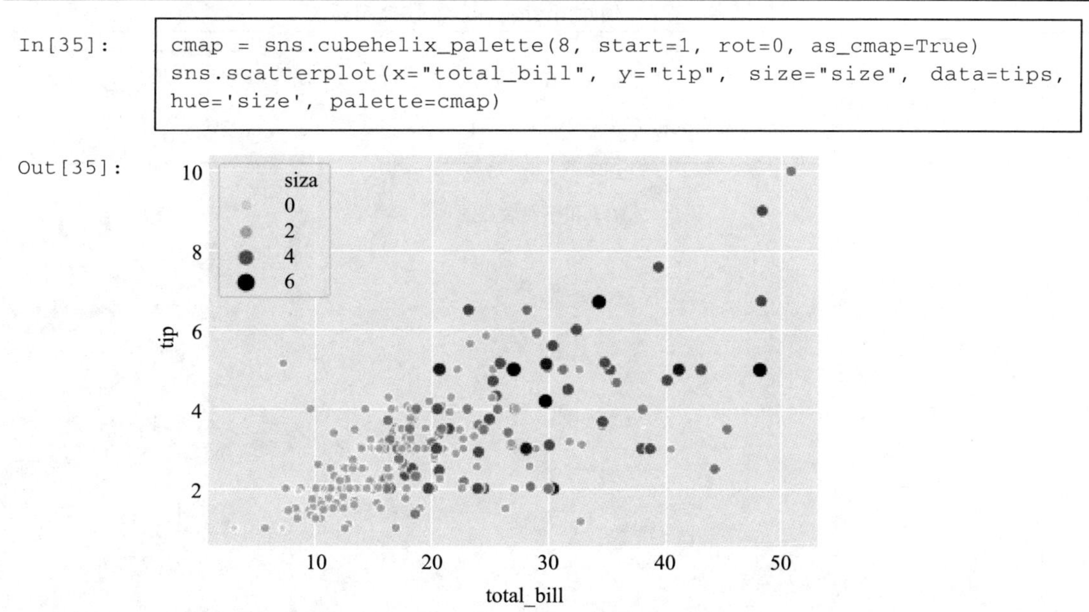

使用自定义的分组点标记，如代码清单 8-36 所示。

代码清单 8-36　自定义分组点标记

In[36]:

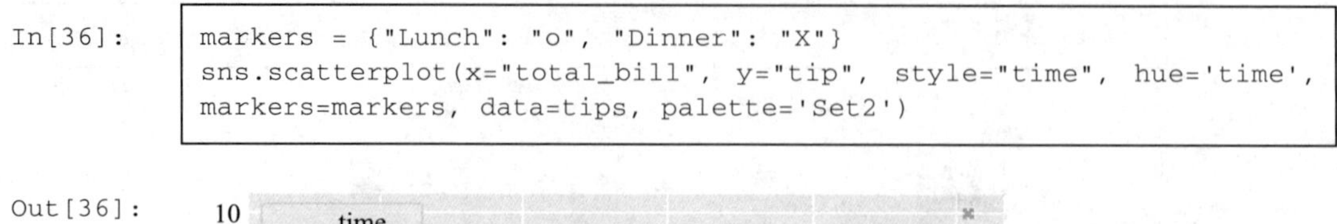

```
markers = {"Lunch": "o", "Dinner": "X"}
sns.scatterplot(x="total_bill", y="tip", style="time", hue='time',
markers=markers, data=tips, palette='Set2')
```

Out[36]:

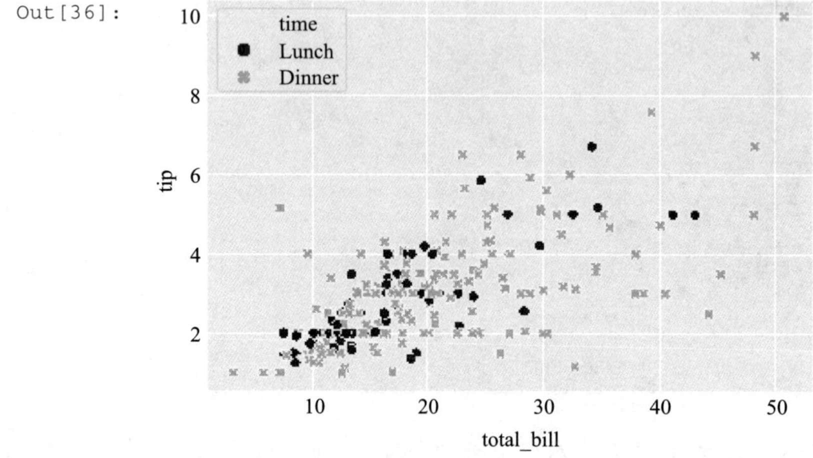

也可以向 scatterplot 函数中传入 matplotlib 参数控制绘图元素，如代码清单 8-37 所示。

代码清单 8-37　使用 matplotlib 参数控制绘图

In[37]:

```
sns.scatterplot(x='total_bill', y='tip', data=tips, color='r',
markers='')
plt.title('总账单和小费散点图')
```

Out[37]:

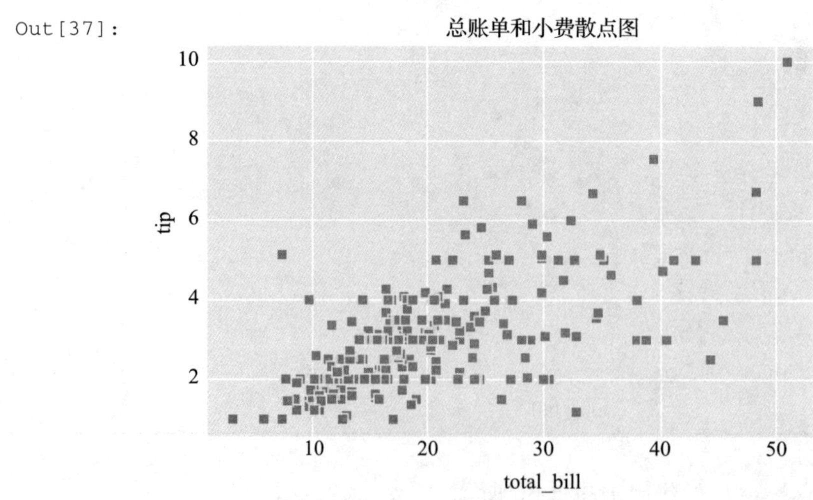

2. lineplot

散点图非常简单有效，但只能得到一个大致的关系，没有展示出具体的信息。对于某些数据集，可能需要了解一个变量与时间变量或类似连续变量的关系，绘制折线图是一个很好的选择。

在 seaborn 模块中使用 lineplot 函数绘制折线图。默认情况下，会使用每个 x 值对应的多个 y 值的均值绘制折线，并显示该估计值的置信区间带。其基本语法格式如下。

```
seaborn.lineplot(x=None, y=None, hue=None, size=None, style=None, data=None, palette=None, hue_order=None, hue_norm=None, sizes=None, size_order=None, size_norm=None, dashes=True, markers=None, style_order=None, units=None, estimator='mean', ci=95, n_boot=1000, sort=True, err_style='band', err_kws=None, legend='brief', ax=None, **kwargs)
```

lineplot 函数部分参数及说明如表 8-18 所示。

表 8-18　lineplot 函数部分参数及说明

参数名称	说　明
x，y	接收 array、str、series，输入变量，字符串应该是 data 中对应变量名，使用 series 将会在轴上显示名称。无默认值
data	接收 DataFrame，表示用于绘图的数据集。默认为 None
dashes	接收 bool、list、dict，确定不同级别的 style。默认为 None
estimate	接收 pandas 方法或可调用函数，None，表示 y 在同一 x 级别的聚合方法。默认为 None
ci	接收 int、“sd”、None，表示使用 estimate 参数聚合的置信区间大小，“sd”表示数据标准差。默认为 None
n_boot	接收 int，表示计算置信区间的数。默认为 1000
sort	接收 bool，表示按照 x 和 y 变量排序或出现顺序排序。默认为 True
err_style	接收“band”“bars”，表示是使用半透明误差带还是离散误差棒绘制置信区间。默认为“band”
err_band	接收 dict，用于控制误差线条的参数。默认为 None

用 tips 数据集绘制按 total_bill 升序和出现顺序的 tips 折线图，如代码清单 8-38 所示。

代码清单 8-38　不同顺序绘制折线图

```
In[38]:
from random import  sample
fig, axes = plt.subplots(1, 2, figsize=(8,4))
index = sample(list(tips.index), 50)
tips2 = tips.loc[index]
ax1 = sns.lineplot(x='total_bill', y='tip', data=tips2, ax=axes[0])
ax2 = sns.lineplot(x='total_bill', y='tip', data=tips2, sort=False, ax=axes[1])
ax1.set_title('按x值排序')
ax2.set_title('按出现顺序排序')
```

Out[38]:

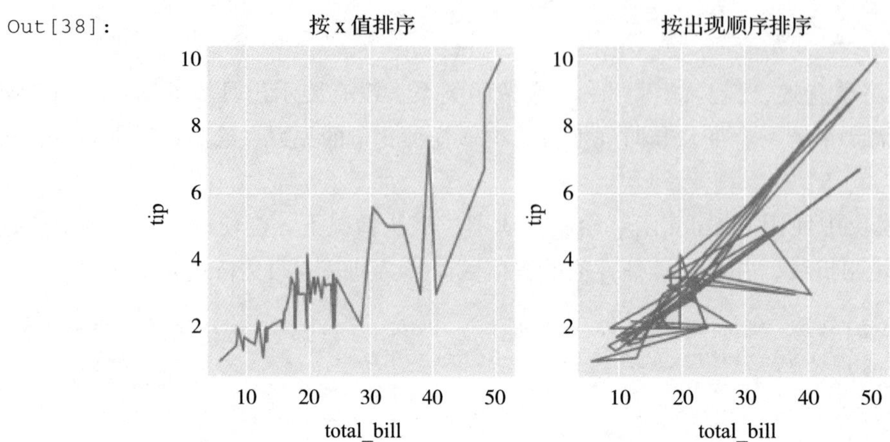

用 fmri 数据集绘制用颜色和线条样式显示分类变量的折线图，如代码清单 8-39 所示。

代码清单 8-39　颜色和线条样式显示分类变量的折线图

In[39]:

```
sns.lineplot(x="timepoint", y="signal", hue="event", style="event",
data=fmri)
```

Out[39]:

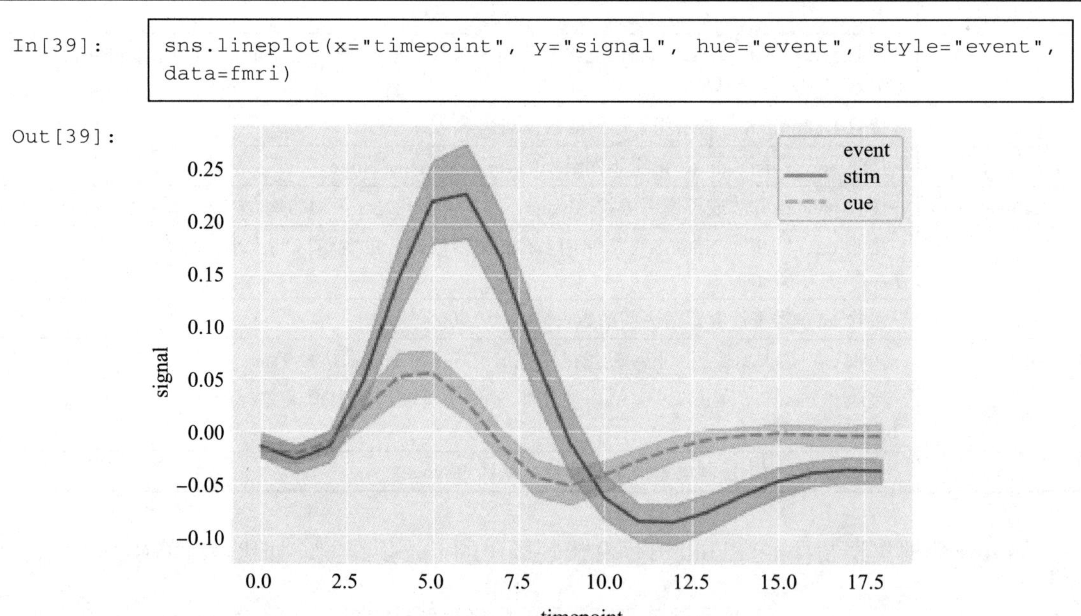

使用点标记折线的转折，如代码清单 8-40 所示。

代码清单 8-40　点标记折线的转折

In[40]:

```
sns.lineplot(x="timepoint", y="signal", hue="event", style="event",
data=fmri) sns.lineplot(x="timepoint", y="signal", hue="event",
style="event", markers=True, dashes=False, data=fmri)
```

Out[40]:

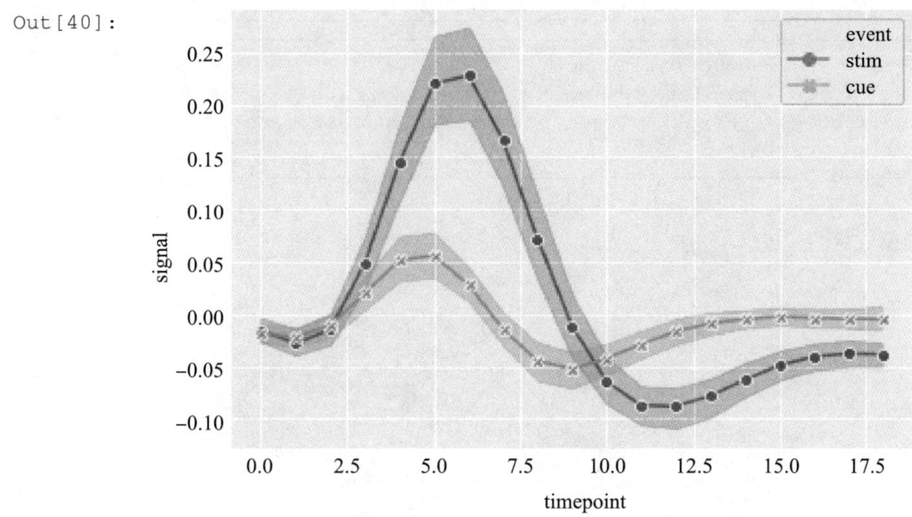

修改误差带显示形式与置信区间大小，如代码清单 8-41 所示。

代码清单 8-41 修改误差带显示形式与置信区间大小

In[41]:

```
# 设置误差带形状为条，区间大小为 80%
sns.lineplot(x="timepoint", y="signal", hue="event", err_
style="bars", ci=80, data=fmri)
```

Out[41]:

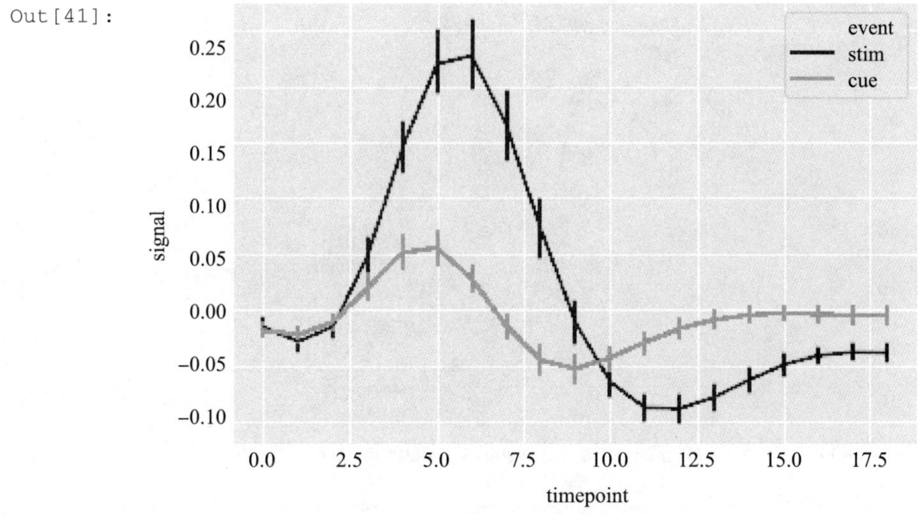

使用 dots 数据集绘制折线图，设置 sizes 参数，更改 size 传入变量的线条宽度，如代码清单 8-42 所示。

代码清单 8-42 更改线条宽度

In[42]:

```
dots = sns.load_dataset('dots')
ax1 = sns.lineplot(x="time", y="firing_rate", size="coherence",
hue="choice", style='align', data=dots, palette='Set1')
ax1.set_title('默认线宽')
```

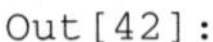
Out[42]:

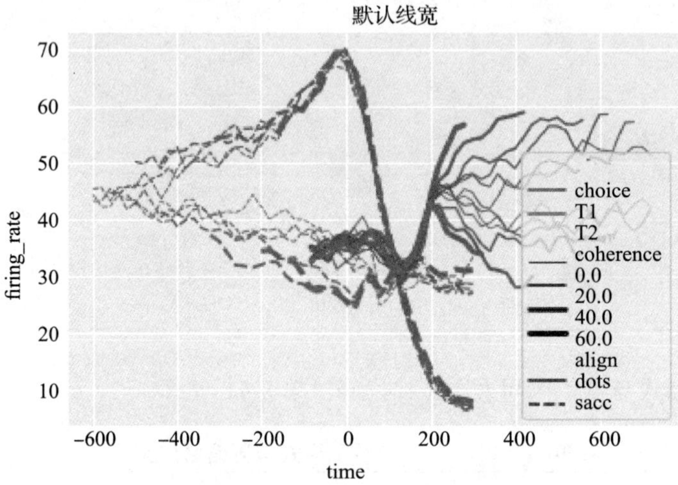

In[43]:

```
ax2 = sns.lineplot(x="time", y="firing_rate", size="coherence",
hue="choice", style='align', sizes=(0.5,1.5), data=dots)
ax2.set_title('修改线宽后')
```

Out[43]:

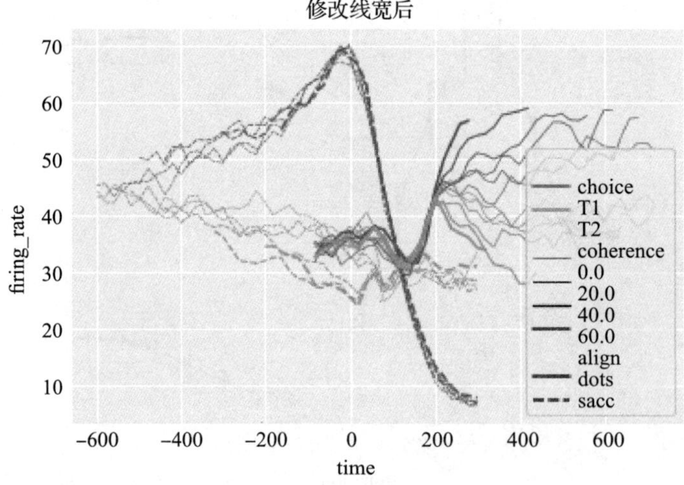

3. relplot

relplot 函数基于 FacetGrid（分面绘图，后面详细介绍），能够统一访问 scatterplot 函数和 lineplot 函数绘制多图网格的关系图。其基本语法格式如下。

```
seaborn.relplot(x=None, y=None, hue=None, size=None, style=None, data=None, row=None, col=None, col_wrap=None, row_order=None, col_order=None, palette=None, hue_order=None, hue_norm=None, sizes=None, size_order=None, size_norm=None, markers=None, dashes=None, style_order=None, legend='brief', kind='scatter', height=5, aspect=1, facet_kws=None, **kwargs)
```

relplot 函数通过 kind 参数选择要使用的绘图函数，通过 col 和 row 参数控制网格图的行列。其部分参数及说明如表 8-19 所示。

表 8-19　relplot 部分参数及说明

参数名称	说　明
x，y	接收 data 中变量名，只能是定量变量。默认为 None
data	接收 DataFrame，表示用于绘图的数据集。默认为 None
row，col	接收 data 中变量名，传入分类变量，决定网格图的分面。默认为 None
row_order，col_order	接收 list，传入分类变量类别名称列表并以此为顺序。默认为 None
kind	接收“scatter”“line”，选择绘图函数。默认为“scatter”
height	接收 scalar，表示网格图的高度。默认为 5
aspect	接收 scalar，表示网格图的宽度。默认为 1
facet_kws	接收 dict，表示传递给 FacetGrid 的其他参数。默认为“auto”

使用 tips 数据集，通过 relplot 函数绘制单构面散点图，如代码清单 8-43 所示。

代码清单 8-43　绘制单构面散点图

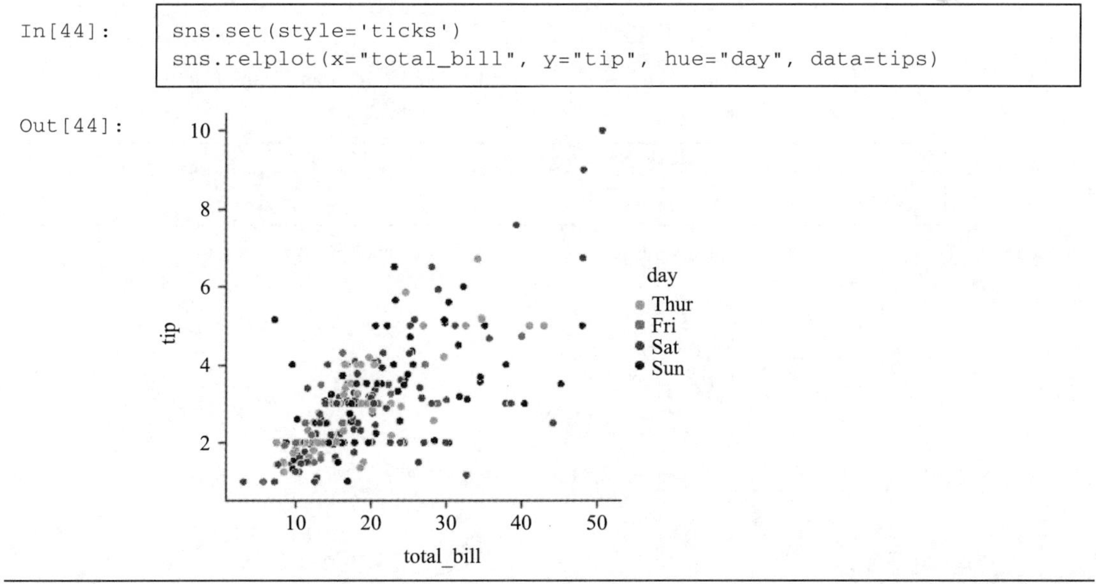

```
In[44]:  sns.set(style='ticks')
         sns.relplot(x="total_bill", y="tip", hue="day", data=tips)
```


传入分类变量 smoker 和 time 到 col 和 row 中，绘制网格图，设置 col_wrap 参数可以控制列数，如代码清单 8-44 所示。

代码清单 8-44　绘制网格图

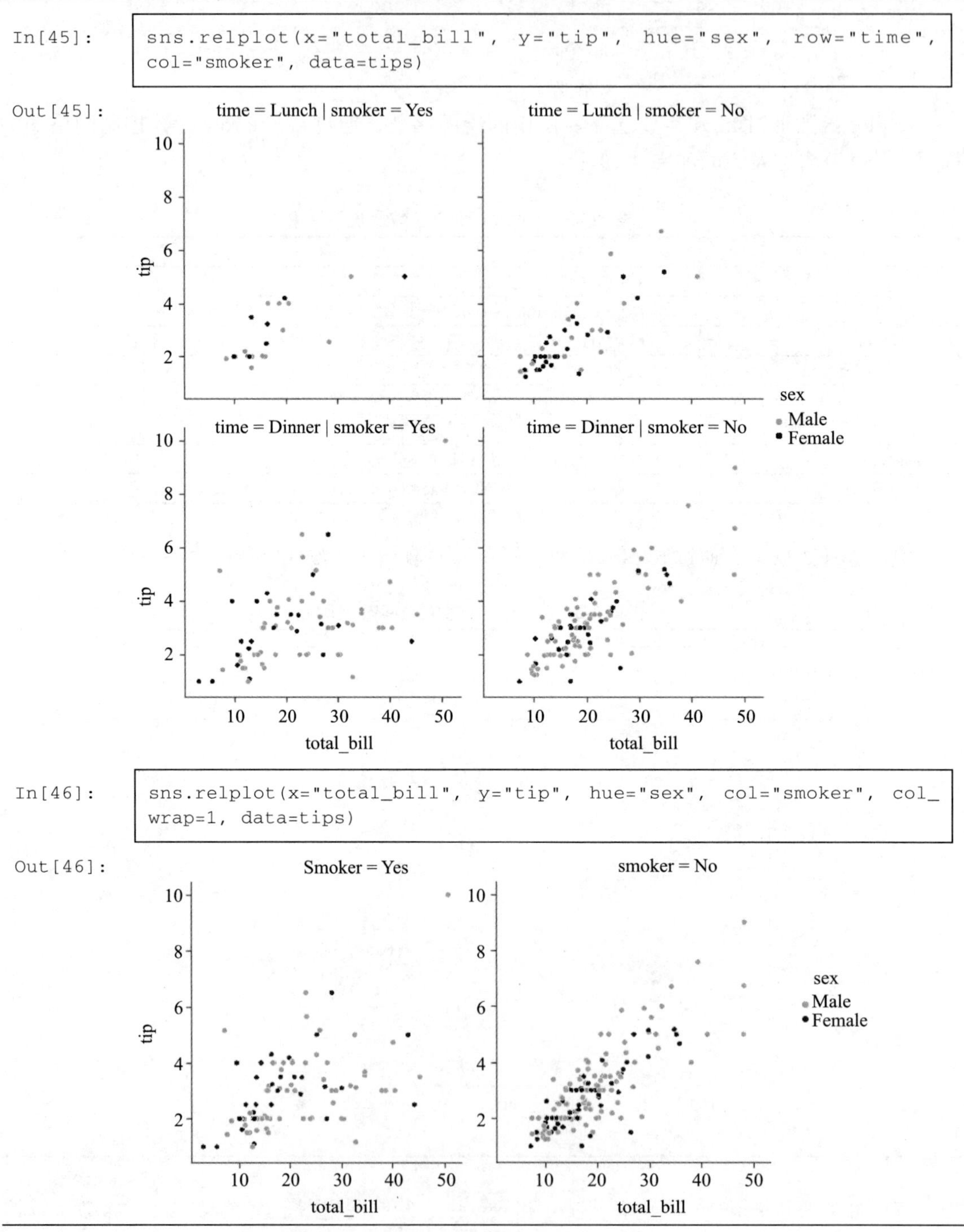

In[45]:
```
sns.relplot(x="total_bill", y="tip", hue="sex", row="time",
col="smoker", data=tips)
```

Out[45]:

In[46]:
```
sns.relplot(x="total_bill", y="tip", hue="sex", col="smoker", col_
wrap=1, data=tips)
```

Out[46]:

使用 fmri 数据集绘制网格折线图，按事件分为两个图，如代码清单 8-45 所示。

代码清单 8-45　按事件类型分面绘制折线图

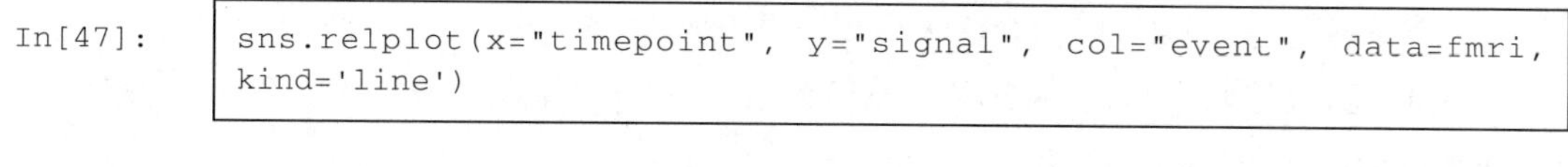

```
In[47]:   sns.relplot(x="timepoint", y="signal", col="event", data=fmri,
          kind='line')
```

Out[47]:

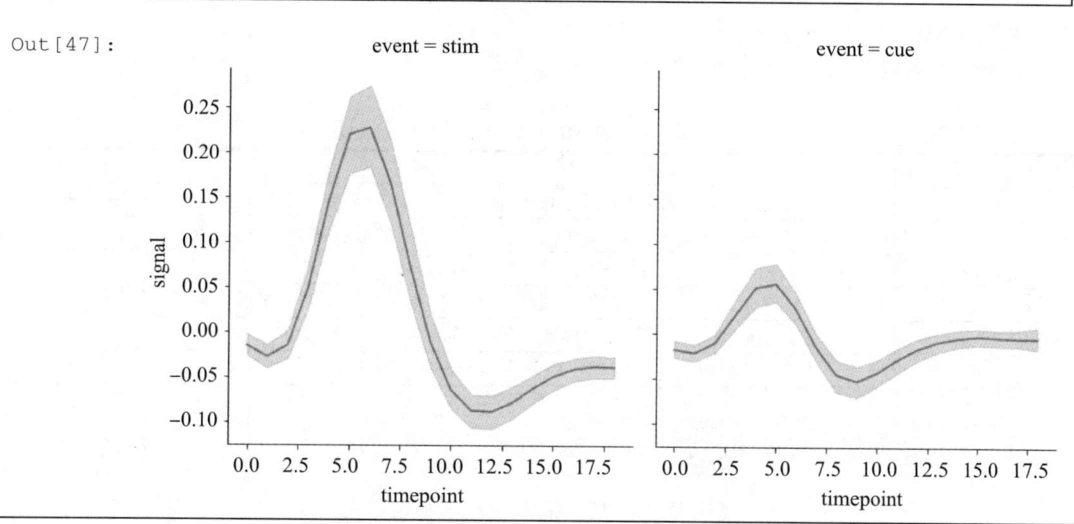

8.2.3　分类图

分类数据可视化是一大类问题，seaborn 模块提供了多种方法选择实现。Seaborn 模块中有几种不同的方法实现。分类图可分为如下 3 种。

1）分类散点图。将分类变量的每个级别的每个观察结果显示出来，包括 swarmplot 函数和 stripplot 函数。

2）分类分布图。显示每个观察分布的抽象表示，包括 boxplot 函数和 violinplot 函数。

3）分类估计图。显示的权重趋势和置信区间，包括 countplot 函数和 pointplot 函数。

分类散点图简单实用，也是大多数情况的选择。但是某些特定情况下可以使用的分布信息有限，且当数据量增大时效果不是很好。这时就需要通过分类分布图快速得出分布结论。有时可能希望显示数据的几种趋势，就需要使用分类估计图。另外，catplot 函数可以对这些方法进行统一的访问。

1. stripplot

使用 stripplot 函数绘制分类散点图，是显示分类变量级别中某些定量变量的值的一种简单方法。分类散点图可以单独显示，但是有时候也可以作为其他分类图的辅助，用来显示所有的观察结果和基本分布。

stripplot 函数基本语法格式如下。

```
seaborn.stripplot(x=None, y=None, hue=None, data=None, order=None, hue_order=None, jitter=True, dodge=False, orient=None, color=None, palette=None, size=5, edgecolor='gray', linewidth=0, ax=None, **kwargs)
```

stripplot 函数接收多种传递数据，包括列表、numpy 阵列、数据框、序列、数组或向量。使用数据框和序列时会添加相关联的名称到坐标轴注释。

stripplot 函数部分参数及说明如表 8-20 所示。

表 8-20　stripplot 函数部分参数及说明

参数名称	说　明
x，y，hue	接收 data 中变量名，表示选入的绘图变量，hue 传入分类变量，以对颜色分类。默认为 None
data	接收 DataFrame、array、list、series，表示用于绘图的数据集。默认为 None
order，hue_order	接收字符串列表，指定绘图分类级别。默认为 None
jitter	接收 float、True 或 1，添加均匀随机噪声（仅改变图形）以优化图形显示。默认为 True
dodge	接收 bool，表示使用分类嵌套时是否沿着分类轴分离。默认为 False
orient	接收 v 或者 h，表示图形的方向。默认为 None

使用 tips 数据集，简单绘制水平条带图，如代码清单 8-46 所示。

代码清单 8-46　简单绘制水平条带图

In[48]:
```
import numpy as np
import seaborn as sns
import matplotlib.pyplot as plt
import pandas as pd
tips = sns.load_dataset('tips')
with sns.axes_style('whitegrid'):
    sns.stripplot(x=tips['total_bill'])
```

Out[48]:

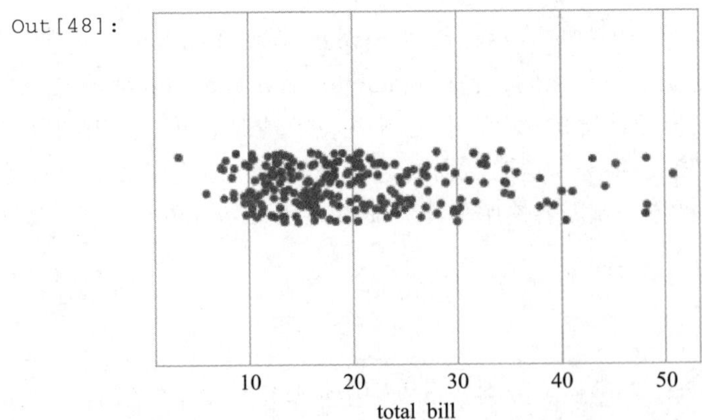

通过分类变量对条带进行分组，并对比展示添加随机噪声抖动，如代码清单 8-47 所示。

代码清单 8-47 添加随机噪声抖动

In[49]:

```
fig, axes = plt.subplots(1, 2, figsize=(8,4))
# 默认添加随机噪声
sns.stripplot(x='day', y='total_bill', data=tips, ax=axes[0])
sns.stripplot(x='day', y='total_bill', data=tips, jitter=False,
ax=axes[1])              # 不添加随机噪声
```

Out[49]:

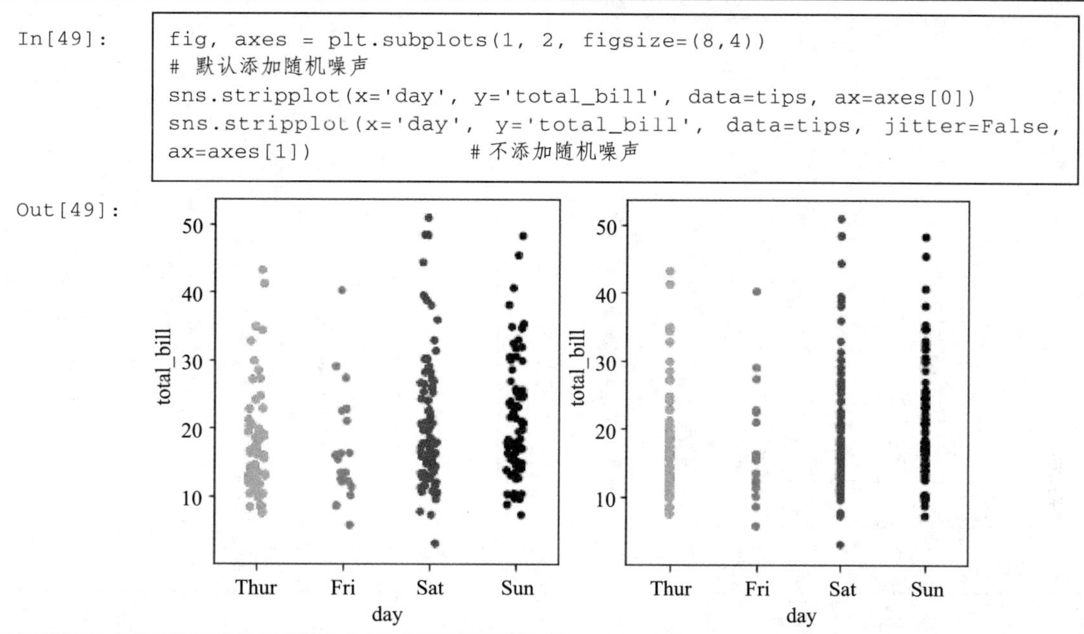

使用多分类功能，将 day 分类变量嵌套进 sex 分类变量，以颜色显示第 2 个分类条件，如代码清单 8-48 所示。

代码清单 8-48 以颜色显示第 2 个分类条件

In[50]:

```
sns.stripplot(x="sex", y="total_bill", hue="day", data=tips,
jitter=True)
```

Out[50]:

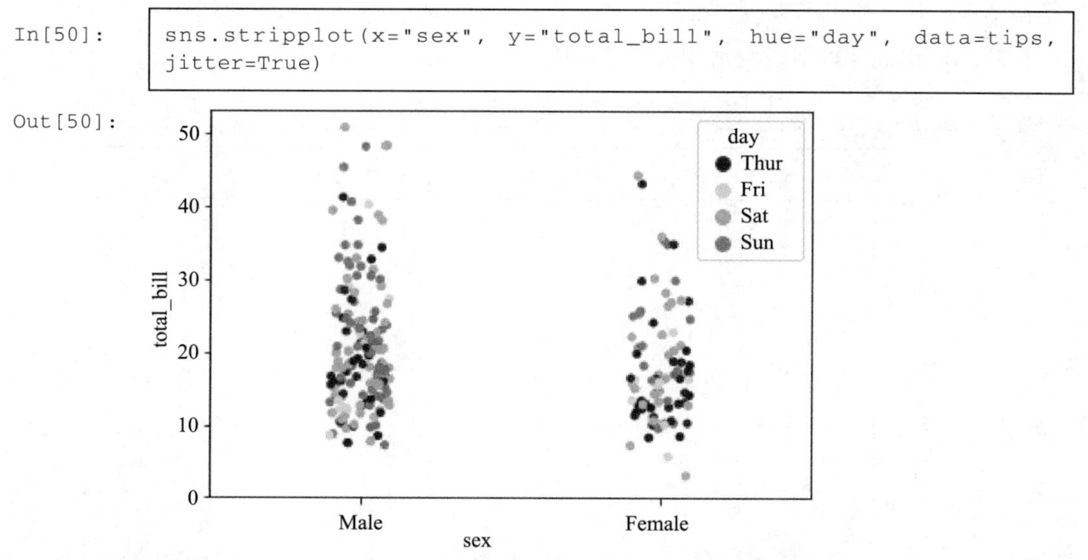

修改 dodge 参数，使变量沿分类轴方向分类而不是覆盖重叠，如代码清单 8-49 所示。

代码清单 8-49　变量沿分类轴方向分类

In[51]:
```
fig, axes = plt.subplots(1, 2, figsize=(8,4))
sns.stripplot(x='day', y='total_bill', hue='smoker', data=tips,
ax=axes[0])
sns.stripplot(x='day', y='total_bill', hue='smoker', data=tips,
dodge=True, ax=axes[1])
```

Out[51]:

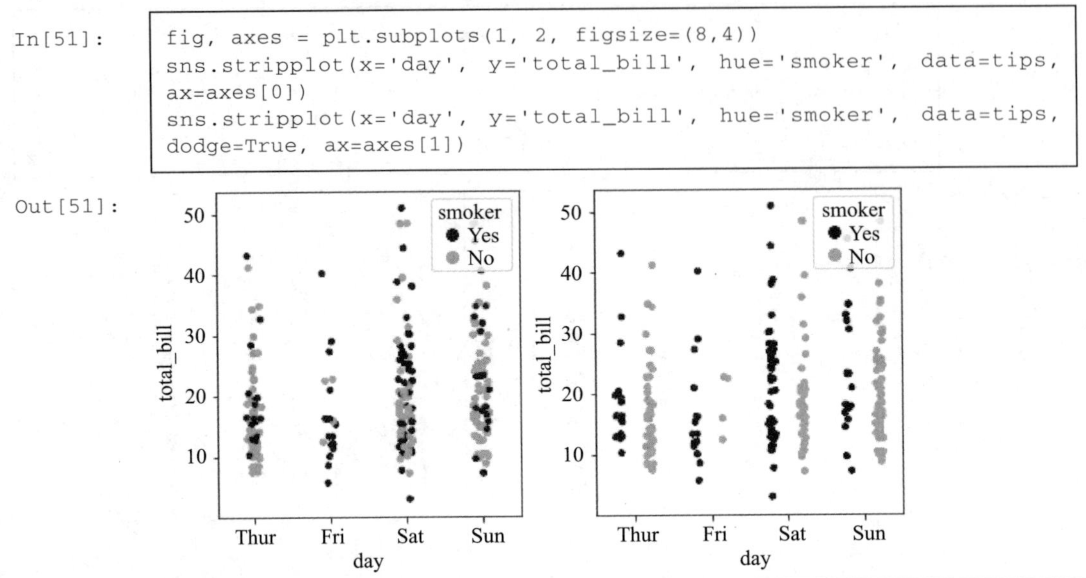

2. swarmplot

在代码清单 8-49 中，stripplot 函数添加随机噪声增加图形抖动并将变量沿着分类轴绘制后，仍然有重叠的可能。而使用 swarmplot 函数就避免了这种情况，能够绘制出具有非重叠点的分类散点图。swarnplot 函数与 stripplot 函数的参数及功能几乎一样，不同的是它沿着分类轴调整点，从而使点不重叠。这样更好表示了点的分布，但是却不能应用于大量数据。

同样，使用 tips 数据集绘制非重叠散点图，如代码清单 8-50 所示。

代码清单 8-50　绘制非重叠散点图

In[52]:
```
sns.swarmplot(x='day', y='total_bill', data=tips)
```

Out[52]:

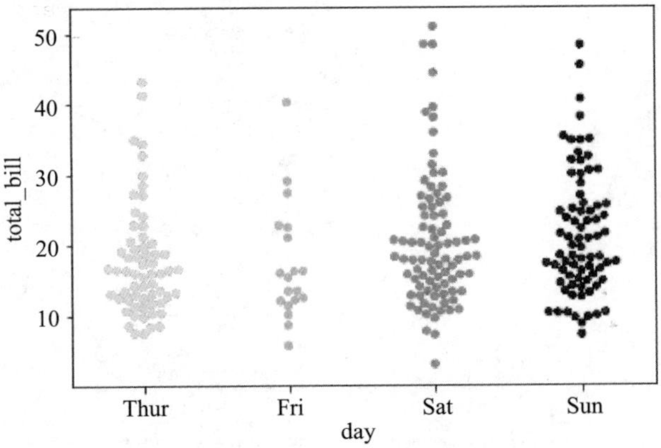

传入 hue 参数添加多个嵌套的分类变量，如代码清单 8-51 所示。

代码清单 8-51 绘制非重叠散点图

In[53]:
```
sns.swarmplot(x='day', y='total_bill', hue='sex', dodge=True,
data=tips)
```

Out[53]:

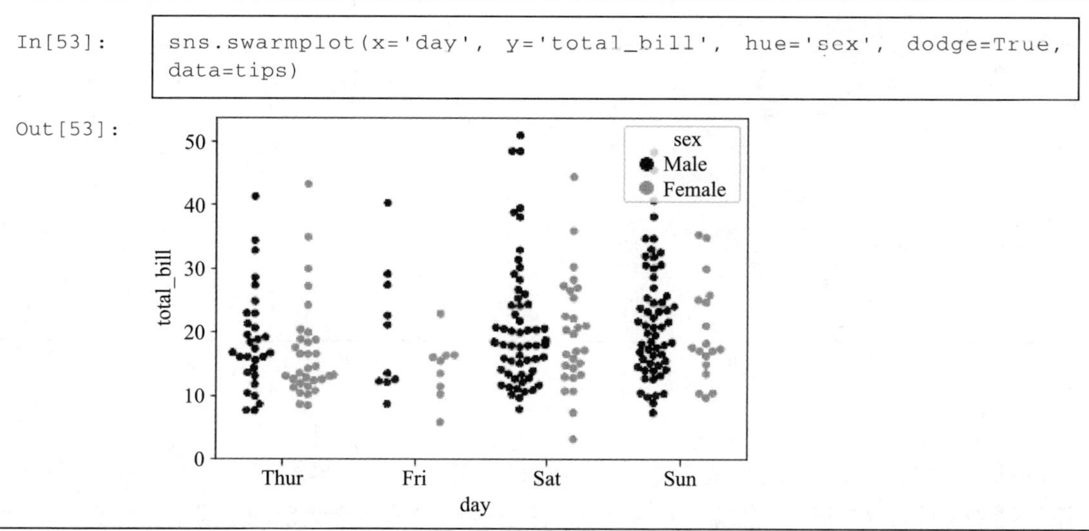

一般来说，seaborn 分类绘图功能试图从数据中推断类别的顺序。数据框类型数据将按照默认顺序，其他数据类型按照在数据框中的显示顺序，但是数组类别将被按照升序排序。当然也能修改 order 参数选择类别并按照该顺序排序，如代码清单 8-52 所示。

代码清单 8-52 修改 order 参数选择类别

In[54]:
```
# 类别默认按照升序排序
sns.swarmplot(x='size', y='total_bill', data=tips )
```

Out[54]:

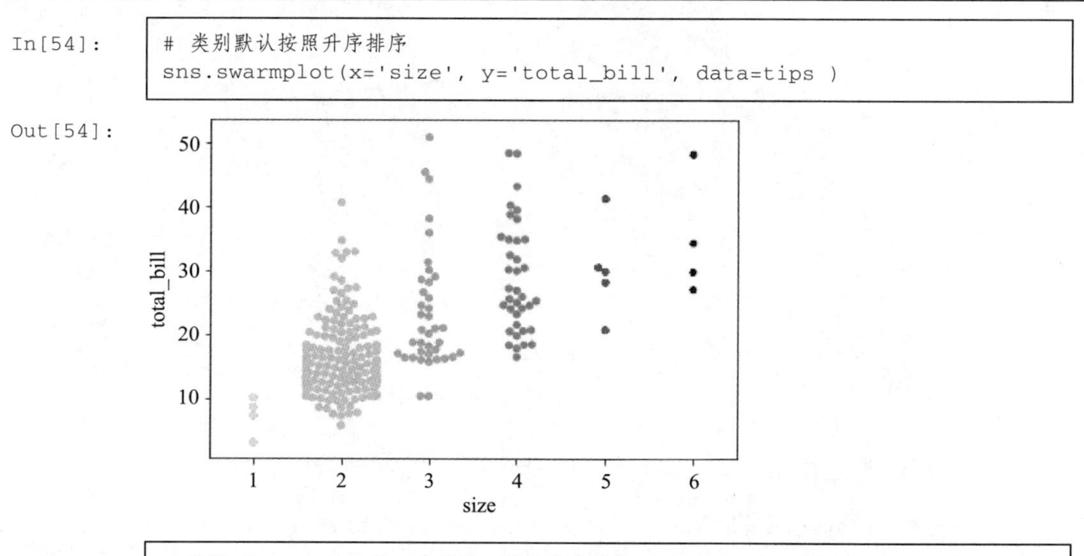

In[55]:
```
# 选择“2,3,4,5,6”5 种类别，并自定义顺序
sns.swarmplot(x='size', y='total_bill', order=[3,2,4,5,6], data=tips )
```

Out[55]:

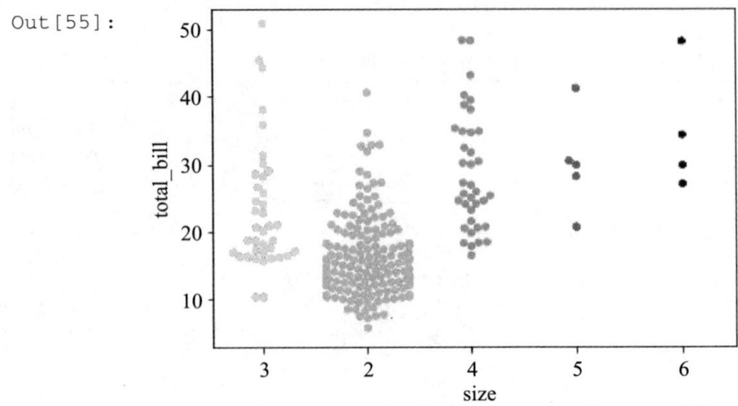

3. violinplot

小提琴图是绘制箱线图和核密度估计图的特点组合。小提琴图直接使用实际数据值绘图而不是使用相关统计量。它显示了一个或多个分类变量的几个级别的定量数据分布，从而比较这些分布。小提琴图受样本量影响较大，对于较小样本量效果不是很好。

小提琴图结构如图 8-4 所示。

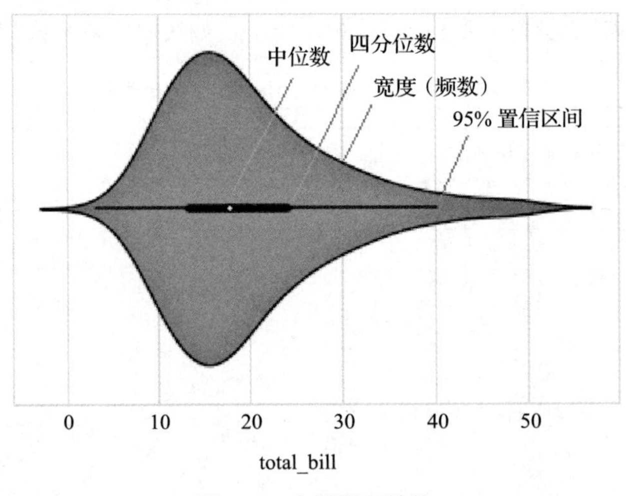

图 8-4　小提琴图结构

seaborn 模块中使用 violinplot 函数绘制小提琴图，其基本语法格式如下。

```
seaborn.violinplot(x=None, y=None, hue=None, data=None, order=None, hue_order=None, bw='scott', cut=2, scale='area', scale_hue=True, gridsize=100, width=0.8, inner='box', split=False, dodge=True, orient=None, linewidth=None, color=None, palette=None, saturation=0.75, ax=None, **kwargs)
```

violinplot 函数部分参数说明如表 8-21 所示。

表 8-21 violinplot 函数部分参数说明

参数名称	说 明
bw	接收"scott""silverman"及 float，表示选入的绘图变量。默认为"scott"
cut	接收 float，控制小提琴图外壳延伸超过内部极端数据点的密度，设置为 0 以将小提琴范围限制在观察数据的范围内。默认为 2
scale	接收"area""count""width"，用于调整提琴图的宽带。默认为"area"
scale_hue	接收 bool，当分类嵌套时，确定缩放是在主要分组变量的每个级别还是在图上的所有小提琴。默认为 True
gridsize	接收 int，表示用于计算核密度估计的离散网格中的点数。默认为 100
inner	接收" box"" quartile"" point"" stick"，None，表示图形内部数据点的形态。默认为"box"
split	接收 bool，表示两个类型嵌套时，是否将每个级别绘制一个小提琴。默认为 False

简单绘制一个分类变量分组的小提琴图，如代码清单 8-53 所示。

代码清单 8-53 绘制一个简单的小提琴图

```
In[56]:  sns.set_style('whitegrid')
         sns.violinplot(x="day", y="total_bill", data=tips)
```

Out[56]:

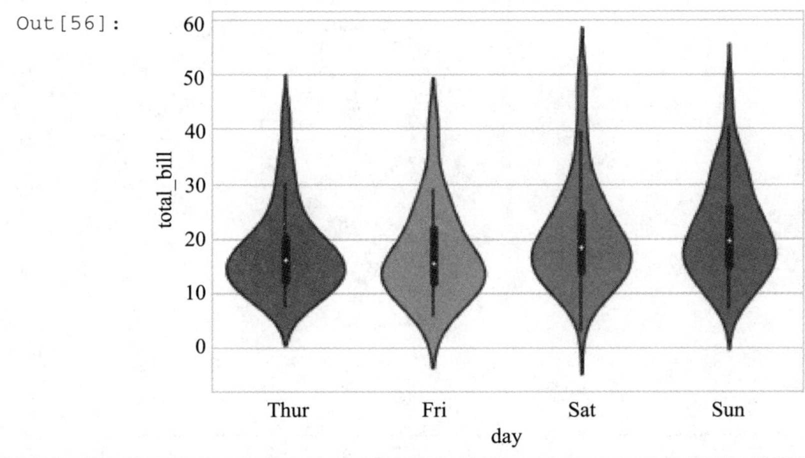

绘制两个分类变量嵌套分组的小提琴图，如代码清单 8-54 所示。

代码清单 8-54 绘制两个分类变量嵌套分组的小提琴图

```
In[57]:  sns.violinplot(x='day', y='total_bill', hue='sex', data=tips)
```

Out[57]:

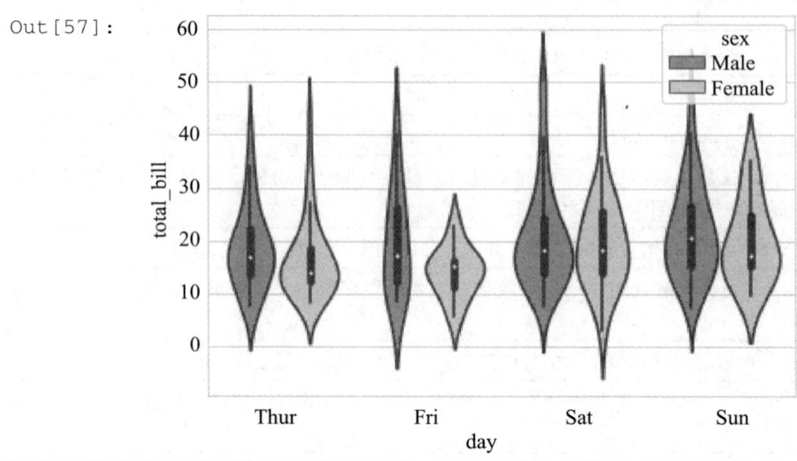

传入 split 参数绘制分裂小提琴图以比较整个分类变量，如代码清单 8-55 所示。

代码清单 8-55　分裂小提琴图

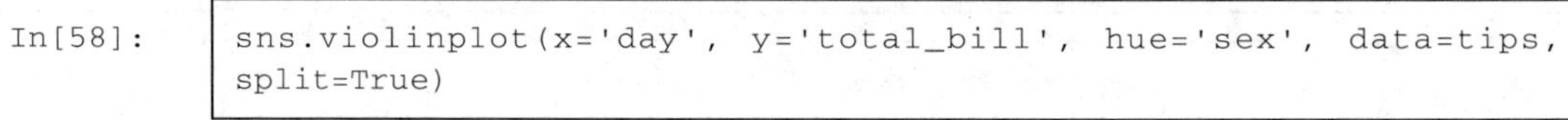

```
In[58]:  sns.violinplot(x='day', y='total_bill', hue='sex', data=tips,
         split=True)
```

Out[58]:

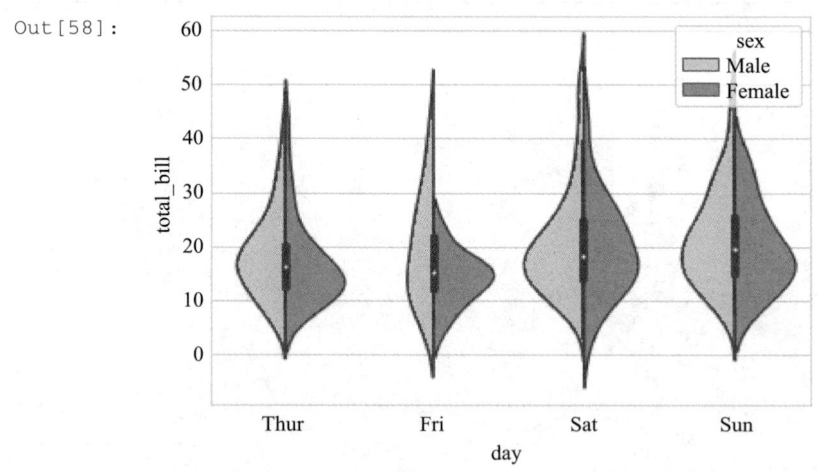

调整小提琴宽度，并改变四分位数绘制方式，如代码清单 8-56 所示。

代码清单 8-56　改变四分位数绘制方式

```
In[59]:  sns.violinplot(x='day', y='total_bill', hue='sex', data=tips,
         split=True, inner='quartile', scale='count', palette='Set2')
```

Out[59]:

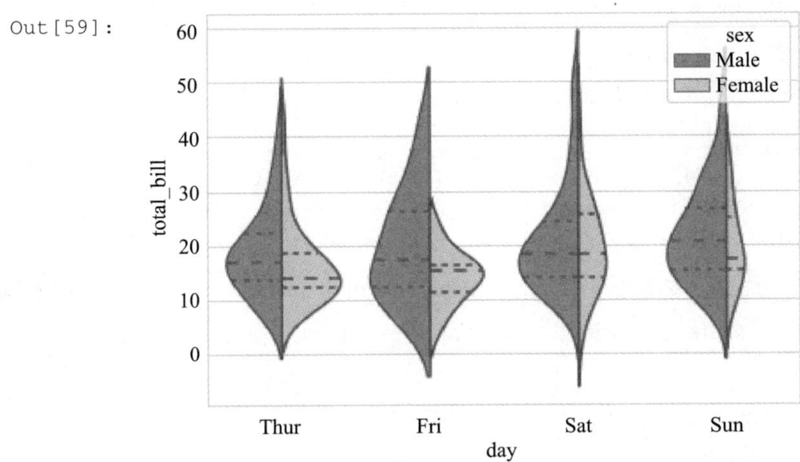

将分类散点图和小提琴图结合使用可以显示每个观察结果以及大致分布，如代码清单 8-57 所示。

代码清单 8-57 结合分类散点图和小提琴图

In[60]:

```
sns.violinplot(x="day", y="total_bill", data=tips, inner=None)
sns.swarmplot(x="day", y="total_bill", data=tips, color='w',
alpha=0.5)
```

Out[60]:

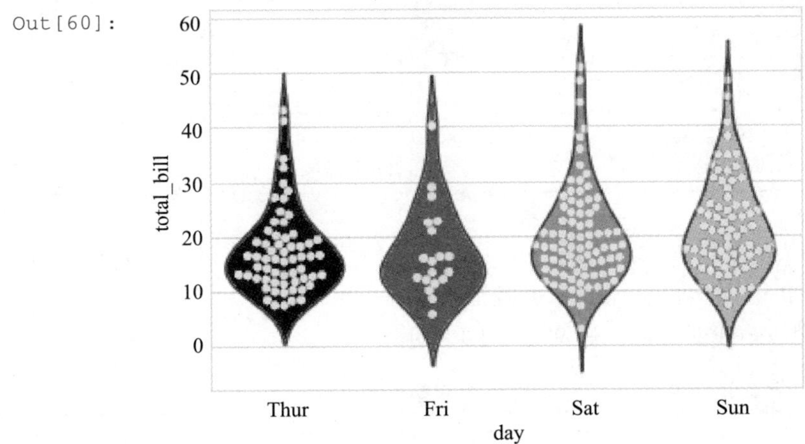

4. boxenplot

传统的箱线图对四分位数以外数据信息提供很少，当数据量变得很大时，会显示大量极端值，而忽略了部分信息。使用增强箱线图能较好地解决这两个问题。它类似于绘制分布的非参数表示的箱形图，其中所有特征对应于实际值。它通过绘制更多的分位数，提供了有关分布形状的更多信息，特别是在尾部。

seaborn 模块中使用 boxenplot 函数绘制 boxen 图，其基本语法格式如下。

```
seaborn.boxenplot(x=None, y=None, hue=None, data=None, order=None, hue_order=None, orient=None, color=None, palette=None, saturation=0.75, width=0.8, dodge=True, k_depth='proportion', linewidth=None, scale='exponential', outlier_prop=None, ax=None, **kwargs)
```

boxenplot 函数中 "k_depth" 参数接收 "proportion" "tukey" "trustworthy"，表示不同的箱盒数量被扩展的比例。"scale" 参数接收 "linear" "exponential" "area"，表示显示箱盒宽度的方法。

普通箱线图与增强箱线图对比如代码清单 8-58 所示。

代码清单 8-58 普通箱线图与增强箱线图对比

```
In[61]: fig, axes = plt.subplots(2, 1, figsize=(4,8))
        sns.boxplot(x=tips['total_bill'], ax=axes[0])
        sns.boxenplot(x=tips["total_bill"], ax=axes[1])
```

Out[61]:

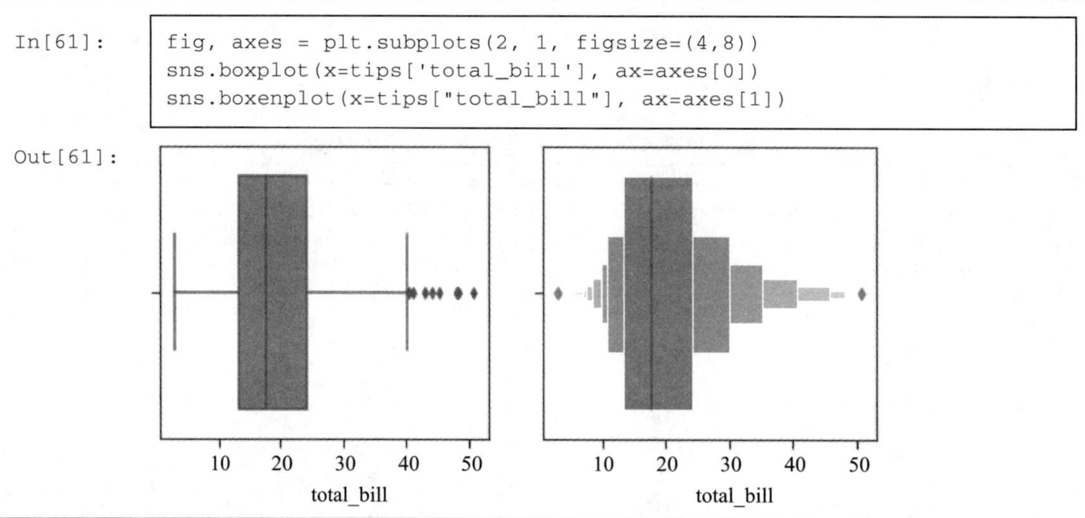

从代码清单 8-58 可以看出，增强箱线图显示了更广的分位数，并通过宽度展示出对应的分布，从而接纳了更多的异常值信息，减少了信息损失。

绘制不同箱数量的增强箱线图，如代码清单 8-59 所示。

代码清单 8-59 不同箱数量增强箱线图对比

```
In[62]: fig, axes = plt.subplots(1, 3, figsize=(12,4))
        ax = sns.boxenplot(x="day", y="total_bill", data=tips, k_depth='proportion', ax=axes[0])
        ax = sns.boxenplot(x="day", y="total_bill", data=tips, k_depth='tukey', ax=axes[1])
        ax = sns.boxenplot(x="day", y="total_bill", data=tips, k_depth='trustworthy', ax=axes[2])
```

Out[62]:

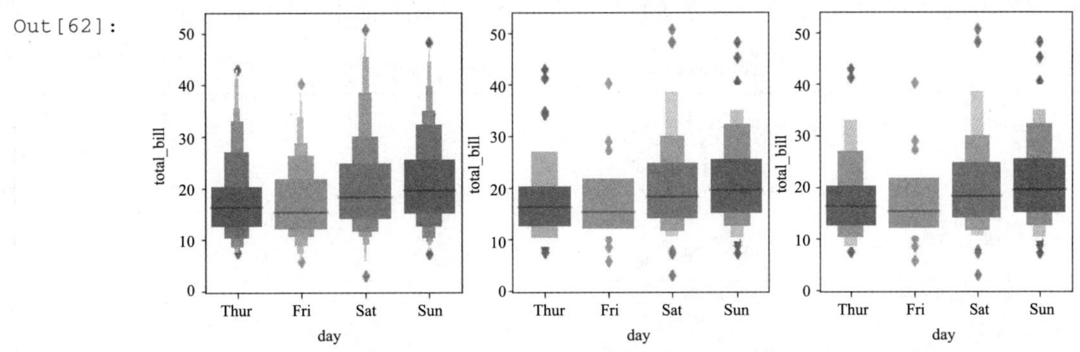

5. pointplot

点图绘制点估计值和置信区间，通过散点图点的位置估计数值变量的集中趋势，并使用误差条提供围绕该估计的不确定性信息。点图用于聚焦一个或多个分类变量的不同级别之间的比较。利用线倾斜程度，很好地展示一个分类变量不同级别间关系在另外分类变量的不同级别间的变化。但是点图仅显示对应统计量（默认均值），有时显示每个级别的值的分布更加有用。点图结构如图 8-5 所示。

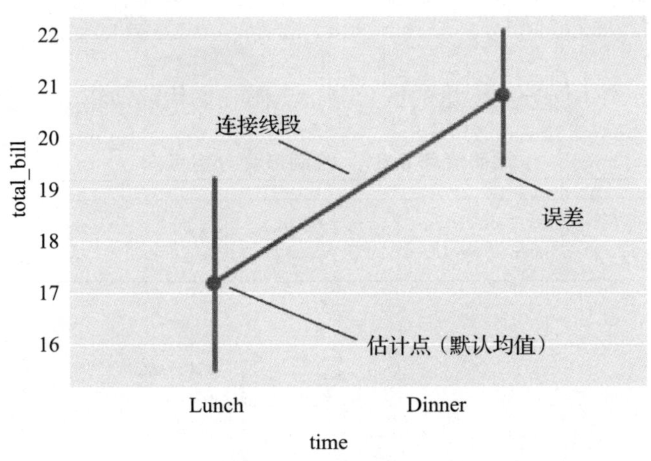

图 8-5 点图结构

Seaborn 模块中使用 pointplot 函数绘制点图，其基本语法格式如下。

```
seaborn.pointplot(x=None, y=None, hue=None, data=None, order=None, hue_order=None, estimator=<function mean>, ci=95, n_boot=1000, units=None, markers='o', linestyles='-', dodge=False, join=True, scale=1, orient=None, color=None, palette=None, errwidth=None, capsize=None, ax=None, **kwargs)
```

plointplot 函数中 errwidth 参数和 capsize 接收 float，分别表示误差条“帽”的厚度与宽度；join 参数接收 bool，表示是否在分类变量同一级别估计之间绘制线段。

绘制一组按分类变量分组的点图并修改误差条，如代码清单 8-60 所示。

代码清单 8-60 绘制点图并修改误差条

In[63]:

```
sns.set_style('darkgrid')
fig, axes = plt.subplots(1, 2, figsize=(8,4))
sns.pointplot(x="time", y="total_bill", data=tips, ax=axes[0])
sns.pointplot(x="time", y="total_bill", data=tips, errwidth=4,
capsize=0.2, ax=axes[1])
```

Out[63]:

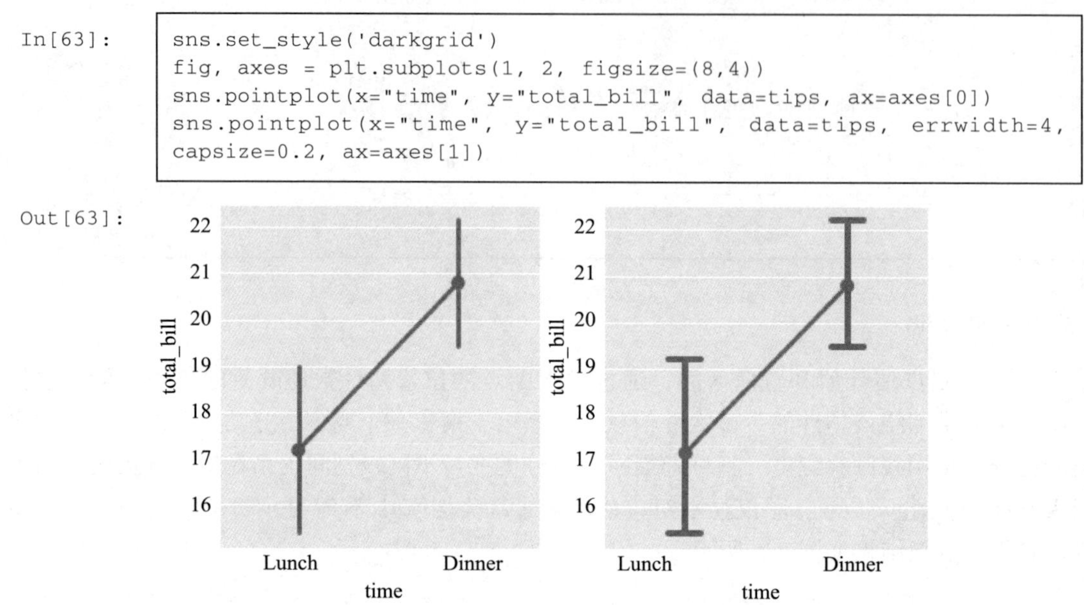

绘制沿分类轴分离不同分类变量的嵌套分组点图，如代码清单 8-61 所示。

代码清单 8-61 绘制嵌套分组点图

In[64]:

```
sns.pointplot(x="time", y="total_bill", hue="sex", data=tips,
dodge=True, palette="Set1")
```

Out[64]:

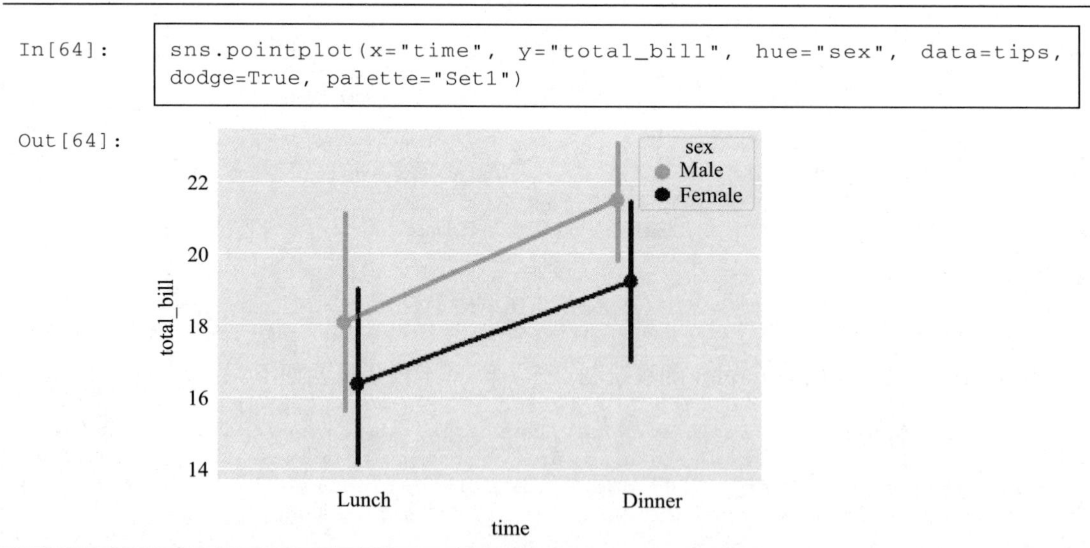

设置 join 参数取消连接每个点的线段，如代码清单 8-62 所示。

代码清单 8-62　取消连接每个点的线段

```
In[65]:  fig, axes = plt.subplots(1, 2, figsize=(8,4))
         sns.pointplot(x="tip", y="day", data=tips, title='111', ax=axes[0])
         sns.pointplot(x="tip", y="day", data=tips, join=False, ax=axes[1])
```

Out[65]:

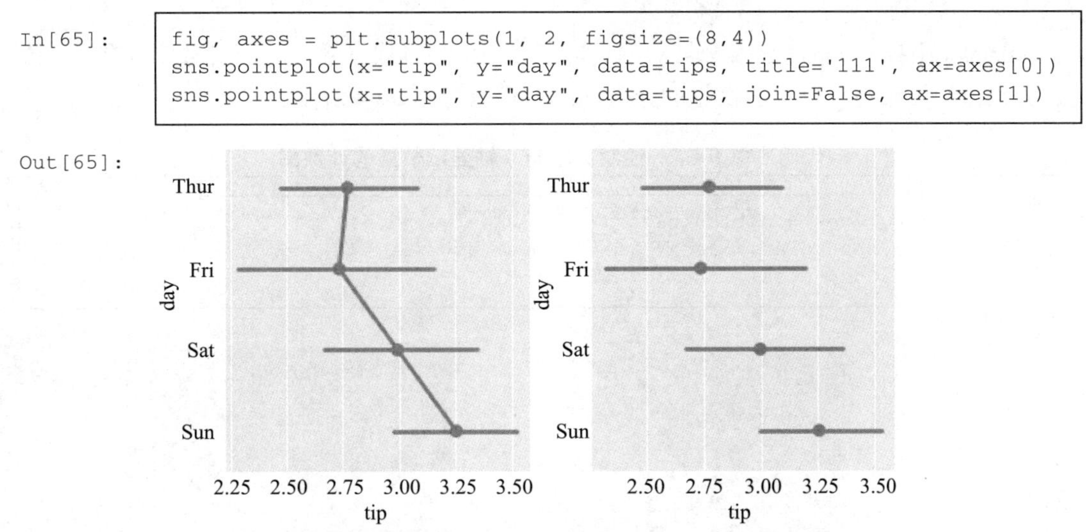

设置 estimate 参数使用中位数作为集中趋势的估计，如代码清单 8-63 所示。

代码清单 8-63　中位数作为集中趋势的估计

```
In[66]:  sns.pointplot(x="day", y="tip", data=tips, estimator=np.median)
```

Out[66]:

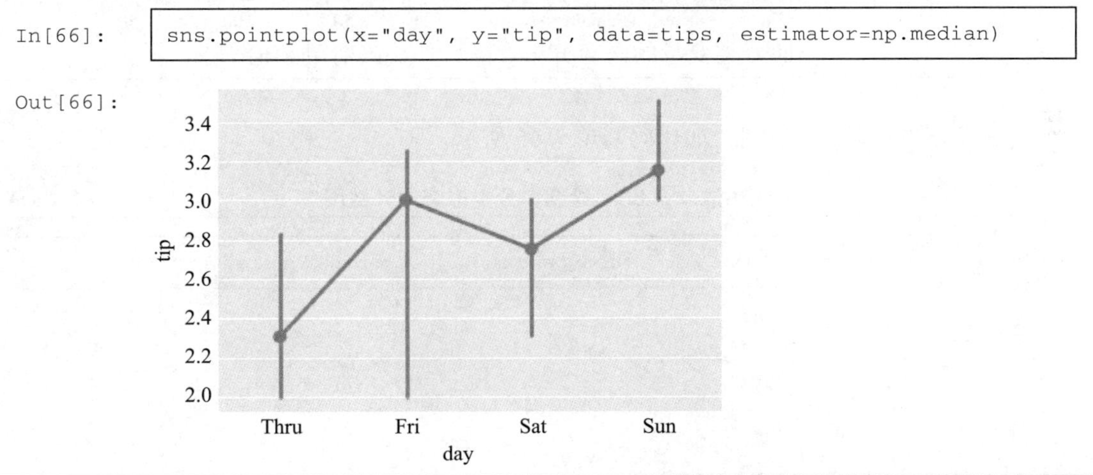

6. countplot

当条形图需要显示每个类别中的观察数量，而不是计算第 2 个变量的统计量时，可以使用计数图实现。可认为它是应用于分类变量、比较类别间计数差的直方图。

Seaborn 模块中使用 countplot 函数绘制计数图，其基本语法格式如下。

```
seaborn.countplot(x=None, y=None, hue=None, data=None, order=None, hue_
```

```
order=None, orient=None, color=None, palette=None, saturation=0.75, dodge=True,
ax=None, **kwargs)
```

countplot 函数不能同时输入 x 与 y，只能分开输入在不同轴上显示，且计数图没有误差棒。分别绘制 x 轴与 y 轴显示数据的计数图。如代码清单 8-64 所示。

代码清单 8-64　绘制 x 轴与 y 轴显示数据的计数图

```
In[67]:  fig, axes = plt.subplots(1, 2, figsize=(8,4))
         sns.countplot(x="sex", data=tips, ax=axes[0])
         sns.countplot(y="sex", data=tips, ax=axes[1])
```

Out[67]:

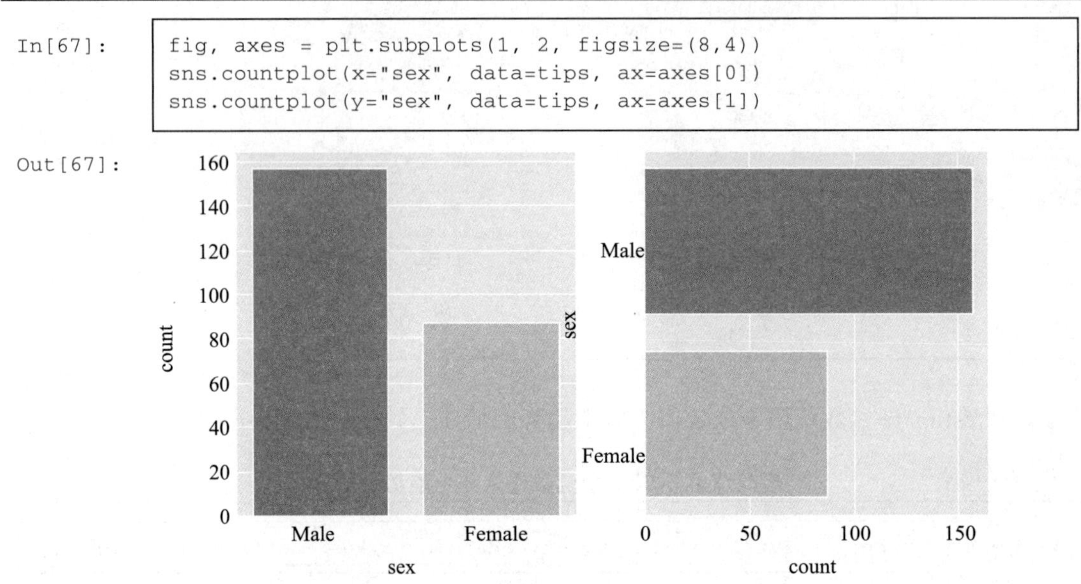

绘制多分类嵌套的计数图，如代码清单 8-65 所示。

代码清单 8-65　绘制多分类嵌套的计数图

```
In[68]:  sns.countplot(x='sex', hue='smoker', data=tips, palette='Set2')
```

Out[68]:

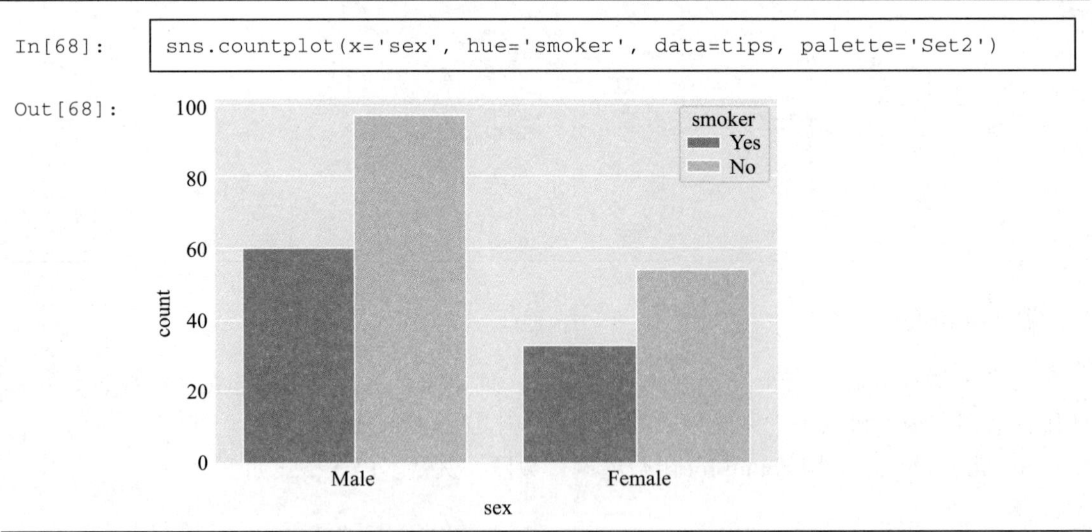

7. catplot

类似于关系图中的 relplot 函数，carplot 函数也基于 FacetGrid，能对分类图中各函数统一访问。catplot 函数基本语法格式如下。

```
seaborn.catplot(x=None, y=None, hue=None, data=None, row=None, col=None, col_wrap=None, estimator=<function mean>, ci=95, n_boot=1000, units=None, order=None, hue_order=None, row_order=None, col_order=None, kind='strip', height=5, aspect=1, orient=None, color=None, palette=None, legend=True, legend_out=True, sharex=True, sharey=True, margin_titles=False, facet_kws=None, **kwargs)
```

catplot 函数部分参数及说明如表 8-22 所示。

表 8-22　catplot 函数部分参数及说明

参数名称	说　明
x，y	接收 data 中变量名，只能是定量变量。默认为 None
data	接收 DataFrame，表示用于绘图的数据集。默认为 None
row_wrap	接收 int，表示网格图的“宽”(列数)。默认为 None
legend_out	接收 bool，表示是否在中心右侧绘制图例。默认为 True
share{x，y}	接收 bool，选择绘是否跨行（列）共享 x 轴（y 轴）。默认为 True
margin_titles	接收 bool，表示是否把行变量的标题绘制在最后一列的右侧。默认为 False
kind	接收“strip”“swarm”“box”“violin”“boxen”“point”“bar”“count”，选择对应绘图函数。默认为“strip”

使用 tips 数据集通过 catplot 函数分面绘制分类散点图，如代码清单 8-66 所示。

代码清单 8-66　绘制分类散点图

```
In[69]:  sns.catplot(x="day", y="total_bill", col="time", data=tips,
         jitter=True)
```

```
Out[69]:
```

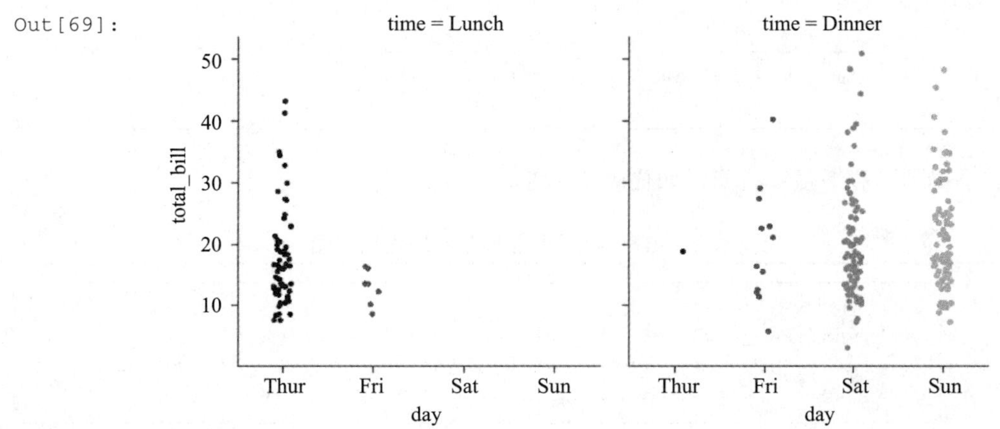

In[70]:
```
# 以time为条件分面，sex为颜色语义，并调整高宽比例
sns.catplot(x="day", y="total_bill", hue="sex", col="time",
data=tips, jitter=True, height=4, aspect=0.6)
```

Out[70]:

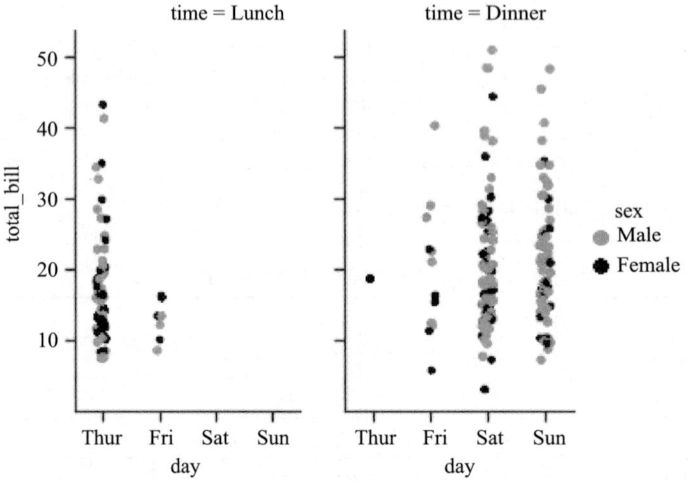

time = Lunch　time = Dinner

total_bill　50 40 30 20 10

Thur Fri Sat Sun　Thur Fri Sat Sun

day　day

sex
Male
Female

In[71]:
```
# 绘制无重叠分类散点图
sns.catplot(x="day", y="total_bill", hue="sex", col="time",
data=tips, kind="swarm", height=4, aspect=.7)
```

Out[71]:

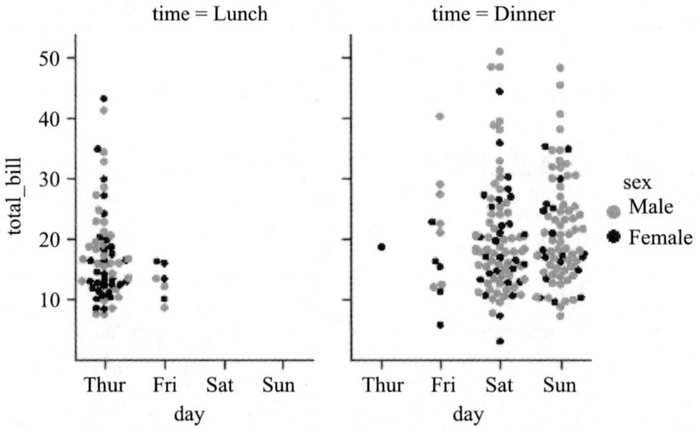

time = Lunch　time = Dinner

total_bill　50 40 30 20 10

Thur Fri Sat Sun　Thur Fri Sat Sun

day　day

sex
Male
Female

绘制小提琴图和增强箱线图，如代码清单 8-67 所示。

代码清单 8-67　绘制小提琴图和增强箱线图

In[72]:
```
# 绘制小提琴图，并不共享y轴刻度
with sns.axes_style('whitegrid'):
    sns.catplot(x="day", y="total_bill", hue="sex", col="time",
data=tips, kind="violin", split=True,sharey=False)
```

Out[72]:

In[73]:

```
# 默认情况下
with sns.axes_style('darkgrid'):
    sns.catplot(x="time", y="total_bill", hue="sex", col="day",
data=tips, kind="boxen")
```

Out[73]:

In[74]:

```
# 改变网格宽度，每行只能绘制 2 个图
with sns.axes_style('darkgrid'):
    sns.catplot(x="time", y="total_bill", hue="sex", col="day",
data=tips, kind="boxen", col_wrap=2, margin_titles=True)
```

Out[74]:

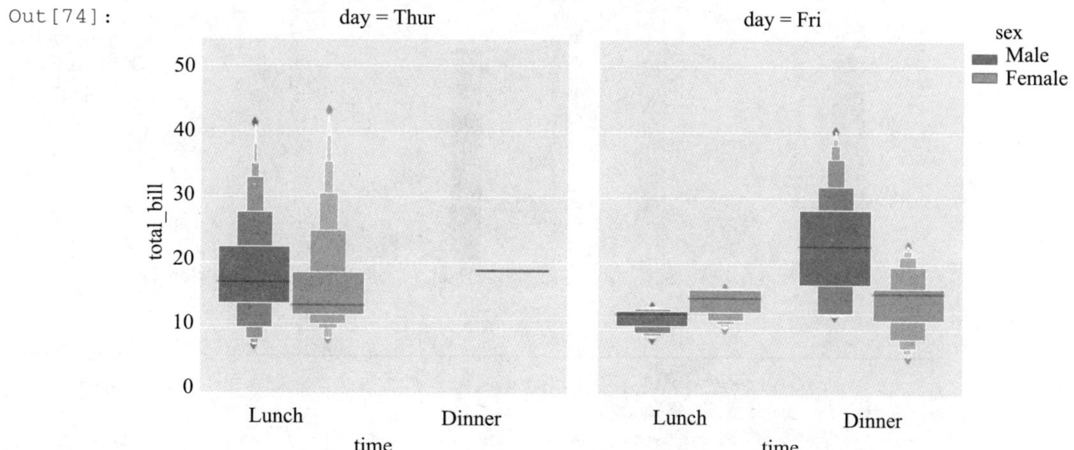

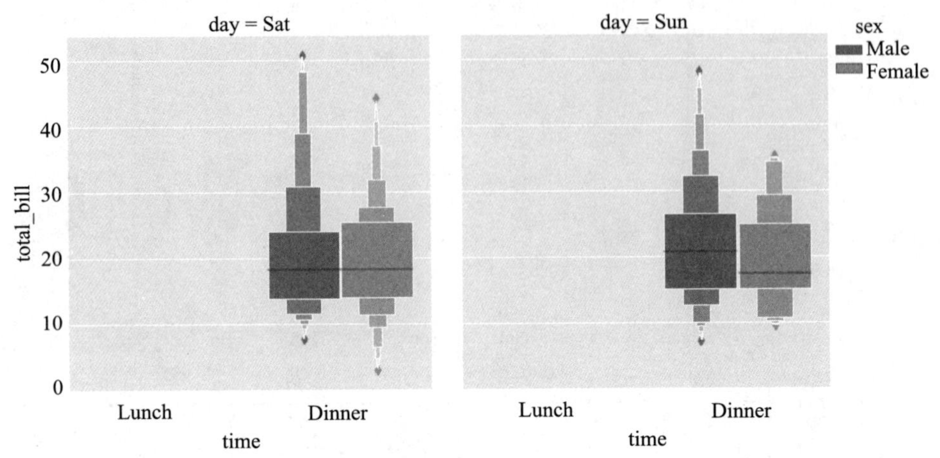

通过 catplot 函数绘制计数图和点图，如代码清单 8-68 所示。

代码清单 8-68 绘制计数图和点图

In[75]:

```
with sns.axes_style('darkgrid'):
    sns.catplot(x="day", hue="time", col="sex", data=tips,
kind="count", height=4, aspect=.7)
```

Out[75]:

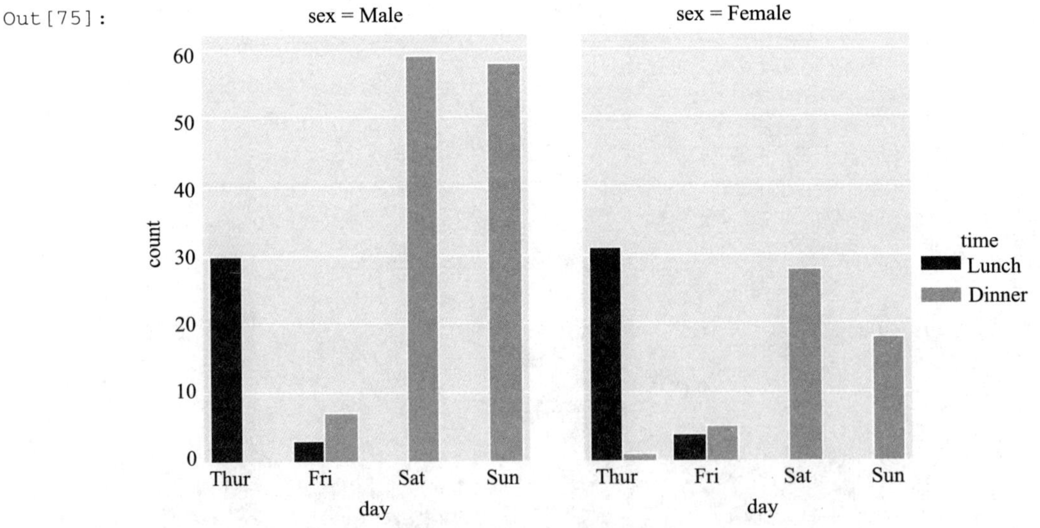

In[76]:

```
sns.catplot(x="day", y="total_bill",  hue="time", col="sex",
data=tips, kind="point",
            dodge=True, height=4, aspect=.7)
```

Out[76]:

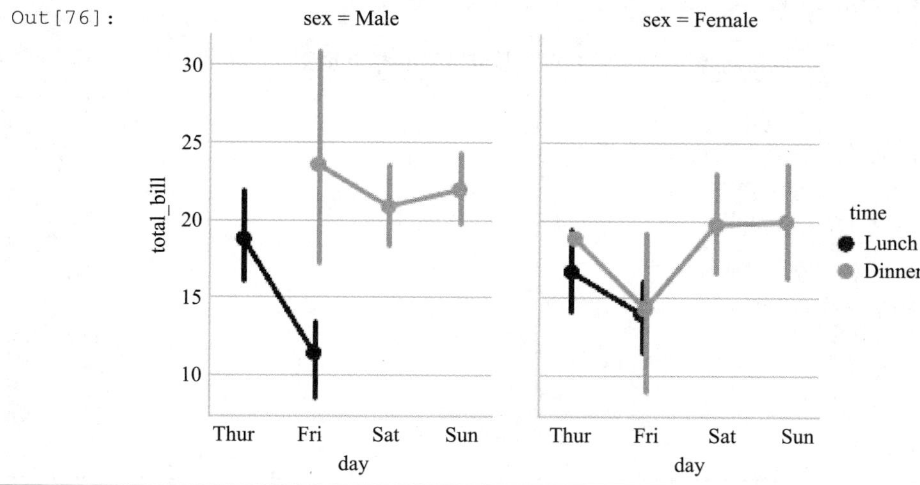

8.2.4 分布图

1. kdeplot

核密度估计（Kernel Density Estimation）是概率论中用来估计未知的密度函数，属于非参数检验方法之一。从直观上来看是平滑化的直方图，从理论角度上来讲是不利用数据分布的先验知识研究数据的分布特征。优于直方图的一点是核密度估计可以用于多维空间。通过核密度图可以比较直观地看出数据样本本身的分布特征。

Seaborn 模块中使用 kdeplot 函数绘制核密度图。kdeplot 函数基本语法格式如下。

```
seaborn.kdeplot(data, data2=None, shade=False, vertical=False, kernel='gau', bw='scott', gridsize=100, cut=3, clip=None, legend=True, cumulative=False, shade_lowest=True, cbar=False, cbar_ax=None, cbar_kws=None, ax=None, **kwargs)
```

kdeplot 函数主要参数及说明如表 8-23 所示。

表 8-23 kdeplot 函数主要参数及说明

参数名称	说 明
data	接收 array，表示用于绘制核密度图的数据。无默认值
data2	接收 array，如果传入数据，将估计双变量核密度。默认为 None
vertical	接收 bool，指定 y 轴或 x 轴为密度。默认为 False
kernel	接收特定 str，“gau”“cos”“biw”“epa”“ri”“triw”，表示选择核函数，双变量只能使用高斯核密度估计。默认为“gau”
shade	接收特定 bool，表示是否在 kde 曲线下着色。默认为 False
gridsize	接收 int，网格中离散点个数。默认为 100
cumulative	接收 bool，表示是否绘制累积分布。默认为 False
cbar	接收 bool，表示是否添加颜色棒。默认为 False

使用鸢尾花数据及绘制单变量与双变量核密度图，如代码清单 8-69 所示。

代码清单 8-69　绘制单变量与双变量核密度图

In[77]:

```
import seabonr as sns
import matplotlib.pyplot as plt
import numpy as np
iris = load_datasets('iris')
fig, axes = plt.subplots(1, 2, figsize=(8,4))
# 绘制单变量核密度图
sns.kdeplot(iris['petal_length'], ax=axes[0], shade=True, color='y')
# 绘制双变量核密度图
cmap = sns.cubehelix_palette(as_cmap=True)
sns.kdeplot(iris['sepal_length'], iris['sepal_width'], ax=axes[1],
shade=False, cmap=cmap, cbar=True)          # 添加颜色渐变条
plt.show()
```

Out[77]:

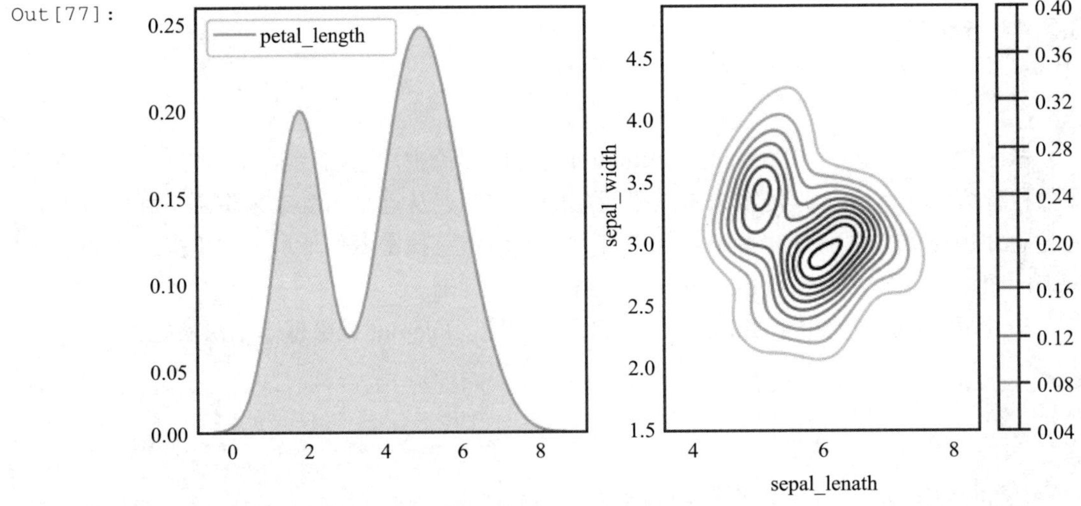

绘制出两个阴影的双变量密度图，如代码清单 8-70 所示。

代码清单 8-70　两个阴影的双变量密度图

In[78]:

```
iris = sns.load_dataset("iris")
setosa = iris.loc[iris.species == "setosa"]
virginica = iris.loc[iris.species == "virginica"]
ax = sns.kdeplot(setosa.sepal_width, setosa.sepal_length,
cmap="Reds", shade=True, shade_lowest=False)
ax = sns.kdeplot(virginica.sepal_width, virginica.sepal_length,
cmap="Blues", shade=True, shade_lowest=False)
```

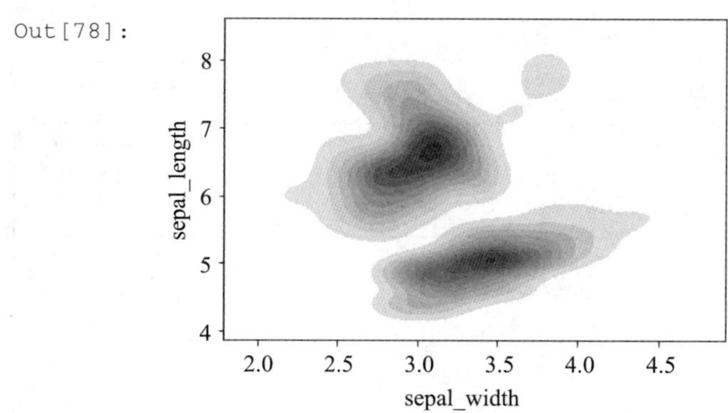

2. rugplot

seaborn 模块中使用 rugplot 函数来绘制地毯图（可以认为是数据刻度），辅助显示数据的分布特点。rugplot 函数基本语法格式如下。

```
seaborn.rugplot(a, height=0.05, axis='x', ax=None, **kwargs)
```

rugplot 函数部分参数说明如表 8-24 所示。

表 8-24　rugplot 函数部分参数及说明

参数名称	说　明
a	接收 array，表示添加刻度的数据。无默认值
height	接收 float，表示刻度的高度（长度）。默认为 0.05
axis	接收“x”或“y”，指定 y 轴或 x 轴添加刻度。默认为 x 轴
ax	接收绘图对象，选择在哪个图形添加刻度。默认为 None

在 x 轴上绘制 tips 数据集中 total_bill 地毯图，如代码清单 8-71 所示。

代码清单 8-71　total_bill 地毯图

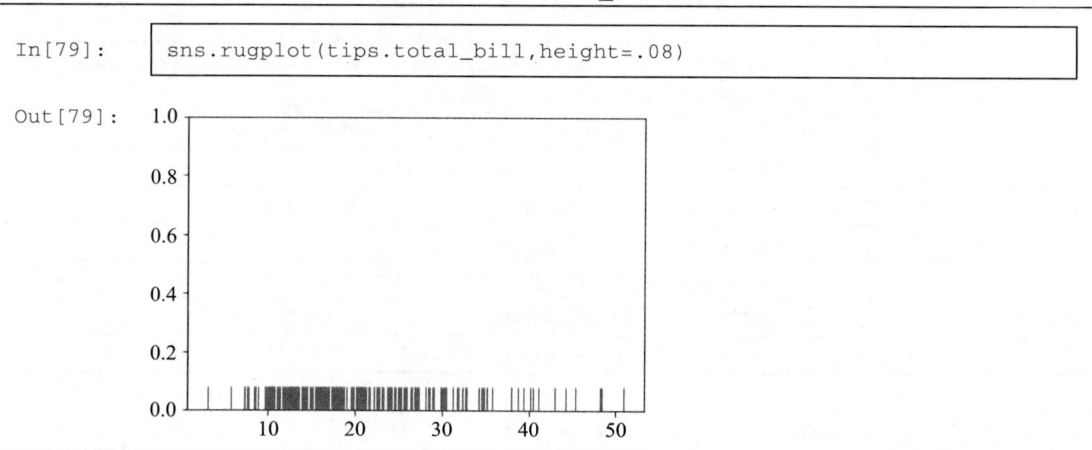

在核密度图上添加地毯图，如代码清单 8-72 所示。

代码清单 8-72 在核密度图上添加地毯图

```
In[80]:  sns.kdeplot(tips.total_bill)
         sns.rugplot(tips.total_bill,height=.08)
```

Out[80]:

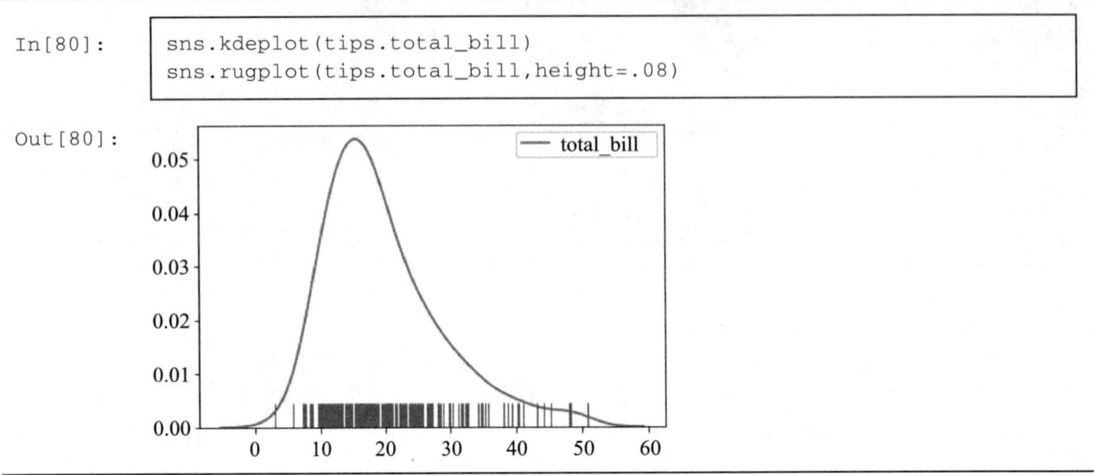

3. distplot

seaborn 模块中 displot 函数是 hist 函数的升级版。它集合了 hist 函数与核密度估计 kdeplot 函数的功能，添加了 rugplot 分布观测条显示与利用 scipy 库拟合参数分布的新用途。

distplot 函数基本语法格式如下。

```
seaborn.distplot(a, bins=None, hist=True, kde=True, rug=False, fit=None, hist_kws=None, kde_kws=None, rug_kws=None, fit_kws=None, color=None, vertical=False, norm_hist=False, axlabel=None, label=None, ax=None)
```

distplot 函数主要参数及说明如表 8-25 所示。

表 8-25 distplot 函数主要参数及说明

参数名称	说 明
a	接收 series、list、array，表示观察的数据，如果是具有 name 属性的 series 对象，则该名称将用于标记数据轴。无默认值
bin	接收 int，如 hist 函数 bins 参数，表示长方形数目。默认为“auto”
hist	接收 bool，表示是否绘制直方图。默认为 True
kde	接收 bool，表示是否绘制高斯核密度估计。默认为 True
rug	接收 bool，表示是否添加分布观测刻度。默认为 False
fit	接收随机变量对象，用来拟合分布。默认为 None
color	接收特定 str，表示除拟合曲线外的所有内容颜色。默认为 None
{hist，kde，rug，fit} _kws	接收字典，表示底层绘图函数的关键字参数。默认为 None

displot 函数使用示例如代码清单 8-73 所示。

代码清单 8-73 displot 函数使用示例

In[81]:

```
import pandas as pd
from scipy.stats import norm
sns.set()
np.random.seed(1)
x = np.random.normal(size=100)
pic = plt.figure(figsize=(8,8), dpi=100)
data = pd.Series(x, name='data') # 构建数据序列并添加name属性
# 默认参数
pic.add_subplot(2,2,1)
sns.distplot(data)
# 添加地毯图，去除直方图
pic.add_subplot(2,2,2)
sns.distplot(x, rug=True, hist=False)
# 正态拟合参数分布，并改变整体颜色
pic.add_subplot(2,2,3)
sns.distplot(x, fit=norm, kde=False, color='y')
# 修改底层绘图函数参数
pic.add_subplot(2,2,4)
sns.distplot(x, rug=True,
             rug_kws={"color": "r"},
             kde_kws={"color": "k", "lw": 2, "label": "kde", "color": "b"},
             hist_kws={"histtype": "step", "linewidth": 2,"alpha":
1, "color": "y"})
plt.show()
```

Out[81]:

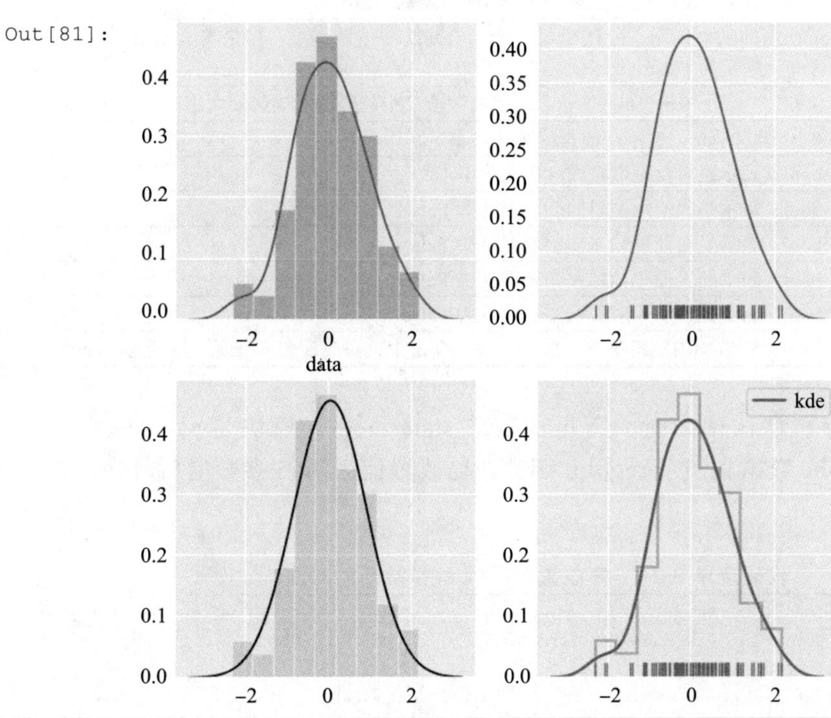

8.2.5　回归图

Seaborn 中的两个主要功能之一是通过回归显示确定的线性关系，而这个功能主要与 regplot 函数和 lmplot 函数密切相关。regplot 函数和 lmplot 函数共享了大部分核心的功能，但是它们之间也有一定的不同，主要在于 regplot 函数接收多种形式的数据，而 lmplot 只接收 str 对象。在一般的情况下，两个函数几乎没有差别。

1. regplot

使用 regplot 函数可以绘制数据并拟合回归模型。其基本语法格式如下。

```
seaborn.regplot(x, y, data=None, x_estimator=None, x_bins=None, x_ci='ci', scatter=True, fit_reg=True, ci=95, n_boot=1000, units=None, order=1, logistic=False, lowess=False, robust=False, logx=False, x_partial=None, y_partial=None, truncate=False, dropna=True, x_jitter=None, y_jitter=None, label=None, color=None, marker='o', scatter_kws=None, line_kws=None, ax=None)
```

regplot 主要参数及说明如表 8-26 所示。

表 8-26　regplot 主要参数及说明

参数名称	说　明
x，y	接收 array、str、series，输入变量，字符串应该是 data 中对应列名，使用 series 将会在轴上显示名称。无默认值
data	接收 DataFrame，表示传入数据，列为特征。默认为 None
x_estimator	接收可调用的映射向量，应用于每一个 x 值并绘制估计图形，如果输入 x_ci，将会绘制一个置信区间。默认为 False
x_ci	接收“ci”、“sd”、0 ～ 100 的 int，表示离散值集中趋势的置信区间大小。默认为 None
ci	接收 0 ～ 100 的 int，表示 y 轴置信区间大小。默认为 None
scater	接收 bool，表示是否绘制散点图。默认为 False
logistic	接收 bool，表示是否使用逻辑回归。默认为 False
lowess	接收 bool，表示是否使用局域回归。默认为 False
robust	接收 bool，表示是否使用稳定回归。默认为 False
logx	接收 bool，表示是否使用对数回归。默认为 False
{x, y}_jitter	接收 float，设置均匀随机噪声添加到 x 或 y 变量中，只改变图形外观。默认为 None

使用逻辑回归等非默认回归时，需提前安装 statesmodels 模块与 patsy 模块。使用 tips 数据集与 anscombe 数据集演示 regplot 函数，修改置信区间 ci 参数前后对比，如代码清单 8-74 所示。

代码清单 8-74　修改置信区间 ci 参数前后对比

```
In[82]:  tips = sns.load_dataset('tips')
         sns.set()
         fig, axes = plt.subplots(1, 2, figsize=(8,4))
```

```
sns.regplot(x='total_bill', y='tip', data=tips, ax=axes[0])
sns.regplot(x='total_bill', y='tip', data=tips, ci=50, ax=axes[1])
plt.show()
```

Out[82]:

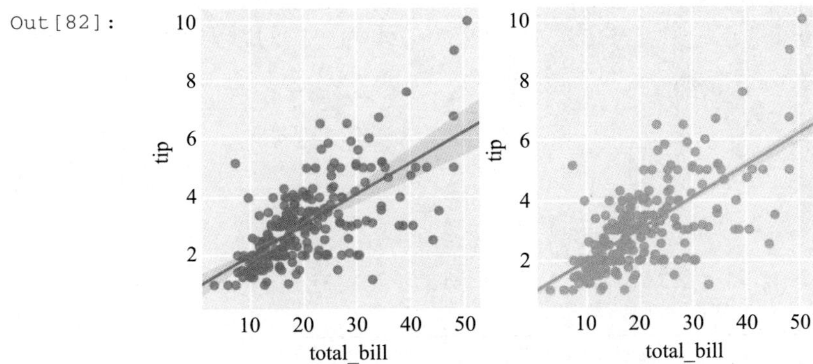

添加随机噪声使图“抖动”，如代码清单 8-75 所示。

代码清单 8-75　添加随机噪声

In[83]:

```
fig, axes = plt.subplots(1, 2, figsize=(8,4))
sns.regplot(x="size", y="total_bill", data=tips, ax=axes[0])
sns.regplot(x="size", y="total_bill", data=tips, x_jitter=.1,
ax=axes[1])
```

Out[83]:

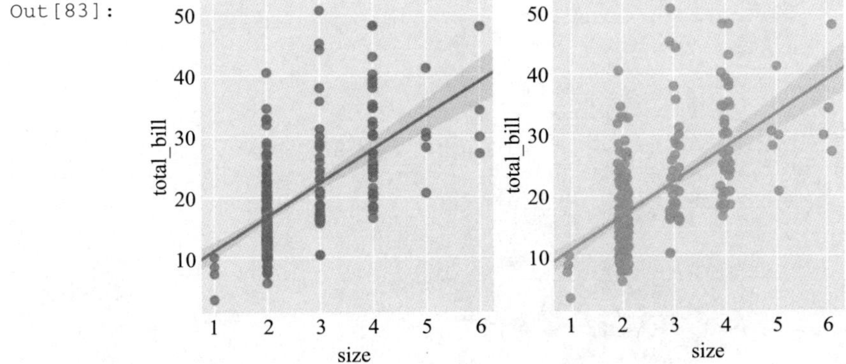

绘制唯一的均值图形及置信区间，如代码清单 8-76 所示。

代码清单 8-76　绘制均值图形及置信区间

In[84]:

```
fig, axes = plt.subplots(1, 2, figsize=(8,4))
sns.regplot(x="size", y="total_bill", data=tips, ax=axes[0])
sns.regplot(x="size", y="total_bill", data=tips, x_estimator=np.
mean, ax=axes[1])
```

Out[84]:

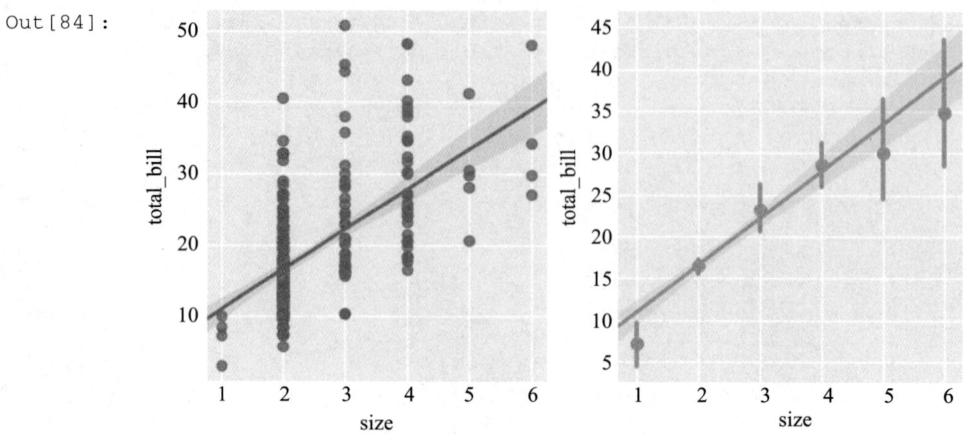

使用逻辑回归并使用较少次数迭代，如代码清单 8-77 所示。

代码清单 8-77　逻辑回归

In[85]:

```
tips["big_tip"] = (tips.tip / tips.total_bill) > .175
ax = sns.regplot(x="total_bill", y="big_tip", data=tips,
logistic=True, n_boot=500, y_jitter=.03)
```

Out[85]:

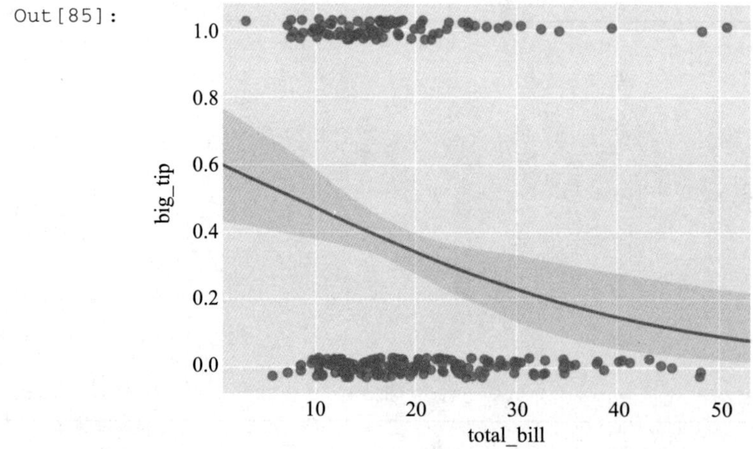

使用对数回归并截断模型预测，如代码清单 8-78 所示。

代码清单 8-78　对数回归

In[86]:

```
ax = sns.regplot(x="size", y="total_bill", data=tips, x_
estimator=np.mean, logx=True, truncate=True)
```

Out[86]:

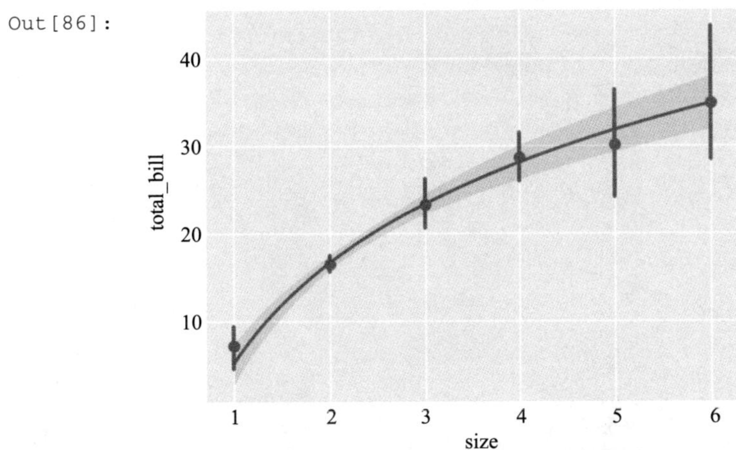

拟合高阶多项式回归并截断模型预测，如代码清单 8-79 所示。

代码清单 8-79　高阶多项式回归

In[87]:

```
ans = sns.load_dataset("anscombe")
ax = sns.regplot(x="x", y="y", data=ans.loc[ans.dataset == "II"],
scatter_kws={"s": 80}, order=2, ci=None, truncate=True)
```

Out[87]:

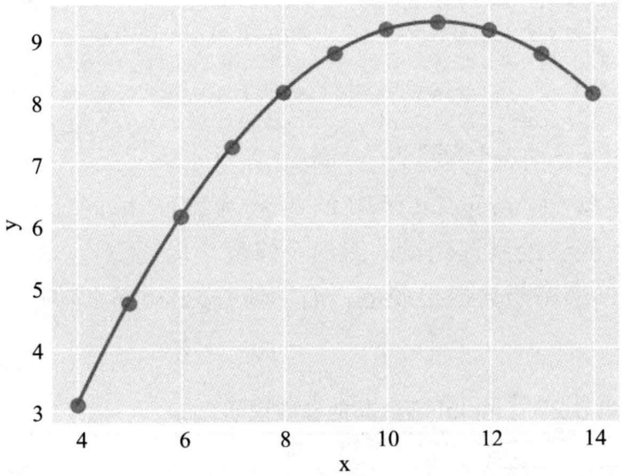

拟合稳健回归并不绘制置信区间，如代码清单 8-80 所示。

代码清单 8-80　稳健回归

In[88]:

```
ax = sns.regplot(x="x", y="y", data=ans.loc[ans.dataset == "III"],
scatter_kws={"s": 80}, robust=True, ci=None)
```

Out[88]:

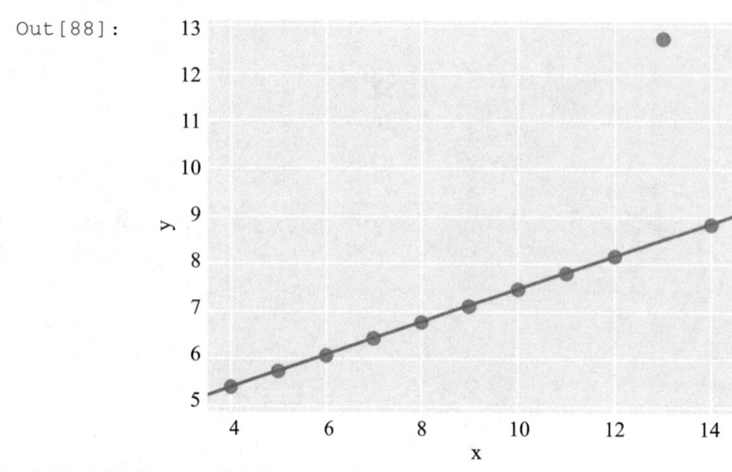

logistic 回归和 robust 回归相较于简单线性回归需要更大的计算量，其置信区间的产生也依赖于 bootstrap 采样，可以关掉置信区间估计来提高速度（ci=None）。

2. lmplot

lmplot 函数与 regplot 函数有相似的语法格式，如下所示。

```
seaborn.lmplot(x, y, data, hue=None, col=None, row=None, palette=None, col_wrap=None, height=5, aspect=1, markers='o', sharex=True, sharey=True, hue_order=None, col_order=None, row_order=None, legend=True, legend_out=True, x_estimator=None, x_bins=None, x_ci='ci', scatter=True, fit_reg=True, ci=95, n_boot=1000, units=None, order=1, logistic=False, lowess=False, robust=False, logx=False, x_partial=None, y_partial=None, truncate=False, x_jitter=None, y_jitter=None, scatter_kws=None, line_kws=None, size=None)
```

可以看出，lmplot 函数的参数与 regplot 函数的参数大部分相同。lmplot 函数是将 regplot 函数与 FacetGrid 结合，能够绘制三变量的图形及修改全局高宽比。但是 lmplot 函数输入数据只能是数据的特征名，这需要数据很规范，而不像 regplot 那么随意。表 8-27 介绍了 lmplot 函数其他常用参数。

表 8-27　lmplot 函数其他参数说明

参数名称	说　明
hue, col, row	接收 str，定义数据子集变量，将在不同构面绘图。默认为 None
data	接收 DataFrame，表示传入数据，列为特征。无默认值
palette	接收调色板名称、list、dict，用于 hue 变量不同类别的颜色。默认为 None
height	接收 float，表示每个刻面的高度。默认为 5
aspect	接收 float，表示每个刻面的宽度。默认为 1
share{x, y}	接收 bool，“col”或“row”，表示是否共享 x 轴或 y 轴。默认为 False

使用 tips 数据绘制两个变量回归图，表示简单线性关系，如代码清单 8-81 所示。

代码清单 8-81　绘制两个变量回归图

In[89]:
```
sns.lmplot(x="total_bill", y="tip", data=tips)
plt.show()
```

Out[89]:

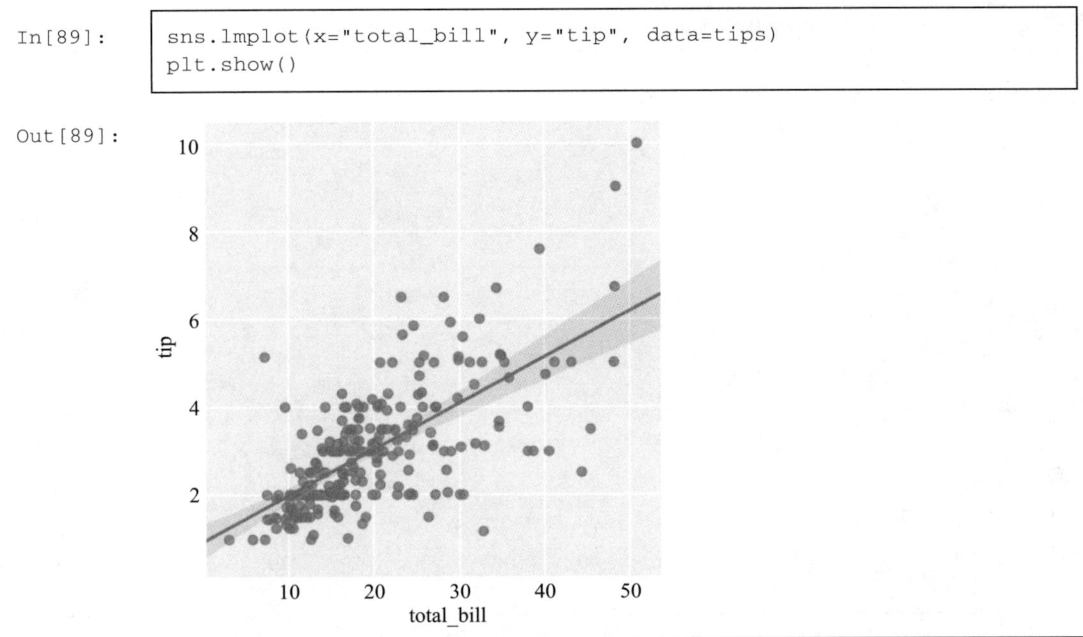

以第 3 个变量为类别条件，绘制不同颜色及标记的类别，如代码清单 8-82 所示。

代码清单 8-82　添加颜色语义

In[90]:
```
sns.lmplot(x="total_bill", y="tip", hue="smoker", data=tips,
markers=["o", "x"])
```

Out[90]:

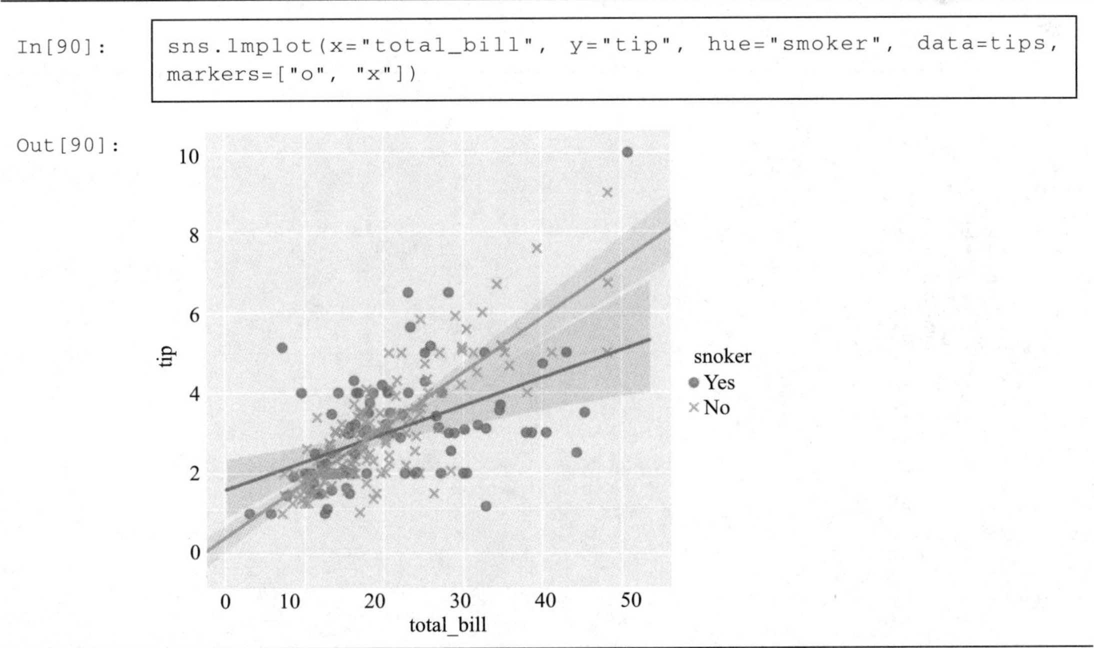

以第 3 个变量 smoker 为类别条件，分开绘制不同类别，如代码清单 8-83 所示。

代码清单 8-83 以 smoker 为类别绘制回归网格图

```
In[91]:  sns.lmplot(x="total_bill", y="tip", col="smoker", data=tips)
```

Out[91]:

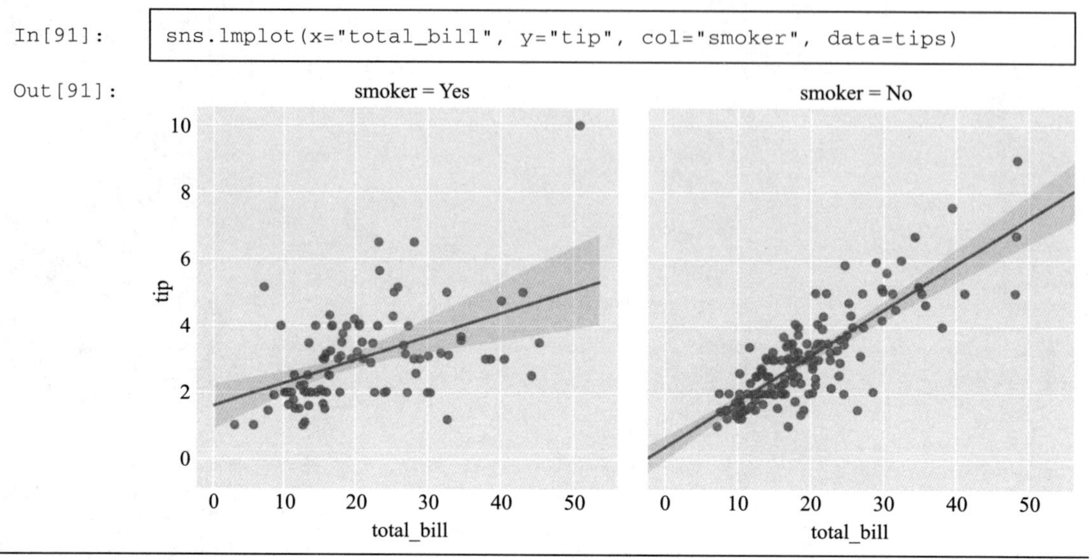

设置 height 参数与 aspect 参数，更改构面的高宽比，如代码清单 8-84 所示。

代码清单 8-84 更改构面的高宽比

```
In[92]:  sns.lmplot(x="size", y="total_bill", hue="time", col="time",
         data=tips, height=6, aspect=.5, x_jitter=.2)
```

Out[92]:

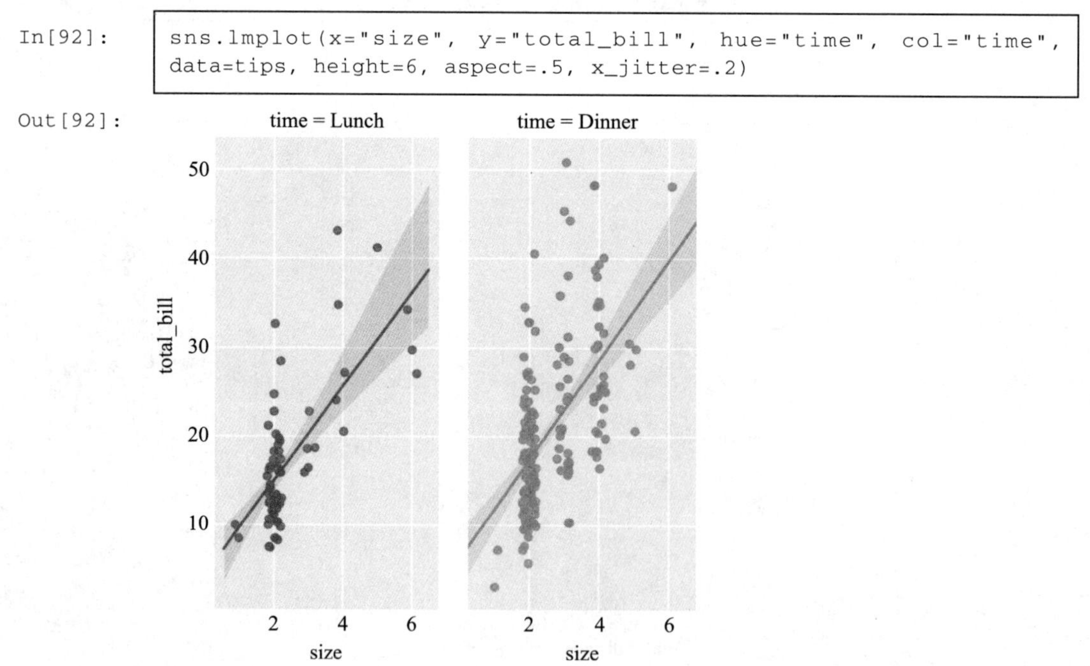

以 sex 及 time 为类别条件绘制成一个回归网格，如代码清单 8-85 所示。

代码清单 8-85　绘制回归网格

```
In[93]:  sns.lmplot(x="total_bill", y="tip", row="sex", col="time",
         data=tips, height=3)
```

Out[93]:

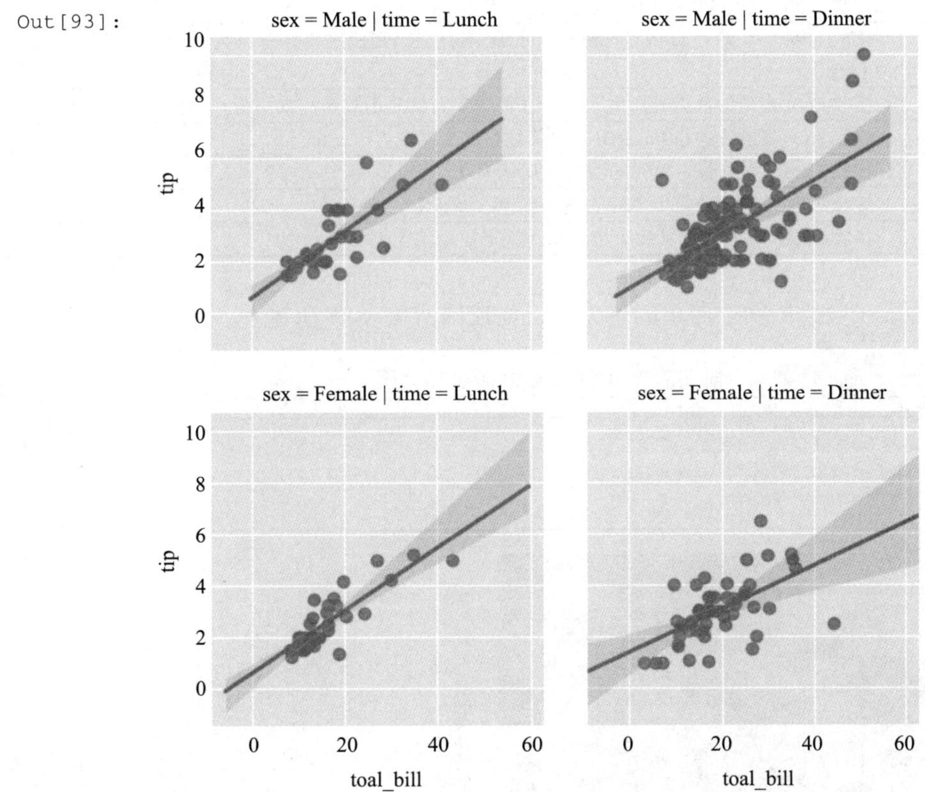

8.2.6　矩阵图

1. heatmap

热力图（Heat Map）以颜色明亮程度来显示数据的密集程度。一般颜色越明亮，数据越密集。

Seaborn 模块中使用 heatmap 函数绘制热力图，其基本语法格式如下。

```
    seaborn.heatmap(data, vmin=None, vmax=None, cmap=None, center=None,
robust=False, annot=None, fmt='.2g', annot_kws=None, linewidths=0,
linecolor='white', cbar=True, cbar_kws=None, cbar_ax=None, square=False,
xticklabels='auto', yticklabels='auto', mask=None, ax=None, **kwargs)
```

heatmap 函数主要参数及说明如表 8-28 所示。

表 8-28　heatmap 函数主要参数及说明

参数名称	说　明
data	接收可转换为 ndarray 的二维矩形数据集，表示用于绘图的数据集。无默认值
vmin，vmax	接收 float，表示颜色映射的值的范围。默认为 None
cmap	接收色彩映射或颜色列表，表示数值到颜色空间的映射。默认为 None
center	接收 float，表示以 0 为中心发散颜色。默认为 None
robust	接收 bool，如果为 True 且 vmin 或 vmax 不存在，则使用鲁棒分位数表示映射范围。默认为 False
annot	接收 bool 或矩形数据集，表示是否在每个单元格显示数值。默认为 1
fmt	接收 str，表示传递给 FacetGrid 的其他参数。默认为“auto”
linewidths	接收 float，划分每个单元的线宽。默认为 0
linecolor	接收颜色 str，划分每个单元的线条颜色。默认为“white”
square	接收 bool，表示是否使每个单元格为方形。默认为 False

使用 heatmap 函数绘制一个简单的热力图，如代码清单 8-86 所示。

代码清单 8-86　绘制简单热力图

In[94]:

```
sns.set()
data = np.random.randn(10,10)
sns.heatmap(data)
```

Out[94]:

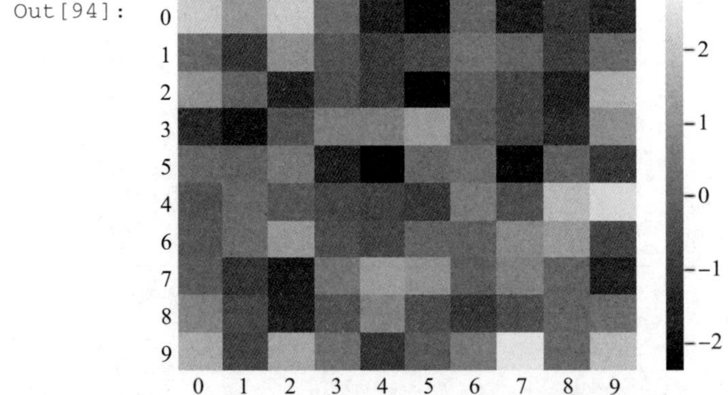

传入 flights 数据集生成的交叉联表绘制热力图，如代码清单 8-87 所示。

代码清单 8-87　交叉联表绘制热力图

In[95]:

```
flights = sns.load_dataset("flights")
# 生成交叉联表
flights = flights.pivot("month", "year", "passengers")
sns.heatmap(flights)
```

Out[95]:

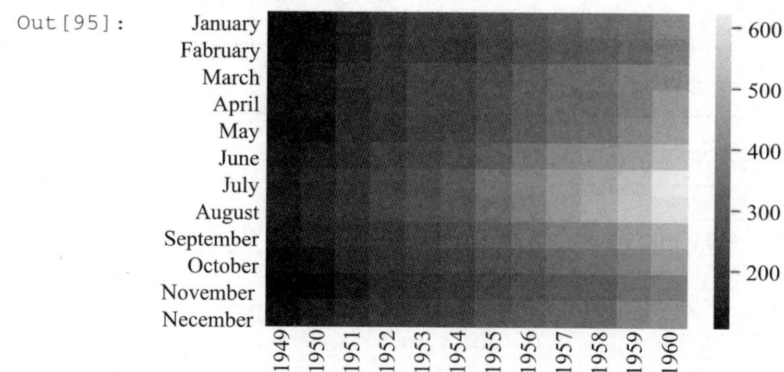

为了更加细致地显示出数据特点，可以添加标记来辅助增强显示效果，如代码清单 8-88 所示。

代码清单 8-88　添加数据标记

In[96]:

```
sns.heatmap(flights, annot=True, fmt="d")
```

Out[96]:

2. clustermap

层次聚类是从所有样本中一个个找最近的样本，或从所有样本中一个个剔除最远的样本的聚类方法（详见 9.3.2 节）。seaborn 模块中可以使用 clustermap 绘制分层聚类热力图。它在左侧显示每一个样本的分层聚类情况，在上方显示每一个特征的分层聚类情况。以热力图的形式显示出样本的分布。

clustermap 函数基本语法格式如下。

```
seaborn.clustermap(data, pivot_kws=None, method='average', metric='euclidean', z_score=None, standard_scale=None, figsize=None, cbar_kws=None, row_cluster=True, col_cluster=True, row_linkage=None, col_linkage=None, row_colors=None, col_colors=None, mask=None, **kwargs)
```

clustermap 主要参数及说明如表 8-29 所示。

表 8-29　clustermap 主要参数及说明

参数名称	说　明
data	接收可转换为 ndarray 的二维矩形数据集，表示用于绘图的数据集，不能有空值。无默认值
pivot_kws	接收 dict，表示颜色映射的值的范围。默认为 None
method	接收 str，表示计算聚类的方法。默认为“average”
metric	接收 float，表示数据距离度量方法。默认为“euclidean”
z_score	接收 0、1，表示选择 0（行）或 1（列）计算 z 分数。默认为 None
standard_scale	接收 0、1，表示选择 0（行）或 1（列）标准化。默认为 None
figsize	接收两个 int 的数组，表示创建图形大小。默认为 None
{row, col}_cluster	接收 bool，表示是否对样本或特征聚类。默认为 True
{row, col}_linkage	接收 Numpy 的 nd array，表示行或列的计算链接矩阵。默认为 None
{row, col}_color	接收 list、DataFrame、Series，表示行或列标记的颜色列表。默认为 None
mask	接收 boolean、array 或 DataFrame，表示是否屏蔽缺失单元格。默认为 None

使用 iris 数据集绘制一个简单的层次聚类热力图，如代码清单 8-89 所示。

代码清单 8-89　绘制一个简单层次聚类热力图

```
In[97]:  iris = sns.load_dataset("iris")
         # 删除 iris 数据集中种类列，并返回给 species
         species = iris.pop("species")
         sns.clustermap(iris)
```

Out[97]:

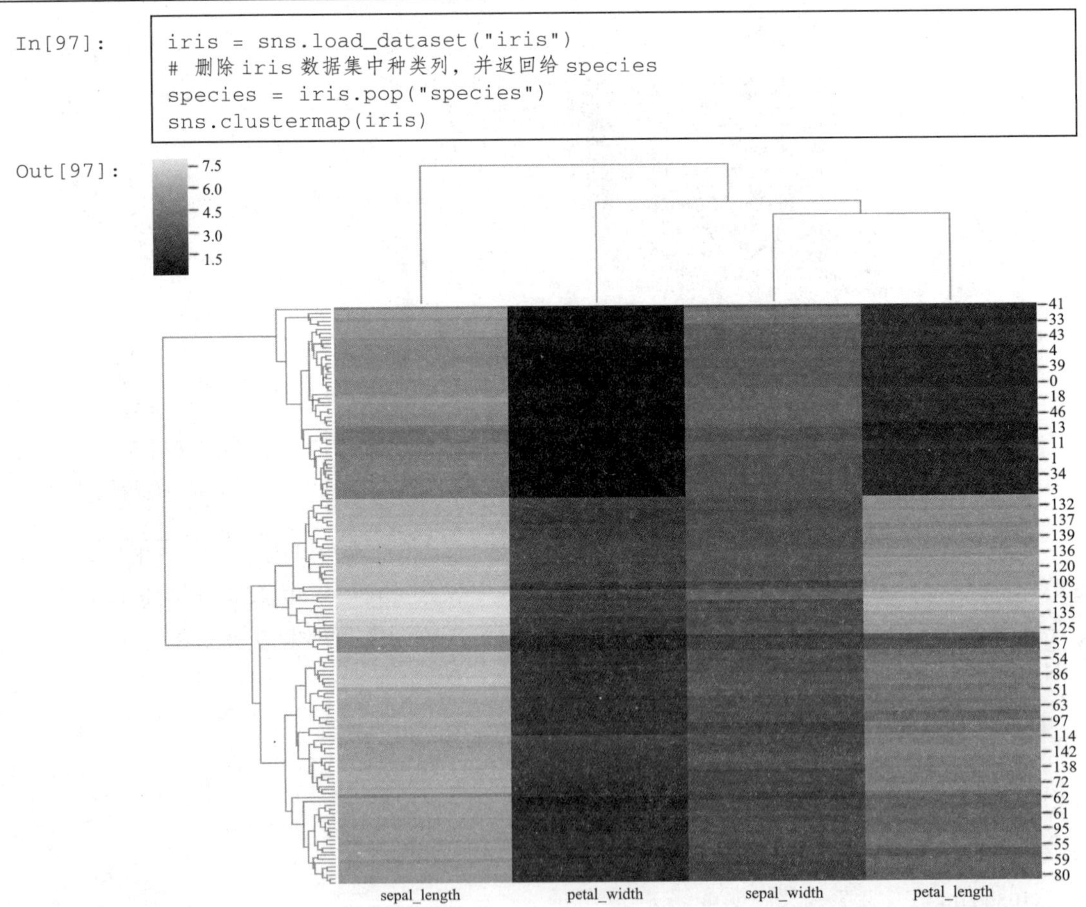

改变聚类方法，并只绘制样本聚类图，如代码清单 8-90 所示。

代码清单 8-90　改变聚类方法，并只绘制样本聚类图

In[98]:
```
sns.clustermap(iris,  method="single", col_cluster=False)
```

Out[98]:

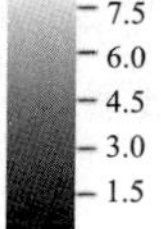

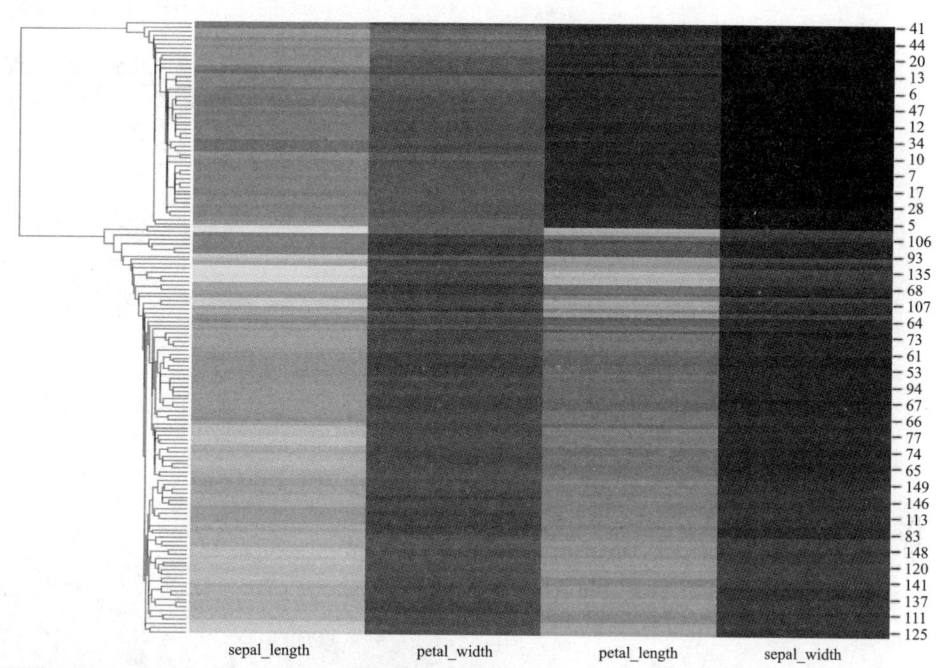

绘制按列标准化后数据的聚类热力图与行 z 分数热力图，如代码清单 8-91 所示。

8.2.7　网格图

当数据量增大到中等维度甚至更多时，在一个区域面绘图就会显得很“拥挤”。而将数据分成不同子集在多个绘图面分别绘制是一个很好的方法，这种绘图方式被称为网格图。Matplotlib 模块能够很好地使用子图，“手动”分组数据并绘制多个面图形，Seaoren 模块建立在此基础上直接使用数据集“自动”分组绘制。当然这样要求数据必须是整洁的数据框形式。

代码清单 8-91　按列标准化后数据的聚类热力图与行 z 分数热力图

In[99]:
```
sns.clustermap(iris, standard_scale=1)
```

Out[99]:

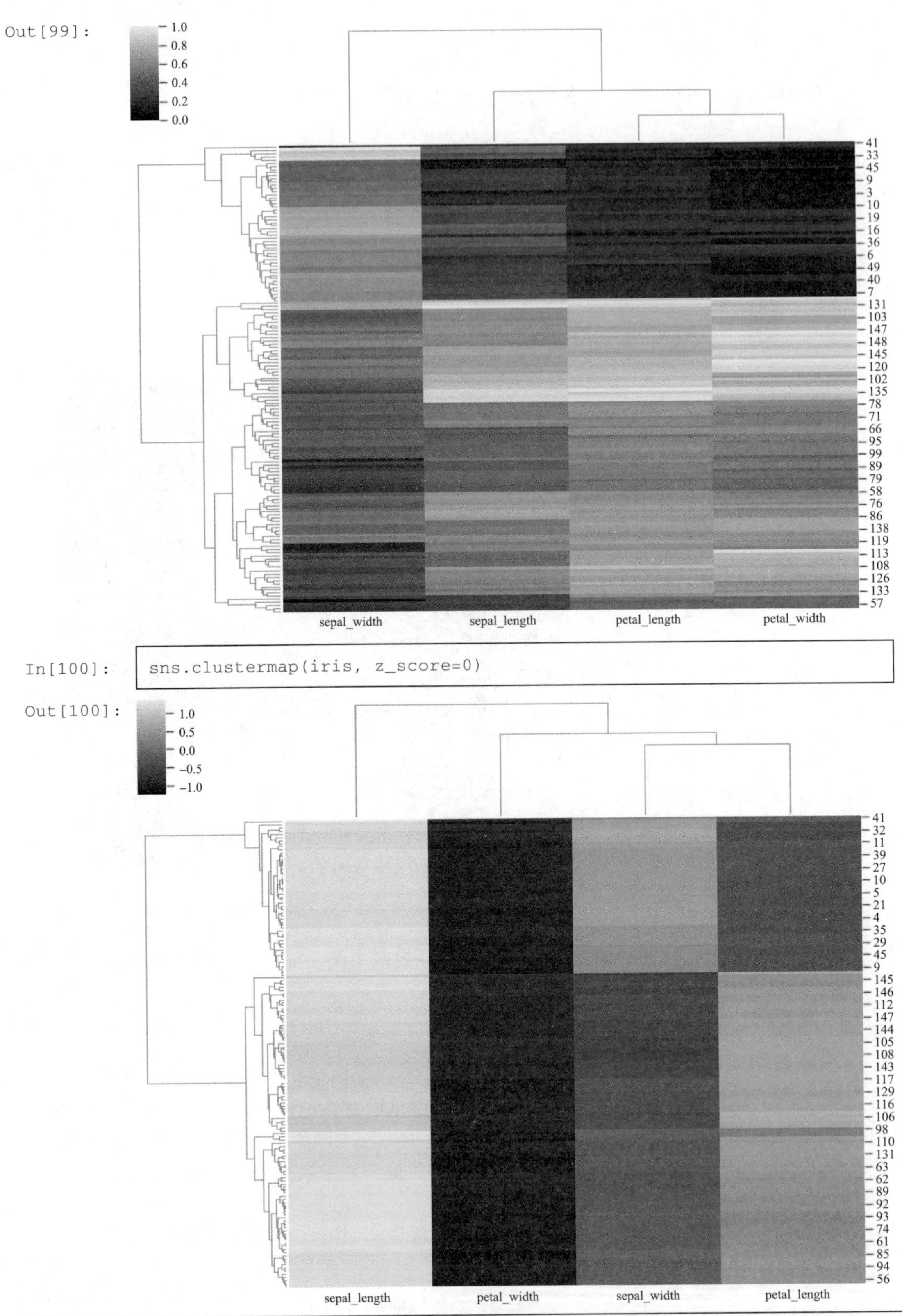

In[100]:

```
sns.clustermap(iris, z_score=0)
```

Out[100]:

1. FacetGrid

当想要在数据的子集内可视化变量的分布或多个变量之间的关系时，FacetGrid 类能够用来绘制条件关系的多网格图。FacetGrid 可以绘制最多 3 个维度：row 维度，col 维，hue 维。row 与 col 能够控制绘制网格图的行列形状，第三维 hue 通过颜色展现每一个子图的不同类别。

FacetGrid 使用数据集构造网格的变量初始化对象，可以通过调用 map 函数或 map_dataframe 函数将一个或多个绘图函数应用于每个子集，或包含在 relplot 函数、catplot 函数、lmplot 函数中。

FacetGrid 类的基本语法格式如下。

```
class seaborn.FacetGrid(data,row = None,col = None,hue = None,col_wrap = None,sharex = True,sharey = True,height = 3,aspect = 1,palette = None,row_order = None,col_order = None,hue_order =None,hue_kws =None,dropna = True,legend_out = True,despine = True,margin_titles = False,xlim =None,ylim =None,subplot_kws = None,gridspec_kws =None,size=None)
```

map 函数基本语法格式如下。

```
FacetGrid.map(func, * args, ** kwargs )
```

map 函数参数说明如表 8-30 所示。

表 8-30　map 函数参数说明

参数名称	说　明
func	接收可调用绘图函数，表示选择的绘图函数。无默认值
args	Strings，表示 data 中列名，将对应数据传递给 func。默认为 None
kwargs	关键字参数，即 func 的参数。所有关键字参数传递给 func。默认为 None

map_dataframe 函数基本语法格式如下。它与 map 函数基本相同，但是将 args 作为字符串传递并在 kwargs 中插入数据。

```
FacetGrid.map_dataframe(func, * args, ** kwargs )
```

使用 FacetGrid 创建网格图对象，如代码清单 8-92 所示。

将 time 分为两类，smoker 分为两类，故生成了 2×2 的网格，并以 sex 作为第三维变量传入 hue 参数。map 函数绘制具体图形时，需要创建该对象与 map 函数同时运行，不然会报错。使用 map 函数绘制折线图，如代码清单 8-93 所示。

代码清单 8-92　使用 FacetGrid 创建网格图对象

```
In[101]:  import matplotlib.pyplot as plt
          import pandas as pd
          import numpy as np
          import seaborn as sns
          tips = sns.load_dataset('tips')
          g = sns.FacetGrid(tips, col="time",  row="smoker", hue='sex')
```

Out[101]:

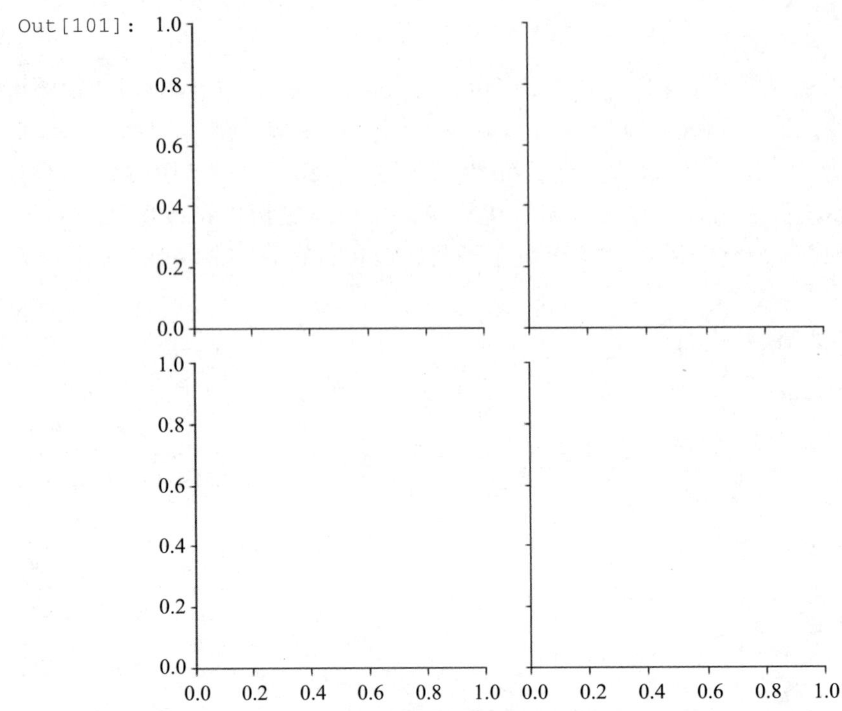

代码清单 8-93 map 函数绘制折线图

In[102]:

```
# 没有与创建对象同时运行
g = g.map(plt.plot, "total_bill")
```

Out[102]: ValueError: Axes instance argument was not found in a figure.

In[103]:

```
g = sns.FacetGrid(tips, col="time",  row="smoker", hue='sex')
g = g.map(plt.plot, "total_bill")
```

Out[103]:

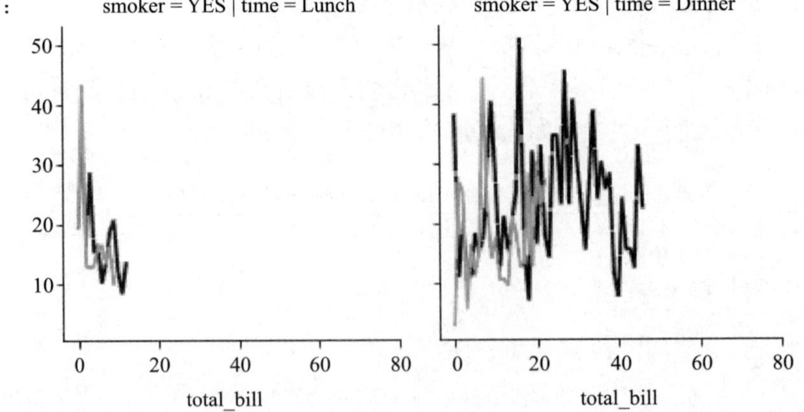

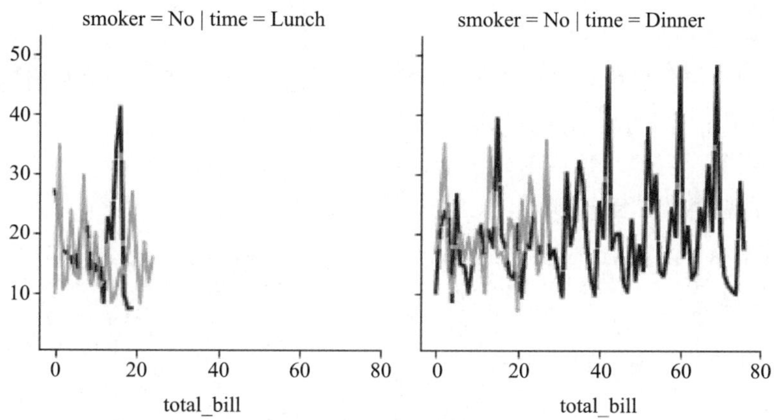

其中 x_lim（y_lim）参数接收元组，当 sharex（sharey）为 True 时，能为每个面的 x（y）轴添加限制，如代码清单 8-94 所示。

代码清单 8-94　给轴添加限制

```
In[104]:  g = sns.FacetGrid(tips, col="time",  row="smoker", hue='sex',
          ylim=(10,30))
          g = g.map(plt.plot, "total_bill")
```

Out[104]:

2. PairGrid

PairGrid 绘制表示数据中程度关系的网格图，将数据集中的每个变量映射到多个网格中的列和行。可以使用不同的绘图函数来绘制上三角和下三角中的双变量图，来显示数据集中每个变量的两两关系。并且可以在对角线上显示每个变量的边缘分布。

PairGrid 类的基本语法格式如下。

```
class seaborn.PairGrid(data, hue=None, hue_order=None, palette=None, hue_kws=None, vars=None, x_vars=None, y_vars=None, diag_sharey=True, height=2.5, aspect=1, despine=True, dropna=True, size=None)
```

PairGrid 部分参数及说明如表 8-31 所示。

表 8-31　PairGrid 部分参数及说明

参数名称	说　明
hue_kws	接收 param dict，设置每个子图绘图元素的颜色变化（如散点图的标记颜色）。默认为 None
vars	接收 list，表示 data 中使用变量，否则使用所用 numeric 类型变量。默认为 None
{x，y}_vars	接收 list，表示选择行和列变量，即自定义图形。默认为 None
dropna	接收 bool，表示是否删除含有缺失值的样本。默认为 True

PairGrid 同样在创建完网格图对象后，需要在每个绘图面绘制子图。一共有如下 5 种函数来选择绘制区域绘图。

1）map 函数是在所有区域绘制图形。

2）map_lower 与 map_upper 函数分别在下三角与上三角区域绘制图形。

3）map_diag 函数与 map_offdiag 函数分别在对角线和非对角线区域绘制图形。

使用 diamonds 数据集绘制 carat（克拉）、depth（深度）、table（桌面）与 price（价格）间两两相关性，如代码清单 8-95 所示。

代码清单 8-95　绘制 carat、depth、table 与 price 相关性网格图

```
In[105]: index = [i for i in diamonds.index if diamonds.loc[i, 'color'] in
         ['E', 'I', 'J']]
         diamonds = diamonds.loc[index]
         g = sns.PairGrid(diamonds, vars=['carat', 'depth', 'table',
         'price'])
         g = g.map(plt.scatter)
```

Out[105]:

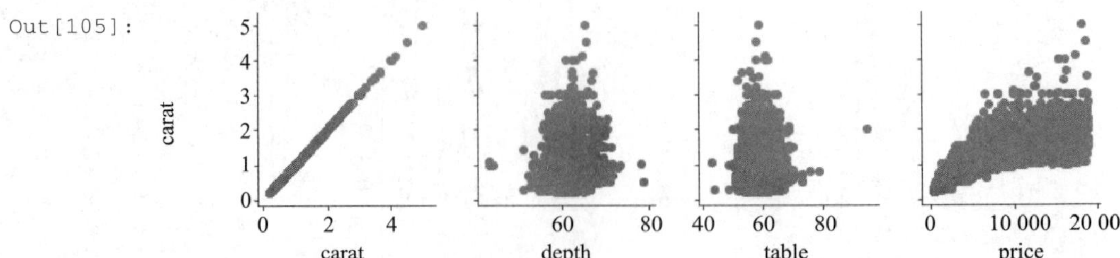

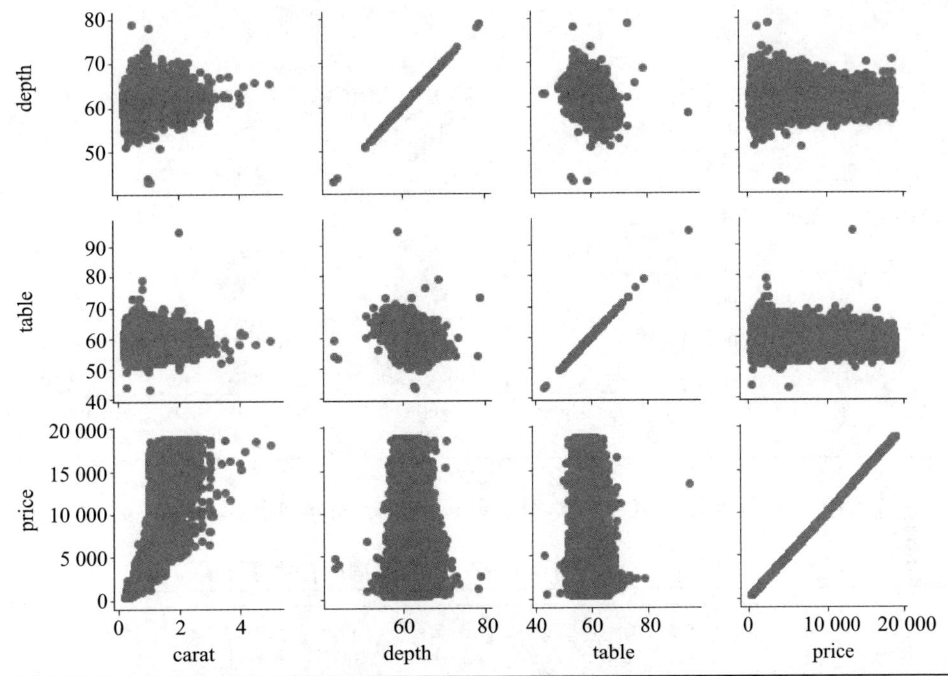

由图可以看出，carat 与 price 间呈正相关，且似乎是指数关系。而其他特征与价格间关系有待进一步确定。

在对角线和非对角线区域分别绘制直方图与散点图，如代码清单 8-96 所示。

代码清单 8-96　对角线和非对角线区域分别绘图

```
In[106]:  g = sns.PairGrid(diamonds, vars=['carat', 'depth', 'table', 'price'])
          g = g.map_diag(plt.hist)
          g = g.map_offdiag(plt.scatter)
```

Out[106]:

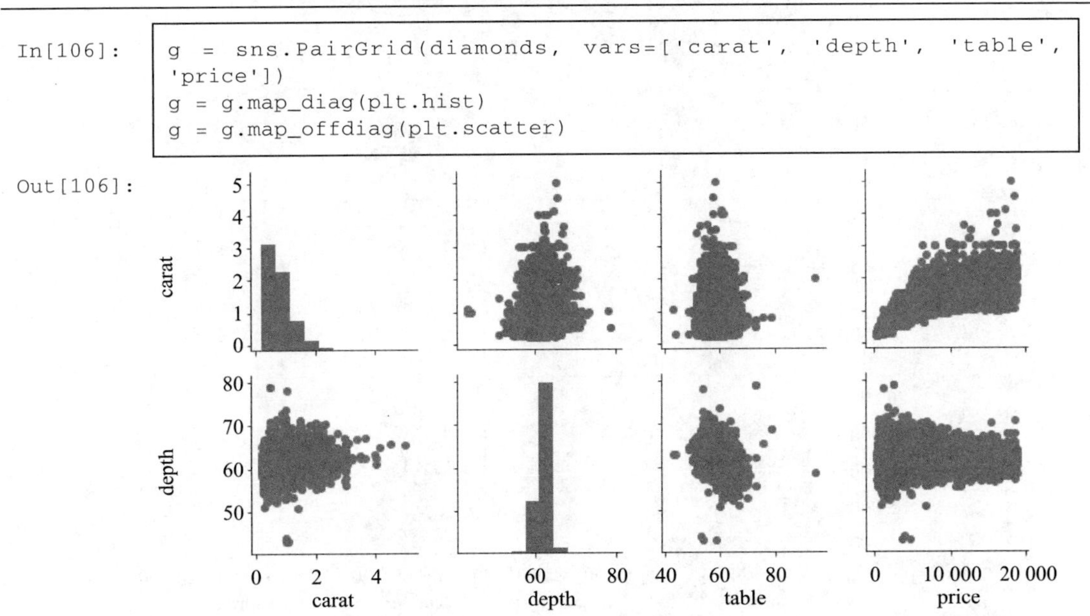

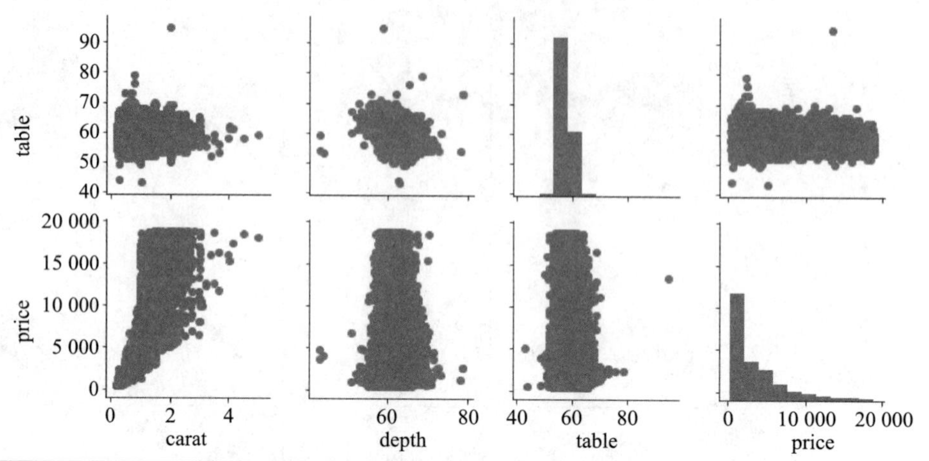

可以用 hue 参数表示第 3 个类别变量，绘制不同颜色数据子集，如代码清单 8-97 所示。

代码清单 8-97　绘制不同颜色数据子集

In[107]:

```
g = sns.PairGrid(diamonds, vars=['carat', 'depth', 'table',
'price'], hue='color', palette="Set3")
g = g.map_diag(sns.kdeplot)
g = g.map_offdiag(plt.scatter)
```

Out[107]:

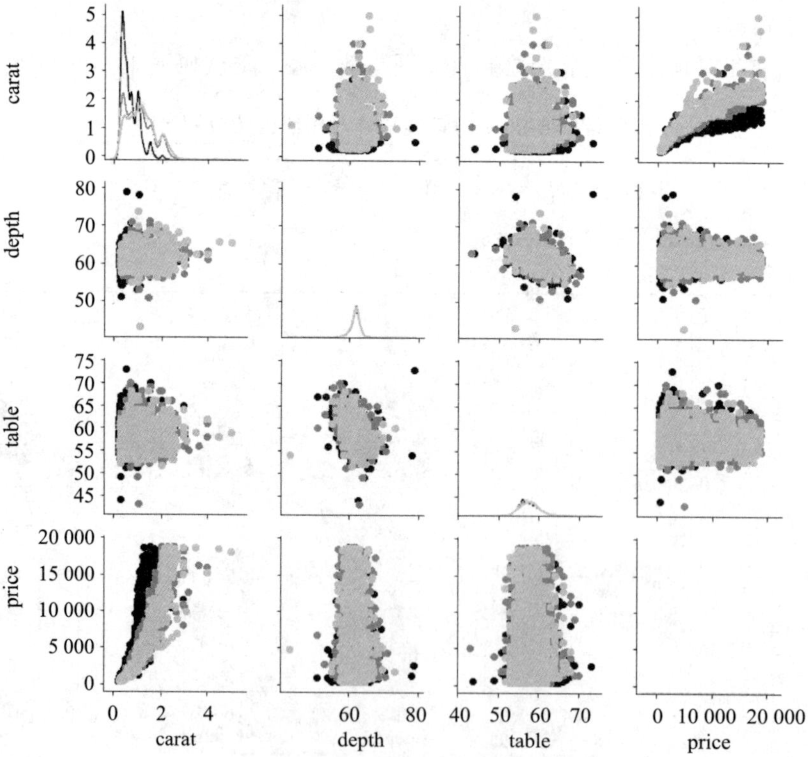

3. JointGrid

使用 JointGrid 类绘制单变量图和双变量图组合，用于绘制具有边缘单变量图的双边量网格图。其基本语法格式如下。

```
class seaborn.JointGrid(x, y, data=None, height=6, ratio=5, space=0.2, dropna=True, xlim=None, ylim=None, size=None)
```

ratio 参数与 space 参数接收 numeric，分别表示宽高比例与轴之间空隙。

使用 JointGrid 初始化绘图对象，如代码清单 8-98 所示。

代码清单 8-98 JointGrid 初始化绘图对象

```
In[108]:  g = sns.JointGrid(x="total_bill", y="tip", data=tips)
```

Out[108]:

JointGrid 同样在创建完图形对象后，需要在每个绘图面绘制子图。如下 5 种方法可以来选择绘制区域绘图。

1）plot 函数先后接收绘制双变量和单变量图形的函数。

2）plot_joint 函数和 plot_marginals 函数分别绘制双变量图和单变量图。

3）ax_marg_x.func 函数与 ax_marg_y.func 函数分别绘制 x 轴和 y 轴上的单变量图形。func 为选择的绘图函数。

使用默认参数在初始化图形上绘图，如代码清单 8-99 所示。

代码清单 8-99 使用默认参数在初始化图形上绘图

```
In[109]:  g = sns.JointGrid(x="total_bill", y="tip", data=tips)
          g = g.plot(sns.regplot, sns.kdeplot)
```

Out[109]:

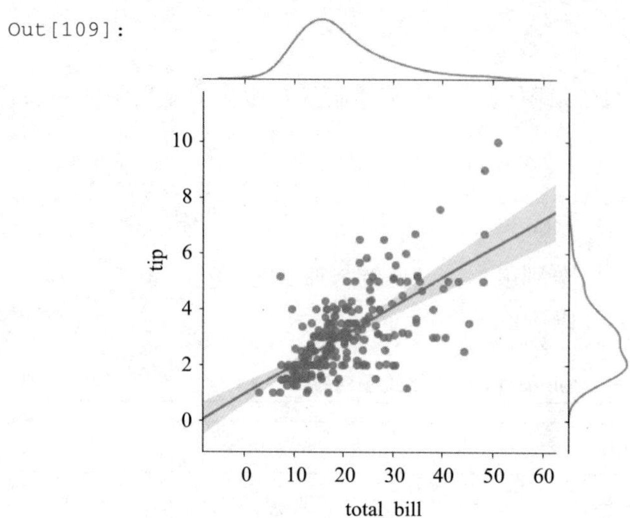

分别绘制双变量图和边缘图，并能修改参数控制细节，如代码清单 8-100 所示。

代码清单 8-100　分别绘制双变量图和边缘图

In[110]:

```
g = sns.JointGrid(x="total_bill", y="tip", data=tips)
g = g.plot_joint(sns.regplot)
g = g.plot_marginals(sns.distplot, kde=False, hist_kws={"histtype":
"step", "linewidth": 2,"alpha": 1, "color": "y"})
```

Out[110]:

In[111]:

```
g = sns.JointGrid(x="total_bill", y="tip", data=tips)
g = g.plot_joint(plt.scatter, color="b", marker='x', edgecolor="white")
_ = g.ax_marg_x.hist(tips["total_bill"], color="g", alpha=.6,
bins=np.arange(0, 60, 5), rwidth=0.96)
_ = g.ax_marg_y.hist(tips["tip"], color="r", alpha=.6,
orientation="horizontal", bins=np.arange(0, 12, 1),rwidth=0.96)
```

Out[111]:

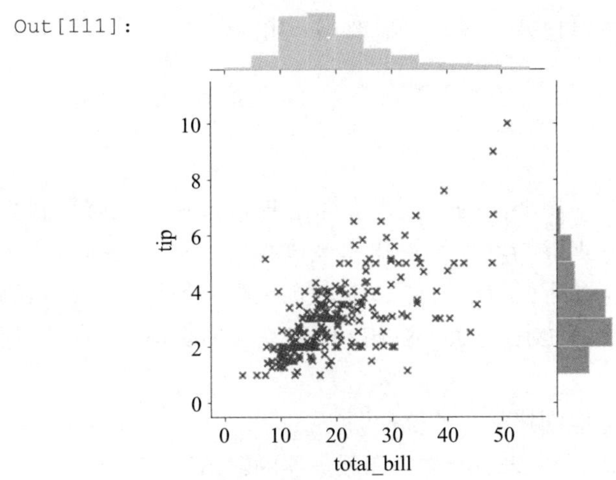

在 JointGrid 中可以使用 annotate 函数添加注释信息，annotate 为接收统计分析函数（或自编函数）。使用示例如代码清单 8-101 所示。

代码清单 8-101　使用 annotate 函数添加注释信息

In[112]:

```
from scipy import stats
g = sns.JointGrid(x="total_bill", y="tip", data=tips)
g = g.plot_joint(plt.scatter, color="b", marker='x',
edgecolor="white")
_ = g.ax_marg_x.hist(tips["total_bill"], color="g", alpha=.6,
bins=np.arange(0, 60, 5), rwidth=0.96)
_ = g.ax_marg_y.hist(tips["tip"], color="r", alpha=.6,
orientation="horizontal", bins=np.arange(0, 12, 1),rwidth=0.96)
g = g.annotate(stats.pearsonr)
```

Out[112]:

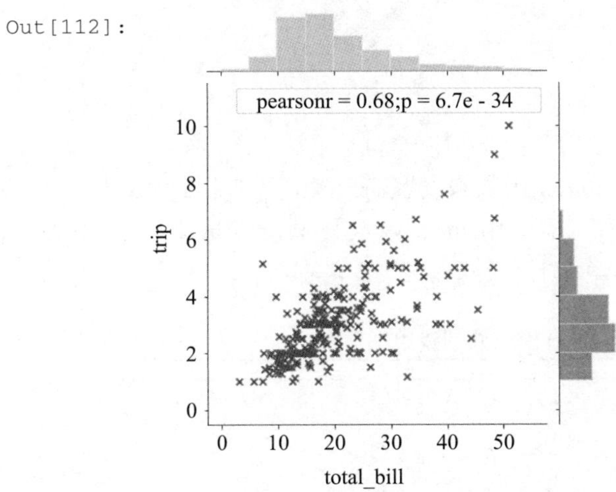

在代码中，添加皮尔逊相关系数及 p 值检验结果。可以看出，tip 与 total_till 有较强的正相关性，且 p 值检验结果显著。

8.3 Bokeh 交互式绘图

Bokeh 是一个专门针对 Web 浏览器的呈现功能的交互式可视化 Python 库，能够绘制会“运动”、含有链接等的动态图片，这是 Bokeh 与其他可视化库最核心的区别。它提供了各种可视化必需的函数及辅助函数，同时也将网页前端的技术细节包装成一个个 Python 函数与参数供我们调用，让我们不需要再编辑 HTML 与 JavaScript 便能完成网页前端的可视化工作。Bokeh 有如下 5 点优势。

1）Bokeh 允许通过简单的指令就快速地创建复杂的统计图。

2）Bokeh 提供到各种媒体，如 HTML、Notebook 文档和服务器的输出。

3）可以将 Bokeh 可视化嵌入 flask 和 django 程序。

4）Bokeh 可以转换写在其他库（如 matplotlib、seaborn 和 ggplot）中的可视化。

5）Bokeh 能灵活地将交互式应用、布局和不同样式选择用于可视化。

Bokeh 提供了强大而灵活的功能，使其操作简单并高度定制化。它为用户提供了如下 3 个可视化接口。

1）图表（Charts）：一个高级接口（high-level interface），用以简单快速地建立复杂的统计图表。

2）绘图（Plotting）：一个中级接口（intermediate-level interface），默认处理一些基本细节，以构建各种视觉符号为核心。

3）模块（Models）：一个低级接口（low-level interface），可制作图表的基本元素，为应用程序开发人员提供最大的灵活性。

本节仅简略介绍 Bokeh 库，领略一下 Bokeh 库的功效。

8.3.1 基本构成与语法

1. 基本绘图

Bokeh 库在 jupyter 中使用 output_notebook 函数来设置输出模式（加载交互式界面），使用 figure 函数创建绘图区域。绘制完图形，最后用 show 函数与 save 函数来展示与保存图形。导入模块并创建绘图区域，如代码清单 8-102 所示。

代码清单 8-102 导入模块并创建绘图区域

In[1]:

```
from bokeh.io import output_notebook, show
from bokeh.plotting import figure
output_notebook()
```

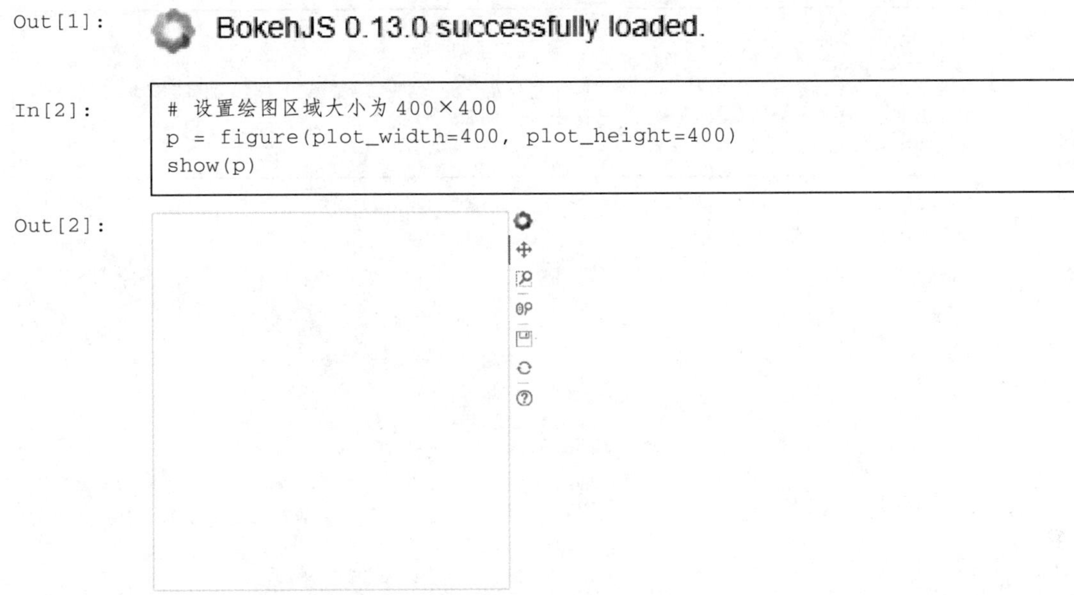

Out[1]: BokehJS 0.13.0 successfully loaded.

In[2]:

```
# 设置绘图区域大小为400×400
p = figure(plot_width=400, plot_height=400)
show(p)
```

Out[2]:

出现代码清单 8-102 所示标识与“ sucessfully loaded”表示加载成功。交互界面右侧功能分别是：移动、缩放、滚轮缩放、保存、重置、帮助。在创建的绘图区域使用相应函数绘制需要的图形，绘制散点图与折线图，如代码清单 8-103 所示。

代码清单 8-103　Bokeh 绘制散点图与折线图

In[3]:

```
p = figure(plot_width=400, plot_height=400)
# 渲染数据点为圆圈，设置大小、颜色、透明度
p.circle([1, 2, 3, 4, 5], [6, 7, 2, 4, 5], size=15, line_
color="navy", fill_color="orange", fill_alpha=0.5)
show(p) # 显示结果
```

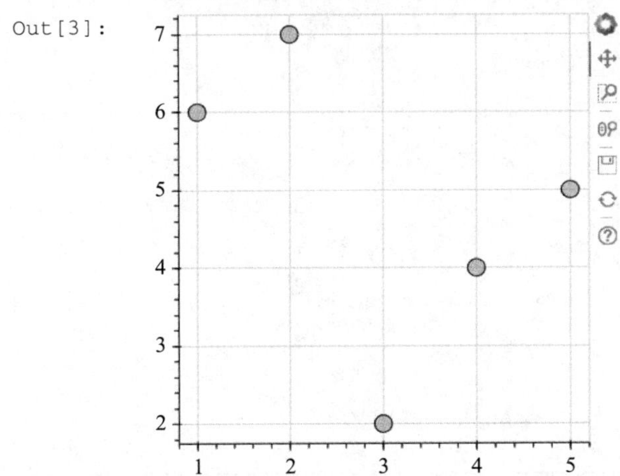

In[4]:

```
p = figure(plot_width=400, plot_height=400)
# 渲染数据点为方块。设置不同点大小梯度
p.square([1, 2, 3, 4, 5], [6, 7, 2, 4, 5], size=[10, 15, 20, 25,
30], color="firebrick", alpha=0.6)
show(p)
```

Out[4]:

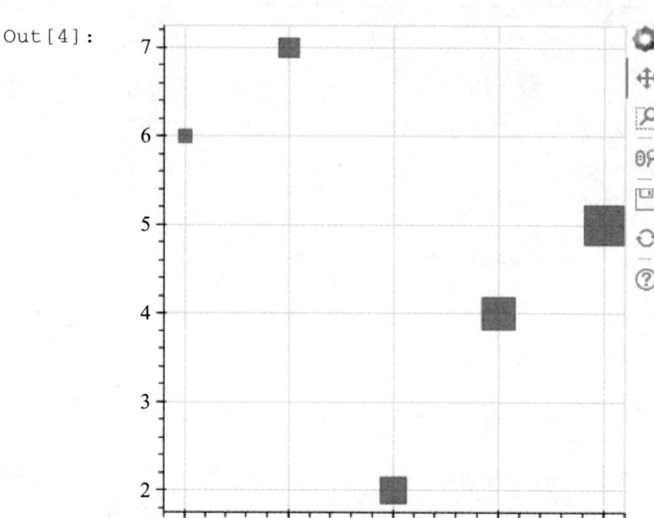

In[5]:

```
p = figure(plot_width=400, plot_height=400, title="My Line Plot")
# 绘制折线图
p.line([1, 2, 3, 4, 5], [6, 7, 2, 4, 5], line_width=2)
show(p)
```

Out[5]:

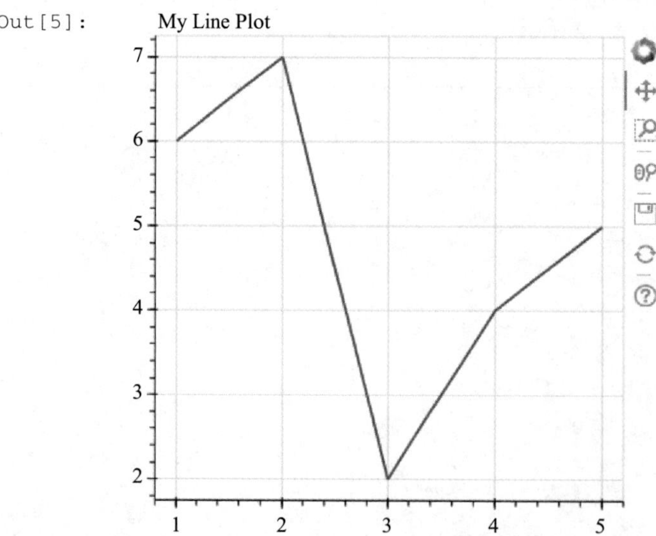

2. 风格与主题

（1）颜色

Bokeh 能接收如下多种形式的颜色信息。

1）HTML 和 CSS 颜色规范中定义的 147 种颜色名（17 种标准颜色及 130 种其他颜色），如 “green” “indigo”。

2）RGB（A）颜色值，如 “#FF0000” “#44444444”。

3）3 维元组（r，g，b），r、g、b 取值为 0 ～ 255。

4）4 维元组（r，g，b，a），a 取值为 0 ～ 1。

（2）属性

图形属性分为：线条属性，常用的有 line_color, line_alpha, line_width 和 line_dash；填充属性，常用的有 fill_color 和 fill_alpha ；文本属性，常用的有 text_font，text_font_size，text_color 和 text_alpha。设置部分图形属性示例如代码清单 8-104 所示。

代码清单 8-104　设置部分图形属性

In[6]:

```
p = figure(plot_width=400, plot_height=400)
r = p.circle([1,2,3,4,5], [2,5,8,2,7])
r.glyph.size = 50                          # 大小
r.glyph.fill_alpha = 0.2                   # 填充透明度
r.glyph.line_color = "firebrick"           # 线颜色
r.glyph.line_dash = [5, 1]                 # 破折号比例
r.glyph.line_width = 2                     # 线宽度
show(p)
```

Out[6]:

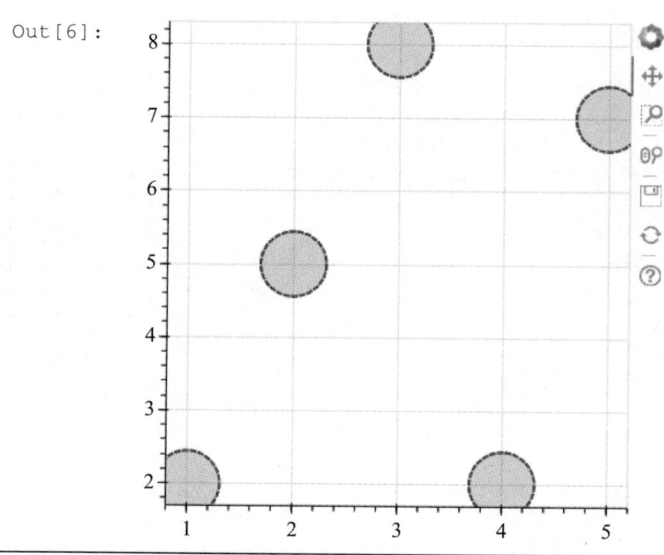

另外，名称含 outline_ 前缀的属性控制边框属性，含 axis_ 前缀的属性控制坐标轴属性，含 grid_ 前缀的属性控制背景网格属性。修改边框、坐标轴、网格属性，如代码清单 8-105 所示。

代码清单 8-105　修改边框、坐标轴、网格属性

In[7]:
```
p = figure(plot_width=400, plot_height=400)
p.outline_line_width = 7                                    # 边框宽度设为 7
p.outline_line_alpha = 0.3                                  # 透明度设为 0.3
p.outline_line_color = "navy"                               # 颜色设为“navy”

p.circle([1,2,3,4,5], [2,5,8,2,7], size=10)
show(p)
```

Out[7]:

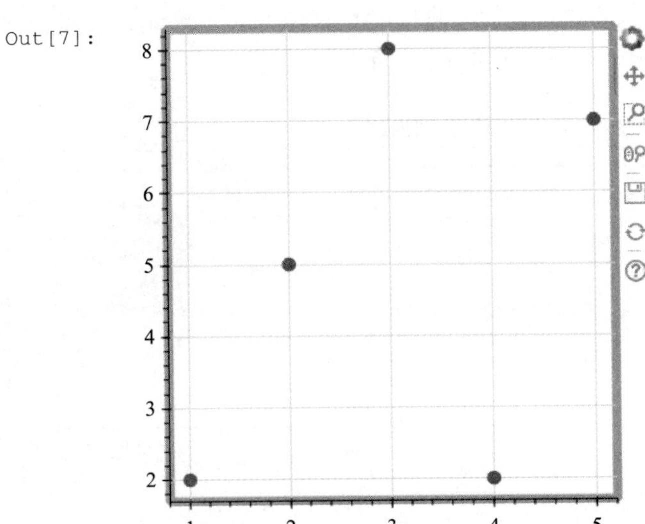

In[8]:
```
p = figure(plot_width=400, plot_height=400)
p.asterisk([1,2,3,4,5], [2,5,8,2,7], size=12, color="olive")
# 修改 x 轴
p.xaxis.axis_label = "Temp"                                 # x 轴标签
p.xaxis.axis_line_width = 3                                 # x 轴宽度
p.xaxis.axis_line_color = "red"                             # x 轴颜色
# 修改 y 轴
p.yaxis.axis_label = "Pressure"                             # y 轴标签
p.yaxis.major_label_text_color = "orange"                   # y 轴刻度颜色
p.yaxis.major_label_orientation = "vertical"  # y 轴标签方向
# 修改所有轴
p.axis.minor_tick_in = -3
p.axis.minor_tick_out = 6
show(p)
```

Out[8]:

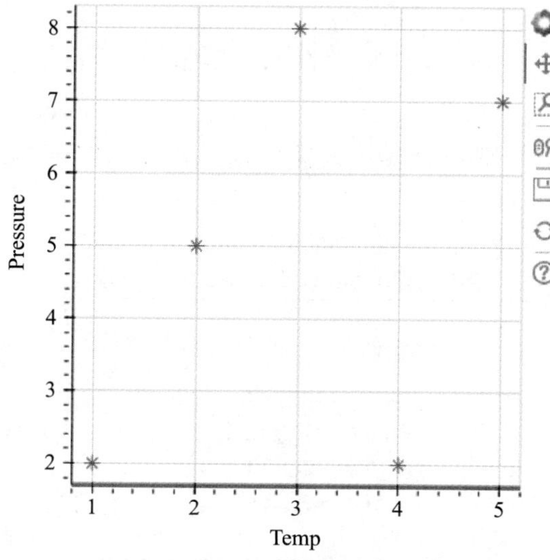

In[9]:

```
p = figure(plot_width=400, plot_height=400)
p.circle([1,2,3,4,5], [2,5,8,2,7], size=10)
# x 轴网格线
p.xgrid.grid_line_color = None                    # 取消 x 轴网格线
# y 轴网格线
p.ygrid.band_fill_alpha = 0.1
p.ygrid.band_fill_color = "navy"
show(p)
```

Out[9]:

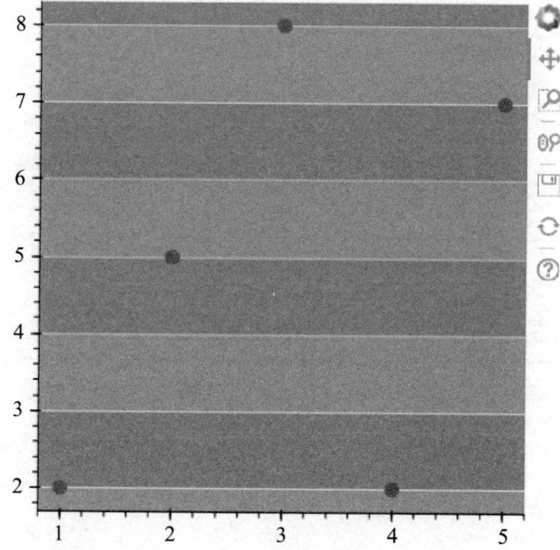

3. 数据源与转化

Bokeh 接收多种形式的数据源，并将这些形式的数据转化成 ColumnDataSource 对象。一般会默认将数据转化，有时候也需要显式地通过 ColumnDataSource 函数转化。创建 ColumnDataSource 对象可以通过字典或直接传入数据框，如代码清单 8-106、代码清单 8-107 所示。

代码清单 8-106 通过字典创建 ColumnDataSource 对象

In[10]:

```
source = ColumnDataSource(data={
    'x' : [1, 2, 3, 4, 5],
    'y' : [3, 7, 8, 5, 1],
})
p = figure(plot_width=400, plot_height=400)
p.circle('x', 'y', size=20, source=source)
show(p)
```

Out[10]:

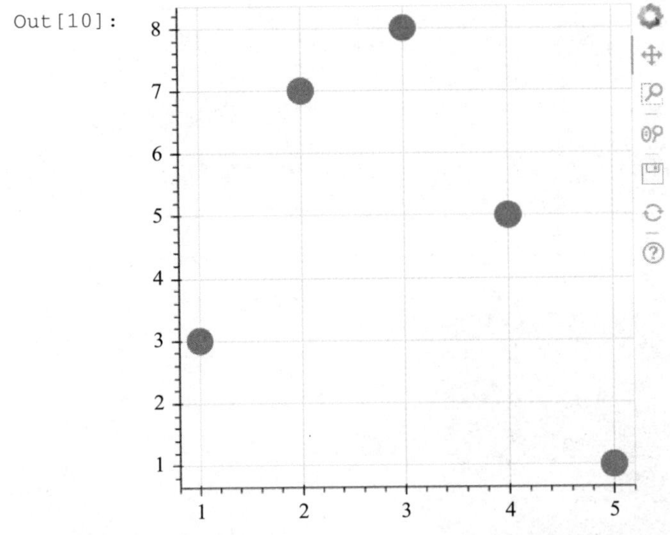

代码清单 8-107 传入数据框创建 ColumnDataSource 对象

In[11]:

```
from bokeh.sampledata.iris import flowers as df      # 导入练习数据
from bokeh.models import ColumnDataSource
source = ColumnDataSource(df)                         # 转化数据
p = figure(plot_width=400, plot_height=400)
p.circle('petal_length', 'petal_width', source=source)
show(p)
```

Out[11]:

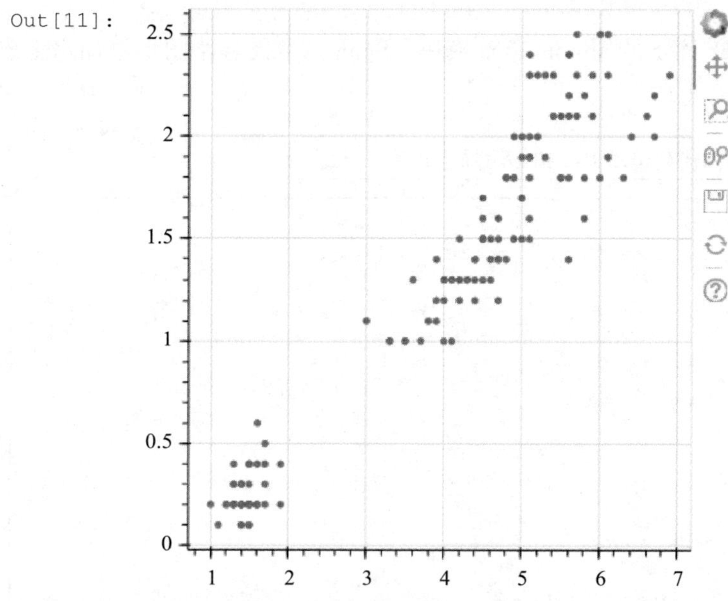

In[12]:

```
p = figure(plot_width=400, plot_height=400)
# 自动处理数据
p.circle('petal_length', 'petal_width', source=df)
show(p)
```

Out[12]:

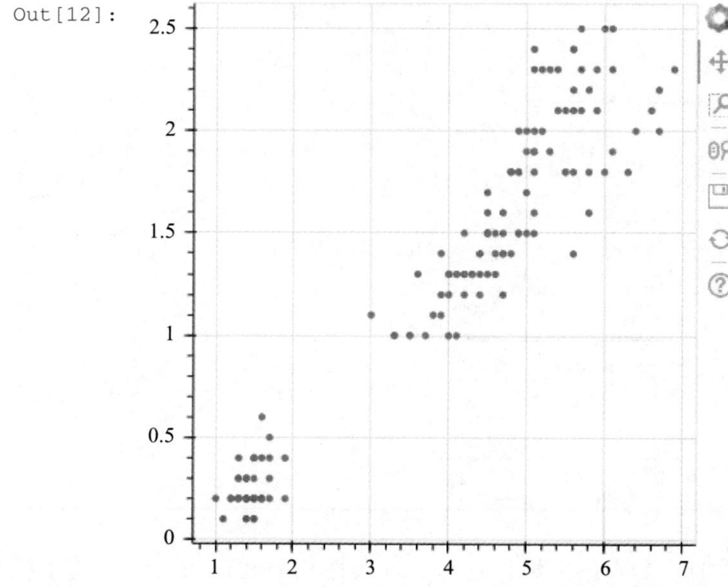

4. 添加注解

添加图形的注解使用 Bokeh 库下的 annotations 模块。Span 函数能够给图形添加水平或垂直跨度线，如代码清单 8-108 所示。

代码清单 8-108 添加水平线

In[13]:

```
import numpy as np
from bokeh.models.annotations import Span

x = np.linspace(0, 20, 200)
y = np.sin(x)

p = figure(y_range=(-2, 2))
p.line(x, y)

upper = Span(location=1, dimension='width', line_color='olive',
line_width=4)
p.add_layout(upper)

lower = Span(location=-1, dimension='width', line_
color='firebrick', line_width=4)
p.add_layout(lower)

show(p)
```

Out[13]:

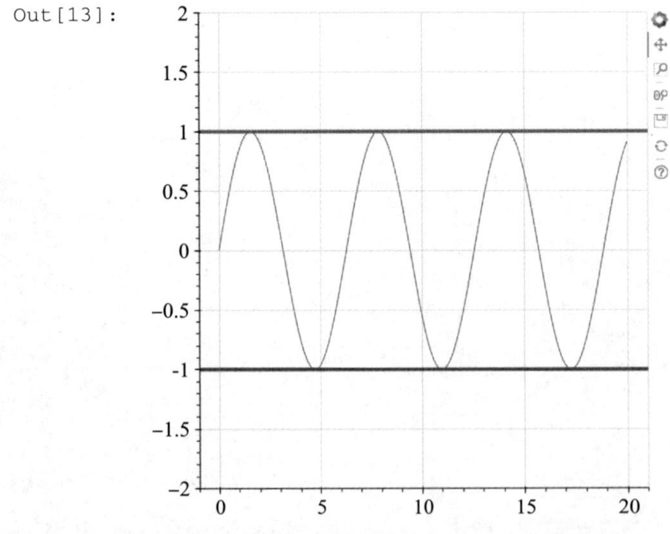

BoxAnnotation 函数能够添加一个阴影区域，它与坐标属性相关联，如代码清单 8-109 所示。

代码清单 8-109　划分区域

In[14]:
```
from bokeh.models.annotations import BoxAnnotation

x = np.linspace(0, 20, 200)
y = np.sin(x)

p = figure(y_range=(-2, 2))
p.line(x, y)

# 设置顶部区域 y=1 以上
upper = BoxAnnotation(bottom=1, fill_alpha=0.1, fill_color='olive')
p.add_layout(upper)

# 设置底部区域 y=-1 以下
lower = BoxAnnotation(top=-1, fill_alpha=0.1, fill_color='firebrick')
p.add_layout(lower)

# 设置特殊区域
center = BoxAnnotation(top=0.6, bottom=-0.3, left=7, right=12,
fill_alpha=0.1, fill_color='navy')
p.add_layout(center)

show(p)
```

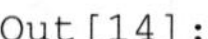

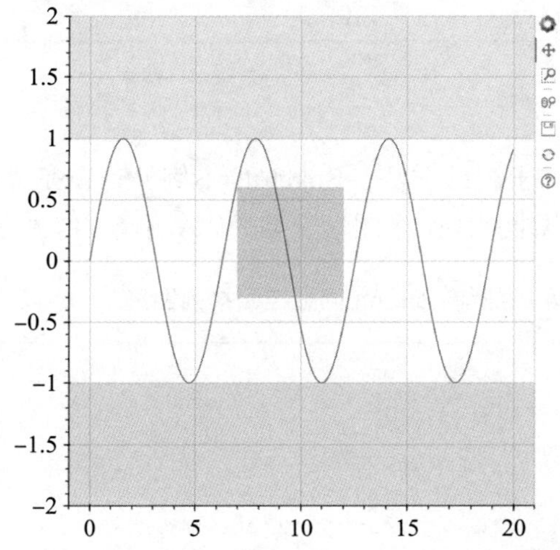

Label 函数通过坐标定位在图上任意一点并添加注释，如代码清单 8-110 所示。

代码清单 8-110　添加标签注释

In[15]:
```
from bokeh.models.annotations import Label
```

```
p = figure(x_range=(0,10), y_range=(0,10))
p.circle([2, 5, 8], [4, 7, 6], color="olive", size=10)

label = Label(x=5, y=7, x_offset=12, text="Second Point", text_
baseline="middle")
p.add_layout(label)

show(p)
```

Out[15]:

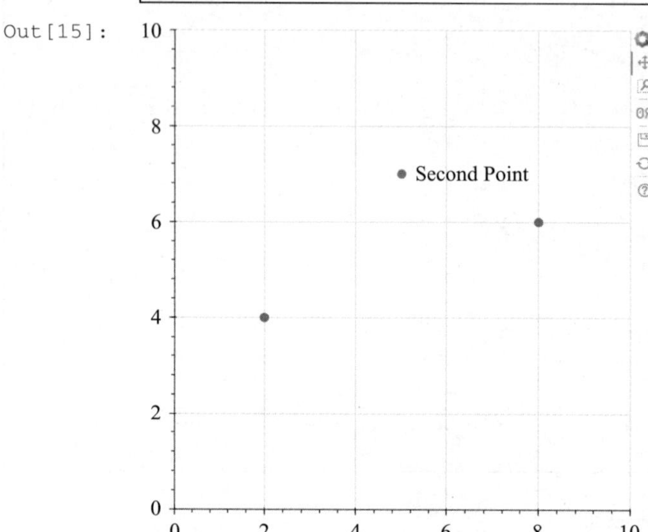

5. 布局

Matplotlib 与 Seaborn 模块都有控制子图的方法，Bokeh 也不例外。在完成一个个图形后，使用 row 函数或者 column 函数可以排列一个个图形，如代码清单 8-111 所示。

代码清单 8-111 row 函数与 column 函数控制排列图形

In[16]:

```
from bokeh.layouts import row,column

x = list(range(11))
y0, y1, y2 = x, [10-i for i in x], [abs(i-5) for i in x]
s1 = figure(width=250, plot_height=250)
s1.circle(x, y0, size=10, color="navy", alpha=0.5)

s2 = figure(width=250, height=250)
s2.triangle(x, y1, size=10, color="firebrick", alpha=0.5)

s3 = figure(width=250, height=250)
s3.square(x, y2, size=10, color="olive", alpha=0.5)

show(row(s1, s2, s3))
```

Out[16]:

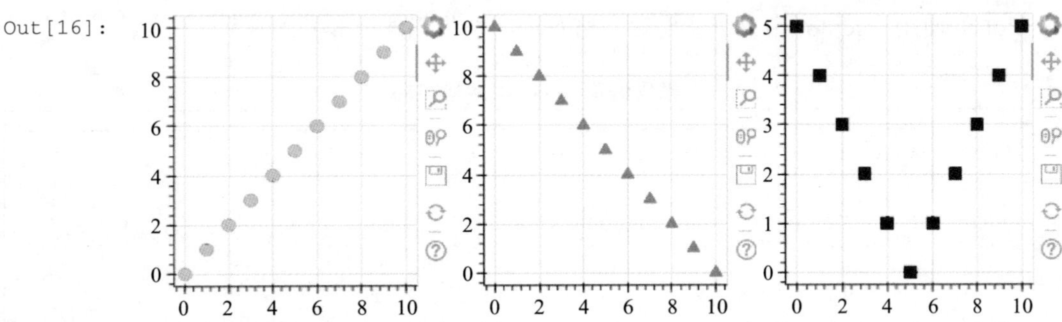

In[17]:

```
show(column(s1, s2, s3))
```

Out[17]:

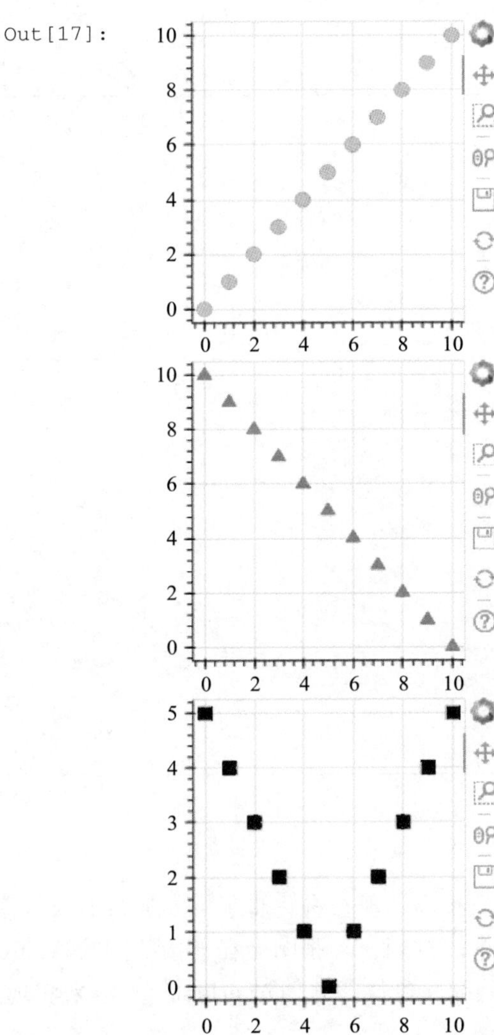

Bokeh 使用 gridplot 函数也能设置网格布局，如代码清单 8-112 所示。

代码清单 8-112　网格布局

In[18]:

```
from bokeh.layouts import gridplot

s1 = figure(width=250, plot_height=250)
s1.circle(x, y0, size=10, color="navy", alpha=0.5)

s2 = figure(width=250, height=250)
s2.triangle(x, y1, size=10, color="firebrick", alpha=0.5)

s3 = figure(width=250, height=250)
s3.square(x, y2, size=10, color="olive", alpha=0.5)
# 按列表顺序布局，并取消功能键
p = gridplot([[s1, s2], [s3, None]], toolbar_location=None)
show(p)
```

Out[18]:

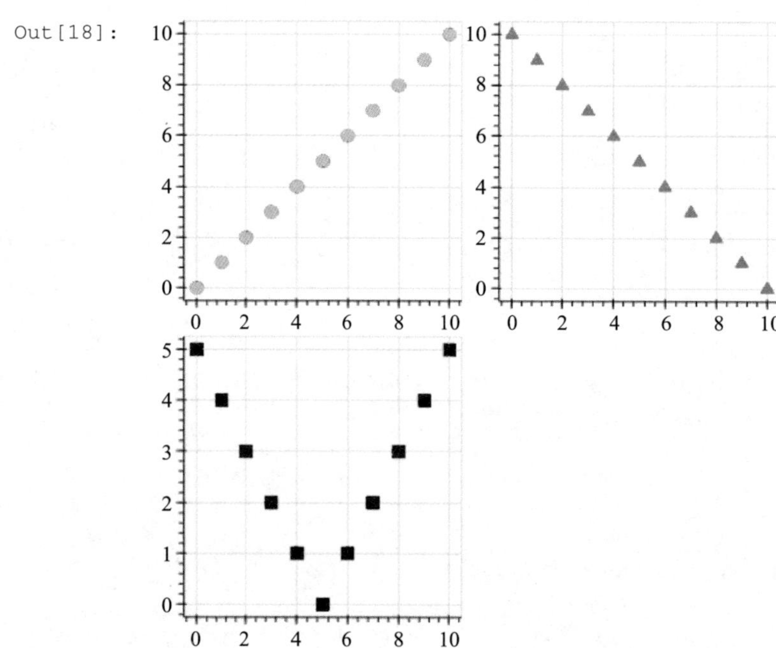

6. 链接与交互

从上面 5 点知道了如何将不同 Bokeh 图形排列布局。现在进一步了解如何将 Bokeh 图形与 Bokeh 图形或与小部件连接起来。不同于简单的排列，一张图会在连接的图被移动或放大时，执行同样操作。通过在创建图形时选择 tools 参数，并通过 gridplot 函数来实现。如代码清单 8-113 所示。

代码清单 8-113　连接图形

In[19]:

```
from bokeh.layouts import gridplot

x = list(range(11))
y0, y1, y2 = x, [10-i for i in x], [abs(i-5) for i in x]
# 创建通用配置
plot_options = dict(width=250, plot_height=250, tools='pan,wheel_
zoom')

s1 = figure(**plot_options)
s1.circle(x, y0, size=10, color="navy")
# 创建第 2 个对象，使之与第 1 个坐标轴相同
s2 = figure(x_range=s1.x_range, y_range=s1.y_range, **plot_options)
s2.triangle(x, y1, size=10, color="firebrick")

s3 = figure(x_range=s1.x_range, **plot_options)
s3.square(x, y2, size=10, color="olive")

p = gridplot([[s1, s2, s3]])
show(p)
```

Out[19]:

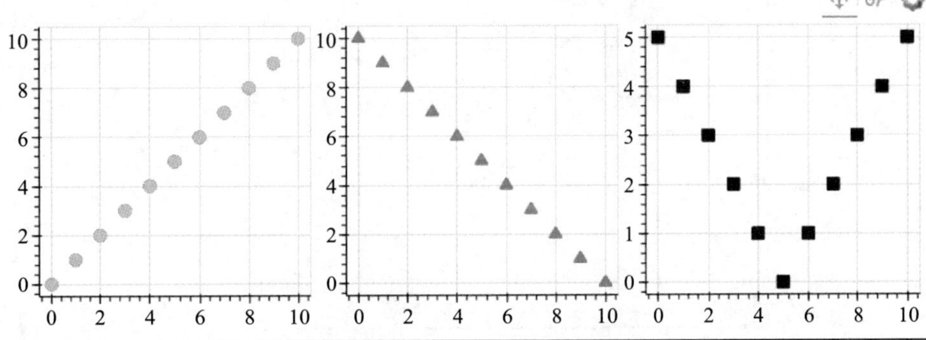

把图形与悬浮工具连接，当鼠标悬停在相关区域时就会显示一些信息，如代码清单 8-114 所示。

代码清单 8-114　悬浮工具

In[20]:

```
from bokeh.models import HoverTool

source = ColumnDataSource(
        data=dict(
            x=[1, 2, 3, 4, 5],
            y=[2, 5, 8, 2, 7],
            desc=['A', 'b', 'C', 'd', 'E'],
        )
    )
# 设置悬浮信息
```

```
hover = HoverTool(
        tooltips=[
            ("index", "$index"),
            ("(x,y)", "($x, $y)"),
            ("desc", "@desc"),
        ]
    )

p = figure(plot_width=300, plot_height=300, tools=[hover],
title="Mouse over the dots")

p.circle('x', 'y', size=20, source=source)

show(p)
```

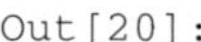
Out[20]:

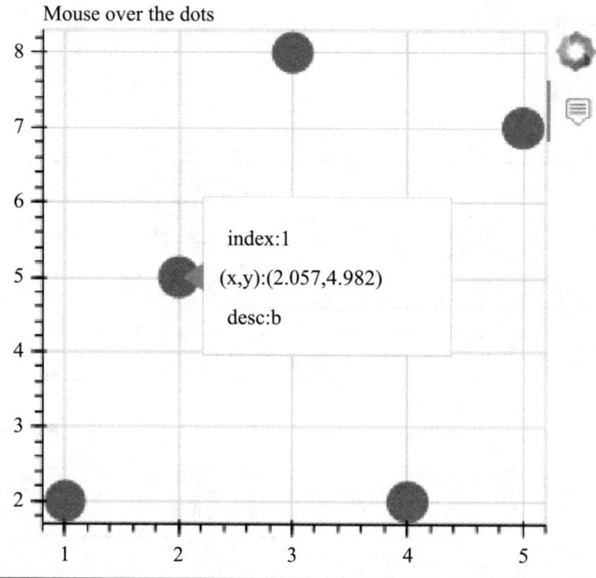

8.3.2 常见图形绘制

1. 条形图与分类数据图

条形图是常见且重要的图形，Bokeh 能够很轻松地绘制条形图与处理分类数据的图形。Bokeh 能够使用 vbar 绘制垂直条形图（hbar 绘制水平条形图），vbar 函数基本语法格式如下。

```
vbar(x, height, right, left=0, **kwargs)
```

其中 x 表示数据类别，height 表示数据量（长方形高度），right 表示长方形宽度。不定长参数接收属性参数。使用 vbar 函数绘制简单条形图，如代码清单 8-115 所示。

代码清单 8-115 绘制垂直条形图

In[21]:

```
fruits = ['Apples', 'Pears', 'Nectarines', 'Plums', 'Grapes',
'Strawberries']

# Set the x_range to the list of categories above
p = figure(x_range=fruits, plot_height=250, title="Fruit Counts")
p.vbar(x=fruits, top=[5, 3, 4, 2, 4, 6], width=0.9)

p.xgrid.grid_line_color = None # 设置网格颜色为默认
p.y_range.start = 0            # 设置 y 轴刻度从 0 开始

show(p)
```

Out[21]:

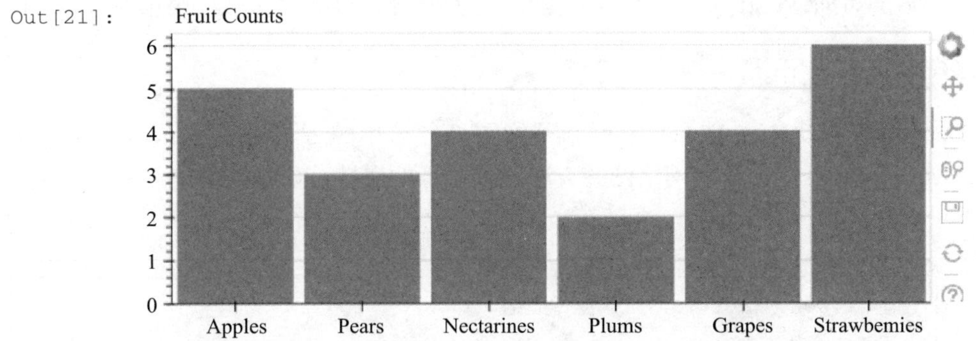

将列表传入 x_range，会按照列表的顺序及范围设置 x 轴。同样也能使用 ColumnDataSource 对象绘图并添加颜色语义，如代码清单 8-116 所示。

代码清单 8-116 使用 ColumnDataSource 对象绘图

In[22]:

```
from bokeh.palettes import Spectral6          # 导入调色板

fruits = ['Apples', 'Pears', 'Nectarines', 'Plums', 'Grapes',
'Strawberries']
counts = [5, 3, 4, 2, 4, 6]

source = ColumnDataSource(data=dict(fruits=fruits, counts=counts,
color=Spectral6))

p = figure(x_range=fruits, plot_height=250, y_range=(0, 9),
title="Fruit Counts")
p.vbar(x='fruits', top='counts', width=0.9, color='color',
legend="fruits", source=source)

p.xgrid.grid_line_color = None
p.legend.orientation = "horizontal"           # 图例方向设置为水平
p.legend.location = "top_center"              # 图例位置设置为中上

show(p)
```

Out[22]:

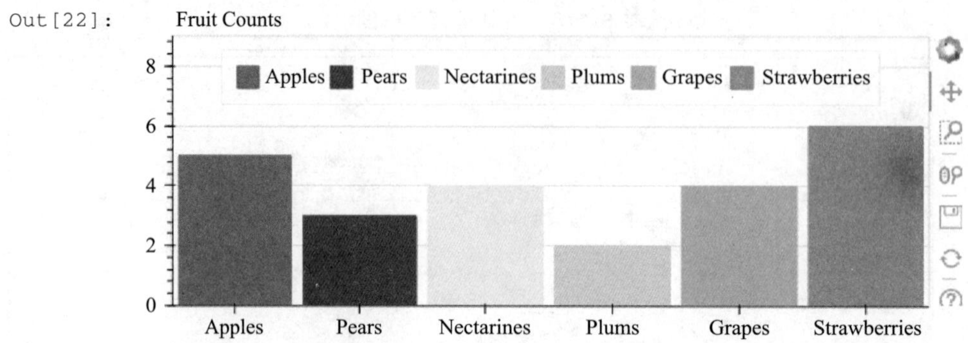

Bokeh 中使用 _stack 后缀函数绘制绘制堆叠图。绘制堆叠条形图，如代码清单 8-117 所示。

2. 网络图

使用 NetworkX 模块能在 Bokeh 中绘制网络图。最简单的方式是使用 networkx 模块，通过 nx.desargues_graph 函数绘制网络图并设置一些边缘的属性，如代码清单 8-118 所示。

代码清单 8-117　堆叠条形图

In[23]:

```
from bokeh.palettes import GnBu3, OrRd3

years = ['2015', '2016', '2017']

exports = {'fruits' : fruits,
           '2015'   : [2, 1, 4, 3, 2, 4],
           '2016'   : [5, 3, 4, 2, 4, 6],
           '2017'   : [3, 2, 4, 4, 5, 3]}
imports = {'fruits' : fruits,
           '2015'   : [-1, 0, -1, -3, -2, -1],
           '2016'   : [-2, -1, -3, -1, -2, -2],
           '2017'   : [-1, -2, -1, 0, -2, -2]}

p  = figure(y_range=fruits, plot_height=250, x_range=(-16, 16),
title="Fruit import/export, by year")

p.hbar_stack(years, y='fruits', height=0.9, color=GnBu3, source=Col-
umnDataSource(exports),
             legend=["%s exports" % x for x in years])

p.hbar_stack(years, y='fruits', height=0.9, color=OrRd3, source=Col-
umnDataSource(imports), legend=["%s imports" % x for x in years])

p.y_range.range_padding = 0.1         # 条形图边缘“留白”
p.ygrid.grid_line_color = None
p.legend.location = "center_left"

show(p)
```

Out[23]:

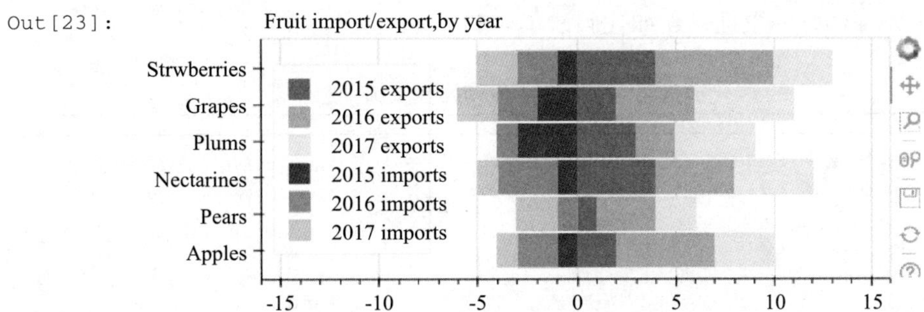

代码清单 8-118 nx.desargues_graph 函数绘制网络图

In[24]:

```
import networkx as nx
from bokeh.models import Range1d, Plot
from bokeh.models.graphs import from_networkx

G = nx.desargues_graph()
plot = Plot(x_range=Range1d(-2, 2), y_range=Range1d(-2, 2))
# 从NetworkX创建网络图
graph = from_networkx(G, nx.spring_layout, scale=1.8, center=(0,0))
plot.renderers.append(graph)
# 设置标记细节
graph.node_renderer.glyph.update(size=20, fill_color="orange")

# 设置连接线为虚线
graph.edge_renderer.glyph.line_dash = [2,2]

show(plot)
```

Out[24]:

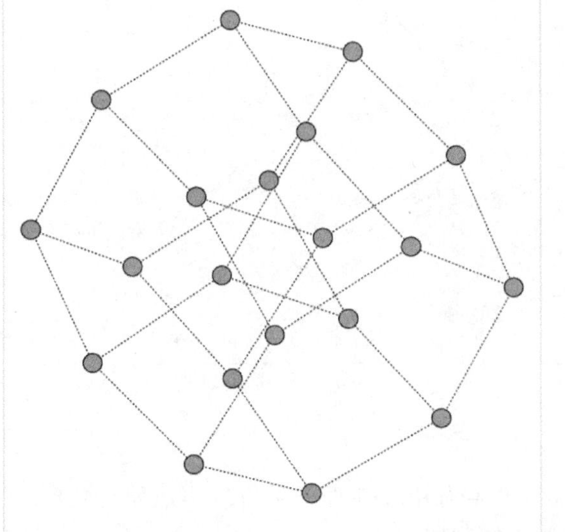

在网络图上添加额外的数据列，如代码清单 8-119 所示。

代码清单 8-119　添加额外数据列

In[25]:

```
from bokeh.models import HoverTool
from bokeh.palettes import Category20_20

G = nx.desargues_graph()

plot = Plot(x_range=Range1d(-2, 2), y_range=Range1d(-2, 2))

graph = from_networkx(G, nx.spring_layout, scale=1.8, center=(0,0))
plot.renderers.append(graph)
# 添加额外数据列
graph.node_renderer.data_source.data['index'] = list(range(len(G)))
graph.node_renderer.data_source.data['colors'] = Category20_20

graph.node_renderer.glyph.update(size=20, fill_color="colors")
# 添加悬浮工具
plot.add_tools(HoverTool(tooltips="index: @index"))

show(plot)
```

Out[25]:

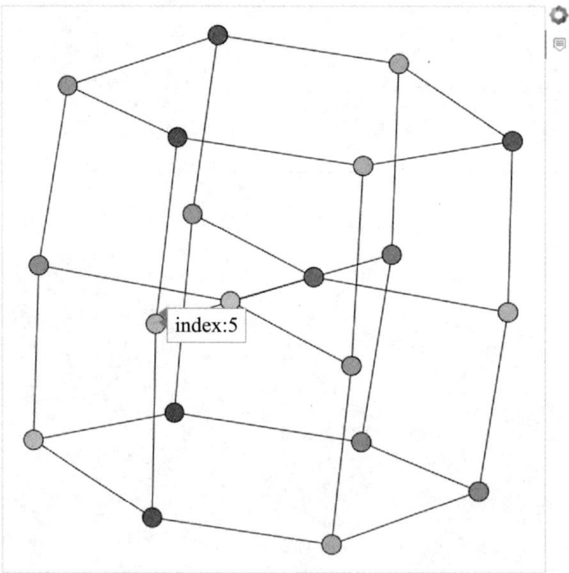

3. 地理图

将数据集与现实地图联系起来非常有用，地理图是将现实地理与数据结合起来展示数据。Bokeh 中提供了如下几种机制来绘制地理图。

1）GMapPlot：在谷歌地图上绘制。调用 gmap 函数并提供一个谷歌 API 即可。

2）TileSource、especially WMTSTileSource：允许数据覆盖在各种地图上，包括谷歌地图。

3）GeoJSONDataSource：允许从 GeoJSON 中读取数据（类似于 ColumnDataSource 数据）。

WTMS 是平铺地图数据最常见的 Web 标准。

在创建好只含地理数据的 Bokeh 图后，可以添加自己的其他数据或小部件，但是不能超过地理数据的范围。

8.3.3 导出与嵌入

本节我们都是在 Jupyter Notebook 中生成交互式的 Bokeh 输出，还可以在其他嵌入交互式的 Bokeh 图形与布局，如 HTML 文件与 Jinja 模板。另外，也能将其导出为静态的 PNG 或 SVG 格式图形。

类似于将 Bokeh 嵌入 Jupyter Notebook 时使用的 output_notebook 函数，将其储存为 HTML 文件时使用 output_file 函数，如代码清单 8-120 所示。

代码清单 8-120 输出为 HTML 文件

In[26]:

```
from bokeh.io import output_notebook, show, output_file
from bokeh.plotting import figure
import bokeh.sampledata
output_file('timeplot.html')                          # 设置输出为 HTML 文件
bokeh.sampledata.download('AAPL')                     # 下载样本数据
```

Out[26]:

```
Creating C:..\.bokeh directory Creating ..\.bokeh\data directory
Using data directory: ..\.bokeh\data Downloading: CGM.csv (1589982
bytes) 1589982 [100.00%] Downloading: US_Counties.zip (3182088
bytes) 3182088 [100.00%] Unpacking: US_Counties.csv Downloading:
us_cities.json (713565 bytes) 713565 [100.00%] Downloading:
unemployment09.csv (253301 bytes) 253301 [100.00%] Downloading:
AAPL.csv (166698 bytes) 166698 [100.00%] Downloading: FB.csv (9706
bytes) 9706 [100.00%] Downloading: GOOG.csv (113894 bytes) 113894
[100.00%] Downloading: IBM.csv (165625 bytes) 165625 [100.00%]
Downloading: MSFT.csv (161614 bytes) 161614
……
```

In[27]:

```
import pandas as pd
from bokeh.sampledata.stocks import AAPL              # 导入样本数据

df = pd.DataFrame(AAPL)                               # 转化为数据框形式
df['date'] = pd.to_datetime(df['date'])               # date 列数据转化时间数据
df
```

Out[27]:

	date	open	high	low	close	volume	adj_close
0	2000-03-01	118.56	132.06	118.50	130.31	38478000	31.68
1	2000-03-02	127.00	127.94	120.69	122.00	11136800	29.66
2	2000-03-03	124.87	128.23	120.00	128.00	11565200	31.12
3	2000-03-06	126.00	129.13	125.00	125.69	7520000	30.56
4	2000-03-07	126.44	127.44	121.12	122.87	9767600	29.87
5	2000-03-08	122.87	123.94	118.56	122.00	9690800	29.66
6	2000-03-09	120.87	125.00	118.25	122.25	9884400	29.72
7	2000-03-10	121.69	127.94	121.00	125.75	8900800	30.57
8	2000-03-13	122.12	126.50	119.50	121.31	10864400	29.50
9	2000-03-14	121.22	124.25	114.00	114.25	15321200	27.78
10	2000-03-15	115.62	120.25	114.12	116.25	15845200	28.26
...	...	...	...	...	...	...	...

3270 rows × 7 columns

In[28]:

```
p = figure(plot_width=800, plot_height=250, x_axis_type="datetime")
p.line(df['date'], df['close'], color='navy', alpha=0.5)

show(p)
```

Out[28]:

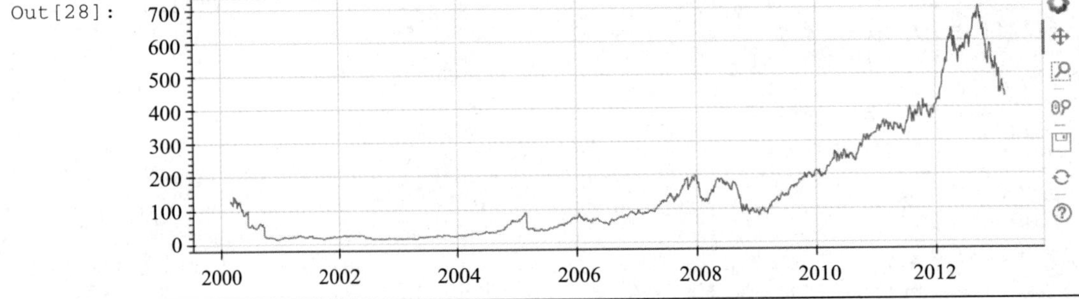

展示图形后，会在输出处展示交互式图形，同时，会弹出一个新的浏览器选项卡，打开了新保存的“timeplot.html”内容。需要注意的是，这种模式将会一直持续，以后绘制的图形同样会在“timeplot.heml”中展示，可以调用 reset_output 函数重置，其使用方法如下。

```
from bokeh.io import reset_output
reset_output()
```

HTML 文档中可以将 Bokeh 内容嵌入 Jinja HTML 模板中。嵌入独立内容的最简单方法是使用 comonent 函数。这个函数接收一个 Bokeh 对象，并返回一个可以放在任何 HTML 模板中的 script 标签和 div 标签。该 script 将把 Bokeh 内容加载到相关的 div 中。其使用示例如代码清单 8-121 所示。

代码清单 8-121　嵌入 Jinja 模板

In[29]:

```
import jinja2
from bokeh.embed import components
# 生成模板
template = jinja2.Template("""
<!DOCTYPE html>
<html lang="en-US">

<link
    href="http://cdn.pydata.org/bokeh/dev/bokeh-0.13.0.min.css"
    rel="stylesheet" type="text/css"
>
<script
    src="http://cdn.pydata.org/bokeh/dev/bokeh-0.13.0.min.js"
></script>

<body>

    <h1>Hello Bokeh!</h1>

    <p> Below is a simple plot of stock closing prices </p>

    {{ script }}

    {{ div }}

</body>

</html>
""")
# 绘制图形
p = figure(plot_width=800, plot_height=250, x_axis_type="datetime")
p.line(df['date'], df['close'], color='navy', alpha=0.5)
# 生成 script, div
script, div = components(p)
# 图形嵌入模板
from IPython.display import HTML
HTML(template.render(script=script, div=div))
```

Out[29]:

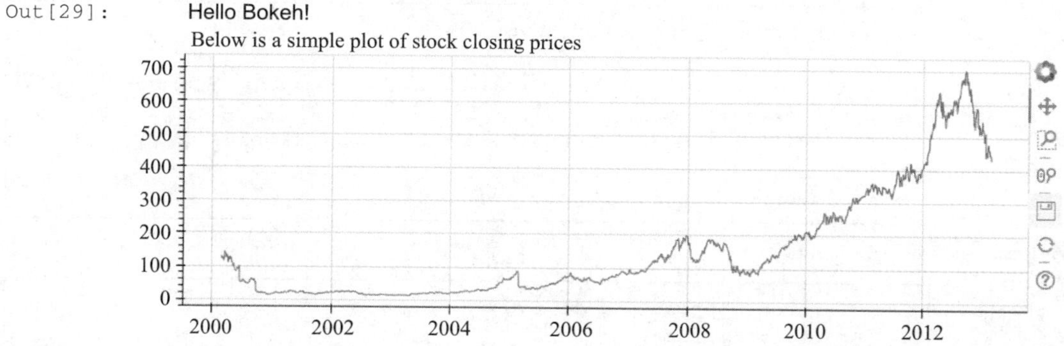

在不需要交互功能的情况下，Bokeh 也可以输出静态图像。Bokeh 支持对 PNG 和 SVG 格式的导出。Bokeh 使用 export_png 函数导出绘制的图形及布局，使用此功能前，需要安装 selenium 与 phantomjs。保存为 png 格式图形，如代码清单 8-122 所示。

代码清单 8-122　保存为 png 格式图形

```
In[30]:  from bokeh.io import export_png

         p = figure(plot_width=800, plot_height=250, x_axis_type="datetime")
         p.line(df['date'], df['close'], color='navy', alpha=0.5)
         # 导出为png格式并命名为“plot.png”。输出保存路径
         export_png(p, filename="plot.png")

Out[30]: '/home/jovyan/tutorial/plot.png'

In[31]:  # 使用Image函数打开图片
         from IPython.display import Image
         Image('plot.png')

Out[31]:
```

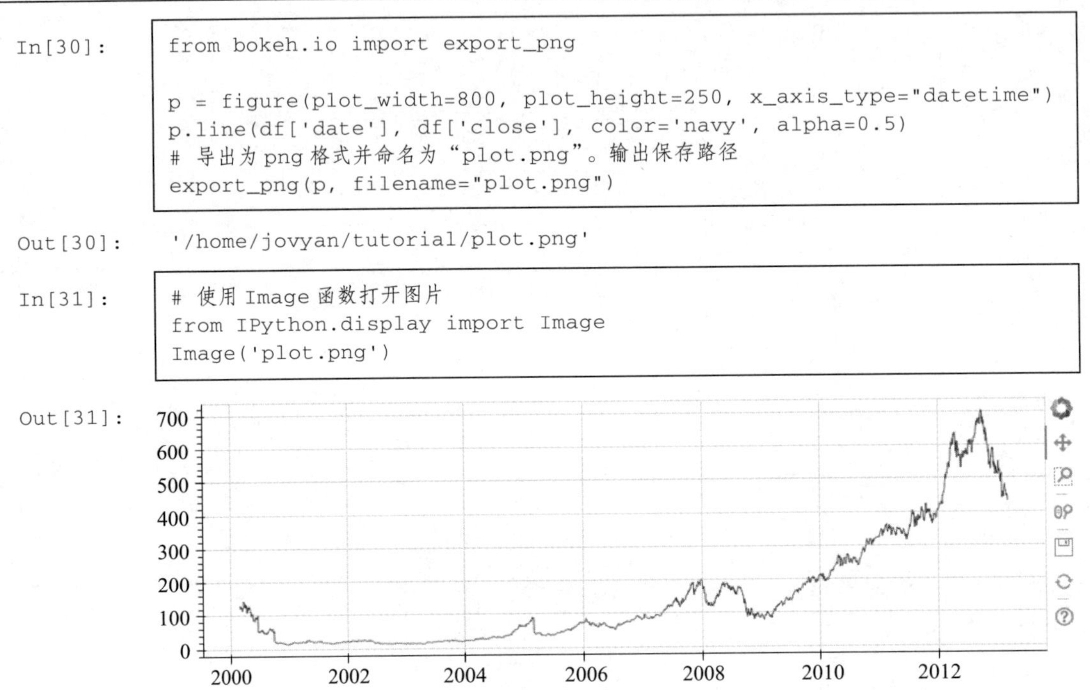

保存为 svg 格式图片使用 esport_svgs 函数。同时需要在绘制图形设置 figure 函数参数 “ output_backend='svg'”。保存为 svg 格式图形示例如代码清单 8-123 所示。另外，保存的 svg 格式图形没有显示交互式工具图标。

代码清单 8-123　保存为 svg 格式图形

```
In[32]:  from bokeh.io import export_svgs

         p = figure(plot_width=800, plot_height=250, x_axis_type="datetime",
         output_backend='svg')
         p.line(df['date'], df['close'], color='navy', alpha=0.5)

         export_svgs(p, filename="plot.svg")

Out[32]: ['plot.svg']

In[33]:  from IPython.display import SVG
         SVG('plot.svg')
```

Out[33]:

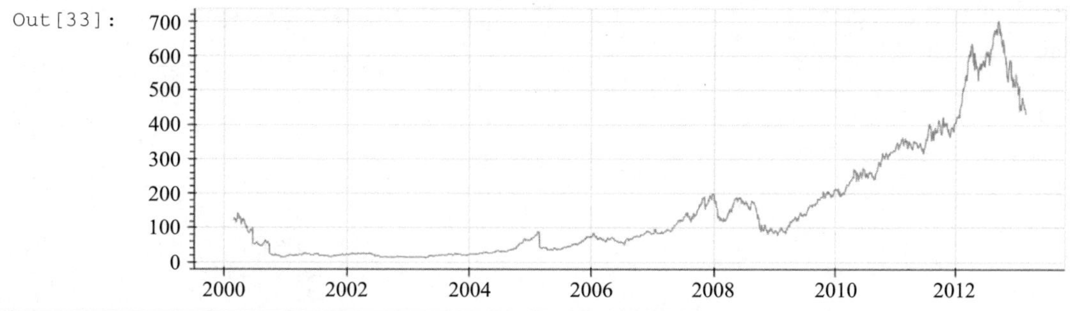

8.3.4　运行 Bokeh 应用程序

Bokeh 的体系结构是在 Python 中创建模型对象，然后转换成 JSON 格式，由客户端库 BokehJS 使用。使用 Bokeh 服务器，可以在 Python 和浏览器中保持"模型对象"，并在浏览器中同步，从而创建出如下强大的功能。

1）对在浏览器中生成的 Ul 和工具事件做出响应，并使用 Python 的全部功能进行计算、查询等。

2）在浏览器中自动推送更新 UI（即小部件或小块）。

3）使用周期性、超时和同步的回调驱动流更新。

Bokeh 可应用在笔记本上。在笔记本中嵌入一个 Bokeh 应用程序最简单的方法是，编辑一个 modify_doc(doc) 函数来创建 Bokeh 内容，然后把它放到文本中。这个函数可以被传递来显示，并且这个函数定义的应用程序将被内联显示。编辑函数运行 Bokeh 应用程序示例如代码清单 8-124 所示。

代码清单 8-124　编辑函数运行 Bokeh 应用程序

In[34]:

```
from bokeh.layouts import column
from bokeh.models.widgets import TextInput, Button, Paragraph

def modify_doc(doc):

    # create some widgets
    button = Button(label="Say HI")
    input = TextInput(value="Bokeh")
    output = Paragraph()

    # add a callback to a widget
    def update():
        output.text = "Hello, " + input.value
    button.on_click(update)

    # create a layout for everything
    layout = column(button, input, output)

    # add the layout to curdoc
```

```
    doc.add_root(layout)

show(modify_doc)
```

Out[34]:

Say HI

Bokeh

Hello, Bokeh

也可以通过创建标准的 Python 脚本来定义 Bokeh 应用程序。在这种情况下，不需要使用像 modify_doc 这样一个函数。创建好 Python 脚本后，在终端使用“ bokeh serve-show 脚本名”命令来运行应用（需在脚本文件夹中执行）。如图 8-6、图 8-7 所示依次是创建脚本、运行脚本。

```
hello.py
# hello.py

from bokeh.io import curdoc
from bokeh.layouts import column
from bokeh.models.widgets import TextInput, Button, Paragraph

# create some widgets
button = Button(label="Say HI")
input = TextInput(value="Bokeh")
output = Paragraph()

# add a callback to a widget
def update():
    output.text = "Hello, " + input.value
button.on_click(update)

# create a layout for everything
layout = column(button, input, output)

# add the layout to curdoc
curdoc().add_root(layout)
```

图 8-6 创建 Python 脚本

```
C:\WINDOWS\system32\cmd.exe - bokeh serve --show hello.py
Microsoft Windows [版本 10.0.17134.228]
(c) 2018 Microsoft Corporation。保留所有权利。

C:\Users\asus>e:

E:\>cd python

E:\python>bokeh serve --show hello.py

E:\python>bokeh serve --show hello.py
2018-09-07 16:08:49,227 Starting Bokeh server version 0.13.0 (running on Tornado 5.0.2)
2018-09-07 16:08:49,286 Bokeh app running at: http://localhost:5006/hello
2018-09-07 16:08:49,287 Starting Bokeh server with process id: 13304
2018-09-07 16:08:50,246 200 GET /hello (::1) 435.83ms
2018-09-07 16:08:50,510 101 GET /hello/ws?bokeh-protocol-version=1.0&bokeh-session-id=msWP6A4vEwfyN6kItViVsCE8fgC2M12K2E
Lnu74Z6Gmt (::1) 1.00ms
2018-09-07 16:08:50,511 WebSocket connection opened
2018-09-07 16:08:50,511 ServerConnection created
```

图 8-7 在 Bokeh 服务器运行脚本

运行脚本之后，会在本地默认浏览器打开新界面来作为应用程序运行界面，如图 8-8 所示。

图 8-8　浏览器界面

小结

数据可视化是数据分析的有效手段。本章介绍了 3 个较有特点的可视化库，其主要内容如下。

1）Matplotlib 创建图形到保存图形的整体流程。按需求绘制不同排版的子图，修改坐标轴各部分，包括标题、标签、文本、图例等，通过 rc 参数修改图形元素等。最后介绍了散点图、折线图、饼图、直方图、箱线图这几种比较常用的图形。

2）Seaborn 模块基于 Matplotlib，使绘图更加精致方便，特别是绘制统计图表。Seaborn 有丰富的主题风格与调色板，并在基础图形上增加了拓展的图形，如非重叠分类散点图与增强箱线图。额外增加了网格图并基于网格图对多个图形排列。

3）Bokeh 是基于 JavaScript 的交互式绘图库，Bokeh 可以将可视化结果呈现在 Notebook 或其他媒体，使用多种绘图接口创建个性化的可视化图表。通过 Bokeh 可以灵活地与其他图表小部件交互链接，可以将多种视觉元素结合到一起来展示数据信息。根据需求将绘制的动态图形导出为 HTML 文件或静态的 PNG、SVG 图片。运行 Bokeh 应用程序的方法。

习题

1. 选择题

（1）下面函数不是控制坐标轴属性的是（　　）。

A. xlabel　　B. xlim　　C. xticks　　D. xkcd

（2）下面描述有误的是（　　）。

A. 基本流程：创建画布，绘制图形，保存展示图形

B. 必须先保存图形才能展示图形

C. 添加图例必须在绘制图形之后

D. 创建子图默认会根据画布的大小平均分配

（3）下面 4 组命令结果不一样的是（　　）。

A. plt.plot([2, 3, 4]) 与 plt.plot([0, 1, 2], [2, 3, 4])

B. plt.rcParam['lines.linestyle'] = '-.' 与 mpl.rc('lines', linestyle='-.')

C. sns.despine() 与 sns.despine(ax=True)

D. plt.plt([1"total_bill", y="tip", hue="day", data=tips) 与 sns.scatterplot(x="total_bill", y="tip", hue="day", data=tips)

（4）下面绘图函数只需要输入一组数据（默认不算）的是（　　）。

A. scatterplot　　B. swarmplot　　C. countplot　　D. rugplot

2. 填空题

（1）Matplotlib 绘制图形的层级是________。

（2）Seaborn 中预设的主题样式有________。

（3）Seaborn 中分类图各函数用来分组的参数有________。

（4）Bokeh 绘图以________为基础，Seaborn 绘图以________为基础。

（5）想要实现绘制条形图，可以用 3 种库中的________。

3. 操作题

（1）使用本章“国民经济核算季度数据”数据，利用 Matplotlib 库分别绘制 2000 年～ 2017 年各产业与各行业的国民生产总值散点图。要求如下：

1）在同一画布使用两个子图分别绘制行业与产业；

2）各行业或各产业使用不同的散点标记；

3）横轴为时间，精确到各年份各季度，纵轴为国民生产总值；

4）需添加标题、轴标签、图例。

（2）使用 Seaborn 库自带乘客数据“titanic”绘制小提琴图。要求如下：

1）以“class”分组在不同网格绘制子图，以性别分组标记不同颜色；

2）横轴为乘客年龄，纵轴为上船地点；

3）使用“Set3”颜色风格，并将图像方向设置为水平；

4）将小提琴范围限制在观察数据的范围内，并沿分类轴移动元素。

CHAPTER 9

第9章

scikit-learn

scikit-learn（简称 sklearn）项目最早由数据科学家 David Cournapeau 在 2007 年发起，它需要 NumPy 和 SciPy 等其他包的支持，是一款 Python 机器学习开源框架。scikit-learn 的基本功能主要分为六大部分：数据预处理、数据降维、分类、回归、聚类和模型选择。它整合了多种机器学习算法，可以帮助使用者在使用过程中快速建立模型，且模型接口统一，使用起来非常方便。例如，sklearn 把大量的特征处理相关的功能封装为转换器（transformer）。sklearn 将模型训练与预测功能封装为估计器（estimator）。

9.1 数据准备

数据准备指的是数据预处理，它将原始数据转换为适合机器学习的形式，它决定了机器学习效果的上限。常见的数据预处理方法包括标准化、归一化、二值化、独热编码等。sklearn 库的 preprocessing 模块提供了多种数据预处理类。

9.1.1 标准化

标准化指将数据按比例缩放，使之落入某个特定区间，目的是消除特征间量纲和取值范围差异的影响。常见的标准化方法有标准差标准化和极差标准化。

1. 标准差标准化

也叫零均值标准化或分数标准化，是当前使用最广泛的数据标准化方法。经标准差标准化处理后的数据的标准差为 1，均值为 0。其转化公式如式 9-1 所示。

$$X^{*} = \frac{X - \overline{X}}{\sigma} \quad （式 9-1）$$

其中 X 为原始数据的均值，σ 为原始数据的标准差。

preprocessing 模块的 StandardScaler 类用于特征标准差标准化处理。StandardScaler 函

数用于创建标准差标准化转换器，其基本语法格式如下。

```
class sklearn.preprocessing.StandardScaler(copy=True, with_mean=True, with_std=True)
```

StandardScaler 函数常用的参数及其说明如表 9-1 所示。

表 9-1　StandardScaler 函数常用的参数及其说明

参数名称	说　明
with_mean	接收 bool，表示是否将数据均值变为 0。默认为 True
with_std	接收 bool，表示是否将数据缩放为单位标准差。默认为 True

使用 StandardScaler 函数创建标准差标准化转换器并使用 fit 方法生成计算规则，结果返回 StandardScaler 对象，如代码清单 9-1 所示。

代码清单 9-1　使用 StandardScaler 函数创建标准差标准化转换器并生成计算规则

```
In[1]:  from sklearn import preprocessing
        import numpy as np
        x_train = np.array([[ 1., -1.,  2.],
                            [ 2.,  0.,  0.],
                            [ 0.,  1., -1.]])
        x_test = np.array([[-1., 1., 0.]])
        # 创建转换器并生成规则
        std_transformer = preprocessing.StandardScaler().fit(x_train)
        print('生成规则后的标准差标准化转换器为：\n', std_transformer)
Out[1]: 生成规则后的标准差标准化转换器为：
        StandardScaler(copy=True, with_mean=True, with_std=True)
```

StandardScaler 对象拥有 4 个属性，如表 9-2 所示。

表 9-2　StandardScaler 对象的属性

属　性	说　明
scale_	每个特征对应的数据缩放比例
mean_	每个特征的均值
var_	每个特征的方差
n_samples_seen_	样本数

访问代码清单 9-1 中 StandardScaler 对象的 mean_ 和 var_ 属性，如代码清单 9-2 所示。

代码清单 9-2　StandardScaler 对象的属性

```
In[2]:  print('特征均值为：\n', std_transformer.mean_, '\n', '特征方差为：\n', std_
        transformer.var_)
Out[2]: 特征均值为：
```

```
[1.         0.         0.33333333]
特征方差为:
[0.66666667 0.66666667 1.55555556]
```

StandardScaler 对象的方法有 7 个，如表 9-3 所示。

表 9-3 StandardScaler 对象的方法

方法	说明
fit	生成计算规则
fit_transform	先应用 fit 方法，然后应用 transform 方法
get_params	获取对象参数
inverse_transform	将应用了变换的数据转换回到原数据
partial_fit	在线 fit 方法
set_params	设置对象参数
transform	对数据进行转换

其中 fit 方法的使用方式见代码清单 9-1。使用 transform 方法对训练集进行转换，并在测试集上应用相同的转换，如代码清单 9-3 所示。

代码清单 9-3 使用 transform 方法对数据集进行转换

```
In[3]:   print('标准差标准化后的训练集为：\n', std_transformer.transform(x_train))

Out[3]:  标准差标准化后的训练集为：
          [[ 0.         -1.22474487  1.33630621]
          [ 1.22474487  0.         -0.26726124]
          [-1.22474487  1.22474487 -1.06904497]]

In[4]:   print('标准差标准化后的测试集为：\n', std_transformer.transform(x_test))

Out[4]:  标准差标准化后的测试集为：
          [[-2.44948974  1.22474487 -0.26726124]]
```

2. 离差标准化

离差标准化是对原始数据的一种线性变换，结果是将原始数据的数值映射到 [0，1] 区间，转换公式如式 9-2 所示。

$$X' = \frac{X - min}{max - min} \quad （式 9-2）$$

其中 max 为样本数据的最大值，min 为样本数据的最小值，$max-min$ 为极差。离差标准化保留了原始数据值之间的联系，是消除量纲和数据取值范围影响最简单的方法。

preprocessing 模块的 MinMaxScaler 类用于特征离差标准化处理。MinMaxScaler 函数用于创建标离差标准化转换器，其基本语法格式如下。

```
class sklearn.preprocessing.MinMaxScaler(feature_range=(0, 1), copy=True)
```

使用 MinMaxScaler 函数创建离差标准化转换器并使用 fit 方法生成计算规则，结果返回 MinMaxScaler 对象，如代码清单 9-4 所示。

代码清单 9-4　使用 MinMaxScaler 函数创建离差标准化转换器并生成计算规则

In[5]:
```
# 创建转换器并生成规则
mms_transformer = preprocessing.MinMaxScaler().fit(x_train)
print('生成规则后的离差标准化转换器为：\n', mms_transformer)
```

Out[5]:
```
生成规则后的离差标准化转换器为：
 MinMaxScaler(copy=True, feature_range=(0, 1))
```

MinMaxScaler 对象拥有 5 个属性，如表 9-4 所示。

表 9-4　MinMaxScaler 对象的属性

属　性	说　明
min_	每个特征的最小调整
scale_	每个特征对应的数据缩放比例
data_min_	每个特征的最小值
data_max_	每个特征的最大值
data_range_	每个特征的范围

访问表 9-4 中 MinMaxScaler 对象的 data_min_ 和 data_max_ 属性，如代码清单 9-5 所示。

代码清单 9-5　MinMaxScaler 对象的属性

In[6]:
```
print('特征最大值为：', mms_transformer.data_max_)
```

Out[6]:
```
特征最大值为：[2. 1. 2.]
```

In[7]:
```
print('特征最小值为：', mms_transformer.data_min_)
```

Out[7]:
```
特征最小值为：[ 0. -1. -1.]
```

MinMaxScaler 对象的方法与 StandardScaler 相同，如表 9-5 所示。

表 9-5　MinMaxScaler 对象的方法

方　法	说　明
fit	生成计算规则
fit_transform	先应用 fit 方法，然后应用 transform 方法
get_params	获取对象参数
inverse_transform	将应用了变换的数据转换回到原数据
partial_fit	在线 fit 方法
set_params	设置对象参数
transform	对数据进行转换

使用 transform 方法对训练集进行转换，并在测试集上应用相同的转换，如代码清单 9-6 所示。

代码清单 9-6　使用 transform 方法对数据集进行转换

```
In[8]:    print('离差标准化后的训练集为：\n', mms_transformer.transform(x_train))

Out[8]:   离差标准化后的训练集为：
           [[0.5        0.         1.        ]
           [1.         0.5        0.33333333]
           [0.         1.         0.        ]]

In[9]:    print('离差标准化后的测试集为：\n', mms_transformer.transform(x_test))

Out[9]:   离差标准化后的测试集为：
           [[-0.5        1.         0.33333333]]
```

9.1.2　归一化

归一化也称正则化，指依照特征矩阵的行处理数据，目的在于使样本向量在点乘运算或其他核函数计算相似性时拥有统一的标准，规则为 l2 的转换公式如式 9-3 所示。

$$X^* = \frac{\bar{x}}{\sqrt{\sum_{i=1}^{n} x_i^2}} \qquad \text{（式 9-3）}$$

其中 n 为特征数，i 为特征序号。

preprocessing 模块的 Normalizer 类用于特征归一化处理。Normalizer 函数用于创建归一化转换器，其基本语法格式如下。

```
class sklearn.preprocessing.Normalizer(norm='l2', copy=True)
```

使用 Normalizer 函数创建归一化转换器并使用 fit 方法生成计算规则，结果返回 Normalizer 对象，如代码清单 9-7 所示。

代码清单 9-7　使用 Normalizer 函数创建归一化转换器并生成计算规则

```
In[10]:   # 创建转换器并生成规则
          norm_transformer = preprocessing.Normalizer().fit(x_train)
          print('生成规则后的离差标准化转换器为：\n', norm_transformer)

Out[10]:  生成规则后的离差标准化转换器为：
           Normalizer(copy=True, norm='l2')
```

Normalizer 对象未提供属性，较 StandardScaler 对象少了 inverse_transform 和 partial_fit 方法，如表 9-6 所示。

表 9-6　Normalizer 对象的方法

方　法	说　明
fit	生成计算规则
fit_transform	先应用 fit 方法，然后应用 transform 方法
get_params	获取对象参数
set_params	设置对象参数
transform	对数据进行转换

使用 transform 方法对训练集进行归一化，并在测试集上应用相同的归一化，如代码清单 9-8 所示。

代码清单 9-8　使用 transform 方法对数据集进行归一化

```
In[11]:   print('归一化后的训练集为：\n', norm_transformer.transform(x_train))
Out[11]:  归一化后的训练集为：
           [[ 0.40824829 -0.40824829  0.81649658]
           [ 1.          0.          0.        ]
           [ 0.          0.70710678 -0.70710678]]
In[12]:   print('归一化后的测试集为：\n', norm_transformer.transform(x_test))
Out[12]:  归一化后的测试集为：
           [[-0.70710678  0.70710678  0.        ]]
```

9.1.3　二值化

特征二值化指通过设置阈值，将特征值转换为 0 或 1，当特征值大于阈值时转换为 1，小于或等于阈值时转换为 0。特征二值化与数据离散化不同，特征二值化后的值为 0 或 1，而数据离散化落在所属区间。

preprocessing 模块的 Binarizer 类用于特征二值化。Binarizer 函数用于创建二值化转换器，其基本语法格式如下。

```
class sklearn.preprocessing.Binarizer(threshold=0.0, copy=True)
```

使用 Binarizer 函数创建二值化转换器并使用 fit 方法生成计算规则，结果返回 Binarizer 对象，如代码清单 9-9 所示。

代码清单 9-9　使用 Binarizer 函数创建二值化转换器并生成计算规则

```
In[13]:   # 创建转换器并生成规则
          bin_transformer = preprocessing.Binarizer().fit(x_train)
          print('生成规则后的二值化转换器为：\n', bin_transformer)
Out[13]:  生成规则后的二值化转换器为：
           Binarizer(copy=True, threshold=0.0)
```

Binarizer 对象较 StandardScaler 少了 partial_fit 和 inverse_transform 方法，如表 9-7 所示。

表 9-7 Binarizer 对象的方法

方 法	说 明
fit	生成计算规则
fit_transform	先应用 fit 方法，然后应用 transform 方法
get_params	获取对象参数
set_params	设置对象参数
transform	对数据进行转换

使用 transform 方法对训练集进行二值化，并在测试集上应用相同的二值化，如代码清单 9-10 所示。

代码清单 9-10 使用 transform 方法对数据集进行二值化

```
In[14]:  print('二值化后的训练集为：\n', bin_transformer.transform(x_train))

Out[14]: 二值化后的训练集为：
          [[1. 0. 1.]
          [1. 0. 0.]
          [0. 1. 0.]]

In[15]:  print('二值化后的测试集为：\n', bin_transformer.transform(x_test))

Out[15]: 二值化后的测试集为：
          [[0. 1. 0.]]
```

9.1.4 独热编码

在机器学习中，特征可能不是数值型而是分类型的。但某些模型要求为数值型，最简单的方法是将特征编码为整数，如已知分类“性别”为［‘男’，‘女’］，“地点”为［‘北京’，‘上海’］，则［‘男’，‘北京’］编码为［0，1］，［‘女’，‘北京’］编码为［1，1］。此处理方法又产生一个问题，特征并无法在 sklearn 的估计器中直接使用，因为连续输入使估计器认为类别之间是有序的，但实际上是无序的。为解决这个问题，一种可能的解决方法是独热编码。

独热编码即 One-Hot 编码，又称一位有效编码，其方法是使用 N 位状态寄存器来对 N 个状态进行编码，每个状态都有它独立的寄存器位，并且在任意时候，其中只有一位有效。哑变量编码与独热编码类似，它任意地将一个状态位去除，使用 N–1 个状态位就足够反映 N 个类别的信息，如图 9-1 所示。

preprocessing 模块的 OneHotEncoder 类用于独热编码。OneHotEncoder 函数用于创建独热编码转换器，其基本语法格式如下。

```
class sklearn.preprocessing.OneHotEncoder(n_values=None, categorical_features=None, categories=None, sparse=True, dtype=<class 'numpy.float64'>, handle_unknown='error')
[source]
```

原始数据

	城市
1	广州
2	上海
3	杭州
4	上海

独热编码

	城市_广州	城市_上海	城市_杭州
1	1	0	0
2	0	1	0
3	0	0	1
4	0	1	0

哑变量编码

	城市_广州	城市_上海	城市_杭州
1	0	0	0
2	0	1	0
3	0	0	1
4	0	1	0

图 9-1 独热编码与哑变量编码

OneHotEncoder 函数常用的参数及其说明，如表 9-8 所示。

表 9-8 OneHotEncoder 函数常用的参数及其说明

参数名称	说 明
categories	接收“auto”和 list，表示每个特征的类别。“auto”表示从训练集自动确定类别；list 中，categories[i] 保存第 i 列中预期的类别。默认为“auto”

使用 OneHotEncoder 函数创建独热编码转换器并使用 fit 方法生成计算规则（需注意，fit 仅接收数值型数据，所以要先将类别型数据转换为数值型数据，最后结果返回 OneHotEncoder 对象），如代码清单 9-11 所示。

代码清单 9-11 使用 OneHotEncoder 函数创建独热编码转换器并生成计算规则

In[16]:

```
x_train = np.array([['男', '北京', '已婚'],
                    ['男', '上海', '未婚'],
                    ['女', '广州', '已婚']])
x_test = np.array([['男', '北京', '未婚']])
# 构建分类型转换为数值型函数
def  auto_coder(X):
    for i in range(X.shape[1]):
        X[: , i] = preprocessing.LabelEncoder().fit_transform(X[: , i])
    X = X.astype(int)
    return X
# 将训练集转换为数值型
x_train_num = auto_coder(x_train)
print('转换为数值型后的训练集为：\n', x_train_num)
```

Out[16]:

```
转换为数值型后的训练集为：
 [[1 1 0]
 [1 0 1]
 [0 2 0]]
```

In[17]:

```
  # 创建转换器并生成规则
oe_transformer = preprocessing.OneHotEncoder().fit(x_train_num)
print('生成规则后的独热编码转换器为：\n', oe_transformer)
```

```
Out[17]:    生成规则后的独热编码转换器为:
            OneHotEncoder(categorical_features='all', dtype=<class 'numpy.float64'>,
                   handle_unknown='error', n_values='auto', sparse=True)
```

OneHotEncoder 对象的方法，如表 9-9 所示。

表 9-9 OneHotEncoder 对象的方法

方 法	说 明
fit	生成计算规则
fit_transform	先应用 fit 方法，然后应用 transform 方法
get_feature_names	返回输出特征的特征名称
get_params	获取对象参数
inverse_transform	将应用了变换的数据转换回到原数据
set_params	设置对象参数
transform	对数据进行转换

使用 transform 方法对训练集进行转换，并在测试集上应用相同的转换（注意使用 toarray 方法将结果转换为数组形式），如代码清单 9-12 所示。

代码清单 9-12 使用 transform 方法对数据集进行转换

```
In[18]:     print('独热编码后的训练集为：\n',
                  oe_transformer.transform(x_train_num).toarray())

Out[18]:    独热编码后的训练集为:
             [[0. 1. 0. 1. 0. 1. 0.]
             [0. 1. 1. 0. 0. 0. 1.]
             [1. 0. 0. 0. 1. 1. 0.]]

In[19]:     x_test_num = auto_coder(x_test)
            print('独热编码后的测试集为：\n',
                  oe_transformer.transform(x_test_num).toarray())

Out[19]:    独热编码后的测试集为:
             [[1. 0. 1. 0. 0. 1. 0.]]
```

9.2 降维

机器学习领域中的降维指在某些限定条件下，降低随机变量个数，得到一组相关性不强的主变量的过程。降维采用某种映射方法，将原高维空间中的数据点映射到低维度的空间中。降维的本质是一个映射函数 $f: x \rightarrow y$，其中 x 代表原始数据点的表达式，目前大部分表达式为向量表达形式；y 为数据点映射后的低维向量表达式，降维后 y 的维度将小于 x 的维度。

在原始的高维空间中，包含有冗余信息以及噪音信息，将会降低模型的识别精度。机器学习算法的复杂度和数据的维数有着密切关系，甚至与维数呈指数级关联。通过有效降维将能在一定程度上减少冗余信息，从而提高模型的识别精度，提高模型的运行效率。且高维数据无法通过作图可视化，降维后可通过图形可视化寻找数据内部的结构特征。

降维可分为特征选择和特征提取两种方法。特征选择假定数据中包含大量冗余或无关变量（又称特征、属性、指标），旨在从原有变量中找出主要变量。特征提取是将高维数据转化为低维数据的过程。在此过程中可能舍弃原有数据、创造新的变量。

scikit-learn 库中集成有多种降维算法，具体如表 9-10 所示。

表 9-10 scikit-learn 库降维算法

函 数	算法名称	作 用
PCA	主成分分析	用于对一组连续正交分量中的多变量数据集进行方差最大方向的分解
GaussianRandomProjection	高斯随机投影	通过将原始输入空间投影到随机生成的矩阵来降低维度
SparseRandomProjection	稀疏随机矩阵	使用稀疏随机矩阵，通过投影原始输入空间来降低维度
DictionaryLearning	字典学习	找到一个在拟合数据的稀疏编码中表现良好的词典来降低维度，是一个矩阵因式分解问题
FastICA	独立成分分析	将多变量信号分解为独立性最强的加性子组件
NMF	非负矩阵分解	在矩阵中所有元素均为非负数约束条件之下的矩阵分解方法
LinearDiscriminantAnalysis	线性判别分析	将数据通过投影的方法，映射到更低维度的空间中，投影后的数据会按照类别进行区分，相同类别的数据将会在投影后的空间中更为接近

9.2.1 PCA

特征提取的一个典型代表方法为主成分分析。主成分分析（Principe component analysis，PCA）由 Karl Pearson 在 1901 年发明，是一种广泛应用于不同领域的无监督线性数据转换技术。PCA 基于特征之间的关系识别出数据内在模式，通过计算协方差矩阵的特征值和相应的特征向量，在高维数据中找到最大方差的方向，并将数据映射到一个维度不大于原始数据的新的子空间上，如图 9-2 所示。

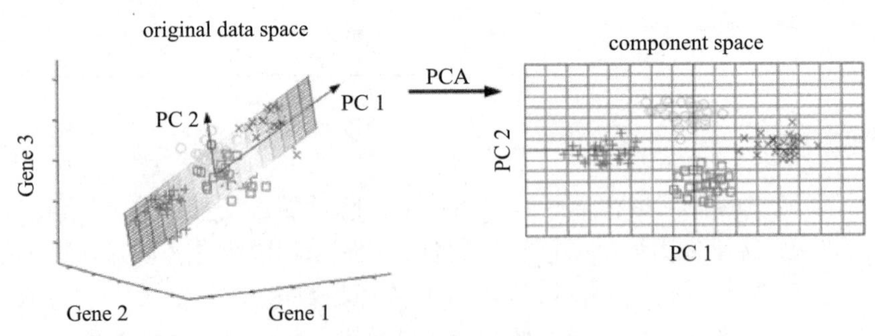

图 9-2 PCA 算法原理

PCA 是无监督学习的一种，用户不需要对模型的计算过程进行干预，但也有可能因此无法得到预期的结果。PCA 对数据进行降维时，其对主元向量的重要性进行排序，根据需要取前面最重要的部分，将后面的维数省去，同时最大程度保持了原有数据的信息，但贡献率小的主成分往往可能含有对样本差异的重要信息。

scikit-learn 库中提供 PCA 函数可创建 PCA 模型，PCA 函数语法格式如下。

```
sklearn.decomposition.PCA(n_components=None, copy=True, whiten=False, svd_solver='auto', tol=0.0, iterated_power='auto', random_state=None)
```

PCA 函数的参数及说明如表 9-11 所示。

表 9-11 PCA 函数参数及说明

参数名称	说 明
n_components	接收 int 或 string，默认为 None，表示所要保留的主成分个数 n，即保留下来的特征个数 n。赋值为 int 时，表示降维的维度，如 n_components=1，将把原始数据降到一个维度；赋值为 string 时，表示降维的模式，如 n_components='mle'，将自动选取特征个数 n，使得满足所要求的方差百分比
copy	接收 bool，默认为 True，表示是否在运行算法时，将原始训练数据复制一份。若为 True，则运行后，原始训练数据的值不会有任何改变，因为是在原始数据的副本上进行运算；若为 False，则运行后，原始训练数据的值会发生改变
whiten	接收 bool，默认为 False，作用为白化，使得每个特征具有相同的方差
svd_solver	接收 str，默认为“auto”

样本数据使用 scikit-learn 库中 iris（鸢尾花）数据集，含有 4 个特征、150 条记录，标签分为 3 类，导入 datasets 模块中的 iris 数据集，如代码清单 9-13 所示。

代码清单 9-13 导入 iris 数据集

```
In[1]:
from sklearn import datasets
# 加载 iris 数据集
iris = datasets.load_iris()
x = iris.data
print('iris 数据集前 10 行为: \n', x[: 10])

Out[1]:
iris 数据集前 10 行为:
 [[5.1 3.5 1.4 0.2]
 [4.9 3.  1.4 0.2]
 [4.7 3.2 1.3 0.2]
 [4.6 3.1 1.5 0.2]
 [5.  3.6 1.4 0.2]
 [5.4 3.9 1.7 0.4]
 [4.6 3.4 1.4 0.3]
 [5.  3.4 1.5 0.2]
 [4.4 2.9 1.4 0.2]
 [4.9 3.1 1.5 0.1]]

In[2]:
print('iris 数据集的维度为: ', x.shape)

Out[2]:
iris 数据集的维度为: (150, 4)
```

使用 PCA 降维后需保留 95% 以上的方差，方能保证降维的效果。可通过调整 PCA 函数中的 n_components 参数实现，通常有以下 3 种方法。

1）手动设置维度，此时 n_components 参数为 int 类型，即降维后的维度，通过 explained_variance_ratio_ 属性降维后查看保留的方差百分比，以此为依据来调整合适的 n_components 参数。n_components 参数应设置为不小于 1 的整数。

2）手动设置保留的方差百分比，此时 n_components 参数也为 int 类型，系统将会自动选择维度。n_components 参数的值应大于 0 且不大于 1。

3）将 n_components 参数设置为 string 类型，取值为“mle”，PCA 类将会用 MLE 最大似然算法根据特征的方差分布情况，仔细选择合适数量的主成分特征来降维，达到自动择优降维的目的。

使用 PCA 函数通过 3 种方式构建模型，并通过 fit 方法训练模型，如代码清单 9-14 所示。

代码清单 9-14　通过 3 种方式构建并训练模型

In[3]:
```
from sklearn.decomposition import PCA
# 指定保留的特征数为 3
pca = PCA(n_components = 3).fit(x)
print('指定特征数的 PCA 模型为：\n', pca)
```

Out[3]:
```
指定特征数的 PCA 模型为：
PCA(copy=True, iterated_power='auto', n_components=3, random_state=None,
  svd_solver='auto', tol=0.0, whiten=False)
```

In[4]:
```
# 指定降维后保留的方差百分比 0.95
pca1 = PCA(n_components = 0.95).fit(x)
print('指定方差百分比的 PCA 模型为：\n', pca1)
```

Out[4]:
```
指定方差百分比的 PCA 模型为：
PCA(copy=True, iterated_power='auto', n_components=0.95, random_state=None,
  svd_solver='auto', tol=0.0, whiten=False)
```

In[5]:
```
# 指定使用 MLE 最大似然算法自动降维
pca2 = PCA(n_components = "mle").fit(x)
print('指定 MLE 算法的 PCA 模型为：\n', pca2)
```

Out[5]:
```
指定 MLE 算法的 PCA 模型为：
PCA(copy=True, iterated_power='auto', n_components='mle', random_state=None,
  svd_solver='auto', tol=0.0, whiten=False)
```

PCA 类中包含 7 种属性，如表 9-12 所示。

表 9-12　PCA 类中的属性及说明

属　性	说　明
components_	返回具有最大方差的成分

（续）

属 性	说 明
explained_variance_	所保留的 n 个成分各自的方差
explained_variance_ratio_	白化，使得每个特征具有相同的方差
n_components_	返回所保留的成分个数 n
noise_variance_	噪声方差大小
mean_	特征均值
singular_values_	每个特征的奇异值

以指定保留特征数为 3 的方法为例，查看特征方差和方差占比，如代码清单 9-15 所示。

代码清单 9-15 查看特征方差和方差占比

In[6]:

```
# 查看模型训练后各项特征的方差
print('各项特征的方差为：', pca.explained_variance_)
```

Out[6]:

```
各项特征的方差为：[4.22484077 0.24224357 0.07852391]
```

In[7]:

```
# 查看降维后的特征占所有特征的方差百分比
print('降维后的特征的方差占比为：', pca.explained_variance_ratio_)
```

Out[7]:

```
降维后的特征的方差占比为：[0.92461621 0.05301557 0.01718514]
```

PCA 类中包含 10 种方法，如表 9-13 所示。

表 9-13 PCA 中的方法

方 法	格 式	作 用
fit()	fit(X, y=None)	scikit-learn 中通用的方法，fit(X) 表示用数据 X 来训练 PCA 模型
fit_transform()	fit_transform(X)	用数据 X 来训练 PCA 模型，同时返回降维后的数据
get_covariance()	get_covariance()	计算并生成模型的协方差
get_params()	get_params(deep=True)	获取当前模型的参数
get_precision()	get_precision()	计算当前模型的精度矩阵
inverse_transform()	inverse_transform(X)	将降维后的数据转换成原始数据
score()	score(X, y=None)	返回所有样本的平均对数似然数
score_samples()	score_samples(X)	返回每个样本的对数似然数
set_params()	set_params(**params)	设置模型的参数
transform()	transform(X)	将数据 X 转换成降维后的数据

使用 transform 方法输出 3 种方法降维后的前 10 个样本数据，如代码清单 9-16 所示。

代码清单 9-16 使用 fit_transform 方法输出降维后的结果

In[8]:

```
# 查看指定特征数的结果
x_pca = pca.transform(x)
print('指定特征数的降维结果前 10 行数据为：\n', x_pca[: 10])
```

```
Out[8]:    指定特征数的降维结果前 10 行数据为:
            [[-2.68420713  0.32660731 -0.02151184]
            [-2.71539062 -0.16955685 -0.20352143]
            [-2.88981954 -0.13734561  0.02470924]
            [-2.7464372  -0.31112432  0.03767198]
            [-2.72859298  0.33392456  0.0962297 ]
            [-2.27989736  0.74778271  0.17432562]
            [-2.82089068 -0.08210451  0.26425109]
            [-2.62648199  0.17040535 -0.01580151]
            [-2.88795857 -0.57079803  0.02733541]
            [-2.67384469 -0.1066917  -0.1915333 ]]
```

```
In[9]:
# 查看指定方差百分比的降维结果
x_pca1 = pca1.transform(x)
print('指定方差百分比的降维结果前 10 行数据为: \n', x_pca1[: 10])
```

```
Out[9]:    指定方差百分比的降维结果前 10 行数据为:
            [[-2.68420713  0.32660731]
            [-2.71539062 -0.16955685]
            [-2.88981954 -0.13734561]
            [-2.7464372  -0.31112432]
            [-2.72859298  0.33392456]
            [-2.27989736  0.74778271]
            [-2.82089068 -0.08210451]
            [-2.62648199  0.17040535]
            [-2.88795857 -0.57079803]
            [-2.67384469 -0.1066917 ]]
```

```
In[10]:
# 查看 MLE 算法降维结果
x_pca2 = pca2.transform(x)
print('MLE 算法的降维结果前 10 行数据为: \n', x_pca2[: 10])
```

```
Out[10]:   MLE 算法的降维结果前 10 行数据为:
            [[-2.68420713  0.32660731 -0.02151184]
            [-2.71539062 -0.16955685 -0.20352143]
            [-2.88981954 -0.13734561  0.02470924]
            [-2.7464372  -0.31112432  0.03767198]
            [-2.72859298  0.33392456  0.0962297 ]
            [-2.27989736  0.74778271  0.17432562]
            [-2.82089068 -0.08210451  0.26425109]
            [-2.62648199  0.17040535 -0.01580151]
            [-2.88795857 -0.57079803  0.02733541]
            [-2.67384469 -0.1066917  -0.1915333 ]]
```

9.2.2 随机投影

随机投影的理论依据为 Johnson-Lindenstrauss Lemma，该理论的核心思想是，在高维欧氏空间里的点集映射到低维空间里相对距离得到某误差范围内的保持。

随机投影可使得数据在投影后的数据点之间的距离信息变化不大，前提为需要将维度降到一个合适的范围内。但并非所有的样本都适合使用随机投影进行降维，对于部分非均匀分布的高维数据，使用随机投影后会使得样本混杂在一起。

1. 高斯随机投影

高斯随机投影（Gaussian Random Projection）是实现随机投影的算法中的一种。高斯分布产生的每个投射点的概率都一样，即均匀分布。对于低维高斯分布来说，其概率质量主要集中在均值附近，在高维情况下也同样成立。

scikit-learn 库中提供 GaussianRandomProjection 函数可实现高斯随机投影，GaussianRandomProjection 函数语法格式如下。

```
sklearn.random_projection.GaussianRandomProjection(n_components='auto', eps=0.1, random_state=None)
```

GaussianRandomProjection 函数的常用参数及说明如表 9-14 所示。

表 9-14　GaussianRandomProjection 函数常用参数及说明

参数名称	说　明
n_components	接收 int 或 string，默认为“auto”，表示通过投影降维后的维数，该参数为“auto”时，将根据数据集中的样本数和 Johnson-Lindenstrauss 引理给出的界自动调整，此时的降维效果由 eps 参数控制
eps	接收 float，默认为 0.1，表示欧几里得空间距离的离散容忍度，当 n_components 参数设置为“auto”时，根据 Johnson-Lindenstrauss 引理控制降维效果的参数
random_state	接收 int 或 RandomState instance，默认为 None，用于在训练时控制伪随机数发生器生成矩阵。该参数为 int 类型时，为随机数生成器使用的种子；该参数为 RandomState instance 时，为随机数生成器；若为 None 时，使用的随机数生成器为 np.random 模块使用的 RandomState 实例

通常使用高斯随机投影降维需要保证欧几里得空间距离的离散容忍度即 eps 参数至少为 0.1 以上，也可根据实际数据情况自行调整降维维度。使用 iris 数据集作为降维对象数据集，已知 iris 数据集为含有 150 条记录 4 维数据，若指定 eps 为 0.1，则至少需要指定 4294 维度，与降维目的不合。此处指定 n_components 参数为 3，使用 GaussianRandomProjection 函数构建模型，并使用 fit 方法训练模型，如代码清单 9-17 所示。

代码清单 9-17　使用 GaussianRandomProjection 函数构建并训练模型

```
In[11]:   from sklearn import datasets
          from sklearn.random_projection import GaussianRandomProjection
          # 加载 iris 数据集
          iris = datasets.load_iris()
          x = iris.data
          print('iris 数据集前 10 行: \n', x[:10])
```

```
Out[11]:  iris 数据集前 10 行:
           [[5.1 3.5 1.4 0.2]
           [4.9 3.  1.4 0.2]
           [4.7 3.2 1.3 0.2]
           [4.6 3.1 1.5 0.2]
```

```
 [5.   3.6 1.4 0.2]
 [5.4 3.9 1.7 0.4]
 [4.6 3.4 1.4 0.3]
 [5.   3.4 1.5 0.2]
 [4.4 2.9 1.4 0.2]
 [4.9 3.1 1.5 0.1]]
```

In[12]:

```
# 构建并训练模型
grp = GaussianRandomProjection(n_components = 3).fit(x)
print('高斯随机投影：',grp)
```

Out[12]:

```
高斯随机投影：GaussianRandomProjection(eps=0.1, n_components=3, random_
state=None)
```

GaussianRandomProjection 类中的属性有 n_components_ 和 components_，如表 9-15 所示。

表 9-15　GaussianRandomProjection 类中的属性及说明

属　性	说　明
n_components_	当 n_components 参数为“auto”时，返回自动选择的降维维度
components_	用于降维的高斯随机投影矩阵

查看模型的降维维度和模型使用的高斯随机投影矩阵，如代码清单 9-18 所示。

代码清单 9-18　查看降维维度和高斯随机投影矩阵

In[13]:

```
# 查看模型选择的降维维度
print('降维维度：', grp.n_components_)
```

Out[13]:

```
降维维度：3
```

In[14]:

```
# 查看模型使用的高斯随机投影矩阵
print('高斯随机投影矩阵：\n', grp.components_)
```

Out[14]:

```
高斯随机投影矩阵：
 [[-0.56268854 -0.43165811 -0.80330413  0.49406381]
 [ 0.32528282  0.02436558 -1.29570013 -0.11135447]
 [ 0.15246054 -0.34531412 -0.1440396  -1.0575079 ]]
```

GaussianRandomProjection 类中提供 5 种方法，如表 9-16 所示。

表 9-16　GaussianRandomProjection 类中的方法

方　法	格　式	作　用
fit()	fit(X, y=None)	生成数据 X 的高斯投影矩阵
fit_transform()	fit_transform(X, y=None, **fit_params)	用数据 X 来训练模型，同时返回降维后的数据
get_params()	get_params(deep=True)	获取当前模型的参数
set_params()	set_params(**params)	设置模型的参数
transform()	transform(X)	使用生成的随机投影矩阵与数据 X 的矩阵乘积进行降维

使用 transform 方法调用模型对生成的数据进行降维，如代码清单 9-19 所示。

代码清单 9-19 调用模型对生成的数据进行降维

```
In[15]:  # 使用 transform 方法降维
         trans_x = grp.transform(x)
         print('降维后的数据前 10 行：\n', trans_x[:10])

Out[15]: 降维后的数据前 10 行：
          [[-5.40632794 -0.09202914 -0.8442077 ]
          [-5.07796117 -0.1692685  -0.70204275]
          [-4.97142468 -0.09988193 -0.78719372]
          [-5.03265084 -0.3939868  -0.79671628]
          [-5.39322489 -0.12212087 -0.89398517]
          [-5.88997622 -0.395679   -1.19130865]
          [-5.03241148 -0.26824256 -0.99165735]
          [-5.38722368 -0.256564   -0.8393263 ]
          [-4.75345109 -0.33434647 -0.74374161]
          [-5.25086378 -0.28526651 -0.64522733]]
```

2. 稀疏随机矩阵

另一种随机投影的降维方法为稀疏随机矩阵（Sparse Random Projection），通过投影原始输入空间来降低维度。稀疏矩阵可以代替高斯随机投影矩阵来保证相似的嵌入质量，且内存利用率更高，投影数据的计算更快。

scikit-learn 库中提供 SparseRandomProjection 函数可实现稀疏随机矩阵投影，SparseRandomProjection 函数语法格式如下。

```
sklearn.random_projection.SparseRandomProjection(n_components='auto', density='auto', eps=0.1, dense_output=False, random_state=None)
```

SparseRandomProjection 函数的常用参数及说明如表 9-17 所示。

表 9-17 SparseRandomProjection 函数常用参数及说明

参数名称	说明
n_components	接收 int 或 string，默认为“auto”，表示通过投影降维后的维数。该参数为“auto”时，将根据数据集中的样本数和 Johnson-Lindenstrauss 引理给出的界自动调整，此时的降维效果由 eps 参数控制
density	接收 float，区间为 0 到 1 之间，默认为“auto”，表示生成的随机投影矩阵中非零分量的比率。该参数为“auto”时，该参数将设置为 Ping Li 等人推荐的最小密度 1/sqrt(n_features)
eps	接收 float，默认为 0.1，表示欧几里得空间距离的离散容忍度。当 n_components 参数设置为“auto”时，根据 Johnson-Lindenstrauss 引理控制降维效果的参数
dense_output	接收 bool，默认为 Fales。若为 Ture，即使输入的数据和随机投影矩阵都是稀疏的，输出的结果依然是密集的 numpy 数组；若为 False，则输入的数据为稀疏数据时，输出的结果也是稀疏的
random_state	接收 int 或 RandomState instance，默认为 None，用于在训练时控制伪随机数发生器生成矩阵。该参数为 int 类型时，为随机数生成器使用的种子；该参数为 RandomState instance 时，为随机数生成器；若为 None 时，使用的随机数生成器为 np.random 模块使用的 RandomState 实例

与高斯随机投影一致，使用稀疏随机矩阵降维也需要保证欧几里得空间距离的离散容忍度即 eps 参数至少为 0.1 以上。使用 iris 数据集作为降维对象数据集，指定 n_components 参数为 2，使用 SparseRandomProjection 函数构建模型，并使用 fit 方法训练模型，如代码清单 9-20 所示。

代码清单 9-20　使用 SparseRandomProjection 函数构建并训练模型

```
In[16]:  from sklearn import datasets
         from sklearn.random_projection import SparseRandomProjection
         # 加载 iris 数据集
         iris = datasets.load_iris()
         x = iris.data
         print('iris 数据集前 10 行: \n', x[:10])

Out[16]: iris 数据集前 10 行:
          [[5.1 3.5 1.4 0.2]
          [4.9 3.  1.4 0.2]
          [4.7 3.2 1.3 0.2]
          [4.6 3.1 1.5 0.2]
          [5.  3.6 1.4 0.2]
          [5.4 3.9 1.7 0.4]
          [4.6 3.4 1.4 0.3]
          [5.  3.4 1.5 0.2]
          [4.4 2.9 1.4 0.2]
          [4.9 3.1 1.5 0.1]]

In[17]:  # 构建并训练模型
         srp = SparseRandomProjection(n_components=2).fit(x)
         print(' 稀疏随机矩阵: \n', srp)

Out[17]: 稀疏随机矩阵:
          SparseRandomProjection(dense_output=False, density='auto', eps=0.1,
                    n_components=2, random_state=None)
```

SparseRandomProjection 类中包含 3 种属性，如表 9-18 所示。

表 9-18　SparseRandomProjection 类中的属性及说明

属　性	说　明
n_components_	当 n_components 参数为“auto”时，返回自动选择的降维维度
components_	用于降维的高斯随机投影矩阵
density_	density 参数为“auto”时，模型选择的实际具体密度

查看模型选择的降维维度、使用的稀疏随机矩阵和实际具体密度，如代码清单 9-21 所示。

代码清单 9-21　查看降维维度、稀疏随机矩阵和实际具体密度

```
In[18]:  # 查看模型选择的降维维度
         print(' 降维维度: ', srp.n_components_)
```

```
Out[18]:  降维维度: 2

In[19]:   # 查看模型使用的稀疏随机矩阵
          print('稀疏随机矩阵: \n', srp.components_)

Out[19]:  稀疏随机矩阵:
             (0, 1)-1.0
            (0, 2) 1.0
            (0, 3) -1.0
            (1, 2) 1.0
            (1, 0) 1.0
            (1, 1) -1.0

In[20]:   # 查看模型的实际密度
          print('实际密度: ', srp.density_)

Out[20]:  实际密度: 0.5
```

SparseRandomProjection 类中提供 5 种方法，如表 9-19 所示。

表 9-19 SparseRandomProjection 类中的方法

方　法	格　式	作　用
fit()	fit(X, y=None)	生成数据 X 的稀疏随机投影矩阵
fit_transform()	fit_transform(X, y=None, **fit_params)	用数据 X 来训练模型，同时返回降维后的数据
get_params()	get_params(deep=True)	获取当前模型的参数
set_params()	set_params(**params)	设置模型的参数
transform()	transform(X)	使用生成的随机投影矩阵与数据 X 的矩阵乘积进行降维

使用 transform 方法调用模型对生成的数据进行降维，如代码清单 9-22 所示。

代码清单 9-22 调用模型对生成的数据进行降维

```
In[21]:   # 使用transform方法降维
          trans_x = srp. transform(x)
          print('降维后的数据前10行: \n', trans_x[:10])

Out[21]:  降维后的数据前10行:
           [[-2.3  3. ]
           [-1.8  3.3]
           [-2.1  2.8]
           [-1.8  3. ]
           [-2.4  2.8]
           [-2.6  3.2]
           [-2.3  2.6]
           [-2.1  3.1]
           [-1.7  2.9]
           [-1.7  3.3]]
```

9.2.3 字典学习

稀疏编码（Sparse Coding）将一个信号表示为一组基的线性组合，而且要求只需要较少的几个基就可以将信号表示出来。稀疏编码算法是一种无监督学习方法，通常用来寻找一组“超完备”基向量来更高效地表示样本数据。稀疏编码算法中的字典学习（Dictionary Learning）是一个矩阵因式分解问题，旨在从原始数据中找到一组特殊的稀疏信号，在机器视觉中称为视觉单词（visual words），这一组稀疏元素能够足够线性表示所有的原始信号。字典学习降维的过程如图 9-3 所示。

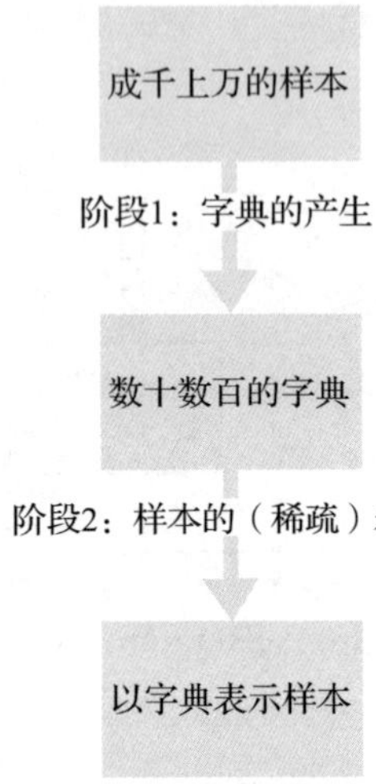

字典学习对于噪声的鲁棒性强，对大量数据处理速度问题有很大的改进和突破。但预定的字典会带有很多原始数据中的噪声等污染，且字典冗余，当训练数据的位数增加时，计算速度和事件都将遇到瓶颈问题。

scikit-learn 库中的 MiniBatchDictionaryLearning 函数实现了更快、更适合大型数据集的字典学习算法，其运行速度更快，但准确度有所降低。MiniBatchDictionaryLearning 函数语法格式如下。

成千上万的样本

阶段1：字典的产生

数十数百的字典

阶段2：样本的（稀疏）表示

以字典表示样本

图 9-3　字典学习降维过程

```
sklearn.decomposition.MiniBatchDictionaryLearning(n_components=None, alpha=1, n_iter=1000, fit_algorithm='lars', n_jobs=1, batch_size=3, shuffle=True, dict_init=None, transform_algorithm='omp', transform_n_nonzero_coefs=None, transform_alpha=None, verbose=False, split_sign=False, random_state=None)
```

MiniBatchDictionaryLearning 函数的常用参数及说明如表 9-20 所示。

表 9-20　MiniBatchDictionaryLearning 函数常用参数及说明

参数名称	说　明
n_components	接收 int，默认为 None，表示要提取的字典元素的数量
alpha	接收 float，默认为 1，稀疏控制参数，表示字典的稀疏性
n_iter	接收 int，默认为 1000，表示函数要执行的迭代次数上限
batch_size	接收 int，默认为 3，表示每个小批量的样品数量
transform_n_nonzero_coefs	接收 int，默认为 0.1 乘以特征数，表示字典中每列的非零系数的个数，仅当 fit_algorithm 参数为“lars”和参数 transform_algorithm 为“omp”的时候生效，且当参数为“omp”时，该参数被 alpha 参数覆盖
random_state	接收 int 或 RandomState instance，默认为 None。该参数为 int 类型时，为随机数生成器使用的种子；该参数为 RandomState instance 时，为随机数生成器；若为 None 时，使用的随机数生成器为 np.random 模块使用的 RandomState 实例

样本数据使用 SciPy 库中 face（面部）数据集，对数据进行映射与采样，保留 384 条记录和 512 个特征，导入 face 数据集并对数据进行采样，如代码清单 9-23 所示。

代码清单 9-23 导入 face 数据集并对数据进行采样

In[22]:
```
import matplotlib.pyplot as plt
import numpy as np
from scipy import misc
# 导入数据
face = misc.face(gray=True)
print('导入的图像数据前 10 行：\n',face[:10])
```

Out[22]:
```
导入的图像数据前 10 行：
 [[114 130 145 ... 119 129 137]
 [ 83 104 123 ... 118 134 146]
 [ 68  88 109 ... 119 134 145]
 ...
 [ 68  69  66 ... 130 134 137]
 [101  93  84 ... 125 114 107]
 [122 115 107 ...  73  65  62]]
```

In[23]:
```
# 对数据进行映射和采样
face = face / 255.0
face = face[::2, ::2] + face[1::2, ::2] + face[::2, 1::2] + face[1::2, 1::2]
face = face / 4.0
height, width = face.shape
print('数据行数：',height)
print('数据特征数：',width)
```

Out[23]:
```
数据行数：384
数据特征数：512
```

In[24]:
```
# 对照片的右半部分加上噪声
distorted = face.copy()
distorted[:, width // 2:] += 0.075 * np.random.randn(height, width // 2)
print('处理后的图像数据前 10 行：\n',distorted[:10])
```

Out[24]:
```
处理后的图像数据前 10 行：
 [[0.42254902 0.53431373 0.56078431 ... 0.54702481 0.44310531 0.49965478]
 [0.32156863 0.44117647 0.47843137 ... 0.43788229 0.50950202 0.59725553]
 [0.44705882 0.49901961 0.57647059 ... 0.52654659 0.49109466 0.41316852]
 ...
 [0.25490196 0.29019608 0.2        ... 0.45455388 0.34299507 0.46012839]
 [0.34509804 0.42156863 0.6        ... 0.4162451  0.39950338 0.45976707]
 [0.54411765 0.55392157 0.58333333 ... 0.49935678 0.28596557 0.47610989]]
```

MiniBatchDictionaryLearning 函数需要依据需求手动指定提取的字典元素的个数，alpha 参数的范围通常不大于 1。对数据进行标准化，之后使用 MiniBatchDictionaryLearning 函数生成 MiniBatchDictionaryLearning 模型并使用 fit 方法训练模型，如代码清单 9-24 所示。

代码清单 9-24 生成并训练 MiniBatchDictionaryLearning 模型

In[25]:
```
from sklearn.decomposition import MiniBatchDictionaryLearning
```

```
from sklearn.feature_extraction.image import extract_patches_2d
# 对图片的左半部分(未加噪声的部分)提取pitch
patch_size = (7, 7)     # pitch大小
data = extract_patches_2d(distorted[:, :width // 2], patch_size)
data = data.reshape(data.shape[0], -1)
# zscore标准化
data -= np.mean(data, axis=0)
data /= np.std(data, axis=0)
# 创建MiniBatchDictionaryLearning模型
dico = MiniBatchDictionaryLearning(n_components=100, alpha=1, n_
iter=500).fit(data)
print('字典学习:\n',dico)
```

```
Out[25]:  字典学习:
 MiniBatchDictionaryLearning(alpha=1, batch_size=3, dict_init=None,
             fit_algorithm='lars', n_components=100, n_iter=500, n_jobs=1,
             random_state=None, shuffle=True, split_sign=False,
             transform_algorithm='omp', transform_alpha=None,
             transform_n_nonzero_coefs=None, verbose=False)
```

MiniBatchDictionaryLearning 类中包含 3 种属性，如表 9-21 所示。

表 9-21　MiniBatchDictionaryLearning 类中属性及说明

属　性	说　明
components_	表示生成的字典
inner_stats_	字典协方差矩阵与相似度矩阵构成的元组
n_iter_	算法运行时的迭代次数

调用 fit 方法提取样本集 data 的字典，使用 components_ 属性返回提取的字典，如代码清单 9-25 所示。

代码清单 9-25　使用 components_ 属性返回提取的字典

```
In[26]:   # 调用components_属性返回获取的字典
          V = dico.components_
          print('获取的字典:\n',V)
```

```
Out[26]:  获取的字典:
 [[-0.14154065 -0.14114461 -0.14972067 ... -0.14638146 -0.16120508
  -0.16920499]
 [-0.15108317 -0.12804422 -0.10843716 ... -0.17041375 -0.1707759
  -0.17562035]
 [ 0.1162467   0.10077714  0.11187061 ...  0.07147817  0.0931403
   0.08604879]
 ...
 [ 0.24055864  0.24932689  0.22158974 ...  0.15849874  0.18856158
   0.19721322]
 [ 0.11874103  0.11674641  0.15694547 ...  0.17762049  0.21169141
```

```
  0.22657417]
 [ 0.17754629  0.1795094   0.19302473 ...  0.04214805  0.11282479
  0.14289586]]
```

In[27]:

```
# 画出V中的字典
plt.figure(figsize=(4.2, 4))    # 定义图片大小，4.2英寸宽，4英寸高
# 循环画出100个字典V中的字典
for i, comp in enumerate(V[:100]):
    plt.subplot(10, 10, i + 1)
    plt.imshow(comp.reshape(patch_size), cmap=plt.cm.gray_r,
               interpolation='nearest')
    plt.xticks(())
    plt.yticks(())
plt.suptitle('Dictionary learned from face patches',fontsize=16)
plt.subplots_adjust(0.08, 0.02, 0.92, 0.85, 0.08, 0.23) #left,
right, bottom, top, wspace, hspace.
plt.show()
```

Out[27]:

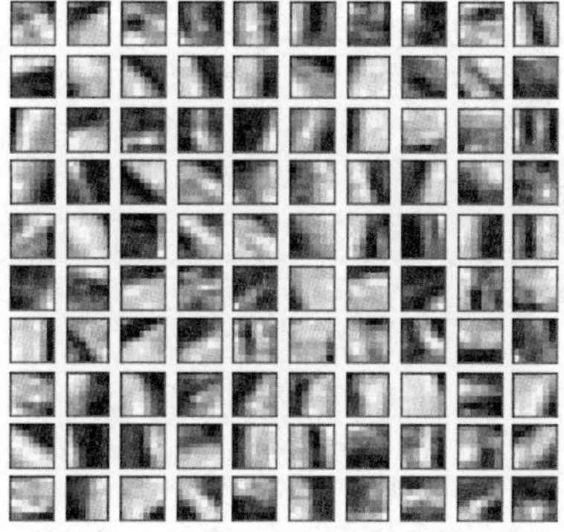

MiniBatchDictionaryLearning 类中含有 6 种方法，如表 9-22 所示。

表 9-22 MiniBatchDictionaryLearning 类中的方法

方 法	格 式	作 用
fit()	fit(X, y=None)	scikit-learn 中通用的方法，fit(X) 表示用数据 X 来训练模型
fit_transform()	fit_transform(X)	用数据 X 来训练模型，同时返回降维后的数据
get_params()	get_params(deep=True)	获取当前模型的参数
partial_fit()	partial_fit(X, y=None, iter_offset=None)	使用 X 中的数据作为 mini-batch 更新模型
set_params()	set_params(**params)	设置模型的参数
transform()	transform(X)	将数据 X 转换成降维后的数据

使用通用方法 set_params 修改参数设置 4 种字典表现方式，通过 transform 方法对右半部分的含有噪声的图像进行字典表示，并绘制图形，如代码清单 9-26 所示。

代码清单 9-26　修改参数并对含有噪声的图像进行字典表示

In[28]:

```
from sklearn.feature_extraction.image import reconstruct_from_patches_2d
# 定义函数用于对比字典学习前后的效果
def show_with_diff(image, reference, title):
    plt.figure(figsize=(5, 3.3))
    plt.subplot(1, 2, 1)
    plt.title('Image')
    plt.imshow(image, vmin=0, vmax=1, cmap=plt.cm.gray,
               interpolation='nearest')
    plt.xticks(())
    plt.yticks(())
    plt.subplot(1, 2, 2)
    difference = image - reference
    plt.title('Difference (norm: %.2f)' % np.sqrt(np.sum(difference ** 2)))
    plt.imshow(difference, vmin=-0.5, vmax=0.5, cmap=plt.cm.PuOr,
               interpolation='nearest')
    plt.xticks(())
    plt.yticks(())
    plt.suptitle(title, size=16)
    plt.subplots_adjust(0.02, 0.02, 0.98, 0.79, 0.02, 0.2)

# 画出图像及噪声
show_with_diff(distorted, face, 'Distorted image')
plt.show()
```

Out[28]:

In[29]:

```
# 提取图像含有噪声的右半部进行字典学习
data = extract_patches_2d(distorted[:, width // 2:], patch_size)
data = data.reshape(data.shape[0], -1)
intercept = np.mean(data, axis=0)
data -= intercept
# 4 种不同的字典表示策略
transform_algorithms = [
    ('Orthogonal Matching Pursuit\n1 atom', 'omp',
     {'transform_n_nonzero_coefs': 1}),
    ('Orthogonal Matching Pursuit\n2 atoms', 'omp',
     {'transform_n_nonzero_coefs': 2}),
    ('Least-angle regression\n5 atoms', 'lars',
     {'transform_n_nonzero_coefs': 5}),
    ('Thresholding\n alpha=0.1', 'threshold', {'transform_alpha': .1})]
```

```
# 循环绘出 4 种字典表示策略的结果
reconstructions = {}
for title, transform_algorithm, kwargs in transform_algorithms:
    print(title + '...')
    reconstructions[title] = face.copy()
    # 通过 set_params 方法对参数进行设置
    dico.set_params(transform_algorithm=transform_algorithm, **kwargs)
    # 通过 transform 方法对数据进行字典表示
    code = dico.transform(data)
    # code 矩阵乘 V 得到复原后的矩阵 patches
    patches = np.dot(code, V)
    patches += intercept
    patches = patches.reshape(len(data), *patch_size)
    if transform_algorithm == 'threshold':
        patches -= patches.min()
        patches /= patches.max()
    # 通过 reconstruct_from_patches_2d 函数将 patches 重新拼接回图片
    reconstructions[title][:, width // 2:] = reconstruct_from_patches_
    2d(
        patches, (height, width // 2))
    show_with_diff(reconstructions[title], face,title )
plt.show()
```

```
Out[29]:    Orthogonal Matching Pursuit
            1 atom...
```

Orthogonal Matching Pursuit 1 atom

Image

Difference (norm: 15.78)

```
Orthogonal Matching Pursuit
2 atoms...
```

Orthogonal Matching Pursuit 2 atoms

Image

Difference (norm: 14.56)

```
Least-angle regression
5 atoms...
```

Least-angle regression 5 atoms

```
Thresholding
 alpha=0.1...
```

Thresholding alpha = 0.1

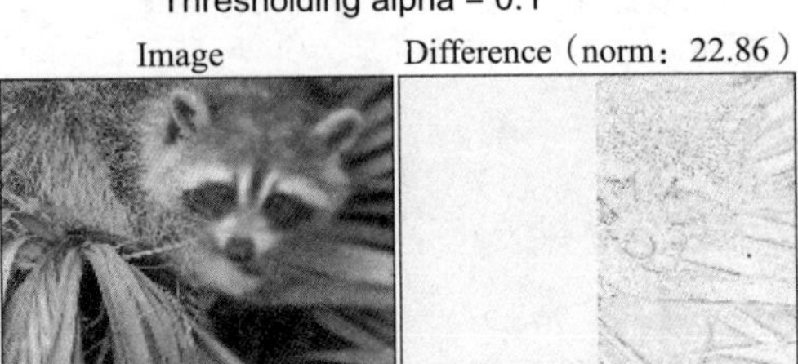

由代码清单 9-26 中的输出结果可以看出，当 alpha 参数为 0.1 时，字典学习对于含有噪声的右半部分数据的提取效果最好。

9.2.4　独立成分分析

独立成分分析（Independent Component Analysis，ICA）是近年来出现的一种强有力的数据分析工具（Hyvarinen A, Karhunen J, Oja E, 2001; Roberts S J, Everson R, 2001），已经被广泛应用于实际数据的处理中，诸如图像处理、语音信号处理、生物医学信号处理、模式识别、数据挖掘、通信等。

ICA 是一种用来从多变量（多维）统计数据里找到隐含的因素或成分的方法，被认为是主成分分析（Principal Component Analysis，PCA）和因子分析（Factor Analysis）的一种扩展。ICA 可以为样本数据学习得到一组线性独立（linearly independent）的基向量，也就是基底中基向量的个数小于等于数据的维数，同时这还是一个标准正交基（orthonormal basis）。

ICA 常用于还原混淆信号中的不同的源信号，而 PCA 无法做到这点。PCA 的目的为找到一组分量表示，使得重构误差最小，即最能代表原事物的特征。而 ICA 的目的为找到一组分量表示，使得每个分量最大化独立，能够发现一些隐藏因素。对比 PCA 与 ICA 的降维效果，如图 9-4 所示。

ICA 比 PCA 更能刻画变量的随机统计特性，且能抑制高斯噪声。但 ICA 的特征矩阵中特征数量（即基向量数量）大于原始数据维度时会产生优化方面的困难，并导致训练时间过长。

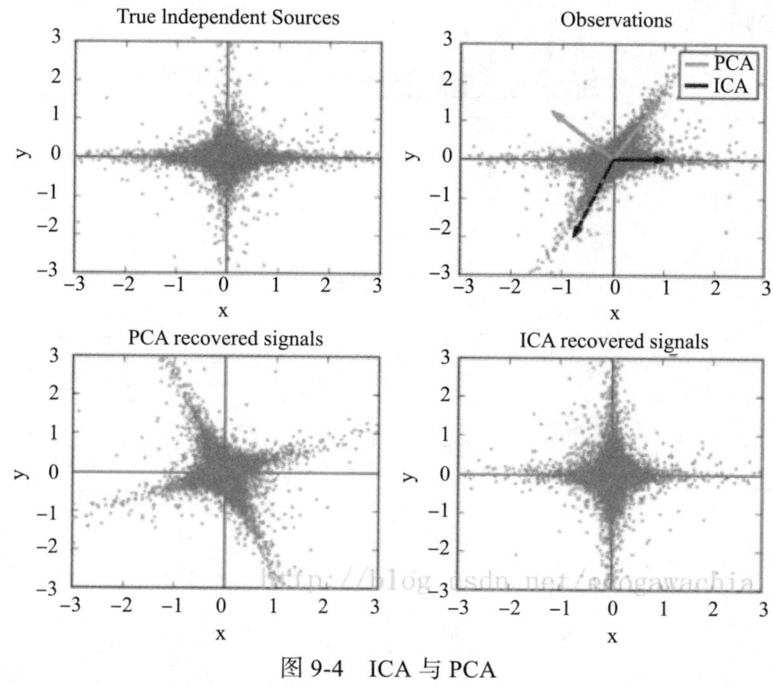

图 9-4 ICA 与 PCA

scikit-learn 库中的 FastICA 函数实现 FastICA 算法，为 ICA 算法的改进算法，其运行速度更快，FastICA 函数语法格式如下。

```
sklearn.decomposition.FastICA(n_components=None, algorithm='parallel', whiten=True,
fun='logcosh', fun_args=None, max_iter=200, tol=0.0001, w_init=None, random_state=None)
```

FastICA 函数的常用参数及说明如表 9-23 所示。

表 9-23 FastICA 函数常用参数及说明

参数名称	说 明
n_components	接收 int，默认为 None，表示将要使用的组件的数量，若为 None 表示使用全部组件
algorithm	接收 str，默认为 "parallel"，运行控制参数，表示使用并行或通缩运行 FastICA 算法
whiten	接收 bool，默认为 True。若为 False，表示数据以及被白化，将不进行白化操作
fun	接收 str 或 function，默认为 "logcosh"，表示用于逼近 neg-entropy 的 G 函数，可选择 "logcosh" "exp" 或 "cube"，也可以是自定义函数，使用自定义函数时，该函数应返回一个元组，包含输出结果及导数
fun_args	接收 dict，默认为 None，表示传入 fun 中的参数，若为空且 fun 为 "logcosh"，此时该参数的实际值为 {'alpha' : 1.0}
max_iter	接收 int，默认为 200，表示函数要执行的迭代的次数上限
random_state	接收 int 或 RandomState instance，默认为 None。该参数为 int 类型时，为随机数生成器使用的种子；该参数为 RandomState instance 时，为随机数生成器；为 None 时，使用的随机数生成器为 np.random 模块使用的 RandomState 实例

分别生成正弦信号、方波信号和锯齿信号，将这 3 种信号增加噪声后合成为混淆信号，

如代码清单 9-27 所示。

代码清单 9-27　生成 3 种信号并合成为混淆信号

In[30]:
```
import numpy as np
from scipy import signal
# 数据准备
np.random.seed(0)
n_samples = 2000
time = np.linspace(0, 8, n_samples)
# 生成 3 种源信号
waft1 = np.sin(2 * time)                          # 正弦信号
waft2 = np.sign(np.sin(3 * time))                 # 方波信号
waft3 = signal.sawtooth(2 * np.pi * time)         # 锯齿信号
print('正弦信号为: \n', waft1, '\n',
      '方波信号为: \n', waft2, '\n',
      '锯齿信号为: \n', waft3)
```

Out[30]:
```
正弦信号为:
 [ 0.          0.00800392  0.01600732 ... -0.27253687 -0.28022907
 -0.28790332]
 方波信号为:
 [ 0.  1.  1. ... -1. -1. -1.]
 锯齿信号为:
 [-1.        -0.991996 -0.983992 ...  0.983992  0.991996 -1.       ]
```

In[31]:
```
# 生成混淆信号
waft = np.c_[waft1, waft2, waft3]
waft += 0.2 * np.random.normal(size = waft.shape)    # 增加噪声
waft /= waft.std(axis = 0)      # 数据标准化
arr = np.array([[1, 1, 1], [0.5, 2, 1.0], [1.5, 1.0, 2.0]]) # 混淆矩阵
mix_waft = np.dot(waft, arr.T) # 生成的混淆信号
print('混淆信号为: \n', mix_waft)
```

Out[31]:
```
混淆信号为:
 [[-0.74486315 -0.91401507 -1.81570038]
 [ 0.03932519  1.06492993 -1.58715033]
 [-0.40766041  0.39786915 -1.90998106]
 ...
 [ 0.23856791 -0.28486909  1.38619226]
 [-0.00653213 -0.99317023  1.48134842]
 [-3.00301507 -3.62816891 -4.8258685 ]]
```

将混淆信号作为样本数据，将需要提取的特征数设为 3，通过 ICA 函数构建 ICA 模型，并使用 fit 方法训练模型，如代码清单 9-28 所示。

代码清单 9-28　构建并训练 ICA 模型

In[32]:
```
from sklearn.decomposition import FastICA
ica = FastICA(n_components = 3).fit(mix_waft)
print('ICA 模型为: \n', ica)
```

```
Out[32]:    ICA 模型为:
            FastICA(algorithm='parallel', fun='logcosh', fun_args=None, max_iter=200,
               n_components=3, random_state=None, tol=0.0001, w_init=None,
                whiten=True)
```

FastICA 类中包含 3 种属性，如表 9-24 所示。

表 9-24 FastICA 类中的属性及说明

属　性	说　明
components_	表示独立成分的矩阵
mixing_	表示使用的混淆矩阵
n_iter_	算法运行模式为"deflation"时表示所有组件的最大迭代次数，否则表示收敛时的迭代次数

调用 fit 方法训练 ICA 模型，使用 mixing_ 属性返回模型使用的混淆矩阵，如代码清单 9-29 所示。

代码清单 9-29 使用 mixing_ 属性返回混淆矩阵

```
In[33]:     ica_mixing = ica.mixing_
            print('ICA 使用的混淆矩阵: \n', ica_mixing)

Out[33]:    ICA 使用的混淆矩阵:
             [[-46.02147955  42.50809743  45.32804372]
             [-44.05919471  21.19031463  88.65606826]
             [-91.72748329  61.75542772  44.5776646 ]]
```

FastICA 类中提供 6 种方法，如表 9-25 所示。

表 9-25 FastICA 类中的方法

方　法	格　式	作　用
fit()	fit(X, y=None)	scikit-learn 中通用的方法，fit(X) 表示用数据 X 来训练模型
fit_transform()	fit_transform(X)	用数据 X 来训练模型，同时返回降维后的数据
get_params()	get_params(deep=True)	获取当前模型的参数
inverse_transform()	inverse_transform(X, copy=True)	使用混淆矩阵将结果转换回原本的混淆数据
set_params()	set_params(**params)	设置模型的参数
transform()	transform(X)	将数据 X 转换成降维后的数据

使用通用方法 transform 还原信号，并与 PCA 模型的还原结果进行对比，如代码清单 9-30 所示。

代码清单 9-30 还原信号并与 PCA 结果对比

```
In[34]:     import matplotlib.pyplot as plt
```

```
# 使用 ICA 还原信号
waft_ica = ica.transform(mix_waft)
# 使用 PCA 还原信号
waft_pca = PCA(n_components = 3).fit_transform(mix_waft)
# 绘制结果
plt.figure()
models = [mix_waft, waft, waft_ica, waft_pca]
names = ['Mixed signal',
         'True Sources',
         'ICA recovered signals',
         'PCA recovered signals']
colors = ['red', 'steelblue', 'orange']
for i, (model, name) in enumerate(zip(models, names), 1):
    plt.subplot(4, 1, i)
    plt.title(name)
    for sig, color in zip(model.T, colors):
        plt.plot(sig, color = color)
plt.subplots_adjust(0.09, 0.04, 0.94, 0.94, 0.26, 0.46)
plt.show()
```

Out[34]:

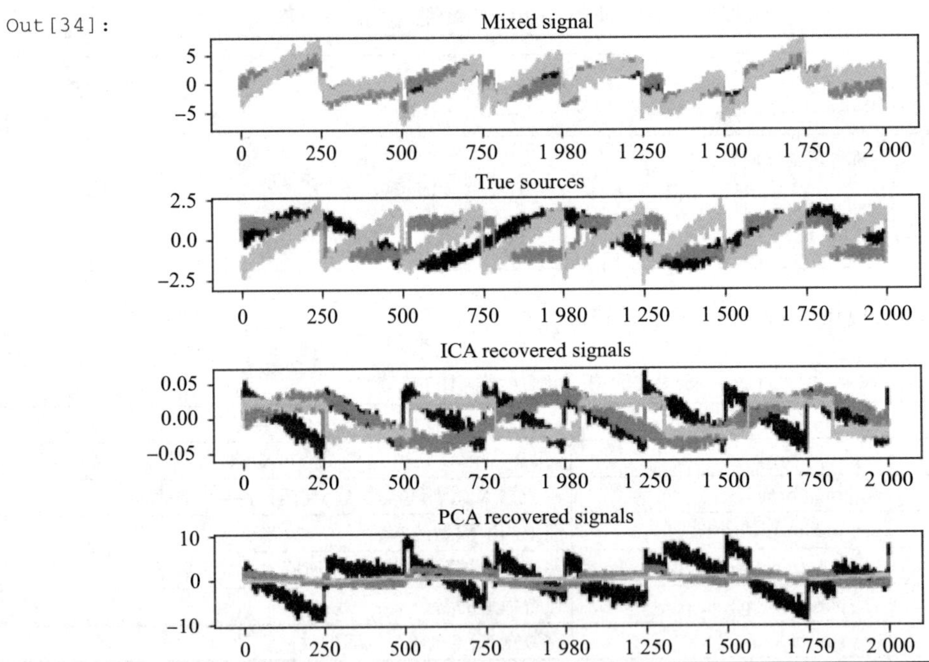

由代码清单 9-30 中的输出结果可以看出，ICA 能很好地还原 3 种源信号，而 PCA 的还原结果依然是混淆的。

9.2.5　非负矩阵分解

非负矩阵分解（Non-negative Matrix Factorization，NMF 或 NNMF）是指矩阵中所有元

素均为非负数约束条件之下的矩阵分解方法。NMF 属于无监督学习，通过计算从原矩阵提取权重和特征两个不同的矩阵，如图 9-5 所示。

NMF 能将高维的数据矩阵降维处理，适合处理大规模数据，且模型解释性强，易于理解操作，可拓展性强。利用 NMF 进行文本、图像大规模数据分析的方法，较传统的处理算法速度更快、更便捷。但 NMF 限制了输入的矩阵必须为非负矩阵，且有可能导致局部最优。

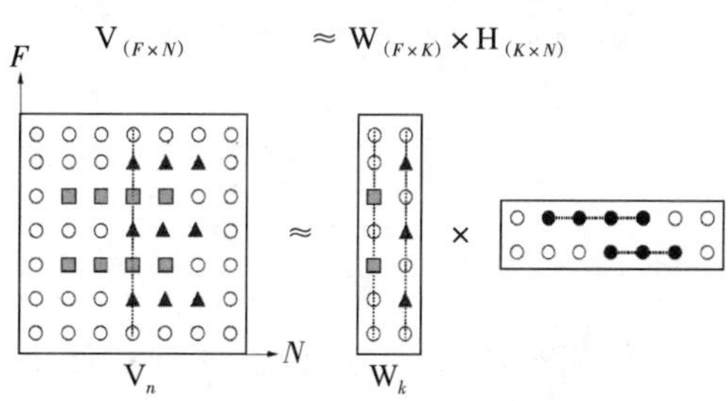

图 9-5 NMF 分解原理

scikit-learn 库中的 NMF 函数可实现 NMF 算法并生成 NMF 模型，其语法格式如下。

```
sklearn.decomposition.NMF(n_components=None, init=None, solver='cd', beta_loss=
'frobenius', tol=0.0001, max_iter=200, random_state=None, alpha=0.0, l1_ratio=0.0,
verbose=0, shuffle=False)
```

NMF 函数的常用参数及说明如表 9-26 所示。

表 9-26 NMF 函数常用参数及说明

参数名称	说 明
n_components	接收 int，默认为 None，表示将要提取的特征的数目 K 值，如果没有设置该参数，则保留所有特征
init	接收 str，默认为 None，表示函数初始化时使用的方法，当提取的特征数小于样本数时默认使用 “nndsvd” 方法。可选方法为 “random”“nndsvd”“nndsvda”“nndsvdar”“custom”
tol	接收 float，默认为 1e-4，表示容忍度
max_iter	接收 int，默认为 200，表示函数要执行的迭代的次数上限
random_state	接收 int 或 RandomState instance，默认为 None。该参数为 int 类型时，为随机数生成器使用的种子；该参数为 RandomState instance 时，为随机数生成器；若为 None 时，使用的随机数生成器为 np.random 模块使用的 RandomState 实例

样本数据使用 scikit-learn 库中 fetch_olivetti_faces（人脸面部）数据集，含有 400 条记录和 4096 个特征，导入 datasets 模块中的 fetch_olivetti_faces 数据集，如代码清单 9-31 所示。

代码清单 9-31 导入 fetch_olivetti_faces 数据集

```
In[35]:  from sklearn.datasets import fetch_olivetti_faces
         from numpy.random import RandomState
         # 导入面部数据
         dataset = fetch_olivetti_faces(shuffle=True,random_state=RandomState(0))
         faces = dataset.data
         print('获取的面部数据前 10 行：\n',faces[:10])
```

```
Out[35]:  获取的面部数据前 10 行：
          [[0.6694215  0.6363636  0.6487603  ... 0.08677686 0.08264463 0.07438017]
          [0.76859504 0.75619835 0.74380165 ... 0.48347107 0.6280992  0.6528926 ]
```

```
 [0.37190083 0.34710744 0.3677686  ... 0.7066116  0.6818182  0.5495868 ]
 ...
 [0.38842976 0.46280992 0.553719   ... 0.1570248  0.15289256 0.18181819]
 [0.553719   0.57438016 0.58677685 ... 0.41322315 0.36363637 0.3553719 ]
 [0.15289256 0.17355372 0.26859504 ... 0.338843   0.21487603 0.15289256]]
```

In[36]:

```
print('面部数据维度：', faces.shape)
```

Out[36]:

```
面部数据维度：(400, 4096)
```

使用 NMF 对人脸数据进行特征提取，将提取的特征数设定为 6，初始化方法使用“nndsvda”，构建 NMF 模型并使用 fit 方法训练模型，如代码清单 9-32 所示。

代码清单 9-32　构建 NMF 模型并训练模型

In[37]:

```
from sklearn import decomposition
# 参数设置及数据加载
n_row, n_col = 2, 3
n_components = n_row * n_col
# image_shape = (64, 64)
# 生成 NMF 模型
nmf = decomposition.NMF(n_components=n_components, init='nndsvda',
tol=5e-3).fit(faces)
print('NMF 模型：\n', nmf)
```

Out[37]:

```
NMF 模型：
 NMF(alpha=0.0, beta_loss='frobenius', init='nndsvda', l1_ratio=0.0,
  max_iter=200, n_components=6, random_state=None, shuffle=False,
  solver='cd', tol=0.005, verbose=0)
```

NMF 类中包含 3 种属性，如表 9-27 所示。

表 9-27　NMF 类中的属性及说明

属　性	说　明
components_	表示生成的分解矩阵，又被称为“字典”
reconstruction_err_	表示训练数据与模型构建的特征矩阵之间的重建误差
n_iter_	表示模型的实际迭代次数

调用 fit 方法训练 NMF 模型，使用 components_ 属性获取模型使用的分解矩阵，使用 reconstruction_err_ 属性获取模型的重建误差，如代码清单 9-33 所示。

代码清单 9-33　获取分解矩阵和重建误差

In[38]:

```
# 分解矩阵
print('分解矩阵：\n',nmf.components_)
```

Out[38]:

```
分解矩阵：
 [[0.         0.         0.         ... 1.90150849 1.78877823 1.68665177]
 [0.96148132 1.03698509 1.10611408 ... 0.25733493 0.31322716 0.32483537]
```

```
 [0.0219811  0.01090203 0.06074642 ... 0.13591955 0.14154864 0.1545519 ]
 [0.18521576 0.26567564 0.38148151 ... 0.         0.         0.        ]
 [0.         0.         0.         ... 0.         0.         0.        ]
 [0.50924009 0.52328092 0.50179673 ... 0.03729719 0.02720415 0.0400209 ]]
```

```
In[39]:  # 重建误差
         print('重建误差：',nmf.reconstruction_err_)

Out[39]: 重建误差：117.71616070162783
```

NMF 类中提供 6 种方法，如表 9-28 所示。

表 9-28 NMF 类中的方法

方 法	格 式	作 用
fit()	fit(X, y=None, **params)	scikit-learn 中通用的方法，fit(X) 表示用数据 X 来训练模型
fit_transform()	fit_transform(X, y=None, W=None, H=None)	用数据 X 来训练模型，同时返回提取的特征
get_params()	get_params(deep=True)	获取当前模型的参数
inverse_transform()	inverse_transform(W)	将结果转换回原本的样本数据
set_params()	set_params(**params)	设置模型的参数
transform()	transform(X)	将数据 X 转换成降维后的数据

将 NMF 提取的特征还原为图片，并与 PCA 的提取效果做对比，如代码清单 9-34 所示。

代码清单 9-34 NMF 与 PCA 的图片特征提取效果对比

```
In[40]:
import matplotlib.pyplot as plt
# 增加 PCA 模型做对比
estimators = [('Eigenfaces - PCA using randomized SVD',
               decomposition.PCA(n_components=6,whiten=True)),
              ('Non-negative components - NMF',
               decomposition.NMF(n_components=6, init='nndsvda', tol=
               5e-3))]

# 定义绘图函数
def plot_gallery(title, images, n_col=n_col, n_row=n_row):
    plt.figure(figsize=(2. * n_col, 2.26 * n_row))
    plt.suptitle(title, size=16)
    for i, comp in enumerate(images):
        plt.subplot(n_row, n_col, i + 1)
        vmax = max(comp.max(), -comp.min())
        plt.imshow(comp.reshape(image_shape), cmap=plt.cm.gray,
                   interpolation='nearest', vmin=-vmax, vmax=vmax)
        plt.xticks(())
        plt.yticks(())
    plt.subplots_adjust(0.01, 0.05, 0.99, 0.94, 0.04, 0.)

# 绘制提取的特征
image_shape = (64, 64)
```

```
for name, estimator in estimators:
    print("Extracting the top %d %s..." % (n_components, name))
    print(faces.shape)
    estimator.fit(faces)
    components_ = estimator.components_
    plot_gallery(name, components_[:n_components])
plt.show()
```

```
Out[40]:    Extracting the top 6 Eigenfaces - PCA using randomized SVD...
            (400, 4096)
            Extracting the top 6 Non-negative components - NMF...
            (400, 4096)
```

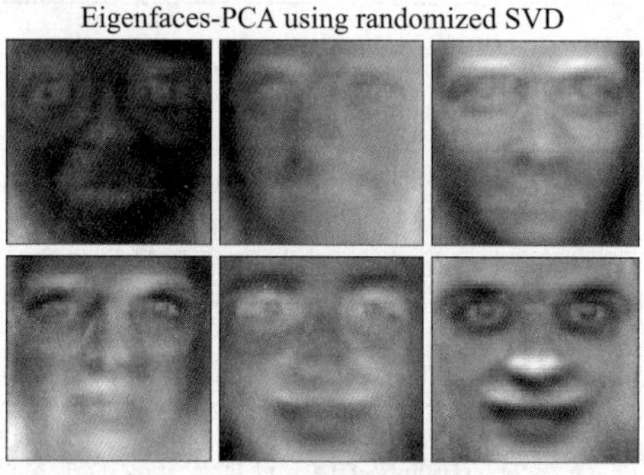

9.2.6 线性判别分析

线性判别分析（Linear Discriminant Analysis，LDA）是一种监督学习的降维技术，也是一种线性分类器。LDA 将数据通过投影的方法，映射到更低维度的空间中，投影后的数据会按照类别进行区分，相同类别的数据将会在投影后的空间更为接近，如图 9-6 所示。

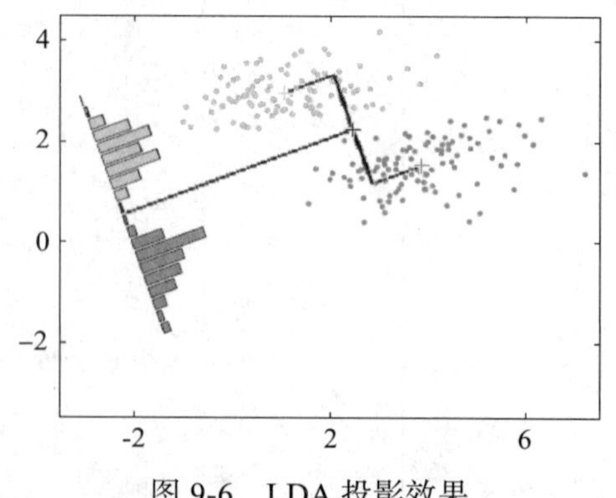

图 9-6 LDA 投影效果

由于 LDA 为有监督学习，可使用先验知识，降维和分类效果与用户预期相近。但 LDA 对数据分布要求较高，且容易出现过拟合现象。

通过 scikit-learn 库中的 LinearDiscriminantAnalysis 类的主函数可使用 LDA 对数据进行降维，其语法格式如下。

```
sklearn.discriminant_analysis.LinearDiscriminantAnalysis(solver='svd', shrinkage=None, priors=None, n_components=None, store_covariance=False, tol=0.0001)
```

LinearDiscriminantAnalysis 函数的常用参数及说明如表 9-29 所示。

表 9-29 LinearDiscriminantAnalysis 函数常用参数及说明

参数名称	说 明
solver	接收 str，默认为“svd”，表示求解特征矩阵时使用的方法，可选方法为“svd”“lsqr”“eigen”。其中默认的“svd”适用于特征数较多的场景
shrinkage	接收 str 或 float，默认为 None。正则化参数，默认不进行正则化。该参数值为“auto”时，算法将自行判断是否正则化数据，仅当“solver”参数不为“svd”时有效
priors	接收 array，默认为 None，表示类别权重，用于分类时指定不同类别的权重
n_components	接收 int，默认为 None，表示降维后的维数，只接受 [1, k−1) 整数，k 为样本的类别数

使用 LinearDiscriminantAnalysis 函数降维时，需要手动设置 n_components 参数的值，即需要降维的维数。样本数据使用 iris 数据集，通过 LinearDiscriminantAnalysis 函数构建 LDA 模型并使用 fit 方法训练模型，同时另构建 PCA 模型并训练模型做对比，如代码清单 9-35 所示。

代码清单 9-35 通过 LinearDiscriminantAnalysis 函数构建 LDA 模型并训练

```
In[41]:
from sklearn.discriminant_analysis import LinearDiscriminantAnalysis
y = iris.target
# 构建并训练 LDA 模型
lda = LinearDiscriminantAnalysis(n_components = 2).fit(x, y)
print('LDA 模型为: \n', lda)
```

```
Out[41]:
LDA 模型为:
 LinearDiscriminantAnalysis(n_components=2, priors=None, shrinkage=None,
              solver='svd', store_covariance=False, tol=0.0001)
```

```
In[42]:
# 构建并训练 PCA 模型
pca = PCA(n_components = 2).fit(x)
print('PCA 模型为: \n', pca)
```

```
Out[42]:
PCA 模型为:
 PCA(copy=True, iterated_power='auto', n_components=2, random_state=None,
  svd_solver='auto', tol=0.0, whiten=False)
```

LinearDiscriminantAnalysis 类中包含 9 种属性，如表 9-30 所示。

表 9-30　LinearDiscriminantAnalysis 类中的属性及说明

属　性	说　明
coef_	权重向量，表示各类别的权重
intercept_	截距项，即常数项
covariance_	表示算法生成的全部类别的协方差矩阵
explained_variance_ratio_	表示降维后的方差百分比
means_	表示各个类别的均值
priors_	先验类别
scalings_	线性分割各类别的特征向量
xbar_	总体均值
classes_	表示样本的类标签

使用 fit 方法训练模型，并查看降维后的方差百分比和样本的类标签，如代码清单 9-36 所示。

代码清单 9-36　查看降维后的方差百分比和样本的类标签

```
In[43]:   print('LDA 模型方差百分比为：', lda.explained_variance_ratio_)

Out[43]:  LDA 模型方差百分比为：[0.99147248 0.00852752]

In[44]:   print('LDA 模型类标签为：', lda.classes_)

Out[44]:  LDA 模型类标签为：[0 1 2]
```

LinearDiscriminantAnalysis 类中提供 10 种方法，如表 9-31 所示。

表 9-31　LinearDiscriminantAnalysis 类中的方法

方　法	格　式	作　用
decision_function()	decision_function(X)	输出样本数据的置信度
fit()	fit(X, y)	scikit-learn 中通用的方法，fit(X) 表示用数据 X 来训练模型
fit_transform()	fit_transform(X, y=None, **fit_params)	用数据 X 来训练模型，然后返回模型的输出结果
get_params()	get_params(deep=True)	获取当前模型的参数
predict()	predict(X)	输出样本数据 X 的类别标签
predict_log_proba()	predict_log_proba(X)	计算 X 的对数概率
predict_proba()	predict_proba(X)	计算 X 的概率
score()	score(X, y, sample_weight=None)	返回测试数据的准确度均值
set_params()	set_params(**params)	设置模型的参数
transform()	transform(X)	将数据 X 转换成降维后的数据

使用 transform 方法分别获取 LDA 模型与 PCA 模型的降维结果，并进行对比，如代码清单 9-37 所示。

代码清单 9-37　获取 LDA 模型与 PCA 模型的降维结果并对比

```
In[45]:   target_names = iris.target_names
```

```
# 获取 LDA 与 PCA 模型的降维结果
x_lda = lda.transform(x)
x_pca = pca.transform(x)
# 绘制图形进行效果对比
plt.figure()
colors = ['navy', 'turquoise', 'darkorange']
lw = 2
for color, i, target_name in zip(colors, [0, 1, 2], target_names):
    plt.scatter(x_pca[y == i, 0], x_pca[y == i, 1], color=color, alpha=.8,
    lw=lw,
                label = target_name)
plt.legend(loc = 'best', shadow = False, scatterpoints = 1)
plt.title('PCA of IRIS dataset')
plt.figure()
for color, i, target_name in zip(colors, [0, 1, 2], target_names):
    plt.scatter(x_lda[y == i, 0], x_lda[y == i, 1], alpha = .8, color = color,
                label = target_name)
plt.legend(loc = 'best', shadow = False, scatterpoints = 1)
plt.title('LDA of IRIS dataset')
plt.show()
```

Out[45]:

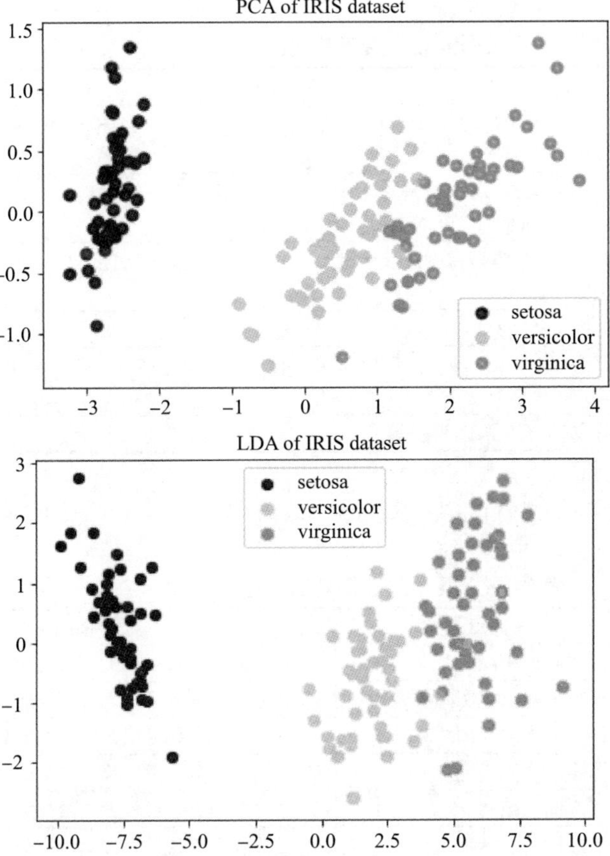

9.3 聚类

聚类是在没有给定划分类别的情况下，根据数据相似度进行样本分组的一种方法。聚类模型可以将无类标记的数据聚集为多个簇，分别视为一类，是一种非监督的学习算法。在商业上，聚类可以帮助市场分析人员从消费者数据库中区分出不同的消费群体，并且概括出每一类消费者的消费模式或消费习惯。同时，聚类也可以作为其他机器学习算法的一个预处理步骤，如异常值识别、连续型特征离散化等。

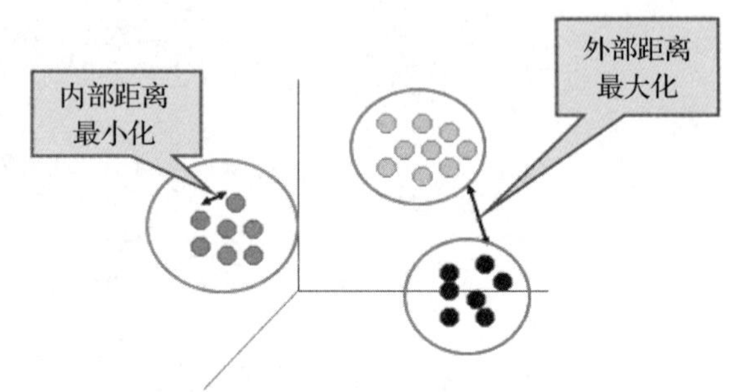

图 9-7　聚类原理示意图

聚类的输入是一组未被标记的样本，聚类根据数据自身的距离或相似度将它们划分为若干组，划分的原则是组内样本最小化而组间（外部）距离最大化，如图 9-7 所示。

常用算法方法类别及其主要算法如表 9-32 所示。

表 9-32　聚类算法

算法类别	主要算法
划分（分裂）方法	K-Means 算法（K－平均），K-MEDOIDS 算法（K－中心点）和 CLARANS 算法（基于选择的算法）
层次分析方法	Agglomerative 算法（层次凝聚算法），BIRCH 算法（平衡迭代规约和聚类），CURE 算法（代表点聚类）和 CHAMELEON 算法（动态模型）
基于密度的方法	DBSCAN 算法（基于高密度连接区域），DENCLUE 算法（密度分布函数）和 OPTICS 算法（对象排序识别）
基于概率的方法	GMM（高斯混合模型）
基于网格的方法	STING 算法（统计信息网络），CLIOUE 算法（聚类高维空间）和 WAVE-CLUSTER 算法（小波变换）
其他方法	基于约束、基于模糊、谱聚类等

sklearn 提供的常用聚类方法及其适用范围如表 9-33 所示。

表 9-33　聚类方法及其适用范围

聚类方法	距离度量	适用范围
K-Means	点之间的距离	可用于样本数目很大、聚类数目中等的场景
Agglomerative clustering	任意成对点线图间的距离	可用于样本数目较大、聚类数目较大的场景
DBSCAN	最近的点之间的距离	可用于样本数目很大、聚类数目中等的场景
Spectral clustering	图距离	可用于样本数目中等、聚类数目较小的场景
Ward hierarchical clustering	点之间的距离	可用于样本数目较大、聚类数目较大的场景
Birch	点之间的欧氏距离	可用于样本数目很大、聚类数目较大的场景

9.3.1 K-Means

K-Means 算法是最为经典的基于划分的聚类方法，在最小化误差函数的基础上将数据划分为预定的类数 K，采用距离作为相似性的评价指标，即认为两个对象距离越近，其相似度就越大。

K-Means 算法的运作过程如图 9-8 所示。

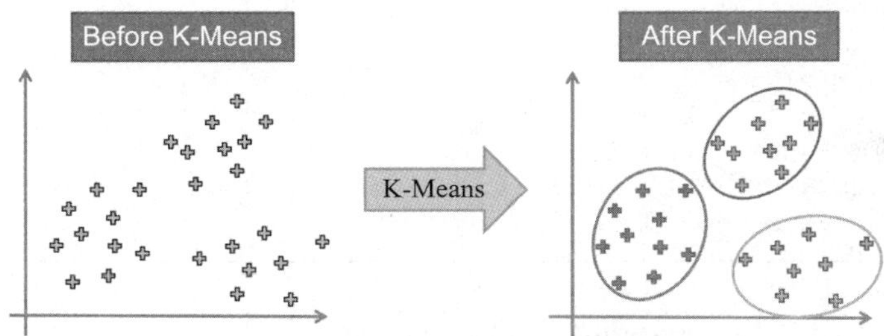

图 9-8　K-Means 算法运作过程

K-Means 算法简单、快速，是解决聚类问题的一种经典算法，但 K-Means 算法需要提取给定聚类个数，且对噪声和离群点较为敏感，往往仅达到局部最优的结果。

scikit-learn 库中的 KMeans 类中的主函数 KMeans 用于实现 K-Means 算法。主函数 KMeans 的语法格式如下。

```
sklearn.cluster.KMeans(n_clusters=8, init='k-means++', n_init=10, max_iter=300, tol=0.0001, precompute_distances='auto', verbose=0, random_state=None, copy_x=True, n_jobs=None, algorithm='auto')
```

KMeans 函数的常用参数及说明如表 9-34 所示。

表 9-34　KMeans 函数常用参数及说明

参　数	说　明
n_clusters	接收 int，默认为 8，表示簇的个数，即聚类后的类的个数
init	接收 str，默认为 ‘ k-means++’，表示初始簇中心的获取方法。默认使用 k-means++ 算法
n_init	接收 int，默认为 10，表示获取初始簇中心的更迭次数。为了弥补初始质心的影响，算法默认会初始化 10 次质心，然后返回最好的结果
max_iter	接收 int，默认为 30，表示最大迭代次数，到达最大次数后，算法停止迭代
tol	接收 float，默认为 0.0001，表示容忍度，即算法收敛的条件
precompute_distances	接收 bool，默认为 “auto”，表示是否需要提前计算距离。这个参数会在空间和时间之间做权衡，为 True 时将会把整个距离矩阵都放到内存中；为 “auto” 时将会在数据样本量乘以聚类个数的积大于 12 000 000 的时候将参数设置为 False
random_state	接收 int，默认为 None，表示随机生成簇中心的状态条件
copy_x	接收 bool，默认为 True，表示是否在运行算法时，将原始训练数据复制一份。若为 True，则运行后，原始训练数据的值不会有任何改变，因为是在原始数据的副本上进行运算；若为 False，则运行后，原始训练数据的值会发生改变

使用 iris 数据集作为样本数据，设定聚类数为 3，生成 K-Means 聚类模型并使用 fit 方法训练模型，如代码清单 9-38 所示。

代码清单 9-38　生成 K-Means 聚类模型并训练模型

In[1]:

```
from sklearn import datasets
from sklearn.cluster import KMeans
# 导入数据
iris = datasets.load_iris()
x = iris.data
y = iris.target
# 构建并训练 K-Means 模型
kmeans = KMeans(n_clusters = 3, random_state = 0).fit(x)
print('K-Means 模型为：\n', kmeans)
```

Out[1]:

```
K-Means 模型为：
KMeans(algorithm='auto', copy_x=True, init='k-means++', max_iter=300,
    n_clusters=3, n_init=10, n_jobs=1, precompute_distances='auto',
    random_state=0, tol=0.0001, verbose=0)
```

KMeans 类中的属性及说明如表 9-35 所示。

表 9-35　KMeans 类中的属性及说明

属　性	说　明
cluster_centers_	每个簇中心的坐标
labels_	每个样本对应的簇类别标签
inertia_	每个点到其簇的质心的距离之和
n_iter_	运行时迭代的次数

通过 cluster_centers_ 属性查看各个簇的质心，通过 labels_ 属性查看每个样本所属的簇的类别，通过 inertia_ 属性查看每个点到其簇的质心的距离之和，如代码清单 9-39 所示。

代码清单 9-39　查看簇的质心、簇的类别和点到簇的质心的距离之和

In[2]:

```
print('簇的质心为：\n', kmeans.cluster_centers_)
```

Out[2]:

```
簇的质心：
 [[5.9016129  2.7483871  4.39354839 1.43387097]
 [5.006      3.418      1.464      0.244     ]
 [6.85       3.07368421 5.74210526 2.07105263]]
```

In[3]:

```
print('样本所属的簇为：\n', kmeans.labels_)
```

Out[3]:

```
样本所属的簇为：
 [1 1 1 1 1 1 1 1 1 1 1 1 1 1 1 1 1 1 1 1 1 1 1 1 1 1 1 1 1 1 1 1 1 1 1 1 1
 1 1 1 1 1 1 1 1 1 1 1 1 1 0 0 2 0 0 0 0 0 0 0 0 0 0 0 0 0 0 0 0 0 0 0 0 0
 0 0 0 2 0 0 0 0 0 0 0 0 0 0 0 0 0 0 0 0 0 0 0 0 0 0 2 0 2 2 2 2 0 2 2 2 2
 2 2 0 0 2 2 2 2 0 2 0 2 0 2 2 0 0 2 2 2 2 2 0 2 2 2 2 0 2 2 2 0 2 2 2 0 2
```

In[4]:
```
print('样本到类中心的距离之和为：', kmeans.inertia_)
```
Out[4]:
```
样本到类中心的距离之和为：78.94084142614602
```

KMeans 类提供 8 种方法，如表 9-36 所示。

表 9-36 KMeans 类中的方法

方 法	格 式	作 用
fit()	fit(X, y=None, sample_weight=None)	scikit-learn 中通用的方法，表示对数据 X 进行 K-Means 聚类
fit_predict()	fit_predict(X, y=None, sample_weight=None)	计算簇中心并为簇分配序号
fit_transform()	fit_transform(X, y=None, sample_weight=None)	对样本进行聚类并转换为簇距离空间
get_params()	get_params(deep=True)	获取模型参数
predict()	predict(X, sample_weight=None)	预测 X 中每个样本所属的簇
score()	score(X, y=None, sample_weight=None)	与 K-Means 算法目标相反值
set_params()	set_params(**params)	设置模型的参数
transform()	transform(X)	将 X 转换为簇距离空间

使用 predict 方法预测样本所属类别，并绘制 iris 原本的类别和 K-Means 聚类结果，如代码清单 9-40 所示。

代码清单 9-40 使用 predict 方法预测样本所属类别并绘制聚类结果

In[5]:
```
import matplotlib.pyplot as plt
# 获取模型聚类结果
y_pre = kmeans.predict(x)
# 绘制 iris 原本的类别
plt.scatter(x[: , 0], x[: , 1], c = y)
plt.show()
```
Out[5]:

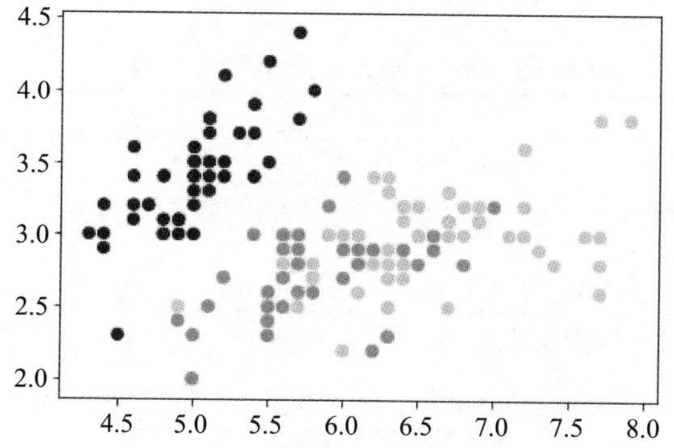

In[6]:
```
# 绘制 K-Means 聚类结果
plt.scatter(x[: , 0], x[: , 1], c = y_pre)
plt.show()
```

Out[6]:

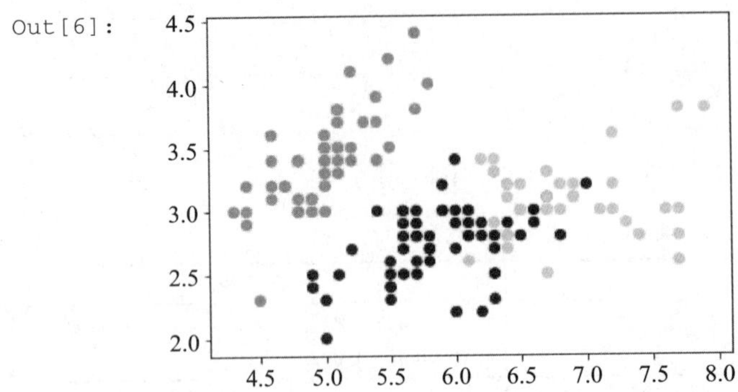

9.3.2 层次聚类

层次聚类（hierarchical clustering）可在不同层次上对数据集进行划分，形成树状的聚类结构。该算法将每个样本视为一类，之后按聚类间的相似度进行聚类，直至全部样本聚为一类。算法的聚类过程如图 9-9 所示。

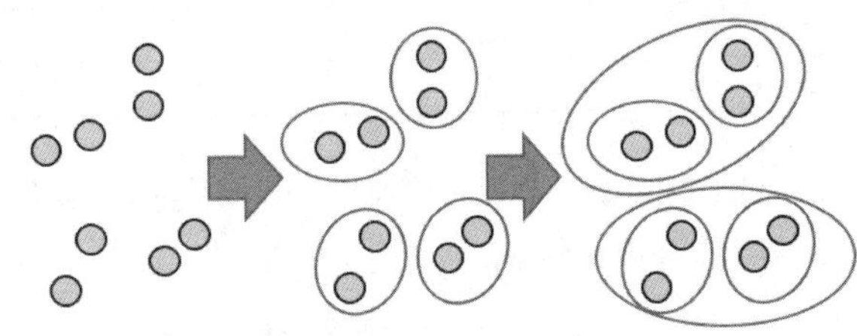

图 9-9 层次聚类过程

层次聚类计算一次便能得到完整的聚类树，无须重复计算，且可以发现类别的层次关系，但计算的复杂度较高，不适合大型数据集。

scikit-learn 库中的 AgglomerativeClustering 类中的主函数 AgglomerativeClustering 用于实现层次聚类中的 Agglomerative 算法，语法格式如下。

```
sklearn.cluster.AgglomerativeClustering(n_clusters=2, affinity='euclidean', memory=None,
connectivity=None, compute_full_tree='auto', linkage='ward', pooling_func='deprecated')
```

AgglomerativeClustering 函数的常用参数及说明如表 9-37 所示。

表 9-37 AgglomerativeClustering 函数常用参数及说明

参数名称	说 明
n_clusters	接收 int，默认为 2，表示指定的聚类的簇的数量
affinity	接收 str，默认为"euclidean"，表示计算距离时的方法，可选"euclidean""l1""l2""manhattan""cosine""precomputed"。 当 linkage 参数为"ward"时，此参数必须为"euclidean"
memory	接收 str 或 joblib 对象，默认为 None，表示是否缓存聚类树，默认情况下不缓存。该参数为 str 时，表示存储聚类树的路径
compute_full_tree	接收 bool，默认为"auto"，表示是否在聚类数达到设定的簇的数量时停止构建聚类树，当簇的数量少于样本数时有利于减少计算量。但当需要改变簇的数量时，构建完整的聚类树较为有利。该参数当且仅当 connectivity 参数有指定连接矩阵时生效
linkage	接收 str，默认为"ward"，用于指定链接算法。"ward"表示单链接 single-linkage 算法，"complete"表示全链接 complete-linkage 算法，"average"表示均连接 average-linkage 算法

AgglomerativeClustering 函数需要手动设定聚类数 n_clusters，不同的连接算法会影响聚类大小的均匀程度。使用 iris 数据集作为样本数据，并使用单链接 single-linkage 算法进行层次聚类，如代码清单 9-41 所示。

代码清单 9-41　使用单链接 single-linkage 算法进行层次聚类

In[7]:
```
from sklearn.cluster import AgglomerativeClustering
# 单链接层次聚类
clusing_ward = AgglomerativeClustering(n_clusters = 3).fit(x)
print('单链接层次聚类模型为: \n', clusing_ward)
```

Out[7]:
```
单链接层次聚类模型为:
 AgglomerativeClustering(affinity='euclidean', compute_full_tree='auto',
            connectivity=None, linkage='ward', memory=None, n_clusters=3,
            pooling_func=<function mean at 0x00000000048C0AE8>)
```

AgglomerativeClustering 类中包含 4 种属性，如表 9-38 所示。

表 9-38　AgglomerativeClustering 类中属性及说明

属　性	说　明
labels_	每个样本对应的簇类别标签
n_leaves_	分层树的叶节点数量
n_components_	连接图中连通分量的估计值
children_	一个 array，表示每个非叶节点的子节点

通过 labels_ 属性和 n_leaves_ 属性查看簇类别标签和叶节点数量，如代码清单 9-42 所示。

代码清单 9-42　查看簇类别标签和叶节点数量

In[8]:
```
print('簇类别标签为: \n', clusing_ward.labels_)
```

Out[8]:
```
簇类别标签为:
 [1 1 1 1 1 1 1 1 1 1 1 1 1 1 1 1 1 1 1 1 1 1 1 1 1 1 1 1 1 1 1 1 1 1 1 1 1
 1 1 1 1 1 1 1 1 1 1 1 1 1 0 0 0 0 0 0 0 0 0 0 0 0 0 0 0 0 0 0 0 0 0 0 0 0
 0 0 0 2 0 0 0 0 0 0 0 0 0 0 0 0 0 0 0 0 0 0 0 0 0 0 2 0 2 2 2 2 0 2 2 2 2
 2 2 0 0 2 2 2 2 0 2 0 2 0 2 2 0 0 2 2 2 2 2 0 0 2 2 2 0 2 2 2 0 2 2 2 0 2
 2 0]
```

In[9]:
```
print('叶节点数量为: ', clusing_ward.n_leaves_)
```

Out[9]:
```
叶节点数量为: 150
```

AgglomerativeClustering 类提供 4 种方法，如表 9-39 所示。

表 9-39　AgglomerativeClustering 类中的方法

方　法	格　式	作　用
fit()	fit(X, y=None)	scikit-learn 中通用的方法，表示对数据 X 进行层次聚类
fit_predict()	fit_predict(X, y=None)	训练模型并预测每个样本的簇标记

（续）

方　法	格　式	作　用
get_params()	get_params(deep=True)	获取模型参数
set_params()	set_params(**params)	设置模型的参数

使用 fit_predict 方法获取单链接层次聚类模型的聚类结果，并与使用均链接 average-linkage 算法和全链接 complete-linkage 算法的层次聚类模型的聚类效果做对比，如代码清单 9-43 所示。

代码清单 9-43　对比单链接、均链接和全链接层次聚类模型的聚类结果

In[10]:

```
# 绘制单链接聚类结果
cw_ypre = AgglomerativeClustering(n_clusters = 3).fit_predict(x)
plt.scatter(x[: , 0], x[: , 1], c = cw_ypre)
plt.title('ward linkage', size = 17)
plt.show()
```

Out[10]:

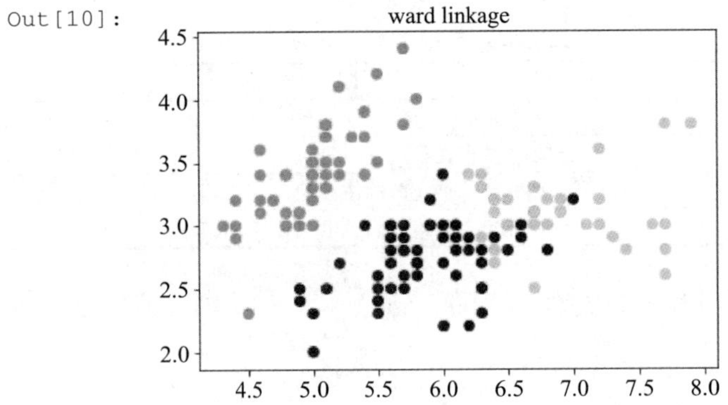

In[11]:

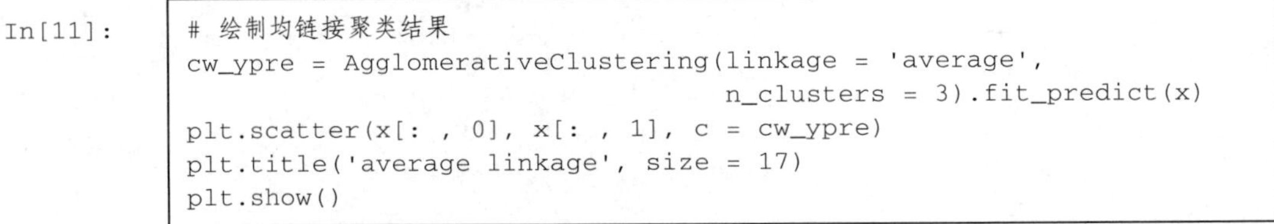

```
# 绘制均链接聚类结果
cw_ypre = AgglomerativeClustering(linkage = 'average',
                                  n_clusters = 3).fit_predict(x)
plt.scatter(x[: , 0], x[: , 1], c = cw_ypre)
plt.title('average linkage', size = 17)
plt.show()
```

Out[11]:

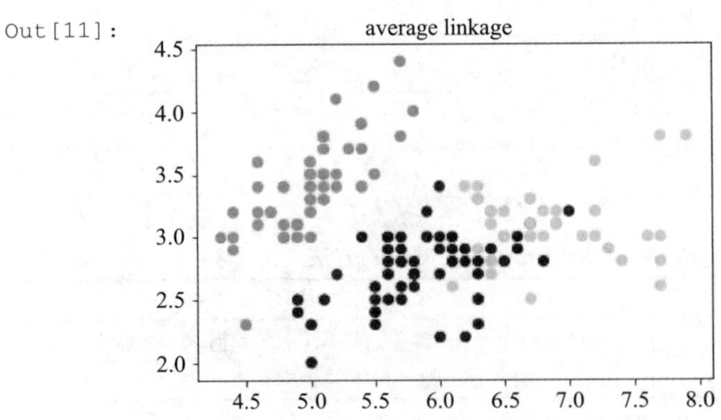

In[12]:

```
# 绘制全链接聚类结果
cw_ypre = AgglomerativeClustering(linkage = 'complete', n_clusters = 3).
fit_predict(x)
plt.scatter(x[: , 0], x[: , 1], c = cw_ypre)
plt.title('complete linkage', size = 17)
plt.show()
```

Out[12]:

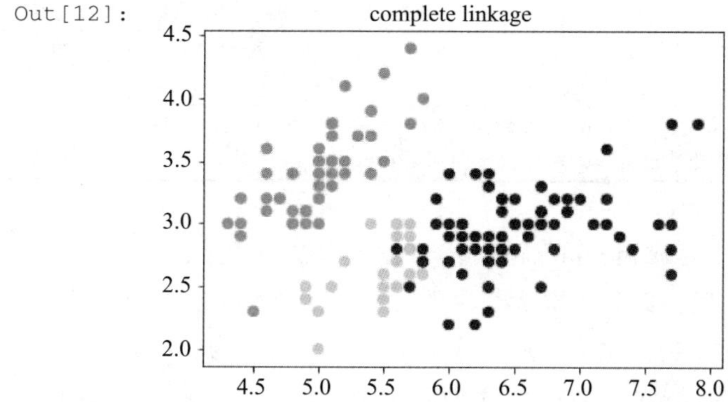

3 种链接算法中，单链接与均链接层次聚类的类别大小较为规则，而全链接层次聚类的类别大小的差异最大。

9.3.3 DBSCAN

DBSCAN（Density-Based Spatial Clustering of Applications with Noise）是一种基于密度的空间聚类算法。该算法利用基于密度的聚类的概念，即要求聚类空间中的一定区域内所包含对象的数目不小于给定的阈值。该算法将每个具有足够密度的区域划分为一个簇，能在具有噪声的空间中发现任意形状的簇，其中簇的定义为密度相连的点的最大集合。聚类过程如图 9-10 所示。

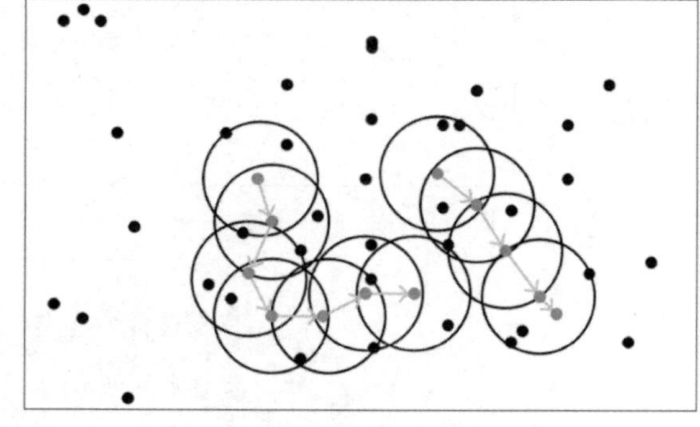

图 9-10 DBSCAN 聚类过程

DBSCAN 算法聚类速度快，且能够有效处理噪声点和发现任意形状的空间聚类。但当数据量增大时，算法所消耗的内存及 I/O 也很大，且对于分布密度不均匀的空间的聚类效果较差。

DBSCAN 算法可由 scikit-learn 库中的 DBSCAN 类中的主函数 DBSCAN 函数实现，其语法格式如下：

```
sklearn.cluster.DBSCAN(eps=0.5, min_samples=5, metric='euclidean', metric_params=None, algorithm='auto', leaf_size=30, p=None, n_jobs=None)
```

DBSCAN 函数的常用参数及说明如表 9-40 所示。

表 9-40　DBSCAN 函数常用参数及说明

参数名称	说　明
eps	接收 float，默认为 0.5，密度系数，用于确定邻域大小。表示相邻的同类样本之间能容忍的最大距离
min_samples	接收 int，默认为 5，用于确定核心点，表示邻域中的样本数（或总权重），样本数包括核心点本身
algorithm	接收 str，默认为 "auto"，用于计算两点间距离并找出最近邻的点，可选值有 "auto" "ball_tree" "kd_tree" "brute"
leaf_size	接收 int，默认为 30，用于指定当 algorithm 参数为 "ball_tree" 或 "ball_tree" 时，树的叶节点大小。该参数会影响构建树和搜索最近邻的速度，同时影响存储树的内存大小

DBSCAN 函数主要通过调整 eps 参数和 min_samples 参数优化聚类效果，eps 参数越小且 min_samples 参数越大，则密度越大，即分布更为集中的样本将聚为一类；反之，则密度越小，即分布更为分散的样本将聚为一类。生成 3 簇样本数据，其中两簇为非凸数据，另一簇为对比数据，使用默认参数的 DBSCAN 函数构建模型并使用 fit 方法训练模型，如代码清单 9-44 所示。

代码清单 9-44　使用 DBSCAN 函数构建模型并训练模型

In[13]:

```
import numpy as np
from sklearn.cluster import DBSCAN
# 生成两簇非凸数据
x1, y2 = datasets.make_blobs(n_samples = 1000, n_features = 2,
                             centers = [[1.2, 1.2]], cluster_std = [[.1]],
                             random_state = 9)
# 一簇对比数据
x2, y1 = datasets.make_circles(n_samples = 5000, factor = .6, noise = .05)
x = np.concatenate((x1, x2))
plt.scatter(x[: , 0], x[: , 1], marker = 'o')
plt.show()
```

Out[13]:

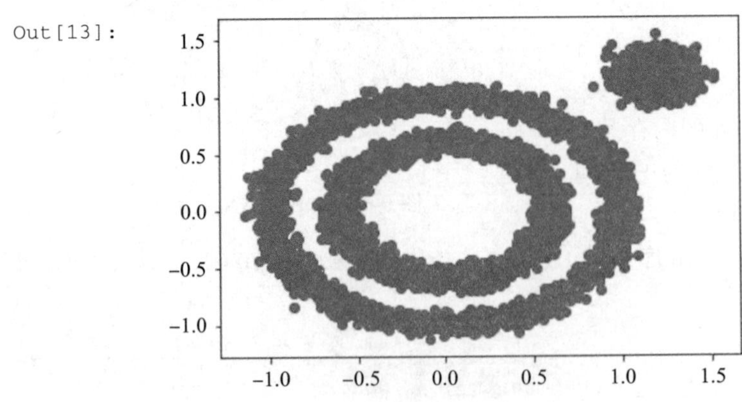

In[14]:
```
# 生成 DBSCAN 模型，使用默认参数
dbs = DBSCAN().fit(x)
print('默认参数的 DBSCAN 模型 :\n', dbs)
```

Out[14]:
```
默认参数的 DBSCAN 模型 :
DBSCAN(algorithm='auto', eps=0.5, leaf_size=30, metric='euclidean',
    metric_params=None, min_samples=5, n_jobs=1, p=None)
```

DBSCAN 类中包含的属性及说明如表 9-41 所示。

表 9-41　DBSCAN 类常用属性

属　性	说　明
core_sample_indices_	核心样本在原始训练集中的位置
components_	训练模型后得到的核心样本的一份副本
labels_	每个样本所属的簇标记。噪声样本的簇标记为 -1

使用 fit 方法训练使用默认参数的 DBSCAN 模型，并查看样本的簇标记和核心样本的位置，如代码清单 9-45 所示。

代码清单 9-45　查看样本的簇标记和核心样本的位置

In[15]:
```
print('DBSCAN 模型的簇标签为: ', dbs.labels_)
```

Out[15]:
```
DBSCAN 模型的簇标签为: [0 0 0 ... 0 0 0]
```

In[16]:
```
print('核心样本的位置为: ', dbs.core_sample_indices_)
```

Out[16]:
```
核心样本的位置为: [   0    1    2 ... 5997 5998 5999]
```

通过簇标签可以看出，使用默认参数的 DBCAN 模型将所有样本归为一类，与实际不符，需要调整 eps 参数和 min_samples 参数优化聚类效果。

DBSCAN 类提供 4 种方法，如表 9-42 所示。

表 9-42　DBSCAN 类常用方法

方　法	格　式	作　用
fit()	fit(X, y=None)	scikit-learn 中通用的方法，表示使用数据 X 训练模型
fit_predict()	fit_predict(X, y=None)	训练模型并预测每个样本的簇标记
get_params()	get_params(deep=True)	获取模型的参数
set_params()	set_params(**params)	设置模型的参数

调整 eps 参数和 min_samples 参数优化 DBSCAN 模型，使用 fit_predict 方法得到聚类结果，并与 K-means 聚类的结果做对比，如代码清单 9-46 所示。

代码清单 9-46　使用 fit_predict 方法得到聚类结果并与 K-means 聚类对比

In[17]:
```
# 调整 eps 参数和 min_samples 参数
ds_pre = DBSCAN(eps = 0.1, min_samples = 12).fit_predict(x)
plt.scatter(x[: , 0], x[: , 1], c = ds_pre)
plt.title('DBSCAN', size = 17)
plt.show()
```

Out[17]:

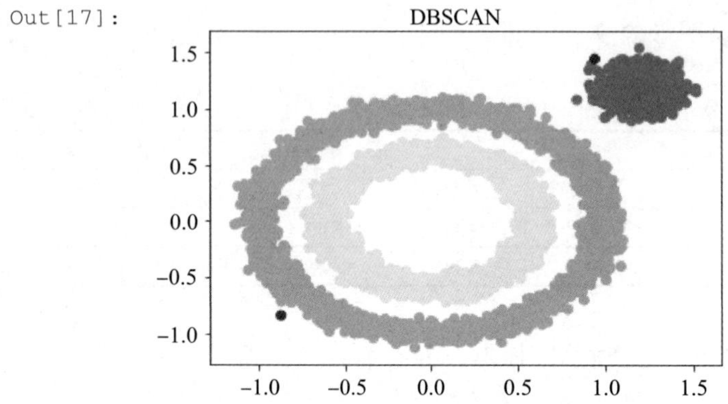

In[18]:
```
# K-means 聚类
km_pre = KMeans(n_clusters = 3, random_state = 9).fit_predict(x)
plt.scatter(x[: , 0], x[: , 1], c = km_pre)
plt.title('K-means', size = 17)
plt.show()
```

Out[18]:

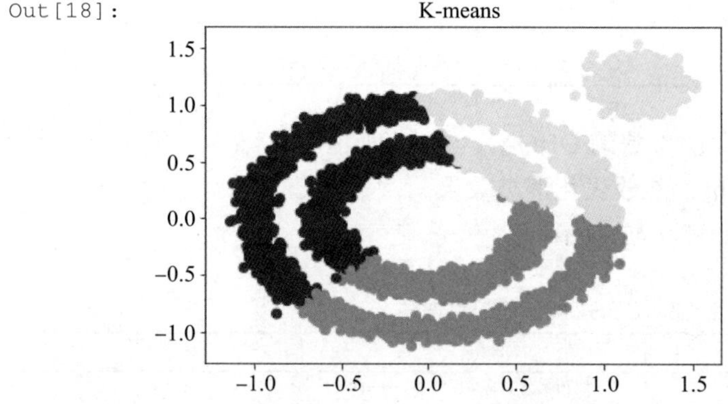

9.3.4　高斯混合模型

高斯混合模型（Gaussian Mixture Model，GMM）算法由多个高斯模型线性叠加混合而成，是单一高斯概率密度函数的延伸，每一个高斯模型对应一个类别，通过 EM 最大期望算法进行训练得到样本的类别，能够平滑地近似任意形状的密度分布。GMM 聚类过程如图 9-11 所示。

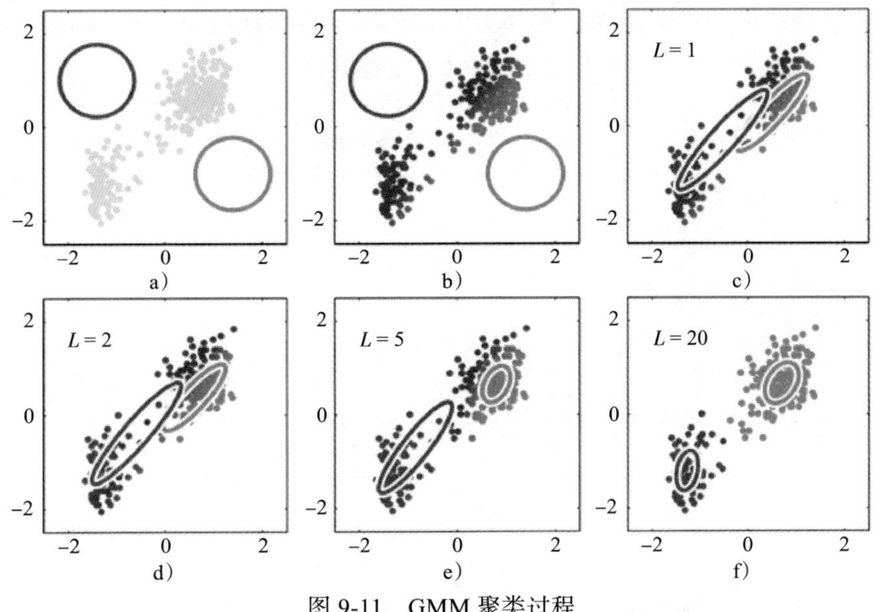

图 9-11 GMM 聚类过程

GMM 算法是混合模型中计算速度最快的算法，其得到的不是一个确定的分类标记而是每个类的概率。由于每一步迭代计算量较大，将会占用更多的计算资源，且由于使用 EM 算法，容易陷入局部最优。

scikit-learn 库中的 GaussianMixture 类的主函数 GaussianMixture 可构建 GMM 模型，GaussianMixture 函数的语法格式如下。

```
sklearn.mixture.GaussianMixture(n_components=1, covariance_type='full', tol=0.001, reg_covar=1e-06, max_iter=100, n_init=1, init_params='kmeans', weights_init=None, means_init=None, precisions_init=None, random_state=None, warm_start=False, verbose=0, verbose_interval=10)
```

GaussianMixture 函数的常用参数及说明如表 9-43 所示。

表 9-43 GaussianMixture 函数常用参数及说明

参数名称	说 明
n_components	接收 nit，默认为 1，表示混合模型中的高斯模型的个数，即聚类的簇个数
covariance_type	接收 str，默认为“full”，表示模型使用的协方差类型，可选“full”“tied”“diag”“spherical”。“full”表示每个高斯模型各自拥有不同的协方差矩阵，“tied”表示所有高斯模型拥有相同的协方差矩阵，“diag”表示每个高斯模型各自拥有不同的对角协方差矩阵，“spherical”表示每个高斯模型各自拥有不同的简单协方差矩阵和球面协方差矩阵
tol	接收 float，默认为 0.001，表示 EM 最大期望的迭代停止阈值
max_iter	接收 int，默认为 100，表示最大迭代次数
init_params	接收 str，可选“kmeans”和“random”，表示初始化参数实现方式。默认使用 kmeans 实现

使用 GaussianMixture 函数构建 GMM 模型聚类需要手动指定簇的数量，通过指定 n_

components 参数实现。使用 iris 数据集作为样本数据，通过 GaussianMixture 函数构建 GMM 模型并使用 fit 方法训练模型，如代码清单 9-47 所示。

代码清单 9-47　通过 GaussianMixture 函数构建 GMM 模型并训练模型

In[19]:
```
# 导入数据
iris = datasets.load_iris()
x = iris.data
y = iris.target
# 绘制样本数据
plt.scatter(x[: , 0], x[: , 1], c = y)
plt.title('iris', size = 17)
plt.show()
```

Out[19]:

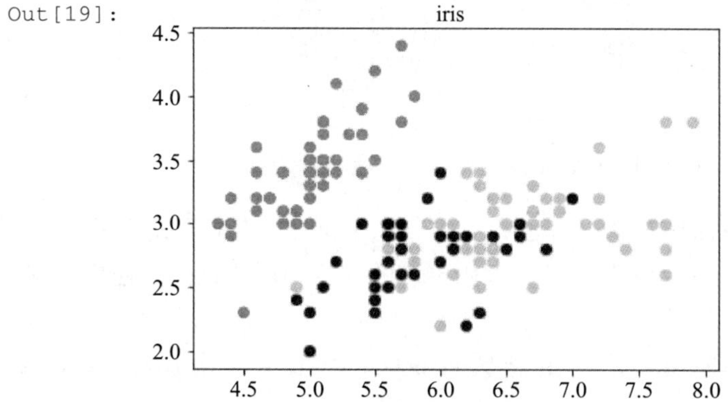

In[20]:
```
# 构建聚类数为 3 的 GMM 模型
from sklearn.mixture import GaussianMixture
gmm = GaussianMixture(n_components = 3).fit(x)
print('GMM 模型: \n', gmm)
```

Out[20]:
```
GMM 模型:
GaussianMixture(covariance_type='full', init_params='kmeans', max_iter=100,
        means_init=None, n_components=3, n_init=1, precisions_init=None,
        random_state=None, reg_covar=1e-06, tol=0.001, verbose=0,
        verbose_interval=10, warm_start=False, weights_init=None)
```

GaussianMixture 类中包含 8 种属性，如表 9-44 所示。

表 9-44　GaussianMixture 类中属性及说明

属　性	说　明
weights_	各个高斯模型的权重
means_	各个高斯模型的均值
covariances_	各个高斯模型各自的协方差
precisions_	各个高斯模型的精度矩阵，为协方差矩阵的逆

（续）

属　性	说　明
precisions_cholesky_	各个高斯模型的 cholesky 分解的精度矩阵
converged_	当模型拟合达到收敛时为 True，否则为 False
n_iter_	EM 算法最佳拟合策略达到收敛时所使用的步数
lower_bound_	EM 算法最佳拟合策略关于训练数据 X 的对数似然数的下限值

使用 fit 方法训练 GMM 模型，通过 weights_ 和 means_ 查看 GMM 模型中各高斯模型的权重和均值，如代码清单 9-48 所示。

代码清单 9-48　查看 GMM 模型中各高斯模型的权重和均值

```
In[21]:   print('GMM 模型的权重为：', gmm.weights_)

Out[21]:  GMM 模型的权重为：[0.30127092 0.33333333 0.36539574]

In[22]:   print('GMM 模型的均值为：\n', gmm.means_)

Out[22]:  GMM 模型的均值为：
           [[5.9170732  2.77804839 4.20540364 1.29848217]
           [5.006      3.418      1.464      0.244     ]
           [6.54639415 2.94946365 5.48364578 1.98726565]]
```

GaussianMixture 类中包含 11 种方法，如表 9-45 所示。

表 9-45　GaussianMixture 类中的方法

方　法	格　式	作　用
aic()	aic(X)	生成输入数据 X 在当前模型上的 Akaike 信息准则
bic()	bic(X)	生成输入数据 X 在当前模型上的贝叶斯信息准则
fit()	fit(X, y=None)	scikit-learn 中通用的方法，表示使用数据 X 训练模型，使用 EM 算法估计模型参数
fit_predict()	fit_predict(X, y=None)	使用 EM 算法估计模型参数，并预测样本的簇标签
get_params()	get_params(deep=True)	获取模型的参数
predict()	predict(X)	使用训练过的模型预测样本的簇标签
predict_proba()	predict_proba(X)	预测输入数据 X 的每个高斯模型的后验概率
sample()	sample(n_samples=1)	从拟合的高斯分布生成随机样本
score()	score(X, y=None)	计算输入数据 X 的平均对数似然数
score_samples()	score_samples(X)	计算每个样本的加权对数概率
set_params()	set_params(**params)	设置模型的参数

使用 predict 方法获取模型的聚类结果，并与 K-means 聚类结果做对比，如代码清单 9-49 所示。

代码清单 9-49 获取模型的聚类结果并与 K-means 聚类结果对比

In[23]:
```
# 获取 GMM 模型聚类结果
gmm_pre = gmm.predict(x)
plt.scatter(x[: , 0], x[: , 1], c = gmm_pre)
plt.title('GMM', size = 17)
plt.show()
```

Out[23]:

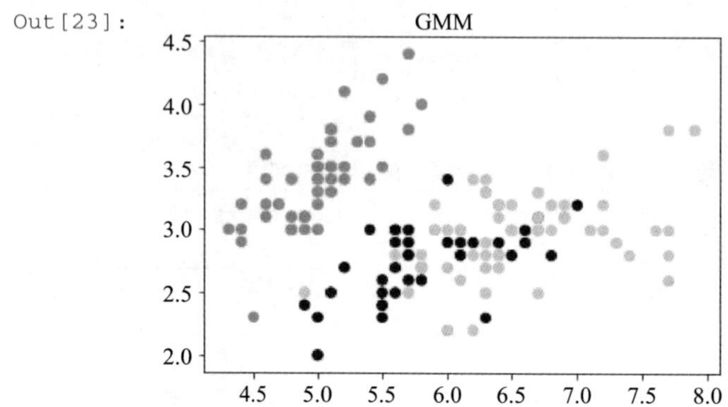

In[24]:

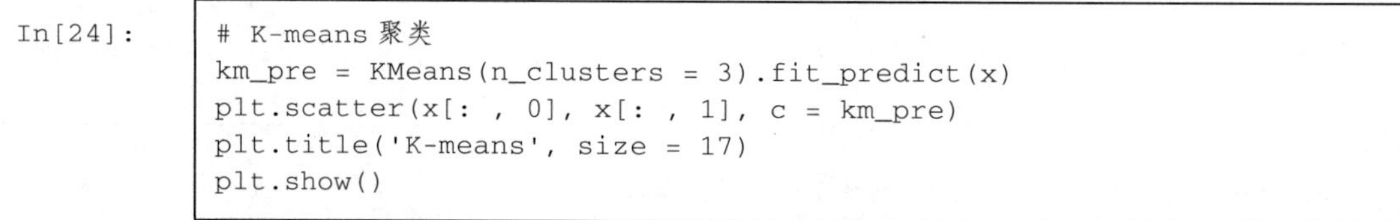

```
# K-means 聚类
km_pre = KMeans(n_clusters = 3).fit_predict(x)
plt.scatter(x[: , 0], x[: , 1], c = km_pre)
plt.title('K-means', size = 17)
plt.show()
```

Out[24]:

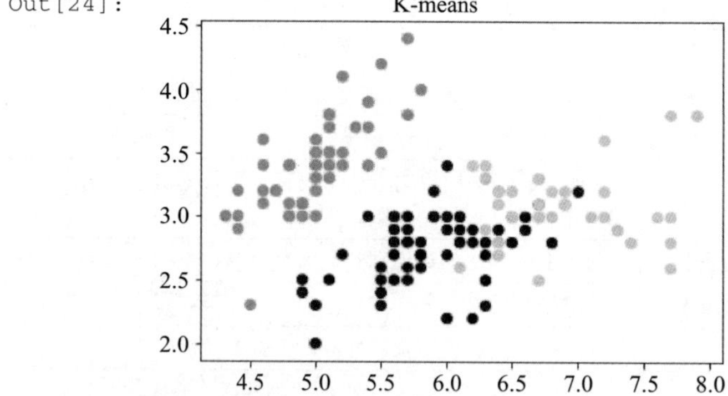

9.4 分类

分类是构造一个分类模型，输入样本的特征值，输出对应的类别，将每个样本映射到预先定义好的类别。分类模型建立在已有类标记的数据集上，属于有监督学习，它常被用于行为分析、物品识别、图像检测等。

sklearn 提供了大量用于构建分类模型的函数，它们存在于不同的模块中，如表 9-46 所示。

表 9-46 sklearn 中构建分类模型的函数

模块名称	函数名称	模型名称
linear_model	LogisticRegression	Logistic 回归
	LogisticRegressionCV	Logistic 回归（交叉验证）
	PassiveAggressiveClassifier	被动攻击算法
	RidgeClassifier	岭回归
	SGDClassifier	随机梯度下降
tree	DecisionTreeClassifier	决策树
	ExtraTreeClassifier	极端随机树
neighbors	KNeighborsClassifier	最近邻
	RadiusNeighborsClassifier	半径最近邻
svm	LinearSVC	线性支持向量机
	NuSVC	含 nu 参数的支持向量机
	SVC	支持向量机
naive_bayes	BernoulliNB	伯努利朴素贝叶斯
	GaussianNB	高斯朴素贝叶斯
	MultinomialNB	多项式朴素贝叶斯
ensemble	AdaBoostClassifier	AdaBoost
	BaggingClassifier	Bagging
	ExtraTreesClassifier	极端随机树
	GradientBoostingClassifier	梯度提升树
	RandomForestClassifier	随机森林
	VotingClassifier	投票
neural_network	MLPClassifier	多层感知机

9.4.1 Logistic 回归

Logistic 回归模型属于对数线性模型，它的预测函数基于 sigmoid 函数。利用极大似然估计法可以估计模型的参数，利用梯度下降法或拟牛顿法求得最终参数的估计值。正则化分为 L1 和 L2。

Logistic 回归的优点是计算代价不高，易于理解和实现。Logistic 回归的缺点是在面对多元或非线性决策边界时性能较差。若输入逻辑回归模型的特征数据存在量纲上的差异，则最好先将数据标准化处理，以获得更好的预测结果。因为模型一般采用梯度下降法，量纲差异可能导致模型无法收敛于最小值。

sklearn 的 linear_model 模块提供 LogisticRegression 函数用于构建 Logistic 回归模型。LogisticRegression 函数的基本语法格式如下。

```
class sklearn.linear_model.LogisticRegression(penalty='l2', dual=False, tol=0.0001,
C=1.0, fit_intercept=True, intercept_scaling=1, class_weight=None, random_state=None,
solver='liblinear', max_iter=100, multi_class='ovr', verbose=0, warm_start=False, n_jobs=1)
```

LogisticRegression 函数的常用参数及其说明如表 9-47 所示。

表 9-47　LogisticRegression 函数的常用参数及其说明

参数名称	说　明
penalty	接收 str，可选参数为 l1 和 l2，表示惩罚项的规范，当求解方法为 newton-cg、sag 或 lbfgs 时，只支持 l2 惩罚项。默认为 l2
dual	接收 bool，表示是否将原问题转换为对偶问题。默认为 False
tol	接收 float，表示迭代停止的容忍度，即精度要求。默认为 1e-4
C	接收 float，表示正则化系数。默认为 1.0
fit_intercept	接收 bool，表示是否应将常数（又称偏差或截距）添加到决策函数中。默认为 True
intercept_scaling	接收 float，表示偏差或截距的缩放比例，当 fit_intercept 参数为 True 时起作用。默认为 1.0
class_weight	接收 dict 或 "balanced"，表示分类模型中各种类别的权重，在出现样本不平衡时，可以考虑调整 class_weight 系数，防止算法对训练样本多的类别偏倚。默认为 None
random_state	接收 int，表示随机种子的数量，若设置了随机种子，则最后的准确率都是一样的。默认为 None
solver	接收 str，可选参数为 "newton-cg" "lbfgs" "liblinear" "sag" 或 "saga"，表示优化损失函数拟合参数的算法。"liblinear" 是坐标轴下降法；"sag" 是随机平均梯度下降；"saga" 是线性收敛的随机优化算法；"newton-cg" 是牛顿法；"lbfgs" 是拟牛顿法。默认为 "liblinear"
max_iter	接收 int，表示算法收敛的最大迭代次数。默认为 100
multi_class	接收 str，可选参数为 "ovr" 和 "multinomial"，表示类别判断的方法。默认为 "ovr"
verbose	接收 bool，表示是否输出冗余信息。默认为 False
warm_start	接收 bool，表示是否将上次模型的结果作为初始状态。默认为 False
n_jobs	接收 int，表示 multi_class 参数为 "ovr" 时并行运算的（CPU）数量，当优化算法为 "liblinear" 时此参数将被忽略。默认为 1，-1 则是运行全部

样本使用 sklearn 提供的 load_breast_cancer（威斯康星州乳腺癌），它含 30 个特征、569 条记录，目标值（标签）为 0 和 1。将其分为训练集和测试集，如代码清单 9-50 所示。

代码清单 9-50　导入 load_breast_cancer 数据集

In[1]:
```
from sklearn.datasets import load_breast_cancer
from sklearn.model_selection import train_test_split
# 导入 load_breast_cancer 数据
cancer = load_breast_cancer()
x = cancer['data']
y = cancer['target']
# 将数据划分为训练集和测试集
x_train, x_test, y_train, y_test = train_test_split(x, y, test_size = 0.2,
random_state = 22)
print('x_train 第 1 行数据为: \n', x_train[0: 1], '\n', 'y_train 第 1 个数
据为: ', y_train[0: 1])
```

Out[1]:
```
x_train 第 1 行数据为:
 [[1.184e+01 1.870e+01 7.793e+01 4.406e+02 1.109e-01 1.516e-01 1.218e-01
  5.182e-02 2.301e-01 7.799e-02 4.825e-01 1.030e+00 3.475e+00 4.100e+01
```

```
 5.551e-03 3.414e-02 4.205e-02 1.044e-02 2.273e-02 5.667e-03 1.682e+01
 2.812e+01 1.194e+02 8.887e+02 1.637e-01 5.775e-01 6.956e-01 1.546e-01
 4.761e-01 1.402e-01]]
y_train 第 1 个数据为: [0]
```

使用 LogisticRegression 函数构建 Logistic 回归模型并使用 fit 方法训练模型，结果返回 LogisticRegression 对象，代表训练好的模型，如代码清单 9-51 所示。

代码清单 9-51 构建 Logistic 回归模型并训练

In[2]:

```
# 数据标准化
from sklearn.preprocessing import StandardScaler
stdScaler = StandardScaler().fit(x_train)
x_trainStd = stdScaler.transform(x_train)
x_testStd = stdScaler.transform(x_test)
# 使用 LogisticRegression 函数构建 Logistic 回归模型
from sklearn.linear_model import LogisticRegression
lr_model = LogisticRegression(solver = 'saga')
# 训练 Logistic 回归模型
lr_model.fit(x_trainStd, y_train)
print('训练出来的 LogisticRegression 模型为: \n', lr_model)
```

Out[2]:

```
训练出来的 LogisticRegression 模型为:
LogisticRegression(C=1.0, class_weight=None, dual=False, fit_intercept=
True,
          intercept_scaling=1, max_iter=100, multi_class='ovr', n_jobs=1,
          penalty='l2', random_state=None, solver='saga', tol=0.0001,
          verbose=0, warm_start=False)
```

LogisticRegression 对象的属性及说明如表 9-48 所示。

表 9-48 LogisticRegression 对象的属性及说明

属　性	说　明
coef_	返回各特征的系数
intercept_	返回模型的截距
n_iter_	返回模型迭代次数

访问代码清单 9-51 中 LogisticRegression 对象的属性，如代码清单 9-52 所示。

代码清单 9-52 访问 LogisticRegression 对象的属性

In[3]:

```
print('各特征的相关系数为: \n', lr_model.coef_)
```

Out[3]:

```
各特征的相关系数为:
 [[-0.587937   -0.66615041 -0.55790711 -0.60229224 -0.13486186  0.2879377
  -0.64790862 -0.74292539  0.01133344  0.53823629 -0.93436793  0.27460124
  -0.67973664 -0.76703416 -0.28941743  0.56551545 -0.05798796 -0.1508578
   0.48435066  0.57709377 -0.93062788 -1.04033499 -0.81617502 -0.87780428
```

```
 -0.90179476 -0.07546581 -0.77020593 -0.86201089 -0.74338494 -0.29033662]]
```

```
In[4]:   print('模型的截距为：', lr_model.intercept_)

Out[4]:  模型的截距为：[0.65105369]

In[5]:   print('模型的迭代次数为：', lr_model.n_iter_)

Out[5]:  模型的迭代次数为：[100]
```

LogisticRegression 对象的方法共有 10 种，如表 9-49 所示。

表 9-49 LogisticRegression 对象的方法及说明

方 法	说 明
fit	将训练集数据放入模型训练
predict	预测类别标签
score	返回测试集的平均准确率
predict_proba	返回类别的概率
predict_log_proba	返回概率的对数
decision_function	返回决策函数值
get_params	获取模型参数
set_params	设置模型参数
densify	将系数矩阵转换为密度数组形式
sparsify	将系数矩阵转换为稀疏形式

其中 fit 方法的使用方式如代码清单 9-51 所示；其他方法的使用方式，如代码清单 9-53 所示。

代码清单 9-53 LogisticRegression 对象的方法

```
In[6]:   print('预测测试集前 10 个结果为：\n', lr_model.predict(x_testStd)[: 10])

Out[6]:  预测测试集前 10 个结果为：
          [1 0 0 0 1 1 1 1 1 1]

In[7]:   print('测试集准确率为：', lr_model.score(x_testStd, y_test))

Out[7]:  测试集准确率为：0.9736842105263158

In[8]:   print('测试集前 3 个对应类别的概率为：\n', lr_model.predict_proba(x_testStd)[: 3])

Out[8]:  测试集前 3 个对应类别的概率为：
          [[1.39969956e-02 9.86003004e-01]
          [9.99999952e-01 4.84333503e-08]
          [9.99966632e-01 3.33683525e-05]]

In[9]:   print('测试集前 3 个对应类别的概率的 log 值为：\n',
               lr_model.predict_log_proba(x_testStd)[: 3])

Out[9]:  测试集前 3 个对应类别的概率的 log 值为：
```

```
[[1.39969956e-02 9.86003004e-01]
 [9.99999952e-01 4.84333503e-08]
 [9.99966632e-01 3.33683525e-05]]
```

In[10]:
```
print('测试集前 3 个的决策函数值为：\n',
      lr_model.decision_function(x_testStd)[: 3])
```

Out[10]:
```
测试集前 3 个的决策函数值为：
 [  4.25481669 -16.84307716 -10.30786927]
```

In[11]:
```
print('模型的参数为：\n', lr_model.get_params())
```

Out[11]:
```
模型的参数为：
{'C': 1.0, 'class_weight': None, 'dual': False, 'fit_intercept': True,
'intercept_scaling': 1, 'max_iter': 100, 'multi_class': 'ovr', 'n_jobs':
1, 'penalty': 'l2', 'random_state': None, 'solver': 'saga', 'tol': 0.0001,
'verbose': 0, 'warm_start': False}
```

In[12]:
```
print('修改 max_iter 参数为 1000 后的模型为：\n', lr_model.set_params(max_iter
= 1000))
```

Out[12]:
```
修改 max_iter 参数为 1000 后的模型为：
LogisticRegression(C=1.0, class_weight=None, dual=False, fit_intercept=
True,
          intercept_scaling=1, max_iter=1000, multi_class='ovr', n_jobs=1,
          penalty='l2', random_state=None, solver='saga', tol=0.0001,
          verbose=0, warm_start=False)
```

In[13]:
```
print('系数矩阵转为密度数组后的模型为：\n', lr_model.densify())
```

Out[13]:
```
系数矩阵转为密度数组后的模型为：
LogisticRegression(C=1.0, class_weight=None, dual=False, fit_intercept=
True,
          intercept_scaling=1, max_iter=1000, multi_class='ovr', n_jobs=1,
          penalty='l2', random_state=None, solver='saga', tol=0.0001,
          verbose=0, warm_start=False)
```

In[14]:
```
print('系数矩阵转为稀疏形式后的模型为：\n', lr_model.sparsify())
```

Out[14]:
```
系数矩阵转为稀疏形式后的模型为：
LogisticRegression(C=1.0, class_weight=None, dual=False, fit_intercept=
True,
          intercept_scaling=1, max_iter=1000, multi_class='ovr', n_jobs=1,
          penalty='l2', random_state=None, solver='saga', tol=0.0001,
          verbose=0, warm_start=False)
```

9.4.2 支持向量机

SVM 是 support vector machine 的简称，中文名是支持向量机。它的基本模型是定义在特征空间的间隔最大的线性分类器，它包括核函数，这使得它成为实质上的非线性分类器。支持向量机的学习策略就是间隔最大化，可形式化为一个求解凸二次规划的问题，也等价于正则化的合页损失函数的最小化问题。支持向量机的学习算法是求解凸二次规划的最优化方法。

支持向量机能对非线性决策边界建模，又有许多可选的核函数。在面对过拟合时，支持向量机有极强的稳健性，尤其在高维空间中。不过，支持向量机是内存密集型算法，如何选择正确的核函数需要相当的技巧，不太适用于较大的数据集。

sklearn 的 svm 模块提供 3 种函数用于构建 SVM 分类模型，它们是 SVC、NuSVC 和 LinearSVC。SVC 和 NuSVC 方法基本一致，唯一区别是损失函数的度量方式不同，NuSVC 使用 nu 参数，而 SVC 使用的 C 参数。LinearSVC 不接受关键词 kernel。

常用的 SVM 模型的构建函数是 SVC，其函数的基本语法格式如下。

```
    class sklearn.svm.SVC(C=1.0, kernel='rbf', degree=3, gamma='auto', coef0=0.0,
shrinking=True, probability=False, tol=0.001, cache_size=200, class_weight=None,
verbose=False, max_iter=-1, decision_function_shape='ovr', random_state=None)
```

SVC 函数的常用参数及其说明如表 9-50 所示。

表 9-50 SVC 函数的常用参数及其说明

参数名称	说 明
C	接收 float，表示惩罚系数。默认为 1.0
kernel	接收 str，可选参数为 linear、poly、rbf、sigmoid、precomputed 或者一个自定义函数，表示核函数，linear 是线性核函数；poly 是多项式核函数；rbf 是高斯核函数；sigmoid 是 sigmod 核函数。默认为 rbf
degree	接收 int，表示核函数为 poly 时的最高次数。默认为 3
gamma	接收 float，表示核函数系数，它是特征维度的倒数。默认为“auto”
coef0	接收 float，表示核函数中的常数值，当核函数为 poly 或 sigmoid 时有效。默认为 0
probability	接收 bool，表示是否使用概率估计。默认为 False
shrinking	接收 bool，表示是否采用 shrinking heuristic 方法。默认为 True
tol	接收 float，表示迭代停止的容忍度，即精度要求。默认为 1e-3
cache_size	接收 float，表示核函数的缓存大小。无默认值，可选参数
class_weight	接收 dict、“balanced”或 None，表示分类模型中各种类别的权重，在出现样本不平衡时，可以考虑调整此系数，防止算法对训练样本多的类别有所偏倚。默认为 None
verbose	接收 bool，表示是否输出冗余信息。默认为 False
max_iter	接收 int，表示最大迭代次数。默认为 -1，即无限制
decision_function_shape	接收 str，可选参数为 ovo 或 ovr，表示决策函数的形状。默认为 ovr
random_state	接收 int、RandomState 实例或 None，表示随机种子的数量。若设置了随机种子，则最后的准确率都是一样的；若接收 int，则指定随机数生成器的种子；若接收 RandomState，则指定随机数生成器；若接收 None，则指定使用默认的随机数生成器。默认为 None

样本数据使用 9.4.1 节的 load_breast_cancer，由于 SVM 算法基于距离，故使用标准化数据（X_trainStd 和 X_testStd）作为模型的输入。使用 SVC 函数构建 SVM 分类模型并训练，最后返回 SVC 对象，如代码清单 9-54 所示。

代码清单 9-54 构建 SVM 分类模型并训练

```
In[15]:  from sklearn.svm import SVC
         svc_model = SVC()
         svc_model.fit(x_trainStd, y_train)
         print('训练出来的 SVM 模型为: \n', svc_model)

Out[15]: 训练出来的 SVM 模型为:
          SVC(C=1.0, cache_size=200, class_weight=None, coef0=0.0,
           decision_function_shape='ovr', degree=3, gamma='auto', kernel='rbf',
           max_iter=-1, probability=False, random_state=None, shrinking=True,
           tol=0.001, verbose=False)
```

SVC 对象比 LogisticRegression 多了 support_、support_vectors_、n_support_ 和 dual_coef_ 属性，少了 n_iter_ 属性，如表 9-51 所示。

表 9-51 SVC 对象的属性及说明

属 性	说 明
support_	以数组的形式返回支持向量的索引
support_vectors_	返回支持向量
n_support_	每个类别支持向量的个数
dual_coef_	支持向量系数
coef_	特征系数，只有核函数是 LinearSVC 的时候可用
intercept_	返回模型的截距值

访问代码清单 9-54 中 SVC 对象的属性，如代码清单 9-55 所示。

代码清单 9-55 访问 SVC 对象的属性

```
In[16]:  print('前 5 个支持向量的索引为: ', svc_model.support_[0: 5])

Out[16]: 前 5 个支持向量的索引为: [ 0  2  4 14 18]

In[17]:  print('第 1 个支持向量为: \n', svc_model.support_vectors_[0: 1])

Out[17]: 第 1 个支持向量为:
          [[-0.65189103 -0.15680254 -0.58122701 -0.60685353  1.0688307
0.90764819
           0.43813717  0.08487301  1.8169707   2.12302781  0.27272439 -0.33148675
           0.28964385  0.01148279 -0.49922137  0.47605033  0.31943569 -0.2313993
           0.29919857  0.63434202  0.11699875  0.39881416  0.36495532  0.01555988
           1.39876933  2.05806621  2.0497137   0.61806352  3.25309114  3.02311263]]

In[18]:  print('每个类别支持向量的个数为: ', svc_model.n_support_)

Out[18]: 每个类别支持向量的个数为: [57 54]

In[19]:  print('支持向量的系数为: \n', svc_model.dual_coef_)
```

```
Out[19]:  支持向量的系数为:
 [[-0.06601232 -1.         -1.         -0.90680315 -1.         -0.05617604
  -1.         -1.         -1.         -1.         -0.14514008 -1.
  -1.         -1.         -0.33772716 -0.1951554  -0.20948229 -1.
  -1.         -0.19396099 -1.         -0.68282965 -0.10730608 -1.
  -0.78058749 -0.25729401 -1.         -0.07870579 -0.3380396  -1.
  -1.         -0.395745   -1.         -0.69164678 -1.         -0.22471256
  -1.         -0.29085816 -1.         -0.7984701  -1.         -0.8037323
  -0.30475447 -0.44621861 -1.         -1.         -0.59590367 -1.
  -0.21664251 -1.         -0.78487434 -0.67195678 -0.27814288 -0.74467276
  -0.20311273 -1.         -1.          1.          0.39843095  0.69928189
   0.42732245  1.          1.          1.          1.          0.09281912
   0.54352963  0.81039992  0.50150214  0.90369929  0.16005781  1.
   1.          0.0426445   0.95741566  0.10807293  1.          1.
   0.85237084  1.          0.26597503  0.60678374  1.          0.36958469
   0.75600974  0.00204111  1.          0.90513281  1.          0.09405698
   0.73672289  1.          1.          0.03730972  0.50775706  0.72236162
   1.          1.          0.7321129   1.          0.27954726  1.
   1.          0.4705631   1.          1.          1.          0.82315795
   1.          1.          1.        ]]
```

```
In[20]:  print('模型的截距值为：', svc_model.intercept_)
```

```
Out[20]:  模型的截距值为：[-0.13651424]
```

SVC 对象相比 LogisticRegression 多了 decision_function 方法，其他相同，如表 9-52 所示。

表 9-52　SVC 对象的方法及说明

方　法	说　明
fit	将训练集数据放入模型训练
predict	预测类别标签
score	返回测试集的平均准确率
decision_function	返回数据集到分离超平面的距离
get_params	获取参数
set_params	设置模型参数

使用表 9-52 中的 predict、score、decision_function 方法，如代码清单 9-56 所示。

代码清单 9-56　SVC 对象的方法

```
In[21]:  print('预测测试集前 10 个结果为：\n', svc_model.predict(x_testStd)[: 10])
```

```
Out[21]:  预测测试集前 10 个结果为:
 [1 0 0 0 1 1 1 1 1 1]
```

```
In[22]:  print('测试集准确率为：', svc_model.score(x_testStd, y_test))
```

```
Out[22]:  测试集准确率为: 0.9736842105263158
```

```
In[23]:  print('测试集前10个距超平面的距离为: \n', svc_model.decision_function
         (x_testStd)[: 10])
```

```
Out[23]:  测试集前10个距超平面的距离为:
          [ 1.73999241 -2.4906929  -1.93441581 -1.62954668  0.78457984  1.83574938
            1.32640289  2.04114042  1.70162023  1.67643463]
```

9.4.3 决策树

决策树是一个树状结构，它包含一个根节点、若干内部节点和若干叶节点。根节点包含样本全集，叶节点对应决策结果，内部节点对应一个特征或属性测试。从根节点到每个叶节点的路径对应了一个判定测试序列，决策树学习目的是为了产生一棵泛化能力强，即处理未见示例能力强的决策树，其基本流程遵循简单而直观的分而治之策略。决策树的生成是一个递归过程。

构造决策树的核心问题在于每一步如何选择适当的特征对样本进行拆分，其主要算法有 CART、ID3、C4.5。CART 使用 gini 系数作为选择特征的准则；ID3 使用信息增益作为选择特征的准则；C4.5 使用信息增益比作为选择特征的准则。决策树的剪枝是为了防止树的过拟合，增强其泛化能力，它包括预剪枝和后剪枝。

决策树的优点主要有 3 个方面。

1）决策树算法的结果易于理解和解释，能做可视化分析，容易提取出规则。

2）决策树可同时处理标称型和数值型数据。

3）决策树能很好地扩展到大型数据库中，它的大小独立于数据库大小。

决策树的缺点有如下 3 个方面。

①在特征太多而样本较少的情况下容易出现过拟合。

②忽略数据集中属性的相互关联。

③ ID3 算法计算信息增益时结果会偏向数值比较多的特征。

另外，输入决策树模型的特征无须进行标准化处理。同时，控制好训练样本数量和特征数量之间的比值，预先采用降维方法找到有代表性的、能够起分类作用的特征，能够在一定程度上避免过拟合问题。

sklearn 的 tree 模块提供了 DecisionTreeClassifier 函数用于构建决策树分类模型。DecisionTreeClassifier 函数的基本语法格式如下。

```
class sklearn.tree.DecisionTreeClassifier(criterion='gini', splitter='best', max_depth=None, min_samples_split=2, min_samples_leaf=1, min_weight_fraction_leaf=0.0, max_features=None, random_state=None, max_leaf_nodes=None, min_impurity_decrease=0.0, min_impurity_split=None, class_weight=None, presort=False)
```

DecisionTreeClassifier 函数的常用参数及其说明如表 9-53 所示。

表 9-53　DecisionTreeClassifier 函数的常用参数及其说明

参数名称	说　明
criterion	接收 str，表示节点（特征）选择的准则，使用信息增益 entropy 的是 ID3 和 C4.5 算法；使用基尼系数 gini 的是 CART 算法。默认为 gini
splitter	接收 str，可选参数为 best 或 random，表示特征划分点选择标准，best 在特征的所有划分点中找出最优的划分点；random 在随机的部分划分点中找出局部最优划分点。默认为 best
max_depth	接收 int，表示决策树的最大深度。默认为 None
min_samples_split	接收 int 或 float，表示子数据集再切分需要的最小样本量。默认为 2
min_samples_leaf	接收 int 或 float，表示叶节点的最小样本数，若低于设定值，则该叶节点和其兄弟节点都会被剪枝。默认为 1
min_weight_fraction_leaf	接收 int、float、string 或 None，表示在叶节点处的所有输入样本权重总和的最小加权分数。默认为 None
max_features	接收 int、float、string 或 None，表示特征切分时考虑的最大特征数量，默认是对所有特征进行切分。传入 int 类型的值，表示具体的特征个数；浮点数表示特征个数的百分比；sqrt 表示总特征数的平方根；log2 表示总特征数的 log 个特征。默认为 None
random_state	接收 int、RandomState 实例或 None，表示随机种子的数量，若设置了随机种子，则最后的准确率都是一样的。若接收 int，则指定随机数生成器的种子；若接收 RandomState，则指定随机数生成器；若接收 None，则指定使用默认的随机数生成器。默认为 None
max_leaf_nodes	接收 int 或 None，表示最大叶节点数。默认为 None，即无限制
min_impurity_decrease	接收 float，表示切分点不纯度最小减少程度，若某节点的不纯度减少小于这个值，则切分点就会被移除。默认为 0
min_impurity_split	接收 float，表示切分点最小不纯度，它用来限制数据集的继续切分（决策树的生成）。若某个节点的不纯度（分类错误率）小于这个阈值，则该点的数据将不再进行切分。无默认，但该参数将被移除，可使用 min_impurity_decrease 参数代替
class_weight	接收 dict、dict 列表、“balanced”或 None，表示分类模型中各种类别的权重，在出现样本不平衡时，可以考虑调整该系数，防止算法对训练样本多的类别有所偏倚。默认为 None
presort	接收 bool，表示是否提前对特征进行排序。默认为 False

样本数据使用 load_breast_cancer，由于决策树无须标准化，故使用 X_train 和 X_test 作为模型输入。使用 DecisionTreeClassifier 函数构建决策树分类模型并训练，最后返回 DecisionTreeClassifier 对象，如代码清单 9-57 所示。

代码清单 9-57　构建决策树分类模型并训练

```
In[24]:   from sklearn.tree import DecisionTreeClassifier
          dt_model = DecisionTreeClassifier()
          dt_model.fit(x_train, y_train)
          print('训练出来的决策树模型为：\n', dt_model)

Out[24]:  训练出来的决策树模型为：
           DecisionTreeClassifier(class_weight=None, criterion='gini', max_depth=None,
                       max_features=None, max_leaf_nodes=None,
                       min_impurity_decrease=0.0, min_impurity_split=None,
```

```
                min_samples_leaf=1, min_samples_split=2,
                min_weight_fraction_leaf=0.0, presort=False, random_state=None,
                splitter='best')
```

训练好模型后，可视化决策树的生成过程，如代码清单 9-58 所示。

代码清单 9-58 可视化决策树

In[25]:

```
# 决策过程可视化，需安装graphviz，结果输出为pdf 文件
from sklearn import tree
import graphviz
dot_data = tree.export_graphviz(dt_model, out_file = None)
graph = graphviz.Source(dot_data)
graph.render("cancer")
```

Out[25]:

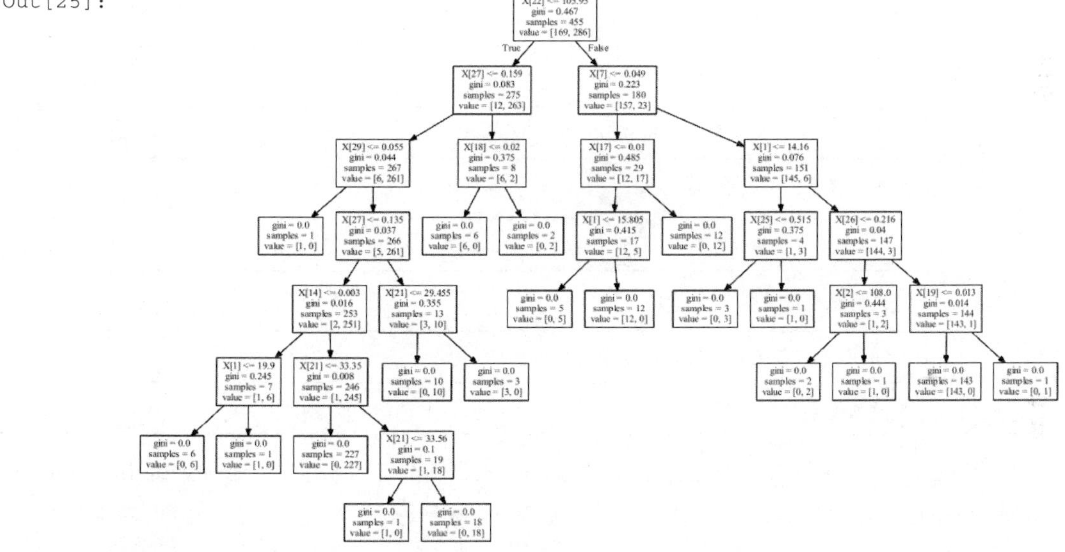

DecisionTreeClassifier 对象拥有 7 个属性，如表 9-54 所示。

表 9-54 DecisionTreeClassifier 对象的属性及说明

属 性	说 明
classes_	输出分类模型的类别标签
feature_importances_	输出每个特征的重要性数值
max_features_	最大特征数
n_classes_	类别数，与 classes_ 对应
n_features_	特征数，当数据量小时，一般 max_features 与 n_features_ 相等
n_outputs_	输出结果数量
tree_	返回底层的 tree 对象

访问代码清单 9-57 中 DecisionTreeClassifier 对象的属性，如代码清单 9-59 所示。

代码清单 9-59　DecisionTreeClassifier 对象的属性

```
In[26]:  print('决策树模型类别标签为：', dt_model.classes_)
Out[26]: 决策树模型类别标签为：[0 1]
In[27]:  print('每个特征的重要性数值为：\n', dt_model.feature_importances_)
Out[27]: 每个特征的重要性数值为：
          [0.         0.05273747 0.         0.         0.         0.
          0.         0.07466641 0.         0.         0.         0.
          0.00706025 0.         0.         0.         0.         0.03299556
          0.02314964 0.01058253 0.         0.03916809 0.70311683 0.
          0.         0.         0.01204058 0.04448265 0.         0.        ]
In[28]:  print('最大特征数为：', dt_model.max_features_)
Out[28]: 最大特征数为：30
In[29]:  print('决策树模型的类别数为：', dt_model.n_classes_)
Out[29]: 决策树模型的类别数为：2
In[30]:  print('决策树模型的特征数为：', dt_model.n_features_)
Out[30]: 决策树模型的特征数为：30
In[31]:  print('决策树模型的输出结果数量为：', dt_model.n_outputs_)
Out[31]: 决策树模型的输出结果数量为：1
```

相较 9.4.1 节的 LogisticRegression 对象和 9.4.2 节的 SVC 对象，apply 和 decision_path 方法是 DecisionTreeClassifier 对象特有的，如表 9-55 所示。

表 9-55　DecisionTreeClassifier 对象的方法及说明

方　法	说　明
fit	将训练集数据放入模型训练
apply	返回每个样本叶节点索引
decision_path	返回决策路径
predict	预测类别标签
score	返回测试集的平均准确率
predict_proba	预测概率
predict_log_proba	预测概率的对数
get_params	获取模型参数
set_params	设置模型参数

使用表 9-55 中 predict、score、apply 和 decision_path 方法，如代码清单 9-60 所示。

代码清单 9-60 DecisionTreeClassifier 对象的方法示例

```
In[32]:  print('预测测试集前10个结果为: \n', dt_model.predict(x_test)[: 10])

Out[32]: 预测测试集前10个结果为:
          [1 0 0 0 0 1 1 1 1 1]

In[33]:  print('测试集准确率为: ', dt_model.score(x_test, y_test))

Out[33]: 测试集准确率为: 0.9122807017543859

In[34]:  print('测试集前5个叶节点索引为: ', dt_model.apply(x_test)[0: 5])

Out[34]: 测试集前5个叶节点索引为: [10 35 35 35 35]

In[35]:  print('测试集前2个决策路径为: \n', dt_model.decision_path(x_test)[0: 2])

Out[35]: 测试集前2个决策路径为:
           (0, 0)        1
           (0, 1)        1
           (0, 2)        1
           (0, 4)        1
           (0, 5)        1
           (0, 9)        1
           (0, 10)       1
           (1, 0)        1
           (1, 20)       1
           (1, 26)       1
           (1, 30)       1
           (1, 34)       1
           (1, 35)       1
```

9.4.4 最近邻

最近邻（K-Nearest Neighbor，KNN），假设给定一个训练数据集，其中实例的类别已定。分类时，对新的实例根据其 k 个最近邻的训练实例的类别，通过多数表决等方式进行预测，因此 KNN 不具有显式的学习过程。KNN 实际上利用训练数据集对特征向量空间进行划分，并作为其分类的模型。其中，k 值的选择、距离度量及分类决策规则是 KNN 的 3 个基本要素。

KNN 理论简单，容易实现，它是一种在线技术。其缺点主要有 3 个方面。首先，每一次分类都会重新进行一次全局运算，所以当样本容量大时计算开销大；其次，样本不平衡时，预测偏差比较大；再次，k 值不易选择。

sklearn 的 neighbors 模块提供了 KNeighborsClassifier 函数用于构建 KNN 分类模型。KNeighborsClassifier 函数的基本语法格式如下。

```
class sklearn.neighbors.KNeighborsClassifier(n_neighbors=5, weights='uniform', algorithm='auto', leaf_size=30, p=2, metric='minkowski', metric_params=None, n_jobs=1, **kwargs)
```

KNeighborsClassifier 函数的常用参数及其说明如表 9-56 所示。

表 9-56　KNeighborsClassifier 函数的常用参数及其说明

参数名称	说　明
n_neighbors	接收 int，表示近邻点的个数，即 K 值。默认为 5
weights	接收 str 或 callable，可选参数有 uniform 和 distance，表示近邻点的权重。uniform 表示所有的邻近点的权重相等；distance 表示距离近的点比距离远的点的权重大。默认为 uniform
algorithm	接收 str，可选参数有 auto、ball_tree、kd_tree 和 brute，表示搜索近邻点的算法。默认为 auto，即自动选择
leaf_size	接收 int，表示 kd 树和 ball 树算法的叶尺寸，它会影响树构建的速度和搜索速度。默认为 30
p	接收 int，表示距离度量公式，1 是曼哈顿距离公式；2 是欧氏距离。默认为 2
metric	接收 str 或 callable，表示树算法的距离矩阵。默认为 minkowski
metric_params	接收 dict，表示 metric 参数中接收的自定义函数的参数。默认为 None
n_jobs	接收 int，表示 multi_class 参数为 ovr 时并行运算的（CPU）数量，当优化算法为 liblinear 时此参数将被忽略。默认为 1，-1 则是运行全部

样本数据使用 9.4.1 节的 load_breast_cancer，由于 KNN 算法基于距离，故使用标准化数据（X_trainStd 和 X_testStd）作为模型的输入。使用 KNeighborsClassifier 函数构建 KNN 分类模型并训练，最后返回 KNeighborsClassifier 对象，如代码清单 9-61 所示。

代码清单 9-61　构建 KNN 分类模型并训练

In[36]:
```
# 使用 KNeighborsClassifier 函数构建 knn 模型
from sklearn.neighbors import KNeighborsClassifier
knn_model = KNeighborsClassifier()
knn_model.fit(x_trainStd, y_train)
print('训练出来的 knn 模型为：\n', knn_model)
```

Out[36]:
```
训练出来的 knn 模型为：
KNeighborsClassifier(algorithm='auto', leaf_size=30, metric='minkowski',
           metric_params=None, n_jobs=1, n_neighbors=5, p=2,
           weights='uniform')
```

与本节前面介绍的其他对象（模型）相比，KNeighborsClassifier 对象未提供属性，但多了存在 kneighbors 和 kneighbors_graph 这两个独有方法，如表 9-57 所示。

表 9-57　KNeighborsClassifier 对象的方法说明

方　法	说　明
fit	将训练集数据放入模型训练
kneighbors	返回最近邻点及距离
kneighbors_graph	返回以 CSR 格式的稀疏矩阵显示的最近邻点
predict	预测类别标签
score	返回测试集的平均准确率

（续）

方 法	说 明
predict_proba	预测概率
predict_log_proba	预测概率的对数
get_params	获取模型参数
set_params	设置模型参数

使用表 9-57 中 predict、score、kneighbors 和 kneighbors_graph 方法，如代码清单 9-62 所示。

代码清单 9-62 KNeighborsClassifier 对象的方法示例

```
In[37]:   print('预测测试集前 10 个结果为：\n', knn_model.predict(x_testStd)[: 10])

Out[37]:  预测测试集前 10 个结果为：
           [1 0 0 0 1 1 1 1 1 1]

In[38]:   print('测试集准确率为：', knn_model.score(x_testStd, y_test))

Out[38]:  测试集准确率为：0.9736842105263158

In[39]:   print('测试集前 5 个最近邻点为：\n',
                knn_model.kneighbors(x_testStd)[0][0: 5], '\n',
                '测试集前 5 个最近邻点的距离为：\n',
                knn_model.kneighbors(x_testStd)[1][0: 5])

Out[39]:  测试集前 5 个最近邻点为：
           [[1.8063981  2.0357179  2.26294453 2.26881798 2.4626225 ]
           [2.6985068  2.76214309 2.86690661 3.17415789 3.18133039]
           [3.9235241  3.96895927 3.99488232 3.99770864 4.0544675 ]
           [2.80851804 3.10749246 3.29845443 3.48210284 3.55561284]
           [2.4481254  2.45937217 2.7792112  3.11046918 3.14158766]]
           测试集前 5 个最近邻点的距离为：
           [[374  35 441 168 217]
           [132 328 238 397  64]
           [361 346 153 270 398]
           [ 83 394   7 229  51]
           [420 181 453  45  41]]

In[40]:   mat = knn_model.kneighbors_graph(x_testStd)
          print('将 CSR 格式的稀疏矩阵显示的最近邻点转换为数组后结果为：\n', mat.toarray())

Out[40]:  将 CSR 格式的稀疏矩阵显示的最近邻点转换为数组后结果为：
           [[0. 0. 0. ... 0. 0. 0.]
           [0. 0. 0. ... 0. 0. 0.]
           [0. 0. 0. ... 0. 0. 0.]
           ...
           [0. 0. 0. ... 0. 0. 0.]
           [0. 0. 0. ... 0. 0. 0.]
           [0. 0. 0. ... 0. 0. 0.]]
```

9.4.5 朴素贝叶斯

朴素贝叶斯是基于贝叶斯定理与特征条件独立假设的分类方法。对于给定的训练数据集，首先基于特征条件独立假设学习输入输出的联合概率分布；然后基于此模型，对给定的输入 X，利用贝叶斯定理求出后验概率最大的输出 y。朴素贝叶斯实现简单，学习与预测的效率都很高，是一种常用的方法。

朴素贝叶斯算法具有对大数据集训练速度快；支持增量式运算，可以实时对新增样本进行训练；结果可解释性强等优点。同时也存在因为使用了样本特征独立性的假设，所以特征有关联时效果不佳的缺点。

构建朴素贝叶斯模型时有以下注意事项。

1）概率 P 通常是值很小的小数，连续的小数相乘易造成下溢出，使乘积为 0 或者得不到正确答案。一种解决办法是对乘积取自然对数，将连乘变为连加。

2）若新特征出现，则导致类别的条件概率为 0，最终出现 0/0 未定义的情况。

3）输入模型的数据无须标准化处理。

sklearn 的 naive_bayes 模块提供 3 种函数用于构建朴素贝叶斯模型，它们是 GaussianNB（高斯朴素贝叶斯）、GaussianNB（多项式分布贝叶斯）和 MultinomialNB（伯努利朴素贝叶斯），它们分别对应 3 种不同的数据分布类型。

常用的朴素贝叶斯模型的构建函数是 GaussianNB，其基本语法格式如下。

```
class sklearn.naive_bayes.GaussianNB(priors=None)
```

GaussianNB 函数的常用参数及其说明如表 9-58 所示。

表 9-58 GaussianNB 函数的常用参数及其说明

参数名称	说 明
priors	接收 array，表示先验概率大小，若没有给定，则模型根据样本数据计算（利用极大似然法）。默认为 None

样本数据使用 9.4.1 节的 load_breast_cancer，由于朴素贝叶斯无须标准化，故使用 X_train 和 X_test 作为模型输入。使用 GaussianNB 函数构建朴素贝叶斯分类模型并训练，最后返回 GaussianNB 对象，如代码清单 9-63 所示。

代码清单 9-63 构建朴素贝叶斯分类模型并训练

```
In[41]:  # 使用GaussianNB函数构建朴素贝叶斯模型
         from sklearn.naive_bayes import GaussianNB
         gnb_model = GaussianNB()
         gnb_model.fit(x_train, y_train)
         print('训练出来的朴素贝叶斯模型为：', gnb_model)
Out[41]: 训练出来的朴素贝叶斯模型为：GaussianNB(priors=None)
```

GaussianNB 对象拥有 4 个属性，如表 9-59 所示。

表 9-59 GaussianNB 对象的属性及说明

属 性	说 明
class_prior_	每个类别的概率
class_count_	每个类别训练样本的数量
theta_	每个类别中每个特征的均值
sigma_	每个类别中每个特征的方差

访问代码清单 9-63 中 GaussianNB 对象属性，如代码清单 9-64 所示。

代码清单 9-64 访问 GaussianNB 对象的属性

```
In[42]:   print('每个类别出现的概率为：', gnb_model.class_prior_)

Out[42]:  每个类别出现的概率为：[0.37142857 0.62857143]

In[43]:   print('每个类别训练样本的数量为：', gnb_model.class_count_)

Out[43]:  每个类别训练样本的数量为：[169. 286.]

In[44]:   print('每个类别中每个特征的均值为：\n', gnb_model.theta_)

Out[44]:  每个类别中每个特征的均值为：
           [[1.74481065e+01 2.15639645e+01 1.15192012e+02 9.77307101e+02
             1.01877041e-01 1.42734734e-01 1.56143136e-01 8.62633136e-02
             1.90695858e-01 6.24121893e-02 6.05159763e-01 1.18698876e+00
             4.31632544e+00 7.27933728e+01 6.74010059e-03 3.15098817e-02
             4.05011243e-02 1.49292308e-02 1.95870355e-02 4.04742012e-03
             2.11097041e+01 2.92478107e+01 1.41192367e+02 1.42237101e+03
             1.43999349e-01 3.70612249e-01 4.41401657e-01 1.80676509e-01
             3.16697633e-01 9.17349112e-02]
            [1.21590245e+01 1.80608741e+01 7.81978671e+01 4.63506643e+02
             9.30540909e-02 8.19600000e-02 4.77360559e-02 2.63821189e-02
             1.75828671e-01 6.31550699e-02 2.87030420e-01 1.23576154e+00
             2.01828776e+00 2.13490979e+01 7.22918881e-03 2.20052168e-02
             2.69744332e-02 1.00819510e-02 2.07283881e-02 3.77203497e-03
             1.33865909e+01 2.35948601e+01 8.70515035e+01 5.59123077e+02
             1.25450594e-01 1.85133182e-01 1.70399294e-01 7.57520280e-02
             2.71085664e-01 7.99389161e-02]]

In[45]:   print('每个类别中每个特征的方差为：\n', gnb_model.sigma_)

Out[45]:  每个类别中每个特征的方差为：
           [[1.01012628e+01 1.22196122e+01 4.68127908e+02 1.37119263e+05
             4.67436688e-04 3.15177882e-03 5.38156477e-03 1.45607892e-03
             1.03765856e-03 3.82792640e-04 1.30970647e-01 2.16196173e-01
             7.33995417e+00 4.21918135e+03 3.38001431e-04 6.57886145e-04
             7.57823461e-04 3.61409630e-04 4.19278662e-04 3.34624435e-04
             1.86149947e+01 2.71802409e+01 8.75428010e+02 3.74981002e+05
```

```
 7.66364937e-04 2.98615189e-02 3.27339183e-02 2.42980225e-03
 5.09930289e-03 8.09819950e-04]
[3.16259512e+00 1.65803543e+01 1.39199695e+02 1.82892853e+04
 5.15866346e-04 1.56903951e-03 2.44747506e-03 5.89463918e-04
 9.75361873e-04 3.79607156e-04 1.33742609e-02 3.81679612e-01
 6.00599230e-01 8.17731879e+01 3.39891518e-04 6.22849943e-04
 1.58482136e-03 3.64936860e-04 3.81727467e-04 3.40357083e-04
 3.92376779e+00 3.09134482e+01 1.83163768e+02 2.70448928e+04
 7.44420765e-04 9.40321384e-03 2.21539279e-02 1.62271582e-03
 2.05691336e-03 5.38756405e-04]]
```

与本节前面介绍的其他对象（模型）相比，GaussianNB 对象的 partial_fit 方法是特有的，如表 9-60 所示。

表 9-60 GaussianNB 对象的方法及说明

方　法	说　明
fit	将训练集数据放入模型训练
partial_fit	追加训练模型，该方法主要用于大规模数据集的训练，此时大规模数据集被分成多个小数据集然后分别训练
predict	预测类别标签
score	返回测试集的平均准确率
predict_proba	预测概率
predict_log_proba	预测概率的对数
get_params	获取模型参数
set_params	设置模型参数

使用表 9-60 中 predict、score、partial_fit 方法，如代码清单 9-65 所示。

代码清单 9-65 GaussianNB 对象的方法

```
In[46]:   print('预测测试集前 10 个结果为：\n', gnb_model.predict(x_test)[: 10])

Out[46]:  预测测试集前 10 个结果为：
           [1 0 0 0 0 1 1 1 1 1]

In[47]:   print('测试集准确率为：', gnb_model.score(x_test, y_test))

Out[47]:  测试集准确率为：0.9649122807017544

In[48]:   print('追加训练数据后的模型为：', gnb_model.partial_fit(x_test, y_test))

Out[48]:  追加训练数据后的模型为：GaussianNB(priors=None)
```

9.4.6 随机森林

随机森林属于集成学习（ensemble learning），它通过构建并组合多个学习器来完成学习任务。集成学习将多个学习器进行结合，通常获得比单一学习器显著优越的泛化性能。根据个体学习器的生成方式，目前集成学习分为两大类。

1）个体学习器之间存在强依赖关系、必须串行生成的序列化方法，代表是 Boosting。

2）个体学习器之间不存在强依赖关系、可同时生成的并行化方法，代表是 Bagging 和随机森林（Random Forest）。

随机森林是 Bagging 的一个变体，Bagging 对训练集采样，产生出若干个不同的子集，再从每个训练子集中训练一个基学习器，预测结果采用简单投票法。随机森林在以决策树为基学习器构建 Bagging 集成的基础上，进一步在决策树的训练过程中引入随机属性选择，随机森林的每一棵决策树中的每一个节点，先从该节点的属性集中随机选择 K 个属性的子集，然后从这个属性子集中选择最优属性进行划分。

随机森林的优点主要有以下 3 个方面。

1）由于每次不再考虑全部属性而是一个属性子集，所以相比 Bagging，计算开销更小，训练效率更高。

2）由于增加了属性的扰动，随机森林中基学习器的性能降低，使得随机森林在起始时候性能较差。但是随着基学习器的增多，相比 Bagging，随机森林通常会收敛于更低的泛化误差。

3）两个随机性的引入使得随机森林不易陷入过拟合，对数据的适应能力强，可以处理离散和连续的数据。

随机森林缺点主要是在噪声较大时容易过拟合。

sklearn 的 ensemble 模块提供了 RandomForestClassifier 函数用于构建随机森林分类模型。RandomForestClassifier 函数的基本语法格式如下。

```
    class sklearn.ensemble.RandomForestClassifier(n_estimators=10, criterion='gini',
max_depth=None, min_samples_split=2, min_samples_leaf=1, min_weight_fraction_
leaf=0.0, max_features='auto', max_leaf_nodes=None, min_impurity_decrease=0.0,
min_impurity_split=None, bootstrap=True, oob_score=False, n_jobs=1, random_
state=None, verbose=0, warm_start=False, class_weight=None)
```

RandomForestClassifier 函数的常用参数及其说明如表 9-61 所示。

表 9-61　RandomForestClassifier 函数的常用参数及其说明

参数名称	说　明
n_estimators	接收 int，表示随机森林树的数量。默认为 10
criterion	接收 str，表示节点（特征）选择的准则，使用信息增益 entropy 的是 ID3 和 C4.5 算法；使用基尼系数 gini 的是 CART 算法。默认为 gini
max_depth	接收 int，表示决策树的最大深度。默认为 None
min_samples_split	接收 int 或 float，表示子数据集再切分需要的最小样本量。默认为 2
min_samples_leaf	接收 int 或 float，表示叶节点的最小样本数，若低于设定值，则该叶节点和其兄弟节点都会被剪枝。默认为 1
min_weight_fraction_leaf	接收 int、float、string 或 None，表示在叶节点处的所有输入样本权重总和的最小加权分数。默认为 None

（续）

参数名称	说　明
max_features	接收 int、float、sqrt、log2、None，表示特征切分时考虑的最大特征数量，默认是对所有特征进行切分。传入 int 类型的值，表示具体的特征个数；浮点数表示特征个数的百分比；sqrt 表示总特征数的平方根；log2 表示总特征数的 log 个特征。默认为 None
max_leaf_nodes	接收 int 或 None，表示最大叶节点数。默认为 None，即无限制
min_impurity_decrease	接收 float，表示切分点不纯度最小减少程度，若某节点的不纯度减少小于这个值，则切分点就会被移除。默认为 0
min_impurity_split	接收 float，表示切分点最小不纯度，它用来限制数据集的继续切分（决策树的生成）。若某个节点的不纯度（分类错误率）小于这个阈值，则该点的数据将不再进行切分。无默认，但该参数将被移除，可使用 min_impurity_decrease 参数代替
bootstrap	接收 bool，表示是否使用 bootstrap 技术采样。默认为 True
oob_score	接收 bool，表示是否使用未参与建立树模型的数据集去验证模型效果。默认为 True
n_jobs	接收 int，表示 multi_class 参数为 ovr 时并行运算的（CPU）数量，当优化算法为 liblinear 时此参数将被忽略。默认为 1，-1 则是运行全部
random_state	接收 int、RandomState 实例或 None，表示随机种子的数量。若设置了随机种子，则最后的准确率都是一样的；若接收 int，则指定随机数生成器的种子；若接收 RandomState，则指定随机数生成器；若接收 None，则指定使用默认的随机数生成器。默认为 None
verbose	接收 bool，表示是否输出冗余信息。默认为 False
warm_start	接收 bool，表示是否将上次模型的结果作为初始状态。默认为 False
class_weight	接收 dict、"balanced" 或 None，表示分类模型中各种类别的权重，在出现样本不平衡时，可以考虑调整该系数，防止算法对训练样本多的类别有所偏倚。默认为 None

样本数据使用 9.4.1 节的 load_breast_cancer，由于随机森林无须进行标准化，故使用 X_train 和 X_test 作为模型的输入。使用 RandomForestClassifier 函数构建随机森林分类模型并训练，最后返回 RandomForestClassifier 对象，如代码清单 9-66 所示。

代码清单 9-66　构建随机森林分类模型

```
In[49]:
# 使用 RandomForestClassifier 函数构建随机森林分类模型
from sklearn.ensemble import RandomForestClassifier
rf_model = RandomForestClassifier()
rf_model.fit(x_train, y_train)
print('训练出来的随机森林模型为：\n', rf_model)
```

```
Out[49]:
训练出来的随机森林模型为：
 RandomForestClassifier(bootstrap=True, class_weight=None, criterion='gini',
            max_depth=None, max_features='auto', max_leaf_
nodes=None,
            min_impurity_decrease=0.0, min_impurity_split=None,
            min_samples_leaf=1, min_samples_split=2,
            min_weight_fraction_leaf=0.0, n_estimators=10, n_jobs=1,
            oob_score=False, random_state=None, verbose=0,
            warm_start=False)
```

RandomForestClassifier 对象的属性类似 DecisionTreeClassifier 对象，但相较于 DecisionTreeClassifier，有 estimators_、oob_score_ 和 oob_decision_function_ 这 3 个独有属性，如表 9-62 所示。

表 9-62　RandomForestClassifier 对象的属性说明

属　性	说　明
estimators_	返回所有训练过的决策树
classes_	输出分类模型的类别标签
n_classes_	类别数，与 classes_ 对应
n_features_	特征数，当数据量小时，一般 max_features 和 n_features_ 相等
n_outputs_	输出结果数量
feature_importances_	输出每个特征的重要性数值
oob_score_	袋外估计准确率得分，必须是 oob_score 参数选择 True 的时候才可用
oob_decision_function_	袋外估计对应的决策函数

访问代码清单 9-66 中 RandomForestClassifier 对象的 estimators_ 属性，如代码清单 9-67 所示。

代码清单 9-67　访问 RandomForestClassifier 对象的属性

```
In[50]:   print('训练出来的前 2 个决策树模型为：\n', rf_model.estimators_[0: 2])

Out[50]:  训练出来的前 2 个决策树模型为：
          [DecisionTreeClassifier(class_weight=None, criterion='gini', max_depth=
          None,
                      max_features='auto', max_leaf_nodes=None,
                      min_impurity_decrease=0.0, min_impurity_split=None,
                      min_samples_leaf=1, min_samples_split=2,
                      min_weight_fraction_leaf=0.0, presort=False,
                      random_state=579974326, splitter='best'), DecisionTree-
                      Classifier(class_weight=None, criterion='gini', max_depth=None,
                      max_features='auto', max_leaf_nodes=None,
                      min_impurity_decrease=0.0, min_impurity_split=None,
                      min_samples_leaf=1, min_samples_split=2,
                      min_weight_fraction_leaf=0.0, presort=False,
                      random_state=1664123606, splitter='best')]
```

RandomForestClassifier 对象的方法与 DecisionTreeClassifier 对象完全相同，如表 9-63 所示。

表 9-63　RandomForestClassifier 对象的方法及说明

方　法	说　明
fit	将训练集数据放入模型训练
apply	返回每个样本叶节点索引

（续）

方 法	说 明
decision_path	返回决策路径
predict	预测类别标签
score	返回测试集的平均准确率
predict_proba	预测概率
predict_log_proba	预测概率的对数
get_params	获取模型参数
set_params	设置模型参数

表 9-63 中 predict、score 方法的使用方式如代码清单 9-68 所示。

代码清单 9-68 RandomForestClassifier 对象的方法

```
In[51]:   print('预测测试集前 10 个结果为：\n', rf_model.predict(x_test)[: 10])
Out[51]:  预测测试集前 10 个结果为：
           [1 0 0 0 1 1 1 1 1 1]
In[52]:   print('测试集准确率为：', rf_model.score(x_test, y_test))
Out[52]:  测试集准确率为：0.9649122807017544
```

9.4.7 多层感知机

多层感知机（Multi-Layer Perceptron，MLP），由感知机推广而来。它克服了感知机无法实现对线性不可分数据识别的缺点，其主要特点是拥有多个神经元层，第 1 层为输入层，最后一层为输出层，中间层为隐层。MLP 是一种前向结构的人工神经网络，映射一组输入向量到一组输出向量。MLP 可以被看作一个有向图，由多个节点层组成，每一层全连接到下一层。除了输入节点，每个节点都是一个带有非线性激活函数的神经元（或称处理单元）。一种被称为反向传播算法的监督学习方法常被用来训练 MLP。

多层感知机具有可以学习得到非线性模型和使用 partial_fit 可以学习得到实时模型（在线学习）的优点。同时也具有如下 3 个方面的缺点。

1）具有隐藏层的 MLP 具有非凸的损失函数，它有不止一个的局部最小值。因此不同的随机权重初始化会导致不同的验证集准确率。

2）需要调试一些超参数，例如隐藏层神经元的数量、层数和迭代轮数。

3）对特征归一化很敏感。

sklearn 的 neural_network 模块提供了 MLPClassifier 函数用于构建多层感知机分类模型。MLPClassifier 函数的基本语法格式如下。

```
class sklearn.neural_network.MLPClassifier(hidden_layer_sizes=(100, ), activation=
```

```
'relu', solver='adam', alpha=0.0001, batch_size='auto', learning_rate='constant',
learning_rate_init=0.001, power_t=0.5, max_iter=200, shuffle=True, random_state=None,
tol=0.0001, verbose=False, warm_start=False, momentum=0.9, nesterovs_momentum=True,
early_stopping=False, validation_fraction=0.1, beta_1=0.9, beta_2=0.999, epsilon=1e-08)
```

MLPClassifier 函数的常用参数及其说明如表 9-64 所示。

表 9-64 MLPClassifier 函数的常用参数及其说明

参数名称	说 明
hidden_layer_sizes	接收 tuple，表示隐藏层的大小，长度为 n_layers-2，第 i 个元素表示第 i 个隐藏层的神经元的个数。默认为（100,）
activation	接收 str，可选参数为 identity、logistic、tanh 和 relu，表示激活函数。默认为 relu
solver	接收 str，可选参数为 lbfgs、sgd、adam，表示权重优化算法。默认为 adam
alpha	接收 float，表示 L2 惩罚项的参数。默认为 0.0001
batch_size	接收 int，表示批尺寸，即随机优化器的最小训练数据，当权重优化算法为 lbfgs 时无效。默认为 auto，即 batch_size=min(200, n_samples)
learning_rate	接收 str，可选参数为 constant、invscaling 和 adaptive，表示学习率策略，用于更新权重，只有当 solver 为 sgd 时使用。constant 表示学习率恒定为 learning_rate_init 参数；invscaling 表示随着时间 t 使用 power_t 的逆标度指数不断降低学习率；adaptive 表示若训练损耗在下降则保持学习率为 learning_rate_init，若连续两次不能降低训练损耗或验证分数停止升高至少到 tol 参数，则将当前学习率除以 5。默认为 constant
learning_rate_init	接收 float，表示初始学习率，用于控制更新权重的步长，当 solver 为 sgd 或 adam 时有效。默认为 0.001
power_t	接收 float，表示逆扩展学习率的指数，solver 参数为 sgd 时使用，learning_rate 参数为 invscaling 时用来更新有效学习率。默认为 0.5
max_iter	接收 int，表示算法收敛的最大迭代次数。默认为 200
shuffle	接收 bool，表示是否在每次迭代时对样本进行清洗，当 solver 参数为 sgd 或 adam 时使用。默认为 True
random_state	接收 int、RandomState 实例或 None，表示随机种子的数量。若设置了随机种子，则最后的准确率都是一样的；若接收 int，则指定随机数生成器的种子；若接收 RandomState，则指定随机数生成器；若接收 None，则指定使用默认的随机数生成器。默认为 None
tol	接收 float，表示迭代停止的容忍度，即精度要求。默认为 1e-4
verbose	接收 bool，表示是否输出冗余信息。默认为 False
warm_start	接收 bool，表示是否将上次模型的结果作为初始状态。默认为 False
momentum	接收 float，表示梯度下降更新的动量，它的值应该在 0 到 1 之间，当 solver 参数为 sgd 时使用。默认为 0.9
nesterovs_momentum	接收 bool，表示是否使用 Nesterov 动量法。默认为 True
early_stopping	接收 bool，表示当验证效果不再改善时是否终止训练。若为 True，则自动选出 10% 的训练数据用于验证，并在两次连续迭代改善低于 tol 参数时终止训练。默认为 False
validation_fraction	接收 float，表示验证集比例，当 early_stopping 参数为 True 时有效。默认为 0.1
beta_1	接收 float，表示估计一阶矩向量的指数衰减速率，当 solver 参数为 adam 时使用。默认为 0.9
beta_2	接收 float，表示估计二阶矩向量的指数衰减速率，当 solver 参数为 adam 时使用。默认为 0.999
epsilon	接收 float，表示在 adam 中数值稳定性的值，当 solver 参数为 adam 时使用。默认为 1e-8

样本数据使用 9.4.1 节的 load_breast_cancer，由于多层感知机算法基于距离，故使用标准化数据（X_trainStd 和 X_testStd）作为模型的输入。使用 MLPClassifier 函数构建多层感知机分类模型并训练，最后返回 MLPClassifier 对象，如代码清单 9-69 所示。

代码清单 9-69　构建多层感知机分类模型并训练

```
In[53]:  from sklearn.neural_network import MLPClassifier
         mlp_model = MLPClassifier(max_iter=1000)
         mlp_model.fit(x_trainStd, y_train)
         print('训练出来的多层感知机模型为：\n', mlp_model)

Out[53]: 训练出来的多层感知机模型为：
         MLPClassifier(activation='relu', alpha=0.0001, batch_size='auto', beta_1=0.9,
                beta_2=0.999, early_stopping=False, epsilon=1e-08,
                hidden_layer_sizes=(100,), learning_rate='constant',
                learning_rate_init=0.001, max_iter=1000, momentum=0.9,
                nesterovs_momentum=True, power_t=0.5, random_state=None,
                shuffle=True, solver='adam', tol=0.0001, validation_fraction=0.1,
                verbose=False, warm_start=False)
```

MLPClassifier 对象有 8 个属性，如表 9-65 所示。

表 9-65　MLPClassifier 对象的属性及说明

属　性	说　明
classes_	输出分类模型的类别标签
loss_	损失函数计算出来的当前损失值
coefs_	第 i 个元素表示 i 层的权重矩阵
intercepts_	第 i 个元素代表 i+1 层的偏差向量
n_iter_	迭代次数
n_layers_	神经网络层数
n_outputs_	输出个数
out_activation_	输出激活函数的名称

访问代码清单 9-69 中 MLPClassifier 对象的属性，如代码清单 9-70 所示。

代码清单 9-70　访问 MLPClassifier 对象的属性

```
In[54]:  print('分类模型的类别标签为：', mlp_model.classes_)

Out[54]: 分类模型的类别标签为：[0 1]

In[55]:  print('当前损失值为：', mlp_model.loss_)

Out[55]: 当前损失值为：0.015434405029323847

In[56]:  print('迭代次数为：', mlp_model.n_iter_)
```

```
Out[56]:   迭代次数为: 193
```

```
In[57]:    print('神经网络层数为: ', mlp_model.n_layers_)
```

```
Out[57]:   神经网络层数为: 3
```

```
In[58]:    print('输出个数为: ', mlp_model.n_outputs_)
```

```
Out[58]:   输出个数为: 1
```

```
In[59]:    print('输出激活函数的名称为: ', mlp_model.out_activation_)
```

```
Out[59]:   输出激活函数的名称为: logistic
```

```
In[60]:    print('权重矩阵为: \n', mlp_model.coefs_)
```

```
Out[60]:   权重矩阵为:
            [array([[ 0.25447758,  0.12708086,  0.15630217, ...,  0.02966253,
                      0.22509679, -0.05936095],
                    ...,,
             array([[-0.21965603],  [ 0.2492016 ],...,
```

```
In[61]:    print('偏差向量为: \n', mlp_model.intercepts_)
```

```
Out[61]:   偏差向量为:
            [array([-0.02511898,  0.29182324, -0.06954655,  0.22506064,  0.0849245 ,
                    0.23589907,  0.08890041,  0.27258507,  0.15109772,  0.20566364,
                    ...,
```

注：限于篇幅，结果未展示完全。

MLPClassifier 对象比 LogisticRegression 少了 decision_function、densify 和 sparsify 方法，如表 9-66 所示。

表 9-66 MLPClassifier 对象的方法及说明

方 法	说 明
fit	将训练集数据放入模型训练
predict	预测类别标签
score	返回测试集的平均准确率
predict_proba	预测概率
predict_log_proba	预测概率的对数
get_params	获取模型参数
set_params	设置模型参数

表 9-66 中 predict、scores 方法的使用方式如代码清单 9-71 所示。

代码清单 9-71 MLPClassifier 对象的方法

```
In[62]:    print('预测测试集前 10 个结果为: \n', mlp_model.predict(x_testStd)[: 10])
```

```
Out[62]:  预测测试集前 10 个结果为:
           [1 0 0 0 1 1 1 1 1 1]
```

```
In[63]:  print('测试集准确率为: ', mlp_model.score(x_testStd, y_test))
```

```
Out[63]:  测试集准确率为: 0.9649122807017544
```

9.5 回归

回归算法的实现过程与分类算法类似，原理相差不大。分类和回归的主要区别在于，分类算法的目标值是离散的，但是回归算法是连续的。在回归模型中，自变量（特征）与因变量（目标）具有相关关系，自变量的值是已知的，因变量是要预测的。回归算法的实现步骤和分类算法基本相同，分为学习和预测两个步骤。学习是通过训练样本数据来拟合回归方程；预测则是利用学习过程中拟合出的回归方程，将测试数据放入方程中求出预测值。

sklearn 提供了大量的用于构建回归模型的函数，它们存在于不同的模块中，其中 linear_model 模块下的函数最多。部分回归模型与 9.4 节的分类模型类似，如表 9-67 所示。

表 9-67 sklearn 库的回归模型

模块名称	函数名称	模型名称
linear_model	LinearRegression	最小二乘法
	Ridge	岭回归
	RidgeCV	岭回归（交叉验证）
	Lasso	lasso 回归
	LassoCV	lasso 回归（交叉验证）
	MultiTaskLasso	多任务 lasso 回归
	ElasticNetCV	弹性网络
	MultiTaskElasticNet	多任务弹性网络
	MultiTaskElasticNetCV	多任务弹性网络（交叉验证）
	Lars	最小角回归
	LassoLars	使用 LARS 算法的 lasso
	LassoLarsCV	使用 LARS 算法的 lasso（交叉验证）
	OrthogonalMatchingPursuit	正交匹配追踪法
	orthogonal_mp	正交匹配追踪法
	BayesianRidge	贝叶斯岭回归
	ARDRegression	主动相关决策理论
	SGDRegressor	随机梯度下降
	Perceptron	感知器
	PassiveAggressiveRegressor	被动攻击算法
	TheilSenRegressor	TheilSen 稳健回归
	HuberRegressor	Huber 稳健回归
svm	SVR	支持向量机回归

（续）

模块名称	函数名称	模型名称
svm	NuSVR	含 nu 参数的支持向量机
	linearSVR	线性支持向量机
neighbors	KNeighborsRegressor	最近邻
tree	DecisionTreeRegressor	决策树
ensemble	BaggingRegressor	Bagging 回归
	ExtraTreesRegressor	极端随机树
	AdaBoostRegressor	AdaBoost
	GradientBoostingRegressor	梯度提升树回归
	RandomForestRegressor	随机森林回归
neural_network	MLPRegressor	多层感知机回归
kernel_ridge	KernelRidge	内核岭回归
multioutput	MultiOutputRegressor	多输出回归
isotonic	IsotonicRegression	等式回归
gaussian_process	GaussianProcessRegressor	高斯过程

9.5.1 最小二乘回归

最小二乘回归是最普通的线性回归，它的目的是获得最佳的拟合直线（回归线），在因变量和一个或多个自变量之间建立一种关系。获得最佳拟合线可以通过最小二乘法完成，它通过最小化每个数据点到线的垂直偏差平方和来计算最佳拟合线。

最小二乘回归的优点是计算简单、易于理解。缺点是对异常值非常敏感。需要注意的是，使用最小二乘回归的自变量与因变量之间必须有线性关系。

sklearn 的 linear_model 模块提供了 LinearRegression 函数用于构建最小二乘回归模型。LinearRegression 函数的基本语法格式如下。

```
class sklearn.linear_model.LinearRegression(fit_intercept=True, normalize=False,
copy_X=True, n_jobs=1)
```

LinearRegression 函数的常用参数及其说明如表 9-68 所示。

表 9-68 LinearRegression 函数的常用参数及其说明

参数名称	说 明
fit_intercept	接收 bool，表示是否计算模型的截距。默认为 True
normalize	接收 bool，表示是否在回归之前归一化样本特征。默认为 False
copy_X	接收 bool，表示是否复制样本特征集。默认为 True
n_jobs	接收 int，表示任务并行时使用的 CPU 数量，若为 –1 则使用所有可用的 CPU。默认为 1

样本使用 sklearn 提供的 load_boston（波士顿房价），包含 13 个特征、506 条记录，将其分为训练集和测试集，如代码清单 9-72 所示。

代码清单 9-72　导入 load_boston 数据集

In[1]:

```
from sklearn.datasets import load_boston
from sklearn.model_selection import train_test_split
# 导入 load_boston 数据
boston = load_boston()
x = boston['data']
y = boston['target']
names = boston['feature_names']
# 将数据划分为训练集和测试集
x_train, x_test, y_train, y_test = train_test_split(
        x, y, test_size = 0.2, random_state = 22)
print('x_train 前 3 行数据为: ', x_train[0: 3], '\n',
      'y_train 前 3 个数据为: ', y_train[0: 3])
```

Out[1]:

```
x_train 前 3 行数据为: [[2.24236e+00 0.00000e+00 1.95800e+01 0.00000e+00
6.05000e-01 5.85400e+00
  9.18000e+01 2.42200e+00 5.00000e+00 4.03000e+02 1.47000e+01 3.95110e+02
  1.16400e+01]
 [2.61690e-01 0.00000e+00 9.90000e+00 0.00000e+00 5.44000e-01 6.02300e+00
  9.04000e+01 2.83400e+00 4.00000e+00 3.04000e+02 1.84000e+01 3.96300e+02
  1.17200e+01]
 [6.89900e-02 0.00000e+00 2.56500e+01 0.00000e+00 5.81000e-01 5.87000e+00
  6.97000e+01 2.25770e+00 2.00000e+00 1.88000e+02 1.91000e+01 3.89150e+02
  1.43700e+01]]
 y_train 前 3 个数据为: [22.7 19.4 22. ]
```

使用 LinearRegression 函数构建最小二乘回归模型并训练，结果返回 LinearRegression 对象，如代码清单 9-73 所示。

代码清单 9-73　构建最小二乘回归并训练

In[2]:

```
# 使用 LinearRegression 函数构建线性回归模型
from sklearn.linear_model import LinearRegression
lr_model = LinearRegression()
# 训练模型
lr_model.fit(x_train, y_train)
print('训练出来的 LinearRegression 模型为: \n', lr_model)
```

Out[2]:

```
训练出来的 LinearRegression 模型为:
LinearRegression(copy_X=True, fit_intercept=True, n_jobs=1, normalize=False)
```

LinearRegression 对象的属性有 coef_ 和 intercept_，如表 9-69 所示。

表 9-69　LinearRegression 对象的属性及说明

属　性	说　明
coef_	返回各特征的系数
intercept_	返回模型的截距

访问代码清单 9-73 中 LinearRegression 对象的属性，如代码清单 9-74 所示。

代码清单 9-74 访问 LinearRegression 对象属性

In[3]:
```
print('LinearRegression 模型中各特征系数为: \n', lr_model.coef_)
```

Out[3]:
```
LinearRegression 模型中各特征系数为:
 [-9.91475223e-02  4.67274075e-02 -2.02625202e-02  3.58381050e+00
 -1.71549567e+01  3.91773225e+00 -5.61459225e-03 -1.54805870e+00
  2.96151924e-01 -1.00630836e-02 -7.79420087e-01  9.97151065e-03
 -5.26264429e-01]
```

In[4]:
```
print('LinearRegression 模型中截距为: ', lr_model.intercept_)
```

Out[4]:
```
LinearRegression 模型中截距为: 32.444652521107955
```

LinearRegression 对象的方法有 5 种，如表 9-70 所示。

表 9-70 LinearRegression 对象的方法及说明

方 法	说 明
fit	将训练集数据放入模型训练
predict	返回预测值
score	返回 R^2 值，用于评价回归效果
get_params	获取模型参数
set_params	设置模型参数

表 9-70 中 predict、score 方法的使用方式如代码清单 9-75 所示。

代码清单 9-75 LinearRegression 对象的方法

In[5]:
```
print('预测测试集前 5 个结果为: \n', lr_model.predict(x_test)[: 5])
```

Out[5]:
```
预测测试集前 5 个结果为:
 [28.0015308  31.37535463 21.15836781 32.97678288 19.8528076 ]
```

In[6]:
```
print('测试集 R^2 值为: ', lr_model.score(x_test, y_test))
```

Out[6]:
```
测试集 R^2 值为: 0.7658020514461036
```

画出预测值和真实值对比的折线图，以较为直观地评价所建模型的效果，如代码清单 9-76 所示。

代码清单 9-76 预测值与真实值对比的折线图

In[7]:
```
import matplotlib.pyplot as plt
from matplotlib import rcParams
rcParams['font.sans-serif'] = 'SimHei'
fig = plt.figure(figsize = (10,6))
y_pred = lr_model.predict(x_test)
plt.plot(range(y_test.shape[0]), y_test,color = "blue",
         linewidth = 1.5, linestyle = "-")
```

```
plt.plot(range(y_test.shape[0]), y_pred,color = "red",
        linewidth = 1.5, linestyle = "-.")
plt.legend(['真实值', '预测值'])
plt.show()
```

Out[7]:

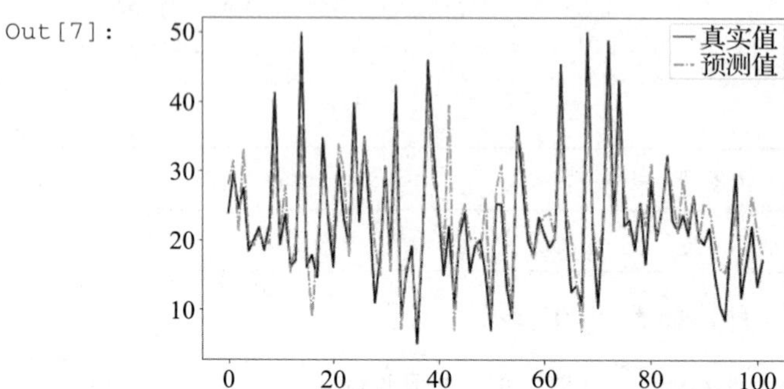

9.5.2 岭回归

岭回归属于线性回归，岭回归用于存在多重共线性（自变量高度相关）的数据。在多重共线性情况下，尽管最小二乘法对每个变量很公平，但它们的差异很大，使得观测值偏移并远离真实值。岭回归通过给回归估计上增加一个平方偏差，即 L2 正则项，来降低标准误差。

sklearn 的 linear_model 模块提供了 Ridge 函数用于构建岭回归模型。Ridge 函数的基本语法格式如下。

```
class sklearn.linear_model.Ridge(alpha=1.0, fit_intercept=True, normalize=False, copy_X=True, max_iter=None, tol=0.001, solver='auto', random_state=None)
```

Ridge 函数的常用参数及其说明如表 9-71 所示。

表 9-71　Ridge 函数的常用参数及其说明

参数名称	说　明
alpha	接收 float 或 float 组成的 array，表示正则化的强度，必须为正 float，其值越大则正则化项的占比越大。默认为 1.0
fit_intercept	接收 bool，表示是否计算模型的截距。默认为 True
normalize	接收 bool，表示是否在回归之前归一化样本特征。默认为 False
copy_X	接收 bool，表示是否复制样本特征集。默认为 True
max_iter	接收 int，表示算法收敛的最大迭代次数。无默认，可选
tol	接收 float，表示迭代停止的容忍度，即精度要求。默认为 0.001
solver	接收 str，可选参数为 auto、svd、cholesky、sparse_cg、lsqr、sag，表示优化算法，auto 是自动选择；svd 是使用奇异值分解计算回归系数；cholesky 是使用 scipy.linalg.solve 函数来求解；sparse_cg 是使用 scipy.sparse.linalg.cg 函数来求解；lsqr 是使用 scipy.sparse.linalg.lsqr 函数来求解；sag 是使用随机梯度下降来求解。默认为 auto
random_state	接收 int、RandomState 实例或 None，表示随机种子的数量，若设置了随机种子，则最后的准确率都是一样的。若接收 int，则指定随机数生成器的种子；若接收 RandomState，则指定随机数生成器；若接收 None，则指定使用默认的随机数生成器。默认为 None

样本数据使用 9.5.1 节的 load_boston。使用 Ridge 函数构建岭回归模型并训练，最后返回 Ridge 对象，如代码清单 9-77 所示。

代码清单 9-77 训练岭回归模型

```
In[8]:    from sklearn.linear_model import Ridge
          ridge_model = Ridge()
          ridge_model.fit(x_train, y_train)
          print('训练出来的 ridge 模型为：\n', ridge_model)

Out[8]:   训练出来的 ridge 模型为：
           Ridge(alpha=1.0, copy_X=True, fit_intercept=True, max_iter=None,
             normalize=False, random_state=None, solver='auto', tol=0.001)
```

Ridge 对象比 9.5.1 节的 LinearRegression 多了 n_iter_ 属性，如表 9-72 所示。

表 9-72 Ridge 对象的属性说明

属　性	说　明
coef_	返回各特征的系数
intercept_	返回模型的截距
n_iter_	返回迭代次数

访问代码清单 9-77 中 Ridge 对象的属性，如代码清单 9-78 所示。

代码清单 9-78 访问 Ridge 对象属性

```
In[9]:    print('迭代次数为：', ridge_model.n_iter_)

Out[9]:   迭代次数为：None
```

Ridge 对象的方法与 LinearRegression 对象相同，如表 9-73 所示。

表 9-73 Ridge 对象的方法说明

方　法	说　明
fit	将训练集数据放入模型训练
predict	返回预测值
score	返回 R^2 值，用于评价回归效果
get_params	获取模型参数
set_params	设置模型参数

表 9-73 中 predict、score 方法的使用方式如代码清单 9-79 所示。

代码清单 9-79 Ridge 对象的方法

```
In[10]:   print('预测测试集前 5 个结果为：\n', ridge_model.predict(x_test)[: 5])
```

```
Out[10]:   预测测试集前 5 个结果为:
            [28.35544073 31.24169244 21.57041951 32.47829983 20.12212089]
```

```
In[11]:    print('测试集 R^2 值为: ', ridge_model.score(x_test, y_test))
```

```
Out[11]:   测试集 R^2 值为: 0.7630911965198763
```

9.5.3　Lasso 回归

Lasso 回归类似于岭回归，它们都是在回归优化函数中增加一个偏置项，以减少共线性的影响，从而减少模型方差。不同于岭回归使用平方偏差，Lasso 回归使用绝对值偏差，即 L1 正则项。需要注意的是，如果预测的一组变量是高度相关的，Lasso 会选出一个变量并将其余收缩为 0。

sklearn 的 linear_model 模块提供了 Lasso 函数用于构建 Lasso 回归模型。Lasso 函数的基本语法格式如下。

```
class sklearn.linear_model.Lasso(alpha=1.0, fit_intercept=True, normalize=False, precompute=False, copy_X=True, max_iter=1000, tol=0.0001, warm_start=False, positive=False, random_state=None, selection='cyclic')
```

Lasso 函数的常用参数及其说明如表 9-74 所示。

表 9-74　Lasso 函数的常用参数及其说明

参数名称	说　明
alpha	接收 float，表示正则化的强度，必须为正 float，其值越大则正则化项的占比越大，为 0 时等同最小二乘法。默认为 1.0
fit_intercept	接收 bool，表示是否计算模型的截距。默认为 True
normalize	接收 bool，表示是否在回归之前归一化样本特征。默认为 False
precompute	接收 bool 或 array，表示是否预计算 Gram 矩阵来加速计算。若设置为"auto"则由机器决定。默认为 False
copy_X	接收 bool，表示是否复制样本特征集。默认为 True
max_iter	接收 int，表示算法收敛的最大迭代次数。若算法为 sparse_cg 和 lsqr，则它的默认值由 scipy.sparse.linalg 决定；若算法为 sag，则默认为 None
tol	接收 float，表示迭代停止的容忍度，即精度要求。默认为 0.001
warm_start	接收 bool，表示是否将上次模型的结果作为初始状态。默认为 False
positive	接收 bool，表示是否强制权重向量的分量都为正数。无默认，可选
random_state	接收 int、RandomState 实例或 None，表示随机种子的数量。若设置了随机种子，则最后的准确率都是一样的。若接收 int，则指定随机数生成器的种子；若接收 RandomState，则指定随机数生成器；若接收 None，则指定使用默认的随机数生成器。默认为 None
selection	接收 str，可选参数为 cyclic 或 random，指定当每轮迭代时，选择权重向量的那个分量来更新。cyclic 是更新的时候，从前向后依次选择权重向量的一个分量来更新；random 是更新的时候，随机选择权重向量的一个分量来更新

样本数据使用 9.5.1 节的 load_boston。使用 Lasso 函数构建 Lasso 回归模型并训练，最后返回 Lasso 对象，如代码清单 9-80 所示。

代码清单 9-80　构建 Lasso 回归模型并训练

```
In[12]:   from sklearn.linear_model import Lasso
          lasso_model = Lasso()
          lasso_model.fit(x_train, y_train)
          print('训练出来的 Lasso 模型为：\n', lasso_model)

Out[12]:  训练出来的 Lasso 模型为：
           Lasso(alpha=1.0, copy_X=True, fit_intercept=True, max_iter=1000,
             normalize=False, positive=False, precompute=False, random_state=None,
             selection='cyclic', tol=0.0001, warm_start=False)
```

Lasso 对象比 9.5.2 节的 Ridge 多了 sparse_coef_ 属性，如表 9-75 所示。

表 9-75　Lasso 对象的属性说明

属　性	说　明
coef_	返回各特征的系数
sparse_coef_	scipy.sparse matrix，派生自 coef_ 的只读属性
intercept_	返回模型的截距
n_iter_	返回迭代次数

访问代码清单 9-80 中 Lasso 对象的 sparse_coef_ 属性，如代码清单 9-81 所示。

代码访问 9-81　访问 Lasso 对象属性

```
In[13]:   print('scipy.sparse matrix 为：\n', lasso_model.sparse_coef_)

Out[13]:  scipy.sparse matrix 为：
            (0, 0)        -0.048290041516606
            (0, 1)        0.05011896295004309
            (0, 2)        -0.019653154518611316
            (0, 5)        1.0136433369344955
            (0, 6)        0.005489485240551361
            (0, 7)        -0.8068504121265737
            (0, 8)        0.25121404350848475
            (0, 9)        -0.013760847585721523
            (0, 10)       -0.5094160265430436
            (0, 11)       0.008263848103848805
            (0, 12)       -0.7583344192010487
```

Lasso 对象比 Ridge 对象多了 path 方法，如表 9-76 所示。

表 9-76　Lasso 对象的方法说明

方　法	说　明
fit	将训练集数据放入模型训练
predict	返回预测值
score	返回 R^2 值，用于评价回归效果
path	使用坐标下降法计算弹性网络路径
get_params	获取参数
set_params	设置模型参数

表 9-76 中 predict、score、path 方法的使用方式如代码清单 9-82 所示。

代码清单 9-82　Lasso 对象的方法

```
In[14]:   print('预测测试集前 5 个结果为：\n', lasso_model.predict(x_test)[: 5])

Out[14]:  预测测试集前 5 个结果为：
           [28.40249637 29.65761276 21.45358956 27.24282566 20.91031654]

In[15]:   print('测试集 R^2 值为：', lasso_model.score(x_test, y_test))

Out[15]:  测试集 R^2 值为：0.7173711554738799

In[16]:   print('测试集弹性网络路径为：\n', lasso_model.path(x_test, y_test))

Out[16]:  测试集弹性网络路径为：
           (array([16728.05678431, 15600.6417439 , 14549.21070389, 13568.64259696,
                12654.16149858, 11801.31336558, 11005.94434236, 10264.18052929,
                  ...,
          , array([[ 0.00000000e+00,  0.00000000e+00,  0.00000000e+00, ...,
                  -1.70189421e-02, -2.11971417e-02, -2.50838300e-02],
                 ...,
```

注：限于篇幅，结果未展示完全。

9.5.4　决策树回归

9.4.3 节介绍了决策树原理及构建分类模型的函数 DecisionTreeClassifier，决策树亦可用于回归问题。sklearn 的 tree 模块提供了 DecisionTreeRegressor 函数，用于构建决策树回归模型。DecisionTreeRegressor 函数的基本语法格式如下。

```
class sklearn.tree.DecisionTreeRegressor(criterion='mse', splitter='best', max_depth=None, min_samples_split=2, min_samples_leaf=1, min_weight_fraction_leaf=0.0, max_features=None, random_state=None, max_leaf_nodes=None, min_impurity_decrease=0.0, min_impurity_split=None, presort=False)
```

DecisionTreeRegressor 函数只比 DecisionTreeClassifier 少了 class_weight 参数，其他大体相同。DecisionTreeRegressor 函数的常用参数及其说明如表 9-77 所示。

表 9-77 DecisionTreeRegressor 函数的常用参数及其说明

参数名称	说 明
criterion	接收 str，可选参数为 mse、friedman_mse 和 mae，表示切分的质量的衡量标准。默认为 mse
splitter	接收 str，可选参数为 best 或 random，表示特征划分点选择标准。best 在特征的所有划分点中找出最优的划分点；random 在随机的部分划分点中找出局部最优划分点。默认为 best
max_depth	接收 int，表示决策树的最大深度。默认为 None
min_samples_split	接收 int 或 float，表示子数据集再切分需要的最小样本量。默认为 2
min_samples_leaf	接收 int 或 float，表示叶节点的最小样本数，若低于设定值，则该叶节点和其兄弟节点都会被剪枝。默认为 1
min_weight_fraction_leaf	接收 int、float、string 或 None，表示在叶节点处的所有输入样本权重总和的最小加权分数。默认为 None
max_features	接收 int、float、sqrt、log2、None，表示特征切分时考虑的最大特征数量，默认是对所有特征进行切分。传入 int 类型的值，表示具体的特征个数；浮点数表示特征个数的百分比；sqrt 表示总特征数的平方根；log2 表示总特征数的 log 个特征。默认为 None
random_state	接收 int、RandomState 实例或 None，表示随机种子的数量。若设置了随机种子，则最后的准确率都是一样的；若接收 int，则指定随机数生成器的种子；若接收 RandomState，则指定随机数生成器；若接收 None，则指定使用默认的随机数生成器。默认为 None
max_leaf_nodes	接收 int 或 None，表示最大叶节点数。默认为 None，即无限制
min_impurity_decrease	接收 float，表示切分点不纯度最小减少程度。若某节点的不纯度减少小于这个值，则切分点就会被移除。默认为 0
min_impurity_split	接收 float，表示切分点最小不纯度，它用来限制数据集的继续切分（决策树的生成）。若某个节点的不纯度（分类错误率）小于这个阈值，则该点的数据将不再进行切分。无默认，但该参数将被移除，可使用 min_impurity_decrease 参数代替
presort	接收 bool，表示是否提前对特征进行排序。默认为 False

样本数据使用 9.5.1 节的 load_boston。使用 DecisionTreeRegressor 函数构建决策树回归模型并训练，最后返回 DecisionTreeRegressor 对象，如代码清单 9-83 所示。

代码清单 9-83 构建决策树回归模型并训练

```
In[17]:   from sklearn.tree import DecisionTreeRegressor
          DT_model = DecisionTreeRegressor()
          DT_model.fit(X_train, y_train)
          print('训练出来的决策树回归模型为：\n', DT_model)

Out[17]:  训练出来的决策树回归模型为：
          DecisionTreeRegressor(criterion='mse', max_depth=None, max_features=None,
                     max_leaf_nodes=None, min_impurity_decrease=0.0,
                     min_impurity_split=None, min_samples_leaf=1,
                     min_samples_split=2, min_weight_fraction_leaf=0.0,
                     presort=False, random_state=None, splitter='best')
```

DecisionTreeRegressor 对象比 DecisionTreeClassifier 少了 classes_ 和 n_classes_ 属性，其他相同，如表 9-78 所示。

表 9-78　DecisionTreeRegressor 对象的属性及说明

属　性	说　明
feature_importances_	输出每个特征的重要性数值
max_features_	最大特征数
n_features_	特征数，当数据量小时，一般 max_features 和 n_features_ 相等
n_outputs_	输出结果数量
tree_	返回底层的 tree 对象

访问表 9-78 中 DecisionTreeRegressor 对象的 feature_importances_ 属性，如代码清单 9-84 所示。

代码清单 9-84　访问 DecisionTreeRegressor 对象属性

```
In[18]:   print('特征重要程度的数值为：\n', DT_model.feature_importances_)

Out[18]:  特征重要程度的数值为：
           [ 1.56308960e-02   1.42233770e-03   4.02901442e-03   4.15121118e-04
            2.63462697e-02   2.76730466e-01   7.84565798e-03   8.65857767e-02
            1.40491635e-03   8.89868580e-03   1.70121426e-02   6.23483578e-03
            5.47443880e-01]
```

DecisionTreeRegressor 对象比 DecisionTreeClassifier 少了 predict_proba 和 predict_log_proba 方法，如表 9-79 所示。

表 9-79　DecisionTreeRegressor 对象的方法及说明

方　法	说　明
fit	将训练集数据放入模型训练
apply	返回每个样本叶节点索引
decision_path	返回决策路径
predict	返回预测值
score	返回 R^2 值，用于评价回归效果
get_params	获取参数
set_params	设置模型参数

表 9-79 中 predict、score 方法的使用方式如代码清单 9-85 所示。

代码清单 9-85　DecisionTreeRegressor 对象的方法

```
In[19]:   print('预测测试集前 5 个结果为：\n', DT_model.predict(X_test)[:5])
```

```
Out[19]:   预测测试集前 5 个结果为:
            [ 23.6  26.6  19.7  23.1  21. ]
```

```
In[20]:   print('测试集 R^2 值为: \n', DT_model.score(X_test,y_test))
```

```
Out[20]:   测试集 R^2 值为:
            0.778913180912
```

9.5.5 随机森林回归

9.4.6 节介绍了随机森林原理及构建分类模型的函数 RandomForestClassifier，随机森林亦可用于回归问题。sklearn 的 ensemble 模块提供了 RandomForestRegressor 函数用于构建随机森林回归模型。RandomForestRegressor 函数的基本语法格式如下。

```
class sklearn.ensemble. RandomForestRegressor(n_estimators='warn', criterion='mse', max_depth=None, min_samples_split=2, min_samples_leaf=1, min_weight_fraction_leaf=0.0, max_features='auto', max_leaf_nodes=None, min_impurity_decrease=0.0, min_impurity_split=None, bootstrap=True, oob_score=False, n_jobs=None, random_state=None, verbose=0, warm_start=False)
```

RandomForestRegressor 函数只比 RandomForestClassifier 少了 class_weight 参数，其他大体相同。RandomForestRegressor 函数的常用参数及其说明，如表 9-80 所示。

表 9-80 RandomForestRegressor 函数的常用参数及其说明

参数名称	说 明
n_estimators	接收 int，表示随机森林树的数量。默认为 10
criterion	接收 str，可选参数为 mse、friedman_mse 和 mae，表示切分的质量的衡量标准。默认为 mse
max_features	接收 int、float、sqrt、log2、None，表示特征切分时考虑的最大特征数量，默认是对所有特征进行切分。传入 int 类型的值，表示具体的特征个数；浮点数表示特征个数的百分比；sqrt 表示总特征数的平方根；log2 表示总特征数的 log 个特征。默认为 None
max_depth	接收 int，表示决策树的最大深度。默认为 None
min_samples_split	接收 int 或 float，表示子数据集再切分需要的最小样本量。默认为 2
min_samples_leaf	接收 int 或 float，表示叶节点的最小样本数，若低于设定值，则该叶节点和其兄弟节点都会被剪枝。默认为 1
min_weight_fraction_leaf	接收 int、float、string 或 None，表示在叶节点处的所有输入样本权重总和的最小加权分数。默认为 None
max_leaf_nodes	接收 int 或 None，表示最大叶节点数。默认为 None，即无限制
min_impurity_decrease	接收 float，表示切分点不纯度最小减少程度，若某节点的不纯度减少小于这个值，则切分点就会被移除。默认为 0
min_impurity_split	接收 float，表示切分点最小不纯度，它用来限制数据集的继续切分（决策树的生成）。若某个节点的不纯度（分类错误率）小于这个阈值，则该点的数据将不再进行切分。无默认，但该参数将被移除，可使用 min_impurity_decrease 参数代替
bootstrap	接收 bool，表示是否使用 bootstrap 技术采样。默认为 True
oob_score	接收 bool，表示是否使用未参与建立树模型的数据集去验证模型效果。默认为 True

（续）

参数名称	说　明
n_jobs	接收 int，表示 multi_class 参数为 ovr 时并行运算的（CPU）数量，当优化算法为 liblinear 时此参数将被忽略。默认为 1，-1 则是运行全部
random_state	接收 int、RandomState 实例或 None，表示随机种子的数量。若设置了随机种子，则最后的准确率都是一样的；若接收 int，则指定随机数生成器的种子；若接收 RandomState，则指定随机数生成器；若接收 None，则指定使用默认的随机数生成器。默认为 None
verbose	接收 bool，表示是否输出冗余信息。默认为 False
warm_start	接收 bool，表示是否将上次模型的结果作为初始状态。默认为 False

样本数据使用 9.5.1 节的 load_boston。使用 RandomForestRegressor 函数构建随机森林回归模型并训练，最后返回 RandomForestRegressor 对象，如代码清单 9-86 所示。

代码清单 9-86　构建随机森林回归模型并训练

In[21]:

```
from sklearn.ensemble import RandomForestRegressor
RF_model = RandomForestRegressor()
RF_model.fit(X_train, y_train)
print('训练出来的随机森林回归模型为：\n', RF_model)
```

Out[21]:

```
训练出来的随机森林回归模型为：
RandomForestRegressor(bootstrap=True, criterion='mse', max_depth=None,
           max_features='auto', max_leaf_nodes=None,
           min_impurity_decrease=0.0, min_impurity_split=None,
           min_samples_leaf=1, min_samples_split=2,
           min_weight_fraction_leaf=0.0, n_estimators=10, n_jobs=1,
           oob_score=False, random_state=None, verbose=0, warm_start=False)
```

RandomForestRegressor 对象比 RandomForestClassifier 少了 classes_ 和 n_classes_ 属性，其他相同，如表 9-81 示。

表 9-81　RandomForestRegressor 对象的属性及说明

属　性	说　明
estimators_	返回所有训练过的决策树
feature_importances_	输出每个特征的重要性数值
n_features_	特征数，当数据量小时，一般 max_features 和 n_features_ 相等
n_outputs_	输出结果数量
oob_score_	袋外估计准确率得分，必须是 oob_score 参数选择 True 的时候才可用
oob_decision_function_	袋外估计对应的决策函数

访问表 9-81 中 RandomForestRegressor 对象的 feature_importances_ 属性，如代码清单 9-87 所示。

代码清单 9-87　访问 RandomForestRegressor 对象属性

```
In[22]:   print('每个特征的重要性数值为：\n', RF_model.feature_importances_)

Out[22]:  每个特征的重要性数值为：
          [ 0.04261094  0.00131778  0.00349931  0.00116238  0.01791252  0.38283182
           0.00964575  0.05933648  0.00228638  0.01770819  0.01424575  0.00905287
           0.43838984]
```

RandomForestRegressor 对象比 RandomForestClassifier 少了 predict_proba 和 predict_log_proba 方法，如表 9-82 所示。

表 9-82　RandomForestRegressor 对象的方法及说明

方　法	说　明
fit	将训练集数据放入模型训练
apply	返回每个样本叶节点索引
decision_path	返回决策路径
predict	返回预测值
score	返回 R^2 值，用于评价回归效果
get_params	获取模型参数
set_params	设置模型参数

表 9-82 中 predict、score 方法的使用方式如代码清单 9-88 所示。

代码清单 9-88　RandomForestRegressor 对象的方法

```
In[23]:   print('预测测试集前 5 个结果为：\n', RF_model.predict(X_test)[:5])

Out[23]:  预测测试集前 5 个结果为：
          [ 25.86  28.95  21.36  26.79  20.62]

In[24]:   print('测试集 R^2 值为：\n',RF_model.score(X_test,y_test))

Out[24]:  测试集 R^2 值为：
          0.845382546686
```

9.5.6　多层感知机回归

9.4.8 节介绍了多层感知机原理及构建分类模型的函数 MLPClassifier，多层感知机也可用于回归问题。sklearn 的 neural_network 模块提供了 MLPRegressor 函数用于构建多层感知机回归模型。MLPRegressor 函数的基本语法格式如下。

```
class sklearn.neural_network.MLPRegressor(hidden_layer_sizes=(100, ), activation='relu', solver='adam', alpha=0.0001, batch_size='auto', learning_rate='constant', learning_rate_init=0.001, power_t=0.5, max_iter=200, shuffle=True, random_state=None, tol=0.0001, verbose=False, warm_start=False, momentum=0.9, nesterovs_momentum=True, early_stopping=False, validation_fraction=0.1, beta_1=0.9, beta_2=0.999, epsilon=1e-08)
```

MLPRegressor 函数的常用参数及其说明与 MLPClassifier 参数相同，如表 9-83 所示。

表 9-83　MLPRegressor 函数的常用参数及其说明

参数名称	说　明
hidden_layer_sizes	接收 tuple，表示隐藏层的大小，长度为 n_layers-2，第 i 个元素表示第 i 个隐藏层的神经元的个数。默认为（100,）
activation	接收 str，可选参数为 identity、logistic、tanh 和 relu，表示激活函数。默认为 relu
solver	接收 str，可选参数为 lbfgs、sgd、adam，表示权重优化算法。默认为 adam
alpha	接收 float，表示 L2 惩罚项的参数。默认为 0.0001
batch_size	接收 int，表示批尺寸，即随机优化器的最小训练数据，当权重优化算法为 lbfgs 时无效。默认为 auto，即 batch_size=min(200, n_samples)
learning_rate	接收 str，可选参数为 constant、invscaling 和 adaptive，表示学习率策略，用于更新权重，只有当 solver 为 sgd 时使用。constant 表示学习率恒定为 learning_rate_init 参数；invscaling 表示随着时间 t 使用 power_t 的逆标度指数不断降低学习率；adaptive 表示若训练损耗在下降则保持学习率为 learning_rate_init，若连续两次不能降低训练损耗或验证分数停止升高至少到 tol 参数，则将当前学习率除以 5。默认为 constant
learning_rate_init	接收 float，表示初始学习率，用于控制更新权重的步长，当 solver 为 sgd 或 adam 时有效。默认为 0.001
power_t	接收 float，表示逆扩展学习率的指数，solver 参数为 sgd 时使用，learning_rate 参数为 invscaling 时用来更新有效学习率。默认为 0.5
max_iter	接收 int，表示算法收敛的最大迭代次数。默认为 200
shuffle	接收 bool，表示是否在每次迭代时对样本进行清洗，solver 参数为 sgd 或 adam 时使用。默认为 True
random_state	接收 int、RandomState 实例或 None，表示随机种子的数量。若设置了随机种子，则最后的准确率都是一样的；若接收 int，则指定随机数生成器的种子；若接收 RandomState，则指定随机数生成器；若接收 None，则指定使用默认的随机数生成器。默认为 None
tol	接收 float，表示迭代停止的容忍度，即精度要求。默认为 1e-4
verbose	接收 bool，表示是否输出冗余信息。默认为 False
warm_start	接收 bool，表示是否将上次模型的结果作为初始状态。默认为 False
momentum	接收 float，表示梯度下降更新的动量，它的值应该在 0 到 1 之间，solver 参数为 sgd 时使用。默认为 0.9
nesterovs_momentum	接收 bool，表示是否使用 Nesterov 动量法。默认为 True
early_stopping	接收 bool，表示当验证效果不再改善时是否终止训练，若为 True，则自动选出 10% 的训练数据用于验证，并在两次连续迭代改善低于 tol 参数时终止训练。默认为 False
validation_fraction	接收 float，表示验证集比例，当 early_stopping 参数为 True 时有效。默认为 0.1
beta_1	接收 float，表示估计一阶矩向量的指数衰减速率，solver 参数为 adam 时使用。默认为 0.9
beta_2	接收 float，表示估计二阶矩向量的指数衰减速率，solver 参数为 adam 时使用。默认为 0.999
epsilon	接收 float，表示在 adam 中数值稳定性的值，solver 参数为 adam 时使用。默认为 1e-8

样本数据使用 9.5.1 节的 load_boston，数据需标准化处理。然后使用 MLPRegressor 函数构建多层感知机回归模型并训练，最后返回 MLPRegressor 对象，如代码清单 9-89 所示。

代码清单 9-89 构建多层感知机回归模型并训练

In[25]:

```
# 数据标准化
from sklearn.preprocessing import StandardScaler

stdScaler = StandardScaler().fit(X_train)
X_trainStd = stdScaler.transform(X_train)
X_testStd = stdScaler.transform(X_test)

print('X_trainStd 第 1 个为: ','\n', X_train[0:1])
print('X_testStd 第 1 个为: ','\n', X_testStd[0:1])
```

Out[25]:

```
X_trainStd 第 1 个为:
 [[  2.24236    0.        19.58       0.         0.605      5.854     91.8
     2.422      5.       403.        14.7      395.11      11.64    ]]
X_testStd 第 1 个为:
 [[-0.44523391 -0.51923263  0.12596203 -0.25683275  0.17926072  1.03881113
   0.80748463 -0.78694835 -0.98136369 -0.80168515  1.19477972  0.45007715
  -0.97283026]]
```

In[26]:

```
# 使用 MLPRegressor 函数构建多层感知机回归模型并训练
from sklearn.neural_network import MLPRegressor
MLP_model = MLPRegressor()
MLP_model.fit(X_trainStd, y_train)
print('训练出来的多层感知机回归模型为: \n', MLP_model)
```

Out[26]:

```
训练出来的多层感知机回归模型为:
MLPRegressor(activation='relu', alpha=0.0001, batch_size='auto', beta_1=0.9,
       beta_2=0.999, early_stopping=False, epsilon=1e-08,
       hidden_layer_sizes=(100,), learning_rate='constant',
       learning_rate_init=0.001, max_iter=200, momentum=0.9,
       nesterovs_momentum=True, power_t=0.5, random_state=None,
       shuffle=True, solver='adam', tol=0.0001, validation_fraction=0.1,
       verbose=False, warm_start=False)
```

MLPRegressor 对象比 MLPClassifier 少了 classes_ 属性，其他相同，如表 9-84 所示。

表 9-84 MLPRegressor 对象的属性及说明

属 性	说 明
loss_	损失函数计算出来的当前损失值
coefs_	列表中的第 i 个元素表示 i 层的权重矩阵
intercepts_	列表中第 i 个元素代表 i+1 层的偏差向量
n_iter_	迭代次数
n_layers_	神经网络层数
n_outputs_	输出个数
out_activation_	输出激活函数的名称

访问表 9-84 中 MLPRegressor 对象的 n_layers_ 属性，如代码清单 9-90 所示。

代码清单 9-90　访问 MLPRegressor 对象属性

```
In[27]:   print('神经网络层数为：\n', MLP_model.n_layers_)

Out[27]:  神经网络层数为：
           3
```

MLPRegressor 对象比 MLPClassifier 少了 predict_proba 和 predict_log_proba 方法，如表 9-85 所示。

表 9-85　MLPRegressor 对象的方法及说明

方　法	说　明
fit	将训练集数据放入模型训练
predict	返回预测值
score	返回 R^2 值，用于评价回归效果
get_params	获取模型参数
set_params	设置模型参数

表 9-85 中 predict、score 方法的使用方式如代码清单 9-91 所示。

代码清单 9-91　MLPRegressor 对象的方法

```
In[28]:   print('预测测试集前 5 个结果为：\n', MLP_model.predict(X_testStd)[:5])

Out[28]:  预测测试集前 5 个结果为：
           [ 31.80373137  32.58097864  16.18621076  31.22586285  19.07724433]

In[29]:   print('测试集 R^2 值为：\n', MLP_model.score(X_testStd,y_test))

Out[29]:  测试集 R^2 值为：
           0.757704992034
```

注：限于篇幅，结果未展示完全。

9.6　模型选择

选出一个最合适的模型的方式是通过模型验证对模型进行评价，对于监督学习算法而言，一个模型泛化能力越好，则这个模型的评价越高。这需要通过模型验证来测试不同模型对于未知数据的表现。仅仅使用训练数据对模型进行评价往往会带来过度拟合的问题，这就需要将数据集划分为训练集和测试集，再通过交叉验证测试模型对于不同组合的训练集和测试集的表现效果。

9.6.1　数据集划分

在使用机器学习算法构建模型之前，通常需要先将数据集划分为训练集和测试集。在分配训练集和测试集的时候，测试集的数据越小，对模型的泛化误差的估计将会越不准确。所以，需要对数据集的划分比例进行权衡。在实际应用中，基于整个数据集数据量的大小，通常训练集数据和测试集数据的划分比例是 6：4、7：3 或 8：2，而对于庞大的数据可以使用 9：1 的划分比例。

scikit-learn 库中的 model_selection 模块中的 train_test_split 函数用于将数据集随机划分为训练集合测试集，train_test_split 函数的语法格式如下。

```
sklearn.model_selection.train_test_split(*arrays, **options)
```

train_test_split 函数的常用参数与说明如表 9-86 所示。

表 9-86　train_test_split 函数常用参数与说明

参数名称	说　明
*arrays	接收 list、array、matrix 和 dataframe，无默认。表示用于划分的可索引的数据集
test_size	接收 float、int 和 None，默认为 0.25。该参数为 float 时取值范围为 0.0 到 1.0 之间，表示划分后测试数据集占原数据集的比例；为 int 时表示测试数据集中样本的个数；为 None 时则将补充 train_size 指定的剩余部分数据集，仅当 train_size 未指定时方为默认的 0.25
train_size	接收 float、int 和 None，默认为 None。该参数为 float 时取值范围为 0.0 到 1.0 之间，表示划分后训练数据集占原数据集的比例；为 int 时表示训练数据集中样本的个数；为 None 时则将补充 test_size 指定的剩余部分数据集
random_state	接收 int、RandomState 实例或 None，默认为 None。该参数为 int 时表示划分数据集时使用的随机种子；为 RandomState 实例时表示使用的随机数生成器；若为 None，则随机数生成器是 np.random 使用的 RandomState 实例

导入 cancer 数据集，使用 train_test_split 函数将数据集按 7：3 的比例划分为训练集与测试集，如代码清单 9-92 所示。

代码清单 9-92　使用 train_test_split 函数将数据集划分为训练集与测试集

In[1]:

```
from sklearn.model_selection import train_test_split
from sklearn.datasets import load_breast_cancer
cancer = load_breast_cancer()
x = cancer['data']
y = cancer['target']
print('cancer 数据集维数为: ', x.shape, '\n', 'cancer 样本个数为: ', y.shape)
```

Out[1]:

```
cancer 数据集维数为: (569, 30)
 cancer 样本个数为: (569,)
```

In[2]:

```
# 按 7:3 的比例划分数据集
x_train, x_test, y_train, y_test = train_test_split(
    x, y, test_size = 0.3, random_state = 0)
print('训练集维数为: ', x_train.shape, '\n', '训练集样本个数为: ', y_train.shape)
```

Out[2]:

```
训练集维数为: (398, 30)
```

```
        训练集样本个数为：(398,)
In[3]:  print('测试集维数为：', x_test.shape, '\n', '测试集样本个数为：', y_test.shape)
Out[3]: 测试集维数为：(171, 30)
         测试集样本个数为：(171,)
```

9.6.2 交叉验证

不同的训练集、测试集分割的方法将会导致模型的准确率不同，而交叉验证（Cross Validation）的基本思想是将数据集进行一系列分割，生成多组不同的训练与测试集对，然后分别训练模型并计算测试准确率，最后对结果进行平均处理，从而有效降低测试准确率的差异。

一个常用的交叉验证方法是使用 scikit-learn 库中的 model_selection 模块中的 cross_val_score 函数，语法格式如下。

```
sklearn.model_selection.cross_val_score(estimator, X, y=None, groups=None, scoring=None, cv=None, n_jobs=1, verbose=0, fit_params=None, pre_dispatch='2*n_jobs')
```

cross_val_score 函数的常用参数与说明如表 9-87 所示。

表 9-87 cross_val_score 函数的常用参数与说明

参数名称	说明
estimator	接收 object，无默认。表示需要进行验证的估计器
X	接收 array，无默认。表示用于训练的数据集
y	接收 array，默认为 None。表示模型需要预测的目标变量
scoring	接收 str，默认为 None。表示用于计算准确率的算法，为 None 时使用分类器自带的准确率算法
cv	接收 int，默认为 None。表示使用的交叉验证划分方法，若为 int 或者 None，估计器为分类器且目标变量为二元或者多分类，则使用 StratifiedKFold 方法，否则使用 KFold 方法。也可自行指定使用的交叉验证划分方法

导入 iris 数据集，使用 cross_val_score 函数对 SVM 模型进行交叉验证，如代码清单 9-93 所示。

代码清单 9-93 使用 cross_val_score 函数对 SVM 模型进行交叉验证

```
In[4]:  # 对SVM模型进行交叉验证
        from sklearn import svm
        from sklearn.model_selection import cross_val_score
        clf = svm.SVC(kernel = 'linear', C = 1)
        score = cross_val_score(clf, cancer.data, cancer.target, cv = 5)
        print('交叉验证结果为：\n', score)
Out[4]: 交叉验证结果为：
         [0.94782609 0.93043478 0.97345133 0.92035398 0.95575221]
```

9.6.3 自动调参

机器学习中的模型的参数调优拥有多种方式，包含手动调优、网格搜索、随机搜索以及基于贝叶斯的参数调优方法，其中，使用参数设置的网格法是目前最广泛使用的参数优化方法。

scikit-learn 库中的 model_selection 模块中的 GridSearchCV 类实现了一种基于网格搜索的自动调参方法。GridSearchCV 会对参数值的所有可能的组合评估，从而计算出最佳的组合。但是此方法只适用于小数据集，若数据量级较大则难以得出结果。GridSearchCV 类的主函数语法格式如下。

```
sklearn.model_selection.GridSearchCV(estimator, param_grid, scoring=None, fit_params=None, n_jobs=1, iid=True, refit=True, cv=None, verbose=0, pre_dispatch='2*n_jobs', error_score='raise', return_train_score=True)
```

GridSearchCV 函数的常用参数与说明如表 9-88 所示。

表 9-88 GridSearchCV 函数常用参数与说明

参数名称	说 明
estimator	接收 object，无默认。表示需要进行验证的估计器
param_grid	接收 dict 或 list，无默认。具有参数名称作为键的字典和作为值的参数设置列表，或这些字典构成的列表，表示需要最优化的参数的取值
scoring	接收 str、list、tuple、dict 和 None，默认为 None。表示模型评价准则，根据所选模型不同，评价准则不同。该参数为 str 或者可调用对象时，评分函数的形式需为 scorer(estimator, X, y)；若为 None，则使用估计器的误差估计函数
n_jobs	接收 int，默认为 1。表示并行运行时的线程数
refit	接收 bool，默认为 True。为 True 时，模型将会以交叉验证训练集得到的最佳参数，重新对所有可用的训练集与测试集运行一次，作为最终用于性能评估的最佳模型参数，即在搜索参数结束后，用最佳参数结果再次 fit 一遍全部数据集
cv	接收 int，默认为 None。表示使用的交叉验证划分方法，若为 None，默认使用三折交叉验证；为 int 时，则使用 StratifiedKFold 方法或 KFold 方法。也可自行指定使用的交叉验证划分方法

加载 iris 数据集，构建 PCA 模型，之后构建 GridSearchCV 自动调参容器对 PCA 模型进行调参，如代码清单 9-94 所示。

代码清单 9-94 构建 GridSearchCV 自动调参容器对 PCA 模型进行调参

```
In[5]:  from sklearn.model_selection import GridSearchCV
        from sklearn.decomposition import PCA
        # 构建 PCA 模型
        pca = PCA(n_components = 2)
        # 设置要调整的参数
        param_grid = {'n_components': [1, 2, 3]}
        # 设置自动调参容器
        grid_search = GridSearchCV(pca, param_grid = param_grid).fit(x, y)
        print('自动调参容器为：\n', grid_search)
```

```
Out[5]:    自动调参容器为:
            GridSearchCV(cv=None, error_score='raise',
                  estimator=PCA(copy=True, iterated_power='auto', n_components=2,
           random_state=None,
             svd_solver='auto', tol=0.0, whiten=False),
                  fit_params=None, iid=True, n_jobs=1,
                  param_grid={'n_components': [1, 2, 3]}, pre_dispatch='2*n_jobs',
                  refit=True, return_train_score='warn', scoring=None, verbose=0)
```

GridSearchCV 类中包含 8 种属性，如表 9-89 所示。

表 9-89 GridSearchCV 类中属性及说明

属 性	说 明
cv_results_	一个将键作为列标题，值作为列的 dict，可以导入 DataFrame 中，“params”键用于存储所有参数候选项的参数设置列表
best_estimator_	通过搜索选择的估计器，即在左侧数据上给出最高分数（或指定的最小损失）的估计器。如果 refit 参数为 False，则该属性不可用
best_score_	最高分数估计器的分数
best_params_	最佳结果的参数设置
best_index_	位于存储的所有参数设置列表中最佳候选参数设置的索引位置
scorer_	选出最佳参数的估计器所使用的评分器
n_splits_	交叉验证拆分的数量
refit_time_	在整个数据集的基础上选出最佳模型所消耗的时间

使用 fit 方法遍历参数组合，并查看最高得分的参数，如代码清单 9-95 所示。

代码清单 9-95 查看最高得分的参数

```
In[6]:     print('最佳结果参数设置为: ', grid_search.best_params_)

Out[6]:    最佳结果参数设置为: {'n_components': 3}
```

GridSearchCV 类中包含 10 种方法，如表 9-90 所示。

表 9-90 GridSearchCV 类中的方法

方 法	格 式	作 用
decision_function()	decision_function(X)	仅当 refit 参数为 Ture 且估计器含有 decision_function 方法时，调用最佳模型的 decision_function 方法
fit()	fit(X, y=None, groups=None, **fit_params)	遍历所有的参数组合对模型进行训练
get_params()	get_params(deep=True)	获取模型的参数
inverse_transform()	inverse_transform(Xt)	仅当 refit 参数为 Ture 且估计器含有 inverse_transform 方法时，调用最佳模型的 inverse_transform 方法
predict()	predict(*args, **kwargs)	仅当 refit 参数为 Ture 且估计器含有 predict 方法时，使用评分最高的参数组合的模型预测模型结果

（续）

方 法	格 式	作 用
predict_log_proba()	predict_log_proba(X)	仅当 refit 参数为 Ture 且估计器含有 predict_log_proba 方法时，调用最佳模型的 predict_log_proba 方法
predict_proba()	predict_proba(X)	仅当 refit 参数为 Ture 且估计器含有 predict_proba 方法时，调用最佳模型的 predict_proba 方法
score()	score(X, y=None)	若模型已经重新训练过，返回给定数据集的对应评分
set_params()	set_params(**params)	设置模型的参数
transform()	transform(X)	仅当 refit 参数为 Ture 且估计器含有 transform 方法时，使用评分最高的参数组合的模型转换数据

9.6.4 模型评估

scikit-learn 库中有 3 种方法用于评价：估计器的 score 方法提供一个缺省的评估法则来对模型进行评价；cross-validation 的模型评估工具也能对模型进行评价，但依赖于内部的 scoring 策略；metrics 模块整合一组测量预测误差的简单函数，给出了基础真实的数据和预测。

metrics 模块中的评价函数可分为分类（classification）、回归（regression）、排序（ranking）、聚类（clustering）等类别。

1. 分类模型评价函数

metrics 模块中包含 22 种分类模型评价函数，如表 9-91 所示。

表 9-91 分类模型评价函数

评价函数	格 式	评价方法
metrics.accuracy_score	accuracy_score(y_true, y_pred, normalize=True, sample_weight=None)	准确率
metrics.auc	auc(x, y, reorder=False)	使用梯度下降计算的 AUC 值
metrics.average_precision_score	average_precision_score(y_true, y_score, average = 'macro', sample_weight=None)	平均准确率
metrics.balanced_accuracy_score	balanced_accuracy_score(y_true, y_pred, sample_weight=None, adjusted=False)	平衡精度
metrics.brier_score_loss	brier_score_loss(y_true, y_prob, sample_weight=None, pos_label=None)	Brier 分数损失
metrics.classification_report	classification_report(y_true, y_pred, labels=None, target_names=None, sample_weight=None, digits=2)	主要分类指标的文本报告
metrics.cohen_kappa_score	cohen_kappa_score(y1, y2, labels=None, weights = None, sample_weight=None)	卡帕检验
metrics.confusion_matrix	confusion_matrix(y_true, y_pred, labels=None, sample_weight=None)	混淆矩阵
metrics.f1_score	f1_score(y_true, y_pred, labels=None, pos_label=1, average='binary', sample_weight=None)	F1 值
metrics.fbeta_score	fbeta_score(y_true, y_pred, beta, labels=None, pos_label=1, average='binary', sample_weight=None)	F 分数

（续）

评价函数	格　式	评价方法
metrics.hamming_loss	hamming_loss(y_true, y_pred, labels=None, sample_weight=None)	平均 Hamming 损失
metrics.hinge_loss	hinge_loss(y_true, pred_decision, labels=None, sample_weight=None)	平均铰链损失
metrics.jaccard_similarity_score	jaccard_similarity_score(y_true, y_pred, normalize = True, sample_weight=None)	Jaccard 相似系数
metrics.log_loss	log_loss(y_true, y_pred, eps=1e-15, normalize=True, sample_weight=None, labels=None)	对数损失
metrics.matthews_corrcoef	matthews_corrcoef(y_true, y_pred, sample_weight=None)	Matthews 相关系数（MCC）
metrics.precision_recall_curve	precision_recall_curve(y_true, probas_pred, pos_label=None, sample_weight=None)	不同概率阈值的精确召回对
metrics.precision_recall_fscore_support	metrics.precision_recall_fscore_support(y_true, y_pred, beta=1.0, labels=None, pos_label=1, average=None, warn_for=('precision', 'recall', 'f-score'), sample_weight=None)	各个类别的精确度、召回率、F 测量和支持率
metrics.precision_score	precision_score(y_true, y_pred, labels=None, pos_label=1, average='binary', sample_weight=None)	精确率
metrics.recall_score	recall_score(y_true, y_pred, labels=None, pos_label=1, average='binary', sample_weight=None)	召回率
metrics.roc_auc_score	roc_auc_score(y_true, y_score, average='macro', sample_weight=None)	AUC 值
metrics.roc_curve	roc_curve(y_true, y_score, pos_label=None, sample_weight=None, drop_intermediate=True)	ROC 曲线
metrics.zero_one_loss	zero_one_loss(y_true, y_pred, normalize=True, sample_weight=None)	0-1 损失

使用分类评价函数评估数据的准确率、混淆矩阵，画出 ROC 曲线与对应的 AUC 值，如代码清单 9-96 所示。

代码清单 9-96　准确率、混淆矩阵、ROC 曲线与对应的 AUC 值

In[7]:

```
from sklearn.svm import SVC
SVC_model = SVC()
SVC_model.fit(x_train, y_train)
y_pred = SVC_model.predict(x_test)
# 准确率
from sklearn.metrics import accuracy_score
print('准确率为：', accuracy_score(y_true = y_test, y_pred = y_pred))
```

Out[7]:

```
准确率为：0.631578947368421
```

In[8]:

```
# 混淆矩阵
from sklearn.metrics import classification_report
print('混淆矩阵为：\n', classification_report(y_true = y_test, y_pred = y_pred))
```

Out[8]:
```
混淆矩阵为:
              precision    recall  f1-score   support

          0       0.00      0.00      0.00        63
          1       0.63      1.00      0.77       108

avg / total       0.40      0.63      0.49       171
```

In[9]:
```
# ROC 曲线
import matplotlib.pyplot as plt
from sklearn.metrics import roc_curve, auc
fpr, tpr, thresholds = roc_curve(y_test, y_pred)
roc_auc = auc(fpr, tpr)
plt.plot(fpr, tpr, lw = 1, label = 'ROC(area = %0.2f)'% (roc_auc))
plt.xlabel("FPR (False Positive Rate)")
plt.ylabel("TPR (True Positive Rate)")
plt.title("Receiver Operating Characteristic, ROC(AUC = %0.2f)"%(roc_auc))
plt.show()
```

Out[9]:

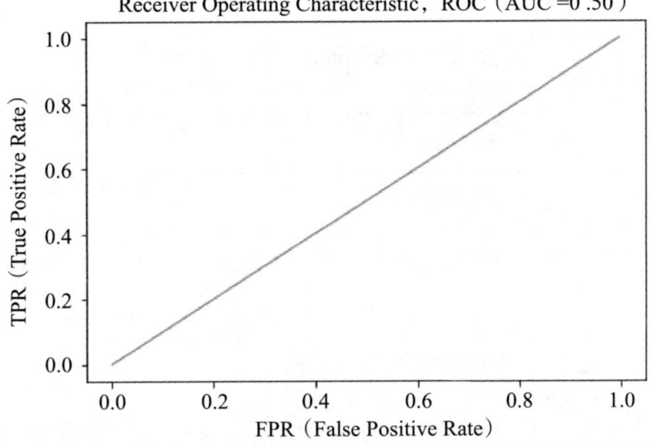

2. 回归模型评价函数

metrics 模块中包含 6 种分类模型评价函数，如表 9-92 所示。

表 9-92 回归模型评价函数

评价函数	格 式	评价方法
metrics.explained_variance_score	explained_variance_score(y_true, y_pred, sample_weight = None, multioutput='uniform_average')	可解释方差
metrics.mean_absolute_error	mean_absolute_error(y_true, y_pred, sample_weight=None, multioutput='uniform_average')	平均绝对误差
metrics.mean_squared_error	mean_squared_error(y_true, y_pred, sample_weight=None, multioutput='uniform_average')	均方差
metrics.mean_squared_log_error	mean_squared_log_error(y_true, y_pred, sample_weight = None, multioutput='uniform_average')	对数均方差

（续）

评价函数	格　式	评价方法
metrics.median_absolute_error	median_absolute_error(y_true, y_pred)	中值绝对误差
metrics.r2_score	r2_score(y_true, y_pred, sample_weight=None, multioutput = 'uniform_average')	R2 决定系数

使用回归评价函数评估数据的均方差、平均绝对误差、中值绝对误差与 R2 决定系数，如代码清单 9-97 所示。

代码清单 9-97　均方差、平均绝对误差、中值绝对误差与 R2 决定系数

```
In[10]:  # 均方差
         from sklearn.metrics import mean_squared_error
         print('均方差为：', mean_squared_error(y_true = y_test, y_pred = y_pred))
Out[10]: 均方差为：0.3684210526315789
In[11]:  # 平均绝对误差
         from sklearn.metrics import mean_absolute_error
         print('平均绝对误差为：', mean_absolute_error(y_true = y_test, y_pred = y_pred))
Out[11]: 平均绝对误差为：0.3684210526315789
In[12]:  # 中值绝对误差
         from sklearn.metrics import median_absolute_error
         print('中值绝对误差为：', median_absolute_error(y_true = y_test, y_pred =
         y_pred))
Out[12]: 中值绝对误差为：0.0
In[13]:  from sklearn.metrics import r2_score
         print('R2 决定系数为：', r2_score(y_true = y_test, y_pred = y_pred))
Out[13]: R2 决定系数为：-0.5833333333333333
```

3. 排序模型评价函数

metrics 模块中包含 3 种排序模型评价函数，如表 9-93 所示。

表 9-93　排序模型评价函数

评价函数	格　式	评价方法
metrics.coverage_error	coverage_error(y_true, y_score, sample_weight = None)	测量误差
metrics.label_ranking_average_precision_score	label_ranking_average_precision_score(y_true, y_score, sample_weight=None)	标签排名平均精度
metrics.label_ranking_loss	label_ranking_loss(y_true, y_score, sample_weight=None)	排序损失

使用排序模型评价函数评估数据的测量误差、标签排名平均精度和排序损失，如代码清单 9-98 所示。

代码清单 9-98 测量误差、标签排名平均精度和排序损失

In[14]:
```
# 测量误差
import numpy as np
from sklearn.metrics import coverage_error
y_true = np.array([[1, 0, 0], [0, 0, 1]])
y_score = np.array([[0.75, 0.5, 1], [1, 0.2, 0.1]])
print('测量误差为：', coverage_error(y_true, y_score))
```

Out[14]: 测量误差为：2.5

In[15]:
```
# 标签排名平均精度
from sklearn.metrics import label_ranking_average_precision_score
print('标签排名平均精度为：', label_ranking_average_precision_score(y_
true, y_score))
```

Out[15]: 标签排名平均精度为：0.41666666666666663

In[16]:
```
# 排序损失
from sklearn.metrics import label_ranking_loss
print('排序损失为：', label_ranking_loss(y_true, y_score))
```

Out[16]: 排序损失为：0.75

4. 聚类模型评价函数

metrics 模块中包含 4 种聚类模型评价函数，如表 9-94 所示。

表 9-94 聚类模型评价函数

评价函数	格 式	评价方法
metrics.adjusted_mutual_info_score	adjusted_mutual_info_score(labels_true, labels_pred, average_method='warn')	调整互信息评分
metrics.adjusted_rand_score	adjusted_rand_score(labels_true, labels_pred)	调整 Rand 系数
metrics.calinski_harabaz_score	calinski_harabaz_score(X, labels)	Calinski-Harabaz 指数
metrics.davies_bouldin_score	davies_bouldin_score(X, labels)	Davies-Bouldin 指数
metrics.completeness_score	completeness_score(labels_true, labels_pred)	完整性
.metrics.cluster.contingency_matrix	contingency_matrix(labels_true, labels_pred, eps=None, sparse=False)	用于描述标签间关系的混淆矩阵
metrics.fowlkes_mallows_score	fowlkes_mallows_score(labels_true, labels_pred, sparse=False)	Fowlkes-Mallows 指数
metrics.homogeneity_completeness_v_measure	homogeneity_completeness_v_measure (labels_true, labels_pred)	同时输出同质性、完整性与调和平均
metrics.homogeneity_score	homogeneity_score(labels_true, labels_pred)	同质性

（续）

评价函数	格　式	评价方法
metrics.mutual_info_score	mutual_info_score(labels_true, labels_pred, contingency=None)	互信息评分
metrics.normalized_mutual_info_score	normalized_mutual_info_score(labels_true, labels_pred, average_method='warn')	标准化互信息评分
metrics.silhouette_score	silhouette_score(X, labels, metric='euclidean', sample_size=None, random_state=None, **kwds)	平均轮廓系数
metrics.silhouette_samples	silhouette_samples(X, labels, metric = 'euclidean', **kwds)	各个样本的轮廓系数
metrics.v_measure_score	v_measure_score(labels_true, labels_pred)	调和平均

使用聚类模型评价函数评估 K-means 模型聚类结果的轮廓系数、同质性、完整性与调和平均，如代码清单 9-99 所示。

代码清单 9-99　K-means 聚类的轮廓系数、同质性、完整性与调和平均

```
In[17]:  from sklearn.cluster import KMeans
         # 使用 K-means 聚类
         km = KMeans(n_clusters = 2, random_state = 0).fit(x)
         # 轮廓系数
         from sklearn.metrics import silhouette_score
         print('轮廓系数为：', silhouette_score(x, km.labels_, metric='euclidean'))
Out[17]: 轮廓系数为：0.6972646156059464
In[18]:  # 同质性、完整性、调和平均
         from sklearn.metrics import homogeneity_completeness_v_measure
         km_pred = km.predict(x)
         print('同质性，完整性，调和平均分别为：\n',
               homogeneity_completeness_v_measure(y, km_pred))
Out[18]:  同质性，完整性，调和平均分别为：
         (0.4222907124699913, 0.5168089972809707, 0.46479332792160805)
```

小结

本章介绍了针对机器学习的开源框架 scikit-learn，其主要内容如下。

1）标准化、归一化、二值化、独热编码等常见数据处理方法。

2）PCA、ICA、LDA 等常见的降维方法的实现。

3）K-means，层次聚类、DBSCAN 和 GMM 四种分属不同类型的聚类模型的构建方法。

4）logistic 回归、SVM、决策树、KNN、朴素贝叶斯、随机森林和多层感知机等不同类型的分类模型的构建方法。

5）最小二乘回归、岭回归、Lasso 回归、决策树回归、随机森林回归、多层感知机回归等不同类型的回归模型的构建方法。

6）数据集划分、交叉验证、自动调参、模型评估等模型选择相关功能实现。

课后习题

1. 选择题

（1）【多选】常见的数据预处理方法有（　　）。
A. 标准化　B. 归一化　C. 非线性变换　D. 二值化
E. 独热编码

（2）【多选】关于 processing 模块，下列说法正确的是（　　）。
A. MinMaxScaler 类用于标准差标准化处理　B. Normalizer 类用于归一化处理
C. QuantileTransformer 类用于非线性变换　D. Binarizer 类用于特征二值化
E. OneHotEncoder 类用于独热编码

（3）【多选】关于标准差标准化，下列说法正确的是（　　）。
A. 处理后的数据标准差为 1，均值为 0，符合标准正态分布
B. 处理后的数据落在 0 和 1 之间
C. StandardScaler 类用于标准差标准化
D. fit 方法用于学习变换规则

（4）梯度提升树属于以下哪类模型（　　）。
A. 概率模型　B. 集成模型　C. 距离模型　D. 神经网络模型

（5）【多选】LogisticRegression 函数 solver 参数有（　　）。
A. newton-cg　B. lbfgs　C. liblinear　D. sag 或 saga

（6）【多选】svm 模块提供用于构建 SVM 分类模型的函数有（　　）。
A. SVC　B. NuSVC　C. LinearSVC　D. svm

（7）【多选】关于随机森林，下列说法正确的是（　　）。
A. 是 Bagging 集成方法　B. 预测结果采用简单投票法
C. 在噪声较大的时候容易过拟合　D. 引入随机属性选择

（8）关于岭回归，下列说法错误的是（　　）。
A. 属于线性回归　B. 使用 L2 正则项　C. 使用 L1 正则项　D. 基于最小二乘法

（9）下列哪个属性不属于 Lasso 对象（　　）。
A. coef_　B. sparse_coef_　C. intercept_　D. n_features_

（10）下列哪个方法不属于 MLPClassifier 对象（　　）。
A. predict　B. score　C. fit　D. predict_proba

（11）关于降维，下列说法错误的是（　　）。
A. 降维后的数据集的维度将比降维前少
B. 有效降维能减少冗余信息，提高模型精度和运行效率
C. 特征选择不会改变数据，仅从原有变量中找出主要变量
D. 特征提取从原有数据中提取主要成分，不会改变原有数据

（12）关于降维算法，下列说法错误的是（　　）。

A. PCA 是有监督学习算法

B. ICA 能够使数据中的分量最大化独立，而 PCA 不能

C. LDA 是有监督学习算法

D. LDA 降维后，同类别的数据分布更为密集

（13）关于聚类，下列说法错误的是（　　）。

A. 聚类属于无监督算法

B. 聚类可用于数据预处理中的数据离散化

C. 聚类的划分原则是样本距离最小化

D. 聚类是根据数据相似度进行样本分组的方法

（14）关于聚类算法，下列说法正确的是（　　）。

A. K-means 算法适用于发现任意形状的簇

B. 层次聚类适用于大型数据集

C. DBSCAN 能在有噪声的空间中发现任意形状的簇

D. GMM 是混合模型中计算速度最快的算法，且占用的计算资源较小

（15）【多选】下列聚类算法容易陷入局部最优的是（　　）。

A. K-means　　B. 层次聚类　　C. DBSCAN　　D. GMM

（16）下列聚类算法中不需要指定聚类个数的是（　　）。

A. K-means　　B. 层次聚类　　C. DBSCAN　　D. GMM

（17）关于数据集划分，下列说法正确的是（　　）。

A. 训练集的数据总是越多越好

B. 训练集与测试集的理想划分比例是 5：5

C. 庞大数据集的训练集与测试集的划分比例可以为 9：1

D. 训练集的数据量越大，模型的泛化能力越好

（18）关于交叉验证与自动调参，下列说法错误的是（　　）。

A. 交叉验证将数据集分为多组训练与测试集对

B. 交叉验证能有效降低测试准确率的差异

C. GridSearchCV 类会遍历所有的参数值组合

D. GridSearchCV 类也适用于数据量较大的数据集

（19）【多选】下列评价函数属于分类模型的是（　　）。

A. accuracy_score　　B. mean_squared_error

C. mean_absolute_error　　D. confusion_matrix

E. homogeneity_score　　F. completeness_score

G. roc_auc_score

（20）【多选】下列评价函数属于回归模型的是（　　）。

A. accuracy_score　　B. mean_squared_error

C. mean_absolute_error　　D. confusion_matrix

E. homogeneity_score　　F. completeness_score

G. roc_auc_score

2. 填空题

（1）sklearn 提供的用于数据预处理的模块是________。

（2）Normalizer 类中用于对特征进行转换的方法是________。

（3）将特征按比例缩放，使之落入一个小的特定区间的数据预处理方法是________。

（4）Logistic 回归模型属于对数线性模型，它的预测函数基于________函数。

（5）决策树的主要算法有________、________、________。

（6）用于构建 KNN 分类模型的函数是________。

（7）GaussianNB 对象的________方法用于追加训练模型。

（8）LinearRegression 对象的________属性用于返回模型截距。

（9）sklearn 的降维算法中________的降维效果与用户的预期最为相近，但对数据分布的要求较高，容易出现________现象。

（10）层次聚类可以发现类别的________。

（11）GMM 算法运行后得到的是________。

（12）________函数可以同时得到分类模型的精确率、召回率、F 测量和支持率。

3. 操作题

（1）使用 sklearn 库提供的方法对下列数据离差标准化。

1	−1	2
2	0	0
0	1	−1

（2）使用多层感知机模型预测 sklearn 官方 iris（鸢尾花）数据集类别。

（3）使用决策树模型预测 sklearn 官方 diabetes（糖尿病）数据集的目标值。

（4）使用 PCA 对 load_breast_cancer（威斯康星州乳腺癌）数据集进行降维，分别使用指定保留 20 个主成分与指定保留方差比的方式进行降维，并查看降维后所保留的各特征的方差占比。

（5）使用默认参数的 DBSCAN 对 iris（鸢尾花）数据集进行聚类，并与 K-means 聚类结果进行对比。

（6）按 7 : 3 的比例将 iris（鸢尾花）数据集划分为训练集与测试集，使用 SVC 算法对类标签进行预测，并查看分类结果的混淆矩阵。

推荐阅读

O'REILLY
原书第2版
利用Python进行数据分析
Python for Data Analysis: Data Wrangling with Pandas, NumPy, and IPython
Wes McKinney 著
徐敬一 译

Get Start with the Intelligent Data Analyst by Python3
Python3智能数据分析快速入门

Python Practice of Data Analysis and Mining
Python数据分析与挖掘实战

R Data Analysis and Data Mining
R语言数据分析与挖掘实战

MATLAB Data Analysis and Data Mining
MATLAB数据分析与挖掘实战

电商数据分析与数据化运营
刘振华 / 著
Data Analysis and Data Operation for E-commerce

Python数据分析与数据化运营

The Art of Game Analytics
游戏数据分析的艺术

Data Science with Python
Technical Detail and Business Practice
Python数据科学
技术详解与商业实践